數位信號處理之 DSP 程式設計
(附範例光碟)

李宜達　編著

U0068848

全華圖書股份有限公司　印行

　　近十年來由於在通訊以及消費性電子產品上的蓬勃發展，促使更多的廠商投入到數位信號處理器（DSP）的產品開發上，學習數位信號處理器比起以往我們學習單晶片微處理機來的困難一些，探究其原因不外乎是數位信號處理器為了增強增快其運算速度，有其特殊的硬體架構及指令定址模式，這也就往往增加了初學者的學習鴻溝，使其望而怯步，或是半途而廢，實在可惜。本書希望由淺入深、由基礎原理到應用實作，以循序漸進方式來介紹目前在消費性電子產品上應用極為廣泛的數位信號處理器－美商德州儀器（TI）公司 C55xx 系列 DSP。

　　學習數位信號處理器光看是不夠的，本書實驗方面是使用 SprectrumDigital 公司所開發的 C5510 DSP Starter Kit（DSK）發展套件來發展我們的程式。如果沒有 DSK 實驗板，讀者可參考附錄 A 說明來獲得 TI 公司提供的免費評估軟體 Code Composer Studio，本書大部分的程式可以用模擬的方式來執行。

　　本書分為基礎篇和應用篇，基礎篇著重在 C5510DSP 晶片硬體架構、指令定址模式、指令功能介紹，較為進階的後半部分則介紹中斷控制、串列埠 McBSP 以及直接記憶體存取 DMA 的控制，TI 所提供的整合性程式發展軟體 CCS 在第三章程式發展流程中也有所說明。應用篇則著重在介紹 FIR/IIR 數位濾波器設計、快速傅立業轉換（FFT）等實驗，本書適合電機電子或資訊科系的入門生，或是社會上相關從業的工程師亦或是對數位信號處理器有興趣瞭解的人士閱讀。

　　目前台灣廠商早已由代工為導向的產業結構升級為以台灣研發海外生產的模式，這其中的關鍵有賴於台灣教育對高科技人才的培育是否踏實，台灣高等教育不應該只在量的擴大上，而更應該是在質的提升上，培養出有研發實力、有國際觀的科技人才，才能在世界經濟舞台上與其它國家競爭。

　　一本書的完成除了靠自己的恆心與耐力之外，還需靠家人的鼓勵與朋友的幫忙，感謝我的內人和那兩個可愛的女兒紀嫻、紀萱支持我渡過撰寫本書的所有過程。

　　由於筆者所學有限，書中難免會有一些錯誤及不夠完善之處，尚祈請讀者先進不吝批評指正。

李宜達于臥龍居

　　「系統編輯」是我們的編輯方針，我們所提供給您的，絕不只是一本書，而是關於這門學問的所有知識，它們由淺入深，循序漸進。

　　本書以循序漸進的方式，介紹目前在消費性電子產品上應用極為廣泛的數位信號處理器。本書以美商德州儀器(TI)公司 C55xx 系列 DSP 為主軸，分為基礎篇和應用篇，基礎篇著重在 C5510DSP 晶片硬體架構、指令定址模式、指令功能介紹、中斷控制、串列埠 McBSP 以及直接記憶體存取 DMA 的控制，應用篇則著重在介紹 FIR/IIR 數位濾波器設計、快速傅立業轉換(FFT)等實驗。本書適合科大電子、電機、資工系「數位信號處理實習」、「DSP 晶片實務」課程使用，也可供 DSP 從業人員學習、參考。

　　同時，為了使您能有系統且循序漸進研習相關方面的叢書，我們以流程圖方式，列出各有關圖旳閱讀順序，以減少您研習此門學問的摸索時間，並能對這門學問有完整的知識。若您在這方面有任何問題，歡迎來函連繫，我們將竭誠為您服務。

相關叢書介紹

書號：0333402
書名：通訊原理與應用(三版)
編著：藍國桐
20K/488 頁/420 元

書號：0322402
書名：通信系統－類比與數位
　　　(修訂二版)
編著：袁 杰
20K/728 頁/500 元

書號：06139007
書名：通訊系統設計與實習
　　　(附 LabVIEW 試用版光碟)
編著：莊智清.陳育暄.蔡永富
　　　陳舜鴻.高彩齡.蔡秋藤
16K/280 頁/320 元

書號：05697
書名：電子通信技術(第五版)
編譯：尤正祺.曾振東.潘恆堯
20K/1048 頁/850 元

書號：10398
書名：通訊系統模擬：
　　　System Vue 使用入門
編著：錢鷹仁.王勝賢
20K/152 頁/300 元

書號：05125017
書名：訊號處理－ MATLAB 的應用
　　　(附範例光碟片)(修訂版)
編著：羅華強
20K/336 頁/350 元

書號：03566717
書名：數位影像處理－活用
　　　Matlab(第二版)(精裝本)
　　　(附範例光碟)
編著：繆紹綱
16K/504 頁/600 元

◎上列書價若有變動，請
　以最新定價為準。

流程圖

書號：05314
書名：訊號與系統－
　　　第二版
編譯：洪惟堯.陳培文
　　　張郁斌.楊名全

書號：06088
書名：訊號與系統
編著：王小川

書號：06138
書名：通訊系統(第五版)
　　　(國際版)
編譯：翁萬德.江松茶
　　　翁健二

書號：05490027
書名：語音訊號處理
　　　(附語音資料光碟片)
　　　(修訂二版)
編著：王小川

書號：06065007
書名：數位信號處理之
　　　DSP 程式設計(附範例光碟)
編著：李宜達

書號：05125017
書名：訊號處理－ MATLAB 的應
　　　用(附範例光碟片)(修訂版)
編著：羅華強

書號：06007
書名：數位訊號處理－從語
　　　音到數位廣播
編著：林茂榮

書號：06037007
書名：DSP 數位化機電控
　　　制(TMS320 F281X
　　　系統)(附範例光碟)
編著：林容益

書號：03566717
書名：數位影像處理－活用
　　　Matlab(第二版)(精裝
　　　本)(附範例光碟)
編著：繆紹綱

CHWA
TECHNOLOGY

目錄

第五章 程式流程與中斷 5-1

第七章　計時器與時脈產生器　　　　　　　　　　7-1

第十三章　IIR 數位濾波器   13-1

第 **1** 章

信號處理概論

1-1 概論

舉凡所有工程科學領域幾乎都會涉及到信號處理的問題，一般信號表現是以物理、化學或生理現象，像光、熱、電磁、聲音、壓力等形式來表現，再經過傳感器(transducer)將其轉換爲電氣信號。信號分爲兩種，一種爲類比(analog)信號，其表現的信號幅度大小是隨時間成連續變化的，例如上述經傳感器變換後的自然界的信號絕大部分都爲類比信號。另一種稱爲數位(digital)信號，其表現的信號幅度和時間皆取離散值，隨著計算機科學的快速發展，數位信號處理技術變的日趨重要。所謂信號處理就是對信號進行分析、變換、合成和識別，從未知的、混雜的信號中擷取出有用的信號，實際上就是對信號施以加、減、乘及移位等運算，數位信號處理器因爲具有靈活、尺寸小、易修改及抗干擾性強等優點，已成爲目前信號處理方面的主流。

圖 1-1 數位信號處理系統架構示意圖

數位信號是指儲存在計算機記憶體內"0101"的信號，因此若是處理類比信號必須先將類比信號離散化和數字化，然後再由數位信號處理器進行運算處理，最後將結果輸出轉換爲類比信號，所以一個數位信號處理系統其架構示意圖如圖 1-1 所示，類比信號的數位化處理過程區分爲三個主要部分：

1. 類比信號的數位化，包括有取樣，然後量化成有限長位元(bit)數的數位信號，這個過程稱爲類比至數位轉換(A/D, analog to digital conversion)。
2. 利用數位信號處理器運算處理數位化後的資料，處理不外乎對數位資料作加、減、乘及移位等運算。
3. 數位運算後的資料再經轉換爲類比資料輸出，這個過程稱之爲數位對類比轉換(D/A, digital to analog conversion)。

再進一步說明數位信號處理的理論之前，我們先舉一例子說明類比資料如何數位化的過程，為了說明方便我們假設 DSP 為 4 位元處理器，A/D 轉換器亦為 4 位元轉換器。

　　假設有一類比信號 $x(t)$，經過 A/D 轉換器轉換為 4 位元數位信號，其過程如圖 1-2 所示，首先執行將連續的類比信號 $x(t)$離散化，方法為每隔一段時間 Ts 對連續的信號 $x(t)$抽取瞬間的信號值，這個過程稱之為取樣(sampling)，Ts 即是所謂的取樣週期，其倒數 $fs=1/Ts$ 稱為取樣頻率，取樣頻率要選取多少與被取樣信號的頻率有關，將在下一節理論分析中再來說明。$x(t)$離散化後的資料在時間軸上是離散的，也就是在 Ts 的整數時間上才有信號值，但在幅度上仍是類比信號值，例如圖 1-2(b)中，在 $t=Ts$ 時的取樣值為 0.75V，在 $t=2Ts$ 時的取樣值為 1.45V，…以此類推在 Ts 的整數時間上 nTs 所取樣的值如表 1-1 中 "取樣值" 一列中所示。

表 1-1 　　　　　　　　　　　　單位：Volt

	Ts	$2Ts$	$3Ts$	$4Ts$	$5Ts$	$6Ts$	$7Ts$	$8Ts$
取樣值	0.75	1.45	1.6	0.4	−1.35	−1.75	−0.625	1.2
量化值	0.625	1.25	1.875	0.625	−1.25	−1.875	0.625	1.25
數位碼	0001	0010	0011	0001	1110	1101	1111	0010

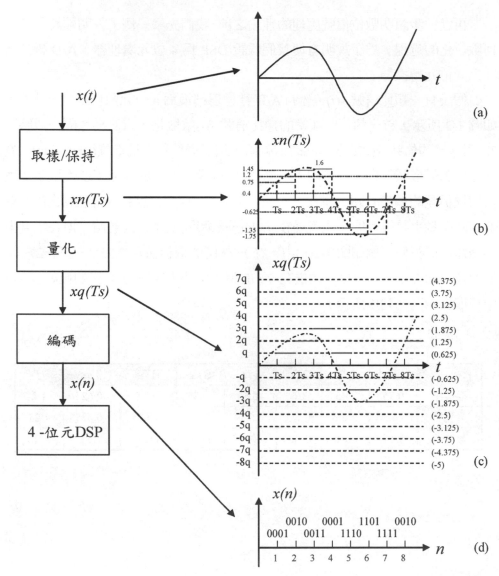

圖 1-2　類比信號的數位化過程示意圖

　　因爲計算機只能處理 "0101" 的數位信號，所以需要將取樣所得的值轉換爲數位信號，也就是在幅度上仍是類比信號值用二進位碼來表示，但又因爲計算機運算位元數是有限位元數，譬如說 8 位元或 16 位元，有限長度的二進位數只能表示有限個電壓值，所以在將取樣值轉換爲二進位碼之前，必須先將取樣信號值進行量化。

假設量化範圍爲–5V～5V(或是說 A/D 轉換器最大轉換電壓範圍爲–5V～5V）， 轉換後的 2's 補數二進位值爲 4 位元大小，也就是說 A/D 轉換器的量化範圍大小爲 10V，被均勻等分爲 16 個量化電平 q(4 位元可以等分爲 2^4 =16 個間隔），以此爲例量化電平 q 的間隔大小爲：

$$q = \frac{10}{2^4} = 0.625V$$

取樣的幅度值會與最接近量化電平間隔值的整數倍值相比較，以最接近於取樣值的整數倍量化電平間隔值爲量化後的幅度值，這個過程稱之爲量化過程，簡稱爲量化(quantization）， 例如如圖 1-2(c)所示在 $t=2Ts$ 時的取樣值爲 1.45V，它座落在量化電平 1.25V 和 1.875V 間，因爲它比較接近量化電平 1.25V，所以取樣值量化後的值爲 1.25V，又如在 $t=3Ts$ 時的取樣值爲 1.6V，它也是座落在量化電平 1.25V 和 1.875V 間，但是它比較接近量化電平 1.875V，所以取樣值量化後的值爲 1.875V，其他不同取樣點量化後的值請參考如表 1-1 中“量化值”一列中所示，注意量化後的取樣值，它一定是量化電平 q 的整數倍值。

接下來將量化後的取樣值，轉換爲二進位碼，這個過程稱之爲編碼(coding)，如圖 1-2(d)所示，量化值與二進位數間存在有一對一的對應關係，2's 補數 4 位元能夠表示的整數值爲–8～+7，平均分給量化範圍 10V 的話，每一個二進位數表示的值就是 0.625V 的整數倍，例如二進位 0010(+2)，它表示的量化值爲 1.25V，二進位 1110(–2)，它表示的量化值爲–1.25V，表 1-2 所示爲量化碼與 4 位元二進位數之間的對應關係，注意若轉換範圍爲–$V/2$～$V/2$，則最大的正轉換電壓是 $(V/2)$–q，例如本例中最大的正轉換電壓是 4.375V(5–0.625)，而不是 5V，至於本範例中編碼後的數位碼請參考表 1-1 中“數位碼”一列中所示。

表 1-2

整數值	量化值	數位碼
+7	+4.375V	0111
+6	+3.75V	0110
+5	+3.125V	0101
+4	+2.5V	0100
+3	+1.875V	0011
+2	+1.25V	0010
+1	+0.625V	0001
0	0V	0000
−1	−0.625V	1111
−2	−1.25V	1110
−3	−1.875V	1101
−4	−2.5V	1100
−5	−3.125V	1011
−6	−3.75V	1010
−7	−4.375V	1001
−8	−5V	1000
+7	+4.375V	0111

　　數位化後的值可以儲存在 DSP 處理器的內建記憶體中，根據所執行的 DSP 應用程式來對這些值做運算處理，當然所得的結果仍是數位值，再經過 D/A 轉換器轉換為類比電壓值後輸出至外界中，這就是一個數位信號處理的過程。

　　這個例子為了圖示方便以 4 位元 AD/DA 轉換器來做說明，實際上在本書中使用的是 16 位元 AD 轉換器，以量化範圍 10V 來看的話，量化電平 q 的間隔大小約為 0.0001526V。

1-2　信號的取樣

前小節所述是以一個圖形範例說明類比信號如何轉換爲數位信號而能被數位信號處理器來運算處理，本節開始則是從理論角度來推導類比信號數位化的過程中在時域和頻域裡會有什麼樣的變化。

一個隨時間連續變化的類比信號 $x(t)$，假設滿足

$$\int_{-\infty}^{\infty} |x(t)| dt < \infty \tag{1-1}$$

則 $x(t)$ 的傅立業變換存在，傅立業變換定義爲

$$X(j\omega) = \int_{-\infty}^{\infty} x(t)e^{-j\omega t} dt$$

其中 ω 爲角頻率，單位爲 rad/sec，$X(j\omega)$ 是 ω 的連續函數稱爲 $x(t)$ 的頻譜密度函數，至於傅立業反變換則定義爲：

$$x(t) = \frac{1}{2\pi} \int_{-\infty}^{\infty} X(j\omega)e^{j\omega t} d\omega$$

$x(t)$ 可以看成是不同頻率的正弦信號($e^{j\omega t}$)線性加權的組合，不同頻率的加權係數即是 $X(j\omega)$。

如果 $x(t)$ 是週期信號則不滿足(1-1)式，但是若滿足 Dirichlet 條件，則可將 $x(t)$ 展開爲傅立業級數，即

$$x(t) = \sum_{n=-\infty}^{\infty} X_n e^{jn\omega_s t} \qquad X_n = \frac{1}{T} \int_{-T/2}^{T/2} x(t)e^{-jn\omega_s t} dt$$

前面提過數位化的第一步是對類比信號取樣，這裡討論的是理想取樣，亦即是使用單位脈衝(unit impulse)來對信號取樣，在理論推導上可以看成是類比信號與單位脈衝序列做相乘，結果是只留下在取樣點的信號值，也就是前小節所提到的在時間上是離散的，但在幅度上仍是類比的值，如圖 1-3 所示。

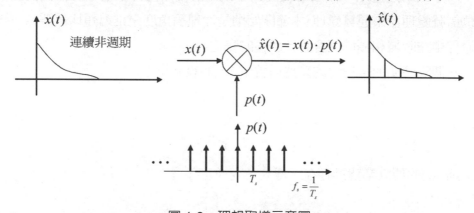

圖 1-3　理想取樣示意圖

單位脈衝序列 $p(t)$ 定義為：

$$p(t) = \sum_{n=-\infty}^{\infty} \delta(t - nT_s)$$

單位脈衝序列 $p(t)$ 是一個週期函數，它可以表示成傅立業級數，即：

$$p(t) = \sum_{n=-\infty}^{\infty} \delta(t - nT_s) = \sum_{n=-\infty}^{\infty} p_n e^{jn\omega_s t}$$

式中 $\omega_s = 2\pi / T_s$，至於傅立業級數係數 p_n 可由下式求得：

$$p_n = \frac{1}{T_s} \int_{-T_s/2}^{T_s/2} p(t) e^{-jn\omega_s t} \, dt = \frac{1}{T_s} \int_{-T_s/2}^{T_s/2} \left(\sum_{n=-\infty}^{\infty} \delta(t - nT_s) \right) e^{-jn\omega_s t} \, dt$$

因爲在週期 $-T_s/2 \sim T_s/2$ 間只存在有一個單位脈衝，所以上式可求得爲：

$$p_n = \frac{1}{T_s} \int_{-T_s/2}^{T_s/2} \delta(t) e^{-jn\omega_s t} dt = \frac{1}{T_s}$$

所以可得單位脈衝序列 $p(t)$ 的傅立業級數表示式：

$$p(t) = \frac{1}{T_s} \sum_{n=-\infty}^{\infty} e^{jn\omega_s t}$$

$$P(\omega) = F\left[\frac{1}{T_s} \sum_{n=-\infty}^{\infty} e^{jn\omega_s t} \right] = \frac{2\pi}{T_s} \sum_{n=-\infty}^{\infty} \delta(\omega - n\omega_s)$$

故可得單位脈衝序列 $p(t)$ 的頻譜圖形如圖 1-4 所示。

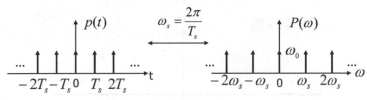

圖 1-4　取樣函數及其頻譜示意圖

由傅立業變換的性質可知傅立業變換的頻域捲積定理定義爲：

$$f_1(t) f_2(t) \leftrightarrow \frac{1}{2\pi} [F_1(j\omega) * F_2(j\omega)]$$

由此性質可知，兩函數在時域相乘運算，在頻域中則爲捲積運算 (convolution)，所以取樣後的信號 $\hat{x}(t)$ 的頻譜爲：

$$\hat{X}(\omega) = \frac{1}{2\pi} X(\omega) * P(\omega)$$

$$= \frac{1}{2\pi} X(\omega) * \frac{2\pi}{T_s} \sum_{n=-\infty}^{\infty} \delta(\omega - n\omega_s) = \frac{1}{T_s} \sum_{n=-\infty}^{\infty} X(\omega - n\omega_s) \quad\quad (1\text{-}2)$$

$X(\omega)$ 與 $\hat{X}(\omega)$ 的頻譜波形如圖 1-5 所示，由圖中可以看出 $\hat{X}(\omega)$ 的頻譜包括有原信號 $x(t)$ 的頻譜 $X(\omega)$ 以及無限個經過平移的原信號 $x(t)$ 的頻譜，$\hat{X}(\omega)$ 頻譜的幅度爲原信號 $x(t)$ 的頻譜幅度乘以 $1/T_s$，平移的角頻率爲 ω_s 的整數倍，也就是說一個連續信號經過取樣後，其頻譜會產生週期複製(延拓)。

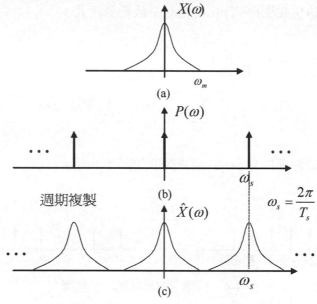

圖 1-5　連續信號頻譜與取樣後信號頻譜示意圖

假設原信號 $x(t)$ 是帶寬有限信號(band-limited)，其最高截止頻率爲 ω_m，其頻譜如圖 1-5(a)所示，經過單位脈衝序列 $p(t)$ 取樣後的離散信號頻譜如圖 1-5(c) 所示，取樣頻率爲 ω_s 的單位脈衝序列的頻譜如圖 1-5(b)所示。如果 $\omega_s \geq 2\omega_m$，則原信號 $x(t)$ 的頻譜與其它週期複製的頻譜不重疊，這樣就可以利用一個理想低通濾波器從取樣信號中無失眞地還原原信號 $x(t)$，如圖 1-6(b)所示，反之若 $\omega_s < 2\omega_m$，則原信號 $x(t)$ 的頻譜與其它週期複製的頻譜就會重疊(overlay)，就無法利用理想的低通濾波器還原回原信號 $x(t)$，而是得到失眞的、而非是原信號 $x(t)$，如圖 1-6(c)所示，這個現象稱之爲頻率混疊(aliasing)，由此觀念可推論出著名的 Nyquist 取樣定理(sampling theorem)。

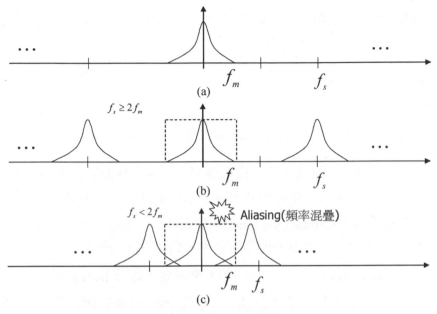

圖 1-6　不同取樣頻率對頻譜之影響示意圖

1-2.1　Nyquist 取樣定理

假設連續信號 $x(t)$ 是帶寬有限的，其最高頻率為 f_m，對 $x(t)$ 取樣時，若能保證取樣頻率滿足

$$f_s \geq 2f_m$$

則可由取樣信號 $x(nT)$ 恢復回原信號 $x(t)$，亦即 $x(nT)$ 保留了 $x(t)$ 的全部訊息。

使頻譜不發生頻率混疊現象的最小取樣頻率 $f_s = 2f_m$，稱之為 Nyquist 取樣頻率。現實中的信號並非都是帶寬有限的，因此在進行取樣之前，為了防止頻率混疊現象的發生，會先讓信號經過一個低通濾波器進行濾波，亦即讓信號變成帶寬有限的信號，此低通濾波器稱為抗混疊濾波器(anti-aliasing filter)，此類比低通濾波器的截止頻率與你欲處理的信號頻率及 A/D 轉換頻率有關，決定好取樣頻率後，一般設定為取樣頻率的一半，所以圖 1-1 所示之數位信號處理系統架構圖修正為圖 1-7 所示。

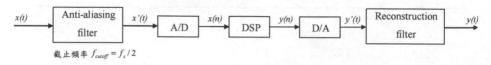

圖 1-7　修正之數位信號處理系統架構示意圖

實際上一個理想低通濾波器它需要無窮多的濾波器係數來實現(詳見 FIR 濾波器設計一章)，所以一個理想低通濾波器在現實上是無法實現的，實際的濾波器會存在有過渡帶(transition band)，如果正好以 Nyquist 取樣頻率來取樣（$f_s = 2f_m$），亦會產生頻率混疊現象的發生，如圖 1-8(a)所示，所以一般必須選取大於 Nyquist 取樣頻率 2～3 倍的頻率來取樣，如圖 1-8(b)所示。

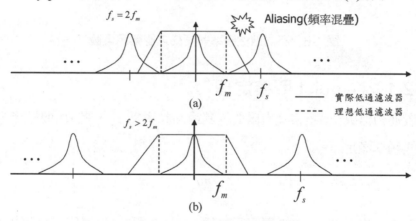

圖 1-8　實際取樣頻率示意圖

1-3　信號的重建

前一節中曾敘述只要符合取樣定理採樣的離散訊號，就能利用一個理想低通濾波器從取樣信號中無失真地還原回原信號 $x(t)$，那應該如何恢復為原來的類比信號的型態呢？在理論推導之前，我們先用敘述的方式說明類比信號的重建事實上是對離散信號的低通濾波，假設圖 1-9(a)所示是經過數位信號處理器處理後的離散資料，圖 1-9(b)所示則是經過階梯重建器所還原的類比信號，它是將現在時刻的離散值保持到下一個離散值爲止，從時域的角度來看，填平取樣點間空隙的圖 1-9(b)信號比圖 1-9(a)的離散信號來的平滑許多，所謂的"平滑許多"換做從頻域角度來看圖 1-9(a)的信號有高頻率信號被過濾掉了，也就是說階梯重建器對離散信號進行了低通濾波，所以信號的重建器可以看成是一個類比低通濾波器，現在我們從理論角度來推導看看重建器是不是類比低通濾波器呢？

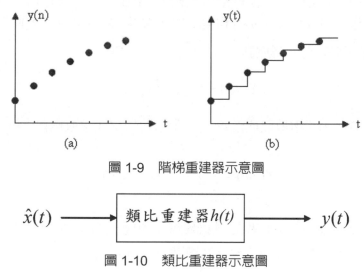

圖 1-9 階梯重建器示意圖

圖 1-10 類比重建器示意圖

如圖 1-10 所示，假設類比重建器的脈衝響應爲 $h(t)$，取樣信號 $\hat{x}(t)$ 可表示爲

$$\hat{x}(t) = \sum_{n=-\infty}^{\infty} x(nT_s)\delta(t - nT_s)$$

意謂著在取樣點上才有值，至於重建後類比輸出 $y(t)$ 可表示成 $\hat{x}(t)$ 與 $h(t)$ 的捲積(convolution)，即

$$y(t) = \int_{-\infty}^{\infty} \hat{x}(\tau) h(t-\tau) d\tau$$

$$= \int_{-\infty}^{\infty} \left[\sum_{n=-\infty}^{\infty} x(nT_s) \delta(\tau - nT_s) \right] h(t-\tau) d\tau$$

$$= \sum_{n=-\infty}^{\infty} x(nT_s) \left[\int_{-\infty}^{\infty} h(t-\tau) \delta(\tau - nT_s) d\tau \right] \tag{1-3}$$

$$= \sum_{n=-\infty}^{\infty} x(nT_s) h(t-nT_s)$$

(1-3)式中 t 是連續變數而 n 是離散變數,對任一個連續的 t 值,它是由所有的取樣點值 $x(nT_s)$ 與 $h(t-nT_s)$ 相乘累加而求得,在還沒進一步說明 $h(t)$ 函數之前,我們回到圖 1-10 考慮其頻域的輸出表示式為

$$Y(j\omega) = H(j\omega) \hat{X}(j\omega)$$

其中參考(1-2)式離散取樣信號 $\hat{x}(t)$ 頻譜表式為(理想取樣)

$$\hat{X}(j\omega) = \frac{1}{T} \sum_{n=-\infty}^{\infty} X(j\omega - jn\omega_s)$$

由上兩式可以看出如果要讓重建後的頻譜 $Y(j\omega)$ 與原信號後的頻譜 $X(j\omega)$ 相同的話,那麼理想重建器的頻譜 $H(j\omega)$ 必須是

$$H(j\omega) = \begin{cases} T & |\omega| \leq \omega_s / 2 \\ 0 & \text{其他} \end{cases} \tag{1-4}$$

如果是這樣的話,則在 Nyquist 取樣區間內

$$Y(j\omega) = H(j\omega) \hat{X}(j\omega) = T \cdot \frac{1}{T} X(j\omega) = X(j\omega)$$

所以如果 $H(j\omega)$ 是一個理想低通濾波器,它可以無失真的將取樣信號 $\hat{x}(t)$ 還原成原始的類比信號 $x(t)$。

由前推導可知理想的重建器是一個低通濾波器，其頻譜表示式如(1-4)式所示，接下來我們從時域的角度來考慮理想重建器 $h(t)$ 函數。

理想重建器其脈衝響應 $h(t)$ 可由 $H(j\omega)$ 傅立業反變換求得

$$h(t) = \frac{1}{2\pi} \int_{-\infty}^{\infty} H(j\omega)e^{j\omega t}d\omega = \frac{1}{2\pi} \int_{-\frac{\omega_s}{2}}^{\frac{\omega_s}{2}} Te^{j\omega_s t} = \frac{\sin(\omega_s t/2)}{\omega_s t/2} = \frac{\sin(\pi t/T_s)}{\pi t/T_s}$$

$$(1\text{-}5)$$

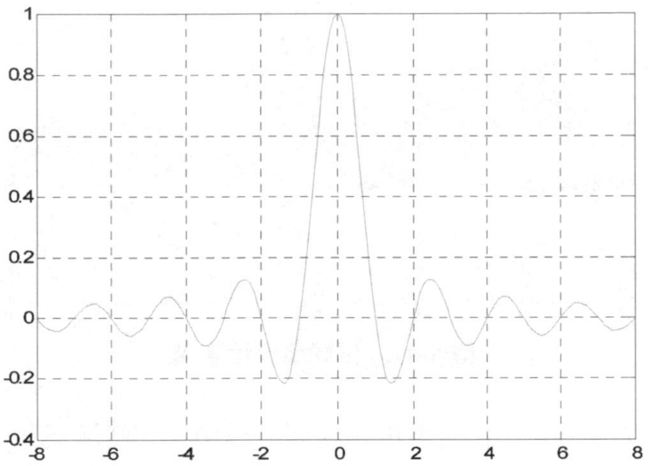

圖 1-11　sinc 函數示意圖

(1-5)式 $h(t)$ 稱做 sinc 函數，它的波形如圖 1-11 所示，在 $t=0$ 時，$h(0)=1$，在 $t=nT_s$　$(n \neq 0)$ 時，$h(nT_s)=0$(此圖中 $T_s=1$)，而且幅度是逐漸遞減的。將(1-5)式代入(1-3)式中可得

$$y(t) = \sum_{n=-\infty}^{\infty} x(nT_s)h(t-nT_s) = \sum_{n=-\infty}^{\infty} x(nT_s)\frac{\sin[\pi(t-nT_s)/T_s]}{\pi(t-nT_s)/T_s}$$

上式中 $h(t)$ 保證在各採樣點上即 $t=nT_s$ 時，$y(t)$ 等於原取樣值 $x(nT_s)$，至於在取樣點間則是由各取樣點的值乘以 $h(t-nT_s)$ 伸展的波形疊加而成，因為 $h(t)$ 函數的功能是在各取樣點間補值，所以稱它為內差函數，例如某一個信號其取

樣值為：$x(0)=1$, $x(1)=3$, $x(2)=4$, $x(3)=4.5$, $x(4)=4.75$, $x(5)=4.8$, $x(6)=4.85$, …，經過理想重建疊加後的波形如圖 1-12 中粗黑點線所示(取樣點數越多重建後的波形越平滑)。

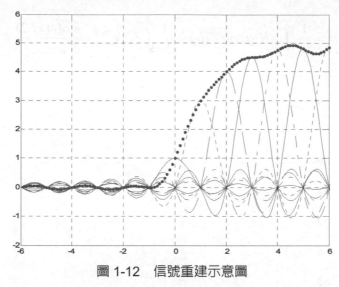

圖 1-12　信號重建示意圖

　　圖 1-13 所示為類比信號數位化處理過程中，在時域與頻域的波形示意圖，對一個連續非週期信號，它的頻譜也是一個連續非週期譜，這是(1-1)式傅立業變換(FT：Fourier transform)所要探討的問題，如圖 1-13(a)所示，連續類比信號經過單位脈衝序列取樣後成為離散信號，它的頻譜是一個連續週期譜，如圖 1-13(b)所示，這個轉換稱為離散時間傅立業轉換(DTFT：discrete-time Fourier transform)，這個頻譜雖然是週期的但仍是連續譜，所以我們無法利用數位信號處理器(DSP)來求這取樣信號後的頻譜值，如果要能用 DSP 來計算的話，那它的譜一定也要是離散譜，而不能是連續譜。

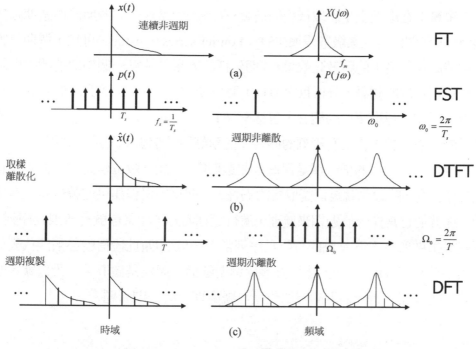

圖 1-13　類比信號的數位化過程示意圖

　　在頻域上如果我們仿照在時域上用一個單位脈衝序列對連續週期頻譜取樣，亦即讓譜成為是週期且離散化的頻譜，如此的話連續週期譜被離散化了，這樣就可以用數位信號處理器來計算信號的頻譜值，在時域上的效果就是一個非週期的取樣信號與單位脈衝串執行捲積運算，而成為週期複製的離散化信號，如圖 1-13(c)所示，這個轉換稱為離散傅立業轉換(DFT：discrete Fourier transform)，注意這時不論是在時域或是頻域，他們的波形都是週期的而且是離散的。兩邊都是週期的所以計算可以在一個週期內進行，"信號是週期的"有兩個很重要的意義，一是所做的運算處理是有限的，這對數位信號處理器來說是必須的，二是只在一個週期內就可以處理完全部信號的信息，這對準確的處理來說是必須的。

事實上在處理上是將取樣後的信號，在時域中當作一個週期而作週期延括(複製)，我們由傅立業級數變換(FST：Fourier series transform)可知，週期信號才會造成在頻譜上的離散化效果，週期延括的效果就使得一個週期連續的頻譜變成週期離散的頻譜，分析也由 DTFT 變成 DFT 了。圖 1-13 表示的意義是研究數位信號處理很重要的觀念，包括有 FT、DTFT、DFT 等在信號處理上所表示的意義，讀者需要有深刻的體會才能學好數位信號處理這門課程。

現實上自然界的信號都是連續且非週期的，要能被數位信號處理器處理首先要離散化，離散化就是信號取樣的過程，週期化的過程如果信號是有限長序列，那就把它當作一個週期來處理，進行週期延括，如果信號是無限長序列，那就必須擷取長度為 N 點的有限長序列當作一個週期(此段信號必須能代表信號大部分有意義的部分)，然後再進行週期延括，因為是擷取某一段信號，必定會產生誤差，研究擷取的方法也是信號處理上的一門課題。

1-4　定點數與浮點數

以上論述的是類比信號數位化的過程，信號數位化之後就要進入數位信號處理器中運算處理，這也就是本書論述的重點，在還沒有介紹數位信號處理器的組成架構和數位信號演算法 DSP 程式設計之前，我先對定點式 DSP 的一些運算觀念，作整體性的說明一下，作為學習本書的先導基礎知識。

大家都聽說過 TI 的 DSP 有定點數 DSP(fixed point)與浮點數 DSP(floating point)之分，像 C2000(包括 C24xx、C28x)和 C5000(包括 C54xx、C55x)系列都是屬於定點數 DSP，至於 C6000 系列則有定點數與浮點數之分，其中 C62xx/C64xx 屬於定點數 DSP，而 C67xx 則屬於浮點數 DSP，究竟什麼是定點數 DSP 呢？什麼又是浮點數 DSP 呢？我們先來看看它們的定義。

所謂定點數 DSP 指的是它的內部是以固定長度的位元數來表示一個數值，例如 C54xx/C55x DSP 它的內部資料匯流排，或是記憶體儲存的資料都是

16 位元大小，也就是說 DSP 所有的運算，包括加、減、乘或移位運算都是以這 16 位元的二進位數值來做運算，所以稱做定點數(16 位元)DSP。

至於浮點數依據 IEEE Std.754 的規定，它是由 32 位元來表示，如圖 1-14 所示，它是由 3 部分所組成，最高位元是符號位元 S，S=0 表示正數，S=1 表示負數，位元 23～30 總共有 8 個位元表示指數 E(exponent)，位元 0～22 總共有 23 個位元表示假數 M(mantissa)，假數 M 最左邊的第一位表示小數點的後一位(權重為 2^{-1})、最左邊的第二位表示小數點後二位(權重為 2^{-2})，以此類推。由浮點數所表示的值是一個實數(real)，它的值是

$$浮點數 F = (-1)^S \times M \times 2^{(E-127)}$$

例如：0　00000111　10100000000000000000000　它所表示的浮點數是 $(-1)^0 \times 0.625 \times 2^{(7-127)} = 0.625 \times 2^{-120}$，符號位元為 0 表示為正數，指數 E 值為 7，至於假數為 101，它所表示的小數值為 1×(1/2^1)+0×(1/2^2)+1×(1/2^3)=5/8= 0.625。

又例如：1　10000000　11100000000000000000000　它所表示的浮點數是 $(-1)^1 \times 0.875 \times 2^{(128-127)} = -0.875 \times 2^1 = -1.75$，符號位元為 1 表示為負數，指數 E 值為 128，至於假數為 111，它所表示的小數值為 1×(1/2^1)+1×(1/2^2)+1×(1/2^3) =7/8=0.875。

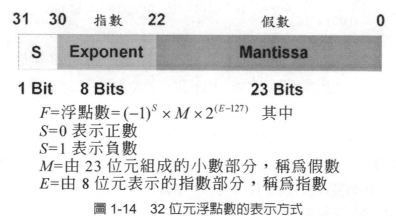

F=浮點數=$(-1)^S \times M \times 2^{(E-127)}$　其中
S=0 表示正數
S=1 表示負數
M=由 23 位元組成的小數部分，稱為假數
E=由 8 位元表示的指數部分，稱為指數

圖 1-14　32 位元浮點數的表示方式

我們由以上定點數與浮點數的表示式來看，應該可以看出處理浮點數的運算電路會較為複雜的，也就是說浮點數 DSP 內有一特別設計的浮點運算機制，專門用來處理浮點運算的加、減、乘、除，所以一般浮點數 DSP 的成本會比定點數 DSP 來的高，設計上考慮選擇使用定點數 DSP 亦或是浮點數 DSP，兩者除了成本效益的考慮之外，我們還可以從"數值的動態範圍"以及"有效位元長度"兩方面來考量。

所謂的動態範圍(dynamic range)指的是一個數值它所能表示的最大值與最小值的比值，為了簡化以及說明方便，我們不以 2 進位數來作說明，而以 10 進位數的 4 位數來舉例說明，首先說明定點數，假設存在有一位小數，那麼 4 位數的 10 進位數它所能表示的最大值是 999.9，所能表示的最小值是 0.1。至於浮點數，假設一個 4 位數浮點數它是由 3 位假數和 1 位指數所組成，那它所能表示的最大值是 0.999×10^9，所能表示的最小值是 0.001×10^0。所以

定點數它所能表示的動態範圍是

$$\frac{999.9}{0.1} = 9999 \quad 或 \quad 20\log 9999 \cong 80\text{dB}$$

至於浮點數它所能表示的動態範圍是

$$\frac{0.999 \times 10^9}{0.001 \times 10^0} = 999 \times 10^9 \approx 10^{12} \quad 或 \quad 20\log 10^{12} \cong 240\text{dB}$$

由以上分析可知，若以相同位數來看，以浮點數所能表示的動態範圍要比定點數所能表示的動態範圍大的多，但若以有效位數長度來看的話，可以發現定點數存在有 4 位有效位數，而浮點數只有 3 位有效位數，為了能達到與定點數相同的精確度，浮點數必須增加用於表示的位數，這就是為什麼一般浮點數要以較多的位數來表示的原因了，像 C55x DSP 的浮點數是以 32 位元來表示，但是它的記憶體寬度只有 16 位元大小，本書以 C5000 定點數 DSP 為主，接下來考慮的都以定點數 DSP 的運算說明為主。

1-5　2's 補數

　　C55x DSP 其內部的 ALU 運算是以 2's 補數來運算，所以有必要對 2's 補數作一扼要之說明，首先說明何謂 1's 補數(complement)呢？簡而言之就是將一個二進位數的 0 變成 1、1 變成 0 後的二進位數稱為 1's 補數，例如 101010 的 1's 補數為 010101。若以文字定義略述如下：

　　假設存在有一二進位數 M，其整數部份含有 n 位元，小數部份含有 m 位元，則其 1's 補數定義為

$$2^n - M - 2^{-m}$$

　　例如：10.0101 其 1's 補數為 $2^2 - 10.0101 - 2^{-4}$

$$
\begin{array}{r}
100 \quad\longrightarrow 2^2 \\
-)\;\;010.0101 \longrightarrow M \\
\hline
001.1011 \\
-)\;\;000.0001 \longrightarrow 2^{-m} \\
\hline
001.1010
\end{array}
$$

　　所以 10.0101 其 1's 補數就是 0 變成、1 變成 0，所得的值就是 01.1010。接著說明 2's 補數的定義，假設存在有一二進位數 M($M \neq 0$，若 M=0 則其 2's 補數為 0)，其整數部份含有 n 位元，不管是否存在有小數部份，其 2's 補數定義為

$$2^n - M$$

　　例如 10.0101 其 2's 補數為 $2^2 - 10.0101$

$$
\begin{array}{r}
100 \quad\longrightarrow 2^2 \\
-)\;\;010.0101 \longrightarrow M \\
\hline
001.1011
\end{array}
$$

由以上的討論也可看出，2's 補數可以由 1's 補數來求出，方法是將 1's 補數的值中，其最低位元處加上 2^{-m} 求得(m 為小數部份所含有的位元數，若無小數部份則加 1)，例如上例中

$$10.0101 \xrightarrow{0 \to 1 \text{ 和 } 1 \to 0} 01.1010 (\text{1's 補數}) \xrightarrow{\text{加 } 0.0001} 1.1011 (\text{2's 補數})$$

另外一種求 2's 補數更為快速的方法是將二進位數(不論是否含有小數部份)的最右邊位元處開始往左檢查，遇到第一個『1』位元時，其右邊的個個位元值不變(含此位元 1)，而左邊的個個位元值，『0』變成『1』，『1』變成『0』。例如

$$10.0101$$
$$0 \to 1 \text{和} 1 \to 0 \downarrow \quad \downarrow \quad \text{不變}$$
$$01.1011$$

將 2's 補數觀念用於乘法、減法運算上的方法略述如後，先說明 2's 補數的減法，例如吾人欲求 $A-B$ 的值

1. 先將 B 取 2's 補數值$-B$。
2. 執行 $A+(-B)$ 的加法運算。
3. 所得結果若有進位，則去掉進位後所得值即為結果(為正值)。
4. 若無進位，表示結果為負值(這是以 2's 補數所表示的負值)。

現舉例說明 2's 補數用於減法運算上的方法，例如計算 1101–111(13–7)：

1. 111 的 2's 補數值為 1001。
2. 執行 1101+1001 的加法運算。
3. 上式加法所得為 10110，所得結果有產生進位，則去掉進位後的值 0110(6)即為所得結果值。

另一例如計算 111–1101(7–13)。

1.　1101 的 2's 補數值爲 0011。

2.　執行 0111+0011 的加法運算。

3.　上式加法所得爲 1010，所得結果並無產生進位，表示結果是以 2's 補數所表示的負值，若要知道其所表示的值可再將 1010 取 2's 補數值得 0110，其值爲 6 故所得結果爲-6。

在數位系統中，表示負數最常使用的方法是符號–2's 補數(Sign–2's complement)表示法，如表 1-3 所示，最高位元表示符號位元，0 表示正數，1 表示負數，前面曾說過 2's 補數的優點是可以用加法運算來執行減法運算。

以符號–2's 補數表示法來表示一個 n 位元的二進位數，所能表示的數值範圍爲

$$-2^{n-1} \sim (2^{n-1} -1)$$

表 1-3

符號 2's 補數	相等十進數	符號 2's 補數	相等十進數
0000	+0	0000	–0
0001	+1	1111	–1
0010	+2	1110	–2
0011	+3	1101	–3
0100	+4	1100	–4
0101	+5	1011	–5
0110	+6	1010	–6
0111	+7	1001	–7
		1000	–8

2's 補數有一個重要的優點就是在做符號擴展(sign extension)的時候其值不變，我們來看看下面的例子。

若以 4 位元來表示 2's 補數的–3，其值爲 1101，現在若將最高位元的符號位元作符號擴展成 8 位元的 2's 補數，也就是若符號位元爲 1 則全部補 1，若

符號位元為 0 則全部補 0，因此 4 位元的 1101 作符號擴展成 8 位元的 11111101，在 2's 補數表示式中，它表示的值仍是–3，當然若是正數符號位元為 0，作符號擴展其值也是不變的。

　　我們現在來看一看 2's 補數的乘法，為了說明方便，我們以 4 位元 2's 補數來作運算，我們將被乘數和乘數分成正數乘正數、正數乘負數以及負數乘負數三種情況來說明。

◉ 情況一：正數乘以正數

```
        0100      (+4)        被乘數
    ×)  0011      (+3)        乘數
       ─────
        0100
       0100
      0000
     0000
    ──────
     1100          (+12)
```

◉ 情況二：正數乘以負數

```
        0100      (+4)        被乘數
    ×)  1101      (-3)        乘數
       ─────
        0100
       0000
      0100
     1100  ───────────→   被乘數的值取 2's 補數
    ───────
     1110100    (-12)
    11110100    (-12)       符號擴展其值不變
```

　　注意！2's 補數的最高位元是符號位元，用乘數的符號位元 "1" 乘以被乘數，所得的值是將被乘數取 2's 補數。其次 4 位元乘以 4 位元所得結果為 8 位元，所以最後結果需作符號擴展成 8 位元大小。

情況三：負數乘以負數

```
        1100      (-4)          被乘數
     ×)  1101      (-3)          乘數
     11111100   ──────────→   將被乘數作符號擴展
        0000
      111100
      00100    ──────────→   被乘數的值取 2's 補數
     00001100      (+12)
```

注意！2's 補數的最高位元是符號位元，用乘數的符號位元 "1" 乘以被乘數，所得的值是將被乘數取 2's 補數。若不是符號位元，那用 "1" 去乘被乘數所得即為被乘數(需作符號擴展)，用 "0" 去乘被乘數所得即為 0。

1-6　Q-格式

在還沒有說明什麼叫做 Q 格式之前，先問讀者一個問題，二進位數 4 位元 "1010" 所表示的值是多少呢？

A 君說是十進位的 10，B 君說不對；應該是十進位的–6，C 君說不對；應該是十進位的–0.75，D 君說大家都錯了；應該是十進位的–1.5，而我說：「大家皆對」，因為每個人所站的立場不同，也就是看這個二進位數 "1010" 的格式不同而已，A 君看它是一個無符號整數，B 君看它是一個有符號整數，C 君看它是一個 Q3 格式小數，D 君看它是一個 Q2 格式小數，所以說他們全都對！

所以讀者在學習定點數 DSP 時一定要有這個觀念，儲存在電腦裡的數只是 "1010"(當然在硬體裡是用電壓 HiLoHiLo 來表示)，至於它所表示的數值，完全是由使用者賦予它的，因為要它表示為小數，所以才有 Q 格式的定義產生，那為什麼要表示成小數呢？在運算上有什麼好處呢？我們先從 Q 格式的定義說起。

　　另一種說法是小數點固定在某一個位置，也叫做定點數 DSP，但事實上以 CPU 的角度來看儲存在記憶體或暫存器內的值根本不知道有小數點的存在，小數點是我們想像它在那個位置上的，這部分在接下來 Q 格式中會有所說明。也就因爲我們想像有小數點存在那裡，所以定點數可以用來表示分數(fraction)的值，如果我們想像不存在有小數點，那麼定點數表示的值就是一個有號或無號的整數(integer)。

　　什麼是 Q 格式呢？在這一小節中我們先來定義什麼叫做 Q 格式(Q format)的二進位數字表示式。

　　定點數中如果要表示一個小數而不是一個整數的話，就要使用 Qn 格式，所謂 Qn 格式的 n 是表示小數點的位置位於第 n 位元的右側(LSB 爲第 0 位元)，因爲 C55x DSP 內部的匯流排以及記憶體都是 16 位元大小，因此以 16 位元來看，Q15 格式可以看成小數點在最高位元 b15 的右側，以 2 的補數來看 Q15 格式，最高位元 b15 是代表符號位元，若 b15=0 表示正數，又若 b15=1 則表示負數，小數點右一位的權數爲 $1/2^1$，小數點右二位的權數爲 $1/2^2$，以此類推。例如：

$$0.101\ 0000\ 0000\ 0000$$

　　它所表示的值是 $1\times(1/2^1)+1\times(1/2^3)=5/8=0.625$，注意！小數點 "." 是爲了我們方便說明 Q15 格式而加上去的，事實上存在 CPU 內不論記憶體或是暫存器的 16 位元值，它是不知道有小數點存在的，實際上也是不存在有小數點的，所以存在 CPU 內的 16 位元值，你說它表示的是一個整數或是小數都可以的，所以 C55x DSP 的運算元可以是無符號(unsign)的二進位數或是 2's 補數的 Q15 格式。再舉一個 Q15 格式負數的例子：

$$1.011\ 0000\ 0000\ 0000$$

它所表示的值是–1+1×(1/2^2)+1×(1/2^3)= –5/8= –0.625，所以一個 Q15 格式所表示的 2 補數小數，它能表示的最大值是：

$$0\ 111\ 1111\ 1111\ 1111=0.99996948 \doteqdot +1$$

它能表示的最小值是：

$$1\ 000\ 0000\ 0000\ 0000= –1$$

　　也就是說一個 Q15 格式所表示的小數它的表示範圍介於–1 和 1 之間。順便提一下依據 Q 格式的定義，那麼 Q0 格式表示的二進位數就是一個整數了，如果是無號數(unsign)的話，那 Q0 格式所能表示的最大值是 65535(2^16–1)，最小值是 0。如果是有號數的話，那 Q0 格式所能表示的最大值是 32767(2^15–1)，最小值是–32768(–2^15)。

　　前面提到一個很重要的觀念，CPU 並不知道有小數點的存在，而是我們認定它是一個 2 補數的 Q15 格式的二進位數，現在反過來思考，一個大小介於+1 和–1 之間小數，如何用一個 16 位元的二進位數來表示呢？

　　我們從 2 補數的 Q15 格式的二進位數開始思考，它是一個表示小數的二進位數，我們想像小數點在最高位元 b15 的右側，如果能把它(小數點)往右依序移動而變成 Q0 格式的話，所得到的值就是表示儲存於 CPU 內的二進位值，這個值若以 Q15 格式想像的話，它表示的是一個介於+1 和–1 之間的小數。

　　小數點往右移一位，相當於乘以 2，往右移 2 位，相當於乘以 4(2^2)，以此類推若要把小數點在最高位元 b15 的右側而完全往右移出的話(移至位元 b0 的右側)，必須乘以 32768，也就是乘以 2^15，若是正小數的話此即為所求，若是負小數的話還要把所得的值加上 65536(2^16)，再捨去位元 16 的值即為所求的值，為什麼要加上 65536 呢？(其實不加上 65536 也可，在程式中直接以負值來表示亦可)留給讀者去思考。我們綜合一下由小數轉換為 Q15 格式的步驟：

1. 決定一個介於+1 和–1 之間的小數 N。

2. $N*32768$。

3. 若 N 為正小數，步驟 2 的值即為所求，若 N 為負小數，則要將步驟 2 所得的值加上 65536。

4. 若位元 16 產生進位，則捨棄位元 16。(步驟 3、4 亦可省去，直接使用步驟 2 所得之數)

範例一：–0.2345 轉換成 Q15 格式

$$step2 : -0.2345 \times 2^{15} = -0.2345 \times 32768 = -7684.1 \cong -7684$$

$$step3 : -7684 + 2^{16} = -7684 + 65536 = 57852 = 0E1FC_{16}$$

範例二：0.2345 轉換成 Q15 格式

$$step2 : 0.2345 \times 32768 = 7684.1 \cong 7684 = 1E04_{16}$$

對 4 位元 Q3 格式而言，它的加、減、乘運算與 4 位元 2's 補數的加、減、乘運算一樣，雖然如此我們還是舉例說明一下。

(1) 0.100(+0.5)×0.011(+0.375)=00.001100(+0.1875)

$$
\begin{array}{rll}
0.100 & (+0.5) & 被乘數 \\
\times)\ 0.011 & (+0.375) & 乘數 \\
\hline
0100 & & \\
0100 & & \\
0000 & & \\
0000 & & \\
\hline
0.001100 & (+0.1875) &
\end{array}
$$

(2) 0.100(+0.5)×1.101(–0.375)=11.110100(–0.1875)

$$
\begin{array}{rl}
0.100 & \quad(+0.5) \qquad \text{被乘數} \\
\times)\ 1.101 & \quad(-0.375) \qquad \text{乘數} \\
\hline
0100 & \\
0000 & \\
0100 & \\
1100 & \longrightarrow \quad \text{被乘數的值取 2's 補數} \\
\hline
1.110100 & \quad(-0.1875)
\end{array}
$$

(3)　$1.100(-0.5) \times 1101(-0.375) = 00.001100(+0.1875)$

$$
\begin{array}{rl}
1.100 & \quad(-0.5) \qquad \text{被乘數} \\
\times)\ 1.101 & \quad(-0.375) \qquad \text{乘數} \\
\hline
11111100 & \longrightarrow \quad \text{將被乘數作符號擴展} \\
0000 & \\
111100 & \\
00100 & \longrightarrow \quad \text{被乘數的值取 2's 補數} \\
\hline
00.001100 & \quad(+0.1875)
\end{array}
$$

(4)　$1.100(-0.5) + 0.011(+0.375) = 1.111(-0.125)$

$$
\begin{array}{rl}
1.100 & \quad(-0.5) \qquad \text{被加數} \\
+)\ 0.011 & \quad(+0.375) \qquad \text{加數} \\
\hline
1.111 & \quad(-0.125)
\end{array}
$$

⏻ 1-6.1　為什麼要使用 Q15 格式

使用 Q 格式有些什麼好處呢？它的好處有：

(1)　它可以表示小數。

(2)　它可以減少乘積運算的誤差，加快運算的速度。

有關第(1)點的好處已在本節開始中有詳細的說明了。現在來說明有關第(2)點的好處。同樣地為了說明的方便，我們以 4 位元的二進位值來作例子說明(我們假設記憶體大小是 4 位元)，同時先考慮負數的情況(也就是以 2's 補數來表

示)，首先先考慮 Q0 格式，4 位元的 Q0 格式它所能表示的值是–8～7，若考慮 3 乘以–6 的值

```
        0011      (+3)          被乘數
   ×)   1010      (-6)          乘數
        0000
        0011
        0000
       1101
   11101110       (-18)
```

因為是 4 位元乘以 4 位元，所以所得的結果是 8 位元的值，如果我們用兩個 4 位元的記憶體來儲存的話，那就不會有誤差存在，但是這種儲存方式會增加程式撰寫的複雜性，而且會增加 CPU 的執行時間，降低 CPU 的效能，對於需要執行大量的乘加運算而言，一般我們不採用此種儲存方式，而採用仍是儲存在一個記憶體內為主(4 位元)，但問題來了，到底要儲存哪 4 個位元呢？儲存高 4 位元 1110 呢？還是低 4 位元 1110 呢？讀者不難發現不論我們儲存高 4 位元 1110(–2)，亦或是儲存低 4 位元 1110(–2)，都跟我們所得的結果(–18)相差太多(誤差太大)。

現在我們來考慮 Q3 格式，對於上述相同的 4 位元的值，它們的 Q3 格式所表示的值是 0.375 乘以–0.75 的值。

```
        0011      (+0.375)       被乘數
   ×)   1010      (-0.75)        乘數
        0000
        0011
        0000
       1101
   11.101110      (-0.28125)
```

　　如果我們採用儲存在一個記憶體內為主，如果儲存高 4 位元 1.101，所得的結果是–0.375(上述所得結果的最高位元 MSB 是額外的符號位元，要捨去)，跟我們所得的結果(–0.28125)相差不會太多(誤差較小)，讀者要知道 C55x DSP 內部的記憶體大小為 16 位元，兩個 16 位元相乘，結果為 32 位元，捨去低 16 位元的值只儲存高 16 位元的值，此誤差值將會更小，不會大於 2^{-15} 的值。由這個例子讀者應該瞭解為什麼 Q 格式會減少乘加運算的誤差大小，但是讀者不要忘了作者曾一再提起的「小數點是我們想像它存在那裡的，事實上 DSP 記憶體內是不存在有小數點的」。

　　在執行數位信號運算處理上，對 16 位元大小的信號而言，為什麼我們喜歡使用 Q15 格式，除了前面所說的計算結果的儲存誤差原因之外，還有一點讀者不要忘了那就是兩個小於 1 的小數相乘，它的乘積結果一定小於 1，也就是絕對不會產生溢位(overflow)，這也是使用 Q 格式的另一個優點了。

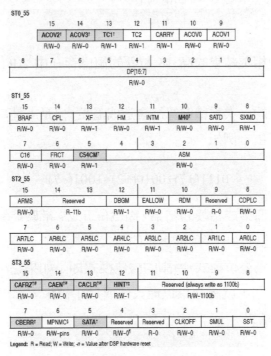

圖 1-15　C55x DSP 之狀態暫存器

剛剛提過兩個 Q3 格式相乘積的結果是 Q6 格式，會多出一個額外的符號位元，同理兩個 Q15 格式相乘積的結果是 Q30 格式，也會多出一個額外的符號位元，因為乘積運算指令都將結果儲存至累加器 AC0～AC3 中，所以在儲存累加器 AC0～AC3 的高 16 位元的值至記憶體之前，必須先左移一位，將此 "額外的符號位元" 左移出 MSB，在軟體程式上如何達成左移一位的動作呢？方法是將 ST1 狀態暫存器的第六個位元 FRCT 設定為 1(C55x DSP 具備之狀態暫存器如圖 1-15 所示)，如：(助憶指令及代數指令見第三章說明)

```
BSET   #6, ST1_55        助憶指令
bit(ST1, #6)= #1         代數指令
```

　　即會自動地將累加器 AC0～AC3 的值左移一位，此時若執行指令

```
MOV   hi(ACx), *AR1+     助憶指令
*AR1 += hi(ACx)          代數指令
```

　　即會將兩小數相乘結果的高 16 位元的值儲存在由 AR1 所定址的記憶體內。

　　兩個小數之間的一次乘積運算不會造成溢位，但是一連串的乘加運算則有可能造成溢位的產生，例如

$$0111(+7)+0010(+2)=1001(-7)$$

　　即是因為溢位而造成錯誤的結果，因為位元 2's 補數能夠表示的最大正數是 +7，而 7+2=9 已經超出了所能表示的最大正數，所以造成了溢位。解決的方式之一就是設定為溢位模式，所謂的溢位模式即是如果超出了所能表示的最大值或最小值的範圍，就將結果以最大值或最小值來表示，例如此例中即以 0111(+7) 來表示其結果。

　　我們先介紹狀態暫存器 ST1 位元 10 的 M40 位元，它是用來設定 40 位元累加器 ACx(x=0～3，說明見第二章)的運算位元長度，出廠值(default)為 0，表示乘加運算為 32 位元模式，若設定為 1，則表示乘加運算為 40 位元模式。

　　對 C55x DSP 而言，它的乘加運算指令最後都將結果儲存至累加器 ACx 中，所以在溢位模式設定下，對 32 位元模式而言(M40=0)，累加器 ACx 所能表示的最大正數是 00 7FFF FFFFh，所能表示的最大負數是 FF 8000 0000h，又若設定為 40 位元模式來說(M40=1)，累加器 ACx 所能表示的最大正數是 7F FFFF FFFFh，所能表示的最大負數是 80 0000 0000h。至於如何啟動溢位模式呢？方法是將 ST1 狀態暫存器的第九個位元 SATD 設定為 1，如

```
BSET   #9, ST1_55        助憶指令
bit(ST1, #9)= #1         代數指令
```

　　或是取消溢位模式，那麼累加器 AC0～AC3 就以 40 位元來運作，如

```
BCLR   #9, ST1_55        助憶指令
bit(ST1, #9)= #0         代數指令
```

　　若有溢位情況發生時(將溢位模式位元 SATD 設定為 1 時)，上述方式是以自動方式將乘積運算的結果設定在最大值 00 7FFF FFFFh/ 7F FFFF FFFF，或最小值 FF 8000 0000h/80 0000 0000，事實上這個最大值或最小值也不是乘積的結果，這樣的用意只是避免錯誤的發生，但誤差已經隱含在裡面了。當溢位發生時，同時 CPU 會自動設定累加器 ACx 相對應的溢位位元 ACOVx 的值為 1(狀態暫存器 ST0 之位元 10, 9, 15, 14)。

　　如果設定成 32 位元運算模式(M40=0)，意謂著溢位是由累加器 ACx 位元 31 來決定，而且執行算數運算時進位/借位也是由累加器 ACx 位元 31 來決定，而且在第六章介紹條件指令之累加器 ACx 與 0 之比較也是表示 ACx(31-0)與 0 的比較。如果設定成 40 位元運算模式(M40=1)，意謂著溢位是由累加器 ACx

位元 39 來決定,而且執行算數運算時進位/借位也是由累加器 ACx 位元 39 來決定,條件指令之累加器 ACx 與 0 之比較也是表示 ACx(39-0)與 0 的比較。

　　另外一種防止溢位的處理方式是使用累加器 ACx 的監視位元(guard bits),監視位元共有 8 個位元,讀者可以善用這些位元,因為它可以允許共 128 次的乘加運算且避免溢位的發生,用法上即是設定成 40 位元運算模式。

1-6.2　捨去誤差

　　前面提過兩個 Q15 格式的 16 位元有號數相乘,其乘積結果為 32 位元,CPU 機制會自動左移一個位元(若設定 FRCT=1),然後我們捨去低 16 位元的乘積值,只儲存高 16 位元的乘積值,此目的僅為了加快連續乘積運算的速度,捨去低 16 位元的值,一定會造成運算誤差,這個誤差稱之為捨去誤差 (truncation error),如何能減少捨去誤差呢?

　　我們舉一個 10 進位數字來說明一下,假設只能取整數,對於小數來說只能捨去小數部分而取整數部分,如果想要減少誤差,我們習慣的用法即是取四捨五入。對於二進位數來說,減少誤差所用的觀念是相同的,想想我們要捨去的低 16 位元的值,它的最高位元若為 1,它的意思就好像 10 進位數中要捨去的小數它的值大於 0.5,如果就這樣捨去的話它的誤差一定比先將它加上 0.5 後再捨去來的大,例如 8.7 這個小數,若捨去 0.7 的話,只儲存 8 的話則與原來的數誤差就有 0.7 之多,但若加上 0.5 後再捨去小數,那就是儲存整數 9,與原來的數誤差就只有 0.3 之多,這樣就意謂減少了捨去誤差。

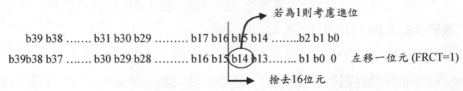

圖 1-16　捨去誤差示意圖

那麼在 C55x DSP 運算中如何去減少捨去誤差呢？參考圖 1-16 中捨去誤差示意圖，圖 1-15 中之狀態暫存器 ST2 之 RDM 位元(位元 10)，它是用來設定進位模式，若設定位元 RDM 的值為 0(出廠值)，它表示極大值(infinite)捨入，用法上將 8000h 與 40 位元累加器相加，然後將低 16 位元 b(15～0)捨去。若設定位元 RDM 的值為 1，它表示接近值(nearest)捨入，其捨入運算將根據 40 位元累加器的低 16 位元值 bit(15-0)而定：

1. 當 0<=bit(15-0)<8000h 時，直接將位元 b(15-0)清除為 0 完成捨入運算。

2. 當 8000h<bit(15-0)<10000h 時，加上 8000h 然後將位元 b(15-0)清除為 0。

3. 當 bit(15-0)=8000h 時，如果 bit16=1 則加上 8000h 然後將位元 b(15-0)清除為 0，否則(當 bit16=0）直接將位元 b(15-0)清除為 0。

1-7　DSP 運算架構

為了能夠運算處理數位信號，數位信號處理器必須具有某一些特殊架構，因為處理數位信號演算法，絕大部分都是在執行乘加運算，也就是連乘與連加運算，而且數位信號處理另一個特性就是需要達到即時(real-time)運算的要求，既要能快速執行乘加運算，又要能滿足即時運算的要求，因此在 DSP 架構上必須具有不同於微處理器的架構組態。

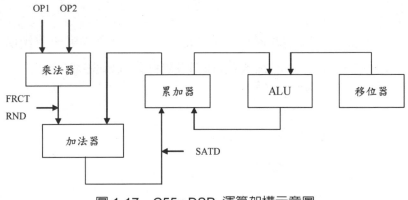

圖 1-17　C55x DSP 運算架構示意圖

圖 1-17 所示為 DSP 架構示意圖，DSP 架構上最大的一個特點就是具有硬體乘法器，DSP 之所以快速運算是因為它能在一個指令週期中執行完一個乘法運算或是乘加運算，至於乘加運算中累加部分是以累加器 AC0～AC3 為運算元，所以乘加運算指令格式需為：

```
Acx = Acx + OP1 * OP2
```

　　如果不使用累加器 ACx 的話，則純粹是執行乘法運算，累加器 ACx 是 40 位元大小，所以可以執行多次的乘加運算而不會造成溢位(overflow)發生。C55x DSP 更具有兩組獨立的乘加運算單元，對某一些特殊的乘加運算需求更能增強其運算效能。

　　另一個重要的架構就是算數邏輯單元(ALU)，它主要的功能就是執行加減法運算以及邏輯運算(AND、OR、XOR)，在執行這些運算之前，運算元還可以經過桶形移位器(barrel shifter)作右移或左移運算處理後，再去執行相關加減法運算或邏輯運算，執行 ALU 運算後大部分也將結果儲存回累加器 ACx 中。

　　為了加快執行速度，現代 DSP 晶片都具備有管線(pipeline)結構，可以讓 DSP 晶片幾乎在一個指令週期內完成一個指令的運算(見第二章說明)。另外架構上採用進階是哈佛(Harvard)架構，除了程式匯流排與資料匯流排分開之外，資料匯流排同時具有多條讀和寫資料匯流排(見第二章說明)，更能提高指令執行的效能。

　　指令中另提供有所謂的區塊重複(blockrepeat)指令或單一重複(repeat)指令，都可以有效的提高 DSP 程式執行的效能(見第五章說明)。

第 **2** 章

CPU 與記憶體架構

2-1　概論

　　C55x DSP 架構比前一代的 C54x DSP 除了性能部分顯著提升之外，更著重在節省電源的消耗上。CPU 內部支援一個程式匯流排、三個資料讀取匯流排、二個資料寫入匯流排以及內建週邊裝置的匯流排，這些匯流排提供能在一個指令週期內完成最多三個資料讀取和兩個資料寫入，同時 DMA 控制器能夠完成最多兩個資料匯流排的傳輸。

　　圖 2-1 所示為 C55x DSP 內部架構示意圖，C55x DSP 內部有三個 16 位元大小的資料讀取匯流排，它們是 BB、CB 和 DB，這些匯流排用於從資料空間(記憶體)或 I/O 空間至 CPU 的功能單元之間的資料傳輸，但其中 BB 匯流排不用於外部記憶體而只能用於 DSP 內部記憶體和 D-單元(資料單元)間的資料傳輸，這是因為 BB 匯流排主要是用於雙 "乘加法器"(MAC)單元，CB 和 DB 匯流排連接 CPU 內的 P、A 和 D 功能單元(後面會有所說明)，對應於 BB、CB 和 DB 各有一條 24 位元大小的位址匯流排 BAB、CAB 和 DAB，這些位址匯流排皆由 A-單元(位址單元)所產生的。特殊的指令可以同時使用 BB、DB 及 CB 匯流排讀取 3 個操作運算元，例如如下所示執行雙乘法運算指令，其中操作數 Cmem 即是利用 BB 匯流排所讀取的運算元：

```
助憶指令：MPY Xmem, Cmem, Acx
        ::MPY Ymem, Cmem, Acy；
```

　　資料寫入匯流排有 EB 和 FB，各為 16 位元大小，主要用於將資料從 CPU 的功能單元寫到資料空間(記憶體)或 I/O 空間中，EB 和 FB 從 P、A 和 D 單元接收資料，若是單一運算元的資料寫入動作是使用 EB 匯流排，同樣地對應於 EB 和 FB 各有一條 24 位元大小的位址匯流排 EAB 和 FAB，它們同樣是由 A-單元所產生的，例如上述指令即是透過 EB 和 FB 將乘積運算結果寫入到累加器 ACx/ACy 中。

　　程式讀取匯流排 PB 具有 32 位元大小，連接到 CPU 的 I-單元(指令緩衝與解碼單元)，對應於 PB 也有一條 24 位元大小的位址匯流排 PAB，PAB 由 P-單元(程式單元)所產生。在下一節中我們先針對 CPU 每一個功能單元的功能作一扼要之說明。

　　C55x DSP 與 C54x DSP 相比較，C55x DSP 在硬體架構上作了許多的擴展，如表 2-1 所示，例如乘法器增加一個，如此可以執行雙乘法運算，為了支援雙乘法運算，所以讀取匯流排由 2 個增加為 3 個，寫入匯流排由 1 個增加為 2 個，對應的位址匯流排也由原來的 4 個增加到 6 個，而且位址長度由 16 位元擴展到 24 位元，所以記憶體空間為統一的程式/資料空間，而不像 C54x DSP 為獨立的程式/資料空間。算數邏輯運算單元(ALU)也由一個增加到 2 個，臨時暫存器也由一個增加到 4 個。

表 2-1

架構項目	C54x	C55x
乘法器	1	2
累加器	2	4
讀取匯流排	2	3
寫入匯流排	1	2
位址匯流排	4	6
指令長度	固定長度 (16 位元)	可變長度 (8/16/24/32/40/48 位元)
資料長度	16 位元	16 位元
算數邏輯運算單元(ALU)	1(40 位元)	1(40 位元) 1(16 位元)
輔助暫存器	8	8
輔助暫存器長度	16 位元	24 位元
臨時暫存器	1	4
記憶體空間	獨立的程式/資料空間	統一的程式/資料空間

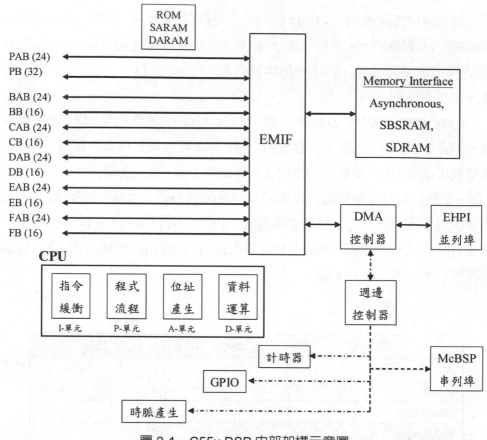

圖 2-1　C55x DSP 內部架構示意圖

2-2　功能單元

2-2.1　指令緩衝單元

指令緩衝單元(Instruction buffer unit)簡稱 I-單元，主要的功能是從程式記憶體讀取程式碼並將它匯入到指令緩衝區中，而後將指令碼解碼，然後將解碼所得的資料分配到 P-單元、A-單元和 D-單元，以便後續完成指令的執行，圖 2-2 所示為 I-單元的概念方塊圖，CPU 從程式記憶體一次擷取 32 位元的資料，透過 PB 匯流排將資料讀進指令緩衝區中，此緩衝區大小為 64 位元組(Bytes)，當 CPU 準備執行指令解碼時，它是一次從指令緩衝區中拿出 6 個位元組程式碼到指令解碼區中進行指令解碼，而後將指令解碼為 8、16、24、32、40 和 48 位元指令，同時還會決定 CPU 是否需要並行執行兩個指令。

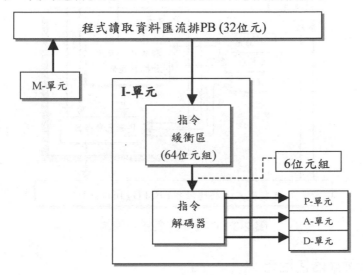

圖 2-2　I-單元的概念方塊圖

⏻ 2-2.2　程式流程單元

　　程式流程單元(Program flow unit)簡稱 P-單元，主要的功能是用來產生所有的程式空間位址，它也控制指令執行的順序，圖 2-3 所示為 P-單元的概念方塊圖，程式位址產生和控制邏輯電路用來產生 24 位元程式位址，正常而言它產生連續的位址，然而對於像跳躍指令，程式位址產生和控制邏輯電路會接受從 I-單元來的一個立即值或從 D-單元來的暫存器值來產生所需的位址，一旦位址被產生出來就會放到 PAB 程式位址匯流排上。

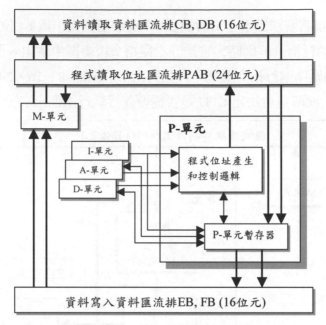

圖 2-3　P-單元的概念方塊圖

◉ P-單元暫存器包括有：

1. 控制程式流程的暫存器：像程式計數器(PC)、返回位址暫存器(RETA)、控制流程關係暫存器(CFCT)。

2. 區塊重複暫存器：像區塊重複暫存器 0 與 1(BRC0, BRC1)、BRC1 的儲存暫存器(BRS1)、區塊重複起始位址暫存器 0 與 1(RSA0, RSA1)、區塊重複結束位址暫存器 0 與 1(REA0, REA1)。

3. 單一重複暫存器：像重複計數器(RPTC)、計算重複次數暫存器(CSR)。

4. 中斷暫存器：像中斷旗號暫存器 0 與 1(IFR0, IFR1)、中斷致能暫存器 0 與 1(IER0, IER1)、除錯中斷致能暫存器 0 與 1(DBIER0, DBIER1)。

5. 狀態暫存器 0、1、2 和 3(ST0_55～ST3_55)。

⏻ 2-2.3　位址資料流程單元

　　位址資料流程單元(Address data flow unit)簡稱 A-單元，主要的功能包含有用來產生資料空間位址的所有邏輯和暫存器，它也包含有一個 16 位元的算數邏輯單元(ALU)用來完成算數邏輯、移位和飽和運算，此 ALU 接受由 I-單元來的立即值，並且可與記憶體、I/O 空間、A-單元、D-單元或 P-單元的暫存器作雙向資料傳輸，圖 2-4 所示為 A-單元的概念方塊圖，程式位址產生單元(DAGEN)產生從記憶體讀取的位址或寫入記憶體的位址，它接受從 I-單元來的立即值和 A-單元暫存器值，在間接定址模式中 P-單元會對 DAGEN 指出是使用線性或環形定址。

◉ A-單元暫存器包括有：

1. 頁碼暫存器：像資料頁碼暫存器(DPH, DP)、週邊頁碼暫存器 PDP。

2. 指標暫存器：像係數資料指標暫存器(CDP, CDPH)、堆疊指標暫存器(SP, SPH, SSP)、輔助暫存器(XAR0～XAR7)。

3. 環形緩衝暫存器：像環形緩衝大小暫存器(BK03, BK47, BKC)、環形緩衝起始位址暫存器(BSA01, BSA23, BSA45, BSA67, BSAC)。

4. 臨時暫存器 T0～T3。

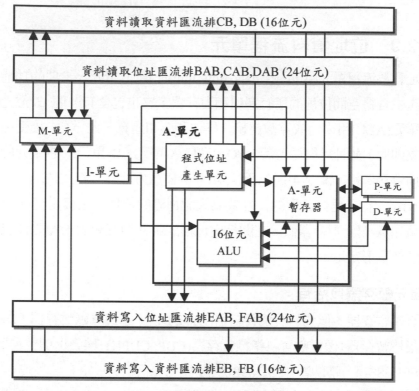

圖 2-4　A-單元的概念方塊圖

⏻ 2-2.4　資料處理單元

　　資料處理單元(Data computation unit)簡稱 D-單元，包括 CPU 主要的計算單元部分，圖 2-5 所示為 D-單元的概念方塊圖，它主要包括一個 40 位元的算數邏輯單元(ALU)，ALU 可以接受從 I-單元來的立即值，並且可與記憶體、I/O 空間、A-單元、D-單元或 P-單元的暫存器作雙向資料傳輸，它也可以接受從移位器來的移位輸出值，這類似 C54xx DSP 的 40 位元 ALU 的功能。

　　另外 D-單元也包含一個 40 位元的移位器，它提供移位輸出值給 D-單元的 ALU(作為移位輸入)和 A-單元的 ALU(作為移位輸出儲存在 A-單元暫存器)，移位器提供有以下的功能：

1. 對 40 位元 ALU 提供最多左移 31 位元或右移 32 位元的移位值，移位值儲存在臨時暫存器 T0～T3 中，或是表示在指令中的一個常數值。

2. 對 16 位元暫存器、記憶體或 I/O 空間提供最多左移 31 位元或右移 32 位元的移位值，移位值儲存在臨時暫存器 T0～T3 中，或是表示在指令中的一個常數值。

3. 對 16 位元立即值提供最多左移 15 位元的移位值，此移位值在指令中以常數值來表示。

40 位元算數邏輯單元(ALU)可以完成以下的功能：

1. 加、減、比較、布林邏輯運算和絕對值運算。

2. 對累加器的值歸一化。

3. 暫存器的旋轉值。

4. 儲存至記憶體之前對累加器作捨入或溢位處理。

5. 位元的截取或擴展處理。

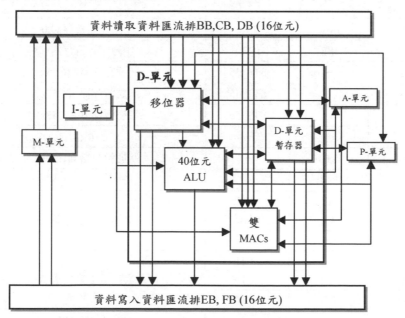

圖 2-5　D-單元的概念方塊圖

此外 D-單元還提供 2 個乘加器(MAC)作為執行乘加法運算,在一個指令週期內每一個MAC可以同時完成一個17位元×17位元的乘法運算(小數或整數)和 40 位元的加減法運算,這部分也與 C54xx DSP 的乘加法器構造相同。

　　D-單元的暫存器包括有累加器 AC0～AC3,轉移暫存器 TRN0, TRN1。

2-3　CPU 暫存器

　　表 2-2 所列為 C54xx/C5510 DSP CPU 的內建暫存器,C55xx DSP 所擁有的暫存器比 C54xx 多了許多,意謂著在性能上增強了不少,後面章節會繼續提到這些暫存器的用法,以下略述一二。

表 2-2

字元位址 (HEX)	C54xx	VC5510	敘述
00	IMR	IER0	中斷遮蓋暫存器 0
01	IFR	IFR0	中斷旗號暫存器 0
02	—	ST0_55	狀態暫存器 0(C55x)
03	—	ST1_55	狀態暫存器 1(C55x)
04	—	ST3_55	狀態暫存器 3(C55x)
05	—	—	保留
06	ST0	—	狀態暫存器 0(C54x)
07	ST1	—	狀態暫存器 1(C54x)
08	AL	AC0L	累加器 0/累加器 A
09	AH	AC0H	
0A	AG	AC0G	
0B	BL	AC1L	累加器 1/累加器 B
0C	BH	AC1H	
0D	BG	AC1G	
0E	T	T3	臨時暫存器
0F	TRN	TRN0	轉移暫存器

表 2-2(續)

字元位址 (HEX)	C54xx	VC5510	敘述
10	AR0	AR0	輔助暫存器 0
11	AR1	AR1	輔助暫存器 1
12	AR2	AR2	輔助暫存器 2
13	AR3	AR3	輔助暫存器 3
14	AR4	AR4	輔助暫存器 4
15	AR5	AR5	輔助暫存器 5
16	AR6	AR6	輔助暫存器 6
17	AR7	AR7	輔助暫存器 7
18	SP	SP	堆疊指標暫存器
19	BK	BK03	環形緩衝大小暫存器/AR0～AR3
1A	BRC	BRC0	區塊重複計數器 0
1B	RSA	RSA0L	區塊重複起始位址(低位址)
1C	REA	REA0L	區塊重複結束位址(低位址)
1D	PMST	PMST	處理器模式狀態暫存器
1E	XPC	XPC	擴展程式計數暫存器
1F	—	—	保留
20	—	T0	臨時暫存器 0
21	—	T1	臨時暫存器 1
22	—	T2	臨時暫存器 2
23	—	T3	臨時暫存器 3
24	—	AC2L	累加器 2
25	—	AC2H	
26	—	AC2G	
27		CDP	係數資料指標暫存器
28	—	AC3L	累加器 3
29	—	AC3H	
2A	—	AC3G	
2B	—	DPH	擴展資料頁碼指標暫存器(高位址)

表 2-2(續)

字元位址 (HEX)	C54xx	VC5510	敘述
2C	—		保留
2D	—		保留
2E	—	DP	資料頁碼指標暫存器
2F	—	PDP	週邊資料頁碼指標暫存器
30	—	BK47	環形緩衝大小暫存器/AR4～AR7
31	—	BKC	用於 CDP 之環形緩衝大小暫存器
32	—	BSA01	環形緩衝起始位址暫存器/AR[0-1]
33	—	BSA23	環形緩衝起始位址暫存器/AR[2-3]
34	—	BSA45	環形緩衝起始位址暫存器/AR[4-5]
35	—	BSA67	環形緩衝起始位址暫存器/AR[6-7]
36	—	BSAC	用於 CDP 之環形緩衝起始位址暫存器
37	—		保留給 BIOS
38	—	TRN1	轉移暫存器 1
39	—	BRC1	區塊重複計數器 1
3A	—	BRS1	BRC1 備份暫存器
3B	—	CSR	已計算單一重複指令暫存器
3C	—	RSA0H	區塊重複起始位址暫存器 0
3D	—	RSA0L	
3E	—	REA0H	區塊重複結束位址暫存器 0
3F	—	REA0L	
40	—	RSA1H	區塊重複起始位址暫存器 1
41	—	RSA1L	
42	—	REA1H	區塊重複結束位址暫存器 1
43	—	REA1L	
44	—	RPTC	單一重複指令計數器
45	—	IER1	中斷遮蓋暫存器 1
46	—	IFR1	中斷旗號暫存器 1
47	—	DBIER0	除錯 IER0

表 2-2(續)

字元位址 (HEX)	C54xx	VC5510	敘述
48	－	DBIER1	除錯 IER1
49	－	IVPD	中斷向量指標 DSP
4A	－	IVPH	中斷向量指標 HOST
4B	－	ST2_55	狀態暫存器 2(C55x)
4C	－	SSP	系統堆疊指標
4D	－	SP	堆疊指標
4E	－	SPH	擴展堆疊指標暫存器(高位址)
4F	－	CDPH	擴展係數資料指標暫存器(高位址)

　　C5510 DSP 擁有 4 個 40 位元的累加器，比 C54xx DSP 多了兩個，累加器的主要目的是在 D-單元內的算數邏輯運算單元 ALU、乘加器 MAC 和移位器的資料處理之用，任何一個累加器的用法都相同，可以分割爲低字元(ACxL)、高字元(ACxH)以及 8 個監視位元(ACxG)等三個部分，如圖 2-6 所示，這三部分可以個別定址使用，在 C54x 相容模式下(C54CM=1)，累加器 AC0 和 AC1 對應到 C54xx DSP 的累加器 A 和 B。

	39-32	31-16	15-0
AC0	AC0G	AC0H	AC0L
AC1	AC1G	AC1H	AC1L
AC2	AC2G	AC2H	AC2L
AC3	AC3G	AC3H	AC3L

圖 2-6　累加器 AC0～AC3

　　C5510 DSP 擁有二個轉移暫存器，如圖 2-7 所示，比 C54xx DSP 多了一個，轉移暫存器是用在比較與選擇指令上，此指令分別比較兩個累加器的高字元 ACxH 和低字元 ACxL 的值，TRN0 是儲存累加器高字元的比較部分極值，TRN1 是儲存累加器低字元的比較部分極值。

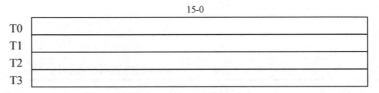

圖 2-7　轉移暫存器 TRN0、TRN1

　　C5510 DSP 擁有四個臨時暫存器，如圖 2-8 所示，比 C54xx DSP 多了三個，臨時暫存器多用於表示乘加指令的運算元運算，還用於表示加減法運算指令的移位值。

15-0

T0
T1
T2
T3

圖 2-8　臨時暫存器 T0～T3

　　其餘的暫存器在各相關的章節中在提及。

2-4　管線結構

　　C55x DSP 使用指令管線(pipeline)結構，指令執行至少要經過抓取指令、解碼、執行或寫入等階段，每個階段會使用不同的功能單元，例如指令抓取和解碼會用到 I-單元和 P-單元，指令執行會用到 D-單元或 A-單元，試想一個指令在 D-單元執行時，I-單元應該可以去抓取另外一個指令，所以一個指令在 CPU 內執行可劃分為若干個階段，不過這要依不同的功能單元而定，此即為管線意義之所在，顯然管線結構能夠提高整個 DSP 的運算速度。

　　舉例來說現有一台多功能的洗衣機，同時具備有洗衣、脫水及烘乾的功能，洗衣、脫水及烘乾各需要花費 T 時的時間，那麼洗一件衣服就必須花費 3T 的時間了。若現在另有一台洗衣機、一台脫水機及一台烘乾機，假設每一台機器均要花費 T 時做完洗衣、脫水及烘乾的工作，洗衣機洗完就拿起放至脫水機脫水，脫水機脫完就拿起放至烘乾機烘乾，烘乾機烘完衣服就洗好了，在每一個 T 時總會有三件衣服同時在洗衣、脫水及烘乾，那麼洗一件衣服平均就只要花費 T 時的時間了(實際上洗一件衣服仍需要 3T 的時間)，指令管線結構它的意義意即在此，可以加快指令執行的效能。

C55x DSP 採用兩層(segment)的管線結構，彼此互相獨立，分別為取指(fetch)管線和執行(execution)管線，其中取指管線用於從程式記憶體讀取指令碼，執行管線用於指令的解碼與執行，現分別說明如下：

如圖 2-9 所示，取指管線分為 4 個階段(phase)，PF1 和 PF2 為預先抓取(pre-fetch)，用於產生程式位址，F 為抓取(fetch)，用於抓取 4 位元組/32 位元指令碼並放入 IBQ 中，PD 為預先解碼(pre-decode)，用於從 IBQ 中讀取 1~6 位元組未解碼指令。只要 IBQ 沒有裝滿未解碼指令的話，取指管線就會不停地進行抓取指令的操作。

至於執行管線則區分為 8 個階段：

1. D 為解碼(decode)，用於完成單一指令或並行指令的解碼，並將解碼後的指令分配給 P-單元、A-單元或 D-單元去執行。

2. AD 為定址(address)，用於完成資料位址的計算，間接定址指標和重複計數器的修改，以及完成 A-單元之 ALU 的運算。

3. AC1 及 AC2 為存取(access)，用於將 AD 階段所產生的位址放到資料位址匯流排上(BAB、CAB 或 DAB)。

4. R 為讀取(read)，根據資料位址匯流排上的值，透過資料匯流排(BB、CB 或 DB)讀取資料，並將產生的寫入位址匯流排放到資料位址匯流排上(EAB 或 FAB)。

5. X 為執行(execution)，利用 R 階段所得到的操作數在 A-單元或 D-單元執行運算。

6. W 及 W+為寫入(write)，將運算結果寫入到暫存器、資料記憶體或 I/O 空間中。

圖 2-9 所示為 C55x DSP 管線結構運作情形，取指管線和執行管線是兩個獨立的管線，管線上同時會有多條指令在執行，最理想的情況如圖 2-9 中"滿管線"(pipeline full)情形，同時有 8 條指令在執行，有的指令在解碼、有的指令在定址、有的指令在存取、有的指令在讀取、有的指令在執行、有的指令在寫入，但多條指令同時在執行，難免會出現對同一位址同時讀寫而發生衝突的情況，例如某一條指令試圖去寫值，但上一個指令卻尚未讀取該位址的值，針對此種管線衝突的問題，C55x CPU 採用管線自動保護機制，像上述衝突情形會自動插入等待週期，讓寫入動作等待，保證讀走後再寫，以確保指令執行無誤。

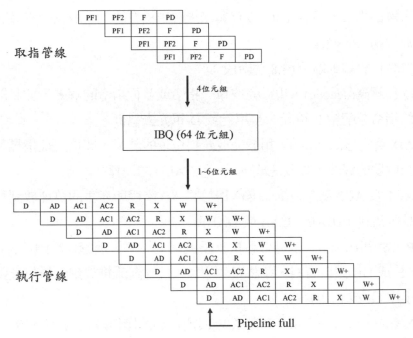

圖 2-9　C55x DSP 管線結構

2-5 記憶體映射

　　C55x DSP 的記憶體空間包括整合為一體的程式/資料空間和 I/O 空間，C55x DSP 記憶體不論是程式空間或資料空間最大的定址空間是 16M 位元組 (byte)，當 CPU 定址於程式記憶體讀取程式碼時，它是使用 24 位元定址，而且以位元組為單位來讀取程式碼，若是存取資料空間時，則是以 23 位元來定址，且以字元(word)為單位來定址存取資料，這兩種情況位址匯流排都是 24 位元大小，但在資料空間存取時，是將 23 位元位址左移一位並將位址匯流排最低位元強迫為 0 來構成 24 位元位址。

表 2-3

	資料空間位址	資料/程式記憶體	程式空間位址
主資料頁碼 0	00 0000～00 005F 00 0060～00 FFFF	MMR	00 0000～00 00BF 00 00C0～01 FFFF
主資料頁碼 1	01 0000～01 FFFF		02 0000～03 FFFF
主資料頁碼 2	02 0000～02 FFFF		040000～05 FFFF
⋮	⋮	⋮	⋮
主資料頁碼 127	7F 0000～7F FFFF		FE 0000～FF FFFF

　　表 2-3 所示為 C55x DSP 資料和程式記憶體映射空間位址表，資料空間分割為 128 個資料頁碼(0～127)，每一個資料頁碼有 64K 大小，不過資料頁碼 0 最初起始的 96 個位址(000000h～00005Fh)保留做為記憶體映射暫存器(MMR)之用，這在程式空間中有一個大小為 192 個位址(000000h～0000BFh)的空間與之對應，建議你的程式碼不要儲存在此範圍位址上，前一章提及有關 CPU 暫存器位址就是定址在此範圍內。

2-5.1 程式空間

程式空間是在 CPU 從程式記憶體中讀取指令時才會去存取，CPU 是使用位元組(byte)位址去抓取不同長度的指令，亦即每一個位元組都有一個個別的位址，而且位址是 24 位元大小，如下圖 2-10 中所顯示的是 32 位元寬的記憶體，每一個位元組給定一個位址，例如位元組 0 的位址是 000100h，位元組 2 的位址是 000102h，以此類推。

位元組位址	Byte 0	Byte 1	Byte 2	Byte 3
00 0100h~00 0103h				

圖 2-10　程式空間位元組位址

C55x DSP 支援 8、16、24、32 和 48 位元指令，表 2-4 所示提供一個說明 5 個不同長度的指令在 32 位元寬的程式記憶體中如何放置，指令位址起始於高位元組指令位址。

指令	大小	位址
A	24 位元	00 0101h
B	16 位元	00 0104h
C	32 位元	00 0106h
D	8 位元	00 010Ah
E	24 位元	00 010Bh

表 2-4

位元組位址	位元組 0	位元組 1	位元組 2	位元組 3
00 0100h～00 0103h		A(23-16)	A(15-8)	A(7-0)
00 0104h～00 0107h	B(15-8)	B(7-0)	C(31-24)	C(23-16)
00 0108h～00 010Bh	C(15-8)	C(7-0)	D(7-0)	E(23-16)
00 010Ch～00 010Fh	E(15-8)	E(7-0)		

在指令抓取時，CPU 是透過 24 位元的程式位址一次抓取 32 位元的程式記憶體的值，所以指令 24 位元位址的最低 2 個位元為 0，換句話說抓取位址值總是 xxxxx0h, xxxxx4h, xxxxx8h 或 xxxxxCh，當程式不連續執行時，如執行呼叫副程式時，此時程式計數器(PC)的值可能不是所要的抓取位址值，例如表 2-4 中執行指令 CALL #subroutineC，若副程式 subroutineC 第一個指令是指令 C(位址 000106h)，也就是說 PC 的值為 000106h，但是程式位址匯流排 PAB 上所擷取的位址是 000104h，CPU 一次讀取是 4 位元組的程式碼，而指令 C 是副程式 subroutineC 被執行的指令。

⏻ 2-5.2　資料空間

當程式從記憶體或暫存器讀取或寫入資料時，就會定址到資料空間，CPU 是使用字元(word：16 位元)定址去讀取或寫入 8 位元、16 位元或 32 位元的資料值，亦即每一個字元指定一個位址，如圖 2-11 中所示字元 0 的位址是 000100h，字元 1 的位址是 000101h。

圖 2-11　資料空間字元位址

位址匯流排是 24 位元大小，當 CPU 欲從資料空間讀取或寫入資料時，它是利用 23 位元再加上最低位元處加一個 0 而形成 24 位元的資料位址匯流排 DAB，例如某一個指令以 23 位元位址 000102h 讀取一個字元，那麼 DAB 上的位址值即為 000204h，因為

字元位址(00 0102h)　　　000 0000 0000 0001 0000 0010b

資料位址匯流排DAB　　　0000 0000 0000 0010 0000 0100b

(00 0204h)

至於資料記憶體的資料型態可區分為位元組(byte)：8 位元、字元(word)：16 位元以及長字元(long word)：32 位元，C55x DSP 有專門的指令的格式可以選擇存取字元的高位元組或是低位元組，用以執行 8 位元的資料處理，如表 2-5 所示。

表 2-5

指令功能	指令格式	存取的位元組
讀取記憶體	MOV high_byte(Smem), dst	Smem(15～8)
	MOV low_byte(Smem), dst	Smem(7～0)
	MOV high_byte(Smem)<<SHIFTW, ACx	Smem(15～8)
	MOV low_byte(Smem)<<SHIFTW, ACx	Smem(7～0)
存入記憶體	MOV src, high_byte(Smem)	Smem(15～8)
	MOV src, low_byte(Smem)	Smem(7～0)

若 CPU 存取的是一個長字元，原則上擷取的字元位址是屬於高字元的位址(MSW：Most Significant Word)，至於低字元(LSW：Least Significant Word)則依高字元的位址而定：

如果 MSW 的位址是偶數值，那麼 LSW 的位址即是下一個位址。

字元位址	Word 0	Word 1
00 0100h~00 0101h	MSW	LSW

如果 MSW 的位址是奇數值，那麼 LSW 的位址即是前一個位址。

字元位址	Word 0	Word 1
00 0100h~00 0101h	LSW	MSW

由以上可知若已經確定 MSW(LSW)的位址，將其位址的最低位元取反向就可以得到 LSW(MSW)的位址了。

表 2-6 所示說明資料在資料記憶體中如何放置，有 7 個不同大小的資料(A～G)儲存在 32 位元寬的記憶體中，若存取長字元，則必須定址到 MSW 位址，例如資料 C 定址到 000102h，資料 D 則定址到 000105h，字元(word)定址也可

以用來存取位元組(byte)，例如位址 000107h 儲存有資料 F(高位元組)和資料 G(低位元組)，如前所述有些特定的指令可用來存取字元的高位元組或低位元組資料。

資料值	資料型態	位址
A	位元組	00 0100h(低位元組)
B	字元	00 0101h
C	長字元	00 0102h
D	長字元	00 0105h
E	字元	00 0106h
F	位元組	00 0107h(高位元組)
G	位元組	00 0107h(低位元組)

表 2-6

字元位址	字元 0		字元 1	
00 0100h～00 0101h		A	B	
00 0102h～00 0103h	MSW of C(位元 31-16)		LSW of C(位元 15-0)	
00 0104h～00 0105h	LSW of D(位元 15-0)		MSW of D(位元 31-16)	
00 0106h～00 0107h	E		F	G

2-5.3　I/O 空間

I/O 空間有別於程式/資料空間，它只能用來存取 DSP 上有關內建週邊(on-chip peripheral)的暫存器，它亦是使用字元定址，最大存取 64K 的 I/O 空間，如圖 2-12 所示。在 I/O 空間的讀取和寫入資料上，CPU 是使用匯流排 DAB 和 EAB，使用 DAB 讀取資料，EAB 寫入資料，但 DAB 和 EAB 皆為 24 位元大小，所以 16 位元的 I/O 位址會補 8 個 0 組合而成 24 位元的位址匯流排，例如 16 位元 I/O 位址為 0102h，那 DAB 上的位址值即為 000102h。

位址	I/O空間
0000h~FFFFh	64K 字元

圖 2-12　I/O 空間字元位址

2-6　VC5510 記憶體

　　VC5510 DSP 支援單一化的記憶體映射，也就是說程式和資料共用同一塊記憶體空間，VC5510 DSP 內建的記憶體總共有 352k 位元組(176k 字元)，內建的記憶體有 64kB 的 DARAM、256kB 的 SARAM 和 32kB 的 ROM。

2-6.1　雙向存取的 RAM(DARAM)

　　VC5510 DSP 內建有 64kB 的雙向存取 RAM(Dual-Access RAM)，由表 2-7 所示 64kB 的 DARAM 是由 8 個 8kB 大小的區塊所組成。所謂雙向存取指的是在一個指令週期內能同時對記憶體存取兩次，包括能兩次讀取或兩次寫入或一次讀取一次寫入。DARAM 能由程式、資料或 DMA 等匯流排所存取。

表 2-7　DARAM 記憶體區塊

位元組位址	記憶體區塊
00 0000h～00 1FFFh	DARAM 0
00 2000h～00 3FFFh	DARAM 1
00 4000h～00 5FFFh	DARAM 2
00 6000h～00 7FFFh	DARAM 3
00 8000h～00 9FFFh	DARAM 4
00 A000h～00 BFFFh	DARAM 5
00 C000h～00 DFFFh	DARAM 6
00 E000h～00 FFFFh	DARAM 7

2-6.2 單向存取的 RAM(SARAM)

VC5510 DSP 內建的有 256KB 的單向存取 RAM(Single-Access RAM)，由表 2-8 所示 256kB 的 SARAM 是由 32 個 8kB 大小的區塊所組成。所謂單向存取指的是在一個指令週期內能對記憶體存取一次，一次讀取或是一次寫入。SARAM 能由程式、資料或 DMA 等匯流排所存取。

表 2-8　SARAM 記憶體區塊

位元組位址	記憶體區塊	位元組位址	記憶體區塊
010000h～011FFFh	SARAM 0	030000h～031FFFh	SARAM 16
012000h～013FFFh	SARAM 1	032000h～033FFFh	SARAM 17
014000h～015FFFh	SARAM 2	034000h～035FFFh	SARAM 18
016000h～017FFFh	SARAM 3	036000h～037FFFh	SARAM 19
018000h～019FFFh	SARAM 4	038000h～039FFFh	SARAM 20
01A000h～01BFFFh	SARAM 5	03A000h～03BFFFh	SARAM 21
01C000h～01DFFFh	SARAM 6	03C000h～03DFFFh	SARAM 22
01E000h～01FFFFh	SARAM 7	03E000h～03FFFFh	SARAM 23
020000h～021FFFh	SARAM 8	040000h～041FFFh	SARAM 24
022000h～023FFFh	SARAM 9	042000h～043FFFh	SARAM 25
024000h～025FFFh	SARAM 10	044000h～045FFFh	SARAM 26
026000h～027FFFh	SARAM 11	046000h～047FFFh	SARAM 27
028000h～029FFFh	SARAM 12	048000h～049FFFh	SARAM 28
02A000h～02BFFFh	SARAM 13	04A000h～04BFFFh	SARAM 29
02C000h～02DFFFh	SARAM 14	04C000h～04DFFFh	SARAM 30
02E000h～02FFFFh	SARAM 15	04E000h～04FFFFh	SARAM 31

2-6.3 ROM

VC5510 DSP 晶片內建 ROM 位於位元組位址 FF8000h～FFFFFFh 處，它是由單一 32kB 大小的區塊所組成，當 CPU 重置(reset)時，若 MP/$\overline{MC}$ =0，則

內建 ROM 是致能的(enable)，但若 MP/$\overline{\text{MC}}$ =1，則內建 ROM 是除能的(disable)
而無法使用，此時位元組位址 FF8000h～FFFFFFh 將定址到外部記憶體空間。
MP/$\overline{\text{MC}}$ 位於 ST3_55 狀態暫存器之位元 6，它的值是在 CPU 重置時由外部接
腳 BOOTM[2:0]的邏輯位準來決定，若接腳 BOOTM[2:0] 的邏輯位準全為 0，
則 MP/$\overline{\text{MC}}$ 位元設定為 1，那麼內建 ROM 被除能，BOOTM[2:0]其它邏輯位準
情況下， MP/$\overline{\text{MC}}$ 位元將被清除為 0，此時內建 ROM 是致能的。 接腳
BOOTM[2:0]只有在硬體重置時才會去取樣它的位準值，軟體重置指令也不會
影響 MP/$\overline{\text{MC}}$ 位元的值，但是軟體指令可以去設定或清除 MP/$\overline{\text{MC}}$ 位元的值。
ROM 能夠由程式、資料或 DMA 等匯流排所讀取。

表 2-9　內建 ROM 之內含資料

位元組位址	敘述
FF 8000h～FF 8FFFh	自載入(bootloader)
FF 9000h～FF F9FFh	保留
FF FA00h～FF FBFFh	正旋查表值
FF FC00h～FF FEFFh	工廠測試碼
FF FF00h～FF FFFBh	中斷向量表
FF FFFCh～FF FFFFh	識別碼

如表 2-9 所示，內建 ROM 在出廠時已經燒錄一些資料在 ROM 裡面，其
中包括有：

1. 電源啓動或硬體重置時，規劃不同的載入程式碼的方式，我們稱之為自
   載入(bootloader)，位元組位址位於 FF 8000h～FF 8FFFh。

2. 包含 360 度的 256 個 Q15 格式的正弦查表值，位元組位址位於 FF FA00h
   ～FF FBFFh。

3. 用於工廠測試的一些內建碼，位元組位址位於 FF FC00h～FF FEFFh。

4. 中斷向量表，位元組位址位於 FF FF00h～FF FFFBh。

5. DSP 識別碼，位元組位址位於 FF FFFCh～FF FFFFh。

圖 2-13 所示爲 TMS320VC5510 DSP 的記憶體映射圖，由前所述可以知道內建記憶體大小爲 320kB，包括有由 8 個 8k 大小的區塊所組成(64kB)的雙向存取 DARAM(位址 000000h～00FFFFh)，以及由 32 個 8k 大小的區塊所組成(256kB)的單向存取 SARAM(位址 010000h～04FFFFh)，再高的位址就需定址到外部記憶體，外部記憶體空間是由晶片致能信號 $\overline{\text{CE}}$[0:3] 來選擇的，所支援的外部記憶體種類有非同步、同步 DRAM(SDRAM)，以及同步 burst SRAM(SBSRAM)。如果 MP/$\overline{\text{MC}}$ =0，則內建 ROM 是致能的(enable)，它涵蓋位址 FF8000h～FFFFFFh 部分，若 MP/$\overline{\text{MC}}$ =1，則內建 ROM 是除能的，則此部分位址定址到外部記憶體。

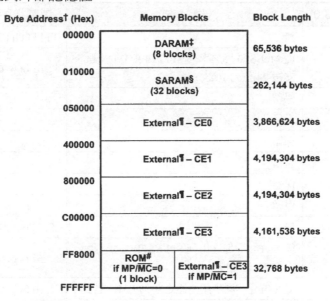

圖 2-13　TMS320VC5510 DSP 記憶體映射圖

　　Bootloader 提供一個於電源啓動時能從外部(可能是一個記憶體或是外部裝置)載入程式碼到 DSP 內建 RAM 去執行程式的方式，VC5510 DSP 提供多種方式來載入程式碼用以適合不同的系統需求，這些可選的載入方式有：

1.　從增強型主機接口介面(EHPI)載入啓動。

2. 從 8/16/32 位元寬非同步外部記憶體載入啟動。

3. 從串列埠 McBSP0 載入啟動。

4. 透過串列埠 McBSP0 以 SPI 模式從串列 EEPROM 載入啟動。

載入模式是由外部接腳 BOOTM[3:0]的邏輯位準值來規劃載入方式,其中接腳 BOOTM[2:0]與一般目的接腳 IO[2:0]共用一個接腳,但 BOOTM[2:0]的邏輯位準值只有在硬體重置時才會被拴鎖取樣進來,而後就可作為一般目的輸入/出接腳來使用,表 2-10 所示為 VC5510 DSP 可選的載入啟動方式。

表 2-10

BOOTM[3:0]	啟動方式	啟動後字元組位址
0000	無	FFFF00h (中斷向量表)
0001	從 McBSP0 埠之串列 SPI EEPROM 啟動 支援 24 位元位址	由 boot table 指定
0010	保留	
0011	保留	
0100	保留	
0101	保留	
0110	保留	
0111	保留	
1000	無	FFFF00h(中斷向量表)
1001	從 McBSP0 埠之串列 SPI EEPROM 啟動 支援 16 位元位址	由 boot table 指定
1010	從 8 位元非同步記憶體之並列 EMIF 啟動	由 boot table 指定
1011*	從 16 位元非同步記憶體之並列 EMIF 啟動	由 boot table 指定
1100	從 32 位元非同步記憶體之並列 EMIF 啟動	由 boot table 指定
1101	EHPI 啟動	010000h(內建 SARAM)
1110	從 McBSP0 之標準串列啟動, 16 位元長	由 boot table 指定
1111	從 McBSP0 之標準串列啟動, 8 位元長	由 boot table 指定

＊：5510DSK 出廠設定的啟動模式

第 **3** 章

程式發展流程

3-1　公共目的檔格式 COFF

　　TMS320C5000 DSP 的程式發展流程如圖 3-1 所示，我們可以使用 C 程式語言或組合語言來撰寫程式，組合語言可以用助憶指令或代數指令來撰寫(只有 C5000 系列有支援代數指令)，代數指令比助憶指令更容易撰寫，但在組譯過程中會先經過轉換輔助工具轉換成助憶指令。C 語言屬於高階程式語言，需要經過 C 語言編譯器(C compiler)編譯成組合語言程式(此為助憶式組語)，組合語言屬於低階程式語言，經過組合語言組譯器(Assembler)後產生 COFF 格式的目的(object)檔，再使用連結器(Linker)將目的檔和其它的目的檔或是函數(Library)檔連結成一個可執行 COFF 檔，再使用載入器(Loader)或除錯器(Debugger)將可執行 COFF 檔下載到硬體目標板(target board)內執行，如此週而復始的執行程式撰寫、修改、編譯、組譯、連接、下載執行以及除錯，直到符合我們預期的結果出現為止，上列所述乃是一個標準的軟硬體發展流程。

　　組譯器和連結器所產生的目的檔可以被 TMS320C55x DSP 所執行，這些所產生目的檔，它的格式被稱為「公共目的檔格式 COFF」(Common Object File Format)，COFF 此種格式使得我們撰寫模組化的程式較為容易，因為它鼓勵程式設計師在使用 C 語言或組合語言撰寫程式時，採用一個程式區塊(block)和資料區塊分開撰寫的概念，而非是一個指令或一個資料地寫下來，不必為程式碼或資料指定目的位址，這使得所撰寫的程式增加了可讀性和可移植性。這些區塊就是定義為所謂的區段(section)，它是公共目的檔格式 COFF 中最為關鍵的概念，後面會提到組譯器和連結器都會提供一些虛指令(directive)允許你用來產生和管理區段。

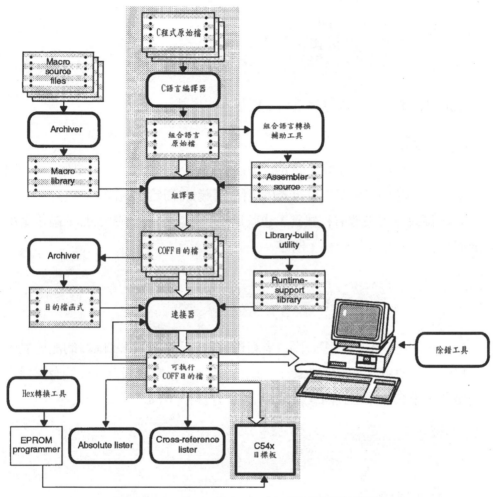

圖 3-1 TMS320C5000 DSP 程式發展流程圖

3-1.1 區段(section)

COFF 目的檔中最小的一個單元就稱之為區段,一個區段在記憶體中佔有連續的一塊區域放有程式碼或資料數據,所以記憶體是由一個或數個程式區段或資料區段組合而成的,目的檔中每一個區段是分開的而且是不同的。COFF 目的檔中基本上是包括有下列 3 個區段:

```
.text        通常包含可執行的程式碼；
.data        通常包含初始化的數據資料；
.bss         通常保留給未初始化的變數使用。
```

至於區段的形式可區分為下列 2 種基本的形式：

初始化區段

包含資料及程式碼區段，即.data 和.text 區段是屬於初始化區段，另外組譯器虛指令.sect 可用來產生自定義(使用者定義)的初始化區段。

.text 區段是用來放置程式碼，也就是組合語言的指令碼。.data 區段是用於放置已給定初始值的資料，例如

```
             .data
coeff        .word011h, 022h
```

如果你想把一部份的程式碼或資料數據放在不同於.text 區段的記憶體中時，那你可以使用自定義區段.sect。.sect "區段名" 是用來自定一個有區段名稱的區段，用來放置程式碼或給定初始值的資料，例如

```
             .sect"vectors"
             .word033h,044h
```

未初始化區段

在記憶體中保留一段空間作為未初始化資料之用，也就是給定一段未指定數值的記憶體空間，這個記憶體通常是 RAM，在 RAM 中並未配置實際的資料初始值，僅僅保留位址而已，.bss 區段即是屬於未初始化區段，另外組譯器虛指令.usect 可用來產生自定義的未初始化區段。.bss 和.usect 的格式為：

```
             .bss符號, 字數
符號          .usect "區段名", 字數
```

其中符號表示由.bss 或.usect 指向記憶體中的第一個字，字數表示所保留記憶體空間的大小。

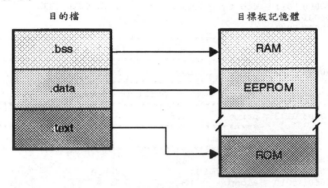

圖 3-2　區段映射至記憶體示意圖

　　連結器 linker 的功能之一就是重定區段在目的記憶體中的實際位址，這個功能就叫做重定址(relocation)，因為目標板大多含有不同型式的記憶體，使用區段的概念能夠幫助你有效的使用記憶體資源，因為所有的區段都可獨立的重定址，你可以將區段放到你所想要放到的記憶體位址中，後面會提到如何在程式中達到重定址的功能。圖 3-2 所示為目的檔中各區段和目標板記憶體間的關係，你可以將各區段放在不同型式的記憶體中，例如.bss 定義的一段記憶體空間放到 RAM 中，.data 所定義的初始化數值放到 EEPROM 中，至於.text 所定義的程式區段則放到唯讀記憶體 ROM 中。

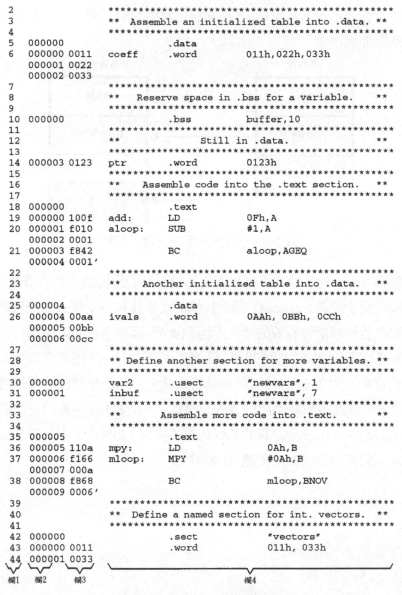

```
2          **************************************************
3          **  Assemble an initialized table into .data. **
4          **************************************************
5   000000                   .data
6   000000 0011  coeff      .word        011h,022h,033h
    000001 0022
    000002 0033
7          **************************************************
8          **   Reserve space in .bss for a variable.    **
9          **************************************************
10  000000                   .bss         buffer,10
11         **************************************************
12         **            Still in .data.                 **
13         **************************************************
14  000003 0123  ptr        .word        0123h
15         **************************************************
16         **    Assemble code into the .text section.   **
17         **************************************************
18  000000                   .text
19  000000 100f  add:       LD           0Fh,A
20  000001 f010  aloop:     SUB          #1,A
    000002 0001
21  000003 f842             BC           aloop,AGEQ
    000004 0001'
22         **************************************************
23         **    Another initialized table into .data.   **
24         **************************************************
25  000004                   .data
26  000004 00aa  ivals      .word        0AAh, 0BBh, 0CCh
    000005 00bb
    000006 00cc
27         **************************************************
28         ** Define another section for more variables. **
29         **************************************************
30  000000       var2       .usect       "newvars", 1
31  000001       inbuf      .usect       "newvars", 7
32         **************************************************
33         **    Assemble more code into .text.          **
34         **************************************************
35  000005                   .text
36  000005 110a  mpy:       LD           0Ah,B
37  000006 f166  mloop:     MPY          #0Ah,B
    000007 000a
38  000008 f868             BC           mloop,BNOV
    000009 0006'
39         **************************************************
40         ** Define a named section for int. vectors.   **
41         **************************************************
42  000000                   .sect        "vectors"
43  000000 0011             .word        011h, 033h
44  000001 0033
```

欄1   欄2   欄3   欄4

圖 3-3　範例程式列表檔

例如下列組語程式(忽略程式註解部分)經過組譯器所產生的列表檔(.lst)
如圖 3-3 所示：

```
                .data
coeff           .word011h,022h,033h
                .bssbuffer,10
ptr             .word0123h
                .text
add:            LD0Fh,A
aloop:          SUB#1,A
                BCaloop,AGEQ
                .data
ivals           .word0Aah,0BBh,0CCh
var2            .usect"newvars", 1
inbuf           .usect"newvars", 7
                .text
mpy:            LD0Ah,B
mloop:          MPY#0Ah,B
                BCmloop,BNOV
                .sect"vectors"
                .word011h,033h
```

　　在上述程式中我們可以發現共有 5 個區段，即.text、.bss、.data、newvars及 vectors。

.text	包含 2 個區段程式碼，共 10 個字。
.data	包含 7 個已初始化資料值。
.bss	在記憶體內保留 10 個字的空間。
vectors	自定義區段，包含 2 個已初始化資料值。
newvars	自定義未初始化區段，在記憶體內保留 8 個字的空間。

　　圖 3-3 列表程式最左邊"欄 1"表示「行計數值」，"欄 2"表示「區段計數值」(相同區段採累計方式)，"欄 3"表示「目的碼」，"欄 4"表示「原始程式碼」。

　　由圖 3-3 組合語言程式所產生的目的碼則如圖 3-4 所示。

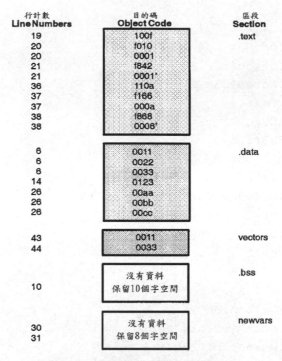

圖 3-4　範例程式所產生的目的碼

　　圖 3-5 說明連接 2 個目的檔的過程。file1.obj 和 file2.obj 組譯後作為連結器的輸入,每一個目的檔都包含.text、.data 和.bss 區段,並且含有自定義區段,連接器把 file1 和 file2 的.text 區段形成一個.text 區段,然後把 2 個.data 區段組合成一個.data 區段,其後組合.bss 區段,最後組合自定義區段。

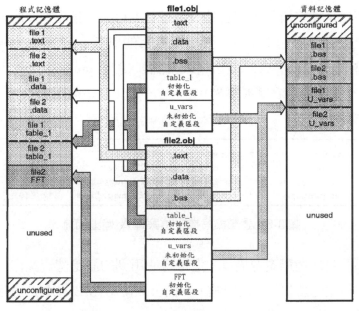

圖 3-5　組合區段成可執行的目的檔

 ## 3-1.2　連結命令檔

　　前面所提到的區段，不論是程式區段.text，初始化資料區段.data，或是(未)初始化自定義區段等，在程式執行時到底是放在記憶體中的什麼地方呢？這是要靠連結命令檔(linker command file)來設定區段在記憶體中的位址，這個程序是在連結器執行過程中完成的，簡單地說連結器將 COFF 目的檔連接到記憶體內的實際位址，產生可執行的 COFF 目的檔。

　　連結命令檔是由以下 3 部分所組成：

1.　檔案輸入/輸出描述。

2.　記憶體資源描述。

3.　區段配置描述。

　　第一部份是檔案輸入/輸出描述，這是針對輸入及輸出檔案的宣告，以及設定連結器功能選項，如圖 3-6 所示，輸入目的檔有 a.obj 和 b.obj，輸出的可執行目的檔為 prog.out，另外產生一個記憶體映射檔 prog.map。此部分可由執行 CCS 時，由 CCS 整合發展視窗 IDE 中去設定(本章後面以範例來作介紹)，所以可以省略。

```
a.obj          /*  First input filename      */
b.obj          /*  Second input filename     */
-o prog.out    /*  Option to specify output file */
-m prog.map    /*  Option to specify map file    */
```

圖 3-6　連結命令檔之檔案輸入/輸出描述

　　第二部分是記憶體資源描述，這是將使用到的記憶體資源作一宣告及描述，包括資料記憶體和程式記憶體，我們可以使用 MEMORY 虛指令來作記憶體資源描述，其指令格式如下：

```
MEMORY
{
    PAGE 0 :  name 1 [(attr)] :  origin = constant ,  length = constant;
    PAGE n :  name n [(attr)] :  origin = constant ,  length = constant;
}
```

PAGE n

　　這是用來定義記憶體的空間，n 表示頁碼，你最多可設定到 255 個頁碼，通常使用 PAGE 0 表示程式記憶體，PAGE 1 表示資料記憶體，如果未指定 PAGE 時，連結器會視其為 PAGE 0。每一個頁碼在記憶體中是完全獨立的位址空間。

name

　　這是用來定義記憶體名稱，名稱可由 1 到 8 個字元所組成，字元可使用 "A~Z"、"a~z"、"$"、"." 和 "_" 等字元。名稱必須唯一不可重複。

attr

這是用來定義記憶體的屬性，可將記憶體區分為 R(可讀出)、W(可寫入)、X(含可執行碼)以及 I(可被初始化)等 4 種。

origin

這是用來設定記憶體名稱的起始位址，也可簡寫為 org 或 o。在 C54xx DSP 中可以使用由 8 進制、10 進制或 16 進制來表示 16 位元長的起始位址。

length

這是用來設定記憶體名稱的長度，也可簡寫為 len 或 l。同樣地可以使用由 8 進制、10 進制或 16 進制來表示 16 位元長的位址長度。

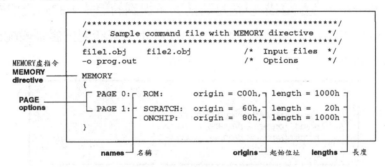

圖 3-7　MEMORY 虛指令

圖 3-7 所示為 MEMORY 虛指令的用法，其中分成兩個頁碼，PAGE 0 表示程式記憶體空間，佔有起始位址從 C00h 開始，長度 1000h 長的記憶體空間。PAGE 1 表示資料記憶體空間，區分為兩個區段，SCRATCH 區段佔有從 60h 開始的起始位址，長度為 20h，接著 ONCHIP 區段佔有從 80h 開始的起始位址，長度為 1000h 長的記憶體空間，如圖 3-8 所示即為圖 3-7 的記憶體映射圖。

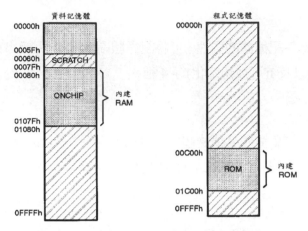

圖 3-8　MEMORY 虛指令的記憶體映射

　　第三部分是區段配置描述，這是將前面所提到的程式中的區段配置到實際的記憶體位址上，我們可以使用 SECTION 虛指令來作記憶體區段配置描述，其指令格式如下：

```
SECTIONS
{
        name : [property, property, property,...]
        name : [property, property, property,...]
        name : [property, property, property,...]
}
```

　　格式裡第一個定義的是名稱(name)，此名稱即是區段的名字，例如像.text、.data 等，名稱後面接符號 "："，接下來的 property 是對區段作記憶體形式定義和位址配置，有以下數種定義：

1.　load allocation　　定義輸出區段在記憶體中的配置，格式為

```
load = allocation   或
allocation          或
> allocation
```

2.　run allocation　　定義輸出區段在記憶體中開始執行的位址，格式為

```
run = allocation   或
run > allocation
```

3.　input section　　　定義輸出區段由哪些輸入區段組合而成，格式為

```
{input_section}
```

4.　section type　　　定義特殊區段型態的旗號，格式為

```
type = COPY   或 type = DSECT   或
type = NOLOAD
```

5.　fill value　　　　定義填入未初始化記憶體的常數值，格式為

```
fill = value
```

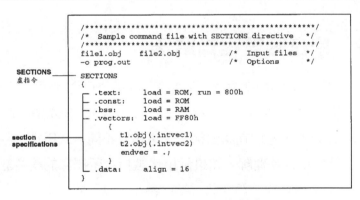

圖 3-9　SECTIONS 虛指令

　　圖 3-9 所示為 SECTION 虛指令的用法，圖 3-10 所示則為在記憶體內的重定址示意圖。

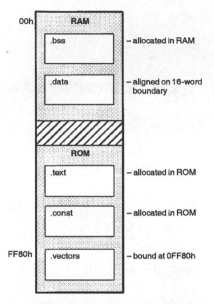

圖 3-10　SECTIONS 虛指令的記憶體重定址

3-2　組合語言程式語法

　　組合語言有其一定的標準語法，程式設計師必須符合其語法規則，這樣才能寫出正確無誤的程式。TMS320C54xx 組合語言區分為助憶(mnemonic)指令與代數(algebraic)指令，它們在語法格式上也稍有不同，代數指令接近算術的寫法，比較容易撰寫以及理解，如果是用代數指令所撰寫的組合語言在組譯(Assembler)之前，會先經過 "組合語言輔助轉換工具" 將代數組合語言轉換成助憶組合語言(參考圖 3-1 所示)，下面是助憶指令與代數指令的例子。

● 助憶指令

```
SYM1         .set     2            ;符號 SYM1=2
Begin:       MOV      #SYM1,AR1    ;AR1 載入 2
```

代數指令

```
SYM1          .set    2                ;符號 SYM1=2
Begin:        AR1 = #SYM1              ;AR1 載入 2
```

由上面的例子可以看出把符號 SYM1 的值載入到輔助暫存器 AR1，用代數指令 AR1 = #SYM1 這種描述法比較接近高階語言的寫法，容易瞭解且不必死背指令，對於初學者而言是較容易上手的。

一個組合語言程式一般的語法格式為：

助憶語言格式：

[標記][:]   助憶碼[運算元][;註解]

代數語言格式：

[標記][:]   代數指令[;註解]

上述語法中，中括弧[]框起來的部分表示為選項(optional)部分，可有可無，視程式需要而定。以下分別對標記、助憶/代數指令、運算元以及註解作一扼要之說明。

標記(label)

標記在使用上最要注意的是它一定是放在程式每一列開始的第一個字元位置上，而且標記的起始位元不可以是一個數字。標記可由 A～Z、a～z、0～9、＿、$等字元所組成，長度最多 32 個字元，標記之後可以加一個冒號(:)，但冒號並不算是標記的一部份。如果不使用標記的話，則該列程式的第一個字元必須是空白字元，如果第一個字元是分號(；)或是星號(*)的話，那這一列只是註解而已，而不是組語指令。例如下列是合法的標記符號

```
Start_1:
LOOP
Loop
```

LOOP 和 Loop 這兩個標記是不同的，因為標記有大小寫之分。

助憶指令

助憶指令一欄區分為兩部分，一為助憶碼另一部份為運算元，助憶碼的第一個字元不能放在該列的第一個位置不然組譯器會將助憶碼當作是標記。助憶碼有下列幾種形式的運算碼：

1. 指令碼，像 MPYU、STH 及 ABS 等，請參考第五章有關指令功能敘述。
2. 虛指令(directive)，像.data、.list 及.set 等。
3. 巨集(macro)虛指令，像.macro、.var 及.mexit 等。
4. 巨集呼叫。

跟在運算碼後面的是運算元，運算元可以是常數(constant)，符號(symbol)或是組合常數和符號的表示式，運算元與運算元之間必須使用逗號(,)分開。組譯器允許你將常數、符號或表示式當成一個位址、一個立即值或間接值使用，以下是在使用上的一些準則。

如果你在運算元前加上#，組譯器會將此運算元視為一個立即值，例如

```
Label:      ADD      #123, AC0
```

#123 就是一個立即值，此指令會將 123 與累加器 AC0 的值相加，然後存到累加器 AC0 內。

如果你在運算元前加上*，組譯器會將此運算元視為一個間接位址，例如

```
Label:      MOV      *AR4, AC1
```

*AR4 就是間接定址，這個指令是將 AR4 的值所定址到的記憶體的內含值載入到累加器 AC1 的低 16 位元處，也就是定址到 AR4 的值所指到的記憶體位址處，第四章資料定址模式中會有詳細的說明。

● 代數指令

　　在代數組合語言中，代數指令一欄即是助憶碼和運算元的組合，此部分請參考第六章指令功能說明會有詳細的說明。

● 註解(comment)

　　註解可以在程式任意的地方撰寫，註解可以包含任何的 ASCII 字元(包括空白字元)，註解可以增加程式的可讀性，易於以後的的程式維護，特別是一個很大的程式時。

　　註解如果出現在程式的第一行位置處，那可以使用分號(；)或星號(*)作為註解的開始，如果是要在程式的任一行加上註解的話，則只能使用分號(；)作為註解的開始，因為星號(*)只能用在第一行的註解上。

◎ 3-2.1 虛指令

　　除了前面介紹過記憶體區段與配置有關的虛指令(directive)，像.text、.data、.bss、.sect、section 以及 memory 等之外，本節中列出一些常用的虛指令，至於其它未列出的部分，請讀者參考 SPRU280－TMS320C55x Assembly Language Tools User's Guide 一書之說明。

.mmregs

　　這是用來定義記憶體映射暫存器(MMR)的符號名稱，也就是說使用者在程式中宣告一次.mmregs，就可以在程式中任意使用記憶體映射暫存器，而不必宣告其名稱位址，像 AR1 即是一個 MMR。

```
Symbol  .set  value  或 Symbol  .equ  value
```

這是用來定義符號 symbol 設定成某個常數值 value，使用一個可讀性較好的符號來代替一個常數值，除了可增加程式的可讀性，也便於日後程式的維護與修改。

```
.global symbol_1[, symbol_2, …, symbol_n]
```

這是將符號 symbol_n'(n'=1～n)設定成全域符號，也就是說這些符號在所有的程式模組內都適用。

```
.def symbol_1[, symbol_2, …, symbol_n]
```

這是用來定義在目前模組中所使用的符號 symbol_n'(n'=1～n)可以被其他的模組所存取使用。

```
.ref symbol_1[, symbol_2, …, symbol_n]
```

這是用來定義在目前模組中所使用的符號 symbol_n'(n'=1～n)是由其他的模組所定義的。

```
.copy "filename"
```

這是用來定義將檔案 filename 完全不變地複製到目前程式模組內。

```
.include "filename"
```

類似**.copy**"filename"虛指令的功能，但此指令只會將目前程式模組內會用到的檔案 filename 的內容含括進來使用，而不是複製至目前程式模組內。

```
.space 位元大小
```

在目前區段(section)中保留由"位元大小"所定義的記憶體空間，例如 .space 0F0h 表示保留 15 個字元(240bits=15×16)大小的空間。

```
.byte value_1[,value _2, …, value _n]
```

這是用來定義在目前區段中，初始化一個或多個連續的字元，每一個 value_n'(n'=1～n)佔有 16 位元長，但高 8 位元值為 0。

```
.word value_1[,value _2, …, value _n]
```

這是用來定義在目前區段中，初始化一個或多個連續的字元 value_n'(n'=1～n)，每一個 value_n'佔有 16 位元長。

```
.int value_1[,value _2, …, value _n]
```

這是用來定義在目前區段中，初始化一個或多個 16 位元整數 value_n'(n'=1～n)。

```
.long value_1[,value _2, …, value _n]
```

這是用來定義在目前區段中，初始化一個或多個 32 位元整數 value_n'(n'=1～n)。

```
.string "string_1"[,"string_2", … , "string_n"]
```

這是用來定義在目前區段中，初始化一個或多個 8 位元字串。

3-3　整合式發展環境－CCS

　　CCS(Code Composer Studio)是 TI 提供的整合式程式發展環境，這個程式最早是由 Go-DSP 公司所發展的 DSP 整合式發展環境 Code Composer，然後由 TI 將其併購後推出 CCS 1.0，經過數年來的發展，隨著 DSP 晶片的推陳出新，軟體發展環境上也作了許多的修改，不外乎使用上更加的人性化，功能上也增強了不少，目前版本為 v4.0，本書模擬或實驗以 v3.1 版為主。

　　CCS v3.1 版一個重要的特色是提供「多個發展地點的連線能力」(multi-site connectivity)，可以把分散在世界各地的設計團隊連接起來，由於影像處理與視訊、寬頻線路、3G 無線通訊等產品需要較高的技術需求，使得所發展的 DSP 應用系統變得龐大且複雜，需要更多工程人員投入設計才能做出這些產品，於是協助不同地點使用者發展多處理器系統的需求便醞應而生，CCS v3.1 版便能提供這方面的需求，有關 CCS 的詳細功能說明請參考 TI 相關網站。

　　學習 CCS 的用法，與其講一大堆的文字敘述，不如入讓讀者親自操作一遍來的印象深刻，"作中學"應該是學習軟體語言工具較有效率的方法，本章與下一章我們以數個實驗(專案)來說明 CCS 的用法，這些實驗若學習完成你將會學習到：

1. 如何建立一個新專案來發展我們的應用程式？如何編輯原始程式？如何加入相關的程式至專案中？

2. 如何編譯、組譯、連結原始程式來產生一個可執行的 COFF 檔(.out)？

3. 如何執行軟體模擬？如何觀察暫存器或記憶體的內含值？

4. 如何開啟一個變數視窗？如何觀察變數變化的情形？

5. 如何設定斷點(breakpoint)？如何動態觀察變數變化的情形？

6. 如何對程式作執行時間效能分析(profile)？

7. 如何設定 probe 探針測試點？如何作外部檔案資料的輸入與輸出？

8. 如何開啟一個 graph 圖形視窗？如何動態觀察圖形的變化呢？

圖 3-11　VC5510 DSK 發展套件

3-3.1　CCS 程式安裝

　　本書的實驗使用由美國 SpectrumDigital 公司出品的 C5510 DSK 套件，如圖 3-11 所示，包含 VC5510 DSK 板一片，CCStudio v3.1 for VC5510 DSK(發展軟體)、USB Cable、AC Power Cord(s)、Power Supply 及使用手冊一本。

　　安裝發展軟體 CCStudio v3.1 版非常簡單，將安裝光碟放入 CD/DVD 光碟機中，會出現如圖 3-12 所示安裝畫面。

圖 3-12　安裝畫面(一)

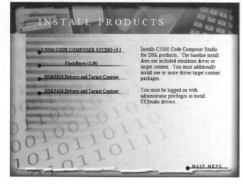

圖 3-13　安裝畫面(二)

單按滑鼠左鍵點選 INSTALL PRODUCTS，會出現如圖 3-13 所示安裝畫面。

單按滑鼠左鍵點選 C5000 CODE COMPOSER STUDIO v3.1，就會開始安裝 CCStudio v3.1，安裝過程會檢查電腦硬體需求是否滿足，點選遵守版權的聲明等畫面後出現如圖 3-14 所示安裝畫面，用滑鼠左鍵點選一般安裝(Typical Install)，如果點選客戶安裝(Custom Install)，則會出現如圖 3-15 所示安裝畫面，在此畫面中你還可以選擇安裝 C2000, C6000 等系列 DSP 軟體開發環境。

圖 3-14　安裝畫面(三)

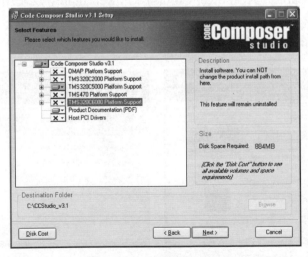

圖 3-15　安裝畫面(四)

接下來顯示安裝目錄，出廠設定值在 C:\CCStudio_v3.1 目錄，你也可以更改至其他目錄，單按 Next 按鈕後在出現的畫面中單按 Install Now 按鈕，即可一路安裝直到安裝完成的訊息出現為止，這時在電腦桌面上會出現如圖 3-16 所示左邊兩個圖示(icon)。

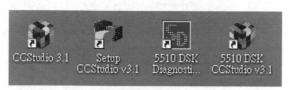

圖 3-16 安裝完成畫面(五)

將 VC5510 DSK 板連接上電源，將 USB 纜線連接 DSK 板及電腦的 USB 埠後，回到圖 3-13 所示的安裝畫面，單按滑鼠左鍵點選 5510DSK Drivers and Target Content，開始安裝執行 VC5510 DSK 的一些驅動程式，安裝完成後在電腦桌面上會出現如圖 3-16 所示右邊兩個圖示，簡單來說你如果是要利用 VC5510 DSK 實驗板執行一些 DSP 的程式，就利用圖 3-16 所示右邊兩個圖示，如果不使用 DSK 實驗板的話，就利用圖 3-16 所示左邊兩個圖示，這時只能在電腦上執行一些 DSP 的模擬程式，我們第一個實習的程式即是用模擬的方式來執行，它是安裝好 CCStudio_v3.1 軟體後所附的一個範例程式。

● 3-3.2　CCS 的組態設定

安裝好 CCS 的程式後，在桌面上點選如圖 3-16 所示"Setup CCStudio_v3.1"的捷徑圖像(icon)，會出現如圖 3-17 的畫面。

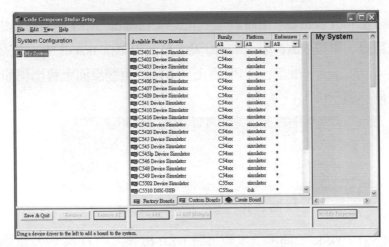

圖 3-17　CCS 組態設定視窗

　　在 Available Factory Boards 視窗內之 Family 選單內點選『C55xx』這一項，在 Platform 選單內點選『Simulator』這一項，然後在 Available Factory Boards 視窗中用滑鼠點選 C5510 Device Simulator 後，在用滑鼠點選位於下方之 <<Add 按鈕，就會將此 C5510 Device Simulator 加到左邊 My System 架構中，此架構是作為執行軟體模擬的用途，最後用滑鼠點選 Save & Quit 按鈕，則會出現詢問離開 Import Configuration 視窗後是否要直接啟動 Code Composer Studio 視窗，若按下 Yes 按鈕後就會在關閉 Import Configuration 視窗後直接啟動 Code Composer Studio 了。

　　離開 Code Composer Setup 視窗記得要做儲存設定，Code Composer Setup 視窗只要作一次設定就可以了，除非是更換不同的使用型態，例如不作軟體模擬了，改作 DSK 硬體實驗了，就必須進入 Code Composer Setup 視窗中重新設定使用架構。

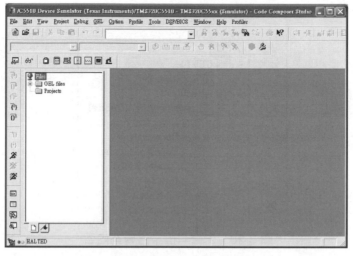

圖 3-18　進入 CCS 後的初始視窗

3-3.3　實驗 3-1：檔案輸入與輸出

目的：將 PC 上所儲存的檔案 sine.dat 由 CCS 讀入後，將其經過簡單的演算後由 Graph 圖形繪出。

圖 3-19　建立新專案對話視窗

步驟 1 建立 sinewave.pjt 專案(project)：

1. 前述離開 Code Composer Setup 視窗後若直接啟動 Code Composer Studio 視窗，亦或是在桌面上點選 "CCStudio 3.1" 的捷徑圖像，會出現如圖 3-18 的畫面。

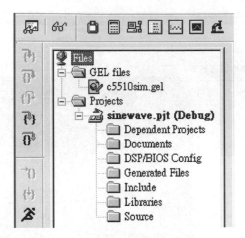

圖 3-20　未含有檔案的專案內容

2.　點選 Project>New 選項，出現如圖 3-19 所示的對話盒，在專案名稱
(Project Name)一欄中我們鍵入一個新的檔案名稱，在這裡我們鍵入
sinewave(注意！假設我們將本書中所有的範例程式都儲存在
"C:\CCStudio_v3.1\ myprojects"目錄中)，然後按下「完成」按鈕離開，
新的專案名稱 sinewave.pjt 建立好了，但專案裡面沒有程式(如圖 3-20
所示)，現在我們陸續增加一些程式到裡面去。

3.　以 C 語言建立一個原始程式 sine.c。點選 File>New>Source File 選項，
會開啟一個空白的編輯視窗，我們輸入以下所示的程式，並以檔名 sine.c
來儲存(或是在 CCS 外以其它的文書編輯軟體輸入再用 File>Open 的方
式載入進來)，若 sine.c 檔案已經存在了，則利用點選 File>Open 選項開
啟程式碼。

```
// *************************************************
// Description: This application uses Probe Points to obtain
input
//(a sine wave). It then takes this signal, and applies a gain
// factor to it.
// Filename: Sine.c
```

```c
// *************************************************

#include <stdio.h>
#include "sine.h"

// gain control variable
int gain = INITIALGAIN;
// declare and initalize a IO buffer
BufferContents currentBuffer;
// Define some functions
static void processing();
// process the input and generate output
static void dataIO();
// dummy function to be used with ProbePoint
void main()
{
     puts("SineWave example started.\n");

   while(TRUE)// loop forever
   {
      dataIO();
      /* Apply the gain to the input to obtain the output */
      processing();
   }
}
static void processing()
{
   int size = BUFFSIZE;
   while(size--){
      currentBuffer.output[size] =
currentBuffer.input[size] * gain;// apply gain to input
   }
}
static void dataIO()
{
   /* do data I/O */
   return;
}
```

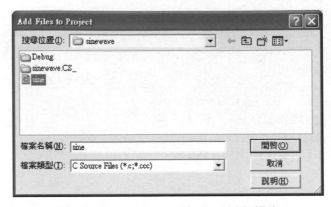

圖 3-21　Add File to Project 操作視窗

4.　將 sine.c 加入到 sinewave.pjt 專案中，方法是點選 Project>Add File to
Project…開啓如圖 3-21 所示的視窗，檔案類型選擇 C Source
Files(*.c*;*.ccc)，點選 C:\CCStudio_v3.1\ myprojects \sinewave\ sinc.c 檔
案後，點選「開啓舊檔(O)」按鈕，將 sine.c 加入到 sinewave.pjt 專案中，
如圖 3-22 所示。

圖 3-22　含有 sine.c 檔案的專案內容

圖 3-23　含有 sine.c, sinewave.cmd 與
rts55.lib 檔案的專案內容

5.　在專案中加入 C5000 的即時支援函數庫 rts.lib，點選 Project>Add File to Project…，在開啟的視窗中點選 C:\CCStudio_v3.1\c5500\cgtools\lib\rts55.lib 檔案後，點選「開啟舊檔(O)」按鈕將 rts.lib 加入到 volume.pjt 專案中，同理將 sinewave.cmd 檔案也加入到 sinewave.pjt 專案中，如圖 3-23 所示。

圖 3-24　Compiler 編譯器選項設定

步驟 2 產生可執行程式碼 sinewave.out：

6.　這是一個 C 語言的程式，所以必須先經過 Compiler 編譯無誤後，才能執行下一步的組譯與連結，點選 Project>Build Options 選項開啟如圖 3-24 所示的視窗，compile 編譯器與 linker 連接器的選項設定使用出廠設定值，無須修改。

7.　編輯好編譯器，組譯器與連結器相關的設定後，點選 Project>Rebulit All 選項來產生可執行檔 sinewave.out。

步驟 3 載入可執行程式碼 sinewave.out：

8. 載入可執行程式碼 sinewave.out。點選 Fire>Load Program 選項，點選 C:\CCStudio_v3.1\myprojects\sinewave\Debug\sine wave.out 檔案後，點選「開啓舊檔(O)」按鈕，即可將 sinewave.out 載入進來。

步驟 4 執行軟體模擬：

9. 首先要加入 probe 探針測試點，probe 可以用來從 PC 檔案中讀取資料，probe 測試點在演算法的發展上是一個有用的工具。它跟 breakpoint 斷點很類似，都可以用來停止 CPU 的動作，但是它們之間仍有些許的不同：

   (1) probe 測試點只是暫時停止 CPU 的動作，等到完成某一動作後繼續執行。

   (2) 斷點停止 CPU 的動作，必須等到手動方式才能讓 CPU 繼續執行，且更新所開啓視窗的內容。

   (3) probe 測試點允許檔案資料的輸入與輸出，斷點則無此功能。

   接下來說明如何使用 probe 測試點來作 PC 檔案資料的傳輸，並且使用斷點來更新所開啓視窗的內容，包括顯示輸出入資料的 graph 圖形。

   載入可執行檔 sinewave.out 之後，首先開啓 sine.c 的編輯視窗。將滑鼠游標移到程式中 dataIO();位置處，單按滑鼠右鍵，在下拉出的視窗中選取 "Toggle Software Probe Point" 後，該行最前頭會呈現一個「小菱形藍點」，如圖 3-25 所示。

10. 在 File 選單中選取 File I/O 選項，將會開啓如圖 3-26 所示的視窗，選擇 File Input 按鈕，點選 Add File，開啓如圖 3-27 所示的檔案輸入視窗，選取 sine.dat，此爲 Hex 格式，可依據不同的檔案格式來選取 "檔案類型" 內的資料格式。

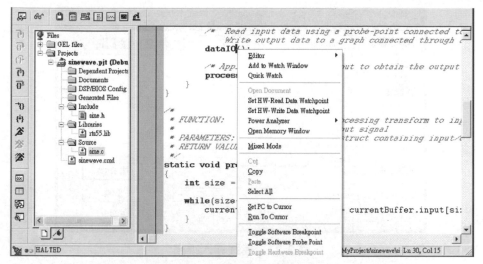

圖 3-25　probe 探針測試點的建立

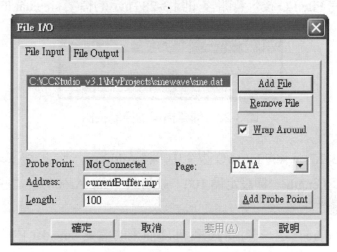

圖 3-26　File I/O 設定視窗

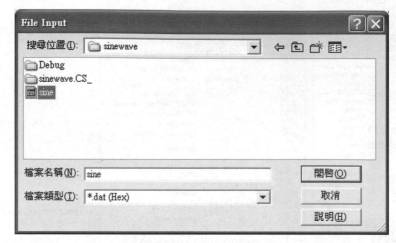

圖 3-27　檔案輸入視窗

11. 執行完 File I/O 後，會開啓如圖 3-28 所示的檔案 sine.dat 的控制視窗。

圖 3-28　開啓檔案的控制視窗

12. 在圖 3-26 所示的 File I/O 視窗中，將 Address 一欄設定爲 currentBuffer. input；Length 一欄設定爲 100，並勾選 Wrap Around，這些欄位的意義略述如下：

(1) Address 這一欄指的是從外部而來的檔案 sine.dat 內的資料被放置的地方，sinc.c 程式內 currentBuffer.input 被宣告成大小爲 BUFFSIZE 的整數結構體(struct)。

(2) Length 這一欄指的是當 probe 測試點被執行到時，從資料檔中放置多少個資料到 currentBuffer.input 中，此處填入 100 是因爲 BUFFSIZE 設定爲 0x64。

(3) 勾選 Wrap Aound 意謂著當檔案 sine.dat 讀取到檔尾時，CCS 會從
檔案開始處重新讀取，一直週而復始，如此可以看成是連續不斷的
資料流(data stream)。

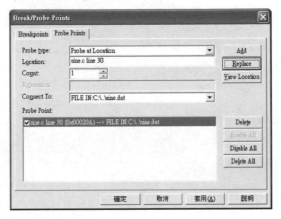

圖 3-29　Break/Probe Point 設定視窗

13. 在 File I/O 視窗中，點選 Add Probe Point 按鈕，開啓如圖 3-29 所示視
窗，點選 "sinc.c line 30(0x00020A)→ No Connection"，再由 Connect To:
一欄中下拉點選 "FILE IN:C:\..\sine.dat" 後點選 Replace 按鈕，即完成
將 probe 測試點連接到 sine.dat 檔案中，點選 "確定" 離開 Break/Probe
Point 視窗，再點選 "確定" 離開 File I/O 視窗。

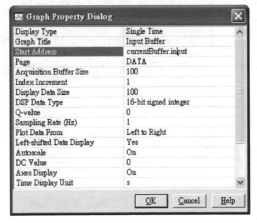

圖 3-30　Graph 圖形的參數設定視窗

步驟 5 觀察記憶體的內含資料：

14. 由圖形(graph)來觀察記憶體的內含比較會有感覺，本程式中 buffer 的大小為 100，在選單中點選 View → Graph，在所開啓的選項中選擇 Time/Frequency 選項，即會開啓如圖 3-30 所示的 graph 圖形參數設定視窗，設定如下列所述的一些參數：

```
Graph TTitle：                 Input Buffer
Start Address：                currentBuffer.input
Acquisition Buffer Size：      100
Display Data Size：            100
DSP Data Type：               16-bit Signed integer
Autoscale：                   off
Maximum Y-value：             1000
```

設定完成後按下 OK 按鈕即會出現所欲觀察的記憶體圖形。同樣地再開一個 graph 視窗，除了 GraphTitle 輸入爲 Output Buffer 以及 Start Address 輸入爲 currentBuffer.output 外其餘設定與圖 3-30 一樣。

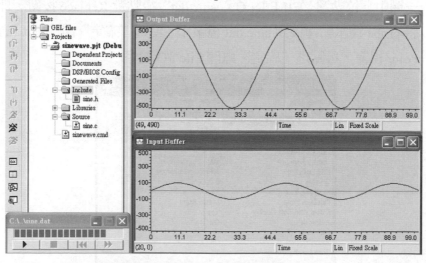

圖 3-31　由 Graph 視窗顯示輸出入圖形

15. 我們先來執行一下程式看看結果如何，用滑鼠點選 Debug->Run，我們發現程式不斷地由 sine.dat 控制視窗中載入資料，直到我們按下 Debug->Halt 後程式才停止於 probe 測試點，並更新 graph 視窗的圖形，圖 3-31 上方的圖形表示輸出圖形，下方的圖形是輸入檔案 sine.dat 的圖形，因為增益是 5，所以輸出圖形被放大 5 倍。

16. 有時我們需要即時的觀察記憶體的資料，CCS 提供了一個稱作 Animate 動態觀察資料圖形的功能，當使用者利用 Animate 方式執行程式時，系統會自由地執行程式，若遇到 breakpoint 斷點時系統會更新所有資料圖形顯示視窗中的內含後，再繼續執行程式，此時斷點的功能只是提供系統一個資料的更新點而已，而非中斷程式的執行。

17. 同樣地仿照前述加入 probe 測試點的方法，將滑鼠游標移到程式中 dataIO();位置處，單按滑鼠右鍵，在下拉出的視窗中選取 "Toggle Software Break Point" 後，該行最前頭會呈現一個小紅點，表示在此處已經設定了一個斷點。

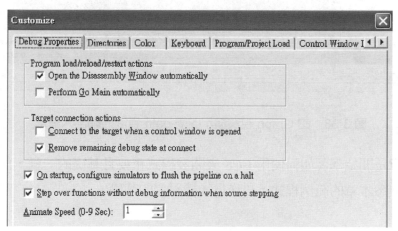

圖 3-32　設定動態顯示的時間之視窗

18. 打開圖形視窗，在選單中點選 Debug→ Animate, 或是在 CCS 視窗左邊出現的垂直工具箱內點選 Animate 按鈕來執行程式，你應該會看到圖形視窗內的圖形被週期性的更新資料。欲停止程式的執行在選單中點選 Debug → Halt。如果更新的速度太快，可以點選 Option → Customize，開啓如圖 3-32 所示的視窗，將 Animate Speed(在 Debug Properties 選項中)設定爲 1(秒)。

19. 此程式中增益 gain 爲 1，現在我們即時將 gain 的值調整，看看圖形的變化情形。在選單中點選 View → Watch Window 開啓 watch 視窗，點選 Watch 1，然後用滑鼠游標在 Name 處點一下即可輸入 gain，然後即可在 Value 處更改 gain 的值，例如將原先 5 的值改爲 3，記得要按下 Enter 鍵，所得圖形如 3-33 所示。

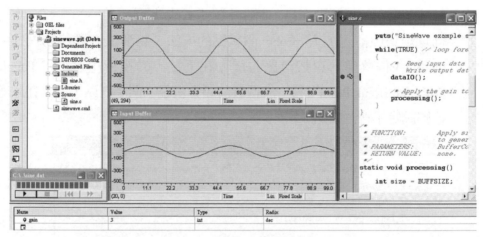

圖 3-33　由 Graph 視窗顯示改變 gain 值後的輸出入圖形

　　本章是開始學習如何使用 CCS 來開發程式重要且基礎的一章，作者建議讀者要熟悉本章的範例程式，以作爲後續研習的基礎。

第 **4** 章

定址模式

本節說明 C55x DSP 的資料空間(含 CPU 暫存器)和 I/O 空間的定址模式，C55x DSP 大致支援 3 種形式的定址模式，以便於對資料記憶體、記憶體映射暫存器 MMR、暫存器位元以及 I/O 空間作資料存取，這 3 種模式為：

1. 絕對定址模式：在指令中以一個常數(constant)來表示所定址位址的全部或部分。
2. 直接定址模式：使用一個偏移值(offset)來定址資料位址。
3. 間接定址模式：使用一個指標(pointer)來定址資料位址。
以上任一個模式都提供一種或多種的運算元形式。

4-1　絕對定址模式

絕對定址模式其運算元有三種形式，k16 絕對位址、k23 絕對位址和 I/O 絕對位址，k16 絕對位址使用*abs(#k16)運算元，其中 k16 是一個 16 位元無符號數，表 4-1 所示為 DPH 和 k16 如何結合成 23 位元資料空間的定址位址。DPH 是一個記憶體映射暫存器，表示擴展資料頁碼指標暫存器 XDP 的高 7 位元，其值組成 k16 絕對定址模式的高 7 位元，如圖 4-1 所示。

00002Bh	保留	6-0 DPH

	22-16	15-0
k16位址	DPH	k16

圖 4-1　DPH+k16 組成 k16 絕對定址模式

例如指令 MOV *abs16(#2006h), T2，假設 DPH=2，則 DPH:k16=02 2006h，此指令表示 CPU 將位址 02 2006h 的內含值載入到臨時暫存器 T2 中。又例如指令 MOV dbl(*abs16(#2006h), pair(T2)，假設 DPH=3，則 DPH:k16=03 2006h，此指令表示 CPU 將位址 03 2006h 的內含值載入到臨時暫存器 T2 中，位址 03 2007h 的內含值載入到臨時暫存器 T3 中。

表 4-1

DPH	k16	資料空間
000 0000 : 000 0000	0000 0000 0000 0000 : 1111 1111 1111 1111	主頁碼　0：00 0000h～00 FFFFh
000 0001 : 000 0001	0000 0000 0000 0000 : 1111 1111 1111 1111	主頁碼　1：01 0000h～01 FFFFh
000 0010 : 000 0010	0000 0000 0000 0000 : 1111 1111 1111 1111	主頁碼　2：02 0000h～02 FFFFh
: : :	: : :	: : :
111 1111 : 111 1111	0000 0000 0000 0000 : 1111 1111 1111 1111	主頁碼　127：7F 0000h～7F FFFFh

k23 絕對定址模式使用*(#k23)運算元，其中 k23 是一個 23 位元無符號數，表 4-2 說明 k23 如何定址到 23 位元資料空間的位址。

例如指令 MOV *(#022006h), T2，以及 MOV dbl(*(#032006h)), pair(T2)，其意義如上述 k16 絕對定址模式範例所示，不過這裡是使用 k23 絕對定址模式表示的指令。

表 4-2

k23	資料空間
000 0000 0000 0000 0000 0000 : 000 0000 1111 1111 1111 1111	主頁碼　0：00 0000h～00 FFFFh
000 0001 0000 0000 0000 0000 : 000 0001 1111 1111 1111 1111	主頁碼　1：01 0000h～01 FFFFh
000 0010 0000 0000 0000 0000 : 000 0010 1111 1111 1111 1111	主頁碼　2：02 0000h～02 FFFFh

表 4-2(續)

k23	資料空間
:	:
:	:
:	:
111 1111 0000 0000 0000 0000 : 111 1111 1111 1111 1111 1111	主頁碼 127：7F 0000h～7F FFFFh

I/O 絕對定址模式如果使用的是代數指令，指令中使用*port(#k16)運算元，其中 k16 是一個 16 位元無符號數，但如使用的是助憶指令，則使用 port(#k16)運算元(注意沒有星號*)。使用這類絕對定址模式的指令是不能與其它指令並行運算的，表 4-3 說明 I/O 絕對定址模式所定址的 I/O 空間位址。

表 4-3

k16	I/O 空間
0000 0000 0000 0000 : 1111 1111 1111 1111	0000h ～ FFFFh

4-2　直接定址模式

直接定址模式區分為以下 4 種方式，分別為資料頁碼 DP 直接定址模式、堆疊指標 SP 直接定址模式、暫存器位元直接定址模式以及週邊資料頁碼指標 PDP 直接定址模式，如同 C54xx DSP 的直接定址模式一樣，DP 直接定址和 SP 直接定址模式是與狀態暫存器 ST1_55 的 CPL 位元有關，當

1. CPL=0；採用 DP 直接定址模式，運算元為@Daddr。
2. CPL=1；採用 SP 直接定址模式，運算元為*SP(offset)。
   現依序說明如下。

4-2.1　資料頁碼 DP 直接定址模式

在 DP 直接定址模式中，23 位元位址其中高 7 位元是由 DPH 所提供，這 7 位元的值可用來決定可定址的 128 個主資料頁碼中的一個，如表 4-4 所示，其餘的低 16 位元位址是由兩個值的和來決定，一個是資料頁碼暫存器 DP 的值，這 DP 的值代表的是由 DPH 值所決定的主資料頁碼內的起始位址，另一個是偏移位址表示的是指定的主資料頁碼裡的任一個位址。

偏移值(offset)是 7 位元大小，這個偏移值是由組譯器計算所得，組譯器由下列式子計算出偏移值 offset，即

```
Offset = (Daddr - .dp_val)& 7Fh
```

其中.dp_val 是由虛指令.dp 所指定的值，例如：

```
AMOV #022000h, XDP
.dp #2000h
MOV @2005h, T2
```

組譯器計算出的偏移值為 offset=(2005h-2000h)& 7Fh=05h，故所產生的資料位址為 DPH：(DP+offset)=02 2005h。

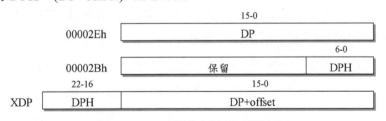

圖 4-2　DP 直接定址模式示意圖

這兩個值相加所得的值(DP+offset)用來決定低 16 位元位址值。DPH 和 DP 連接而成 23 位元位址值稱為擴展資料頁碼(extended data page)暫存器

XDP，你可以個別載入 DPH 和 DP 的值，也可以使用指令載入 XDP 的值，圖 4-2 所示為 DP 直接定址模式示意圖。

表 4-4

DPH	DP+offset	資料空間
000 0000 : 000 0000	0000 0000 0000 0000 : 1111 1111 1111 1111	主頁碼 0：00 0000h～00 FFFFh
000 0001 : 000 0001	0000 0000 0000 0000 : 1111 1111 1111 1111	主頁碼 1：01 0000h～01 FFFFh
000 0010 : 000 0010	0000 0000 0000 0000 : 1111 1111 1111 1111	主頁碼 2：02 0000h～02 FFFFh
: : :	: : :	: : :
111 1111 : 111 1111	0000 0000 0000 0000 : 1111 1111 1111 1111	主頁碼 127：7F 0000h～7F FFFFh

🔘 4-2.2 堆疊指標 SP 直接定址模式

在 SP 直接定址模式中，23 位元位址其中高 7 位元是由 SPH 所提供，這 7 位元的值可用來決定 128 個主資料頁碼中的一個，如表 4-5 所示，其餘的低 16 位元位址是由兩個值的和來決定，一個是堆疊頁碼暫存器 SP 的值，這 SP 的值代表的是由 SPH 值所決定的主資料頁碼內的起始位址，這個起始位址可以是主資料頁碼裡的任一個位址。另一個是 7 位元的偏移值(offset)，這個偏移值由 7 位元所組成，表示 0～127 的值，可由指令中指定。這兩個值相加所得的值(SP+offset)用來決定低 16 位元位址值。例如指令 MOV *SP(5), T2，假設 SP=FFF0h, SPH=0，則定址到的資料記憶體位址為 SPH：(SP+offset)=00

FFF5h，又如指令 MOV dbl(*SP(5)), pair(T2)，同樣假設 SP=FFF0h, SPH=0，
則定址到的資料記憶體位址為 SPH：(SP+offset)=00 FFF5h 以及 SPH：
(SP+offset-1)=00 FFF4h。

　　SPH 和 SP 連接而成 23 位元位址值稱為擴展堆疊頁碼(extended stack page)
暫存器 XSP，你可以個別載入 SPH 和 SP 的值，也可以使用指令載入 XSP 的
值，圖 4-3 所示為 SP 直接定址模式示意圖。

表 4-5

SPH	SP+offset	資料空間
000 0000 ⋮ 000 0000	0000 0000 0000 0000 ⋮ 1111 1111 1111 1111	主頁碼 0：00 0000h～00 FFFFh
000 0001 ⋮ 000 0001	0000 0000 0000 0000 ⋮ 1111 1111 1111 1111	主頁碼 1：01 0000h～01 FFFFh
000 0010 ⋮ 000 0010	0000 0000 0000 0000 ⋮ 1111 1111 1111 1111	主頁碼 2：02 0000h～02 FFFFh
⋮ ⋮ ⋮	⋮ ⋮ ⋮	⋮ ⋮ ⋮
111 1111 ⋮ 111 1111	0000 0000 0000 0000 ⋮ 1111 1111 1111 1111	主頁碼 127：7F 0000h～7F FFFFh

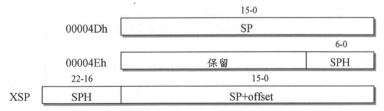

圖 4-3　SP 直接定址模式示意圖

4-2.3 暫存器位元直接定址模式

在暫存器位元直接定址模式中，於運算元中所指定的偏移值@bitoffset，它是從最低有效位元(LSB)算起的偏移值，如圖 4-4 所示，例如 bitoffset=0 即表示暫存器的 LSB 位元(位元 0)，bitoffset=3 即可設定到暫存器的位元 3，只有暫存器位元測試/設定/清除等指令有支援此種定址模式，這些指令允許你對暫存器的位元作存取，至於可用於位元定址的暫存器有累加器 AC0～AC3、輔助暫存器 AR0～AR7 和臨時暫存器 T0～T3，例如指令 TC1=bit(T0, @#12)表示的是將臨時暫存器 T0 中位元 12 的值放至位元 TC1 上。

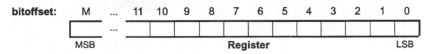

圖 4-4　暫存器位元直接定址模式示意圖

4-2.4 週邊資料頁碼 PDP 直接定址模式

當一個指令使用 PDP 直接定址模式時，所組成 16 位元 I/O 位址如表 4-6 所示，其中高 9 位元的週邊資料頁碼 PDP，它是用來定址到 512(0～511)個頁碼中的一個週邊資料頁碼，每一個頁碼是 128(0～127)個字元大小，由指令中使用一個 7 位元的偏移值(Poffset)來選擇字元位址，例如存取某一頁碼的第一個字元，其偏移值為 0，圖 4-5 所示為 PDP 直接定址模式示意圖。

表 4-6

PDP	Poffset	I/O 空間(64K)
0000 0000 0 : 0000 0000 0	000 0000 : 111 1111	週邊頁碼　0：0000h～007Fh
0000 0000 1 : 0000 0000 1	000 0000 : 111 1111	週邊頁碼　1：0080h～00FFh

表 4-6(續)

PDP	Poffset	I/O 空間(64K)
0000 0001 0 : 0000 0001 0	000 0000 : 111 1111	週邊頁碼 2：0100h～017Fh
: : :	: : :	: : :
1111 1111 1 : 1111 1111 1	000 0000 : 111 1111	週邊頁碼 511：FF80h～FFFFh

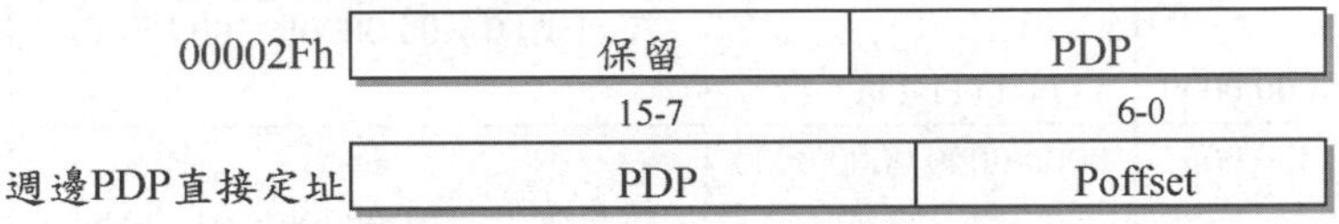

00002Fh	保留	PDP
	15-7	6-0

週邊PDP直接定址	PDP	Poffset

圖 4-5　PDP 直接定址模式示意圖

4-3　間接定址模式

CPU 支援多種間接定址模式，包括有 AR 間接定址模式、雙 AR 間接定址模式、CDP 間接定址模式以及係數間接定址模式，而且這些模式都可設定成使用線性(linear)或環形(circular)定址。現依序說明如下。

4-3.1　AR 間接定址模式

所謂 AR 間接定址模式是使用輔助暫存器 AR0～AR7 的值作為指標(pointer)來對資料空間、暫存器位元或 I/O 空間位址作定址以便對其間資料作存取。

資料空間

對資料空間的 23 位元的定址而言,由 ARn(n=0～7)提供低 16 位元的位址,至於高 7 位元則由 ARnH 提供,ARnH 和 ARn 連接起來合稱為擴展輔助暫存器 XARn,如表 4-7 所示,ARn 可以被個別載入,但 ARnH 則不行,必須由 XARn 來載入,圖 4-6 所示為資料空間之 AR 間接定址示意圖。

表 4-7

ARnH	ARn	資料空間
000 0000 : 000 0000	0000 0000 0000 0000 : 1111 1111 1111 1111	主頁碼 0:00 0000h～00 FFFFh
000 0001 : 000 0001	0000 0000 0000 0000 : 1111 1111 1111 1111	主頁碼 1:01 0000h～01 FFFFh
000 0010 : 000 0010	0000 0000 0000 0000 : 1111 1111 1111 1111	主頁碼 2:02 0000h～02 FFFFh
: : :	: : :	: : :
111 1111 : 111 1111	0000 0000 0000 0000 : 1111 1111 1111 1111	主頁碼 127:7F 0000h～7F FFFFh

	22-16	15-0
XARn	ARnH	ARn (n=0 ~ 7)

圖 4-6　資料空間之 AR 間接定址示意圖

暫存器位元

對定址暫存器位元而言,16 位元輔助暫存器 ARn 的值表示被存取暫存器的位元值,例如 AR2 的值為 0,則定址到暫存器位元 0,只有暫存器位元測試/設定/清除等指令有支援此種定址模式,這些指令允許你對暫存器的位元作存取，至於可用於位元定址的暫存器有累加器 AC0～AC3、輔助暫存器 AR0～AR7 和臨時暫存器 T0～T3，圖 4-7 所示為暫存器位元之 AR 間接定址示意圖。例如指令 bit(AC1, AR3)=#1 是將輔助暫存器 AR3 位元 5～0 所指定的值，對應到累加器 AC1 相關位元位置上，將其位元值設為 1。

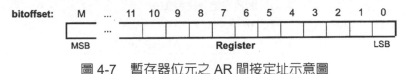

圖 4-7　暫存器位元之 AR 間接定址示意圖

I/O 空間

對 I/O 空間定址而言，16 位元輔助暫存器 ARn 的值即為完整的 I/O 位址，如表 4-8 所示。

表 4-8

ARn	I/O 空間
0000 0000 0000 0000 : 1111 1111 1111 1111	0000h ～ FFFFh

AR 間接定址模式依據狀態暫存器 ST2_55 之 ARMS 位元的值決定其操作模式：

若 ARMS=0；為 DSP 模式，在 DSP 數位信號處理應用上 CPU 提供較佳的執行效率，指令運算元形式如表 4-9 所示。

若 ARMS=1；為控制模式，針對控制系統應用上能將程式碼大小最佳化，指令運算元形式如表 4-11 所示。

表 4-9 AR 間接定址～DSP 模式

模式	運算元格式	功能說明
1	*ARn	ARn 的值未修改
2	*ARn+	ARn 的值在定址後增加： 如為 16 位元操作：ARn=ARn+1 如為 32 位元操作：ARn=ARn+2
3	*ARn-	ARn 的值在定址後減少： 如為 16 位元操作：ARn=ARn-1 如為 32 位元操作：ARn=ARn-2
4	*+ARn	ARn 的值在定址之前增加： 如為 16 位元操作：ARn=ARn+1 如為 32 位元操作：ARn=ARn+2
5	*-ARn	ARn 的值在定址之前減少： 如為 16 位元操作：ARn=ARn-1 如為 32 位元操作：ARn=ARn-2
6	*(ARn+T0/AR0)	ARn 在定址後，ARn 的值加上 T0 或 AR0 的 16 位元有號數值： 如果 C54CM=0：ARn=ARn+T0 如果 C54CM=1：ARn=ARn+AR0
7	*(ARn-T0/AR0)	ARn 在定址後，ARn 的值減去 T0 或 AR0 的 16 位元有號數值： 如果 C54CM=0：ARn=ARn-T0 如果 C54CM=1：ARn=ARn-AR0
8	*ARn(T0/AR0)	ARn 的值未修改，以 ARn 作為基底位址，T0 或 AR0 的 16 位元有號數值作為偏移值作定址： 如果 C54CM=0：*ARn(T0) 如果 C54CM=1：*ARn(AR0)
9	*(ARn+T0B/AR0B)	ARn 在定址後，ARn 的值依位元反轉模式加上 T0 或 AR0 的 16 位元有號數值： 如果 C54CM=0：ARn=ARn+T0B 如果 C54CM=1：ARn=ARn+AR0B

表 4-9　AR 間接定址～DSP 模式(續)

模式	運算元格式	功能說明
10	*(ARn-T0B/AR0B)	ARn 在定址後，ARn 的值依位元反轉模式減去 T0 或 AR0 的 16 位元有號數值： 如果 C54CM=0：ARn=ARn-T0B 如果 C54CM=1：ARn=ARn-AR0B
11	*(ARn+T1)	ARn 在定址後，ARn 的值加上 T1 的 16 位元有號數值： ARn=ARn+T1
12	*(ARn-T1)	ARn 在定址後，ARn 的值減去 T1 的 16 位元有號數值： ARn=ARn-T1
13	*ARn(T1)	ARn 的值未修改，以 ARn 作爲基底位址，加上 T1 的 16 位元有號數值的偏移值作定址
14	*ARn(#K16)	ARn 的值未修改，以 ARn 作爲基底位址，加上 16 位元有號數值 K16 的偏移值作定址
15	*+ARn(#K16)	ARn 的值加上 16 位元有號數值 K16 的偏移值作定址：ARn 的值修改爲 ARn+K16

📌 4-3.1.1　ARn 作遞增/遞減定址(模式 1、2、3、4 或 5)

使用輔助暫存器 ARn，你可以藉由遞增 1/遞減 1 修改 ARn 內的值來改變資料記憶體的存取位址。

如表 4-9 所示，模式 1(*ARn)僅單純的以 ARn 所設定的值作爲資料記憶體的位址定址，而對此資料記憶體位址的內含值作資料的存取，例如假設 AR3=#1234h，而且資料記憶體位址 1234h 處的內含值爲 4321h，那麼指令 AC0=*AR3 就是將資料記憶體位址 1234h 內含值 4321h 存放到累加器 AC0 內，所以執行完指令 AC0=*AR3 後累加器 AC0 的值即爲 4321h，上述指令若以助憶指令表示即爲 MOV *AR3, AC0。

	執行前	執行後
AC0	0000000000	0000004321
AR3	1234	1234
(1234)	4321	4321

　　模式 2(*ARn+)和模式 3(*ARn-)的功能和模式 1 一樣，都是以 ARn 所定址到的資料記憶體位址作存取位址，所不同的是執行完資料存取動作之後，模式 2 的 ARn 指標值加 1，而模式 3 的 ARn 指標值減 1，例如前述範例中執行完 AC0=*AR3-指令後，AR3 的值為 1233h。

	執行前	執行後
AC0	0000000000	0000004321
AR3	1234	1233
(1234)	4321	4321

　　又例如執行完 AC0=*AR3+指令後，AR3 的值為 1235h，而累加器 AC0 的值為 4321h。

　　另外模式 4(*+ARn)是先作 ARn 內含值加 1，再以新的 ARn 的內含值作為資料記憶體定址的位址，而且存取動作完成後 ARn 的值維持原來加 1 後的值。例如假設 AR3=#1234h，而且資料記憶體位址 1234h 處的內含值為 4321h，位址 1235h 處的內含值為 8765h，那麼指令 AC1=*+AR3 就是先將 AR3 加 1 而成為 AR3=#1235h，然後將資料記憶體 1235h 位址內含值 8765h 存放到累加器 AC1 內，所以累加器 AC1 的值即為 8765h。

	執行前	執行後
AC1	0000000000	0000008765
AR3	1234	1235
(1234)	4321	4321
(1235)	8765	8765

　　同理模式 5(*-ARn)是先作 ARn 的內含值減 1，再以新的 ARn 的內含值作為資料記憶體定址的位址，而且存取動作完成後 ARn 的值維持減 1 後的值，例如假設 AR3=#1234h，而且資料記憶體位址 1234h 處的內含值為 4321h，位址 1233h 處的內含值為 8765h，那麼指令 AC1=*-AR3 就是先將 AR3 減 1 而成為 AR3=#1233h，然後將資料記憶體 1233h 位址內含值 8765h 存放到累加器 AC1 內，所以累加器 AC1 的值即為 8765h。

	執行前	執行後
AC1	0000000000	0000008765
AR3	1234	1233
(1233)	8765	8765
(1234)	4321	4321

🔧 4-3.1.2　ARn+/-T0(AR0)位移定址(模式 6、7 或 8)

以 ARn 的內含值作爲指標對資料記憶體的位址定址，存取完資料後以輔助暫存器 AR0 或臨時暫存器 T0 的內含值作爲指標偏移值，可以加到輔助暫存器 ARn 的內含值中，或從 ARn 內含值減去 AR0 或 T0 的內含值作爲對資料記憶體新的定址位址，如果爲相容模式(C54CM=1，適用於 C54xx DSP)，則 ARn=ARn+/–AR0，如果爲加強模式(C54CM=0，適用於 C55x DSP)，則 ARn=ARn+/–T0。

模式 6(*ARn+AR0/T0)是將 ARn 的內含值作爲定址位址，至所定址到的資料記憶體位址作資料存取的動作，存取完成後 ARn 內含值加上 AR0(或 T0) 的內含值，成爲新的 ARn 的內含值。

模式 7(*ARn–AR0/T0)是將 ARn 的內含值作爲定址位址，至所定址到的資料記憶體位址作資料存取的動作，存取完成後 ARn 內含值減去 AR0(或 T0)的內含值，成爲新的 ARn 的內含值。

模式 8(*ARn(AR0/T0))是將 ARn 的內含值加上輔助暫存器 AR0 或臨時暫存器 T0 的內含值(AR0 或 T0 作爲指標偏移值)作爲定址位址，至所定址到的資料記憶體位址作資料存取的動作，存取完成後 ARn 內含值不變。

例如 AR0=0100h、AR3=1234h 及(1234h)=5678h(表示資料記憶體位址 1234h 處內含值爲 5678h)，則指令 AC0=*AR3+AR0 執行完成後，累加器 AC0 的內含值爲 5678h，而 AR3 的內含值爲 1334h，即：

	執行前	執行後
AC0	0000000000	0000005678
AR0	0100	0100
AR3	1234	1334
(1234)	5678	5678

對於 DSP 的數學運算式而言，此種移位定址法對應分別處於不同記憶體區塊內含資料間的相互處理運算，算是相當簡捷快速且重要的。

4-3.1.3 位元反轉定址(模式 9 或 10)

位元反轉定址法對於計算不同基數(radix)的 FFT 演算法，能夠增強其運算速度和程式記憶體的有效運用。在此定址模式中，AR0 或 T0 是用來指定碟型反轉定址的位移植，也就是 FFT 運算點數大小的一半，詳細 FFT 的用法請參考本書第十四章相關說明。至於如何計算位元反轉定址呢？方法是在計算 ARn+/-AR0/T0 位移值時，不是 "由右向左" 往高位元來作每一個位元的加/減運算，而是反向的 "由左向右" 往低位元作位元的加/減運算，因此稱之為位元反轉(bit-reversed)定址。

在作 2^N 點的 FFT 運算時，T0(或 AR0)位移值設定為 2^{N-1}，例如當 N=4(16 點的 FFT 運算)，T0 的值設定為 8(1000b)，假設輔助暫存器為 4 位元大小，AR2 表示資料記憶體的基底位址，它的值為 0000b，T0 的值為 1000b，下列式中註解中(標示 "；" 的敘述)的 AR2 的值是指令執行前的 AR2 的值。

```
*AR2+T0B        ; AR2 = 0000b = 0
*AR2+T0B        ; AR2 = 1000b = 8
*AR2+T0B        ; AR2 = 0100b = 4
*AR2+T0B        ; AR2 = 1100b = 12
*AR2+T0B        ; AR2 = 0010b = 2
*AR2+T0B        ; AR2 = 1010b = 10
*AR2+T0B        ; AR2 = 0110b = 6
*AR2+T0B        ; AR2 = 1110b = 14
```

```
*AR2+T0B          ; AR2 = 0001b = 1
*AR2+T0B          ; AR2 = 1001b = 9
*AR2+T0B          ; AR2 = 0101b = 5
*AR2+T0B          ; AR2 = 1101b = 13
*AR2+T0B          ; AR2 = 0011b = 3
*AR2+T0B          ; AR2 = 1011b = 11
*AR2+T0B          ; AR2 = 0111b = 7
*AR2+T0B          ; AR2 = 1111b = 15
```

　　如果為相容模式(C54CM=1)，ARn=ARn+/–(AR0B)，如果為加強模式(C54CM=0)，ARn=ARn+/–(T0B)。

4-3.1.4　ARn+/-T1 位移定址(模式 11、12 或 13)

　　以 ARn 的內含值作為對資料記憶體的定址位址，存取完資料後以臨時暫存器 T1 的內含值作為指標偏移值，可以加到輔助暫存器 ARn 的內含值中，或從 ARn 內含值減去 T1 的內含值作為對資料記憶體新的定址位址。

　　模式 11(*(ARn+T1))是將 ARn 的內含值作為定址位址，至所定址到的資料記憶體位址作資料存取的動作，存取完成後 ARn 內含值加上 T1 的內含值，成為新的 ARn 的內含值。

　　模式 12(*(ARn-T1))是將 ARn 的內含值作為定址位址，至所定址到的資料記憶體位址作資料存取的動作，存取完成後 ARn 內含值減去 T1 的內含值，成為新的 ARn 的內含值。

　　模式 13(*ARn(T1))是將 ARn 的內含值加上臨時暫存器 T1 的內含值(作為指標偏移值)作為定址位址，至所定址到的資料記憶體位址作資料存取的動作，存取完成後 ARn 內含值不變。

　　例如 T1=0100h、AR3=1234h 及(1234h)=5678h，則指令 AC0=*(AR3+T1)執行完成後，累加器 AC0 的內含值為 5678h，而 AR3 的內含值為 1334h，即：

	執行前	執行後
AC0	0000000000	0000005678
T1	0100	0100
AR3	1234	1334
(1234)	5678	5678

🐾 4-3.1.5　ARn(#K16)位移定址(模式 14 或 15)

一個 16 位元有號數表示的固定偏移位址，以#K16 來表示，可以加到輔助暫存器 ARn 內含值中，作為新的定址位址來對資料記憶體作資料存取的動作。

模式 14(*ARn(#K16))是將ARn的內含值加上帶符號的 16 位元#K16 的偏移值作為新的定址位址，對所定址到的資料記憶體位址作存取動作，但ARn內含值不變。

模式 15(*+ARn(#K16))的功能和模式 14 一樣，所不同的是定址完成後 ARn 內含值為加上了帶符號的 16 位元#K16 值後的值，也就是說 ARn 的內容改變成 ARn+#K16。

此種形式的定址對於存取記憶體陣列(array)或結構(structure)中的元素是很有用的，因為此種形式的定址能以固定的間隔存取陣列中的元素。

🐾 4-3.1.6　環形定址

在 C55x DSP 表 4-9 中定義的這些間接定址模式皆支援線性(linear)或環形(circular)定址模式，由於在 C54xx 和 C55x DSP 中環形定址的用法有些不同，以下先說明 C54xx DSP 的環形定址的運作機制。

數位訊號處理中許多的演算法則，如迴旋積分(convolution)、相關(correlation)以及 FIR 濾波器等的運算，便需要在記憶體中利用環形緩衝器來實現，在這些演算法中，環形緩衝器就如同是一個移動的視窗，此視窗包含所有最近的一筆資料，當一筆新資料進來時，緩衝器將會予以寫入而蓋掉舊的一筆資料，此種環形緩衝器主要是靠一個環形定址技術來實現。

C54xx DSP 環形定址

　　如何來實現環形定址呢？在 C54xx 記憶體映射暫存器 MMR 中有一個稱為 "環形緩衝大小暫存器(BK)"，它是用來指定此環形緩衝器的大小，此環形緩衝器的大小 R 必需開始於 N 位元邊界，也就是說此環形緩衝器起始位址的最低 N 個位元必須為 0，那麼 N 如何決定呢？很簡單，依據環形緩衝大小暫存器 BK 大小 R 來決定，N 必須滿足 $2^N > R$ 的最小整數，舉例來說如需要一個大小為 31 個字元的環形緩衝器，因為滿足 $2^N > 31$ 的最小 N 值為 5，所以此環形緩衝器起始位址的最低 5 個位元須為 0，也就是說環形緩衝器必需起始於位址 xxxx xxxx xxx0 0000。若是大小為 32 個字元的環形視窗，則滿足 $2^N > 32$ 的最小 N 值為 6，所以此環形緩衝器的起始位址是 xxxx xxxx xx00 0000。這個起始位址被稱為 "有效的基底位址"(EFB：effective base address)，另一個被稱為 "緩衝器結束位址"(EOB：end of buffer address)，它的定義是將 ARx 的最低 N 個位元用 BK 的最低 N 個位元來取代，注意！"緩衝器結束位址"EOB 並非是環形緩衝器最後的一個位址，而是環形緩衝器最後位址的下一個位址。所謂 "指標"(index)簡單來說就是 ARx 的最低 N 個位元，而 "步差"(step) 是從輔助暫存器 ARx 減去或加入的值，例如指令*AR3+0%中，AR3 的最低 N 個位元的值即為指標值，AR0 的最低 N 個位元的值即為步差值。

　　所以綜合來說，環形緩衝器的第一個位址是將 ARx 最低 N 個位元設定為 0 作為所對應的資料記憶體基底位址，N 必須滿足 $2^N > R$ 的最小整數，R 表示環形緩衝器的大小，這是由 MMR 暫存器 BK 來決定；而環形緩衝器(最後+1) 的位址是將 ARx 的最低 N 個位元用 BK 的最低 N 個位元來取代的值所對應的資料記憶體位址，所使用的步差需小於或等於環形緩衝器的大小。

　　環形定址的演算法如下所示：

```
if  0≤  指標值+步差值 < BK
            指標值=指標值+步差值
else if  指標值+步差值 ≥ BK
```

```
              指標值=指標值+步差值-BK
else if    指標值+步差值 < 0
              指標值=指標值+步差值+BK
```

現舉一個例子來說明環形定址模式，假設 AR4=# 1212h，AR0=#0x06，BK=#32，(1212h)=0123h(表示資料記憶體位址 1212h 的內含值為 0123h)，以此類推假設(1218h)=4567h、(121Eh)= 89ABh，(1204h)=CDEFh，執行指令 A=*AR4+0%後，累加器 A 的值為何？

由前述可知，因為 BK=#32，所以滿足 $2^N > R = 32$ 的最小整數 N=6，AR4=#1212h 最低的 6 個位元是 12h，這就是所謂的指標值(index)，AR0=#0x06；這是所謂的步差值(step)。

有效的基底位址 EFB=1200h(最低 6 位元為 0 的位址)，緩衝器結束位址 EOB=1220h，但這並不是環形緩衝器的最後一個位址，最後一個位址應為 121Fh，而是指環形緩衝器最後一個位址的下一個位址，執行一次 A=*AR4+0% 後，指標值+步差值=12h+6h=18h，小於 BK 值 20h，所以累加器 A 的值為 (1218h)=5678h，再執行一次 A=*AR4+0%後，指標值+步差值=18h+6h=1Eh，仍小於 BK 值 20h，所以累加器 A 的值變為(121Eh)=9ABCh，若再執行一次 A=*AR4+0%後，因為指標值+步差值=1Eh+06h=24h，已經超過緩衝器結束位址 EOB=1220h，所以累加器 A 的值變為(1204h)=CDEFh。

我們用圖示法來表示這個例子，可得如圖 4-8 所示。

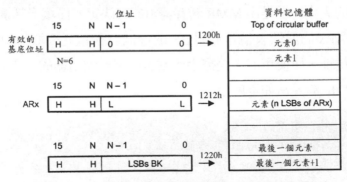

圖 4-8　C54xx DSP 環形緩衝器的範例之圖示

C54xx DSP 提供的環形定址模式有：

*ARn+/-%，是將 ARn 的內含值作為定址位址，至所定址到的資料記憶體位址作存取動作，存取完成後在對 ARn 的內含值作環形定址法加/減 1 運算，指標值由 ARn 的最低 N 個位元所定義，而步差值為 1。

*ARn+/-0%，是將 ARn 的內含值作為定址位址，至所定址到的資料記憶體位址作存取動作，存取完成後在對(ARn+/-AR0)作環形定址運算，指標值由 ARn 的最低 N 個位元所定義，而步差值為 AR0 的內含值。

*+ARx(lk)%，以帶符號的 16 位元 lk 值作步差值，而且在定址前就先作(ARn+lk)的環形定址運算，再至所定址到的資料記憶體位址作存取動作。

◉ C55x DSP 環形定址

至於 C55x DSP 提供的環形定址運作機制略有不同，說明如下：

在 C55x DSP 定址上，環形定址可用於表 4-9 中任何一種間接定址模式，8 個輔助暫存器(AR0～AR7)和係數資料指標(CDP)能夠個別設定為線性(linear)或環形(circular)定址。環形緩衝的大小是由三個暫存器 BK03、BK47 或 BKC 來定義的，它們用來定義環形定址緩衝區的字元大小或是暫存器裡的位元大小。因為資料記憶體的定址為 23 位元大小，其中高 7 位元用來定址主資料頁碼，是由 CDPH 或 ARnH 來指定，CDPH 的值能夠個別載入，但 ARnH 的值則必須透過擴展輔助暫存器 XARn 來載入，例如欲載入 AR0H 的值則必須載入 XAR0(AR0H：AR0)的值。在任一個主資料頁碼裡，環形緩衝區的起始位址是由 16 位元的起始位址暫存器 BSA01、BSA23、BSA45、BSA67 和 BSAC 來定義的，至於在環形緩衝區內位址改變的索引值則是由指標 ARn 或 CDP 來定義的，如表 4-10 所示。

表 4-10

指標	線性/環形定址規劃位元	定址主資料頁碼	起始位址暫存器	緩衝大小暫存器
AR0	AR0LC	AR0H	BSA01	BK03
AR1	AR1LC	AR1H	BSA01	BK03
AR2	AR2LC	AR2H	BSA23	BK03
AR3	AR3LC	AR3H	BSA23	BK03
AR4	AR4LC	AR4H	BSA45	BK47
AR5	AR5LC	AR5H	BSA45	BK47
AR6	AR6LC	AR6H	BSA67	BK47
AR7	AR7LC	AR7H	BSA67	BK47
CDP	CDPLC	CDPH	BSAC	BKC

8 個輔助暫存器 ARn 中任何一個都有自己的線性/環形定址的規劃位元，它是由狀態暫存器 ST2_55 內之 ARnLC(n=0～7)位元來定義：

1. ARnLC=0，規劃為線性定址模式(出廠值設定)。

2. ARnLC=1，規劃為環形定址模式。

至於狀態暫存器 ST2_55 內之 CDPLC 位元則用來定義 CDP 線性/環形定址的規劃位元：

1. CDPLC=0，規劃為線性定址模式(出廠值設定)。

2. CDPLC=1，規劃為環形定址模式。

以下則說明環形定址的實現步驟:如何設定及實現一個環形緩衝區呢？考慮下列在資料記憶體的設計步驟：

1. 初始化環形緩衝大小暫存器(BK03、BK47 或BKC)，設定適當的環形緩衝區域，例如環形緩衝區大小為 8 個字元則載入BKx暫存器的值為 8。

2. 設定狀態暫存器 ST2_55 中相關的線性/環形定址規劃位元值(ARnLC 或 CDPLC)。

3. 設定適當的擴展暫存器(XARn 或 XCDP)的值來選擇一個主資料頁碼，例如若輔助暫存器 AR3 作為環形定址的指標，則載入擴展輔助暫存器

3(XAR3)的值，若 CDP 作為環形定址的指標，則載入擴展係數資料暫
存器(XCDP)的值。

4. 設定適當的 16 位元起始位址暫存器的值(BSA01、BSA23、BSA45、
BSA67 和 BSAC)，7 位元主資料頁碼值 XARn(22-16)或 XCDP(22-16)(此
值由步驟 3 設定)再加上 16 位元暫存器 BSAxx 的值，組合而成環形緩
衝區的起始位址。

5. 載入指標值 ARn 或 CDP，大小限制為 0～(環形區大小-1)，例如若環形
大小為 8，那 AR1 指標值就必須小於或等於 7 的值。

經過上述初始化後 23 位元環形定址的位址形式為：

```
ARnH：(BSAxx + ARn) 或 CDPH：(BSAC + CDP)
```

下列是一個初始環形定址模式及存取環形緩衝區資料的範例程式碼(助憶
指令)：

```
; 設定環形定址初始資料
MOV   #3,        BK03   ; 設定環形緩衝大小為 3 字元
BSET  AR1LC             ; AR1 規劃為環形定址指標
AMOV  #010000h, XAR1    ; 設定環形緩衝區主資料頁碼 AR1H 的
                        ; 值為 01
MOV   #0A02h,    BSA01  ; 設定環形緩衝區起始位址為 010A02h
MOV   #0000H,    AR1    ; 設定指標索引值 (AR1) 為 0000h，指
                        ; 到環形緩衝區第一個字元
                        ; 存取環形緩衝區的資料
MOV  *AR1+, AC0  ; AC0 載入 010A02h+(AR1)=010A02h
                 ; 的值，然後 AR1=0001h
MOV  *AR1+, AC0  ; AC0 載入 010A02h+(AR1)=010A03h
                 ; 的值，然後 AR1=0002h
MOV  *AR1+, AC0  ; AC0 載入 010A02h+(AR1)=010A04h
                 ; 的值，然後 AR1=0000h
MOV  *AR1+, AC0  ; AC0 載入 010A02h+(AR1)=010A02h
                 ; 的值，然後 AR1=0001h
```

　　若 ARMS=1；則為控制模式，指令運算元形式如表 4-11 所示，對於其功能在前小節 DSP 模式中已有詳細之說明，在此就不再贅言了。

表 4-11　AR 間接定址～控制模式

形式	運算元格式	功 能 說 明
1	*ARn	ARn 的值未修改
2	*ARn+	ARn 的值在定址後增加： 如為 16 位元操作：ARn=ARn+1 如為 32 位元操作：ARn=ARn+2
3	*ARn-	ARn 的值在定址後減少： 如為 16 位元操作：ARn=ARn-1 如為 32 位元操作：ARn=ARn-2
4	*(ARn+T0/AR0)	ARn 在定址後，ARn 的值加上 T0 或 AR0 的 16 位元有號數值： 如果 C54CM=0：ARn=ARn+T0 如果 C54CM=1：ARn=ARn+AR0
5	*(ARn-T0/AR0)	ARn 在定址後，ARn 的值減去 T0 或 AR0 的 16 位元有號數值： 如果 C54CM=0：ARn=ARn-T0 如果 C54CM=1：ARn=ARn-AR0
6	*ARn(T0/AR0)	ARn 的值未修改，以 ARn 作為基底位址，加上 T0 或 AR0 的 16 位元有號數值的偏移值作定址： 如果 C54CM=0：*ARn(T0) 如果 C54CM=1：*ARn(AR0)
7	*ARn(#K16)	ARn 的值未修改，以 ARn 作為基底位址，加上 16 位元有號數值 K16 的偏移值作定址
8	*+ARn(#K16)	ARn 的值加上 16 位元有號數值 K16 的值作為定址：ARn 的值定址前即修改為 ARn+K16
9	*+ARn(short(#k3))	ARn 的值未修改，以 ARn 作為基底位址，加上 3 位元無號數 k3 的值為偏移值作定址：ARn 的值定址前即修改為 ARn+k3，k3 表示 1～7 的值

◉ 4-3.2　雙 AR 間接定址模式

　　功能類似 AR 間接定址模式，不同在於透過輔助暫存器 AR0～AR7，一次定址(存取)到兩個資料記憶體的資料，就如同前述單一 AR 間接定址模式一樣，CPU 是使用擴展輔助暫存器 XARn 來產生 23 位元的位址，同樣可以使用線性或環形定址。使用雙 AR 間接定址模式的情形有：

1. 單一指令對兩個 16 位元資料記憶體作存取，此種情況在指令中兩個資料記憶體的運算元用 Xmem, Ymem 來表示，例如

```
助憶指令：ADD  Xmem,Ymem,ACx
代數指令：ACX=(Xmem<<#16)+(Ymem<<#16)
```

2. 並行指令，此種情況兩個指令各自存取一個記憶體位址，記憶體運算元用 Smem 或 Lmem 來表示，例如

```
助憶指令：MOV  Smem,dst
      || AND  Smem,src,dst
代數指令：dst=Smem
      || dst=src & Smem
```

狀態暫存器 ST2_55 之 ARMS 位元的值不會影響雙 AR 間接定址的操作模式，指令運算元形式如表 4-12 所示，對於運算元之功能說明請參考前小節 "AR 間接定址模式" 之說明。

表 4-12　雙 AR 間接定址模式

形式	運算元格式	功能說明
1	*Arn	Arn 的值未修改
2	*Arn+	Arn 的值在定址後增加： 如為 16 位元操作：Arn=Arn+1 如為 32 位元操作：Arn=Arn+2
3	*Arn-	Arn 的值在定址後減少： 如為 16 位元操作：Arn=Arn-1 如為 32 位元操作：Arn=Arn-2
4	*(Arn+T0/AR0)	Arn 在定址後，Arn 的值加上 T0 或 AR0 的 16 位元有號數值： 如果 C54CM=0：Arn=Arn+T0 如果 C54CM=1：Arn=Arn+AR0

表 4-12　雙 AR 間接定址模式(續)

形式	運算元格式	功能說明
5	*(Arn-T0/AR0)	Arn 在定址後，Arn 的值減去 T0 或 AR0 的 16 位元有號數值： 如果 C54CM=0：Arn=Arn-T0 如果 C54CM=1：Arn=Arn-AR0
6	*Arn(T0/AR0)	Arn 的值未修改，以 Arn 作為基底位址，加上 T0 或 AR0 16 位元有號數值的偏移值作定址： 如果 C54CM=0：*Arn(T0) 如果 C54CM=1：*Arn(AR0)
7	*(Arn+T1)	Arn 在定址後，Arn 的值加上 T1 的 16 位元有號數值：Arn=Arn+T1
8	*(Arn-T1)	Arn 在定址後，Arn 的值減去 T1 的 16 位元有號數值：Arn=Arn-T1

4-3.3　CDP 間接定址模式

使用係數資料指標暫存器 CDP 來對資料空間、暫存器位元或 I/O 空間做資料存取。

資料空間

對資料空間的 23 位元的定址而言，由 CDP 提供低 16 位元的位址，至於高 7 位元則由 CDPH 提供，CDPH 和 CDP 合起來稱為擴展係數資料指標暫存器 XCDP，如表 4-13 所示，圖 4-9 所示為資料空間之 CDP 間接定址示意圖。

表 4-13

CDPH	CDP	資料空間
000 0000 : 000 0000	0000 0000 0000 0000 : 1111 1111 1111 1111	主頁碼　0：00 0000h～00 FFFFh
000 0001 : 000 0001	0000 0000 0000 0000 : 1111 1111 1111 1111	主頁碼　1：01 0000h～01 FFFFh

表 4-13(續)

CDPH	CDP	資料空間
000 0010 : 000 0010	0000 0000 0000 0000 : 1111 1111 1111 1111	主頁碼 2：02 0000h～02 FFFFh
: : :	: : :	: : :
111 1111 : 111 1111	0000 0000 0000 0000 : 1111 1111 1111 1111	主頁碼 127：7F 0000h～7F FFFFh

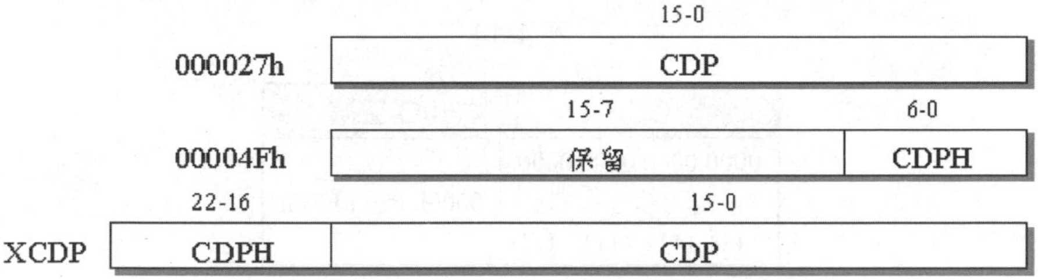

圖 4-9 資料空間之 CDP 間接定址示意圖

暫存器位元

　　對定址暫存器位元而言，16 位元暫存器 CDP 的值表示被存取暫存器的位元值，例如 CDP 的值為 0，則定址到暫存器位元 0，只有暫存器位元測試/設定/清除等指令有支援此種定址模式，這些指令允許你對暫存器的位元作存取，至於可用於位元定址的暫存器有累加器 AC0～AC3、輔助暫存器 AR0～AR7 和臨時暫存器 T0～T3，圖 4-10 所示為暫存器位元之 CDP 間接定址示意圖。

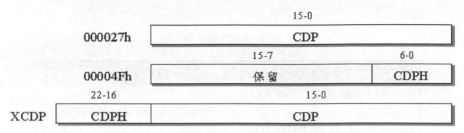

圖 4-10　暫存器位元之 CDP 間接定址示意圖

🌀 I/O 空間

對 I/O 空間定址而言，16 位元暫存器 CDP 的值即為完整的 I/O 位址，如表 4-14 所示。

表 4-14

CDP	I/O 空間
0000 0000 0000 0000 : 1111 1111 1111 1111	0000h ～ FFFFh

CDP 間接定址指令運算元形式如表 4-15 所示。

表 4-15　CDP 間接定址運算元形式

形式	運算元格式	功 能 說 明
1	*CDP	CDP 的值未修改
2	*CDP+	CDP 的值在定址後增加： 如為 16 位元操作：CDP=CDP+1 如為 32 位元操作：CDP=CDP+2
3	*CDP-	CDP 的值在定址後減少： 如為 16 位元操作：CDP=CDP-1 如為 32 位元操作：CDP=CDP-2
4	*CDP(#K16)	CDP 的值未修改，以 CDP 作為基底位址，加上 16 位元有號數值 K16 偏移值作定址
5	*+CDP(#K16)	CDP 的值加上 16 位元有號數值 K16 的值作為定址：CDP 定址前即修改為 CDP+K16

4-3.4　係數間接定址模式

係數間接定址模式使用與 CDP 間接定址模式相同的位址產生過程，其支援下列算數指令：

1. 有限脈波響應濾波器。
2. 乘法運算、乘加運算與乘減運算。
3. 雙乘法(dual multiply)運算：雙乘加運算與雙乘減運算。

應用此類定址模式的指令在一個指令週期會去存取三個記憶體運算元，其中的兩個運算元(Xmem 和 Ymem)是由 AR 間接定址模式所存取，第三個運算元(Cmem)則由係數間接定址模式所存取，而且是透過 BB 匯流排載入資料。考慮下列的指令格式它能在一個指令週期會同時執行兩個乘法運算。

```
助憶指令：MPY Xmem, Cmem, ACx
        ::MPY Ymem, Cmem, ACy
代數指令：ACx = Xmem * Cmem,
        ACy = Ymem * Cmem
```

如果是使用代數指令，那 Cmem 運算元必須使用 coef()格式，下列代數指令格式

```
ACx = ACx +(Smem * coef(*CDP))
```

假設 ACx = AC0, Smem =*AR0，則可寫成

```
AC0 = AC0 +(*AR0 * coef(*CDP))
```

係數間接定址指令運算元形式如表 4-16 所示。

表 4-16　係數間接定址運算元形式

形式	運算元格式	功能說明
1	*CDP	CDP 的值未修改
2	*CDP+	CDP 的值在定址後增加： 如為 16 位元操作：CDP=CDP+1 如為 32 位元操作：CDP=CDP+2
3	*CDP-	CDP 的值在定址後減少： 如為 16 位元操作：CDP=CDP-1 如為 32 位元操作：CDP=CDP-2
4	*(CDP+T0/AR0)	CDP 在定址後，CDP 的值加上 T0 或 AR0 的 16 位元有號數值： 如果 C54CM=0：CDP=CDP+T0 如果 C54CM=1：CDP=CDP+AR0

4-4　實驗

4-4.1　實驗 4-1：記憶體內的資料互換搬移

目的：將資料記憶體內位址 0500h 與位址 0520h 兩處的內含資料互相對調搬移。

【步驟 1】建立 lab1.pjt 專案(project)

1. 在桌面上點選 "CCStudio 3.1" 的捷徑圖像，會出現如圖 3-18 的視窗畫面。

2. 點選 Project>New 選項，出現如圖 4-11 所示的對話盒，在專案名稱(Project Name)一欄中我們鍵入一個新的檔案名稱，在這裡我們鍵入 lab1(注意！假設我們將本書中所有的範例程式都儲存在 "C:\CCStudio_v3.1\ myprojects" 目錄中)，然後按下「完成」按鈕離開，新的專案名稱 lab1.pjt 建立好了，但專案裡面沒有程式(如圖 4-12 所示)，現在我們陸續增加一些程式到裡面去。

圖 4-11　建立新專案對話視窗

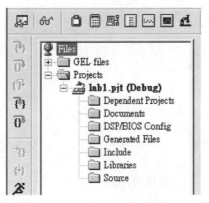

圖 4-12　未含有檔案的專案內容

3. 首先以代數組合語言建立一個原始程式 lab1.asm。點選 File>New>
Source File 選項，會開啓一個空白的編輯視窗，我們輸入以下所示的程
式，並以檔名 lab1.asm 來儲存(或是在 CCS 視窗之外以其它的文書編輯
軟體輸入完成後，把它儲存在 C:\CCStudio_v3.1\myprojects 目錄下，再
用 File>Open 的方式開啓檔案)，若檔案已經存在了，則利用點選
File>Open 選項開啓程式碼。下列為 lab1.asm 的原始程式碼。

```
; C:\CCStudio_v3.1\myprojects\lab1.asm
        .defstart
        .mmregs
```

```
            .data
XN          .word      0,1,2,3,4,5,6,7,8,9,10,11,12,13,14,15
            .word      0,0,0,0,0,0,0,0
YN          .word      15,14,13,12,11,10,9,8,7,6,5,4,3,2,1,0
            .word      0,0,0,0,0,0,0,0
ZN          .word      0,0
            .text
start:

            AR2=#XN      ;令 AR2 指著 XN 記憶體位址
            AR3=#YN      ;令 AR3 指著 YN 記憶體位址
            AC0=#10h
            SP=#ZN   ;令堆疊指標定址於 ZN 記憶體
jp1:
            push(*AR2)
            push(*AR3)
            *AR2+ =pop()
            *AR3+ =pop()
            AC0=AC0-#1
            if(AC0 != 0)goto jp1
wait:       NOP
            GOTO wait   ;運算完畢跳到 wait 等待
            .end
```

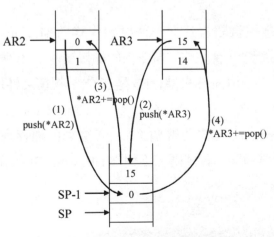

圖 4-13　push, pop 指令操作示意圖

目前雖然尚未開始學習代數組合語言，但此程式很簡單，就是把欲交換資料的記憶體內含值依序 push 到堆疊中，然後根據堆疊的先進後出的特性，在 pop 到相反次序的記憶體內，來達到記憶體內資料互換的目的，例如如圖 4-13 所示，依序執行指令(1)push(*AR2)；先將 SP 的值減 1，然後將 AR2 所定址到的位址內含值 0 推入到 SP 所定址到的記憶體中，指令(2)push(*AR3)；再將 SP 的值減 1，然後將 AR3 所定址到的位址內含 15 推入到 SP 所定址到的記憶體中，指令(3)AR2+ = pop()；將 SP 所定址到的記憶體中的值(此例中為 15)取出放至 AR2 所定址到的位址內，然後將 SP 的值加 1，以及將 AR2 的值加 1，指令(4)AR3+ = pop()；將 SP 所定址到的記憶體中的值(此例中為 0)取出至 AR3 所定址到的位址內，然後將 SP 的值加 1，以及將 AR3 的值加 1，這樣就可以達到兩個記憶體資料互換的目的了。

圖 4-14　Add File to Project 操作視窗

4. 將 lab1.asm 加入到 lab1.pjt 專案中，方法是點選 Project>Add File to Project…開啟如圖 4-14 所示的視窗，檔案類型選擇 Asm Source Files(*.a*;*.s*)，點選 C:\CCStudio_v3.1\myprojects \lab1\lab1.asm 檔案後，點選「開啟舊檔(O)」按鈕，將 lab1.asm 加入到 lab1.pjt 專案中，如圖 4-15 所示。

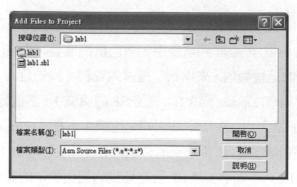

圖 4-15　含有 lab1.asm 檔案的專案內容

5.　還需要建立一個記憶體配置檔 lab.cmd(檔名可任取)，在本章 3-1.2 小節
中已經提過連結命令檔的功能是將程式內個個區段配置到實際記憶體
位置內。點選 File>New>Source File 選項，再開啟一個空白的編輯視窗，
我們輸入以下所示的程式，並以檔名 lab.cmd 來儲存。

```
MEMORY
{
    PAGE 0:
    PROG:      origin=0x010000, length=0x8000
    PAGE 1:
    DATA:      origin=0x000100, length=0x4000
}
SECTIONS
{
    .text    : load = PROG     PAGE 0
    .data    : load = DATA     PAGE 1
    result   : load = DATA     PAGE 1
    result1  : load = DATA     PAGE 1
}
```

圖 4-16　含有 lab1.asm 與 lab.cmd 檔案的專案內容

6.　將 lab.cmd 加入到 lab1.pjt 專案中，點選 Project>Add File to Project…，在開啟的視窗中點選 C:\CCStudio_v3.1\myprojects\lab1\lab.cmd 檔案後，點選「開啟舊檔(O)」按鈕將 lab.cmd 加入到 lab1.pjt 專案中，如圖 4-16 所示。

圖 4-17　Compiler 編譯器選項設定

【步驟 2】產生可執行程式碼 lab1.out

7. 因為所編輯的是代數組合語言，因此需要作 Assembler(組譯) 及 Linker(連結)等二項工作，點選 Project>Build Options 選項開啟如圖 4-17 所示的視窗，在 Compiler 編譯選項中，點開 Advanced 選項，點選 "Algebraic Assembly(-mg)" 選項，表示所欲組譯的程式是代數組合語言程式，如果你是用助憶式組合語言撰寫程式的話，這部分選項就不需要選取了。同時選擇產生*.LST 列表檔，可在 Generate Assembly Listing Files(-al)處用滑鼠點選打勾即可(在 Category 的 Assembly 選項中)，注意！任何用滑鼠點選打勾的選項都會出現在視窗上方的空白處。

8. 接著選擇設定連結器 Linker 的一些參數。在 Map Filename(-m)選項中鍵入 lab1.map(檔名可任取)，則可對整個原始程式的記憶體配置以及佔用了多少記憶體空間產生一個記憶體配置說明檔 lab1.map。程式碼的執行起始點在 Code Entry Point 選項中鍵入，此起始點必須標示著標籤(Lable)，在這裡我們鍵入 start，注意！若 Code Entry Point 選項沒有設定的話，進入模擬器的 PC 將不會是此起頭 start 位址，標籤的大小寫也必須是相同才可以。組譯後輸出的輸出檔名會自動的編輯為 lab1.out，這個檔案也就是我們將要載入作軟體模擬或硬體模擬的.out 檔案，整個 Linker 連結器選項設定如圖 4-18 所示。

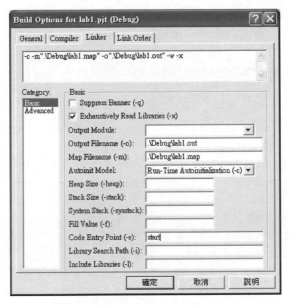

圖 4-18　Linker 連結器選項設定

9. 在記憶體配置檔 lab.cmd 中，若設定的記憶體長度不夠時，編譯時會出現錯誤的訊息，建立了.map 檔則可以用來檢視原始程式碼的大小，以便重新修改記憶體配置檔 lab.cmd。下表表示經過組譯/連結後所產生的 lab1.map 檔案的部分內容，詳細內容請讀者自行模擬產生，由表中可以看出個個區段在記憶體中的位置，例如.text 區段放在位址 10000h 處，長度為 21h Byte，.data 區段放在位址 80h 處，長度為 32h Word。

```
*************************************************************
     TMS320C55x COFF Linker PC v3.2.2
*************************************************************
>> Linked Mon Apr 16 16:15:48 2007
OUTPUT FILE NAME:  <./Debug/lab1.out>
ENTRY POINT SYMBOL: "start"  address: 00010000
MEMORY CONFIGURATION
       name       origin    length    used      attr      fill
                  (bytes)   (bytes)   (bytes)
```

```
------------  --------  ---------  --------  ----  ----
PAGE  0: PROG     00010000   00008000  00000021  RWIX


PAGE  1: DATA     00000100   00004000  00000064  RWIX


SECTION ALLOCATION MAP
(Addresses surrounded by []'s are displayed for convenience only!)
output                                                        attributes/
section page orgn(bytes) orgn(words) len(bytes) len(words) input sections
--------  ----  -----------  -----------  ----------  ----------  -------------
.bss     0      [00000000]    00000000       *     00000000    UNINITIALIZED
.text    0       00010000  [ 00008000 ] 00000021          *
                 00010000  [ 00008000 ] 00000020          *  lab1.obj(.text)
                 00010020  [ 00008010 ] 00000001             *  --HOLE-- [fill = 20]
result   1      [ 00000100 ]  00000080       *     00000000    UNINITIALIZED
result1  1      [ 00000100 ]  00000080       *     00000000    UNINITIALIZED
.data    1      [ 00000100 ]  00000080       *     00000032
                [ 00000100 ]  00000080       *     00000032    lab1.obj(.data)
GLOBAL SYMBOLS: SORTED ALPHABETICALLY BY Name
abs. value/
byte addr   word addr   name
---------   ---------   ----
00000001                $TI_capability_requires_rev2
            00000000    .bss
            00000080    .data
00010000                .text
........
[22 symbols]
```

10. 編輯好組譯器與連結器相關的設定後，點選 Project>Rebulit All 選項來產生可執行檔 lab1.out，如組譯連結無誤的話，會在 CCS 視窗的下方顯示如圖 4-19 所示的訊息，但是如果程式有錯的話，必須回到編輯視窗修改程式直到無誤後，再重新編組譯，此時只要點選 Project>Rebuild 即可，Rebuild 只會將有修改的部分重新編譯，這樣可以節省編譯的時間。

```
---------------------- lab1.pjt - Debug ----------------------
[lab1.ASM] "C:\CCStudio_v3.1\C5500\cgtools\bin\cl55" -g -mg -al -fr"C:/CCStudio_v3.1/My

[Linking...] "C:\CCStudio_v3.1\C5500\cgtools\bin\cl55" -@"Debug.lkf"
<Linking>
>> warning: entry point other than _c_int00 specified

Build Complete,
  0 Errors, 1 Warnings, 0 Remarks.
```
◄ ◄ ► ► \ Build /

圖 4-19　組譯器與連結器的執行訊息

【步驟 3】載入可執行程式碼 lab1.out

11.　載入可執行程式碼lab1.out。點選File>Load Program選項開啓如圖 4-20
　　　所示的視窗，點選C:\CCStudio_v3.1\myprojects\lab1\Debug\lab1.out檔案
　　　後，點選「開啓舊檔(O)」按鈕，即可將lab1.out載入進來。如果程式是
　　　經過修改再載入的話，則可點選File>Reload Program選項來載入程式。

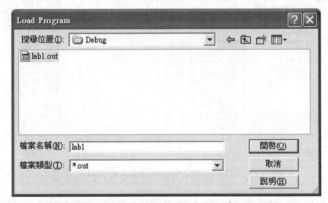

圖 4-20　載入可執行檔 lab1.out 的視窗

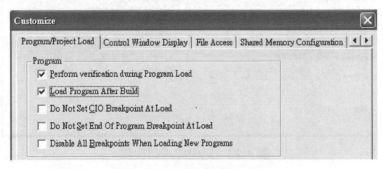

圖 4-21　設定組譯連接後自動載入程式檔的視窗

12. 如果你希望在執行完組譯與連結程式後，馬上執行載入可執行程式檔
lab1.out 動作的話，可以點選 Option>Customize>Program/Project Load
選項，在 Load Program After Bulid 處打勾，如圖 4-21 所示。

【步驟 4】執行軟體模擬

13. 注意！程式計數器 PC 的值在載入 lab1.out 後就已經指向到標記 start 處
了，編輯區顯示的是反組譯(Disassembly)程式如圖 4-22 所示，用滑鼠
點選左欄 source 中 lab1.asm 程式，將編輯區顯示的畫面切換到原始程
式 lab.asm 上，或點選 Debug>Restart 選項切換到原始程式 lab.asm 上。

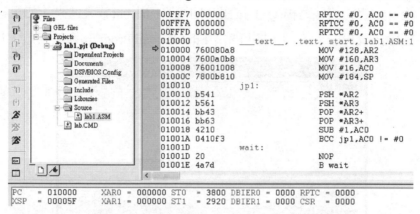

圖 4-22　反組譯(Disassembly)程式視窗

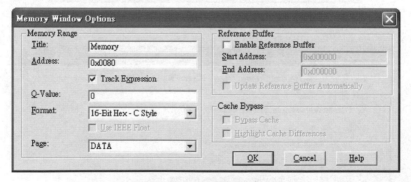

圖 4-23　記憶體編輯視窗

```
0x000080:    XN
0x000080:    0x0000 0x0001 0x0002 0x0003
0x000084:    0x0004 0x0005 0x0006 0x0007
0x000088:    0x0008 0x0009 0x000A 0x000B
0x00008C:    0x000C 0x000D 0x000E 0x000F
0x000090:    0x0000 0x0000 0x0000 0x0000
0x000094:    0x0000 0x0000 0x0000 0x0000
0x000098:    YN
0x000098:    0x000F 0x000E 0x000D 0x000C
0x00009C:    0x000B 0x000A 0x0009 0x0008
0x0000A0:    0x0007 0x0006 0x0005 0x0004
0x0000A4:    0x0003 0x0002 0x0001 0x0000
0x0000A8:    0x0000 0x0000 0x0000 0x0000
0x0000AC:    0x0000 0x0000 0x0000 0x0000
0x0000B0:    ZN
0x0000B0:    0x0000 0x0000
```

圖 4-24 程式執行前記憶體內含的資料視窗

```
0x000080:    XN
0x000080:    0x000F 0x000E 0x000D 0x000C
0x000084:    0x000B 0x000A 0x0009 0x0008
0x000088:    0x0007 0x0006 0x0005 0x0004
0x00008C:    0x0003 0x0002 0x0001 0x0000
0x000090:    0x0000 0x0000 0x0000 0x0000
0x000094:    0x0000 0x0000 0x0000 0x0000
0x000098:    YN
0x000098:    0x0000 0x0001 0x0002 0x0003
0x00009C:    0x0004 0x0005 0x0006 0x0007
0x0000A0:    0x0008 0x0009 0x000A 0x000B
0x0000A4:    0x000C 0x000D 0x000E 0x000F
0x0000A8:    0x0000 0x0000 0x0000 0x0000
0x0000AC:    0x0000 0x0000 0x0000 0x000F
0x0000B0:    ZN
0x0000B0:    0x0000 0x0000
```

圖 4-25 程式執行後記憶體內含的資料視窗

14. 現在已經可以執行程式了，但為了觀察資料記憶體的搬移結果，我們先把資料記憶體位址 0x080 處打開，點選 View>Memory...選項開啓如圖 4-23 所示的視窗，將 Address 的值改爲 0x0080 後按 OK 鍵離開(或是鍵入符號 XN 亦可)，就會出現記憶體的視窗如圖 4-24 所示(讀者是否會懷疑爲什麼不是輸入 0x0100 呢？lab.cmd 檔案中不是設定.data 起始位址爲 0x0100，那是因爲資料位址是字元位址，所以將字元組位址 0x0100 右移一位成字元位址 0x0080，詳見第二章說明)。如果它掩蓋了程式編輯視窗，可將滑鼠游標移至記憶體視窗中，單按滑鼠右鍵點選 Float in main window 即可。

15. 執行程式請點選 Debug>Run 選項，若要停止程式的執行請點選 Debug>Halt 選項，我們可以得到如圖 4-25 所示的記憶體視窗，與圖 4-24 相比較可以知道 XN 和 YN 內的資料已經對調過來了。

16. 如果你想讓程式作單步執行的話，請點選 Debug>Step Into 選項(或按 F11)，程式就會一步一步的執行，你可以藉此觀察 CPU 暫存器內或記憶體內的資料變化情形。

【步驟 5】觀察變數的內容

17. 首先要開啟用來觀察變數變化的視窗，稱作 watch 視窗。點選 View>Watcch Window 選項，便會開啟一個空白的 watch 視窗。

18. 在 watch 視窗中有 2 種方式可以用來加入想要觀察的變數，第一種方式是將滑鼠點選 watch1 按鈕，然後在 Name 一欄中鍵入你欲觀察的變數，便會在 watch 視窗中出現該變數和它所表示的值，如圖 4-26 所示。

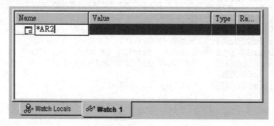

圖 4-26 在 watch 視窗中輸入欲觀察的變數名稱

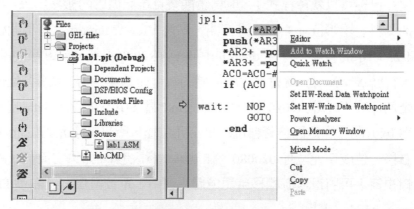

圖 4-27 開啟 watch 視窗的 CCS 操作視窗

19. 第二種方式是在 lab1.asm 程式視窗中，將想要觀察的變數 highlight 起來(譬如是*AR2)，然後單按滑鼠右鍵，在開啓的選單中用滑鼠左鍵點選 Add to watch window 選項，便會在 watch 視窗中出現該*AR2 變數和它所表示的值，如圖 4-27 所示。另外利用這個方法在 Watch 視窗中增加一個叫做 SP 的變數。

20. 用滑鼠點選 Debug>Reset CPU，將 PC 值指向位址 start 處，利用單步執行程式觀察 watch 視窗中*AR2 與 SP 變化的情形，以及記憶體內變化的情形。

21. 最後將此程式組譯後所產生的列表檔 lab1.lst 列表如下。

```
TMS320C55x COFF Assembler PC v3.2.2 Mon Apr 16 16:15:47 2007
Tools Copyright(c)1996-2005 Texas Instruments Incorporated
lab1.ASM                                             PAGE    1
1
2             ; c:\CCStudio_v3.1\myprojects\lab1.asm
3
4                      .def    start
5                      .mmregs
6
7 000000               .data
8 000000 0000   XN     .word 0,1,2,3,4,5,6,7,8,9,10,11,12,13,14,15
  000001 0001
  000002 0002
  .........
  00000f 000F
9 000010 0000          .word 0,0,0,0,0,0,0,0,0
  .........
  000017 0000
10 000018 000F  YN     .word 15,14,13,12,11,10,9,8,7,6,5,4,3,2,1,0
   000019 000E
   .........
   000027 0000
11 000028 0000          .word   0,0,0,0,0,0,0,0,0
```

```
        ........
        00002f 0000
TMS320C55x COFF Assembler PC v3.2.2 Mon Apr 16 16:15:47 2007
Tools Copyright(c)1996-2005 Texas Instruments Incorporated
lab1.ASM                                                    PAGE    2
12 000030 0000  ZN    .word    0,0
   000031 0000
13
14 000000             .text
15 000000             start:
16 000000 7600        AR2=#XN     ;令 AR2 指著 XN 記憶體位址
   000002 00A8"
17 000004 7600        AR3=#YN     ;令 AR3 指著 YN 記憶體位址
   000006 18B8"
18 000008 7600        AC0=#10h
   00000a 1008
19 00000c 7800        SP=#ZN   ;令堆疊指標定址於 ZN 記憶體
   00000e 3010"
20 000010             jp1:
21 000010 B541        push(*AR2)
22 000012 B561        push(*AR3)
23 000014 BB43        *AR2+ =pop()
24 000016 BB63        *AR3+ =pop()
25 000018 4210        AC0=AC0-#1
26 00001a 0410        if(AC0 != 0)goto jp1
   00001c F3
27
28 00001d 20   wait:  NOP
29 00001e 4A7D        GOTO wait ;運算完畢跳到 wait 等待
30             .end
 ↑     ↑     ↑                        ↑
欄1   欄2   欄3                      欄4
No Assembly Errors, No Assembly Warnings
```

如第三章圖 3-3 所述，最左邊 "欄 1" 表示「行計數值」，"欄 2" 表示「區段計數值」(相同區段採累計方式)，"欄 3" 表示「目的碼」，"欄 4" 表示「原始程式碼」。

4-4.2　實驗 4-2：用 C 語言編輯乘加運算

目的：將資料記憶體內位址 0080h 與位址 00A0h 兩處的內含資料(共 32 位)兩兩相乘後累加在一起。

【步驟 1】建立 lab2c.pjt 專案(project)

1. 仿照實驗 4-1 的步驟 1 建立一個名為 lab2c.pjt 的專案。
2. 以 C 語言建立一個原始程式 lab2c.c。點選 File>New>Source File 選項，會開啟一個空白的編輯視窗，我們輸入以下所示的程式，並以檔名 lab2c.c 來儲存，或是在 CCS 外以其它的文書編輯軟體輸入後，再利用點選 File>Open 選項開啟 lab2c.c 程式碼。

```c
/* C:\CCStudio_v3.1\myprojects\lab2c\lab2c.c */
/* 函數宣告 */
int dotp(short *m, short *n, int count);
/* 變數宣告 */
short a[32] ={32,31,30,29,28,27,26,25,24,23,22,21,20,
19,18,17,16,15,14,13,12,11,10,9,8,7,6,5,4,3,2,1};
short b[32] = {1,2,3,4,5,6,7,8,9,10,11,12,13,14,15,16,17,
18,19,20,21,22,23,24,25,26,27,28,29,30,31,32};
int y = 0;
/* 主程式 Main Code */
main()
{
  y = dotp(a, b, 32);
}
/* 函數 */
int dotp(short *m, short *n, int count)
```

```
{ int i;
  int product;
  int sum = 0;
  for(i=0; i < count; i++)
  {
    product = m[i] * n[i];
    sum += product;
  }
  return(sum);
}
```

3. 參考實驗 4-1 步驟 1 將 lab2c.c 加入到 lab2c.pjt 專案中。

4. 在專案中加入 C5000 的即時支援函數庫 rts55.lib(runtime support library)，點選 Project>Add File to Project…(如圖 4-28 所示)，在開啓的視窗中點選 C:\CCStudio_v3.1\c5500\cgtools\ lib\rts55.lib 檔案後，點選「開啓舊檔(O)」按鈕將 rts55.lib 加入到 lab2c.pjt 專案中，同理將 lab.cmd 檔案也加入到 lab2c.pjt 專案中，如圖 4-29 所示。

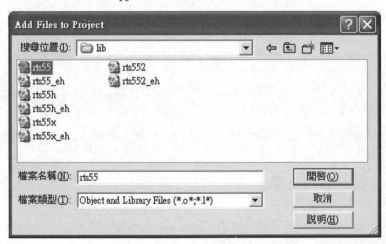

圖 4-28　Add File to Project 視窗

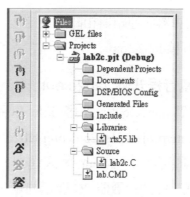

圖 4-29　含有 lab2c.c, lab.cmd 與 rts55.lib 檔案的專案內容

rts55.lib 提供一個 c_int00 的模組，此模組主要是針對 CPU 執行初始化動作，讀者可以在"安裝目錄\c5500\cgtools\lib\ rts55.asm"中去瀏覽 c_int00 模組的組合語言原始檔的內容，看看它對 CPU 作了些什麼初始化動作，c_int00 的模組最後會呼叫以 main 為開頭的 C 語言程式。

🔘 【步驟 2】產生可執行程式碼 lab2c.out

5.　因為這是一個 C 語言程式，所以必須先經過 compiler 編譯無誤後，才能執行下一步的組譯與連結，compile 編譯器的選項設定如圖 4-30 所示，linker 連結器的選項設定如圖 4-31 所示。

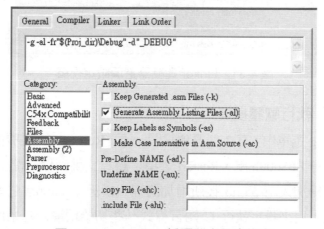

圖 4-30　compiler 編譯器之設定視窗

6. 編輯好編譯器、組譯器與連結器相關的設定後，點選 Project>Rebulit All 選項來產生可執行檔 lab2c.out。

【步驟 3】載入可執行程式碼 lab2c.out

7. 載入可執行程式碼 lab2c.out。點選 File>Load Program 選項，點選 C:\CCStudio_v3.1\myprojects\lab2c\debug\lab2c.out 檔案後，點選「開啓舊檔(O)」按鈕，即可將 lab2c.out 載入進來，編輯區顯示的是反組譯 (Disassembly)程式，程式計數器 PC 顯示的是座落於程式 c_int00 處。

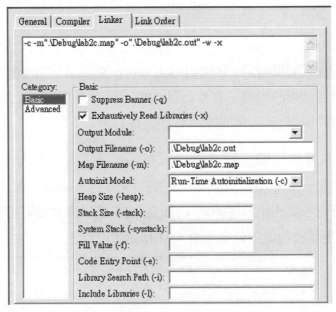

圖 4-31　Linker 連結器選項設定視窗

【步驟 4】執行軟體模擬

8. 在 Debug 選單中，有 3 個選項說明一下，Reset CPU 選項會將程式跳到程式位址 FF8000h 處，Restart 選項會將程式跳到程式標記 c_int00 處，這是因爲加入 rts55.lib 後所增加的程式模組 c_int00，它是一段組合語言程式，用來設定執行 C 語言程式一些初始環境的起始值，例如堆疊

等，Go Main 選項會將程式跳到 C 語言程式的 main{}函式起始處，此
範例為 C 語言程式，使用者可以選擇 Go Main 跳至 main{}函式起始處
開始執行程式，CCS 會將 c_int00 模組執行完然後跳至 C 語言程式的
main{}函式才停止，接著點選 Debug>Run 來執行程式。

9. 參考實驗 4-1 步驟 5 設定所欲觀察變數的 watch 視窗其內容如圖 4-32(a)
所示，使用單步執行程式來觀察在 watch 視窗中的變數變化情形，或點
選 Debug>Run 選項將程式執行一遍，點選 Debug>Halt 選項將程式停下
來，可得如圖 4-32(b)所示的結果 y=5984。

Name	Value	Type	Radix
◆ y	0	int	dec
┣┇ i	identifier not found: i		dec
┣┇ m[i]	identifier not found: m		dec
┣┇ n[i]	identifier not found: n		dec
┣┇ product	identifier not found: product		dec
┣┇ sum	identifier not found: sum		dec
┏┓			

｛Watch Locals｝　｛Watch 1｝

(a)

Name	Value	Type	Radix
◆ y	5984	int	dec
┣┇ i	identifier not found: i		char
┣┇ m[i]	identifier not found: m		char
┣┇ n[i]	identifier not found: n		char
┣┇ product	identifier not found: product		char
┣┇ sum	identifier not found: sum		dec
┏┓			

｛Watch Locals｝　｛Watch 1｝

(b)

圖 4-32　watch 視窗

【步驟 5】動態觀察變數的內容

10. 單步執行程式有時會花費很長的時間，因此對於為了觀察迴圈中的某些
變數的變化情形，我們可以使用動態方式觀察變數的情形，以節省程式
碼追蹤的時間。使用動態方式觀察變數的情形必須在程式中適當的地方

加入斷點(breakpoint)，譬如說我們要觀察總和 sum 的變化的情形，將滑鼠游標移至 sum 上，單按滑屬右鍵開啓如圖 4-33 所示的視窗，用滑鼠左鍵選取 Toggle Software Breakpoint，即會在該行敘述的前面加上一個 "小紅圓點" 表示斷點設定在此處。

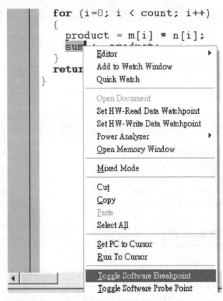

圖 4-33　設定斷點

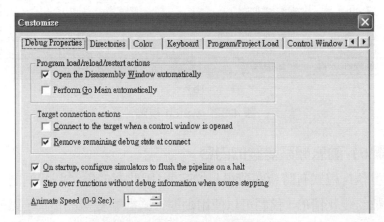

圖 4-34　設定動態顯示的速度

11. 設定動態顯示的時間。點選 Option>Customize>Debug Properties 選項，
　　開啟如圖 4-34 所示的視窗，選擇 animate speed 值為 1 表示動態顯示時
　　間的速度為 1 秒。

12. 首先點選 Debug>Go Main 後，再點選 Debug>Animate(或按 F12)，就會
　　執行動態顯示，在 watch 視窗中的變數就會隨著程式執行而持續變化
　　著，直到程式執行結束，如欲中途停止程式的執行，點選 Debug>Halt
　　選項暫停程式的執行。

```
/* 主程式 Main Code */       Editor                          ▶
main()                       Add to Watch Window
{                            Quick Watch
  y = dotp(a, b, 32);
}                            Open Document
                             Set HW-Read Data Watchpoint
int dotp(short *m, sho       Set HW-Write Data Watchpoint
{ int i;                     Power Analyzer                  ▶
  int product;               Open Memory Window
  int sum = 0;
                             Mixed Mode
```

圖 4-35　設定 C 語言與組合語言的混合模式

```
main()
{
010000          main:
010000 4eff                    AADD #0xffffffff,SP
  y = dotp(a, b, 32);
  010002 76002048              MOV #0x20,T0
  010006 76854498              MOV #0xffff8544,AR1
  01000A 76852488              MOV #0xffff8524,AR0
  01000E 08000a                CALL dotp
  010011 c4118564              MOV T0,*abs16(#08564h)
  010015 3c04                  MOV #0x0,T0
}
010017 4e01                    AADD #0x1,SP
010019 4804                    RET
```

圖 4-36　C 語言與助憶組合語言的混合模式顯示

13. C 語言程式經過編譯後為組合語言程式，如果想觀察編譯後的組合語言
　　程式，可以在編輯區的 C 語言程式中，單按滑鼠右鍵，開啟如圖 4-35
　　所示的視窗，用滑鼠左鍵選取 Mixed Mode，即會同時顯示 C 語言程式
　　與組合語言程式的混合模式，如圖 4-36 所示，其中黃色鍵號是 C 語言

程式單步執行的符號，至於綠色鍵號則是組合語言程式單步執行的符號。

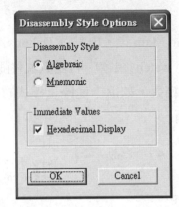

圖 4-37　反組譯程式形式選擇視窗

```
main()
{
010000          main:
010000 4eff                              SP = SP + #0xffffffff
  y = dotp(a, b, 32);
  010002 76002048                        T0 = #0x20
  010006 76854498                        AR1 = #0xffff8544
  01000A 76852488                        AR0 = #0xffff8524
  01000E 08000a                          call dotp
  010011 c4118564                        *abs16(#08564h) = T0
  010015 3c04                            T0 = #0x0
}
010017 4e01                              SP = SP + #0x1
010019 4804                              return
```

圖 4-38　C 語言與代數組合語言的混合模式顯示

14. 圖 4-36 顯示的是 C 語言程式與助憶組合語言程式的混合模式，如果習慣於代數組合語言，則可在圖 4-36 編輯區中，單按滑鼠右鍵，在下拉視窗中點選 Editor>Dis_Asm Style，開啟如圖 4-37 所示的視窗，用滑鼠左鍵選取 Algebraic，如果習慣於 16 進制的數值表示，則可點選 Hexadecimal Display，則會顯示如圖 4-38 所示之 C 語言程式與代數組合語言程式的混合模式。

4-4.3　實驗 4-3：用代數組合語言編輯乘加運算

目的：同實驗 4-2 所述，但是使用代數組合語言計算共 32 位的乘加運算。

1. 參考實驗 4-1 步驟 1，建立一個新的專案：lab2a.pjt。

2. 編輯並儲存下列所述的代數組合語言程式：lab2a.asm，並將 lab.cmd 記憶體配置檔加到 lab2a.pjt 專案內。

```
;  C:\CCStudio_v3.1\myprojects\lab2a.asm
;  乘加運算
        .def start
        .mmregs
        .data
XN      .word   1,2,3,4,5,6,7,8,9,10,11,12,13,14,15,16,
                17,18,19,20,21,22,23,24,25,26,27,28,
                29,30,31,32
YN      .word   32,31,30,29,28,27,26,25,24,23,22,21,20,
                19,18,17,16,15,14,13,12,11,10,9,8,7,6,5,
                4,3,2,1
result  .word    0
        .text
start:
        AR2=#XN      ;令 AR2 指著 XN 記憶體位址
        AR3=#YN      ;令 AR3 指著 YN 記憶體位址
        AR4=#result
        AC0=#32
        AC1=#0
jp1:
        AC1 = AC1 +((*AR2+)*(*AR3+))
        AC0=AC0-#1
        if(AC0 != 0)goto jp1
;       repeat(#32)
;       AC1 = AC1 +((*AR2+)*(*AR3+))
        *AR4+ = AC1
```

```
wait:   NOP
        GOTO wait    ;運算完畢跳到 wait 等待
        .end
```

3. 參考實驗 4-1 步驟 2，組譯與連接無誤後產生 lab2a.out 程式碼，此程式
    為代數組語，所以組譯程式時，設定如圖 4-17 所示的視窗時，在 Compiler
    編 譯 選 項 中 ， 點 開 Advanced 選 項 ， 注 意 必 須 點 選 " Algebraic
    Assembly(-mg)" 選項。另外程式碼的執行起始點參考圖 4-18 所示，在
    這裡在 Code Entry Point 選項中我們鍵入 start。

4. 參考實驗 4-1 步驟 3，將 lab2a.out 程式碼載入到 CCS 中執行，所得結
    果為 0x1760(記憶體 result 的值，如圖 4-39 所示)，換算成 10 進位則為
    5984。

5. 圖 4-39 中連乘連加是使用迴圈來實現，執行次數由累加器 AC0 來設
    定，如

```
jp1:
    AC1=AC1+((*AR2+)*(*AR3+))
    AC0=AC0-#1
    if(AC0 != 0)goto jp1
```

6. 我們也可使用單一重複指令 repeat 來設計，如

```
Repeat(#32)
AC1=AC1+((*AR2+)*(*AR3+))
```

各位讀者可以自行修改主程式 lab2a.asm 中相關部分程式，然後組譯連結
後測試其結果。

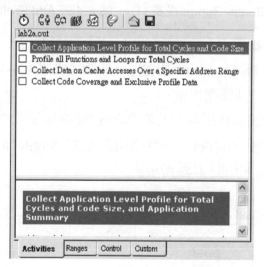

```
        .data
XN      .word    1,2,3,4,5,6,7,8,9,10,11,12,13,
YN      .word    32,31,30,29,28,27,26,25,24,23,
result  .word    0
        .text
start:
        AR2=#XN         ;令AR2指著XN記憶體位址
        AR3=#YN         ;令AR3指著YN記憶體位址
        AR4=#result
        AC0=#32
        AC1=#0
jp1:
        AC1 = AC1 + ((*AR2+) * (*AR3+))
        AC0=AC0-#1
        if (AC0 != 0) goto jp1
;       repeat (#32)
;       AC1 = AC1 + ((*AR2+) * (*AR3+))
;       *AR4+ = AC1

wait:   NOP
        GOTO wait       ;運算完畢跳到wait等待
```

```
0x000080:   XN
0x000080:   0x0001 0x0002 0x0003 0x0004
0x000084:   0x0005 0x0006 0x0007 0x0008
0x000088:   0x0009 0x000A 0x000B 0x000C
0x00008C:   0x000D 0x000E 0x000F 0x0010
0x000090:   0x0011 0x0012 0x0013 0x0014
0x000094:   0x0015 0x0016 0x0017 0x0018
0x000098:   0x0019 0x001A 0x001B 0x001C
0x00009C:   0x001D 0x001E 0x001F 0x0020
0x0000A0:   YN
0x0000A0:   0x0020 0x001F 0x001E 0x001D
0x0000A4:   0x001C 0x001B 0x001A 0x0019
0x0000A8:   0x0018 0x0017 0x0016 0x0015
0x0000AC:   0x0014 0x0013 0x0012 0x0011
0x0000B0:   0x0010 0x000F 0x000E 0x000D
0x0000B4:   0x000C 0x000B 0x000A 0x0009
0x0000B8:   0x0008 0x0007 0x0006 0x0005
0x0000BC:   0x0004 0x0003 0x0002 0x0001
0x0000C0:   result
0x0000C0:   0x1760
0x0000C1:   __edata__
```

圖 4-39　代數組合語言執行乘加運算的結果

7. 將程式作效能評估(benchmark)可以瞭解程式執行所花費的時間，利用 Profile 的功能來驗證程式執行的效率。執行 File>Reload program 重新載入 lab2a.out 程式來執行。

圖 4-40　Profile Setup 視窗

8. 用滑鼠游標點選 Profile>Setup 開啓如圖 4-40 所示視窗。

9. 打開原始檔案 lab2a.asm，用滑鼠游標點選至程式 "AC1 = AC1 +((*AR2+)*(*AR3+))" 那一行，然後察看視窗右下角此行行數爲何，發現爲 20 行，再將滑鼠游標點選至程式 "if(AC0 != 0)goto jp1" 那一行，然後察看視窗右下角發現此行行數為 22 行，將滑鼠點選圖 4-40 視窗最下面的 Range 按鈕，開啟如圖 4-41 所示視窗。

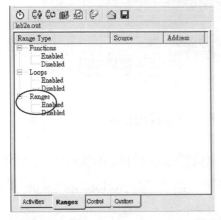

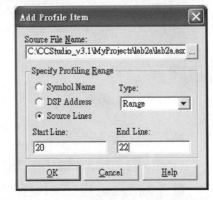

圖 4-41　Profile Setup>Range 視窗　　　圖 4-42　Add Profile Item 的設定視窗

10. 將滑鼠游標點選 Range 使其反白，後按滑鼠右鍵，在開啟的下拉視窗點選 Create Profile Item…便會開啟並設定成如圖 4-42 所示的視窗，然後點選 OK 按鈕關閉視窗。

11. 用滑鼠點選圖4-41視窗左上角像時鐘形狀的icon使其反白，便會Enable profiling(致能 Profile)，注意剛剛設定的 Profile Range 便會改變到 Enabled 欄位，如圖 4-43 所示。

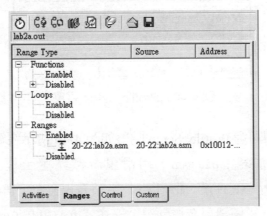

圖 4-43　Profile Setup>Range 視窗

12. 利用滑鼠點選 Profile>Viewer 開啟觀察 Profile 結果視窗，接著利用滑鼠點選 Debug>Run 選項來執行程式，便會得到如圖 4-44 所示的結果。

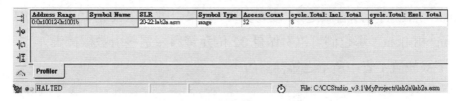

圖 4-44　　Profile Range 之測試結果

🔘 4-4.4　實驗 4-4：C 語言與組合語言的混合設計

在許多 DSP 的應用中是採用 C 語言與組合語言並行設計的方式，C 語言與組合語言各有其優點與缺點，高階 C 語言的優點在於容易維護以及可移植性，而組合語言的優點在於其具有高執行效率以及較小的程式碼，一般設計準則是以 C 語言來設計 DSP 主程式，但在設計演算法方面，特別是在訊號處理方面，C 語言程式若不能達到即時演算的需求，這些與時間緊迫(time-critical)有關的動作就必須以組合語言來設計，本小節將介紹在 C55x C 語言程式中如何去呼叫組合語言，有一些規定必須是要遵守的。

當組合語言所定義的模組要被 C 程式語言所引用時，必須符合下述兩個條件：

1. 組合語言模組名稱最前頭部分必須要加上底線 “_”，例如_dopt。
2. 該模組名稱必須宣告爲可被其它模組所使用，例如.def　_dopt。

C 語言呼叫組合語言免不了要傳遞一些引數(argument)，2；當傳遞引數時 C 編譯器會指定這些不同資料型態的引數，把它放至 DSP 不同的暫存器中，引數有下列三種形式的資料型態：

1. 資料指標：short *、int *或 long *。
2. 16 位元資料：char、short 或 int。
3. 32 位元資料：long、float、double 或函數指標。

如果引數是一個指向資料記憶體的指標，那它們可以看做是資料指標，可以是 16 位元或是 32 位元位址，如果引數可以放進一個 16 位元暫存器內像 int 和 char，那它們可以看做是 16 位元資料，如果引數可以放進 40 位元累加器內像 long 和 float，那它們可以看做是 32 位元資料。這些引數根據表 4-17 所示的順序被放置至表中所示之暫存器內。

表 4-17

引數型態	暫存器放置順序
16 位元資料指標	AR0、AR1、AR2、AR3、AR4
32 位元資料指標	XAR0、XAR1、XAR2、XAR3、XAR4
16 位元資料	T0、T1、AR0、AR1、AR2、AR3、AR4
32 位元資料	AC0、AC1、AC2

我們根據傳遞引數的順序將引數放至暫存器內，像表 4-17 中顯示暫存器 AR0 可以放資料指標的值或 16 位元資料值，我們是依據傳遞引數的順序來決定存放的是指標值或是資料值。至於返回值方面，如果是 16 位元資料，在組合語言中把返回值放至暫存器 T0 中來返回，如果是 32 位元資料，則把它存至暫存器 AC0 中來返回，又如果返回的是位址指標值，則把它存至暫存器 (X)AR0 中來返回，例如：

```
void funcA(short x1, short *p2, int x3)。
```

如果 funcA 是由組合語言所撰寫，第一個引數 x1 變數是 16 位元值，依據表 4-17 所示，此值將會放至暫存器 T0 內，第二個引數*p2 是 16 位元指標值，此值將會放至暫存器 AR0 內，第三個引數 x3 變數也是 16 位元值，此值則會放至暫存器 T1 內，此函式沒有返回值。又例如：

```
int funcB(int *p1, int x2, int x3, int x4)。
```

第一個引數*p1 是 16 位元指標值，此值將會放至暫存器 AR0 內，第二個引數 x2 變數是 16 位元值，此值將會放至暫存器 T0 內，第三個引數 x3 變數是 16 位元值，此值將會放至暫存器 T1 內，第四個引數 x4 變數也是 16 位元值，此值按照表 4-17 所示的順序應該放至暫存器 AR0 內，但 AR0 之前已經存放 16 位元指標值，所以此值將跳過 AR0 而放至暫存器 AR1 內，此函式的返回值則需放至暫存器 T0 內。又例如：

```
long funcC(long x1, long x2, long x3, long x4, short x5)。
```

第一個引數 x1 變數是 32 位元值，此值將會放至暫存器 AC0 內，第二個引數 x2 變數是 32 位元值，此值將會放至暫存器 AC1 內，第三個引數 x3 變數是 32 位元值，此值將會放至暫存器 AC2 內，第四個引數 x4 變數也是 32 位元值，已經超過表 4-17 中所規定暫存器名稱，注意此時此值將會放至堆疊內，返回值因是 32 位元資料，所以此函式的返回值則需放至暫存器 AC0 中來返回。

當函數呼叫時，呼叫與被呼叫函數之間的暫存器分配和保存是被嚴格規定的，如表 4-18 所示，被呼叫函數內會自動保存 save-on-entry 暫存器的值(如表中 AC3、T2、T3 及(X)AR5～(X)AR7)，如果被呼叫函數會使用到上述這些暫存器的話。

呼叫函數內起始程式中必須保存 save-on-call 暫存器的值(如表中 AC0～AC2、T0、T1 及(X)AR0～(X)AR4)，如果被呼叫函數要使用到上述這些暫存器的話可以自由的使用這些暫存器。

表 4-18

暫存器	被...保存	使用於
AC0～AC2	呼叫函數 save-on-call	16、32 或 40 位元資料 24 位元程式碼指標
(X)AR0～(X)AR4	呼叫函數 save-on-call	16 位元資料 16 或 23 位元指標

表 4-18(續)

暫存器	被...保存	使用於
T0 和 T1	呼叫函數 save-on-call	16 位元資料
AC3	被呼叫函數 save-on-entry	16、32 或 40 位元資料
(X)AR5～(X)AR7	被呼叫函數 save-on-entry	16 位元資料 16 或 23 位元指標
T2 和 T3	被呼叫函數 save-on-entry	16 位元資料

以下我們仍以前述的範例程式 lab2c 為例，將執行乘加運算部分的 C 語言程式，用組合語言寫成一個外部模組，注意！你可以選擇是使用代數組語或助憶組語來寫，如果用代數指令來寫的話，記得在編譯視窗中要勾選選 "Algebraic Assembly(-mg)" 選項，否則編組譯時會有錯誤訊息產生。

1. 參考實驗 4-1 步驟 1，建立一個新的專案：lab2ca.pjt。

2. 編輯並儲存下列所述的 C 程式語言 lab2ca.c 和助憶組合語言程式 lab2ca.asm，並將它們加到 lab2ca.pjt 專案內。

```
/* C:\CCStudio_v3.1\MyProjects\lab2ca\lab2ca.c  */
/* 宣告變數 */
int a[32] = {32,31,30,29,28,27,26,25,24,23,22,21,20,
             19,18,17,16,15,14,13,12,11,10,9,8,7,6,5,4,3,
             2,1};
int b[32] = {1,2,3,4,5,6,7,8,9,10,11,12,13,14,15,16,17,
             18,19,20,21,22,23,24,25,26,27,28,29,30,31,
             32};
int y = 0;
/* extern int dotp(); */
/* 主程式 Main Code */
void main(void)
{
  y=dotp(a,b);
```

```
}
----------------------------------------------------------------
;  C:\CCStudio_v3.1\MyProjects\lab2ca.asm
;  乘加運算
     .mmregs
     .def _dotp
     .global _dotp

     .text
_dotp:
     AC0 = #0                             ;mov #0, AC0
     repeat(#31)                          ;rpt#31
     AC0=AC0+((*AR0+)*(*AR1+));mac        *AR0+,*AR1+,AC0
     T0 = AC0                             ;mov AC0, T0
     return                               ;ret
     .end
```

　　　　注意！呼叫函數如果有回傳值的話，呼叫函數會將這個值放在暫存器 T0 中，這點需要格外注意的。

3.　在專案中加入 C5000 的即時支援函數庫 rts55.lib，rts55.lib 放在 ti 安裝目錄:\CCStudio_v3.1\c5500\cgtools\lib\目錄下，同理將 lab.cmd 檔案也加入到 lab2ca.pjt 專案中。

4.　參考本章實驗 4-1 步驟 2 執行組譯(Assembler)及連結(Linker)等二項工作來產生可執行檔 lab2ca.out。

5.　參考本章實驗 4-1 步驟 3 載入可執行程式碼 lab2ca.out。

6.　首先我們先點選 View>Memory…選項，把資料記憶體位址 0x0500 處打開(或是鍵入符號 a 亦可)。如果它掩蓋了程式編輯視窗，可將滑數游標移至記憶體視窗中，單按滑數右鍵點選 Float in main window 即可。

7.　參考本章實驗 4-1 步驟 5 開啟 watch 視窗，加入變數 y。

8.　接著點選 View>CPU Registers>CPU Registers 選項，把 CPU 的暫存器視窗打開。

9. 執行程式請點選 Debug>Run 選項，若要停止程式的執行請點選 Debug>Halt 選項，執行所得的結果如圖 4-45 所示，乘加運算的值為 y=5984。

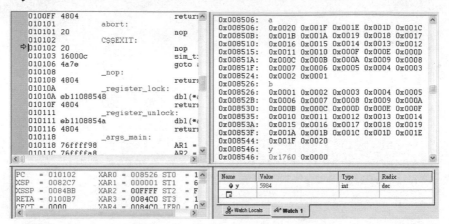

圖 4-45　乘加運算所得的結果 y=5984

4-4.5　實驗 4-5：定址模式

目的：用簡單的程式說明像直接定址、間接定址中的環形定址、位元反轉定址等重要的定址模式的用法。

【步驟 1】建立 lab3.pjt 專案(project)

1. 仿照本章實驗 4-1 的步驟 1 建立一個名為 lab3.pjt 的專案。

2. 以代數組合語言建立一個原始程式 lab3.asm。點選 File>New>Source File 選項，會開啓一個空白的編輯視窗，我們輸入以下所示的程式，並以檔名 lab3.asm 來儲存。

```
; c:\CCStudio_v3.1\MyProjects\lab3.asm
        .mmregs
        .def start
        .data
```

```
Ai          .usect  "vars",4
Xi          .usect  "vars",4
result      .usect  "vars",1
result1     .usect  "vars",1
Yi          .usect  "vars",4
Zi          .usect  "vars",4
            .sect   "tables"
init        .int 1,2,3,4,5,6,7,8
            .text
start
;
;   (1)絕對定址模式
;
    *(#Ai)= #1      ; mov  #1,*(Ai); Absolute addressing
    *(#(Ai+1))= #2; mov  #2,*(Ai+1); Initialize
                            Ai[4]={1,2,3,4}
    *(#(Ai+2))= #3; mov  #3,*(Ai+2)
    *(#(Ai+3))= #4; mov  #4,*(Ai+3)
```

上述左邊是絕對定址模式代數指令的用法，右邊註解部分是助憶指令的用法，絕對定址是利用變數位址為絕對位址存取，採用*(#Ai)的指令形式。

```
;
;   (2)直接定址模式
;
    TC1 = bit(*(#0x07), #14), bit(*(#0x07), #14)=#0
;btstclr #14,*(ST1),TC1 ;Turn off CPL bits for direct addressing mode
    XDP = mar(*(#Xi))
;   amov  #Xi,XDP   ; Load direct addressing data-page pointer
    .dp   Xi
    @Xi = #4        ; mov  #4,@Xi ; Direct addressing mode
    @(Xi+1)= #3     ; mov  #3,@Xi+1 ; Initialize
                        Xi[4]={4,3,2,1}
    @(Xi+2)= #2     ; mov  #2,@Xi+2
    @(Xi+3)= #1     ; mov  #1,@Xi+3
```

```
@(Xi+1)= #2      ; mov   #2,@Xi+1
@(Xi+2)= #1      ; mov   #1,@Xi+2
if(TC1)execute(AD_Unit)
;  xcc   continue,TC1
bit(ST1, #0xe)= #1
                  ; bset  CPL ; Turn CPL bit back on continue
```

以上是直接定址模式的用法，首先將記憶體映射暫存器 ST1 的位元 14(CPL)的值存入 TC1，然後將其設置為 0(CPL=0)，CPL=0 也就是使用資料頁碼 DP 的直接定址模式，將擴展資料頁碼 XDP 指向記憶體 Xi 的位址，左邊是直接定址模式代數指令的用法，右邊註解部分是助憶指令的用法，採用@Ai 的指令形式，執行完後再將原來 CPL 的位元值恢復。

```
;
;   (3) 間接定址模式
;
AC1 = #0
AR0 = #Ai                   ; mov  #Ai, AR0
AR1 = #Xi                   ; mov  #Xi, AR1
AC0 = *AR0+ * *AR1+         ; mpym *AR0+,*AR1+,AC0
AC0 = AC0 + AC1             ; add  AC1,AC0
AC1 = *AR0+ * *AR1+         ; mpym *AR0+,*AR1+,AC1
AC0 = AC0 + AC1             ; add  AC1,AC0
AC1 = *AR0+ * *AR1+         ; mpym *AR0+,*AR1+,AC1
AC0 = AC0 + AC1             ; add  AC1,AC0
AC1 = *AR0+ * *AR1+         ; mpym *AR0+,*AR1+,AC1
AC0 = AC0 + AC1             ; add  AC1,AC0
AR2 = #result               ; mov  #result, AR2
*AR2+ = AC0                 ; mov  AC0, *AR2+
```

以上是間接定址模式的用法，它是將前兩個定址模式存入到變數 Xi 和 Ai 的值執行連乘連加運算，所得結果由指令*AR2+ = AC0 將累加器 AC0 的值載入到以 AR2 設定值所定址到的資料記憶體位址處(AR2 的值為#result，也就是

AR2 指向資料記憶體位址標記 result 處)，然後 AR2 的值加 1，指向下一個資料位址處。同樣列出代數指令與助憶指令的用法。

```
;
;   (4)間接定址模式(並行指令)
;
    AR0=#Ai                      ; mov  #Ai, AR0
    AR1=#Xi                      ; mov  #Xi, AR1
    AC0=*AR0+ * *AR1+            ; mpym *AR0+,*AR1+,AC0
||  repeat(#2)                   ; || rpt  #2
    AC0=AC0+(*AR0+ * *AR1+)      ; macm *AR0+,*AR1+,AC0
    *AR2=AC0                     ; mov  AC0, *AR2
```

上一個模式中個別的連乘連加的指令運算，在這裡由單一重複指令 repeat 來完成，並結合並行指令的用法，可以大大提高連乘連加運算效能。

```
;
;   (5)間接定址模式(環形定址)
;
AR4=#init
XAR3=mar(*(Yi))                  ; amov #Yi, XAR3
BSA23=#Yi                        ; mov  #Yi, BSA23
BK03=#4                          ; mov  #0x4, BK03
AR3=#0                           ; mov  #0, AR3
bit(ST2, #3)=#1                  ;amov #init, XAR4
*AR3+ = *AR4+                    ; mov *AR4+, *AR3+
*AR3+ = *AR4+                    ; mov *AR4+, *AR3+
*AR3+ = *AR4+                    ; mov *AR4+, *AR3+
*AR3+ = *AR4+                    ; mov *AR4+, *AR3+
*AR3+ = *AR4+                    ; mov *AR4+, *AR3+
*AR3+ = *AR4+                    ; mov *AR4+, *AR3+
*AR3+ = *AR4+                    ; mov *AR4+, *AR3+
*AR3+ = *AR4+                    ; mov *AR4+, *AR3+
```

　　以上是間接定址模式中很重要的環形定址的用法，設定步驟如下，更詳細的說明請參考 4-3.1.6 小節：

　　設定適當的擴展暫存器(XARn 或 XCDP)的值來選擇一個主資料頁碼，例如本範例中以輔助暫存器 AR3 作為環形定址的指標，則載入擴展輔助暫存器 XAR3 的值。

　　指令 BSA23=#Yi 設定適當的 16 位元起始位址暫存器的值指向變數 Yi 的位址。

　　設定適當的環形緩衝區域，例如本範例中指令 BK03=#4 設定初始化環形緩衝區大小為 4 個字元。

　　載入指標值 AR3 的值，大小限制為 0～(環形區大小-1)，例如若環形大小為 4，那 AR3 指標值就必須小於或等於 3 的值

　　設定狀態暫存器 ST2_55 中相關的線性/環形定址規劃位元值，指令 bit(ST2,#3)=#1 即是設定 AR3LC=1。

```
;
;   (6)位元反轉定址模式
;
bit(ST1,#5)=#0
AR2=#Zi
AR4=#(init+2)
AR0=#2
T0=#3
AC0=#0
AC0=*(AR4+T0B)
*AR2+ = AC0
AC0=*(AR4+T0B)
*AR2+ = AC0
AC0=*(AR4+T0B)
*AR2+ = AC0
.end
```

以上是位元反轉定址模式的用法，方法是在計算 ARx+/-T0 位移值時，不是"由右向左"往高位元來作每一個位元的加/減運算，而是反向的"由左向右"往低位元作位元的加/減運算，因此稱之為位元反轉(bit-reversed)定址，T0 用來指定碟型反轉定址的位移植。至於是使用 T0 或 AR0 作為位移植，則是由 ST1 暫存器位元 5(C54CM)的值來決定，如果 C54CM=0 則由 T0 的值為位移植，如果 C54CM=1 則由 AR0 的值為位移植，DSP 重置後 C54CM 的值為 1，讀者可修改上述程式(bit(ST1,#5)=#0)的值看看結果有何不同。

例如上述程式指令 AC0 = *(AR4+T0B)，AR4 指向資料記憶體位址#(init+2) 處，即 0x94h，T0 的值為 3，所以執行一次*(AR4+T0B)後的位址指向 0x97h，再執行一次*(AR4+T0B)後的位址指向 0x95h，因為它是"由左向右"往低位元作位元 AR4+T0 的加運算。

3. 參考第三章實驗 4-1 步驟 1 將 lab3.asm 以及 lab.cmd 等二個檔案加入到 lab3.pjt 專案中。

【步驟 2】產生可執行程式碼 lab3.out

4. 參考本章實驗 4-1 步驟 2 執行組譯(Assembler)及連結(Linker)等二項工作來產生可執行檔 lab3.out。

【步驟 3】載入可執行程式碼 lab3.out

5. 參考本章實驗 4-1 步驟 3 載入可執行程式碼 lab3.out。

【步驟 4】執行程式

6. 本實驗可用模擬的方式執行，首先我們先點選 View>Memory…選項，把資料記憶體位址 0x0080 處打開(或是鍵入符號 Ai 亦可)。如果它掩蓋了程式編輯視窗，可將滑數游標移至記憶體視窗中，單按滑鼠右鍵點選 Float in main window 即可。

7. 執行程式請點選 Debug>Run 選項，若要停止程式的執行請點選 Debug>Halt 選項，程式 lab3.asm 之執行結果如圖 4-46 所示。

8. 或是用點選 View>Register>CPU register 選項，開啓 CPU 暫存器視窗，用單步執行程式的方法，觀察記憶體和 CPU 暫存器的變化情形。

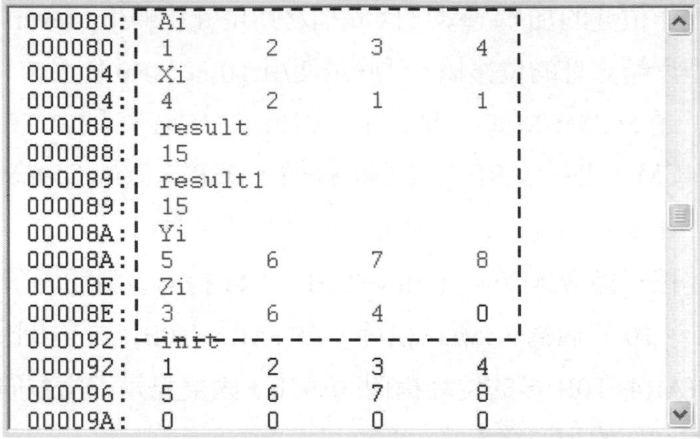

```
000080:  Ai
000080:  1        2        3        4
000084:  Xi
000084:  4        2        1        1
000088:  result
000088:  15
000089:  result1
000089:  15
00008A:  Yi
00008A:  5        6        7        8
00008E:  Zi
00008E:  3        6        4        0
000092:  init
000092:  1        2        3        4
000096:  5        6        7        8
00009A:  0        0        0        0
```

圖 4-46　定址模式執行結果如虛框所示

由圖 4-46 可以看出，程式 lab3.asm 執行的結果為圖中虛框所示。

4-4.6　實驗 4-6：C 程式之直接記憶體存取

目的：用簡單的程式說明 C 程式中如何作直接記憶體存取。

【步驟 1】建立 lab4.pjt 專案(project)

1. 仿照本章實驗 4-1 的步驟 1 建立一個名為 lab4.pjt 的專案。

2. 以 C 程式語言建立一個原始程式 lab4.c。點選 File>New>Source File 選項，會開啓一個空白的編輯視窗，我們輸入以下所示的程式，並以檔名 lab4.c 來儲存。

```
/* C:\CCStudio_v3.1\MyProjects\lab4\lab4.c  */
/* 宣告變數 */
short a[32] = {32,31,30,29,28,27,26,25,24,23,22,21,20,
               19,18,17,16,15,14,13,12,11,10,9,8,7,6,5,4,
               3,2,1};
```

```
short b[32] = {1,2,3,4,5,6,7,8,9,10,11,12,13,14,15,16,17,
               18,19,20,21,22,23,24,25,26,27,28,29,30,31,
               32};
short c[32];
#define     var_c_addr(volatile unsigned int *)0x0600

/* 主程式 Main Code */
main()
{
  unsigned int i;
  for(i=0;i<32;i++)
  {
   *(var_c_addr + i)= a[i] + b[i];
  }
  for(i=0;i<32;i++)
  {
   c[i] = a[i] + b[i];
  }
}
```

在 C 程式語言中，我們使用 volatile 這個保留字來對記憶體的固定位址作存取操作，例如本程式中 var_c_addr 定義為指向記憶體位址 0x0600 處，如欲存取該位址的內含，則使用

```
*(var_c_addr)
```

即可存取該位址的資料了。

3. 參考本章實驗 4-1 步驟 1 將 lab4.c、rts55.lib 以及 lab.cmd 等三個檔案加入到 lab4.pjt 專案中。

🌐 【步驟 2】產生可執行程式碼 lab4.out

4. 參考本章實驗 4-1 步驟 2 執行組譯(Assembler)及連結(Linker)等二項工作來產生可執行檔 lab4.out。

【步驟 3】載入可執行程式碼 lab4.out

5. 參考本章實驗 4-1 步驟 3 載入可執行程式碼 lab4.out。

【步驟 4】執行程式

6. 本實驗可用模擬的方式執行，首先我們先點選 View>Memory…選項，把資料記憶體位址 0x0600 處打開，如果它掩蓋了程式編輯視窗，可將滑鼠游標移至記憶體視窗中，單按滑鼠右鍵點選 Float in main window 即可。另外再點選 View>Memory…選項，在記憶體位址處鍵入符號 a 打開另一個記憶體視窗。

7. 執行程式請點選 Debug>Run 選項，若要停止程式的執行請點選 Debug>Halt 選項，程式 lab4.c 之執行結果如圖 4-47 所示。由圖 4-12 可以看看編譯器如何安排資料在記憶體中的位置，執行指令*(var_c_addr + i)= a[i] + b[i];直接將 a+b 所得的結果存於位址 0x0600 處。

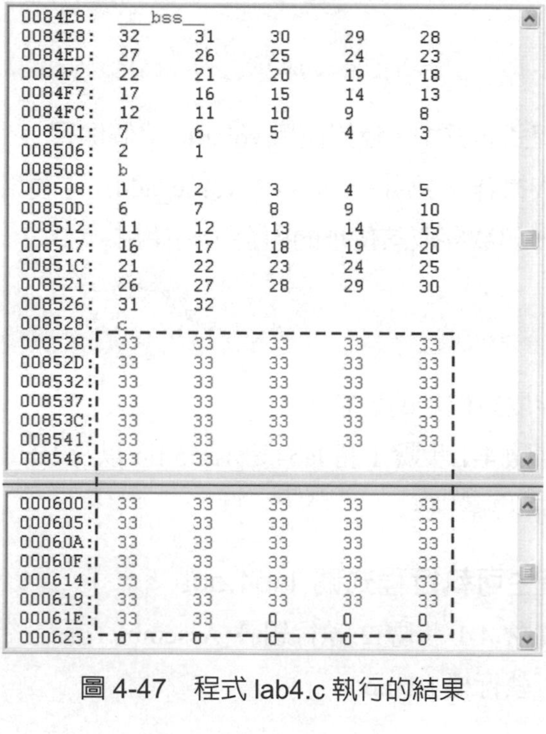

```
0084E8:    ___bss__
0084E8:    32      31      30      29      28
0084ED:    27      26      25      24      23
0084F2:    22      21      20      19      18
0084F7:    17      16      15      14      13
0084FC:    12      11      10      9       8
008501:    7       6       5       4       3
008506:    2       1
008508:    b
008508:    1       2       3       4       5
00850D:    6       7       8       9       10
008512:    11      12      13      14      15
008517:    16      17      18      19      20
00851C:    21      22      23      24      25
008521:    26      27      28      29      30
008526:    31      32
008528:    c
008528:    33      33      33      33      33
00852D:    33      33      33      33      33
008532:    33      33      33      33      33
008537:    33      33      33      33      33
00853C:    33      33      33      33      33
008541:    33      33      33      33      33
008546:    33      33

000600:    33      33      33      33      33
000605:    33      33      33      33      33
00060A:    33      33      33      33      33
00060F:    33      33      33      33      33
000614:    33      33      33      33      33
000619:    33      33      33      33      33
00061E:    33      33      0       0       0
000623:    0       0       0       0       0
```

圖 4-47　程式 lab4.c 執行的結果

第 **5** 章

程式流程與中斷

正常而言程式是一行接著一行循序執行，但有些情況像執行跳躍指令、呼叫副程式、中斷的產生以及執行重複指令等皆會改變程式執行的順序，此種情形稱之為程式流程控制，程式流程控制主要是與指令緩衝單元(I-單元)和程式流程單元(P-單元)有關，本章中即是說明這些與程式流程控制有關的內容。

5-1　跳躍(jump or branch)

程式中執行跳躍指令時會改變程式計數器 PC 的值，使得程式從跳躍指令的位址轉移到另外一個位址去執行程式，跳躍指令可以是有條件執行的，也可以是無條件執行的，所謂有條件跳躍是指設定條件成立時才執行跳躍，表 5-1 所示指令是無條件跳躍指令。

表 5-1

代數指令	助憶指令
goto ACx	B ACx
goto L7	B L7
goto L16	B L16
goto P24	B P24

因為程式位址是 24 位元大小，跳躍至由累加器 ACx 低 24 位元(ACx(23-0))所指定之程式記憶體位址，或是跳躍至由符號 Lx、P24 標示之程式記憶體位址，Lx 表示 x 位元大小的程式位址符號(label)，相對於程式計數器(PC)帶符號的偏移量，P24 表示 24 位元的程式位址符號(絕對位址)。

表 5-2 所示指令是條件式跳躍指令，條件指令是在管線的讀取(R)階段對條件成立與否進行判斷，若條件成立則跳躍至由符號 I4、L8、L16 或 P24 所指定的程式位址處執行程式，I4 表示 4 位元的程式位址符號，相對於程式計數器(PC)無符號的偏移量，至於指令中條件欄(cond)之定義如下小節所述。

表 5-2

代數指令	助憶指令
if(cond)goto I4	BCC I4, cond
if(cond)goto L8	BCC L8, cond
if(cond)goto L16	BCC L16, cond
if(cond)goto P24	BCC P24, cond
if(ARn_mod != #0)goto L16	BCC L16, ARn_mod != #0

5-1.1　指令條件欄(cond)之定義

指令中的條件欄大多是與 0 的判斷式，可歸納為如下的幾種情形：

1. 對累加器 ACx 而言：

根據狀態位元 M40 的值，測試累加器 ACx(x=0～3)內含與 0 之比較。

(1) 如 M40=0，測試 ACx(31-0)與 0 的比較。

(2) 如 M40=1，測試 ACx(39-0)與 0 的比較。

總計有如下的條件式：

```
ACx == #0        ;ACx 內含是否等於 0
ACx < #0         ;ACx 內含是否小於 0
ACx > #0         ;ACx 內含是否大於 0
ACx != #0        ;ACx 內含是否不等於 0
ACx <= #0        ;ACx 內含是否小於等於 0
ACx >= #0        ;ACx 內含是否大於等於 0
```

2. 對累加器溢位狀態位元 ACOVx 而言：

測試累加器溢位狀態位元 ACOVx(x=0～3)與 1 的比較，如果加上!符號(表反相的意思)，則是測試溢位狀態位元 ACOVx 與 0 的比較。當此條件執行後相對應的 ACOVx 位元清除為 0。

```
overflow(ACx)    ；ACOVx 位元是否設定為 1
!overflow(ACx)   ；ACOVx 位元是否清除為 0
```

3. 對輔助暫存器 ARx 而言：

　　測試輔助暫存器 ARx(x=0～7)內含與 0 的比較，總計有如下的條件式：

```
ARx == #0       ；ARx 內含是否等於 0
ARx < #0        ；ARx 內含是否小於 0
ARx > #0        ；ARx 內含是否大於 0
ARx != #0       ；ARx 內含是否不等於 0
ARx <= #0       ；ARx 內含是否小於等於 0
ARx >= #0       ；ARx 內含是否大於等於 0
```

4. 對進位狀態位元 CARRY 而言：

　　測試進位狀態位元 CARRY 與 1 的比較，如果加上!符號(表反相的意思)，則是測試進位狀態位元 CARRY 與 0 的比較。

```
CARRY           ；CARRY 位元是否設定為 1
!CARRY          ；CARRY 位元是否清除為 0
```

5. 對臨時暫存器 Tx 而言：

　　測試臨時暫存器 Tx(x=0～3)內含與 0 的比較，總計有如下的條件式：

```
Tx == #0        ；Tx 內含是否等於 0
Tx < #0         ；Tx 內含是否小於 0
Tx > #0         ；Tx 內含是否大於 0
Tx != #0        ；Tx 內含是否不等於 0
Tx <= #0        ；Tx 內含是否小於等於 0
Tx >= #0        ；Tx 內含是否大於等於 0
```

6. 對控制旗號位元 TCx 而言：

測試控制旗號位元 TCx(x=1～2)與 1 的比較，如果加上!符號(表反相的意思)，則是測試控制旗號位元 TCx 與 0 的比較。

```
TCx             ;TCx 位元是否設定爲 1
!TCx            ;TCx 位元是否清除爲 0
```

TC1 和 TC2 能夠以 AND(&), OR(|)與 XOR(^)組合起來作邏輯測試，總計有如下的數種條件式：

```
TC1 &(|, ^)TC2      ;TC1 AND(OR, XOR)TC2 是否等於 1
!TC1 &(|, ^)TC2     ;TC1 AND(OR, XOR)TC2 是否等於 1
TC1 &(|, ^)!TC2     ;TC1 AND(OR, XOR)TC2 是否等於 1
!TC1 &(|, ^)!TC2    ;TC1 AND(OR, XOR)TC2 是否等於 1
```

 ## 5-2 重複(repeat 或 block repeat)

重複指令是指 CPU 能夠重複執行一個指令或是一組指令，重複指令包括有無條件單一重複指令、有條件單一重複指令以及區塊重複指令等三種形式：

1. 無條件單一重複指令：

重複執行下一個指令或下二個平行指令共 n 次，次數是由暫存器 CSR 的內含值+1 來決定、或是由 8 位元無號數 k8 所表示的值(0～255)+1 來決定，或是由 16 位元無號數 k16 所表示的值(0～65535)+1 來決定，表 5-3 所示指令是無條件單一重複指令。

表 5-3

代數指令	助憶指令
repeat(CSR)	RPT CSR
repeat(k8)	RPT k8
repeat(k16)	RPT k16

暫存器 CSR 的值也可以在執行完重複指令後加以修改，也就是說可以修改重複指令執行的次數，例如將 CSR 的值加上輔助暫存器或臨時暫存器(TAx)的值，或是加上/減去 4 位元無號數 k4 的值(0～15)，表 5-4 所示指令是可修改執行次數的無條件單一重複指令。

表 5-4

代數指令	助憶指令
repeat(CSR), CSR+=TAx	RPTADD CSR, TAx
repeat(CSR), CSR+=k4	RPTADD CSR, k4
repeat(CSR), CSR-=k4	RPTSUB CSR, k4

2.　條件式單一重複指令：

　　當條件式(cond)成立時，重複執行下一個指令或下二個平行指令共 k8+1 次，k8 表示 8 位元無號數所表示的值(0～255)，每次指令重複執行時會在管線的執行階段檢查條件式是否成立，當條件不成立時則停止重複指令執行，條件式定義如前小節 5-1.1 所述，表 5-5 所示指令是條件式單一重複指令。

表 5-5

代數指令	助憶指令
while(cond &&(RPTC<k8))repeat	RPTCC k8,cond

3.　區塊重複指令：

　　區塊重複指令重複執行多條指令(視爲一個區塊)，至於重複執行的次數由區塊重複計數暫存器 BRC0/BRC1 來定義，因爲 BRC0/BRC1 爲 16 位元計數器，所以區塊最大的重複次數是 65536，要注意的是實際執行的次數比計數器值多 1。另外 BRC0/BRC1 兩個計數器支援兩層巢狀區塊重複指令，其中 BRC1 用於內層區塊，當內層區塊執行完成後跳至外層區塊執行，如果再次進入內層區塊執行時則不需要再次初始化暫存器 BRC1 的值，因爲區塊重複儲存暫存器 BRS1 會自動保存內層區塊

BRC1 的值。任何一個區塊重複指令內可執行一個單一重複指令，所以對 C55x CPU 而言最多支援三層巢狀重複指令，即兩層區塊重複指令再加上一層單一重複指令。

指令 blockrepeat{}或 localrepeat{}所在位址為區塊起始位址，它會儲存至區塊起始位址暫存器 RSA0/RSA1 中，區塊結束位址由重複指令後面的標記(label)來定義，它會儲存至區塊結束位址暫存器 REA0/REA1 中。

blockrepeat{}與 localrepeat{}之差別在於 localrepeat{}定義在指令緩衝單元(I-單元)之指令緩衝區(IBQ)中的重複指令，也就是直接從指令緩衝區中拿取重複指令，因為指令緩衝區大小為 64 位元組，故區塊重複指令大小若大於 64 位元組的話就必須使用 blockrepeat{}重複指令，表 5-6 所示指令是區塊重複指令。

表 5-6

代數指令	助憶指令	代數指令
blockrepeat {}	RPTB pmad	blockrepeat {}
localrepeat {}	RPTBLOCAL pmad	localrepeat {}

5-3　呼叫(call)

當程式執行呼叫(call)副程式或函數時，正在 I-單元中(指令緩衝單元)解碼的指令位址會被保存在暫存器 RETA 或堆疊中，當從副程式或函數返回時，再把該位址取回以繼續執行主程式，呼叫指令包括有無條件呼叫指令、有條件呼叫指令以及返回指令等三種形式。

1. 無條件呼叫指令：

呼叫由累加器 ACx 低 24 位元(ACx(23-0))或由符號 L16(16 位元)，P24(24 位元)所標示之副程式位址，返回位址則儲存至堆疊中，表 5-7 所示指令是無條件呼叫指令。

(1) 在管線的定址(AD)階段將資料堆疊指標 SP 減 1，返回位址的低 16 位元值(PC(15-0))推入(push)至 SP 所指位置中。

(2) 同時在管線的定址(AD)階段將系統堆疊指標 SSP 減 1，8 位元迴圈內含值(loop context bit；參考 5-4 小節)及返回位址的高 8 位元值(PC(23-16))推入至 SSP 所指位置中。

表 5-7

代數指令	助憶指令
call ACx	CALL ACx
call L16	CALL L16
call P24	CALL P24

2. 有條件呼叫指令：

在管線的讀取(R)階段判斷條件式(cond)是否成立，當條件式成立時，呼叫由符號 L16(16 位元)與 P24(24 位元)所標示之副程式位址，返回位址則儲存至堆疊中，操作方式如上"無條件呼叫指令"之敘述，表 5-8 所示指令是有條件呼叫指令。

表 5-8

代數指令	助憶指令
if(cond)call L16	CALLCC L164, cond
if(cond)call P24	CALLCC P24, cond

3. 返回指令：

返回指令包括有無條件返回，有條件返回和中斷返回，返回位址則儲存在堆疊中，表 5-9 所示指令是返回指令。

(1) 將 8 位元迴圈內含值(loop context bit)及返回位址的高 8 位元值(PC(23-16))自系統堆疊指標 SSP 所指位置取出(pop)，然後將 SSP 值加 1。

(2)　同時將返回位址的低 16 位元值(PC(15-0))自資料堆疊指標 SP 所指
　　　位置取出(pop)，然後將 SP 值加 1。

表 5-9

代數指令	助憶指令
return	RET
if(cond)return	RETCC cond
return_int	RETI

5-4　程式流程控制暫存器(PC、RETA、CFCT)

　　程式流程控制有關的暫存器有程式計數器 PC，返回位址暫存器 RETA 以
及控制流程內含暫存器 CFCT，程式計數器 PC 大小為 24 位元暫存器，它裝載
由指令緩衝單元(I-單元)解碼所得的 1～6 位元組程式碼的位址，當 CPU 被中
斷或呼叫副程式時，目前 PC 的值(即返回位址)會被暫存起來，然後載入一個
新的位址值(即中斷或呼叫副程式的位址)，當 CPU 從(中斷)副程式返回主程式
時，暫存的返回位址再載回至 PC 中，以便主程式繼續執行。

表 5-10

位元	功能描述
7	此位元反應單一重複(single-repeat)迴圈是否致能 0：非致能　　　1：致能
6	此位元反應條件式單一重複迴圈是否致能 0：非致能　　　1：致能
5-4	保留

表 5-10(續)

位元	功能描述
3-0	此 4 位元反應兩層區塊重複迴圈的可能狀態，外層迴圈(level 0)和內層迴圈(level 1)，根據你所選擇的區塊重複指令決定致能的迴圈是在本地(local)或是外部(external)。 位元值　　　　　level 0 迴圈　　　　level 1 迴圈 　0　　　　　　　非致能　　　　　　非致能 　2　　　　　　　致能，外部　　　　非致能 　3　　　　　　　致能，本地　　　　非致能 　7　　　　　　　致能，外部　　　　致能，外部 　8　　　　　　　致能，外部　　　　致能，本地 　9　　　　　　　致能，本地　　　　致能，本地 其餘值：保留

返回位址暫存器 RETA 用於堆疊配置中，使用快速返回模式時，在(中斷)副程式執行過程中，RETA 暫時儲存返回位址值，與 CFCT 一起使用可有效率執行巢狀副程式的呼叫。

如果堆疊配置使用快速返回模式時，控制流程內含暫存器 CFCT 暫時儲存 8 位元的迴圈內含值，當 CPU 回應一個中斷或呼叫一個副程式時，迴圈內含值將儲存至 CFCT 中，當 CPU 從(中斷)副程式返回主程式時，迴圈內含值將從 CFCT 中載回，暫存器 CFCT 的形式為 8 位元大小，如表 5-10 所示。

5-5　堆疊操作(stack)

C55x DSP 支援 2 個 16 位元的軟體堆疊－資料堆疊(data stack)和系統堆疊(system stack)，這是因為 C55x DSP 的程式計數器 PC 值是 24 位元大小，用資料堆疊保存其中的低 16 位元 PC 值，用系統堆疊保存其中的高 8 位元 PC 值。圖 5-1 所示為擴展堆疊及系統堆疊指標暫存器示意圖，XSP 是由 SPH 和 SP 組合而成，SPH 表示 7 位元的主資料頁碼，而 16 位元 SP 表示指到此資料頁碼內某特定字元的位址，CPU 在推入(push)資料到堆疊處之前會先將堆疊指標值減 1，在從堆疊處取出(pop)資料之後會將堆疊指標值加 1，在堆疊操作的同時

SPH 的值保持不變。

	22-16	15-0
XSP	SPH	SP
XSSP	SPH	SSP

圖 5-1　擴展(系統)堆疊指標暫存器示意圖

同理系統堆疊的操作亦然，XSSP 是由 SPH 和 SSP 組合而成，XSSP 表示最後推入資料到系統堆疊的位址值，CPU 在推入(push)資料到系統堆疊處之前會先將系統堆疊指標值減 1，在從系統堆疊處取出(pop)資料之後會將系統堆疊指標值加 1，在系統堆疊操作的同時 SPH 的值保持不變。

5-5.1　堆疊的配置

C55x DSP 提供 3 種形式的堆疊配置，一種是快速返回的堆疊配置形式，另外兩種是慢速返回堆疊配置形式，快速返回與慢速返回之差異在於 CPU 如何載入與載出兩個內部暫存器的值－即程式計數器(PC)和控制流程內含暫存器 CFCT(儲存迴圈內含值(loop context))，如表 5-11 所示。

程式計數器 PC 為 24 位元暫存器，它裝載由 I-單元解碼所得的 1～6 位元組程式碼的位址，當 CPU 被中斷或呼叫副程式時，目前 PC 的值(即返回位址)會被暫存起來，然後載入一個新的位址值(即中斷或呼叫副程式的位址)，當 CPU 從(中斷)副程式返回主程式時，暫存的返回位址再載回至 PC 中，以便主程式繼續執行。

如表 5-10 所示，8 位元之控制流程內含暫存器 CFCT 用於記錄重複迴圈(repeat loop)的狀態，當 CPU 接受中斷或呼叫副程式時，目前的迴圈內含值將被儲存起來，然後迴圈內含暫存器將被清除後留給(中斷)副程式來使用，當 CPU 從(中斷)副程式返回後，原先被儲存的迴圈內含值再載回到控制流程內含暫存器中。

表 5-11

堆疊配置	描述	重置向量值(二進位)
快速返回之雙 16 位元堆疊配置	資料堆疊和系統堆疊是獨立的,當存取資料堆疊時資料堆疊指標(SP)會改變而系統堆疊指標(SSP)不會改變,暫存器 RETA 和 CFCT 用於實現快速返回之操作。	XX00 XXXX:(24 位元 ISR 位址)
慢速返回之雙 16 位元堆疊配置	資料堆疊和系統堆疊是獨立的,當存取資料堆疊時資料堆疊指標(SP)會改變而系統堆疊指標(SSP)不會改變,不使用暫存器 RETA 和 CFCT。	XX01 XXXX:(24 位元 ISR 位址)
慢速返回之 32 位元堆疊配置	資料堆疊和系統堆疊視為單一 32 位元堆疊,當存取資料堆疊時資料堆疊指標(SP)和系統堆疊指標(SSP)改變相同的值,不使用暫存器 RETA 和 CFCT。	XX10 XXXX:(24 位元 ISR 位址)

在慢速返回過程中,返回位址和迴圈內含值是儲存在堆疊中(即記憶體中),當 CPU 從(中斷)副程式返回時,返回的速度端賴記憶體的存取速度而定。在快速返回過程中,返回位址和迴圈內含值是儲存在暫存器中,所以能很快速地載回返回位址和迴圈內含值,這些特別用於快速返回的暫存器就是返回位址暫存器 RETA 以及控制流程內含暫存器 CFCT,可以利用 32 位元載入和儲存指令寫入或讀取 RETA 和 CFCT 的值。

5-5.2 內含自動交換

在處理中斷服務副程式(ISR)或呼叫副程式之前,CPU 會自動儲存某一些特定的值,CPU 就是利用這些值,當(中斷)副程式執行完成後重新回復到中斷或副程式執行前主程式的執行程序。不論執行中斷或是呼叫副程式,CPU 皆會儲存返回位址和迴圈內含值,返回位址即是 CPU 從(中斷)副程式返回主程式處執行的位址,迴圈內含是一個記錄迴圈狀態的 8 位元資料,當中斷或呼叫發生時它們是致能的,此外當中斷發生時 CPU 還額外儲存狀態暫存器 0, 1, 2 及除錯狀態暫存器 DBSTAT 的值,DBSTAT 是 DSP 暫存器,儲存在硬體模擬的一些除錯訊息。

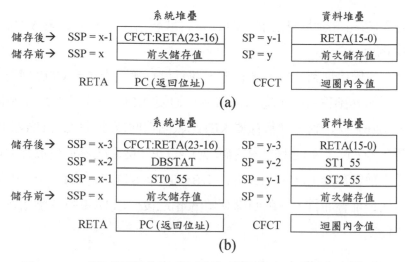

圖 5-2　(a)呼叫副程式(b)呼叫中斷之快速返回內含交換示意圖

5-5.2.1　呼叫副程式之快速返回內含交換

在呼叫副程式之前，CPU 將會自動地：

並行儲存暫存器CFCT 和RETA 的值到系統堆疊和資料堆疊中，如圖 5-2(a)所示，對任一堆疊而言，在寫入值(push)到堆疊之前，CPU 會將堆疊指標值(SSP 和 SP)減 1。

儲存返回位址到 RETA 暫存器，並且儲存迴圈內含至 CFCT 暫存器。

在副程式結尾處返回指令將迫使 CPU 以相反的順序載回這些值，如圖 5-2(a)所示，首先從暫存器 RETA 載回返回位址至程式計數器 PC 中，以及從暫存器 CFCT 載回迴圈內含值，其次 CPU 從系統與資料堆疊中並行載回副程式執行前暫存器 CFCT 和 RETA 的值，對任一堆疊而言，在載回儲存值(pop)之後，CPU 會將堆疊指標值(SSP 和 SP)加 1。

5-5.2.2　中斷之快速返回內含交換

在處理中斷服務副程式之前，CPU 將會自動地：

1.　並行儲存暫存器 ST0_55、ST2_55、DBSTAT、ST1_55、CFCT 和 RETA 的值到系統堆疊和資料堆疊中，如圖 5-2(b)所示，對任一堆疊而言，在寫入值(push)到堆疊之前，CPU 會將堆疊指標值(SSP 如圖 5-2(a)所示，SP)減 1。

2. 儲存返回位址到 RETA 暫存器，並且儲存迴圈內含至 CFCT 暫存器。

在中斷服務副程式結尾處返回指令將迫使 CPU 以相反的順序載回這些值，如圖 5-2(b)所示，首先從暫存器 RETA 載回返回位址至程式計數器 PC 中，以及從暫存器 CFCT 載回迴圈內含值，其次 CPU 從系統與資料堆疊中並行載回中斷發生前暫存器 CFCT、RETA、DBSTAT、ST1_55、ST0_55 和 ST2_55 的值，對任一堆疊而言，在載回儲存值(pop)之後，CPU 會將堆疊指標值(SSP 和 SP)加 1。

📌 5-5.2.3 呼叫副程式之慢速返回內含交換

在呼叫副程式之前，CPU 將會自動地並行儲存返回位址(PC 的值)及迴圈內含值到系統堆疊和資料堆疊中，如圖 5-3(a)所示，對任一堆疊而言，在寫入值(push)到堆疊之前，CPU 會將堆疊指標值(SSP 和 SP)減 1。

在副程式結尾處返回指令 RET 將迫使 CPU 從系統堆疊與資料堆疊中並行載回副程式執行前之返回位址及迴圈內含值，對任一堆疊而言，在載回儲存值(pop)之後，CPU 會將堆疊指標值(SSP 和 SP)加 1。

📌 5-5.2.4 中斷之慢速返回內含交換

在處理中斷服務副程式之前，CPU 將會自動地並行儲存狀態暫存器 ST0_55、ST2_55、DBSTAT、ST1_55、迴圈內含值和返回位址(PC 的值)到系統堆疊和資料堆疊中，如圖 5-3(b)所示，對任一堆疊而言，在寫入值(push)到堆疊之前，CPU 會將堆疊指標值(SSP 和 SP)減 1。

在中斷服務程式結尾處返回指令 RETI 將迫使 CPU 從系統與資料堆疊中並行載回中斷發生前之返回位址及迴圈內含值，以及狀態暫存器 ST0_55、ST2_55、DBSTAT 和 ST1_55 的值，對任一堆疊而言，在載回儲存值(pop)之後，CPU 會將堆疊指標值(SSP 和 SP)加 1。

		系統堆疊			資料堆疊
儲存後→	SSP = x-1	CFCT:PC(23-16)	SP = y-1		PC(15-0)
儲存前→	SSP = x	前次儲存值	SP = y		前次儲存值

(a)

		系統堆疊			資料堆疊
儲存後→	SSP = x-3	CFCT:PC(23-16)	SP = y-3		PC(15-0)
	SSP = x-2	DBSTAT	SP = y-2		ST1_55
	SSP = x-1	ST0_55	SP = y-1		ST2_55
儲存前→	SSP = x	前次儲存值	SP = y		前次儲存值

(b)

圖 5-3　(a)呼叫副程式(b)呼叫中斷之慢速返回內含交換示意圖

5-6　中斷(interrupt)

不論硬體中斷亦或是軟體中斷都會使得 DSP 暫停目前主程式的執行，而跳去執行一個稱為中斷服務的副程式(ISR：Interrupt Service Routine)，C55x DSP 支援 32 個 ISRs，其中有些中斷可由硬體或軟體來觸發，有些只由軟體來觸發，軟體中斷由指令 INTR、TRAP 或 RESET 來產生。所有的中斷不論是軟體或硬體中斷，如同 C54xx DSP 一樣皆區分為可遮蓋式(maskable)中斷與不可遮蓋式(nonmaskable)中斷，可遮蓋中斷可以透過軟體程式設定中斷致能與否，但不可遮蓋中斷要求發生時，必須無條件立即去執行相對應的 ISR。

DSP 處理中斷有 4 個主要的步驟：

1. 必須有中斷要求，可能是軟體的或硬體的中斷要求。

2. 有了中斷要求，DSP 必須去決定是否認可此中斷要求，如果是可遮蓋式中斷，一些中斷條件必須被成立後才可認可，對於不可遮蓋式中斷，必須無條件地認可。

3. 準備執行中斷服務副程式，方法為：

(1) 執行完目前正在執行的指令，並把在管線(pipeline)中尚未到達解碼 (D)階段的指令丟棄。

(2) 自動儲存返回位址和特定暫存器的值到資料堆疊和系統堆疊中。

(3) 擷取中斷向量表，然後跳至對應的中斷服務副程式中執行。

4. 中斷服務副程式執行到最後會包含有中斷返回指令 RETI，它會自動地回存暫存器的值，然後跳回主程式繼續執行。

VC5510 DSP 的中斷向量表如表 5-12 所示，有軟/硬體中斷名稱及其對應的中斷向量位址，另外中斷有其優先權設定，優先權號碼越小的優先權越高，最高優先權爲號碼 0，即軟/硬體重置中斷。

表 5-12

中斷號碼	硬體中斷名稱	軟體中斷名稱	IVPx + OFFSET	優先權號碼	功能
0	/RESET	SINT0	IVPD:00	0	重置(硬體和軟體)
1	/NMI	SINT1	IVPD:08	1	不可遮蓋中斷
2	/INT0	SINT2	IVPD:10	3	外部接腳中斷 #0
3	/INT2	SINT3	IVPD:18	5	外部接腳中斷 #2
4	TINT0	SINT4	IVPD:20	6	計時器 #0 中斷
5	RINT0	SINT5	IVPD:28	7	McBSP #0 接收中斷
6	RINT1	SINT6	IVPD:30	9	McBSP #1 接收中斷
7	XINT1	SINT7	IVPD:38	10	McBSP #1 傳出中斷
8	—	SINT8	IVPD:40	11	軟體中斷 #8
9	DMAC1	SINT9	IVPD:48	13	DMA 通道 #1 中斷
10	DSPINT	SINT10	IVPD:50	14	EHPI 中斷
11	/INT3	SINT11	IVPD:58	15	外部接腳中斷 #3
12	RINT2	SINT12	IVPD:60	17	McBSP #2 接收中斷
13	XINT2	SINT13	IVPD:68	18	McBSP #2 傳出中斷
14	DMAC4	SINT14	IVPD:70	21	DMA 通道 #4 中斷
15	DMAC5	SINT15	IVPD:78	22	DMA 通道 #5 中斷

表 5-12(續)

中斷號碼	硬體中斷名稱	軟體中斷名稱	IVPx + OFFSET	優先權號碼	功能
16	/INT1	SINT16	IVPH:80	4	外部接腳中斷 #1
17	XINT0	SINT17	IVPH:88	8	McBSP #0 傳出中斷
18	DMAC0	SINT18	IVPH:90	12	DMA 通道 #0 中斷
19	/INT4	SINT19	IVPH:98	16	外部接腳中斷 #4
20	DMAC2	SINT20	IVPH:A0	19	DMA 通道 #2 中斷
21	DMAC3	SINT21	IVPH:A8	20	DMA 通道 #3 中斷
22	TINT1	SINT22	IVPH:B0	23	計時器 #1 中斷
23	/INT5	SINT23	IVPH:B8	24	外部接腳中斷 #5
24	BERR	SINT24	IVPD:C0	2	匯流排錯誤中斷
25	DLOG	SINT25	IVPD:C8	25	資料中斷
26	RTOS	SINT26	IVPD:D0	26	即時 OS 中斷
27	—	SINT27	IVPD:D8	27	軟體中斷 #27
28	—	SINT28	IVPD:E0	28	軟體中斷 #28
29	—	SINT29	IVPD:E8	29	軟體中斷 #29
30	—	SINT30	IVPD:F0	30	軟體中斷 #30
31	—	SINT31	IVPD:F8	31	軟體中斷 #31

　　C55x DSP 具有 8 個有關中斷的暫存器，它們是：

1.　指向 DSP 之中斷向量指標暫存器 IVPD。

2.　指向主機(host)之中斷向量指標暫存器 IVPH。

3.　中斷旗號暫存器 IFR0 和 IFR1。

4.　中斷致能暫存器 IER0 和 IER1。

5.　除錯中斷致能暫存器 DBIER0 和 DBIER1。

　　中斷向量指標暫存器 IVPD 和 IVPH 如圖 5-4 所示，它們皆為 16 位元大小，DSP 中斷向量指標暫存器 IVPD 指向包括 DSP 中斷向量的 256 個位元組的程式頁碼空間，DSP 中斷向量是表 5-12 中斷號碼為 0～15, 24～31 的中斷向量，這些中斷向量位址可以被映射到只分配給 DSP 的記憶體空間。

主機中斷向量指標暫存器 IVPH 指向包括主機中斷向量的 256 個位元組的程式頁碼空間，主機中斷向量是表 5-12 中斷號碼為 16～23 的中斷向量，這些中斷向量位址可以被映射到分配給 DSP 和主機共享的記憶體空間，因此主機可以定義相關的中斷服務程式。如果 IVPD 和 IVPH 設為相同的值，那所有的中斷向量將會指到程式記憶體中 256 個位元組的程式頁碼位址內，DSP 在硬體重置後，IVPD 和 IVPH 的值都設定為 FFFFh，所以中斷向量表將指到內建 ROM 的位址 FFFF00h ～ FFFFFFh 範圍內。

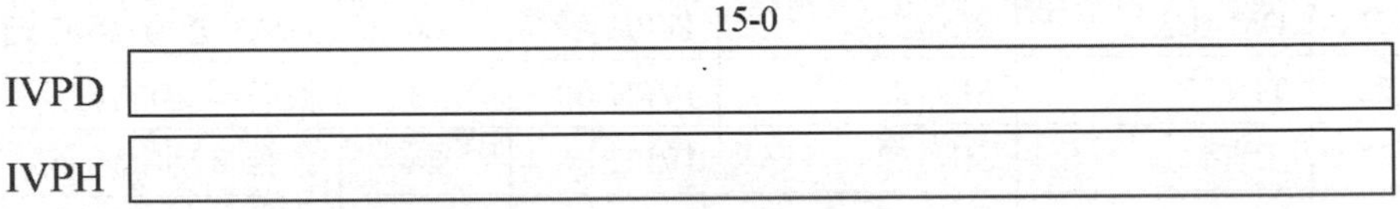

15-0

IVPD

IVPH

圖 5-4　中斷向量指標暫存器 IVPD 和 IVPH

中斷向量位址是由中斷向量指標暫存器 IVPD/IVPH 與偏移值(offset)位址組合而成的，至於偏移值是由中斷號碼值左移 3 位元後，最低 3 位元補 0 而得，所以中斷向量位址如下式組合而成：

IVPD/IVPH　＋　中斷號碼值　＋　000
(位元23～8)　　　(位元7～3)　　　(位元2～0)

例如外部接腳中斷 #0 的中斷號碼為 2(0000 0010)，左移 3 位元後為(0001 0000)，若重置後 IVPD=FFFFh，故重置後外部接腳中斷 #0 的中斷向量位址為 FF FF10h。

要注意的是在修改中斷向量指標暫存器 IVPD/IVPH 之前要禁止所有的可遮蓋式中斷(INTM=1)，以確保能夠指向新的中斷向量表中。

⏻ 5-6.1　可遮蓋式中斷

C55x DSP 所有可遮蓋式中斷屬於硬體中斷，可透過軟體程式設定其為中斷致能(enable)或中斷除能(disable)，這些可遮蓋式中斷包括有：

1. 中斷向量編號 2～23：這 22 個中斷來源是由 DSP 外部接腳或內部週邊所觸發。

2. BERRINT：匯流排錯誤中斷；當系統匯流排或是 DSP 內的匯流排發生錯誤時，對 CPU 發出的中斷。

3. DLOGINT：數據記錄中斷；對數據記錄(data log)傳輸結束時產生的中斷要求，你可以使用此中斷去執行開始下一個數據記錄的傳輸。

4. RTOSINT：實時操作系統中斷；可由硬體斷點觸發來產生，你可以使用此中斷去執行在硬體模擬中開始下一個數據記錄的傳輸。

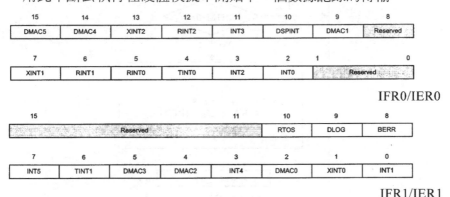

圖 5-5　中斷旗號/致能暫存器 IFR0/IER0(上)和 IFR1/IER1(下)

當可遮蓋式中斷被要求時，在中斷旗號暫存器 IFR0 和 IFR1 相對應的旗號位元會被設定為 1，所有在等待執行的中斷，可以透過：

1. 回寫 IFR0/IFR1 的值(即在相對應旗號位元寫入 1)，或

2. 響應中斷來清除 IFR0/IFR1 的旗號位元。

一旦旗號位元被設定為 1，若中斷條件成立時，中斷就會被執行，VC5510 DSP 的中斷旗號暫存器 IFR0 和 IFR1 如圖 5-5 中所示。可遮蓋式中斷成立的條件計有：

1. 中斷致能暫存器 IER0 和 IER1 中相對應的位元需設定為 1，中斷致能暫存器 IER0/IER1 各位元的定義如圖 5-5 中所示。

2. 中斷模式位元 INTM 需設定為 0，INTM 位元是一個控制可遮蓋式中斷的總開關，為狀態暫存器 ST1_55 之位元 11。

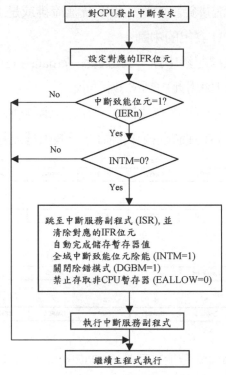

圖 5-6　可遮蓋式中斷的標準操作流程

　　除錯中斷致能暫存器 DBIER0 和 DBIER1 使用於在即時硬體模擬模式 (real-time emulation mode)下，當 CPU 作動被停止(halt)時使用。如果 CPU 運行在即時模式下，正常的中斷執行是使用 IER0 和 IER1 暫存器，而暫存器 DBIER0 和 DBIER1 則被忽略不使用。使用暫存器 DBIER0 和 DBIER1 可說是定義一個時間緊迫(time-critical)的中斷，所以它們用於 CPU 在即時硬體模擬模式下被停止時，此時只有暫存器 DBIER0 和 DBIER1 設定的中斷能被致能，不過暫存器 IER0 和 IER1 中相對應的位元亦要被致能。注意的是暫存器 DBIER0 和 DBIER1 不會被軟體中斷指令或 DSP 硬體中斷所影響，在使用即時硬體模擬模式時，需先對暫存器 DBIER0 和 DBIER1 做初始化，圖 5-6 為可遮蓋式中斷的標準操作流程，至於圖 5-7 所示則為時間緊迫的可遮蓋式中斷之操作流程。

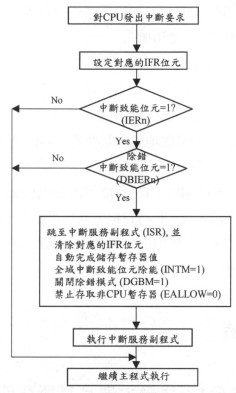

圖 5-7　時間緊迫的可遮蓋式中斷的操作流程

5-6.2　不可遮蓋式中斷

當 CPU 接受到一個不可遮蓋的中斷要求時，CPU 必須無條件並且立即地跳到相對應的 ISR 中去執行中斷副程式，不可遮蓋的中斷有：

1.　硬體中斷 RESET：

這是一個外部接腳的硬體中斷，當它被驅動至低電位時，即會產生一個硬體的重置中斷，然後跳至相對應的 ISR 中去執行。

2. 硬體中斷 NMI：

    這也是一個外部接腳的硬體中斷，當它被驅動至低電位時，即會產生一個硬體的中斷，而後跳至相對應的 ISR 中去執行，NMI 提供除了 RESET 之外一個一般目的且無條件的硬體中斷。

3. 由指令產生的所有的軟體中斷：

    軟體中斷指令包括有：

    (1) INTR #k5，其中 k5 是一個 5 位元的無符號常數值，表示 0 ～ 31，也就是指令 INTR #k5 可以用來致能 32 個 ISRs 中的任一個，執行 ISR 前 CPU 會自動地先將某些暫存器的值儲存起來，並且設定 INTM=1，表示不再接受其它可遮蓋中斷。

    (2) TRAP #k5，TRAP 指令的功能如同 INTR #k5，但是不會將 INTM 位元設定為 1，表示仍可以接受其它可遮蓋中斷。

    (3) RESET 指令為硬體 RESET 中斷的軟體版本，會迫使 CPU 去執行相對應的 ISR。

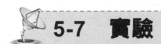

5-7　實驗

5-7.1　實驗 5-1：找最大值及其所在位址

目的：找出一個數列中的最大值，以及它在記憶體中的位址，學習使用區塊重複指令 BlockRepeat 的用法。

【步驟 1】建立 lab5.pjt 專案(project)：

1. 仿照第四章實驗 4-1 的步驟 1 建立一個名為 lab5.pjt 的專案。

2. 以代數組合語言建立一個原始程式 lab5.asm。點選 File>New>Source File 選項，會開啟一個空白的編輯視窗，我們輸入以下所示的程式，並以檔名 lab5.asm 來儲存。

```
;  c:\CCStudio_v3.1\MyProjects\lab5.asm
;  求最大值及其所在位址
          .mmregs
          .def start
          .data
XN        .word   7,31,7,4,-2,1,6,17,8,-5,11,10,35,14,9,
                  -15,12,13,18,48,16,17,28,3,20,23,0,33,
                  41,-7,2,45
result    .word    0,0
          .text
start:
          AR5 = #result
          AC1 = #0
          AR3 = #XN        ;令 AR3 指著 XN 記憶體位址
          BRC0 = #31
          AC1 = *AR3+
          BLOCKREPEAT {
            AC0 = *AR3+
            AC1 = max(AC0,AC1)
          }
          *AR5+ = AC1
          AR3 = #XN
d2:       AC0 = AC1 - *AR3+
          IF(AC0 == 0)GOTO d3
          GOTO d2
d3:       NOP
          AC1 = AR3
          AC1 = AC1- #01
          *AR5 = AC1
wait:     NOP
          GOTO wait
          .end
```

本程式從 start 開始依序執行,程式中使用了一個特定功能的指令 AC1=max(AC0,AC1),用來比較累加器 AC0 和 AC1 的值,然後把較大的那個值儲存至目的累加器 AC1 中。

程式中還使用了一個非常重要的指令,BLOCKREPEAT{ } 是用於 "區塊指令" 的重複執行,執行的次數 N 由區塊重複計數器 BRC0/BRC1 的值所指定,所以 BRC0/BRC1 的值必須在執行這個指令之前先行載入。執行這個指令時,區塊重複起始位址暫存器 RSA0/RSA1 會被載入 PC+2 的值,區塊重複結束位址會被載入到 REA0/REA1 暫存器,這個指令只要花費 2 個指令週期就可以執行完一個區塊 N+1 次。功能不可謂不強大了。

3. 參考第四章實驗 4-1 步驟 1 將 lab5.asm 及 lab.cmd 等兩個檔案加入到 lab5.pjt 專案中。

【步驟 2】產生可執行程式碼 lab5.out:

4. 參考第四章實驗 4-1 步驟 2 執行組譯(Assembler)及連結(Linker)等二項工作來產生可執行檔 lab5.out。

【步驟 3】載入可執行程式碼 lab5.out:

5. 參考第四章實驗 4-1 步驟 3 載入可執行程式碼 lab5.out。

【步驟 4】執行程式:

6. 本實驗可用模擬的方式執行,首先我們先點選 View>Memory…選項,把資料記憶體位址 0x0080 處打開(或是鍵入符號 XN 亦可)。如果它掩蓋了程式編輯視窗,可將滑鼠游標移至記憶體視窗中,單按滑鼠右鍵點選 Float in main window 即可。

7. 執行程式請點選 Debug>Run 選項,若要停止程式的執行請點選 Debug>Halt 選項,程式 lab5.asm 之執行結果如圖 5-8 所示。

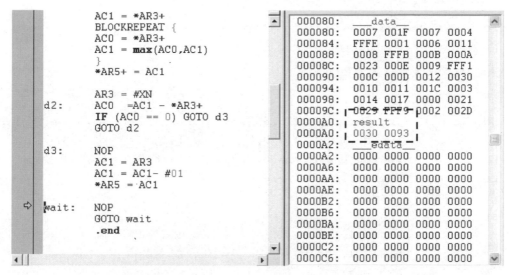

圖 5-8　最大值 30h 所在位置 0x0093h

　　由圖 5-8 可以看出，程式 lab5.asm 執行的結果為 XN 數列中最大值為 30h(48)，它存放在資料記憶體中的位置為 0x0093。

5-7.2　實驗 5-2：矩陣相乘的運算

目的：將兩矩陣作相乘求其解，學習環形定址的用法。

$$\begin{bmatrix} 1 & 4 & 7 \\ 2 & 5 & 8 \\ 3 & 6 & 9 \end{bmatrix} * \begin{bmatrix} 1 & 4 & 7 \\ 2 & 5 & 8 \\ 3 & 6 & 9 \end{bmatrix} = \begin{bmatrix} 30 & 66 & 102 \\ 36 & 81 & 126 \\ 42 & 96 & 150 \end{bmatrix}$$

【步驟 1】建立 lab6.pjt 專案(project)：

1.　仿照第四章實驗 4-1 的步驟 1 建立一個名為 lab6.pjt 的專案。

2.　以代數組合語言建立一個原始程式 lab6.asm。點選 File>New>Source File 選項，會開啓一個空白的編輯視窗，我們輸入以下所示的程式，並以檔名 lab6.asm 來儲存。

```
;c:\CCStudio_v3.1\MyProjects\lab6.asm
;矩陣相乘
                .def  start
            .mmregs
            .data
XN          .word  1,4,7,2,5,8,3,6,9   ;|1,4,7 |  |1,4,7|
            .word  0,0,0,0,0,0,0       ;|2,5,8 |* |2,5,8|
YN          .word  1,2,3,4,5,6,7,8,9   ;|3,6,9 |  |3,6,9|
result      .word  0,0,0,0,0,0,0,0,0
            .text
start:
            bit(ST1, #6)= #0           ; FRCT=0
            bit(ST1, #5)= #0           ; C54CM=0
            AR3 = #XN
            XAR4 = #YN
            BSA45 = #YN
            BK47 = #9
            AR4 = #0
            bit(ST2,#4)= #1
            AR5 = #result
            SP = #7FFFh
            SSP = #7FE0h
            CALL MULX1
            CALL MULX1
            CALL MULX1
WAIT:       NOP
            GOTO WAIT
MULX1:
            CALL MULX2
            AR3 = AR3-#3
            CALL MULX2
            AR3 = AR3-#3
            CALL MULX2
            RETURN
            NOP
```

```
MULX2:
        AC1 = #0
        repeat(#2)
        AC1 = AC1 +(*AR3+ * *AR4+)
        *AR5+ = AC1
        NOP
        RETURN
        .end
```

　　本程式從 start 開始依序執行，程式中 YN 資料是使用環形定址，AR4 指向 YN 位址作為間接定址的指標，設定擴展輔助暫存器 XAR4 ＝＃YN，設定環形緩衝區起始位址 BSA45=#YN，設定環形緩衝區大小 BK47=#9，最後致能 AR4LC 位元，即可完成環形緩衝區之設定。資料 XN 中的每 3 個資料與資料 XN 中的每 3 個資料作乘加運算，我們使用呼叫函式來完成矩陣相乘的運算，矩陣相乘在記憶體內的配置以及運算處理示意圖如圖 5-9 所示。

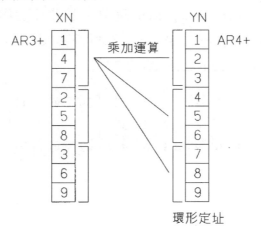

圖 5-9　矩陣相乘示意圖

　　程式中還使用了一個非常重要的指令，REPEAT(#n)是用於單一指令重複執行指令，在 REPEAT 指令下面一個指令將會執行 n+1 次，這個指令只要花費 1 個指令週期就可以執行完一個指令 n+1 次。

3. 參考第四章實驗 4-1 步驟 1 將 lab6.asm 及 lab.cmd 等三個檔案加入到 lab6.pjt 專案中。

【步驟 2】產生可執行程式碼 lab6.out：

4. 參考第四章實驗 4-1 步驟 2 執行組譯(Assembler)及連結(Linker)等二項 工作來產生可執行檔 lab6.out。

【步驟 3】載入可執行程式碼 lab6.out：

5. 參考第四章實驗 4-1 步驟 3 載入可執行程式碼 lab6.out。

【步驟 4】執行程式：

6. 本實驗可用模擬的方式執行，首先我們先點選 View>Memory…選項，把資料記憶體位址 0x0080 處打開(或是鍵入符號 XN 亦可)。如果它掩蓋了程式編輯視窗，可將滑鼠游標移至記憶體視窗中，單按滑鼠右鍵點選 Float in main window 即可。

7. 執行程式請點選 Debug>Run 選項，若要停止程式的執行請點選 Debug>Halt 選項，程式 lab6.asm 之執行結果如圖 5-10 所示。由圖 5-10 可以看出，程式 lab6.asm 執行的結果為：

$$\begin{bmatrix} 1 & 4 & 7 \\ 2 & 5 & 8 \\ 3 & 6 & 9 \end{bmatrix} * \begin{bmatrix} 1 & 4 & 7 \\ 2 & 5 & 8 \\ 3 & 6 & 9 \end{bmatrix} = \begin{bmatrix} 30 & 66 & 102 \\ 36 & 81 & 126 \\ 42 & 96 & 150 \end{bmatrix}$$

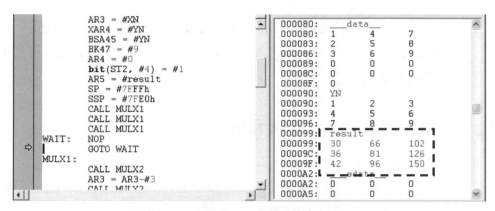

圖 5-10　矩陣相乘的結果如圖中虛框所示

8.　lab6.asm 程式中呼叫函式完成矩陣相乘的運算部分，我們將它修改為區塊重複指令 blockrepeat{} 來計算，如下所示，並以檔名 lab61.asm 來儲存。

```
blockrepeat {
  AC1 = #0
  repeat(#2)
  AC1 = AC1 +(*AR3+ * *AR4+)
  *AR5+ = AC1
  AR3 = AR3 - #3
  AC1 = #0
  repeat(#2)
  AC1 = AC1 +(*AR3+ * *AR4+)
  *AR5+ = AC1
  AR3 = AR3 - #3
  AC1 = #0
  repeat(#2)
  AC1 = AC1 +(*AR3+ * *AR4+)
  *AR5+ = AC1
  NOP
}
```

9. 先將 lab6.asm 執行 remove from project 從專案中移除，在 add files to project 將 lab61.asm 加入到專案中，從新組譯、連結、下載並執行程式，看看結果是否一樣？

5-7.3　實驗 5-3：旋積和的運算

目的：將序列資料[9,7,4,1]與[1,2,3,4]作旋積和(convolution)計算。

對一個線性非時變因果系統而言(linear time-invariant causal system)，若輸入序列為 $x(n)$，$h(n{-}k)$ 為單一取樣響應序列(unit sample response sequence)，則系統的輸出 $y(n)$ 就可由 $x(n)$ 和 $h(n{-}k)$ 的旋積和計算出來。

$$y(n) = \sum_{k=0}^{\infty} x(k)h(n-k) = x(n) \otimes h(n)$$

圖 5-11 所示為如何計算兩序列的旋積和的值，假設 x(n)={1,2,3,4}、h(n)={9,7,4,1}，當

```
n=0：      y(0)=x(0)h(-0)+x(1)h(-1)+…=1*9=9
n=1：      y(1)=x(0)h(1)+x(1)h(0)+…=1*7+2*9=25
n=2：      y(2)=x(0)h(2)+x(1)h(1)+x(2)h(0)+…=1*4+2*7+3*9=45
n=3：      y(3)=x(0)h(3)+x(1)h(2)+x(2)h(1)+x(3)h(0)
               =1*1+2*4+3*7+4*9=66
n=4：      y(4)=x(1)h(3)+x(2)h(2)+x(3)h(1)+…=2*1+3*4+4*7=42
           …………………………
```

以此類推，當計算到 n=7 時，輸出 y(n)=0。

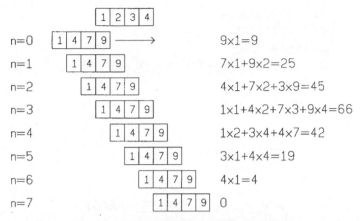

圖 5-11　計算兩序列旋積和的值

【步驟 1】建立 lab7.pjt 專案(project)：

1. 仿照第三四章實驗 4-1 的步驟 1 建立一個名為 lab7.pjt 的專案。

2. 以代數組合語言建立一個原始程式 lab7.asm。點選 File>New>Source File 選項，會開啓一個空白的編輯視窗，我們輸入以下所示的程式，並以檔名 lab7.asm 來儲存。

```
; C:\CCStudio_v3.1\MyProjects\lab7
;[9,7,4,1...]*[1,2,3,4]

            .def  start
            .mmregs
            .data
DataIn      .word    9,7,4,1,0,0,0
X           .word    0,0,0
XN          .word    0
DMY         .word    0
Y           .word    4,3,2,1
RESULT      .word    0,0,0,0,0,0,0,0,0

            .text
start:
            AR1 = #XN
```

```
            AR2 = #DataIn
            AR3 = #RESULT
            AR4 = #X
            bit(ST1, #6)= #0; FRCT=0
            BRC0 = #6
            BLOCKREPEAT{
                AR5 = #Y
                *AR4 = *AR2+
                AR1 = #(X+3)
                AC0 = #0
                REPEAT(#3)
                AC0 = AC0 +(*AR1- * *AR5+)
                AR1 = AR1 + #4
                REPEAT(#3)
                DELAY(*AR1-)
                *AR3+ = AC0
                }
            NOP
WAIT:       NOP
            GOTO WAIT
            .end
```

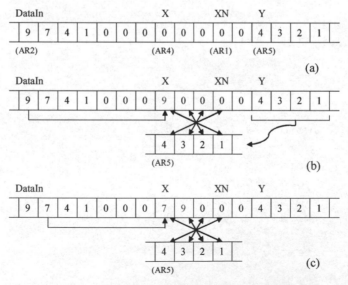

圖 5-12 計算兩序列旋積和之 DSP 程式示意圖

圖 5-12 所示為計算旋積和在記憶體內的資料配置圖，我們使用區塊重複指令 blockrepeat 來計算每一次的旋積和，由圖 5-11 所示總共要計算 7 次，所以設定暫存器 BRC0 的值為 6，數值序列在記憶體內配置如圖 5-12(a)所示，AR4 指向 X 位址處，AR1 指向(X+3)位址處，AR2 指向序列[9 7 4 1]位址處，AR5 指向序列[4 3 2 1]位址處，首先把序列[9 7 4 1]第一個序列值 9 複製至符號 X 位址處如圖 5-12(b)所示，此時利用重複指令 repeat 計算一次的旋積和，第一次所得的旋積和如圖 5-12(b)中斜線所示值為 9，第二次計算旋積和時，必須把序列 9 的值會移至標記(X+1)處，這是利用重複指令 repeat 搭配延遲指令 delay 來達到將某一長度的記憶體整體移動的目的，再把下一個序列值 7 的值會複製到標記 X 處，所得如圖 5-12(c)所示，此時再利用重複指令 repeat 計算第二次的旋積和，第二次所得的旋積和如圖 5-12(c)中斜線所示值為25(9*2+7*1)，如此週而復始這兩個序列的旋積和總共要執行七次後輸出才會為 0。

3. 參考第四章實驗 4-1 步驟 1 將 lab7.asm 以及 lab.cmd 等三個檔案加入到 lab7.pjt 專案中。

【步驟 2】產生可執行程式碼 lab7.out：

4. 參考第四章實驗 4-1 步驟 2 執行組譯(Assembler)及連結(Linker)等二項工作來產生可執行檔 lab7.out。

【步驟 3】載入可執行程式碼 lab7.out：

5. 參考第四章實驗 4-1 步驟 3 載入可執行程式碼 lab7.out。

【步驟 4】執行程式：

6. 本實驗可用模擬的方式執行，首先我們先點選 View>Memory…選項，把資料記憶體位址 0x0080 處打開(或是鍵入符號 DataIn 亦可)。如果它掩蓋了程式編輯視窗，可將滑鼠游標移至記憶體視窗中，單按滑鼠右鍵點選 Float in main window 即可。

7. 執行程式請點選 Debug>Run 選項，若要停止程式的執行請點選 Debug>Halt 選項，程式 lab7.asm 之執行結果如圖 5-13 所示。

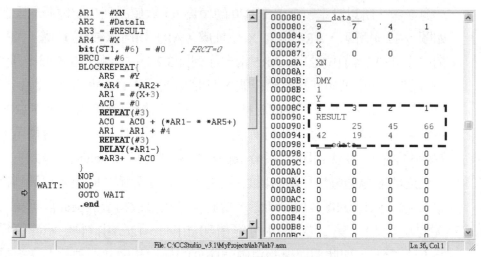

圖 5-13 旋積和的結果如圖中虛框所示

5-7.4 實驗 5-4：32 位元加減乘運算

目的：瞭解 32 位元加法、減法與乘法的運算。

【步驟 1】建立 lab8.pjt 專案(project)：

1. 仿照第四章實驗 4-1 的步驟 1 建立一個名為 lab8.pjt 的專案。

2. 以代數組合語言建立一個原始程式 lab8.asm。點選 File>New>Source File 選項，會開啟一個空白的編輯視窗，我們輸入以下所示的程式，並以檔名 lab8.asm 來儲存。

```
;  C:\CCStudio_v3.1\MyProjects\lab8
;  32 位元加減乘法運算
                              .def start
            .data
X1          .WORD    0
```

```
X2              .WORD    15
X3              .WORD    2
X4              .WORD    15
Y1              .WORD    0
Y2              .WORD    3
Y3              .WORD    65535
Y4              .WORD    3
Z1              .WORD    0
Z2              .WORD    0
Z3              .WORD    0
Z4              .WORD    0
S1              .WORD    0
S2              .WORD    0
S3              .WORD    0
S4              .WORD    0
M1              .WORD    0
M2              .WORD    0
M3              .WORD    0
M4              .WORD    0
M5              .WORD    0
M6              .WORD    0
                .text
;       X1,X2,X3,X4
;     + Y1,Y2,Y3,Y4
;_____
;       Z1,Z2,Z3,Z4
start:
                                XDP = mar(*(#X1))
                                .dp   X1
            AC0 = DBL(@X3)
            AC0= AC0 + DBL(@Y3)
            DBL(@Z3)= AC0 ;AC0=(X3,X4)+(Y3,Y4)>>(Z3,Z4)
            AC0 = DBL(@X1)      ;AC0=(X1,X2)
            AC0 = AC0 + @Y2 + CARRY
;AC0=(X1,X2)+(00 Y2)+C
            AC0 = AC0 +(@Y1<<#16);AC0=(X1,X2)+(Y1,Y2)
```

```
            DBL(@Z1) = AC0


;      X1,X2,X3,X4
;    - Y1,Y2,Y3,Y4
;_____
;      S1,S2,S3,S4
            AC0 = DBL(@X3)
            AC0= AC0- DBL(@Y3)
            DBL(@S3)= AC0           ;AC0=(X3,X4)-(Y3,Y4)>>S3,S4
            AC0 = DBL(@X1)          ;AC0=(X1,X2)
            AC0 = AC0- @Y2 -BORROW
                                    ;AC0=(X1,X2)-(00 Y2)+C
            AC0 = AC0-(@Y1<<#16);AC0=(X1,X2)+(Y1,Y2)
            DBL(@S1) = AC0
;          X2,X1
;        * Y2,Y1
;----------------------------
;           Y1*X1=S1,S0 S0>M1
;           Y1*X2   =S3,S2 S1+S2>AC0
;           Y2*X1
;        Y2*X2
;------------------------------------
;        M4 M3 M2 M1
            AR6 = #M1
            AR3 = #X1
            AR4 = #Y1
            AC0 = *AR4 * uns(*AR3+)      ;AC0=Y1*X1
            *AR6+ = AC0                  ;*AR6=LO(Y1*X1)=M1
            AC0 = AC0<<-16              ;AC0(L)=AC0(H)
            AC0 = AC0 +(uns(*AR3-)* *AR4+)
                            ;AC0=HI(Y1*X1)+Y1*X2
            AC0 = AC0 +(uns(*AR3+)* *AR4)
                            ;AC0=HI(Y1*X1)+Y1*X2+Y2*X1
            *AR6+ = AC0
            ;M2=LOW[HI(Y1*X1)+Y1*X2+Y2*X1]
            AC0 = AC0<<#-16            ;AC0=HI[AC0]
```

```
            AC0 = AC0 +(*AR3 * *AR4)    ;AC0=HI[AC0] + Y2*X2
            *AR6+ = AC0
            *AR6 = HI(AC0)
; 32 BITS FRACTIONAL MULTIPLICATION
;           X2,X1
;         * Y2,Y1
;----------------------------
;           Y1*X2
;           Y2*X1
;
;         Y2*X2
;-----------------------------------
;         M6 M5
            AR6 = #M5
            AR3 = #X2
            AR4 = #Y1
            AC0 = #0
            AC0 = AC0 +(uns(*AR3-)* *AR4+);AC0= Y1*X2
            AC0    =    AC0    +(uns(*AR3+)*    *AR4)
            ;AC0=(Y1*X2)+Y2*X1
            AC0 = AC0<<-16             ;AC0=HI[AC0]
            AC0 = AC0 +(*AR3 * *AR4)    ;AC0=HI[AC0] + Y2*X2
            *AR6+ =AC0
            *AR6 = HI(AC0)
WAIT:  NOP
            GOTO WAIT
            .end
```

本程式從 start 開始依序執行，程式中首先計算 64 位元加法運算

X1,X2,X3,X4	0	15	2	15
+ Y1,Y2,Y3,Y4	+ 0	3	65535	3
--------------------	----	----	----	----
Z1,Z2,Z3,Z4	0	19	1	18

接著計算 64 位元減法運算：

```
  X1,X2,X3,X4          0   15         2   15
- Y1,Y2,Y3,Y4        - 0    3     65535    3
---------------------    --------------------
  S1,S2,S3,S4          0   11         3   12
```

接下來 32×32 位元乘法運算：

```
         X2,X1                15        0
       × Y2,Y1              × 3         0
---------------------      -------------------
         Y1*X1
       Y1*X2
       Y2*X1
     Y2*X2
---------------------      -------------------
  M4 M3 M2 M1             0   45    0    0
```

32×32 位元乘法示意圖如圖 5-14 所示。

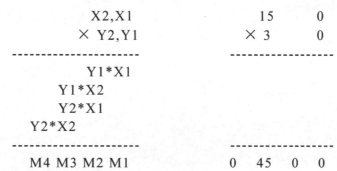
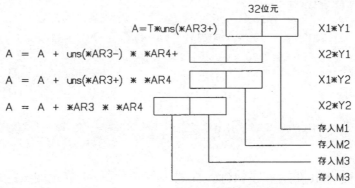

圖 5-14　32×32 位元乘法示意圖

最後是小數相乘運算：

```
      X2,X1                     15        0
    × Y2,Y1                   ×  3        0
-------------------         -------------------
      Y1*X2
      Y2*X1
  Y2*X2
-------------------         -------------------
    M6 M5                        0       45
```

　　分數相乘只有高 16 位元對乘積有貢獻，所以只取 Y1*X2, Y2*X1 以及 Y2*X2 的乘積值。

3.　參考第四章實驗 4-1 步驟 1 將 lab8.asm 以及 lab.cmd 等三個檔案加入到 lab8.pjt 專案中。

【步驟2】產生可執行程式碼 lab8.out：

4.　參考第四章實驗 4-1 步驟 2 執行組譯(Assembler)及連結(Linker)等二項 工作來產生可執行檔 lab8.out。

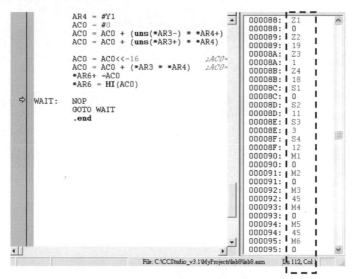

圖 5-15　32 加、減、乘法運算結果

● 【步驟 3】載入可執行程式碼 lab8.out：

5.　參考第四章實驗 4-1 步驟 3 載入可執行程式碼 lab8.out。

● 【步驟 4】執行程式：

6.　本實驗可用模擬的方式執行，首先我們先點選 View>Memory...選項，把資料記憶體位址 0x0080 處打開(或是鍵入符號 X1 亦可)。如果它掩蓋了程式編輯視窗，可將滑鼠游標移至記憶體視窗中，單按滑鼠右鍵點選 Float in main window 即可。

7.　執行程式請點選 Debug>Run 選項，若要停止程式的執行請點選 Debug>Halt 選項，程式 lab8.asm 之執行結果如圖 5-15 所示。

第 6 章

代數指令功能介紹

C55x DSP 它所提供的代數組合語言指令大概可區分為如下所述的 5 大類：

1. 資料的載入與存取運算指令。

   包括有立即資料的載入指令、Smem、Xmem、MMR 及 mmr(MMR) 與累加器 AC0～AC3 的資料存取指令、載入或存取與乘算之並行運算指令、雙 16 位元和雙精度 32 位元與累加器 AC0～AC3 的資料存取指令等。

2. 算術運算指令。

   包括有加減法運算指令、32 位元加減法運算指令、乘法運算指令、乘加或乘減運算指令、並行運算指令以及一些指定功能的指令等。

3. 邏輯運算指令。

   包括有 AND、OR 及 XOR 等邏輯指令，移位和旋轉等指令，位元測試指令。

4. 程式控制運算指令。

   包括有直接跳躍指令、呼叫執行副程式指令、中斷產生指令、重複執行指令、堆疊運作指令以及一些程式控制指令等。

5. 其它特殊功能指令。

   說明 C55x DSP 提供的一些特殊功能指令。

撰寫組合語言必須熟悉組合語言指令，C5x DSP 的組合語言區分為助憶組語與代數組語，代數組語比起傳統的助憶組語來得容易學習與記憶，因為代數組語具有類似高階語言的語法，學習代數組合語言指令一定要對 DSP 的硬體架構及記憶體的定址模式有所瞭解，才能對學習指令的功能有所助益。

6-1　資料載入與存取運算指令

本章中指令格式內所提及運算元所代表的意義說明如下所述。

🌐 運算元

src 和 dst：表示累加器 AC0～AC3 或臨時暫存器 T0～T3 或輔助暫存器 AR0
　　　　～AR7。

xsrc 和 xdst：表示累加器 AC0～AC3 或擴展暫存器，像資料堆疊指標 XSP、
　　　　　系統堆疊指標 XSSP、資料頁碼指標 XDP、係數資料指標 XCDP
　　　　　或輔助暫存器 XAR0～XAR7。

k4：表示 4 位元無號數大小的立即值(0～15)。

k23：表示 23 位元無號數大小的立即值(位址值 0h～7FFFFFh)。

K8：表示 8 位元有號數大小的立即值(–256～255)。

K16：表示 16 位元有號數大小的立即值(–32768～32767)。

Smem：表示單一字元資料記憶體存取的運算元(16 位元)。

Lmem：表示長字元資料記憶體存取的運算元(32 位元)。

Cmem：表示係數間接定址之資料記憶體存取的運算元(16 位元或 32 位元)。

SHFT：表示 4 位元無號數的位移值(0～15)。

Tx：表示臨時暫存器 T0～T3，代表–32～31 的位移值，正數表示左移位，
　　負數表示右移位。

SHIFTW：表示 6 位元有號數的位移值(–32～31)。

TAx：表示臨時暫存器 T0～T3 或輔助暫存器 AR0～AR7。

XAdst：表示 23 位元擴展暫存器 XARx、XSP、XSSP、XDP 或 XCDP。

Lx：表示 x 位元的程式位址符號(label)，相對於程式計數器(PC)帶符號的偏
　　移量。

Ix：表示 x 位元的程式位址符號，相對於程式計數器無符號的偏移量。

Px：表示 x 位元的程式或資料位址符號(絕對位址)。

6-1.1 搬移指令

表 6-1.1 搬移指令

代數指令	助憶指令
1.dst = k4	MOV k4, dst
2.dst = -k4	MOV -k4, dst
3.dst = K16	MOV K16, dst
4.dst = Smem	MOV Smem, dst
5.dst = uns(high_byte(Smem))	MOV uns(high_byte(Smem)), dst
6.dst = uns(low_byte(Smem))	MOV uns(low_byte(Smem)), dst
7.ACx = K16<<#16	MOV K16<<#16, ACx
8.ACx = K16<<#SHFT	MOV K16<<#SHFT, ACx
9.ACx = rnd(Smem<<Tx)	MOV rnd(Smem<<Tx), ACx
10.ACx = low_byte(Smem)<<#SHIFTW	MOV low_byte(Smem)<<#SHIFTW, ACx
11.ACx = high_byte(Smem)<<#SHIFTW	MOV high_byte(Smem)<<#SHIFTW, ACx
12.ACx = Smem<<#16	MOV Smem<<#16, ACx
13.ACx = uns(Smem)	MOV uns(Smem), ACx
14.ACx = uns(Smem)<<#SHIFTW	MOV uns(Smem)<<#SHIFTW, ACx
15.ACx = M40(dbl(Lmem))	MOV[40] dbl(Lmem), ACx
16.LO(ACx)= Xmem, HI(ACx)= Ymem	MOV Xmem,Ymem, ACx
17.pair(HI(ACx))= Lmem	MOV dbl(Lmem), pair(HI(ACx))
18.pair(LO(ACx))= Lmem	MOV dbl(Lmem), pair(LO(ACx))
19.pair(TAx)= Lmem	MOV dbl(Lmem), pair(TAx)
20.Smem = src	MOV src, Smem
21.high_byte(Smem)= src	MOV src, high_byte(Smem)
22.low_byte(Smem)= src	MOV src, low_byte(Smem)
23.Smem = HI(ACx)	MOV HI(ACx), Smem
24.Smem = HI(rnd(ACx))	MOV rnd(HI(ACx)), Smem
25.Smem = LO(ACx<<Tx)	MOV ACx<<Tx, Smem
26.Smem = HI(rnd(ACx<<Tx))	MOV rnd(HI(ACx<<Tx)), Smem
27.Smem = LO(ACx<<#SHIFTW)	MOV ACx<<#SHIFTW, Smem

表 6-1.1　搬移指令(續)

代數指令	助憶指令
28.Smem = HI(ACx<<#SHIFTW)	MOV HI(ACx<<#SHIFTW), Smem
29.Smem = HI(rnd(ACx<<#SHIFTW))	MOV rnd(HI(ACx<<#SHIFTW)), Smem
30.Smem = HI(saturate(uns(rnd(ACx))))	MOV uns(rnd(HI(saturate(ACx)))), Smem
31.Smem = HI(saturate(uns(rnd(ACx<<Tx))))	MOV uns(rnd(HI(saturate(ACx<<Tx)))), Smem
32.Smem = HI(saturate(uns(rnd(ACx<<#SHIFTW))))	MOV uns(rnd(HI(saturate(ACx<<#SHIFTW)))), Smem
33.dbl(Lmem)= ACx	MOV ACx, dbl(Lmem)
34.dbl(Lmem) = saturate(uns(ACx))	MOV uns(saturate(ACx)), dbl(Lmem)
35.HI(Lmem)= HI(ACx)>>#1, LO(Lmem)= LO(ACx)>>#1	MOV ACx>>#1, dual(Lmem)
36.Xmem = LO(ACx), Ymem = HI(ACx)	MOV ACx, Xmem, Ymem
37.Lmem = pair(HI(ACx))	MOV pair(HI(ACx)), dbl(Lmem)
38.Lmem = pair(LO(ACx))	MOV pair(LO(ACx)), dbl(Lmem)
39.Lmem = pair(TAx)	MOV pair(TAx)), dbl(Lmem)
40.dst = src	MOV src, dst
41.xdst = xsrc	MOV xsrc, xdst
42.TAx = HI(ACx)	MOV HI(ACx), Tax
43.HI(ACx)= TAx	MOV TAx, HI(ACx)
44.swap(ARx,Tx)	SWAP ARx, Tx
45.swap(Tx,Ty)	SWAP Tx, Ty
46.swap(ARx,ARy)	SWAP ARx, ARy
47.swap(ACx,ACy)	SWAP ACx, ACy
48.swap(pair(ARx), pair(Tx))	SWAPP ARx, Tx
49.swap(pair(T0), pair(T2))	SWAPP T0, T2
50.swap(pair(AR0), pair(AR2))	SWAPP AR0, AR2
51.swap(pair(AC0), pair(AC2))	SWAPP AC0, AC2
52.swap(block(AR4), block(T0))	SWAP4 AR4, T0
53.ACy = Xmem<<#16, Ymem = HI(ACx<<T2)	MOV Xmem<<#16, ACy :: MOV HI(ACx<<T2), Ymem
54.dbl(Lmem)= XAsrc	MOV XAsrc, dbl(Lmem)
55.XAdst = dbl(Lmem)	MOV dbl(Lmem), XAdst
56.XAdst = k23	AMOV k23, XAdst

🌑 指令說明

指令 1：　　　載入 4 位元無號數大小的立即值至目的(dst)暫存器中，例如 AR0 = #12。

指令 2：　　　將 4 位元無號數大小的值 k4 取 2's 補數後載入至目的(dst)暫存器中，例如 AC0 = #-2。

指令 3：　　　將 16 位元有號數 K16 載入至目的(dst)暫存器中，例如 AC1 = #249。

指令 4：　　　將記憶體(Smem)的內含值載入至目的(dst)暫存器中，例如 AR2 = *AR3+。

	執行前	執行後
AR2	FC00	<u>3400</u>
AR3	0200	0201
200	3400	3400

指令 5：　　　將記憶體(Smem)內含的高位元組值載入至目的(dst)暫存器中，如無 uns 運算元則需根據 SXMD 位元值作符號擴展，例如 AC0 = uns(high_byte(*AR3))。

指令 6：　　　將記憶體(Smem)內含的低位元組值載入至目的(dst)暫存器中，如無 uns 運算元則需根據 SXMD 位元值作符號擴展，例如 AC0 = uns(low_byte(*AR3))。

指令 7：　　　將 16 位元有號數 K16 載入至累加器(ACx)中並左移 16 位元，低 16 位元補 0，並根據 SXMD 位元值決定符號擴展至 40 位元的值，例如 AC1 = #-5<<#16。

指令 8：　　　將 16 位元有號數 K16 載入至累加器(ACx)中並左移#SHFT 位元，並根據 SXMD 位元值決定符號擴展至 40 位元的值，例如 AC1 = #-2<<#8。

指令 9：　將記憶體(Smem)的內含值載入至累加器(ACx)中並移位 Tx 位元，輸入運算元根據 SXMD 位元值決定符號擴展至 40 位元的值，如有 rnd 運算元則需作捨入運算(rounding)，例如 AC2 = *AR3<<T0。

指令 10：　將記憶體(Smem)內含的低位元組值載入至累加器(ACx)中，並移位#SHIFTW 位元，記憶體內含值根據 SXMD 位元值決定符號擴展至 40 位元的值，例如 AC2 = low_byte(*AR3)<<#31。

指令 11：　將記憶體(Smem)內含的高位元組值載入至累加器(ACx)中，並移位#SHIFTW 位元，記憶體內含值根據 SXMD 位元值決定符號擴展至 40 位元的值，例如 AC1 = high_byte(*AR3)<<#31。

指令 12：　將記憶體(Smem)的內含值載入至累加器(ACx)中並左移 16 位元，記憶體內含值根據 SXMD 位元值決定符號擴展至 40 位元的值，例如 AC1 = *AR3+<<#16。

	執行前	執行後
AC1	00 0200 FC00	FF 8400 0000
AR3	0200	0201
200	8400	8400
SXMD	1	1

指令 13：　將記憶體(Smem)內含值載入至累加器(ACx)中，如無 uns 運算元則需根據 SXMD 位元值作符號擴展，例如 AC0 = uns(*AR3)。

指令 14：　將記憶體(Smem)內含值載入至累加器(ACx)中並移位#SHIFTW 位元，如無 uns 運算元則需根據 SXMD 位元值作符號擴展，例如 AC0 = uns(*AR3)<<#31。

指令 15：　將 32 位元記憶體(Lmem)內含值載入至累加器(ACx)中，輸入運算元根據 SXMD 位元值決定符號擴展至 40 位元的值，例如 AC0 = dbl(*AR3-)，即將 AR3 和 AR3+1 所定址到的記憶體內含值(32 位元)載入到累加器 AC0 中，然後 AR3 的值減 2。

指令 16： 將記憶體(Xmem)內含值載入至累加器(ACx)中的低 16 位元，將記憶體(Ymem)內含值載入至累加器(ACx)中的高 16 位元，並根據位元 SXMD 的值決定是否作符號擴展，例如 LO(AC0)= *AR3, HI(AC0)= *AR4。

指令 17： 將記憶體(Lmem)內含高 16 位元值載入至累加器(ACx)中的高 16 位元，而將記憶體(Lmem)內含低 16 位元值載入至累加器(ACx+1)中的高 16 位元，例如 pair(HI(AC1))= *AR3+。

	執行前	執行後
AC1	00 0200 7800	00 3400 0000
AC2	00 0000 0000	00 5600 0000
AR3	0300	0301
300	3400	3400
301	5600	5600

指令 18： 將 32 位元記憶體(Lmem)內含高 16 位元值載入至累加器(ACx)中的低 16 位元，而將記憶體(Lmem)內含低 16 位元值載入至累加器(ACx+1)中的低 16 位元，例如 pair(LO(AC0))= *AR2+。

指令 19： 將記憶體(Lmem)內含高 16 位元值載入至臨時或輔助暫存器(TAx)中，而將記憶體(Lmem)內含低 16 位元值載入至臨時或輔助暫存器(TAx+1)中，例如 pair(T0)= *AR2+。

指令 20： 將來源暫存器 (src) 的內含儲存至記憶體 (Smem) 中，例如 *(#0E10h)= AC1。

	執行前	執行後
AC1	00 0200 FC00	00 0200 FC00
0E10	0000	FC00

指令 21： 將來源(src)暫存器低位元組(位元 7-0)儲存至記憶體(Smem)高位元組(位元 15-8)中，至於記憶體的低位元組(位元 7-0)的內含則不變，例如 high_byte(*AR1+)= AC1。

	執行前	執行後
AC1	00 0200 67<u>88</u>	00 0200 6788
AR1	0200	0201
200	6977	<u>88</u>77

指令 22： 將來源(src)暫存器低位元組(位元 7-0)儲存至記憶體(Smem)低位元組(位元 7-0)中，至於記憶體的高位元組(位元 15-8)的內含則不變，例如 low_byte(*AR1-)= AC0。

指令 23： 將累加器的高 16 位元(ACx(31-16))儲存至記憶體(Smem)中，例如*AR1 = HI(AC0)。

指令 24： 根據 RDM 位元值決定是否執行位元捨入(rounding)，然後將累加器的高 16 位元值(ACx(31-16))儲存至記憶體(Smem)中，例如*AR3 = HI(rnd(AC0))。

指令 25： 累加器(ACx)移位 Tx 位元後(-32～31)，將累加器的低 16 位元(ACx(15-0))儲存至記憶體(Smem)中，例如*AR1 = LO(AC0<<T0)。

指令 26： 累加器(ACx)移位 Tx 位元值後(-32～31)，根據 RDM 位元值決定是否執行位元捨入(rounding)，然後將累加器的高 16 位元(AC(31-16)) 儲存至記憶體(Smem)中，例如 *AR1 = HI(rnd(AC0<<T0))。

指令 27： 累加器(ACx)移位#SHIFTW 位元後(-32～31)，將累加器的低 16 位元(AC(15-0))儲存至記憶體(Smem)中，例如 *AR1 = LO(AC0<<#15)。

指令 28： 累加器(ACx)移位#SHIFTW 位元後(-32～31)，將累加器的高 16 位元(AC(31-16))儲存至記憶體(Smem)中，例如 *AR1 = HI(AC0<<#15)。

指令 29： 累加器(ACx)移位#SHIFTW 位元後(-32～31)，根據 RDM 位元值決定是否執行位元捨入(rounding)，然後將累加器的高 16 位元(AC(31-16)) 儲 存 至 記 憶 體 (Smem) 中 ， 例 如 *AR1 = HI(rnd(AC0<<#15))。

指令 30： 將累加器的高 16 位元(AC(31-16))儲存至記憶體(Smem)中，運算元 saturate、uns、rnd 分別考慮溢位、有號無號數、位元捨入等數值運算，例如*AR1 = HI(saturate(uns(rnd(AC0))))。

指令 31： 累加器(ACx)移位 Tx 位元值後(-32～31)，將累加器的高 16 位元(AC(31-16))儲存至記憶體(Smem)中，運算元 saturate、uns、rnd 分別考慮溢位、有號無號數、位元捨入等數值運算，例如*AR1 = HI(saturate(uns(rnd(AC0<<T0))))。

指令 32： 累加器(ACx)移位#SHIFTW 位元後(-32～31)，將累加器的高 16 位元(AC(31-16))儲存至記憶體(Smem)中，運算元 saturate、uns、rnd 分別考慮溢位、有號無號數、位元捨入等數值運算，例如*AR1 = HI(saturate(uns(rnd(AC0<<#31))))。

指令 33： 將累加器(ACx)的內含(ACx(31-0))儲存至 32 位元記憶體(Lmem)中，例如 dbl(*AR1)=AC0，即將 AC0 的內含儲存至由 AR1 和 AR1+1 所定址到的記憶體內。

指令 34： 將累加器(ACx)的內含(ACx(31-0))儲存至 32 位元記憶體(Lmem)中，運算元 saturate、uns 分別考慮溢位、有號無號數等數值運算，例如 dbl(*AR3)= saturate(uns(AC0))。

指令 35： 將累加器的高 16 位元(AC(31-16))右移一位後儲存至 32 位元記憶體(Lmem)高 16 位元(位元 31 依據 SXMD 的值是否作符號擴展)，低 16 位元(AC(15-0))右移一位後儲存至 32 位元記憶體(Lmem)低 16 位元(位元 15 依據 SXMD 的值是否作符號擴展)，例如 HI(*AR3)= HI(AC0)>>#1, LO(*AR3)= LO(AC0)>>#1(將

AC(31-16)右移一位後，儲存至由 AR3 所定址的記憶體內，及將
AC(15-0)右移一位後，儲存至由 AR3+1 所定址的記憶體內)。

指令 36：　將累加器的低 16 位元(AC(15-0))儲存至記憶體(Xmem)中，高 16
位元(AC(31-16))儲存至記憶體(Ymem)中，例如*AR2 = LO(AC0),
*AR3 = HI(AC0)。

	執行前	執行後
AC0	00 0200 0300	00 0200 0300
AR2	0200	0200
AR3	0201	0201
200	3400	0300
201	5600	0200

指令 37：　將累加器(ACx)中的高 16 位元(ACx(31-16))儲存至 32 位元記憶
體(Lmem)中高 16 位元，而累加器(ACx+1)中的高 16 位元
(ACx+1(31-16))儲存至 32 位元記憶體(Lmem)中低 16 位元，例如
*AR3+ = pair(HI(AC1))。

	執行前	執行後
AC1	00 0200 0300	00 3400 0000
AC2	00 0400 0500	00 0FD3 0000
AR3	0200	0202
200	3400	0200
201	5600	0400

指令 38：　將累加器(ACx)中的低 16 位元(ACx(15-0))儲存至 32 位元記憶體
(Lmem)中高 16 位元，而累加器(ACx+1)中的低 16 位元
(ACx+1(15-0))儲存至 32 位元記憶體(Lmem)中低 16 位元，例如
*AR3 = pair(LO(AC1))。

指令 39： 將臨時或輔助暫存器(TAx)的值儲存至 32 位元記憶體(Lmem)中高 16 位元，而臨時或輔助暫存器(TAx+1)的值儲存至 32 位元記憶體(Lmem)中低 16 位元，例如*AR3 = pair(T1)。

指令 40： 將來源(src)暫存器的值載入至目的(dst)暫存器，例如 AC2 = AC1。

指令 41： 將來源(xsrc)擴展暫存器的值載入至目的(xdst)擴展暫存器，例如 XAR1 = AC1，此指令將累加器 AC1 低 23 位元的值載入至 XAR1 中。

指令 42： 將累加器(ACx)中的高 16 位元(ACx(31-16))的值儲存至輔助或臨時暫存器(TAx)中，例如 AR2 = HI(AC1)。

	執行前	執行後
AC1	00 5000 0300	00 5000 0300
AR2	0200	5000

指令 43： 將輔助或臨時暫存器(TAx)的值儲存至累加器(ACx)的高 16 位元 (ACx(31-16))中，例如 HI(AC1)= T1。

指令 44： 將輔助暫存器(ARx)和臨時暫存器(Tx)的內含值交換，其中限制 AR4 與 T0、AR5 與 T1、AR6 與 T2 及 AR7 與 T3 作交換，例如 SWAP(AR4, T0)。

	執行前	執行後
AR4	0300	0200
T0	0200	0300

指令 45： 將臨時暫存器(Tx, Ty)的內含值交換，其中限制 T0 與 T2 及 T1 與 T3 作交換，例如 SWAP(T0, T2)。

指令 46： 將輔助暫存器(ARx, ARy)的內含值交換，其中限制 AR0 與 AR1、AR0 與 AR2 及 AR1 與 AR3 作交換，例如 SWAP(AR0, AR2)。

指令 47：將累加器(ACx, ACy)的內含值交換，其中限制 AC0 與 AC2 及 AC1 與 AC3 作交換，例如 SWAP(AC0, AC2)。

指令 48：將輔助暫存器(ARx)和臨時暫存器(Tx)對的內含值交換，其中限制 AR4 與 T0 及 AR5 與 T1，此為一對，而 AR6 與 T2 及 AR7 與 T3 為另一對作交換，例如 SWAP(pair(AR4), pair(T0))。

	執行前	執行後
AR4	0200	0500
AR5	0300	0600
T0	0500	0200
T1	0600	0300

指令 49：將臨時暫存器(Tx)對的內含值交換，其中限制 T0 與 T2 及 T1 與 T3 為一對，例如 SWAP(pair(T0), pair(T2))。

	執行前	執行後
T0	0200	0500
T1	0300	0600
T2	0500	0200
T3	0600	0300

指令 50：將輔助暫存器(ARx)對的內含值交換，其中限制 AR0 與 AR2 及 AR1 與 AR3 為一對，例如 SWAP(pair(AR0), pair(AR2))。

指令 51：將累加器(ACx)對的內含值交換，其中限制 AC0 與 AC2 及 AC1 與 AC3 為一對，例如 SWAP(pair(AC0), pair(AC2))。

指令 52：將輔助暫存器(ARx)和臨時暫存器(Tx)對的內含值交換，同時將 AR4 與 T0、AR5 與 T1、AR6 與 T2 及 AR7 與 T3 作交換，例如 SWAP(block(AR4), block(T0))。

	執行前	執行後
AR4	0100	0600
AR5	0200	0700

AR6	0300	0800
AR7	0400	0900
T0	0600	0100
T1	0700	0200
T2	0800	0300
T3	0900	0400

指令 53： 此指令並行執行載入與儲存運算，第一個指令將資料記憶體 (Xmem)載入到累加器(ACy)中並左移 16 位元，第二個指令將累加器(ACx)移位 T2 位元值後(-32～31)，將累加器的高 16 位元 (ACx(31-16))儲存至記憶體(Ymem)中，例如 AC1 = *AR3<<#16, *AR1 = HI(AC0<<T2)。

指令 54： 此指令將 23 位元來源擴展暫存器(XARx、XSP、XSSP、XDP 或 XCDP)內含值複製到 32 位元記憶體內(Lmem)，資料記憶體高 9 位元填 0，例如 dbl(*AR3)= XAR1。

	執行前	執行後
XAR1	7F 3492	7F 3492
AR3	0200	0200
200	3765	007F
201	0FD3	3492

指令 55： 此指令將 32 位元資料記憶體(Lmem)內低 23 位元值複製到目的擴展暫存器 XAdst(XARx、XSP、XSSP、XDP 或 XCDP)中，例如 XAR1 = dbl(*AR3)。

	執行前	執行後
XAR1	00 0000	12 0FD3
AR3	0200	0200
200	3492	3492
201	0FD3	0FD3

指令 56：　此指令將 23 位元無號數值 k23 複製到目的擴展暫存器 XAdst(XARx、XSP、XSSP、XDP 或 XCDP)中，例如 XAR1 = #7FFFFFh。

6-1.2　資料記憶體間搬移及初始化指令

表 6-1.2　資料記憶體間搬移及初始化指令

代數指令	助憶指令
1.delay(Smem)	DELAY Smem
2.Smem = coef(Cmem)	MOV Cmem, Smem
3.coef(Cmem)= Smem	MOV Smem, Cmem
4.Lmem = dbl(coef(Cmem))	MOV Cmem, dbl(Lmem)
5.dbl(coef(Cmem))= Lmem	MOV dbl(Lmem), Cmem
6.dbl(Ymem)= dbl(Xmem)	MOV dbl(Xmem), dbl(Ymem)
7.Ymem = Xmem	MOV Xmem, Ymem
8.Smem = K8	MOV K8, Smem
9.Smem = K16	MOV K16, Smem

指令說明

指令 1：　將記憶體(Smem)內含複製至下一個較高位址的記憶體(Smem+1) 中，原記憶體(Smem)內含不變，例如 delay(*AR2+)。

	執行前	執行後
AR2	0100	0101
100	1234	1234
101	0300	1234

指令 2：　將係數定址模式定址之記憶體(Cmem)內含儲存至記憶體(Smem) 中，例如*(#0500h)= coef(*CDP)。

	執行前	執行後
*CDP	3400	3400
500	1000	3400

指令 3： 將記憶體(Smem)內含儲存至由係數定址模式定址之記憶體(Cmem)中，例如 coef(*CDP)= *AR2。

指令 4： 將係數定址模式定址之兩連續資料記憶體(Cmem)內含儲存至兩連續資料記憶體(Lmem)中，例如*AR1=dbl(coef(*(CDP+T0)))。

	執行前	執行後
T0	0003	0003
CDP	0200	0203
AR1	0300	0300
200	3400	3400
201	0FD3	0FD3
300	0000	3400
301	0000	0FD3

指令 5： 將兩連續資料記憶體(Lmem)內含儲存至由係數定址模式定址之兩連續資料記憶體(Cmem)中，例如 dbl(coef(*CDP))= *AR1+。

指令 6： 將兩連續資料記憶體(Xmem)內含儲存至由雙定址模式定址之兩連續資料記憶體(Ymem)中，例如 dbl(*AR1)= dbl(*AR0+)。

	執行前	執行後
AR0	0200	0202
AR1	0300	0300
200	3400	3400
201	0FD3	0FD3
300	0000	3400
301	0000	0FD3

指令 7：　　將資料記憶體(Xmem)內含儲存至資料記憶體(Ymem)中，例如 *AR1 = *AR2。

指令 8：　　將 8 位元有號常數值(-256～255)儲存至記憶體(Smem)中，可作為初始資料記憶體內含值指令，例如*(#0500h)= #248。

指令 9：　　將 16 位元有號常數值(-32768～32767)儲存至記憶體(Smem)中，可作為初始資料記憶體內含值指令，例如*(#0500h)= #2489。

6-1.3　推入(push)與移出(pop)指令

表 6-1.3　推入(push)與移出(pop)指令

代數指令	助憶指令
1.dst1, dst2 = pop()	POP dst1, dst2
2.dst = pop()	POP dst
3.dst, Smem = pop()	POP dst, Smem
4.ACx = dbl(pop())	POP ACx
5.Smem = pop()	POP Smem
6.dbl(Lmem)= pop()	POP dbl(Lmem)
7.push(src1, src2)	PSH src1, src2
8.push(src)	PSH src
9.push(src, Smem)	PSH src, Smem
10.dbl(push(ACx))	PSH ACx
11.push(Smem)	PSH Smem
12.push(dbl(Lmem))	PSH dbl(Lmem)
13.xdst = popboth()	POPBOTH xdst
14.pshboth(xsrc)	PSHBOTH xsrc

指令說明

指令 1：　　將 SP 定址之資料記憶體內含移出(pop)至目的暫存器 dst1 中，SP+1 定址之資料記憶體內含移出(pop)至目的暫存器 dst2 中，如果 dst 為累加器則記憶體內含移出至累加器低 16 位元(ACx(15-0))

中，高 24 位元(ACx(39-16))的值則不變，指令執行完成後 SP 的
值會增加 2，例如 AC0, AC1 = pop()。

	執行前	執行後
AC0	00 4500 0000	00 4500 <u>4890</u>
AC1	77 5678 9432	77 5678 <u>2300</u>
SP	0300	0302
300	4890	4890
301	2300	2300

指令 2： 將 SP 定址之資料記憶體內含移出(pop)至目的暫存器 dst 中，如
果 dst 為累加器則記憶體內含移出至累加器低 16 位元(ACx(15-0))
中，高 24 位元(ACx(39-16))的值則不變，指令執行完成後 SP 的
值會增加 1，例如 AC0 = pop()。

指令 3： 將 SP 定址之資料記憶體內含移出(pop)至目的暫存器 dst 中，
SP+1 定址之資料記憶體內含移出(pop)至資料記憶體(Smem)
中，如果 dst 為累加器則記憶體內含移出至累加器低 16 位元
(ACx(15-0))中，高 24 位元(ACx(39-16))的值則不變，指令執行
完成後 SP 的值會增加 2，例如 AC0, *AR2 = pop()。

指令 4： 將 SP 定址之資料記憶體內含移出(pop)至累加器 ACx 高 16 位元
(ACx(31-16))中，SP+1 定址之資料記憶體內含移出(pop)至累加
器低 16 位元(ACx(15-0))中，至於累加器 ACx 最高 8 位元
(ACx(39-32))的值則不變，指令執行完成後 SP 的值會增加 2，例
如 AC2 = dbl(pop())。

	執行前	執行後
AC2	00 4500 0000	00 <u>4890</u> <u>2300</u>
SP	0300	0302
300	4890	4890
301	2300	2300

指令 5： 將 SP 定址之資料記憶體內含移出(pop)至資料記憶體(Smem)中，指令執行完成後 SP 的值會增加 1，例如*AR2 = pop()。

指令 6： 將 SP 定址之資料記憶體內含移出(pop)至記憶體高 16 位元(Lmem)中，SP+1 定址之資料記憶體內含移出(pop)至記憶體低 16 位元(Lmem)中，指令執行完成後 SP 的值會增加 2，例如 dbl(*AR3-)= pop()。

指令 7： 將來源暫存器 src1 的值推入(push)至 SP-2 定址之資料記憶體中，來源暫存器 src2 的值推入(push)至 SP-1 定址之資料記憶體中，如果 src 為累加器則累加器低 16 位元(ACx(15-0))推入至記憶體內，例如 push(AR0, AC1)。

	執行前	執行後
AR0	0300	0300
AC1	03 5678 9432	03 5678 9432
SP	0300	02FE
2FE	0000	0300
2FF	0000	9432

指令 8： 先將 SP 的值減 1，然後將來源暫存器 src 的值推入(push)至 SP 定址之資料記憶體中，如果 src 為累加器則累加器低 16 位元(ACx(15-0))推入(push)至記憶體內，例如 push(AC1)。

指令 9： 將來源暫存器 src 的值推入(push)至 SP-2 定址之資料記憶體中，資料記憶體(Smem)的值推入(push)至 SP-1 定址之資料記憶體中，如果 src 為累加器則累加器低 16 位元(ACx(15-0))的值推入(push)至 SP-2 定址之資料記憶體內，例如 push(AC0, *AR3)。

指令 10： 將累加器高 16 位元(ACx(31-16))的值推入(push)至 SP-2 定址之資料記憶體中，將累加器低 16 位元(ACx(15-0))的值推入(push)至 SP-1 定址之資料記憶體中，例如 dbl(push(AC1))。

指令 11： 先將 SP 的值減 1，然後將資料記憶體(Smem)的值推入(push)至 SP 定址之資料記憶體中，例如 push(*AR1)。

	執行前	執行後
*AR1	6903	6903
SP	0301	0300
300	0000	<u>6903</u>
301	1234	1234

指令 12： 將資料記憶體(Lmem)高 16 位元的值推入(push)至 SP-2 定址之資料記憶體中，將資料記憶體(Lmem)低 16 位元的值推入(push)至 SP-1 定址之資料記憶體中，例如 push(dbl(*AR1-))。

指令 13： 此指令將資料堆疊指標 SP 和系統堆疊指標 SSP 定址之 2 個 16 位元資料記憶體內含移出(pop)至累加器 ACx 或 23 位元暫存器中(XARx、XSP、XSSP、XDP 或 XCDP)中。如果 xdst 為累加器則 SP 定址的內含移出至累加器低 16 位元(ACx(15-0))，SSP 定址的內含移出至累加器高 16 位元(ACx(31-16))，監視位元 ACx(39-32)的值則不改變。如果 xdst 為 23 位元暫存器則 SP 定址的內含移出至暫存器低 16 位元(XARx(15-0))，SSP 定址的內含低 7 位元移出至暫存器的高 7 位元(XARx(22-16))，至於 SSP 定址的內含高 9 位元則不予理會，例如 AC0 = popboth()。

指令 14： 此指令將累加器 ACx 或 23 位元暫存器(XARx、XSP、XSSP、XDP 或 XCDP)的內含推入(push)至由資料堆疊指標 SP 和系統堆疊指標 SSP 定址之 2 個 16 位元資料記憶體內。如果 xsrc 為累加器則累加器低 16 位元(Acx(15-0))推入至 SP 定址的記憶體中，累加器高 16 位元(Acx(31-16))推入至 SSP 定址的記憶體中。如果 xsrc 為 23 位元暫存器則暫存器低 16 位元(XARx(15-0))推入至 SP 定址的記憶體中，暫存器的高 7 位元(XARx(22-16))推入至 SSP

定址記憶體的低 7 位元，至於記憶體的高 9 位元則填 0，例如 pshboth(XAR2)。

6-1.4　CPU 暫存器載入、儲存和移動指令

表 6-1.4　CPU 暫存器載入、儲存和移動指令

代數指令	助憶指令
1.BK03 = k12	MOV k12, BK03
2.BK47 = k12	MOV k12, BK47
3.BKC = k12	MOV k12, BKC
4.BRC0 = k12	MOV k12, BRC0
5.BRC1 = k12	MOV k12, BRC1
6.CSR = k12	MOV k12, CSR
7.DPH = k7	MOV k7, DPH
8.PDP = k9	MOV k9, PDP
9.BSA01 = k16	MOV k16, BSA01
10.BSA23 = k16	MOV k16, BSA23
11.BSA45 = k16	MOV k16, BSA45
12.BSA67 = k16	MOV k16, BSA47
13.BSAC = k16	MOV k16, BSAC
14.CDP = k16	MOV k16, CDP
15.DP = k16	MOV k16, DP
16.SP = k16	MOV k16, SP
17.SSP = k16	MOV k16, SSP
18.BK03 = Smem	MOV Smem, BK03
19.BK47 = Smem	MOV Smem, BK47
20.BKC = Smem	MOV Smem, BKC
21.BSA01 = Smem	MOV Smem, BSA01
22.BSA23 = Smem	MOV Smem, BSA23
23.BSA45 = Smem	MOV Smem, BSA45
24.BSA67 = Smem	MOV Smem, BSA67
25.BSAC = Smem	MOV Smem, BSAC

表 6-1.4　CPU 暫存器載入、儲存和移動指令(續)

代數指令	助憶指令
26.BRC0 = Smem	MOV Smem, BRC0
27.BRC1 = Smem	MOV Smem, RBC1
28.CDP = Smem	MOV Smem, CDP
29.CSR = Smem	MOV Smem, CSR
30.DP = Smem	MOV Smem, DP
31.DPH = Smem	MOV Smem, DPH
32.PDP = Smem	MOV Smem, PDP
33.SP = Smem	MOV Smem, SP
34.SSP = Smem	MOV Smem, SSP
35.TRN0 = Smem	MOV Smem, TRN0
36.TRN1 = Smem	MOV Smem, TRN1
37.RETA = dbl(Lmem)	MOV dbl(Lmem), RETA
38.Smem = BK03	MOV, BK03, Smem
39.Smem = BK47	MOV BK47, Smem
40.Smem = BKC	MOV BKC, Smem
41.Smem = BSA01	MOV BSA01, Smem
42.Smem = BSA23	MOV BSA23, Smem
43.Smem = BSA45	MOV BSA45, Smem
44.Smem = BSA67	MOV BSA67, Smem
45.Smem = BSAC	MOV BSAC, Smem
46.Smem = BRC0	MOV BRC0, Smem
47.Smem = BRC1	MOV RBC1, Smem
48.Smem = CDP	MOV CDP, Smem
49.Smem = CSR	MOV CSR, Smem
50.Smem = DP	MOV DP, Smem
51.Smem = DPH	MOV DPH, Smem
52.Smem = PDP	MOV PDP, Smem
53.Smem = SP	MOV SP, Smem
54.Smem = SSP	MOV SSP, Smem
55.Smem = TRN0	MOV TRN0, Smem
56.Smem = TRN1	MOV TRN1, Smem

表 6-1.4　CPU 暫存器載入、儲存和移動指令(續)

代數指令	助憶指令
57.dbl(Lmem)= RETA	MOV RETA, dbl(Lmem)
58.BRC0 = Tax	MOV TAx, BRC0
59.BRC1 = Tax	MOV TAx, BRC1
60.CDP = Tax	MOV TAx, CDP
61.CSR = Tax	MOV TAx, CSR
62.SP = Tax	MOV TAx, SP
63.SSP = Tax	MOV TAx, SSP
64.TAx = BRC0	MOV BRC0, TAx
65.TAx = BRC1	MOV BRC1, TAx
66.TAx = CDP	MOV CDP, TAx
67.TAx = RPTC	MOV RPTC, TAx
68.TAx = SP	MOV SP, TAx
69.TAx = SSP	MOV SSP, TAx

指令說明

指令 1～指令 17：　這些指令將無號常數 kx(x：位元數)載入至 CPU 的暫存器中。對指令 5 而言，當區塊重複計數暫存器 BRC1 的值被載入，區塊重複儲存暫存器 BRS1 同時也會載入相同的值，例如 BK03 = #12。

指令 18～指令 36：　這些指令將資料記憶體(Smem)內含載入至 CPU 的暫存器中，對指令 27 而言，當區塊重複計數暫存器 BRC1 的值被載入，區塊重複儲存暫存器 BRS1 同時也會載入相同的值，例如 BK03 = *AR3+。

指令 37：　將資料記憶體(Lmem)的低 16 位元載入至 24 位元返回位址暫存器 RETA 的低 16 位元中，資料記憶體(Lmem)的高 16 位元載入至 8 位元的 CFCT 暫存器以及 24 位元 RETA 暫存器的高 8 位元部分，例如 RETA = dbl(*AR3)。

指令 38～指令 56： 這些指令將 CPU 的暫存器內含載入至資料記憶體 (Smem)中，例如*AR3+ = SP。

	執行前	執行後
AR3	0300	0301
SP	0200	0200
300	4890	<u>0200</u>

指令 57： 將 24 位元 RETA 暫存器和 8 位元 CFCT 暫存器載入至資料記憶體(Lmem)中，CFCT 暫存器及 RETA 暫存器的高 8 位元部分載入至資料記憶體(Lmem)的高 16 位元中，RETA 暫存器的低 16 位元部分載入至資料記憶體(Lmem)的低 16 位元中，例如 dbl(*AR3)= RETA。

指令 58～指令 63： 這些指令將輔助或臨時暫存器(TAx)內含載入至 CPU 的暫存器中，對指令 59 而言，當區塊重複計數暫存器 BRC1 的值被載入，區塊重複儲存暫存器 BRS1 同時也會載入相同的值，例如 BRC1 = T2。

	執行前	執行後
T2	0034	0034
BRC1	0012	<u>0034</u>
BRS1	0012	<u>0034</u>

指令 64～指令 69： 這些指令將 CPU 暫存器的內含載入至輔助或臨時暫存器(TAx)中，例如 T2 = BRC1。

	執行前	執行後
T2	0034	<u>0012</u>
BRC1	0012	0012

6-2 算數運算指令

6-2.1 加法運算指令

表 6-2.1 加法運算指令

代數指令	助憶指令
1.dst = dst+src	ADD src, dst
2.dst = dst+k4	ADD k4, dst
3.dst = src+K16	ADD K16, src, dst
4.dst = src+Smem	ADD Smem, src, dst
5.ACy = ACy+(ACx<<Tx)	ADD ACx<<Tx, ACy
6.ACy = ACy+(ACx<<#SHIFTW)	ADD ACx<<#SHIFTW, ACy
7.ACy = ACx+(K16<<#16)	ADD K16<<#16, ACx, ACy
8.ACy = ACx+(K16<<#SHFT)	ADD K16<<#SHFT, ACx, ACy
9.ACy = ACx+(Smem<<Tx)	ADD Smem<<Tx, ACx, ACy
10.ACy = ACx+(Smem<<#16)	ADD Smem<<#16, ACx, ACy
11.ACy = ACx+uns(Smem)+CARRY	ADD uns(Smem), CARRY, ACx, ACy
12.ACy = ACx+uns(Smem)	ADD uns(Smem), ACx, ACy
13.ACy = ACx+(uns(Smem)<<#SHIFTW)	ADD uns(Smem)<<#SHIFTW, ACx, ACy
14.ACy = ACx+dbl(Lmem)	ADD dbl(Lmem), ACx, ACy
15.ACx = (Xmem<<#16)+(Ymem<<#16)	ADD Xmem, Ymem, ACx
16.Smem = Smem+K16	ADD K16, Smem
17.HI(ACy)= HI(Lmem)+HI(ACx), LO(ACy)= LO(Lmem)+LO(ACx)	ADD dual(Lmem), [ACx,] ACy
18.HI(ACx)= HI(Lmem)+Tx, LO(ACx)= LO(Lmem)+Tx	ADD dual(Lmem), Tx, ACx
19.ACy = rnd(ACy+|ACx|)	ADD[R]V [ACx,] ACy
20.ACy = ACx+(Xmem<<#16), Ymem = HI(ACy<<T2)	ADD Xmem<<#16, ACx, ACy :: MOV HI(ACy<<T2), Ymem
21.SP = SP+K8	AADD K8, SP

🔵 指令說明

指令 1： 此指令將兩個累加器 AC0～AC3 或臨時暫存器 T0～T3 或輔助暫存器 AR0～AR7 相加後的值儲存至目的暫存器 dst 中。如果目的暫存器 dst 是 40 位元累加器，那麼相加運算是在 D-單元之 ALU 中執行，而且 16 位元來源暫存器 src 需根據符號擴展模式位元 SXMD 的值決定是否符號擴展。如果目的暫存器 dst 是 16 位元臨時暫存器或輔助暫存器，那麼相加運算是在 A-單元之 ALU 中執行，40 位元來源暫存器 src(累加器)只執行最低 16 位元的相加運算，此時溢位位元為位元 15，例如 AC1 = AC1 + AC0。

指令 2： 此指令將累加器 AC0～AC3 或臨時暫存器 T0～T3 或輔助暫存器 AR0～AR7 和 4 位元無號常數 k4(0～15)相加後的值儲存至目的暫存器 dst 中，例如 AC1 = AC1 + #12。

指令 3： 此指令將累加器 AC0～AC3 或臨時暫存器 T0～T3 或輔助暫存器 AR0～AR7 和 16 位元有號常數 K16(-32768～32767)相加後的值儲存至目的暫存器 dst 中，例如 AC1 = AC0 + #2E01h。

指令 4： 此指令將累加器 AC0～AC3 或臨時暫存器 T0～T3 或輔助暫存器 AR0～AR7 和資料記憶體(Smem)內含值相加後的值儲存至目的暫存器 dst 中，例如 T1 = T0 + *AR2+。

	執行前	執行後
AR2	0300	0301
300	EF00	EF00
T0	3300	3300
T1	0000	2200
CARRY	0	1

指令 5：　此指令將累加器(ACx)內含移位 Tx 位元值(-32～31)後再和累加器(ACy)內含值相加後儲存至目的累加器(ACy)中，例如 AC1 = AC1 + (AC0<<Tx)。

指令 6：　此指令將累加器(ACx)移位#SHIFTW 位元(-32～31)後再和累加器(ACy)內含值相加後儲存至目的累加器(ACy)中，例如 AC1 = AC1 + (AC0<<#31)。

指令 7：　此指令將 16 位元有號數 K16 左移 16 位元後再和累加器(ACx)內含值相加後儲存至目的累加器(ACy)中，例如 AC1 = AC0 +(#2E00h <<#16)。

指令 8：　此指令將 16 位元有號數 K16 左移#SHFT 位元(0～15)後再和累加器(ACx)內含值相加後儲存至目的累加器(ACy)中，例如 AC1 = AC0 + (#2E00h <<#15)。

指令 9：　此指令將資料記憶體(Smem)移位 Tx 位元值(-32～31)後再和累加器(ACx)內含值相加後儲存至目的累加器(ACy)中，例如 AC1 = AC0 +(*AR1 <<T0)。

	執行前	執行後
AC0	00 2300 0000	00 2300 0000
AC1	00 0000 0000	00 2320 0000
T0	000C	000C
AR1	0300	0300
SXMD	0	0
M40	0	0
300	0200	0200
AC0V0	0	0
CARRY	0	1

指令 10： 此指令將資料記憶體(Smem)左移 16 位元後再和累加器(ACx)內含值相加後儲存至目的累加器(ACy)中，例如 AC1 = AC0 +(*AR1 <<#16)。

指令 11： 此指令將資料記憶體(Smem)內含值和累加器(ACx)內含值及 CARRY 位元值相加後儲存至目的累加器(ACy)中，如果無 uns 運算元則需根據 SXMD 位元值作符號擴展，例如 AC1 = AC0 + uns(*AR1)+ CARRY。

指令 12： 此指令將資料記憶體(Smem)內含值和累加器(ACx)內含值相加後儲存至目的累加器(ACy)中，如果無 uns 運算元則需根據 SXMD 位元值作符號擴展，例如 AC1 = AC0 + uns(*AR2)。

指令 13： 此指令將資料記憶體(Smem)內含值移位#SHIFTW 位元(-32～31)後和累加器(ACx)內含值相加後儲存至目的累加器(ACy)中，如果無 uns 運算元則需根據 SXMD 位元值作符號擴展，例如 AC1 = AC0 +(uns(*AR2)<<#31)。

指令 14： 此指令將資料記憶體(Lmem)內含值和累加器(ACx)內含值相加後儲存至目的累加器(ACy)中，如 Lmem 為偶數位址則 ACx(31-16)+Lmem, ACx(15-0)+(Lmem+1)，如 Lmem 為奇數位址則 ACx(31-16)+Lmem, ACx(15-0)+(Lmem-1)，例如 AC1 = AC0 + dbl(*AR2+)。

指令 15： 此指令將資料記憶體(Xmem)內含值左移 16 位元和資料記憶體(Ymem)內含值左移 16 位元相加後儲存至目的累加器(ACx)中，例如 AC1 =(*AR1 <<#16)+(*AR2 <<#16)。

指令 16： 此指令將資料記憶體(Smem)內含值和 16 位元有號數值 K16(-32768～32767)相加後儲存回資料記憶體(Smem)中，例如 *AR2 = *AR2 + #2E00h。

指令 17：　此指令並行執行兩個相加運算，分別在累加器的 16 位元高低字元組(HI(ACx)與 LO(ACx))與 32 位元資料記憶體 Lmem 作相加，依據 SXMD 位元的值將累加器高字元符號擴展至 24 位元，如果 Lmem 爲偶數位址則 ACx(39-16)+Lmem, ACx(15-0)+(Lmem+1)，如 Lmem 爲奇數位址則 ACx(39-16)+Lmem, ACx(15-0)+(Lmem-1)，進位 CARRY 位元爲位元 31，例如 HI(AC1)= HI(*AR3)+ HI(AC0), LO(AC1)= LO(*AR3)+ LO(AC0)。

指令 18：　此指令並行執行兩個相加運算，分別將 32 位元資料記憶體 Lmem 與臨時暫存器 Tx 作相加，依據 SXMD 位元的值將記憶體高字元 HI(Lmem)及 Tx 作符號擴展至 24 位元相加，如果 Lmem 爲偶數位址則 HI(ACx)=Tx+Lmem, LO(ACx)=Tx+(Lmem+1)，如 Lmem 爲奇數位址則 HI(ACx)=Tx+Lmem, LO(ACx)=Tx+(Lmem-1)，進位 CARRY 位元爲位元 31。例如 HI(AC1)= HI(*AR3)+ T0, LO(AC1)= LO(*AR3)+ T0。

指令 19：　此指令計算累加器 ACx 的絕對值，並把結果加到累加器 ACy 中，此指令是在 D-單元之 MAC 中執行，ACx 絕對值的計算是依據位元 32 的值而將 ACx(32-16)乘以 00001h 或 1FFFFh 而得，所以它是將 ACx 的高字元取絕對值後加到 ACy 的低字元。又如果 FRCT=1，絕對值還要乘以 2，例如 AC0 = AC0 + |AC1|。

指令 20：　此指令並行執行相加與儲存運算，第一個指令將資料記憶體(Xmem)內含值左移 16 位元後再和累加器(ACx)內含值相加後存回累加器(ACy)中，第二個指令將累加器(ACy)移位 T2 位元值後(-32～31)，將累加器的高 16 位元(AC(31-16))儲存至記憶體(Ymem)中，例如 AC1 = AC0 + (*AR3<<#16), *AR1 = HI(AC1<<T2)。

指令 21：　此指令將 8 位元有號數 K8 作符號擴展至 16 位元後，再加入至資料堆疊指標暫存器 SP 中，例如 SP = SP + #127。

6-2.2　減法運算指令

表 6-2.2　減法運算指令

代數指令	助憶指令
1.dst = dst-src	SUB src, dst
2.dst = dst-k4	SUB k4, dst
3.dst = src-K16	SUB K16, src, dst
4.dst = src-Smem	SUB Smem, src, dst
5.dst = Smem-src	SUB src, Smem, dst
6.ACy = ACy-(ACx<<Tx)	SUB ACx<<Tx, ACy
7.ACy = ACy-(ACx<<#SHIFTW)	SUB ACx<<#SHIFTW, ACy
8.ACy = ACx-(K16<<#16)	SUB K16<<#16, ACx, ACy
9.ACy = ACx-(K16<<#SHFT)	SUB K16<<#SHFT, ACx, ACy
10.ACy = ACx-(Smem<<Tx)	SUB Smem<<Tx, ACx, ACy
11.ACy = ACx-(Smem<<#16)	SUB Smem<<#16, ACx, ACy
12.ACy =(Smem<<#16)-ACx	SUB ACx, Smem<<#16, ACy
13.ACy = ACx-uns(Smem)-BORROW	SUB uns(Smem), BORROW, ACx, ACy
14.ACy = ACx-uns(Smem)	SUB uns(Smem), ACx, ACy
15.ACy = ACx-(uns(Smem)<<#SHIFTW)	SUB uns(Smem)<<#SHIFTW, ACx, ACy
16.ACy = ACx-dbl(Lmem)	SUB dbl(Lmem), ACx, ACy
17.ACy = dbl(Lmem)-ACx	SUB ACx, dbl(Lmem), ACy
18.ACx =(Xmem<<#16)-(Ymem<<#16)	SUB Xmem, Ymem, ACx
19.HI(ACy)= HI(ACx)-HI(Lmem), 　　LO(ACy)= LO(ACx)-LO(Lmem)	SUB dual(Lmem), [ACx,] ACy
20.HI(ACy)= HI(Lmem)-HI(ACx), 　　LO(ACy)= LO(Lmem)-LO(ACx)	SUB ACx, dual(Lmem), ACy
21.HI(ACx)= Tx-HI(Lmem), 　　LO(ACx)= Tx-LO(Lmem)	SUB dual(Lmem), Tx, ACx
22.HI(ACx)= HI(Lmem)-Tx, 　　LO(ACx)= LO(Lmem)-Tx	SUB Tx, dual(Lmem), ACx
23.ACy =(Xmem<<#16)-ACx, 　　Ymem = HI(ACy<<T2)	SUB Xmem<<#16, ACx, ACy :: MOV HI(ACy<<T2), Ymem

指令說明

指令 1：　　此指令將兩個累加器 AC0～AC3 或臨時暫存器 T0～T3 或輔助暫存器 AR0～AR7 相減後的值儲存至目的暫存器 dst 中。如果目的暫存器 dst 是 40 位元累加器，那麼相減運算是在 D-單元之 ALU 中執行，而且 16 位元來源暫存器 src 需根據符號擴展模式位元 SXMD 的值決定是否符號擴展。如果目的暫存器 dst 是 16 位元臨時暫存器或輔助暫存器，那麼相減運算是在 A-單元之 ALU 中執行，40 位元來源暫存器 src(累加器)只執行最低 16 位元的相減運算，此時溢位位元為位元 15，例如 AC1 = AC1 -AC0。

指令 2：　　此指令將累加器 AC0～AC3 或臨時暫存器 T0～T3 或輔助暫存器 AR0～AR7 和 4 位元無號常數 k4(0～15)相減後的值儲存至目的暫存器 dst 中，例如 AC1 = AC1 - #12。

指令 3：　　此指令將累加器 AC0～AC3 或臨時暫存器 T0～T3 或輔助暫存器 AR0～AR7 和 16 位元有號常數 K16(-32768～32767)相減後的值儲存至目的暫存器 dst 中，例如 AC1 = AC0 - #2E01h。

指令 4：　　此指令將累加器 AC0～AC3 或臨時暫存器 T0～T3 或輔助暫存器 AR0～AR7 和資料記憶體(Smem)內含值相減後的值儲存至目的暫存器 dst 中，例如 T1 = T0 - *AR2+。

	執行前	執行後
AR2	0300	0301
300	0300	0300
T0	3300	3300
T1	0500	3000

指令 5：　　此指令將資料記憶體(Smem)內含值和累加器 AC0～AC3 或臨時暫存器 T0～T3 或輔助暫存器 AR0～AR7 相減後的值儲存至目的暫存器 dst 中，例如 T1 = *AR2 - T0。

指令 6： 此指令將累加器(ACy)內含值減去累加器(ACx)內含值移位 Tx 位
元值(-32～31)後的值後儲存至目的累加器(ACy)中，例如 AC1 =
AC1-(AC0<<Tx)。

指令 7： 此指令將累加器(ACy)內含值減去累加器(ACx)移位#SHIFTW 位
元(-32～31)後的值後儲存至目的累加器(ACy)中，例如 AC1 =
AC1 -(AC0<<#31)。

指令 8： 此指令將累加器(ACx)內含值減去 16 位元有號數 K16(-32768～
32767)左移 16 位元後的值儲存至目的累加器(ACy)中，例如 AC1
= AC0 -(#2E00h <<#16)。

指令 9： 此指令將累加器(ACx)內含值減去 16 位元有號數 K16(-32768～
32767)左移#SHFT 位元(0～15)後的值後儲存至目的累加器(ACy)
中，例如 AC1 = AC0 -(#2E00h <<#15)。

指令 10： 此指令將累加器(ACx)內含值減去資料記憶體(Smem)移位 Tx 位
元值(-32～31)後的值後儲存至目的累加器(ACy)中，例如 AC1 =
AC0 -(*AR1 <<T0)。

	執行前	執行後
AC0	00 2300 0000	00 2300 0000
AC1	00 0000 0000	00 22E0 0000
T0	000C	000C
AR1	0300	0300
300	0200	0200

指令 11： 此指令將累加器(ACx)內含值減去資料記憶體(Smem)左移 16 位
元後的值後儲存至目的累加器(ACy)中，例如 AC1 = AC0 -(*AR1
<<#16)。

指令 12：　此指令將資料記憶體(Smem)左移 16 位元後的值減去累加器
　　　　　(ACx)內含值後儲存至目的累加器(ACy)中，例如 AC1 =(*AR1
　　　　　<<#16)- AC0。

指令 13：　此指令將累加器(ACx)內含值減去資料記憶體(Smem)內含值再
　　　　　減去 BORROW 位元值後的值儲存至目的累加器(ACy)中，如果
　　　　　無 uns 運算元則需根據 SXMD 位元值作符號擴展，例如 AC1 =
　　　　　AC0 - uns(*AR1)- BORROW。

指令 14：　此指令將累加器(ACx)內含值減去資料記憶體(Smem)內含值後
　　　　　的值儲存至目的累加器(ACy)中，如果無 uns 運算元則需根據
　　　　　SXMD 位元值作符號擴展，例如 AC1 = AC0 - uns(*AR2)。

指令 15：　此指令將累加器(ACx)內含值減去資料記憶體(Smem)內含值移
　　　　　位#SHIFTW 位元(-32～31)後的值後儲存至目的累加器(ACy)
　　　　　中，如果無 uns 運算元則需根據 SXMD 位元值作符號擴展，例
　　　　　如 AC1 = AC0 -(uns(*AR2)<<#31)。

指令 16：　此指令將累加器(ACx)內含值減去 32 位元資料記憶體(Lmem)內
　　　　　含值後的值儲存至目的累加器(ACy)中，如 Lmem 爲偶數位址則
　　　　　ACx(31-16)-Lmem, ACx(15-0)-(Lmem+1)，如 Lmem 爲奇數位址
　　　　　則 ACx(31-16)-Lmem, ACx(15-0)-(Lmem-1)，例如 AC1 = AC0 -
　　　　　dbl(*AR2+)。

指令 17：　此指令將 32 位元資料記憶體(Lmem)內含值減去累加器(ACx)內
　　　　　含值後的值儲存至目的累加器(ACy)中，如 Lmem 爲偶數位址則
　　　　　Lmem-ACx(31-16), (Lmem+1)-ACx(15-0)，如 Lmem 爲奇數位址
　　　　　則 Lmem-ACx(31-16), (Lmem-1)-ACx(15-0)，例如 AC1 = dbl
　　　　　(*AR2+)-AC0。

指令 18： 此指令將資料記憶體(Xmem)內含值左移 16 位元的值減去資料
記憶體(Ymem)內含值左移 16 位元後的值儲存至目的累加器
(ACx)中，例如 AC1 =(*AR1 <<#16)-(*AR2 <<#16)。

指令 19： 此指令並行執行兩個相減運算，分別在累加器的 16 位元高低字
元組(HI(ACx)與 LO(ACx))與 32 位元資料記憶體 Lmem 作相減，
依據 SXMD 位元的值將累加器高字元 HI(ACx) 及記憶體
HI(Lmem)作符號擴展至 24 位元，如果 Lmem 為偶數位址則
ACx(39-16)-Lmem, ACx(15-0)-(Lmem+1)，如 Lmem 為奇數位址
則 ACx(39-16)-Lmem, ACx(15-0)-(Lmem-1)，進位 CARRY 位元
為位元 31。例如 HI(AC1)=HI(AC0)-HI(*AR3), LO(AC1)=LO
(AC0)-LO(*AR3)。

指令 20： 此指令並行執行兩個相減運算，分別在 32 位元資料記憶體 Lmem
與累加器的 16 位元高低字元組(HI(ACx)與 LO(ACx))作相減，依
據 SXMD 位元的值將累加器高字元 HI(ACx)及記憶體 HI(Lmem)
作符號擴展至 24 位元，如果 Lmem 為偶數位址則
Lmem-ACx(39-16), (Lmem+1)-ACx(15-0)，如 Lmem 為奇數位址
則 Lmem-ACx(39-16), (Lmem-1)-ACx(15-0)，進位 CARRY 位元
為位元 31。例如 HI(AC1)=HI(*AR3)-HI(AC0), LO(AC1)=LO
(*AR3)-LO(AC0)。

指令 21： 此指令並行執行兩個相減運算，分別將臨時暫存器 Tx 與 32 位
元資料記憶體 Lmem 作相減，依據 SXMD 位元的值將記憶體高
字元 HI(Lmem)及 Tx 作符號擴展至 24 位元，如果 Lmem 為偶數
位址則 HI(ACx)=Tx-Lmem, LO(ACx)=Tx-(Lmem+1)，如 Lmem
為奇數位址則 HI(ACx)=Tx-Lmem, LO(ACx)=Tx-(Lmem-1)，進位
CARRY 位元為位元 31。例如 HI(AC1)=T0-HI(*AR3), LO(AC1)=
T0-LO(*AR3)。

指令 22：　此指令並行執行兩個相減運算，分別將32位元資料記憶體Lmem
　　　　　　與臨時暫存器 Tx 作相減，依據 SXMD 位元的值將記憶體高字
　　　　　　元 HI(Lmem)及 Tx 作符號擴展至 24 位元，如果 Lmem 爲偶數位
　　　　　　址則 HI(ACx)=Lmem-Tx, LO(ACx)=(Lmem+1)-Tx，如 Lmem 爲
　　　　　　奇數位址則 HI(ACx)=Lmem-Tx, LO(ACx)=(Lmem-1)-Tx，進位
　　　　　　CARRY 位元爲位元 31。例如 HI(AC1)=HI(*AR3)-T0, LO(AC1)=
　　　　　　LO(*AR3)-T0。

指令 23：　此指令並行執行相減與儲存運算，第一個指令將資料記憶體
　　　　　　(Xmem)左移 16 位元後再和累加器(ACx)內含值相減後存回累加
　　　　　　器(ACy)中，第二個指令將累加器(ACy)移位 T2 位元值後(-32～
　　　　　　31)，將累加器的高 16 位元(AC(31-16))儲存至記憶體(Ymem)
　　　　　　中，例如 AC1=(*AR3<<#16)-AC0, *AR1=HI(AC1<<T2)。

6-2.3　條件加減法運算指令

表 6-2.3　條件加減法運算指令

代數指令	助憶指令
1.subc(Smem, ACx, ACy)	SUBC Smem, ACx, ACy
2.ACy = adsc(Smem, ACx, TCx)	ADDSUBCC Smem, ACx, TCx, ACy
3.ACy = adsc(Smem, ACx, TC1, TC2)	ADDSUBCC Smem, ACx, TC1, TC2, ACy
4.ACy = ads2c(Smem, ACx, Tx, TC1, TC2)	ADDSUB2CC Smem, ACx, Tx, TC1, TC2, ACy
5.HI(ACx)= Smem+Tx, 　LO(ACx)= Smem-Tx	ADDSUB Tx, Smem, ACx
6.HI(ACx)= HI(Lmem)+Tx, 　LO(ACx)= LO(Lmem)-Tx	ADDSUB Tx, dual(Lmem), ACx
7.HI(ACx)= Smem-Tx, 　LO(ACx)= Smem+Tx	SUBADD Tx, Smem, ACx
8.HI(ACx)= HI(Lmem)-Tx, 　LO(ACx)= LO(Lmem)+Tx	SUBADD Tx, dual(Lmem), ACx

指令說明

指令 1： 此指令將來源累加器 ACx 減去資料記憶體 Smem 根據 SXMD 位元的值作 40 位元符號擴展然後左移 15 位元後的值。

(1) 所得結果若大於等於 0(位元 39=0)，則將結果左移一位元，然後加 1，所得的值儲存至目的累加器 ACy 中。

(2) 若所得結果小於 0(位元 39=1)，則將來源累加器 ACx 左移一位元，所得的值儲存在目的累加器 ACy 中。

溢位位元和進位位元是由位元 31 來決定，以敘述式表示如下：

```
if ((ACx -(Smem << #15)) >= 0)
ACy =(ACx -(Smem << #15))<< #1 + 1
else
ACy = ACx << #1
```

例如 subc(*AR1, AC0, AC1)。

	執行前	執行後
AC0	23 4300 0000	23 4300 0000
AC1	00 0000 0000	46 8400 0001
AR1	0300	0300
300	0200	0200
SXMD	0	0
ACOV1	0	1
CARRY	0	1

指令 2： 此指令根據狀態位元 TCx 的值來決定執行累加器 ACx 與資料記憶體 Smem 的加減運算：

(1) TCx=0；執行 ACy = ACx -(Smem << #16)，將累加器 ACx 減去資料記憶體 Smem 根據 SXMD 位元值作 40 位元符號擴展然後左

移 16 位元後的值，所得的值儲存在累加器 ACy 中，這是在 D-
單元之 ALU 中執行的。

(2)　TCx=1；執行 ACy = ACx +(Smem << #16)，將累加器 ACx 加上
資料記憶體 Smem 根據 SXMD 位元值作 40 位元符號擴展然後左
移 16 位元後的值，所得的值儲存在累加器 ACy 中，這是在 D-
單元之 ALU 中執行的。

例如 AC1 = adsc(*AR1, AC0, TC2)。

	執行前	執行後
AC0	00 EC00 0000	00 EC00 0000
AC1	00 0000 0000	01 1F00 0000
AR1	0300	0300
300	3300	3300
TC2	1	1
SXMD	0	0
M40	0	0
ACOV1	0	1
CARRY	0	1

指令 3：　此指令根據狀態位元 TC1 和 TC2 的值執行累加器 ACx 與資料記
憶體 Smem 的加減運算：

TC1	TC2	操作運算
0	0	ACy=ACx-(Smem<<#16)
0	1	ACy=ACx
1	0	ACy=ACx+(Smem<<#16)
1	1	ACy=ACx

(1)　TC2=1；執行 ACy = ACx，將累加器 ACx 的值複製至累加器 ACy
中，這是在 D-單元之 ALU 中執行的。

(2)　TC1=0 且 TC2=0；執行 ACy = ACx -(Smem << #16)，將累加器
ACx 減去資料記憶體 Smem 根據 SXMD 位元的值作 40 位元符

號擴展然後左移 16 位元後的值,所得的值儲存在累加器 ACy 中,這是在 D-單元之 ALU 中執行的。

(3) TC1=1 且 TC2=0;執行 ACy=ACx +(Smem<<#16),將累加器 ACx 加上資料記憶體 Smem 根據 SXMD 位元值作 40 位元符號擴展然後左移 16 位元後的值,所得的值儲存在累加器 ACy 中,這是在 D-單元之 ALU 中執行的。

例如 AC1 = adsc(*AR1, AC0, TC1, TC2)。

指令 4: 此指令根據狀態位元 TC1 和 TC2 的值來決定執行累加器 ACx 與資料記憶體 Smem 的加減運算:

TC1	TC2	操作運算
0	0	ACy=ACx-(Smem<<#Tx)
0	1	ACy=ACx-(Smem<<#16)
1	0	ACy=ACx+(Smem<<#Tx)
1	1	ACy=ACx+(Smem<<#16)

(1) TC1=0 且 TC2=0;執行 ACy=ACx-(Smem<<#Tx),將累加器 ACx 的值減去資料記憶體 Smem 根據 SXMD 位元的值作 40 位元符號擴展然後移位 Tx(-32～31)位元值後的值,所得的值儲存在累加器 ACy 中。

(2) TC1=0 且 TC2=1;執行 ACy=ACx-(Smem<<#16),將累加器 ACx 的值減去資料記憶體 Smem 根據 SXMD 位元的值作 40 位元符號擴展然後左移 16 位元後的值,所得的值儲存在累加器 ACy 中。

(3) TC1=1 且 TC2=0;執行 ACy=ACx+(Smem<<#Tx),將累加器 ACx 的值加上資料記憶體 Smem 根據 SXMD 位元的值作 40 位元符號擴展然後移位 Tx(-32～31)位元值後的值,所得的值儲存在累加器 ACy 中。

(4) TC1=1 且 TC2=1;執行 ACy=ACx+(Smem<<#16),將累加器 ACx 的值加上資料記憶體 Smem 根據 SXMD 位元的值作 40 位元符號

擴展然後左移 16 位元後的值，所得的值儲存在累加器 ACy 中，這些皆是在 D-單元之 ALU 中執行的。

例如 AC2 = ads2c(*AR1, AC0, T1, TC1, TC2)。

	執行前	執行後
AC0	00 EC00 0000	00 EC00 0000
AC2	00 0000 0000	00 EC00 CC00
AR1	0300	0300
300	3300	3300
T1	0002	0002
TC1	1	1
TC2	0	0
SXMD	0	0
M40	0	0
ACOV2	0	1
CARRY	0	1

指令 5：此指令並行執行相加與相減運算，分別將資料記憶體 Smem 與臨時暫存器 Tx 作相加與相減，此操作是在 40 位元的 D-單元 ALU 中執行，區分為兩個 16 位元運算模式，相加運算部分依據 SXMD 位元的值將記憶體 Smem 及 Tx 作符號擴展至 24 位元相加，相減運算部分亦依據 SXMD 位元值將記憶體 Smem 及 Tx 作符號擴展至 24 位元相減，進位 CARRY 位元為位元 31。例如 HI(AC1)= *AR1 + T0, LO(AC1)= *AR1 - T0。

	執行前	執行後
AC1	00 2300 0000	00 2300 A300
T0	4000	4000
AR1	0200	0200

200	E300	E300
SXMD	1	1
M40	1	1
AC0V1	0	0
CARRY	0	1

指令 6： 此指令並行執行相加與相減運算，分別將 32 位元資料記憶體 Lmem 與臨時暫存器 Tx 作相加與相減，相加部分依據 SXMD 位元值將記憶體高字元 HI(Lmem)及 Tx 作符號擴展至 24 位元相加，如果 Lmem 為偶數位址則 HI(ACx)=Tx+Lmem, LO(ACx)=(Lmem+1)-Tx，如 Lmem 為奇數位址則 HI(ACx)=Tx+Lmem, LO(ACx)=(Lmem-1)-Tx，進位 CARRY 位元為位元 31。例如 HI(AC1)= HI(*AR3)+ T0, LO(AC1)= LO(*AR3)-T0。

指令 7： 此指令並行執行相減與相加運算，分別將資料記憶體 Smem 與臨時暫存器 Tx 作相減與相加，相減運算部分依據 SXMD 位元的值將記憶體 Smem 及 Tx 作符號擴展至 24 位元相減，進位 CARRY 位元為位元 31。例如 HI(AC1)= *AR1-T0, LO(AC1)= *AR1+T0。

指令 8： 此指令並行執行相減與相加運算，分別將 32 位元資料記憶體 Lmem 與臨時暫存器 Tx 作相減與相加，相減部分依據 SXMD 位元值將記憶體高字元 HI(Lmem)及 Tx 作符號擴展至 24 位元相減，如果 Lmem 為偶數位址則 HI(ACx)=Lmem-Tx, LO(ACx)=(Lmem+1)+Tx，如 Lmem 為奇數位址則 HI(ACx)=Lmem-Tx, LO(ACx)=(Lmem-1)+Tx，進位 CARRY 位元為位元 31。例如 HI(AC1)=HI(*AR3)-T0, LO(AC1)=LO(*AR3)+T0。

6-2.4　乘法運算指令

表 6-2.4　乘法運算指令

代數指令	助憶指令
1.ACy = rnd(ACx*ACx)	SQR[R] ACx, ACy
2.ACx = rnd(Smem*Smem)[, T3=Smem]	SQR[R] [T3=]Smem, ACx
3.ACy = rnd(ACy*ACx)	MPY[R] ACx, ACy
4.ACy = rnd(ACx*Tx)	MPY[R] Tx, ACx, ACy
5.ACy = rnd(ACx*K8)	MPYK[R] K8, ACx, ACy
6.ACy = rnd(ACx*K16)	MPYK[R] K16, ACx, ACy
7.ACx = rnd(Smem*coef(Cmem)) [,T3=Smem]	MPYM[R] [T3=]Smem, Cmem, ACx
8.ACy = rnd(Smem*ACx)[, T3=Smem]	MPYM[R] [T3=]Smem, ACx, ACy
9.ACx = rnd(Smem*K8)[, T3=Smem]	MPYMK[R] [T3=]Smem, K8, ACx
10.ACx = M40(rnd(uns(Xmem)* uns(Ymem)))[, T3=Xmem]	MPYM[R][40] [T3=](uns(Xmem), uns(Ymem), ACx
11.ACx = rnd(uns(Tx*Smem)) [,T3=Smem]	MPYM[R][U] [T3=]Smem, Tx, ACx

指令說明

指令 1：　此指令將累加器 ACx 高 17 位元(ACx(32-16))執行相乘運算，此指令是在 D-單元之 MAC 中執行，如果 FRCT=1，所得結果會左移一位元後儲存至累加器 ACy 中，若有 rnd 運算元則需作捨入 (rounding)運算，例如 AC1 = AC0 * AC0。

指令 2：　此指令將 16 位元資料記憶體 Smem 內含符號擴展至 17 位元執行相乘運算，此指令是在 D-單元之 MAC 中執行，如果 FRCT=1，所得結果會左移一位元後儲存至累加器 ACx 中，並將資料記憶體 Smem 內含複製至臨時暫存器 T3 中，若有 rnd 運算元則需作捨入運算，例如 AC1 = *AR2 * *AR2, T3 = *AR2。

指令 3：　此指令將累加器 ACx 高 17 位元(ACx(32-16))與累加器 ACy 高 17 位元(ACy(32-16))執行相乘運算，此指令是在 D-單元之 MAC

中執行，如果 FRCT=1，所得結果會左移一位元後儲存至累加器 ACy 中，若有 rnd 運算元則需作捨入運算，例如 AC1 = AC1 * AC0。

	執行前	執行後
AC0	02 6000 3400	02 6000 3400
AC1	00 C000 0000	00 4800 0000
M40	1	1
FRCT	0	0
ACOV1	0	0

指令 4： 此指令將累加器 ACx 高 17 位元(ACx(32-16))與臨時暫存器 Tx(Tx 符號擴展至 17 位元)執行相乘運算，此指令是在 D-單元之 MAC 中執行，如果 FRCT=1，所得結果會左移一位元後儲存至累加器 ACy 中，若有 rnd 運算元則需作捨入運算，例如 AC1 = AC0 * T0。

指令 5： 此指令將累加器 ACx 高 17 位元(ACx(32-16))與 8 位元有號常數 K8(K8 符號擴展至 17 位元)執行相乘運算，此指令是在 D-單元之 MAC 中執行，如果 FRCT=1，所得結果會左移一位元後儲存至累加器 ACy 中，若有 rnd 運算元則需作捨入運算，例如 AC1 = AC0 * #-2。

指令 6： 此指令將累加器 ACx 高 17 位元(ACx(32-16))與 16 位元有號常數 K16(K16 符號擴展至 17 位元)執行相乘運算，此指令是在 D-單元之 MAC 中執行，如果 FRCT=1，所得結果會左移一位元後儲存至累加器 ACy 中，若有 rnd 運算元則需作捨入運算，例如 AC1 = AC0 * #-64。

指令 7： 此指令將 16 位元資料記憶體 Smem 內含符號擴展至 17 位元與使用係數定址模式之資料記憶體 Cmem(符號擴展至 17 位元)執

行相乘運算，此指令是在 D-單元之 MAC 中執行，如果 FRCT=1，
所得結果會左移一位元後儲存至累加器 ACx 中，並將資料記憶
體 Smem 內含複製至臨時暫存器 T3 中，若有 rnd 運算元則需作
捨入運算，例如 AC1 = *AR2 * coef(*CDP)。

指令 8：　　此指令將累加器 ACx 高 17 位元(ACx(32-16))與 16 位元資料記憶
體 Smem(符號擴展至 17 位元)執行相乘運算，此指令是在 D-單
元之 MAC 中執行，如果 FRCT=1，所得結果會左移一位元後儲
存至累加器 ACy 中，並將資料記憶體 Smem 內含複製至臨時暫
存器 T3 中，若有 rnd 運算元則需作捨入運算，例如 AC1 = *AR2
* AC1, T3 = *AR2。

指令 9：　　此指令將 16 位元資料記憶體 Smem(符號擴展至 17 位元)與 8 位
元有號常數 K8(K8 符號擴展至 17 位元)執行相乘運算，此指令
是在 D-單元之 MAC 中執行，如果 FRCT=1，所得結果會左移一
位元後儲存至累加器 ACy 中，並將資料記憶體 Smem 內含複製
至臨時暫存器 T3 中，若有 rnd 運算元則需作捨入運算，例如 AC1
= *AR3 * #-2, T3 = *AR3。

指令 10：　　此指令將 16 位元資料記憶體 Xmem(符號擴展至 17 位元，若使
用 uns 運算元則最高位元 17 填 0)與 16 位元資料記憶體 Ymem(符
號擴展至 17 位元，若使用 uns 運算元則最高位元 17 填 0)執行相
乘運算，此指令是在 D-單元之 MAC 中執行，如果 FRCT=1，所
得結果會左移一位元後儲存至累加器 ACx 中，並將資料記憶體
Xmem 內含複製至臨時暫存器 T3 中，若有 rnd 運算元則需作捨
入運算，例如 AC1 = uns(*AR3)* uns(*AR4), T3 = *AR3。

指令 11：　　此指令將 16 位元資料記憶體 Xmem(符號擴展至 17 位元)與臨時
暫存器 Tx(Tx 符號擴展至 17 位元)執行相乘運算，此指令是在
D-單元之 MAC 中執行，如果 FRCT=1，所得結果會左移一位元

後儲存至累加器 ACx 中,並將資料記憶體 Smem 內含複製至臨時暫存器 T3 中,若有 rnd 運算元則需作捨入運算,例如 AC1 = uns(T0 * *AR3), T3 = *AR3。

6-2.5 乘加法運算指令

表 6-2.5　乘加法運算指令

代數指令	助憶指令
1.ACy = rnd(ACy+(ACx*ACx))	SQA[R] ACx, ACy
2.ACy=rnd(ACx+(Smem*Smem))[, T3=Smem]	SQAM[R] [T3=]Smem, ACx, ACy
3.ACy = rnd(ACy+(ACx*Tx))	MAC[R] ACx, Tx, ACy, ACy
4.ACy = rnd((ACy*Tx)+ACx)	MAC[R] ACy, Tx, ACx, ACy
5.ACy = rnd(ACx+(Tx*K8))	MACK[R] Tx, K8, ACx, ACy
6.ACy = rnd(ACx+(Tx*K16))	MACK[R] Tx, K16, ACx, ACy
7.ACx=rnd(ACx+(Smem*coef(Cmem)))[, T3=Smem]	MACM[R] [T3=]Smem, Cmem, ACx
8.ACy=rnd(ACy+(Smem*ACx))[, T3=Smem]	MACM[R] [T3=]Smem, ACx, ACy
9.ACy=rnd(ACx+(Tx*Smem))[, T3=Smem]	MACM[R] [T3=]Smem, Tx, ACx, ACy
10.ACy=rnd(ACx+(Smem*K8))[, T3=Smem]	MACMK[R] [T3=]Smem, K8, ACx, ACy
11.ACy=M40(rnd(ACx+(uns(Xmem)*uns(Ymem))))[, T3=Xmem]	MACM[R][40] [T3=](uns(Xmem), uns(Ymem), ACx, ACy
12.ACy=M40(rnd((ACx>>#16)+(uns(Xmem)*uns(Ymem))))[, T3=Smem]	MACM[R][40] [T3=](uns(Xmem), uns(Ymem), ACx>>#16, ACy
13.ACx=rnd(ACx+(Smem*coef(Cmem)) [, T3=Smem], delay(Smem)	MACM[R]Z [T3=]Smem, Cmem, ACx

指令說明

指令 1:　　此指令將累加器 ACx 高 17 位元(ACx(32-16))執行自相乘運算(如果 FRCT=1,相乘所得結果會左移一位元),再與累加器 ACy 相加後儲存至累加器 ACy 中,此指令是在 D-單元之 MAC 中執行,若有 rnd 運算元則需作捨入(rounding)運算，例如 AC1 = AC1 +(AC0 * AC0)。

指令 2：　此指令將 16 位元資料記憶體 Smem 內含符號擴展至 17 位元執行自相乘運算(如果 FRCT=1，相乘所得結果會左移一位元)，再與累加器 ACx 相加後儲存至累加器 ACy 中，此指令是在 D-單元之 MAC 中執行，並將資料記憶體 Smem 內含複製至臨時暫存器 T3 中，若有 rnd 運算元則需作捨入運算，例如 AC1 = AC0 +(*AR2 * *AR2), T3 = *AR2。

指令 3：　此指令將累加器 ACx 高 17 位元(ACx(32-16))與臨時暫存器 Tx(Tx 符號擴展至 17 位元)執行相乘運算(如果 FRCT=1，相乘所得結果會左移一位元)，再與累加器 ACy 相加後儲存至累加器 ACy 中，此指令是在 D-單元之 MAC 中執行，若有 rnd 運算元則需作捨入運算，例如 AC1 = AC1 +(AC0 * T0)。

指令 4：　此指令將累加器 ACy 高 17 位元(ACy(32-16))與臨時暫存器 Tx(Tx 符號擴展至 17 位元)執行相乘運算(如果 FRCT=1，相乘所得結果會左移一位元)，再與累加器 ACx 相加後儲存至累加器 ACy 中，此指令是在 D-單元之 MAC 中執行，若有 rnd 運算元則需作捨入運算，例如 AC1 = rnd((AC1*T1)+ AC0)。

指令 5：　此指令將臨時暫存器 Tx(Tx 符號擴展至 17 位元)與 8 位元有號常數 K8(K8 符號擴展至 17 位元)執行相乘運算(如果 FRCT=1，相乘所得結果會左移一位元)，再與累加器 ACx 相加後儲存至累加器 ACy 中，此指令是在 D-單元之 MAC 中執行，若有 rnd 運算元則需作捨入運算，例如 AC1 = AC0 +(T0 * #6)。

指令 6：　此指令將臨時暫存器 Tx(Tx 符號擴展至 17 位元)與 16 位元有號常數 K16(K16 符號擴展至 17 位元)執行相乘運算(如果 FRCT=1，相乘所得結果會左移一位元)，再與累加器 ACx 相加後儲存至累加器 ACy 中，此指令是在 D-單元之 MAC 中執行，若有 rnd 運算元則需作捨入運算，例如 AC1 = AC0 +(T0 * #FFFFh)。

指令 7： 此指令將 16 位元資料記憶體 Smem 內含符號擴展至 17 位元與使用係數定址模式之資料記憶體 Cmem(符號擴展至 17 位元)執行相乘運算(如果 FRCT=1，相乘所得結果會左移一位元)，再與累加器 ACx 相加後儲存至累加器 ACx 中，並將資料記憶體 Smem 內含複製至臨時暫存器 T3 中，此指令是在 D-單元之 MAC 中執行，若有 rnd 運算元則需作捨入運算，例如 AC2 = rnd(AC2 +(*AR1 * coef(*CDP)))。

	執行前	執行後
AC2	00 EC00 0000	00 EC00 0000
AR1	0300	0300
CDP	0200	0200
300	FE00	FE00
200	0040	0040
ACOV2	0	1

指令 8： 此指令將 16 位元資料記憶體 Smem 內含符號擴展至 17 位元與累加器 ACx 高 17 位元(ACx(32-16)) 執行相乘運算(如果 FRCT=1，相乘所得結果會左移一位元)，再與累加器 ACy 相加後儲存至累加器 ACy 中，並將資料記憶體 Smem 內含複製至臨時暫存器 T3 中，此指令是在 D-單元之 MAC 中執行，若有 rnd 運算元則需作捨入運算，例如 AC2 = AC2 +(*AR1 * AC0)。

指令 9： 此指令將 16 位元資料記憶體 Smem 內含符號擴展至 17 位元與臨時暫存器 Tx(Tx 符號擴展至 17 位元)執行相乘運算(如果 FRCT=1，相乘所得結果會左移一位元)，再與累加器 ACx 相加後儲存至累加器 ACy 中，並將資料記憶體 Smem 內含複製至臨時暫存器 T3 中，此指令是在 D-單元之 MAC 中執行，若有 rnd 運算元則需作捨入運算，例如 AC2 = AC1 +(T0 * *AR1)。

指令 10：　此指令將 16 位元資料記憶體 Smem 內含符號擴展至 17 位元與 8 位元有號常數 K8(K8 符號擴展至 17 位元)執行相乘運算(如果 FRCT=1，相乘所得結果會左移一位元)，再與累加器 ACx 相加後儲存至累加器 ACy 中，並將資料記憶體 Smem 內含複製至臨時暫存器 T3 中，此指令是在 D-單元之 MAC 中執行，若有 rnd 運算元則需作捨入運算，例如 AC2 = AC1 +(*AR1 * #FFh)。

指令 11：　此指令將 16 位元資料記憶體 Xmem(符號擴展至 17 位元，若使用 uns 運算元則最高位元 17 填 0)與 16 位元資料記憶體 Ymem(符號擴展至 17 位元，若使用 uns 運算元則最高位元 17 填 0)執行相乘運算(如果 FRCT=1，相乘所得結果會左移一位元)，再與累加器 ACx 相加後儲存至累加器 ACy 中，並將資料記憶體 Smem 內含複製至臨時暫存器 T3 中，若有 rnd 運算元則需作捨入運算，例如 AC3 = rnd(AC3 +(uns(*AR3)* uns(*AR4))), T3 = *AR3。

指令 12：　此指令將 16 位元資料記憶體 Xmem(符號擴展至 17 位元，若使用 uns 運算元則最高位元 17 填 0)與 16 位元資料記憶體 Ymem(符號擴展至 17 位元，若使用 uns 運算元則最高位元 17 填 0)執行相乘運算(如果 FRCT=1，相乘所得結果會左移一位元)，再與累加器 ACx 右移 16 位元的值相加後儲存至累加器 ACy 中，並將資料記憶體 Smem 內含複製至臨時暫存器 T3 中，若有 rnd 運算元則需作捨入運算，例如 AC3 =(AC3 >> #16)+(uns(*AR3)* uns(*AR4)), T3 = *AR3。

指令 13：　此指令將 16 位元資料記憶體 Smem 內含符號擴展至 17 位元與使用係數定址模式之資料記憶體 Cmem(符號擴展至 17 位元)執

行相乘運算(如果 FRCT=1，相乘所得結果會左移一位元)，再與累加器 ACx 相加後儲存至累加器 ACx 中，並將資料記憶體 Smem 內含複製至臨時暫存器 T3 中，且將資料記憶體 Smem 內含複製到下一個記憶體位址處(Smem+1)，此指令是在 D-單元之 MAC 中執行，若有 rnd 運算元則需作捨入運算，例如 AC2 = AC2 +(*AR1 * coef(*CDP)), delay(*AR3)。

6-2.6 乘減法運算指令

表 6-2.6　乘減法運算指令

代數指令	助憶指令
1.ACy = rnd(ACy-(ACx*ACx))	SQS[R] ACx, ACy
2.ACy=rnd(ACx-(Smem*Smem))[, T3=Smem]	SQSM[R] [T3=]Smem, ACx, ACy
3.ACy = rnd(ACy-(ACx*Tx))	MAS[R] Tx, ACx, ACy
4.ACx=rnd(ACx-(Smem*coef(Cmem)))[, T3=Smem]	MASM[R] [T3=]Smem, Cmem, ACx
5.ACy=rnd(ACy-(Smem*ACx))[, T3=Smem]	MASM[R] [T3=]Smem, ACx, ACy
6.ACy=rnd(ACx-(Tx*Smem))[, T3=Smem]	MASM[R] [T3=]Smem, Tx, ACx, ACy
7.ACy=M40(rnd(ACx-(uns(Xmem)*uns(Ymem)))) [, T3=Xmem]	MASM[R][40] [T3=](uns(Xmem), uns(Ymem), ACx, ACy

指令說明

指令 1：　此指令將累加器 ACy 的值減去累加器 ACx 高 17 位元 (ACx(32-16))執行自相乘運算的值(如果 FRCT=1，相乘所得結果會左移一位元)，所得的差值儲存至累加器 ACy 中，此指令是在 D-單元之 MAC 中執行，若有 rnd 運算元則需作捨入(rounding) 運算，例如 AC1 = AC1 -(AC0 * AC0)。

指令 2：　此指令將累加器 ACx 的值減去 16 位元資料記憶體 Smem 內含符號擴展至 17 位元執行自相乘運算的值(如果 FRCT=1，所得結果會左移一位元)，所得的差值儲存至累加器 ACy 中，此指令是在

D-單元之 MAC 中執行，並將資料記憶體 Smem 內含複製至臨時暫存器 T3 中，若有 rnd 運算元則需作捨入運算，例如 AC1 = AC0 -(*AR2 * *AR2), T3 = *AR2。

指令 3：　此指令將累加器 ACy 的值減去累加器 ACx 高 17 位元 (ACx(32-16))與臨時暫存器 Tx(Tx 符號擴展至 17 位元)執行相乘運算的值(如果 FRCT=1，相乘所得結果會左移一位元)，所得的差值儲存至累加器 ACy 中，此指令是在 D-單元之 MAC 中執行，若有 rnd 運算元則需作捨入運算，例如 AC1 = AC1 -(AC0 * T0)。

指令 4：　此指令將累加器 ACx 的值減去 16 位元資料記憶體 Smem 內含符號擴展至 17 位元與使用係數定址模式之資料記憶體 Cmem(符號擴展至 17 位元)執行相乘運算的值(如果 FRCT=1，相乘所得結果會左移一位元)，所得的差值儲存至累加器 ACx 中，並將資料記憶體 Smem 內含複製至臨時暫存器 T3 中，此指令是在 D-單元之 MAC 中執行，若有 rnd 運算元則需作捨入運算，例如 AC2 = rnd(AC2 -(*AR1 * coef(*CDP)))。

指令 5：　此指令將累加器 ACy 的值減去 16 位元資料記憶體 Smcm 內含符號擴展至 17 位元與累加器 ACx 高 17 位元(ACx(32-16))執行相乘運算的值(如果 FRCT=1，相乘所得結果會左移一位元)，所得的差值儲存至累加器 ACy 中，並將資料記憶體 Smem 內含複製至臨時暫存器 T3 中，此指令是在 D-單元之 MAC 中執行，若有 rnd 運算元則需作捨入運算，例如 AC2 = AC2 -(*AR1 * AC0)。

指令 6：　此指令將累加器 ACx 的值減去 16 位元資料記憶體 Smem 內含符號擴展至 17 位元與臨時暫存器 Tx(Tx 符號擴展至 17 位元)執行相乘運算的值(如果 FRCT=1，相乘所得結果會左移一位元)，所得的差值儲存至累加器 ACy 中，並將資料記憶體 Smem 內含複製至臨時暫存器 T3 中，此指令是在 D-單元之 MAC 中執行，若有 rnd 運算元則需作捨入運算，例如 AC2 = AC1 -(T0 * *AR1)。

指令 7： 此指令將累加器 ACx 的值減去 16 位元資料記憶體 Xmem(符號擴展至 17 位元，若使用 uns 運算元則最高位元 17 填 0)與 16 位元資料記憶體 Ymem(符號擴展至 17 位元，若使用 uns 運算元則最高位元 17 填 0)執行相乘運算的值(如果 FRCT=1，相乘所得結果會左移一位元)，所得的差值儲存至累加器 ACy 中，並將資料記憶體 Smem 內含複製至臨時暫存器 T3 中，若有 rnd 運算元則需作捨入運算，例如 AC2 = AC3 -(uns(*AR3)* uns(*AR4)), T3 = *AR3。

6-2.7 雙乘加/減法運算指令

表 6-2.7　雙乘加/減法運算指令

代數指令	助憶指令
1.ACx=M40(rnd(uns(Xmem)*uns(coef(Cmem)))), ACy=M40(rnd(uns(Ymem)*uns(coef(Cmem))))	MPY[R][40] uns(Xmem), uns(Cmem), ACx :: MPY[R][40] uns(Ymem), uns(Cmem), ACy
2.ACx=M40(rnd(ACx+(uns(Xmem)*uns(coef(Cmem))))), ACy=M40(rnd(uns(Ymem)*uns(coef(Cmem))))	MAC[R][40] uns(Xmem), uns(Cmem), ACx :: MPY[R][40] uns(Ymem), uns(Cmem), ACy
3.ACx=M40(rnd(ACx-(uns(Xmem)*uns(coef(Cmem))))), ACy=M40(rnd(uns(Ymem)*uns(coef(Cmem))))	MAS[R][40] uns(Xmem), uns(Cmem), ACx :: MPY[R][40] uns(Ymem), uns(Cmem), ACy
4.ACx=M40(rnd(ACx+(uns(Xmem)*uns(coef(Cmem))))), ACy=M40(rnd(ACy+(uns(Ymem)*uns(coef(Cmem)))))	MAC[R][40] uns(Xmem), uns(Cmem), ACx :: MAC[R][40] uns(Ymem), uns(Cmem), ACy

表 6-2.7　雙乘加/減法運算指令(續)

代數指令	助憶指令
5.ACx=M40(rnd(ACx-(uns(Xmem)*uns(coef(Cmem))))), 　ACy=M40(rnd(ACy+(uns(Ymem)*uns(coef(Cmem)))))	MAS[R][40] uns(Xmem), uns(Cmem), ACx :: MAC[R][40] uns(Ymem), uns(Cmem), ACy
6.ACx=M40(rnd(ACx-(uns(Xmem)*uns 　(coef(Cmem))))), 　ACy=M40(rnd(ACy-(uns(Ymem)*uns(coef(Cmem)))))	MAS[R][40] uns(Xmem), uns(Cmem), ACx :: MAS[R][40] uns(Ymem), uns(Cmem), ACy
7.ACx=M40(rnd((ACx>>#16)+(uns(Xmem)*uns 　(coef(Cmem))))), 　ACy=M40(rnd(ACy+(uns(Ymem)*uns(coef(Cmem)))))	MAC[R][40] uns(Xmem), uns(Cmem), ACx>>#16 :: MAC[R][40] uns(Ymem), uns(Cmem), ACy
8.ACx=M40(rnd(uns(Xmem)*uns(coef(Cmem)))), 　ACy=M40(rnd((ACy>>#16)+(uns(Ymem)*uns 　(coef(Cmem))))	MPY[R][40] uns(Xmem), uns(Cmem), ACx :: MAC[R][40] uns(Ymem), uns(Cmem), ACy>>#16
9.ACx=M40(rnd((ACx>>#16)+(uns(Xmem)*uns 　(coef(Cmem))))), 　ACy=M40(rnd((ACy>>#16)+(uns(Ymem)*uns 　(coef(Cmem)))))	MAC[R][40] uns(Xmem), uns(Cmem), ACx>>#16 :: MAC[R][40] uns(Ymem), uns(Cmem), ACy>>#16
10.ACx=M40(rnd(ACx-(uns(Xmem)*uns 　(coef(Cmem))))), 　ACy=M40(rnd((ACy>>#16)+(uns(Ymem)*uns 　(coef(Cmem)))))	MAS[R][40] uns(Xmem), uns(Cmem), ACx :: MAC[R][40] uns(Ymem), uns(Cmem), ACy>>#16
11.mar(Xmem) 　ACx=M40(rnd(uns(Ymem)*uns(Cmem)))	AMAR Xmem :: MPY[R][40] uns(Ymem), uns(Cmem), ACx
12.mar(Xmem) 　ACx=M40(rnd(ACx+(uns(Ymem)*uns(Cmem))))	AMAR Xmem :: MAC[R][40] uns(Ymem), uns(Cmem), ACx
13.mar(Xmem) 　ACx=M40(rnd(ACx-(uns(Ymem)*uns(coef(Cmem)))))	AMAR Xmem :: MAS[R][40] uns(Ymem), uns(Cmem), ACx
14.mar(Xmem) 　ACx=M40(rnd((ACx>>#16)+(uns(Ymem)*uns (coef(Cmem))))	AMAR Xmem :: MAC[R][40] uns(Ymem), uns(Cmem), ACx>>#16

表 6-2.7 雙乘加/減法運算指令(續)

代數指令	助憶指令
15.mar(Xmem), mar(Ymem), mar(coef(Cmem))	AMAR Xmem, Ymem, Cmem
16.ACy=rnd(Tx*Xmem), Ymem=HI(ACx<<T2) [,T3=Xmem]	MPYM[R][T3=]Xmem, Tx, ACy :: MOV HI(ACx<<T2), Ymem
17.ACy=rnd(ACy+(Tx*Xmem)), Ymem=HI(ACx<<T2)[,T3=Xmem]	MACM[R][T3=] Xmem, Tx, ACy :: MOV HI(ACx<<T2), Ymem
18.ACy=rnd(ACy-(Tx*Xmem)), Ymem=HI(ACx<<T2)[,T3=Xmem]	MASM[R][T3=] Xmem, Tx, ACy :: MOV HI(ACx<<T2), Ymem
19.ACx=rnd(ACx+(Tx*Xmem)), ACy=Ymem<<#16) [,T3=Xmem]	MACM[R][T3=] Xmem, Tx, ACx :: MOV Ymem<<#16, ACy
20.ACx=rnd(ACx-(Tx*Xmem)), ACy=Ymem<<#16) [,T3=Xmem]	MASM[R][T3=] Xmem, Tx, ACx :: MOV Ymem<<#16, ACy

🔘 指令說明

指令 1： 此指令並行執行兩個乘法運算，第一個運算將 16 位元資料記憶
體 Xmem(符號擴展至 17 位元)與使用係數定址模式之資料記憶
體 Cmem(符號擴展至 17 位元)執行相乘運算，如果 FRCT=1，相
乘所得結果會左移一位元後儲存至累加器 ACx 中，第二個運算
將 16 位元資料記憶體 Ymem(符號擴展至 17 位元)與使用係數定
址模式之資料記憶體 Cmem(符號擴展至 17 位元)執行相乘運
算，如果 FRCT=1，相乘所得結果會左移一位元後儲存至累加器
ACy 中，若使用 uns 運算元則最高位元 17 填 0，此指令是在 D-
單元之雙 MAC 中執行，例如 AC1 = uns(*AR3)* uns(coef(*CDP)),
AC2 = uns(*AR4)* uns(coef(*CDP))。

指令 2： 此指令並行執行一個乘法和一個乘加法運算，第一個運算將 16
位元資料記憶體 Xmem(符號擴展至 17 位元)與使用係數定址模
式之資料記憶體 Cmem(符號擴展至 17 位元)執行相乘運算(如果
FRCT=1，相乘所得結果會左移一位元)，再與累加器 ACx 相加
後儲存至累加器 ACx 中。第二個運算將 16 位元資料記憶體

Ymem(符號擴展至 17 位元)與使用係數定址模式之資料記憶體 Cmem(符號擴展至 17 位元)執行相乘運算，如果 FRCT=1，相乘所得結果會左移一位元後儲存至累加器 ACy 中，若使用 uns 運算元則最高位元 17 填 0，此指令是在 D-單元之雙 MAC 中執行，例如 AC1 = AC1 +(uns(*AR3)* uns(coef(*CDP))), AC2 = uns (*AR4)* uns(coef(*CDP))。

指令 3：　此指令並行執行一個乘法和一個乘減法運算，第一個運算將累加器 ACx 的值減去 16 位元資料記憶體 Xmem(符號擴展至 17 位元)與使用係數定址模式之資料記憶體 Cmem(符號擴展至 17 位元)執行相乘運算的值(如果 FRCT=1，相乘所得結果會左移一位元)，所得的差值儲存至累加器 ACx 中。第二個運算將 16 位元資料記憶體 Ymem(符號擴展至 17 位元)與使用係數定址模式之資料記憶體 Cmem(符號擴展至 17 位元)執行相乘運算，如果 FRCT=1，相乘所得結果會左移一位元後儲存至累加器 ACy 中，若使用 uns 運算元則最高位元 17 填 0，此指令是在 D-單元之雙 MAC 中執行，例如 AC1 = AC1 -(uns(*AR3)* uns(coef(*CDP))), AC2 = uns(*AR4)* uns(coef(*CDP))。

指令 4：　此指令並行執行二個乘加法運算，第一個運算將 16 位元資料記憶體 Xmem(符號擴展至 17 位元)與使用係數定址模式之資料記憶體 Cmem(符號擴展至 17 位元)執行相乘運算(如果 FRCT=1，相乘所得結果會左移一位元)，再與累加器 ACx 相加後儲存至累加器 ACx 中。第二個運算將 16 位元資料記憶體 Ymem(符號擴展至 17 位元)與使用係數定址模式之資料記憶體 Cmem(符號擴展至 17 位元)執行相乘運算(如果 FRCT=1，相乘所得結果會左移一位元)，再與累加器 ACy 相加後儲存至累加器 ACy 中，若使用 uns 運算元則最高位元 17 填 0。此指令是在 D-單元之雙 MAC

中執行，例如 AC1 = AC1 +(uns(*AR3)* uns(coef(*CDP))), AC2 = AC2 +(uns(*AR4)* uns(coef(*CDP)))。

指令 5： 此指令並行執行一個乘加法和一個乘減法運算，第一個運算將累加器 ACx 的值減去 16 位元資料記憶體 Xmem(符號擴展至 17 位元)與使用係數定址模式之資料記憶體 Cmem(符號擴展至 17 位元)執行相乘運算的值(如果 FRCT=1，相乘所得結果會左移一位元)，所得的差值儲存至累加器 ACx 中。第二個運算將 16 位元資料記憶體 Ymem(符號擴展至 17 位元)與使用係數定址模式之資料記憶體 Cmem(符號擴展至 17 位元)執行相乘運算(如果 FRCT=1，相乘所得結果會左移一位元)，再與累加器 ACy 相加後儲存至累加器 ACy 中，若使用 uns 運算元則最高位元 17 填 0。此指令是在 D-單元之雙 MAC 中執行，例如 AC1 = AC1 -(uns(*AR3)* uns(coef(*CDP))), AC2 = AC2 +(uns(*AR4)* uns(coef(*CDP)))。

指令 6： 此指令並行執行二個乘減法運算，第一個運算將累加器 ACx 的值減去 16 位元資料記憶體 Xmem(符號擴展至 17 位元)與使用係數定址模式之資料記憶體 Cmem(符號擴展至 17 位元)執行相乘運算的值(如果 FRCT=1，相乘所得結果會左移一位元)，所得的差值儲存至累加器 ACx 中。第二個運算將累加器 ACy 的值減去 16 位元資料記憶體 Ymem(符號擴展至 17 位元)與使用係數定址模式之資料記憶體 Cmem(符號擴展至 17 位元)執行相乘運算的值(如果 FRCT=1，相乘所得結果會左移一位元)，所得的差值儲存至累加器 ACy 中，若使用 uns 運算元則最高位元 17 填 0。此指令是在 D-單元之雙 MAC 中執行，例如 AC1 = AC1 -(uns(*AR3)* uns(coef(*CDP))), AC2 = AC2 -(uns(*AR4)* uns(coef(*CDP)))。

指令 7： 此指令並行執行二個乘加法運算，第一個運算將 16 位元資料記憶體 Xmem(符號擴展至 17 位元)與使用係數定址模式之資料記憶體 Cmem(符號擴展至 17 位元)執行相乘運算(如果 FRCT=1，相乘所得結果會左移一位元)，再與累加器 ACx 右移 16 位元的值相加後儲存至累加器 ACx 中。第二個運算將 16 位元資料記憶體 Ymem(符號擴展至 17 位元)與使用係數定址模式之資料記憶體 Cmem(符號擴展至 17 位元)執行相乘運算(如果 FRCT=1，相乘所得結果會左移一位元)，再與累加器 ACy 相加後儲存至累加器 ACy 中，若使用 uns 運算元則最高位元 17 填 0。此指令是在 D-單元之雙 MAC 中執行，例如 AC1 =(AC1>>#16)+(uns(*AR3)* uns(coef(*CDP))), AC2 = AC2 +(uns(*AR4)* uns(coef(*CDP)))。

指令 8： 此指令並行執行一個乘法和一個乘加法運算，第一個運算將 16 位元資料記憶體 Xmem(符號擴展至 17 位元)與使用係數定址模式之資料記憶體 Cmem(符號擴展至 17 位元)執行相乘運算，如果 FRCT=1，相乘所得結果會左移一位元後儲存至累加器 ACx 中。第二個運算將 16 位元資料記憶體 Ymem(符號擴展至 17 位元)與使用係數定址模式之資料記憶體 Cmem(符號擴展至 17 位元)執行相乘運算(如果 FRCT=1，相乘所得結果會左移一位元)，再與累加器 ACy 右移 16 位元的值相加後儲存至累加器 ACy 中，若使用 uns 運算元則最高位元 17 填 0。此指令是在 D-單元之雙 MAC 中執行，例如 AC1 = (uns(*AR3)* uns(coef(*CDP))), AC2 =(AC2 >> #16)+(uns(*AR4)* uns(coef(*CDP)))。

指令 9： 此指令並行執行二個乘加法運算，第一個運算將 16 位元資料記憶體 Xmem(符號擴展至 17 位元)與使用係數定址模式之資料記憶體 Cmem(符號擴展至 17 位元)執行相乘運算(如果 FRCT=1，相乘所得結果會左移一位元)，再與累加器 ACx 右移 16 位元的值相加後儲存至累加器 ACx 中。第二個運算將 16 位元資料記憶體 Ymem(符號擴展至 17 位元)與使用係數定址模式之資料記憶體 Cmem(符號擴展至 17 位元)執行相乘運算(如果 FRCT=1，相乘所得結果會左移一位元)，再與累加器 ACy 右移 16 位元的值相加後儲存至累加器 ACy 中，若使用 uns 運算元則最高位元 17 填 0。此指令是在 D-單元之雙 MAC 中執行，例如 AC1=(AC1>>#16)+(uns(*AR3)*uns(coef(*CDP))), AC2=(AC2>>#16)+(uns(*AR4)* uns(coef(*CDP)))。

指令 10： 此指令並行執行一個乘加法及一個乘減法運算，第一個運算將累加器 ACx 的值減去 16 位元資料記憶體 Xmem(符號擴展至 17 位元)與使用係數定址模式之資料記憶體 Cmem(符號擴展至 17 位元)執行相乘運算的值(如果 FRCT=1，相乘所得結果會左移一位元)，所得的差值儲存至累加器 ACx 中。第二個運算將 16 位元資料記憶體 Ymem(符號擴展至 17 位元)與使用係數定址模式之資料記憶體 Cmem(符號擴展至 17 位元)執行相乘運算(如果 FRCT=1，相乘所得結果會左移一位元)，再與累加器 ACy 右移 16 位元的值相加後儲存至累加器 ACy 中，若使用 uns 運算元則最高位元 17 填 0。此指令是在 D-單元之雙 MAC 中執行，例如 AC1 = AC1 -(uns(*AR3)* uns(coef(*CDP))), AC2 =(AC2>>#16)+(uns(*AR4)* uns(coef(*CDP)))。

指令 11： 此指令並行執行一個輔助暫存器修改和一個乘法運算，第一個運算將輔助暫存器 ARn 內含值修改，第二個運算將 16 位元資料記憶體 Ymem(符號擴展至 17 位元)與使用係數定址模式之資料記憶體 Cmem(符號擴展至 17 位元)執行相乘運算，如果 FRCT=1，相乘所得結果會左移一位元後儲存至累加器 ACx 中，若使用 uns 運算元則最高位元 17 填 0，此指令是在 D-單元之雙 MAC 中執行，例如 mar(*AR3+), AC2 = uns(*AR4)* uns(coef(*CDP))，此指令並行執行將 AR3 的值加 1，及一個乘法運算。

指令 12：　此指令並行執行一個輔助暫存器修改和一個乘加法運算，第一個運算將輔助暫存器 ARn 內含值修改，第二個運算將 16 位元資料記憶體 Ymem(符號擴展至 17 位元)與使用係數定址模式之資料記憶體 Cmem(符號擴展至 17 位元) 執行相乘運算 (如果 FRCT=1，相乘所得結果會左移一位元)，再與累加器 ACx 相加後儲存至累加器 ACx 中，若使用 uns 運算元則最高位元 17 填 0，此指令是在 D-單元之雙 MAC 中執行，例如 mar(*AR3+), AC2 = AC2 +(uns(*AR4)* uns(coef(*CDP)))，此指令並行執行將 AR3 的值加 1，及一個乘加法運算。

指令 13：　此指令並行執行一個輔助暫存器修改和一個乘減法運算，第一個運算將輔助暫存器 ARn 內含值修改，第二個運算將累加器 ACx 的值減去 16 位元資料記憶體 Ymem(符號擴展至 17 位元)與使用係數定址模式之資料記憶體 Cmem(符號擴展至 17 位元)執行相乘運算的值(如果 FRCT=1，相乘所得結果會左移一位元)，所得的差值儲存至累加器 ACx 中，若使用 uns 運算元則最高位元 17 填 0。此指令是在 D-單元之雙 MAC 中執行，例如 mar(*AR3+), AC2 = AC2 -(uns(*AR4)* uns(coef(*CDP)))，此指令並行執行將 AR3 的值加 1，及一個乘減法運算。

指令14：　此指令並行執行一個輔助暫存器修改和一個乘加法運算，第一個運算將輔助暫存器ARn內含值修改，第二個運算將16位元資料記憶體Ymem(符號擴展至17位元)與使用係數定址模式之資料記憶體Cmem(符號擴展至17位元)執行相乘運算(如果FRCT=1，相乘所得結果會左移一位元)，再與累加器ACx右移16位元的值相加後儲存至累加器ACx中，若使用uns運算元則最高位元17填0。此指令是在 D- 單元之雙 MAC 中執行，例如 mar(*AR3+), AC2=((AC2>>#16)+(uns(*AR4)*uns(coef(*CDP))))，此指令並行執行將AR3的值加1，及一個乘加法運算。

指令 15： 此指令並行執行輔助暫存器修改，例如 mar(*AR3+), mar(*AR4-), mar(coef(*CDP))，此指令並行執行將 AR3 的值加 1，AR4 的值減 1，CDP 的值不變。

指令 16： 此指令並行執行一個乘法及儲存運算，第一個運算將 16 位元資料記憶體 Xmem 內含符號擴展至 17 位元與臨時暫存器 Tx(Tx 符號擴展至 17 位元)執行相乘運算，如果 FRCT=1，相乘所得結果會左移一位元後儲存至累加器 ACy 中，若使用 uns 運算元則最高位元 17 填 0，第二個運算將累加器 ACx 的值移位 T2 位元值 (-32～31)後取高字元(ACx(31-16))的值存回資料記憶體 Ymem 中，並將資料記憶體 Xmem 內含複製至臨時暫存器 T3 中。此指令是在 D-單元之 MAC 中執行，例如 AC1 = rnd(T0 * *AR0+), *AR1+ = HI(AC0<<T2)。

	執行前	執行後
AC0	FF 8421 1234	FF 8421 1234
AC1	00 0000 0000	00 2000 0000
AR0	0200	0201
AR1	0300	0301
T0	4000	4000
T2	0004	0004
200	4000	4000
300	1111	4211
FRCT	1	1
ACOV2	0	0
CARRY	0	0

指令 17：　此指令並行執行一個乘加法及儲存運算，第一個運算將 16 位元資料記憶體 Xmem 內含符號擴展至 17 位元與臨時暫存器 Tx(Tx 符號擴展至 17 位元)執行相乘運算(如果 FRCT=1，相乘所得結果會左移一位元)，再與累加器 ACy 相加後儲存至累加器 ACy 中，若使用 uns 運算元則最高位元 17 填 0。第二個運算將累加器 ACx 的值移位 T2 位元值(-32～31)後取高字元(ACx(31-16))的值存回資料記憶體 Ymem 中，並將資料記憶體 Xmem 內含複製至臨時暫存器 T3 中。此指令是在 D-單元之 MAC 中執行，例如 AC1 = AC1 +(T0 * *AR0+), *AR1+ = HI(AC0<<T2)。

指令 18：　此指令並行執行一個乘減法及儲存運算，第一個運算將累加器 ACx 的值減去 16 位元資料記憶體 Xmem 內含符號擴展至 17 位元與臨時暫存器 Tx(Tx 符號擴展至 17 位元)執行相乘運算的值(如果 FRCT=1，相乘所得結果會左移一位元)，所得的差值儲存至累加器 ACy 中，若使用 uns 運算元則最高位元 17 填 0。第二個運算將累加器 ACx 的值移位 T2 位元值(-32～31)後取高字元(ACx(31-16))的值存回資料記憶體 Ymem 中，並將資料記憶體 Xmem 內含複製至臨時暫存器 T3 中。此指令是在 D-單元之 MAC 中執行，例如 AC1 = AC1 -(T0 * *AR0+), *AR1+ = HI(AC0<<T2)。

指令 19：　此指令並行執行一個乘加法及載入運算，第一個運算將 16 位元資料記憶體 Smem 內含符號擴展至 17 位元與臨時暫存器 Tx(Tx 符號擴展至 17 位元)執行相乘運算(如果 FRCT=1，相乘所得結果會左移一位元)，再與累加器 ACx 相加後儲存至累加器 ACx 中，若使用 uns 運算元則最高位元 17 填 0。第二個運算將資料記憶體 Ymem 載入到累加器 ACy 中並左移 16 位元，並將資料記憶體 Xmem 內含複製至臨時暫存器 T3 中。此指令是在 D-單元之

MAC 中執行，例如 AC1 = AC1 +(T0 * *AR0+), AC2 = *AR4<<#16。

指令 20： 此指令並行執行一個乘減法及載入運算，第一個運算將累加器 ACx 的值減去 16 位元資料記憶體 Xmem 內含符號擴展至 17 位元與臨時暫存器 Tx(Tx 符號擴展至 17 位元)執行相乘運算的值 (如果 FRCT=1，相乘所得結果會左移一位元)，所得的差值儲存至累加器 ACx 中，若使用 uns 運算元則最高位元 17 填 0。第二個運算將資料記憶體 Ymem 載入到累加器 ACy 中並左移 16 位元，並將資料記憶體 Xmem 內含複製至臨時暫存器 T3 中。此指令是在 D-單元之 MAC 中執行，例如 AC1 = AC1 -(T0 * *AR0+), AC2 = *AR4<<#16。

6-3 邏輯運算指令

6-3.1 AND、OR、XOR 邏輯運算指令

表 6-3.1 AND、OR、XOR 邏輯運算指令

代數指令	助憶指令
1.dst = dst & / | / ^ src	AND/OR/XOR src, dst
2.dst = src & / | / ^ k8	AND/OR/XOR k8, src, dst
3.dst = src & / | / ^ k16	AND/OR/XOR k16, src, dst
4.dst = src & / | / ^ Smem	AND/OR/XOR Smem, src, dst
5.ACy = ACy & / | / ^(ACx<<<#SHIFTW)	AND/OR/XOR ACx<<#SFIFTW, ACy
6.ACy = ACx & / | / ^ (k16<<<#16)	AND/OR/XOR ACx<<#16, ACx, ACy
7.ACy = ACx & / | / ^ (k16<<<#SHFT)	AND/OR/XOR k16<<#SHFT, ACx, ACy
8.Smem = Smem & / | / ^ k16	AND/OR/XOR k16, Smem
9.Tx = count(ACx, ACy, TCx)	BCNT ACx, ACy, TCx, Tx
10.TCx = Smem & k16	BAND Smem, k16, TCx

指令說明

指令 1：　此指令將兩個累加器 AC0～AC3 或臨時暫存器 T0～T3 或輔助暫存器 AR0～AR7 執行 AND/OR/XOR 邏輯運算後存回目的暫存器(dst)中。如果目的暫存器 dst 是 40 位元累加器，那麼邏輯運算是在 D-單元之 ALU 中執行，而且 16 位元來源暫存器 src 運算元之高 24 位元需補 0。如果目的暫存器 dst 是 16 位元臨時暫存器或輔助暫存器，那麼邏輯運算是在 A-單元之 ALU 中執行，40 位元來源暫存器 src(累加器)只執行最低 16 位元的邏輯運算，例如 AC1 = AC1 & AC0。

	執行前	執行後
AC0	7E 2355 4FC0	7E 2355 4FC0
AC1	0F E340 5678	0E 2340 4640

指令 2：　此指令將累加器 AC0～AC3 或臨時暫存器 T0～T3 或輔助暫存器 AR0～AR7 和 8 位元無號數 k8(0～255)執行 AND/OR/XOR 邏輯運算後存回目的暫存器(dst)中。如果目的暫存器 dst 是 40 位元累加器，那麼邏輯運算是在 D-單元之 ALU 中執行，而且 8 位元無號數 k8 運算元之高 32 位元需補 0。如果目的暫存器 dst 是 16 位元臨時暫存器或輔助暫存器，那麼邏輯運算是在 A-單元之 ALU 中執行，40 位元來源暫存器 src(累加器)只執行最低 8 位元的邏輯運算，例如 AC1 = AC0 ^ #FFh。

指令 3：　此指令將累加器 AC0～AC3 或臨時暫存器 T0～T3 或輔助暫存器 AR0～AR7 和 16 位元無號數 k16(0～65536)執行 AND/OR/XOR 邏輯運算後存回目的暫存器(dst)中。如果目的暫存器 dst 是 40 位元累加器，那麼邏輯運算是在 D-單元之 ALU 中執行，而且 16 位元無號數 k16 運算元之高 24 位元需補 0。如果目的暫存器 dst 是 16 位元臨時暫存器或輔助暫存器，那麼邏輯運算是在 A-

單元之 ALU 中執行，40 位元來源暫存器 src(累加器)只執行最低 16 位元的邏輯運算，例如 AC1 = AC0 ^ #FFFFh。

指令4： 此指令將累加器AC0～AC3 或臨時暫存器T0～T3 或輔助暫存器 AR0～AR7 和資料記憶體(Smem)內含值執行 AND/OR/XOR 邏輯運算後存回目的暫存器(dst)中。如果目的暫存器 dst 是 40 位元累加器，那麼邏輯運算是在 D-單元之 ALU 中執行，而且 16 位元記憶體運算元之高 24 位元需補 0。如果目的暫存器 dst 是 16 位元臨時暫存器或輔助暫存器，那麼邏輯運算是在 A-單元之 ALU 中執行，40 位元來源暫存器 src(累加器)只執行最低 16 位元的邏輯運算，例如 AC1 = AC0 | *AR2。

指令5： 此指令將累加器(ACx)移位#SHIFTW 位元(-32～31)後的值和累加器(ACy)執行 AND/OR/XOR 邏輯運算後存回累加器(ACy)中，移位空出的位元需補 0，例如 AC1 = AC1 &(AC0<<<#15)。

指令6： 此指令將累加器(ACx)和 16 位元無號數 k16(0～65536)左移 16 位元後的值和累加器(ACx)執行 AND/OR/XOR 邏輯運算後存回累加器(ACy)中，移位空出的位元需補 0，例如 AC1 = AC0 &(#FFFFh<<<#16)。

指令7： 此指令將累加器(ACx)和 16 位元無號數 k16(0～65536)左移 #SHFT 位元(0～15)後的值和累加器(ACx)執行 AND/OR/XOR 邏輯運算後存回累加器(ACy)中，移位空出的位元需補 0，例如 AC1 = AC0 &(#FFFFh<<<#15)。

指令8： 此指令將資料記憶體(Smem)內含值和 16 位元無號數 k16(0～65536)的值執行 AND/OR/XOR 邏輯運算後存回資料記憶體(Smem)中，例如*AR1 = *AR1 & #0FC0h。

	執行前	執行後
AR1	0200	0200
0200	5678	0640

指令 9：　　此指令將累加器 ACx 和 ACy 執行 AND 邏輯運算後，所得結果位元爲 1 的數目存入臨時暫存器 Tx(x=1～4)中，如果位元爲 1 的數目是偶數個，則位元 TCx(x=1,2)設定爲 0，反之若位元爲 1 的數目是奇數個，則位元 TCx(x=1,2)設定爲 1，例如 T1 = count(AC1, AC2, TC1)。

	執行前	執行後
AC1	7E 2355 4FC0	7E 2355 4FC0
AC2	0F E340 5678	0F E340 5678
T1	0000	000B
TC1	0	1

指令 10：　　此指令將資料記憶體(Smem)內含值和 16 位元無號數 k16(0～65536)的值執行 AND 邏輯運算後的結果與 0 作比較，若相同則位元 TCx(x=1,2)設定爲 0，若不同則位元 TCx 設定爲 1，例如 TC1 = *AR1 & #0060h。

	執行前	執行後
AR1	0200	0200
0200	0040	0040
TC1	0	1

6-3.2　移位與旋轉運算指令

表 6-3.2　移位與旋轉運算指令

代數指令	助憶指令
1.dst = dst <<<#1	SFTL dst, #1
2.dst = dst >>>#1	SFTL dst, #-1
3.ACy = ACx<<<Tx	SFTL ACx,Tx, ACy
4.ACy = ACx<<<#SHIFTW	SFTL ACx, #SHIFTW, ACy
5.dst = BitOut \\ src \\BitIn	ROL BitOut, src, BitIn, dst

表 6-3.2　移位與旋轉運算指令(續)

代數指令	助憶指令
6. dst = BitIn // src //BitOut	ROR BitIn, src, BitOut, dst
7. Acy = Acx << Tx	SFTS Acx, Tx[, Acy]
8. Acy = Acx <<C Tx	SFTSC Acx, Tx[, Acy]
9. Acy = Acx << #SHIFTW	SFTS Acx, #SHIFTW[, Acy]
10. Acy = Acx <<C #SHIFTW	SFTSC Acx, #SHIFTW[, Acy]
11. dst = dst >> #1.	SFTS dst, #-1
12. dst = dst << #1	SFTS dst, #1
13. Acx = sftc(Acx, TCx)	SFTCC Acx, TCx

指令 1～4 為邏輯移位，指令 5, 6 為旋轉指令，指令 7～10 為有號數移位，所謂有號數移位指的是符號位元不變。

指令說明

指令 1：　　此指令將累加器 AC0～AC3 或臨時暫存器 T0～T3 或輔助暫存器 AR0～AR7 執行邏輯左移一位元，位元 0 填 0。如果目的暫存器 dst 是 40 位元累加器，那麼邏輯移位是在 D-單元之 ALU 中執行，根據 M40 位元的值決定左移出至 CARRY 位元的位元值。如果目的暫存器 dst 是 16 位元臨時暫存器或輔助暫存器，那麼邏輯移位是在 A-單元之 ALU 中執行，而且位元 15 是移出至 CARRY 位元的位元值。例如 AC1 = AC1 <<< #1，此例中因為 M40=0 所以 CARRY 位元的值是由 AC1 之位元 31 左移一位而得，而且位元(39～32)清除為 0。

	執行前	執行後
AC1	8F E340 5678	00 C680 ACF0
CARRY	0	1
M40	0	0

指令 2：　　此指令將累加器 AC0～AC3 或臨時暫存器 T0～T3 或輔助暫存器 AR0～AR7 執行邏輯右移一位元。如果目的暫存器 dst 是 40 位元累加器，那麼邏輯移位是在 D-單元之 ALU 中執行，位元 0 的值移出至 CARRY 位元，至於填 0 的位元則根據 M40 位元的值來決，如果 M40=0 則位元 31=0，如果 M40=1 則位元 39=0。如果目的暫存器 dst 是 16 位元臨時暫存器或輔助暫存器，那麼邏輯移位是在 A-單元之 ALU 中執行，位元 15 填 0，位元 0 的值移至 CARRY 位元。例如 AC1 = AC1 >>> #1。

指令 3：　　此指令將累加器 Acx 執行邏輯移位 Tx 位元，Tx 表示-32～31 的值，正數代表左移位負數代表右移位，若 Tx 的值超出了-32～31 的範圍，則 Tx 的值會飽和在-32 或 31 的值。移出的位元值放至 CARRY 位元中，左移位根據 M40 位元的值決定左移出至 CARRY 位元的位元值，如果 Tx=0，表示無移位，CARRY 位元將被清除為 0，例如 AC1 = AC0 <<< T0，此例中 T0=-6 表示右移 6 位。

	執行前	執行後
AC0	5F B000 1234	5F B000 1234
AC1	00 C680 ACF0	00 02C0 0048
T0	FFFA(-6)	FFFA
CARRY	0	1
M40	0	0

指令 4：　　此指令將累加器 Acx 執行邏輯移位#SHIFTW 位元，SHIFTW 表示-32～31 的值，正數代表左移位負數代表右移位，移出的位元值放至 CARRY 位元中，左移位根據 M40 位元的值決定左移出至 CARRY 位元的位元值，如果 SHIFTW=0，表示無移位，CARRY 位元將被清除為 0，例如 AC1 = AC0 <<< #31。

指令 5： 此指令將累加器 AC0～AC3 或臨時暫存器 T0～T3 或輔助暫存器 AR0～AR7 執行旋轉左移位，BitIn 和 BitOut 位元可以是 CARRY 或 TC2 位元，BitIn 位元移入至來源暫存器 src 位元 0 位置，來源暫存器 src 移出的位元移至 BitOut 位元。如果目的暫存器 dst 是 40 位元累加器，那麼旋轉移位是在 D-單元之 ALU 中執行，若來源暫存器 src 為臨時暫存器或輔助暫存器，則會 0 擴展至 40 位元，根據 M40 位元的值決定左移出至 BitOut 位元的位元值，如果 M40=0 則移出的位元是位元 31，如果 M40=1 則移出的位元是位元 39。如果目的暫存器 dst 是 16 位元臨時暫存器或輔助暫存器，那麼旋轉移位是在 A-單元之 ALU 中執行，若來源暫存器 src 為 40 位元累加器，則會取最低 16 位元作左旋轉運算，BitIn 位元移至位元 0 位置，而位元 15 移出至 BitOut 位元處。例如 AC1 = CARRY \\ AC1 \\ TC2，此例中因為 M40=0 所以位元(39～32)清除為 0，AC1 中移出的位元是 bit31。

	執行前	執行後
AC1	8F E340 5678	00 C680 ACF1
TC2	1	1
CARRY	0	1
M40	0	0

指令 6： 此指令將累加器 AC0～AC3 或臨時暫存器 T0～T3 或輔助暫存器 AR0～AR7 執行旋轉右移位，BitIn 和 BitOut 位元可以是 CARRY 或 TC2 位元，BitIn 位元移入至來源暫存器 src 的位置根據 M40 位元的值來決定，來源暫存器 src 位元 0 移出至 BitOut 位元。如果目的暫存器 dst 是 40 位元累加器，那麼旋轉移位是在 D-單元之 ALU 中執行，若來源暫存器 src 為臨時暫存器或輔助暫存器，則會 0 擴展至 40 位元，根據 M40 位元的值決定 BitIn 位元移入

至來源暫存器的位置，如果 M40=0 則移入至的位元 31 的位置，如果 M40=1 則移入至位元 39 的位置。而位元 0 移出至 BitOut 位元處。如果目的暫存器 dst 是 16 位元臨時暫存器或輔助暫存器，那麼旋轉移位是在 A-單元之 ALU 中執行，若來源暫存器 src 為 40 位元累加器，則會取最低 16 位元作右旋轉運算，BitIn 位元移入至位元 15 位置，而位元 0 移出至 BitOut 位元處。例如 AC1 = TC2 // AC0 // TC2，此例中因為 M40=0 所以位元(39～32) 清除為 0。

	執行前	執行後
AC0	5F B000 1234	5F B000 1234
AC1	00 C680 ACF1	00 D880 091A
TC2	1	0
M40	0	0

指令 7：　此指令將累加器 Acx 執行有號數移位 Tx 位元，Tx 表示-32～31 的值，正數代表左移位負數代表右移位，若 Tx 的值超出了-32 ～31 的範圍，則 Tx 的值會飽和在-32 或 31 的值，例如 AC1 = AC0 << T0。

指令 8：　此指令將累加器 Acx 執行有號數移位 Tx 位元，Tx 表示-32～31 的值，正數代表左移位負數代表右移位，若 Tx 的值超出了-32 ～31 的範圍，則 Tx 的值會飽和在-32 或 31 的值。移出的位元值 放至 CARRY 位元中，如果 Tx=0，表示無移位，CARRY 位元 將被清除為 0，例如 AC1 = AC1 <<C T1，此例中 T1=5 表示左移 5 位元。

	執行前	執行後
AC1	80 AA00 1234	FF 8000 0000
T1	0005	0005

CARRY	0	1
M40	0	0
ACOV1	0	1
SXMD	1	1
SATD	1	1

指令 9： 此指令將累加器 Acx 執行有號數移位 SHIFTW 位元，SHIFTW 表示 6 位元的值(-32～31)，正數代表左移位負數代表右移位，例 如 AC1 = AC0 << #-32，此指令表示將累加器 AC0 右移 32 位元 後放至累加器 AC1 中。

指令 10： 此指令將累加器 Acx 執行有號數移位 SHIFTW 位元，SHIFTW 表示 6 位元的值(-32～31)，正數代表左移位負數代表右移位，移 出的位元值放至 CARRY 位元中，如果 Tx=0，表示無移位， CARRY 位元將被清除為 0，例如 AC1 = AC0 <<C #-5。

	執行前	執行後
AC0	FF 8765 0055	FF 8765 0055
AC1	00 4321 1234	FF FC3B 2802
CARRY	0	1
SXMD	1	1

指令 11： 此指令將來源暫存器 src 執行有號數右移位 1 位元，例如 AC1 = AC1 >> #1。

指令 12： 此指令將來源暫存器 src 執行有號數左移位 1 位元，例如 T2 = T2 << #1。

	執行前	執行後
T2	EF27	DE4E
SATA	1	1

指令 13：　此指令執行：

　　　　if　Acx(39-0)= 0

　　　　　　　TCx = 1;

　　　　else if Acx(31-0)存在有兩個符號位元

　　　　　　　執行 Acx=Acx << #1(有號數左移位 1 位元)以及令

　　　　　　　TCx=0。

　　　　else(不存在有兩個符號位元)

　　　　　　　TCx=1。

　　例 1. AC0 = sftc(AC0, TC1)。因為(AC0(31)XOR AC0(30))= 1，故
　　　　AC0 內含不左移，且 TC1 設定為 1。

	執行前	執行後
AC0	FF 8765 0055	FF 8765 0055
TC1	0	1

　　例 2. AC0 = sftc(AC0, TC2)。因為(AC0(31)XOR AC0(30))= 0，故
　　　　AC0 內含左移 1 位，且 TC2 清除為 0。

	執行前	執行後
AC0	00 1234 0000	00 2468 0000
TC2	0	0

6-3.3　位元操作指令

表 6-3.3　位元操作指令

代數指令	助憶指令
1.TCx = bit(Smem, src)	BTST src, Smem, TCx
2.TCx = bit(Smem, k4)	BTST k4, Smem, TCx
3.TCx = bit(Smem, k4), bit(Smem, k4)= #0	BTSTCLR k4, Smem, TCx
4.TCx = bit(Smem, k4), cbit(Smem, k4)	BTSTNOT k4, Smem, TCx
5.TCx = bit(Smem, k4), bit(Smem, k4)= #1	BTSTSET k4, Smem, TCx
6.cbit(Smem, src)	BNOT src, Smem

表 6-3.3　位元操作指令(續)

代數指令	助憶指令
7.bit(Smem, src)= #0	BCLR src, Smem
8.bit(Smem, src)= #1	BSET src, Smem
9.TCx=(Smem == K16)	CMP Smem == K16, TCx
10.bit(src, BitAddr)= #0	BCLR BitAddr, src
11.bit(src, BitAddr)= #1	BSET BitAddr, src
12.TCx = bit(src, BitAddr)	BTST BitAddr, src, TCx
13.cbit(src, BitAddr)	BNOT BitAddr, src
14.bit(STx, k4)= #0	BCLR k4, STX_55 or BCLR f-name
15.bit(STx, k4)= #1	BSET k4, STX_55 or BSET f-name
16.dst = field_extract(ACx, k16)	BFXTR k16, ACx, dst
17.dst = field_expand(ACx, k16)	BFXPA k16, ACx, dst
18. bit(src, pair(BitAddr))	BTSTP BaitAddr, src

指令說明

指令 1：　此指令將累加器 AC0～AC3 或臨時暫存器 T0～T3 或輔助暫存器 AR0～AR7 之低 4 位元的值(0～15)作為位置指標，用來決定資料記憶體(Smem)內該位置的位元值複製至 TCx(x=1 或 2)位元中，此指令是在 A-單元之 ALU 中執行，例如 TC1 = bit(*AR1+, AC0)。

	執行前	執行後
AC0	00 0000 0007	00 0000 0007
AR1	200	201
TC1	0	1
200	00C0	00C0

指令 2：　此指令將 4 位元無號數 k4 所表示的值(0～15)作為位置指標，用來決定資料記憶體(Smem)內該位置的位元值複製至 TCx(x=1 或 2)位元中，此指令是在 A-單元之 ALU 中執行，例如 TC2 = bit(*AR3, #12)。

指令 3：　　此指令將 4 位元無號數 k4 所表示的值(0～15)作爲位置指標，用來決定資料記憶體(Smem)內該位置的位元值複製至 TCx(x=1 或 2)位元中，然後將資料記憶體(Smem)內該位置的位元值清除爲 0，此指令是在 A-單元之 ALU 中執行，例如 TC2 = bit(*AR3, #12), bit(*AR3, #12)= #0。

指令 4：　　此指令將 4 位元無號數 k4 所表示的值(0～15)作爲位置指標，用來決定資料記憶體(Smem)內該位置的位元值複製至 TCx(x=1 或 2)位元中，然後將資料記憶體(Smem)內該位置的位元值取補數(0→1, 1→0)，此指令是在 A-單元之 ALU 中執行，例如 TC2 = bit(*AR3, #12), cbit(*AR3, #12)。

	執行前	執行後
AR3	200	200
TC2	0	0
200	0040	1040

指令 5：　　此指令將 4 位元無號數 k4 所表示的值(0～15)作爲位置指標，用來決定資料記憶體(Smem)內該位置的位元值複製至 TCx(x=1 或 2)位元中，然後將資料記憶體(Smem)內該位置的位元值設定爲 1，此指令是在 A-單元之 ALU 中執行，例如 TC2 = bit(*AR3, #12), bit(*AR3, #12)= #1。

指令 6：　　此指令將累加器 AC0～AC3 或臨時暫存器 T0～T3 或輔助暫存器 AR0～AR7 之低 4 位元的值(0～15)作爲位置指標，將資料記憶體(Smem)內該位置的位元值取補數(0→1, 1→0)，此指令是在 A-單元之 ALU 中執行，例如 cbit(*AR1+, AC0)。

指令 7：　　此指令將累加器 AC0～AC3 或臨時暫存器 T0～T3 或輔助暫存器 AR0～AR7 之低 4 位元的值(0～15)作爲位置指標，將資料記憶體(Smem)內該位置的位元值清除爲 0，此指令是在 A-單元之 ALU 中執行，例如 bit(*AR1+, AC0)= #0。

指令 8： 此指令將累加器 AC0～AC3 或臨時暫存器 T0～T3 或輔助暫存器 AR0～AR7 之低 4 位元的值(0～15)作為位置指標，將資料記憶體(Smem)內該位置的位元值設定為 1，此指令是在 A-單元之 ALU 中執行，例如 bit(*AR2, T1)= #1。

指令 9： 此指令將 16 位元有號數 K16 所表示的值(-32768～32767)與資料記憶體 Smem 的內含值相比較，如果相同就將 TCx(x=1 或 2)位元設定為 1，否則清除為 0，此指令是在 A-單元之 ALU 中執行，例如 TC2 = (*AR3+ = = #400h)，

	執行前	執行後
AR3	200	201
TC2	0	1
200	0400	0400

指令 10： 此指令將暫存器位元定址 BitAddr 的值作為位置指標，將累加器 AC0～AC3 或臨時暫存器 T0～T3 或輔助暫存器 AR0～AR7 內該位置的位元值清除為 0，如果來源暫存器是 40 位元累加器則在 D-單元之 ALU 中執行，且 BitAddr 使用最低 6 位元的值。如果來源暫存器是16 位元臨時暫存器或輔助暫存器則在A-單元之 ALU 中執行，且 BitAddr 使用最低 4 位元的值。例如 bit(AC1, AR3)= #0，此例中 AR3(5～0)的值作為累加器 AC1 定址位元的位置指標值。

指令 11： 此指令將暫存器位元定址 BitAddr 的值作為位置指標，將累加器 AC0～AC3 或臨時暫存器 T0～T3 或輔助暫存器 AR0～AR7 內該位置的位元值設定為 1，如果來源暫存器是 40 位元累加器則在 D-單元之 ALU 中執行，且 BitAddr 使用最低 6 位元的值。如果來源暫存器是16 位元臨時暫存器或輔助暫存器則在 A-單元之 ALU 中執行，且 BitAddr 使用最低 4 位元的值。例如 bit(AC0, AR3)= #1。

指令 12：　此指令將暫存器位元定址 BitAddr 的值作為位置指標，將累加器
　　　　　　AC0～AC3 或臨時暫存器 T0～T3 或輔助暫存器 AR0～AR7 內
　　　　　　該位置的位元值複製至 TCx(x=1 或 2)位元中，如果來源暫存器
　　　　　　是 40 位元累加器則在 D-單元之 ALU 中執行，且 BitAddr 使用
　　　　　　最低 6 位元的值。如果來源暫存器是 16 位元臨時暫存器或輔助
　　　　　　暫存器則在 A-單元之 ALU 中執行，且 BitAddr 使用最低 4 位元
　　　　　　的值。例如 TC1 = bit(T0, @#12)。

	執行前	執行後
T0	FE00	FE00
TC1	0	1

指令 13：　此指令將暫存器位元定址 BitAddr 的值作為位置指標，將累加器
　　　　　　AC0～AC3 或臨時暫存器 T0～T3 或輔助暫存器 AR0～AR7 內
　　　　　　該位置的位元值取補數(0→1, 1→0)，如果來源暫存器是 40 位元
　　　　　　累加器則在 D-單元之 ALU 中執行，且 BitAddr 使用最低 6 位元
　　　　　　的值。如果來源暫存器是 16 位元臨時暫存器或輔助暫存器則在
　　　　　　A-單元之 ALU 中執行，且 BitAddr 使用最低 4 位元的值。例如
　　　　　　cbit(T0, AR1)。

	執行前	執行後
T0	E000	F000
TC1	000C	000C

指令 14：　此指令將 4 位元無號數 k4 所表示的值(0～15)作為位置指標，用
　　　　　　來決定狀態暫存器 STx(x=0～3)內該位置的位元值清除為 0，此
　　　　　　指令是在 A-單元之 ALU 中執行，例如 bit(ST2, #2)= #0;(PS. bit 2
　　　　　　= ST2_AR2LC)。

	執行前	執行後
ST2	0006	0002

指令 15： 此指令將 4 位元無號數 k4 所表示的值(0～15)作為位置指標，用來決定狀態暫存器 STx(x=0～3)內該位置的位元值設定為 1，此指令是在 A-單元之 ALU 中執行，例如 bit(ST0, #11)= #0;(PS. bit 11 = ST0_CARRY)。

	執行前	執行後
ST0	0000	0800

指令 16： 此指令將 16 位元無號數 k16 從最低有效位元 LSB 開始掃瞄至最高有效位元 MSB，根據出現 1 的位元欄位位置，將累加器 ACx 低 16 位元中相對位元欄位的值擷取(extract)出來，儲存至暫存器 dst 中，例如 T2 = field_extract(AC0, #8024h)。

	執行前	執行後
AC0	00 2300 55AA	00 2300 55AA
T2	0000	0002
	執行過程	
#k16(8024h)	1000 0000 0010 0100	
AC0(15-0)	0101 0101 1010 1010	
T2	0000 0000 0000 0010	

指令 17： 此指令將 16 位元無號數 k16 從最低有效位元 LSB 開始掃瞄至最高有效位元 MSB，根據出現 1 的位元欄位位置，將累加器 ACx 低 16 位元從最低有效位元開始依序將位元值展開(expand)至目的暫存器 dst 中相對位元欄位中，例如 T2 = field_expand(AC0, #8024h)。

	執行前	執行後
AC0	00 2300 2B65	00 2300 2B65
T2	0000	8004
	執行過程	
#k16(8024h)	1000 0000 0010 0100	
AC0(15-0)	0010 1011 0110 0101	
T2	1000 0000 0000 0100	

指令 18： 此指令將暫存器位元定址 BitAddr, BitAddr+1 的值作爲位置指標，將累加器 AC0～AC3 或臨時暫存器 T0～T3 或輔助暫存器 AR0～AR7 內該位置的位元值分別複製至 TC1 和 TC2 位元中，如果來源暫存器是 40 位元累加器則在 D-單元之 ALU 中執行，且 BitAddr 使用最低 6 位元的值。如果來源暫存器是 16 位元臨時暫存器或輔助暫存器則在 A-單元之 ALU 中執行，且 BitAddr 使用最低 4 位元的值。例如 bit(T0, pair(@#8))。

	執行前	執行後
T0	FE00	FE00
TC1	0	0
TC2	0	1

6-4　程式控制指令

6-4.1　跳躍指令

表 6-4.1　跳躍指令

代數指令	助憶指令
1.goto ACx	B ACx
2.goto L7	B L7
3.goto L16	B L16
4.goto P24	B P24
5.if(cond)goto I4	BCC I4, cond
6.if(cond)goto L8	BCC L8, cond
7.if(cond)goto L16	BCC L16, cond
8.if(cond)gotp P24	BCC P24, cond
9.if(ARn_mod != #0)goto L16	BCC L16, ARn_mod != #0
10.compare(uns(src RELOP K8))goto L8	BCC[U] L8, src RELOP K8

◎ 指令說明

指令 1：　　此指令跳躍至由累加器 ACx 低 24 位元(ACx(23-0))所指定之程式
記憶體位址，例如 goto AC0。

	執行前	執行後
AC0	00 0000 403D	00 0000 403D
PC	00 1F0A	00 403D

指令 2, 3：　此指令跳躍至由符號 Lx 標示之程式記憶體位址，例如 goto
branch。

◎ 程式：

```
          goto branch
          AC0 = #1              位址：004044
          …….
branch:   …….                  位址：006047
          AC0 = #0
```

	執行前	執行後
AC0	00 0000 0002	00 0000 0000
PC	00 4042	00 6047

指令 4：　　此指令跳躍至由符號 Px 所標示之程式記憶體位址，例如 goto
branch。

指令 5：　　如果條件式(cond)成立，此指令跳躍至由符號 Ix 標示之程式記憶
體位址，否則繼續執行下一個指令，例如 if(AC0 != #0)goto
branch。

🌐 程式：

```
        if(AC0 != #0)goto branch
        …….                          位址：004057
        …….
branch: …….                          位址：00405A
```

	執行前	執行後
AC0	00 0000 3000	00 0000 3000
PC	00 4055	00 405A

指令 6, 7： 如果條件式(cond)成立，此指令跳躍至由符號 Lx 標示之程式記憶體位址，否則繼續執行下一個指令，例如 if(AC0 != #0)goto branch。

🌐 程式：

```
branch: …….                          位址：00305A
        ……
        if(AC0 != #0)goto branch
        …….                          位址：004057
```

	執行前	執行後
AC0	00 0000 3000	00 0000 3000
PC	00 4055	00 305A

指令 8： 如果條件式(cond)成立，此指令跳躍至由符號 Px 標示之程式記憶體位址，否則繼續執行下一個指令，例如 if(AC0 != #0)goto branch。

● 程式：

```
        .sect "code1"
        ......
        if(AC0 != #0)goto branch
        ......                           位址：004057
        .sect "code2"
branch:  ......                          位址：00F05A
        ......
```

	執行前	執行後
AC0	00 0000 3000	00 0000 3000
PC	00 4055	00 F05A

指令 9： 如果輔助暫存器 ARn 不等於 0 的判斷式成立，此指令跳躍至由符號 L16 標示之程式記憶體位址，否則繼續執行下一個指令，ARn_mod 運算元可分為下列 3 部分：

(1) ARn 未修改，例如*AR1, *AR1(#15), *AR1(T0), *AR1(short(#4))。

(2) ARn 比較前先修改，例如*-AR1, *-AR1(#15)。

(3) ARn 比較後修改，例如*AR1+, *(AR1-T1)。

例 1. if(*AR1(#6)!= #0)goto branch。

● 程式：

```
        if(*AR1(#6)!= #0)goto branch    位址：004004
        ......                           位址：004005
        ......
branch:  ......                          位址：00400C
        ......
```

	執行前	執行後
AR1	0005	0005
PC	00 4004	00 400C

例 2. if(*AR3- != #0)goto branch。

🌐 程式：

```
          if(*AR3- != #0)goto branch     位址：00400F
          …….                            位址：004013
          …….
branch:   …….                            位址：004015
          ……
```

	執行前	執行後
AR3	0000	FFFF
PC	00 400F	00 4013

指令 10： 此指令將累加器 AC0～AC3 或臨時暫存器 T0～T3 或輔助暫存器 AR0～AR7 內含值與 8 位元有號數 K8 相比較，比較式若成立，此指令跳躍至由符號 L8 標示之程式記憶體位址，否則繼續執行下一個指令，例如 compare(AC0 > #12)goto branch。

🌐 程式：

```
          if(AC0 > #12)goto branch
          …….                            位址：004075
branch:   …….                            位址：004078
          ……
```

	執行前	執行後
AC0	00 0000 3000	00 0000 3000
PC	00 4071	00 4078

⏻ 6-4.2 呼叫與返回指令

表 6-4.2　呼叫與返回指令

代數指令	助憶指令
1.call Acx	CALL Acx
2.call L16	CALL L16
3.call P24	CALL P24
4.if(cond)call L16	CALLCC L16, cond
5.if(cond)call P24	CALLCC P24, cond
6.return	RET
7.if(cond)return	RETCC cond
8.return_int	RETI

🟤 指令說明

指令 1：　此指令呼叫由累加器 Acx 低 24 位元(Acx(23-0))所指定之副程式
位址，返回位址則儲存至堆疊中：

(1)　將資料堆疊指標 SP 減 1，返回位址的低 16 位元(PC(15-0))推入
(push)至 SP 所指位置。

(2)　將系統堆疊指標 SSP 減 1，迴圈內含位元(loop context bit)及返回
位址的高 8 位元(PC(23-16))推入至 SSP 所指位置。

例如 call AC0。

指令 2：　此指令呼叫由符號 L16 所標示之副程式位址，返回位址則儲存
至堆疊中：

(1)　將資料堆疊指標 SP 減 1，返回位址的低 16 位元(PC(15-0))推入
(push)至 SP 所指位置。

(2) 將系統堆疊指標 SSP 減 1，迴圈內含位元(loop context bit)及返回
位址的高 8 位元(PC(23-16))推入至 SSP 所指位置。

例如 call sub_label。

指令 3： 此指令呼叫由符號 P24 所標示之副程式位址，返回位址則儲存
至堆疊中：

(1) 將資料堆疊指標 SP 減 1，返回位址的低 16 位元(PC(15-0))推入
(push)至 SP 所指位置。

(2) 將系統堆疊指標 SSP 減 1，迴圈內含位元(loop context bit)及返回
位址的高 8 位元(PC(23-16))推入至 SSP 所指位置。

例如 call sub_label。

指令 4： 如果條件式(cond)成立，此指令呼叫由符號 L16 所標示之副程式
位址，返回位址則儲存至堆疊中：

(1) 將資料堆疊指標 SP 減 1，返回位址的低 16 位元(PC(15-0))推入
(push)至 SP 所指位置。

(2) 將系統堆疊指標 SSP 減 1，迴圈內含位元(loop context bit)及返回
位址的高 8 位元(PC(23-16))推入至 SSP 所指位置。

例如 if(AC1 >= #2000h) call sub_label。

指令 5： 如果條件式(cond)成立，此指令呼叫由符號 P24 所標示之副程式
位址，返回位址則儲存至堆疊中：

(1) 將資料堆疊指標 SP 減 1，返回位址的低 16 位元(PC(15-0))推入
(push)至 SP 所指位置。

(2) 將系統堆疊指標 SSP 減 1，迴圈內含位元(loop context bit)及返回
位址的高 8 位元(PC(23-16))推入至 SSP 所指位置。

例如 if(TC1) call sub_label。

指令 6： 此指令將控制權返還給呼叫(主)程式，返回位址則儲存在堆疊
中：

(1) 將迴圈內含位元(loop context bit)及返回位址的高 8 位元(PC(23-16))自系統堆疊指標 SSP 所指位置取出(pop)，然後將 SSP 加 1。

(2) 將返回位址的低 16 位元(PC(15-0))自資料堆疊指標 SP 所指位置取出(pop)，然後將 SP 加 1。

例如 return。

指令 7： 如果條件式(cond)成立，此指令將控制權返還給呼叫(主)程式，返回位址則儲存在堆疊中：

(1) 將迴圈內含位元(loop context bit)及返回位址的高 8 位元(PC(23-16))自系統堆疊指標 SSP 所指位置取出(pop)，然後將 SSP 加 1。

(2) 將返回位址的低 16 位元(PC(15-0))自資料堆疊指標 SP 所指位置取出(pop)，然後將 SP 加 1。

例如 if(ACOV0)= #0) return。

指令 8： 此指令將控制權自中斷副程式(ISR)返還給主程式，返回位址則儲存在堆疊中(此為慢速返回，出廠設定值)：

(1) 將迴圈內含位元(loop context bit)及返回位址的高 8 位元(PC(23-16))自系統堆疊指標 SSP 所指位置取出(pop)，然後將 SSP 加 1，接著取出除錯狀態暫存器 DBSTAT，然後再將 SSP 加 1，接著取出狀態暫存器 ST0_55 ，最後再將 SP 加 1。

(2) 將返回位址的低 16 位元(PC(15-0))自資料堆疊指標 SP 所指位置取出(pop)，然後將 SP 加 1，接著取出狀態暫存器 ST1_55，然後再將 SSP 加 1，然後取出狀態暫存器 ST2_55 ，最後再將 SP 加 1。

例如 return_int。

6-4.3 重複指令

表 6-4.3 重複指令

代數指令	助憶指令
1.repeat(CSR)	RPT CSR
2.repeat(k8)	RPT k8
3.repeat(k16)	RPT k16
4.repeat(CSR), CSR+=Tax	RPTADD CSR, Tax
5.repeat(CSR), CSR+=k4	RPTADD CSR, k4
6.repeat(CSR), CSR-=k4	RPTSUB CSR, k4
7.while(cond &&(RPTC<k8))repeat	RPTCC k8,cond
8.blockrepeat {}	RPTB pmad
9.localrepeat {}	RPTBLOCAL pmad

指令說明

指令 1 ： 此指令重複執行下一個指令或下二個平行指令共 n 次，次數是由暫存器 CSR 的內含值+1 來決定，例如

```
repeat(CSR)
AC1 = AC1 + *AR3+ * *AR4+        ;此指令共執行 3 次
```

	執行前	執行後
AC1	00 0000 0000	00 0000 000E
CSR	0002	0002
AR3	0200	0203
AR4	0400	0403
200	0001	0001
201	0002	0002
202	0003	0003

400	0001	0001
401	0002	0002
402	0003	0003

指令 2： 此指令重複執行下一個指令或下二個平行指令共 n 次，次數是由 8 位元無號數 k8 所表示的值(0～255)+1 來決定，例如

```
repeat(#15)
AC1 = AC1 + *AR3+ * *AR4+        ;此指令共執行 16 次
```

指令 3： 此指令重複執行下一個指令或下二個平行指令共 n 次，次數是由 16 位元無號數 k16 所表示的值(0～65535)+1 來決定，例如

```
repeat(#512)
AC1 = AC1 + *AR3+ * *AR4+        ;此指令共執行 513 次
```

指令 4： 此指令重複執行下一個指令或下二個平行指令共 n 次，次數是由暫存器 CSR 的內含值+1 來決定， 執行完重複指令後將 CSR 的值加上輔助或臨時暫存器(Tax)的值，例如

```
repeat(CSR), CSR += T1
AC1 = AC1 + *AR3+ * *AR4+        ;此指令共執行 2 次
```

	執行前	執行後
AC1	00 0000 0000	00 0000 0005
CSR	0001	0006
T1	0005	0005
AR3	0200	0203
AR4	0400	0403
200	0001	0001
201	0002	0002

400	0001	0001
401	0002	0002

指令 5 ： 此指令重複執行下一個指令或下二個平行指令共 n 次，次數是由暫存器 CSR 的內含值+1 來決定， 執行完重複指令後將 CSR 的值加上 4 位元無號數 k4 的值(0～15)，例如

```
repeat(CSR), CSR += #2
AC1 = AC1 + *AR3+ * *AR4+
```

指令 6 ： 此指令重複執行下一個指令或下二個平行指令共 n 次，次數是由暫存器 CSR 的內含值+1 來決定， 執行完重複指令後將 CSR 的值減去 4 位元無號數 k4 的值(0～15)，例如

```
repeat(CSR), CSR -= #2
AC1 = AC1 + *AR3+ * *AR4+
```

指令 7 ： 此指令當條件式 cond 成立時重複執行下一個指令或下二個平行指令共 k8+1 次，k8 表示 8 位元的無號數，最大值為 255，例如

```
while(AC1 > #0 &&(RPTC < #7))repeat      位址：004004
AC1 = AC1 -(T0 * *AR1)                   位址：004008
.........                                位址：00400B
```

；只要 AC1 內含大於 0，而且 RPTC 不等於 0，則此指令共執行 8 次

	執行前	執行後
AC1	00 2359 0340	00 1FC2 7B40
T0	0340	0340
*AR1	2354	2354
RPTC	4106	0000

指令 8,9 ： 此兩個指令皆屬於區塊重複指令，能同時重複執行多條指令，至於重複執行的次數由區塊重複計數器(BRC0 或 BRC1)來定義，

因為 BRC0/BRC1 為 16 位元計數器，所以區塊最大的重複次數是 65536，要注意的是實際執行的次數比計數器值多 1。另外 BRC0/BRC1 兩個計數器支援兩層巢狀區塊重複指令，其中 BRC1 用於內層區塊，當內層區塊執行完成後跳至外層區塊執行，如果再次進入內層區塊執行時則不需要初始化 BRC1 的值，因為區塊重複儲存暫存器 BRS1 會自動保存內層區塊 BRC1 的值。任何一個區塊重複指令內可執行一個單一重複指令，所以對 C55x CPU 而言最多支援三層巢狀重複指令；即兩層區塊重複再加上一層單一重複指令。區塊重複指令所在位址為區塊起始位址，它會儲存至區塊起始位址暫存器 RSA0/RSA1 中，區塊結束位址由重複指令後面的標記(label)來定義，它會儲存至區塊結束位址暫存器 REA0/REA1 中。Blockrepeat 與 localrepeat 之差別在於 localrepeat 定義在 I-單元之指令緩衝區(IBQ)中的重複指令，也就是直接從指令緩衝區中拿取重複指令，因為指令緩衝區大小為 64 位元組，故區塊重複指令若大於 64 位元組的話就必須使用 blockrepeat 重複指令。

6-5 其它特殊功能指令

6-5.1 其它指令

表 6-5.1 其它指令

代數指令	助憶指令
1.mar(Smem)	AMAR Smem
2.Xadst = mar(Smem)	AMAR Smem, Xadst
3.mar(Tay=Tax)	AMOV Tax, Tay
4.mar(Tax=P8)	AMOV P8, Tax
5.mar(Tax=D16)	AMOV D16, Tax
6.mar(Tay+Tax)	AADD Tax, Tay
7.mar(Tax+P8)	AADD P8, Tax
8.mar(Tay-Tax)	ASUB Tax, Tay
9.mar(Tax-P8)	ASUB P8, Tax
10.if(cond)execute(AD_unit)	XCC [label,] cond
11.if(cond)execute(D_unit)	XCCPART [label,] cond
12.TCx = uns(src RELOP dst)	CMP[U] src RELOP dst, TCx
13.TCx = Tcy & uns(src RELOP dst)	CMPAND[U] src RELOP dst, Tcy, TCx
14.TCx = !Tcy & uns(src RELOP dst)	CMPAND[U] src RELOP dst, !Tcy, TCx
15TCx = Tcy | uns(src RELOP dst)	CMPOR[U] src RELOP dst, Tcy, TCx
16.TCx = !Tcy | uns(src RELOP dst)	CMPOR[U] src RELOP dst, !Tcy, TCx

指令說明

指令 1: 此指令完成輔助暫存器內含值的修改,資料記憶體未被存取,例如 mar(*AR3+),AR3 的內含值加 1。

指令 2: 此指令完成輔助暫存器內含值的修改,並儲存至目的暫存器 Xadst(XARx、XSP、XSSP、XDP 或 XCDP)中,資料記憶體未被存取,例如 XAR0 = mar(*AR3+),AR3 的內含值加 1 並載入至 XAR0 中。

指令 3： 此指令完成從輔助或臨時暫存器 Tax 到輔助或臨時暫存器 Tay 的資料複製，資料記憶體未被存取，例如 mar(AR0=AR1)，此指令完成將 AR1 的值複製到 AR0。

指令 4： 此指令完成將程式位址 P8 載入至輔助或臨時暫存器 Tax，資料記憶體未被存取，例如 mar(AR0=#255)，此指令將 8 位元無號數複製到 AR0。

指令 5： 此指令完成將資料位址 D16 載入至輔助或臨時暫存器 Tax，資料記憶體未被存取，例如 mar(T0=#FFFFh)，此指令將位址 FFFFh 複製到 T0。

指令 6： 此指令完成將輔助或臨時暫存器 Tax 加到輔助或臨時暫存器 Tay 中(即 Tay=Tay+Tax)，資料記憶體未被存取，例如 mar(AR0+T0)。

	執行前	執行後
XAR0	01 0000	01 8000
T0	8000	8000

指令 7： 此指令完成將程式位址 P8 的值加到輔助或臨時暫存器 Tax 中(即 Tax=Tax+P8)，資料記憶體未被存取，例如 mar(T0+#255)。

指令 8： 此指令完成將輔助或臨時暫存器 Tay 減去輔助或臨時暫存器 Tax 的值然後存回輔助或臨時暫存器 Tay 中(即 Tay=Tay-Tax)，資料記憶體未被存取，例如 mar(AR0-T0)。

	執行前	執行後
XAR0	01 8000	01 0000
T0	8000	8000

指令 9： 此指令完成將輔助或臨時暫存器 Tax 減去程式位址 P8 的值然後存回輔助或臨時暫存器 Tax 中(即 Tax=Tax-P8)，資料記憶體未被存取，例如 mar(T0 - #255)。

指令 10：　此指令判斷條件式是否成立,如果成立則執行下一個指令或下兩
　　　　　　個並行指令,如果不成立則跳過下一個指令繼續執行,此指令控
　　　　　　制整個執行流程是從管線的定址(address)到執行(execute)階段完
　　　　　　成的,例如

```
if(TC1)execute(AD_unit)
mar(*AR1+)
AC1 = AC1 + *AR1
```

	執行前	執行後
AC1	00 0000 4300	00 0000 6320
TC1	0	0
CARRY	1	0
AR1	0200	0200
200	2020	2020
201	2021	2021

指令 11：　此指令判斷條件式是否成立,如果成立則執行下一個指令或下兩
　　　　　　個並行指令,如果不成立則跳過下一個指令繼續執行,與上一個
　　　　　　指令不同在於控制整個執行流程是從執行(execute)階段完成
　　　　　　的,例如

```
if(TC1)execute(D_unit)
mar(*AR1+)              /指標修改是在管線的定址(address)階段完成的
AC1 = AC1 + *AR1
```

	執行前	執行後
AC1	00 0000 4300	00 0000 6321
TC1	0	0
CARRY	1	0
AR1	0200	0201

200	2020	2020
201	2021	2021

指令 12： 此指令將任兩個累加器 AC0～AC3 或臨時暫存器 T0～T3 或輔助暫存器 AR0～AR7 的值依條件式(RELOP)作比較，若條件式成立則 TCx=1(x=1 或 2)，若條件式不成立則 TCx=0，RELOP 計有 = =(等於)、<(小於)、>=(大於等於)及=(不等於)。如果累加器 Acx 與輔助或臨時暫存器 Tax 作比較，則累加器 Acx 的低 16 位元與 Tax 的比較在 A-單元之 ALU 中執行。例如 TC1 ＝ uns(AC1 == T1)。

	執行前	執行後
AC1	00 0028 0400	00 0028 0400
T1	0400	0400
TC1	0	1

指令 13： 此指令將任兩個累加器 AC0～AC3 或臨時暫存器 T0～T3 或輔助暫存器 AR0～AR7 的值依條件式(RELOP)作比較，若條件式成立則 TCx=1，若條件式不成立則 TCx=0，比較所得結果 TCx 與 Tcy 作 AND 邏輯運算結果再存於 TCx 中，RELOP 計有= =(等於)、<(小於)、>=(大於等於)及!=(不等於)。如果累加器 Acx 與輔助或臨時暫存器 Tax 作比較，則累加器 Acx 的低 16 位元與 Tax 的比較在 A-單元之 ALU 中執行。例如 TC2 = TC1 &(AC1 == AC2)。

	執行前	執行後
AC1	00 0028 0400	00 0028 0400
AC2	80 0028 0400	80 0028 0400
M40	0	0
TC1	1	1
TC2	0	1

指令 14：　此指令將任兩個累加器AC0～AC3 或臨時暫存器T0～T3 或輔助暫存器 AR0～AR7 的值依條件式(RELOP)作比較，若條件式成立則 TCx=1，若條件式不成立則 TCx=0，比較所得結果 TCx 與 Tcy 的補數(!Tcy)作 AND 邏輯運算結果再存於 TCx 中，RELOP 計有= =(等於)、<(小於)、>=(大於等於)及!=(不等於)。如果累加器 Acx 與輔助或臨時暫存器 Tax 作比較，則累加器 Acx 的低 16 位元與 Tax 的比較在 A-單元之 ALU 中執行。例如 TC2 = !TC1 &(AC1 == AC2)。

	執行前	執行後
AC1	00 0028 0400	00 0028 0400
AC2	80 0028 0400	80 0028 0400
M40	0	0
TC1	1	1
TC2	1	0

指令 15：　此指令將任兩個累加器AC0～AC3 或臨時暫存器T0～T3 或輔助暫存器 AR0～AR7 的值依條件式(RELOP)作比較，若條件式成立則 TCx=1，若條件式不成立則 TCx=0，比較所得結果 TCx 與 Tcy 作 OR 邏輯運算結果再存於 TCx 中，RELOP 計有= =(等於)、<(小於)、>=(大於等於)及!=(不等於)。如果累加器 Acx 與輔助或臨時暫存器 Tax 作比較，則累加器 Acx 的低 16 位元與 Tax 的比較在 A-單元之 ALU 中執行。例如 TC2 = TC1 | uns(AC1 != AR1)。

	執行前	執行後
AC1	00 0028 0400	00 0028 0400
AR1	0400	0400
TC1	1	1
TC2	0	1

指令 16： 此指令將任兩個累加器 AC0～AC3 或臨時暫存器 T0～T3 或輔助暫存器 AR0～AR7 的值依條件式(RELOP)作比較，若條件式成立則 TCx=1，若條件式不成立則 TCx=0，比較所得結果 TCx 與 Tcy 的補數(!Tcy)作 OR 邏輯運算結果再存於 TCx 中，RELOP 計有= =(等於)、<(小於)、>=(大於等於)及!=(不等於)。如果累加器 Acx 與輔助或臨時暫存器 Tax 作比較，則累加器 Acx 的低 16 位元與 Tax 的比較在 A-單元之 ALU 中執行。例如 TC2 = !TC1 | uns(AC1 != AR1)。

	執行前	執行後
AC1	00 0028 0400	00 0028 0400
AR1	0400	0400
TC1	1	1
TC2	1	0

6-5.2 特殊功能指令

表 6-5.2 特殊功能指令

代數指令	助憶指令
1.dst = max(src, dst)	MAX [src,] dst
2.dst = min(src, dst)	MIN [src,] dst
3.max_diff(Acx, Acy, Acz, Acw)	MAXDIFF Acx, Acy, Acz, Acw
4.max_diff_dbl(Acx, Acy, Acz, Acw, TRNx)	DMAXDIFF Acx, Acy, Acz, Acw, TRNx
5.min_diff(Acx, Acy, Acz, Acw)	MINDIFF Acx, Acy, Acz, Acw
6.min_diff_dbl(Acx, Acy, Acz, Acw, TRNx)	DMINDIFF Acx, Acy, Acz, Acw, TRNx
7.abdst(Xmem, Ymem, Acx, Acy)	ABDST Xmem, Ymem, Acx, Acy
8.dst = |src|	ABS [src,] dst
9.Tx = exp(Acx)	EXP Acx, Tx
10.Acy = mant(Acx), Tx=-exp(Acx)	MANT Acx, Acy :: NEXP Acx, Tx

表 6-5.2　特殊功能指令(續)

代數指令	助憶指令
11.firsn(Xmem, Ymem, coef(Cmem), ACx, ACy)	FIRSSUB Xmem, Ymem, Cmem, ACx, ACy
12.firs(Xmem, Ymem, coef(Cmem), ACx, ACy)	FIRSADD Xmem, Ymem, Cmem, ACx, ACy
13.idle	IDLE
14.lms(Xmem, Ymem, ACx, ACy)	LMS Xmem, Ymem, ACx, ACy
15.dst = ～src	NOT [src,] dst
16.dst = -src	NEG [src,] dst
17.nop	NOP
18.nop_16	NOP_16
19.readport()	port(Smem)
20.writeport()	port(Smem)
21.intr(k5)	INTR k5
22.trap(k5)	TRAP k5
23.reset	RESET
24.ACy = rnd(ACx)	ROUND [ACx,] ACy
25.ACy = saturate(rnd(ACx))	SAT[R] [ACx,] ACy
26.sqdst(Xmem, Ymem, ACx, ACy)	SQDST Xmem, Ymem, ACx, ACy

🔘 指令說明

指令 1：　此指令將任兩個累加器 AC0～AC3 或臨時暫存器T0～T3 或輔助暫存器 AR0～AR7 的值作極大值比較(有號數)，如果 dst 為累加器而 src 為臨時或輔助暫存器，那 src 會依 SXMD 位元的值作符號擴展至 40 位元(在 D-單元之 ALU 中執行)，如果 M40=0。

```
if(src(31-0)> dst(31-0))
        CARRY=0;
        dst(39-0)= src(39-0)
else
        CARRY=1;
```

如果 M40=1；則

```
if(src(39-0)> dst(39-0))
      CARRY=0;
      dst(39-0)= src(39-0)
else
      CARRY=1;
```

　　　　如果 dst 為 16 位元的臨時或輔助暫存器，若 src 為累加器則取低 16 位元的值作比較(在 A-單元之 ALU 中執行)：

```
if(src(15-0)> dst(15-0))
      CARRY=0;
      dst(15-0)= src(15-0)
else
      CARRY=1;
```

　　　　例如 T1 = max(AC1, T1)。

	執行前	執行後
AC1	00 0000 8020	00 0000 8020
T1	8010	8020
CARRY	1	0

指令 2：　此指令將任兩個累加器 AC0～AC3 或臨時暫存器 T0～T3 或輔助暫存器 AR0～AR7 的值作極小值比較(有號數)，如果 dst 為累加器而 src 為臨時或輔助暫存器，那 src 會依 SXMD 位元的值作符號擴展至 40 位元(在 D-單元之 ALU 中執行)，如果 M40=0。

```
if(src(31-0)< dst(31-0))
      CARRY=0;
      dst(39-0)= src(39-0)
else
      CARRY=1;
```

如果 M40=1；則

```
if(src(39-0)< dst(39-0))
      CARRY=0;
      dst(39-0)= src(39-0)
else
      CARRY=1;
```

如果 dst 為 16 位元的臨時或輔助暫存器，若 src 為累加器則取低 16 位元的值作比較(在 A-單元之 ALU 中執行)：

```
if(src(15-0)< dst(15-0))
      CARRY=0;
      dst(15-0)= src(15-0)
else
      CARRY=1;
```

例如 T1 = min(AC1, T1)。

	執行前	執行後
AC1	00 8000 0000	00 8000 0000
T1	8020	8020
CARRY	0	1

指令 3：　此指令在 D-單元的 ALU 中並行執行一個16位元和一個24位元的極值選擇運算(雙 16 位元運算模式)，來源運算元為累加器 ACx 和 ACy，累加器 ACy-ACx 的差值儲存至累加器 ACw，累加器 ACy 與 ACx 的的比較極值(最大值)儲存至累加器 ACz，並會改變轉移暫存器 TRN0/TRN1 的值，　如果位元 SATD=1 則最大飽和值限制到 7FFF(16 位元)或 00 7FFF(24 位元)，最小飽和值限制到 8000(16 位元)或 FF 8000(24 位元)，此指令演算法如下所示：

```
TRN0 = TRN0 >> #1 /*轉移暫存器 TRN0 右移一位 */
TRN1 = TRN1 >> #1
ACw(39-16)= ACy(39-16)- ACx(39-16)
ACw(15-0)= ACy(15-0)- ACx(15-0)
if(ACx(31-16)> ACy(31-16))
        { bit(TRN0, 15)= #0；ACz(39-16)= ACx(39-16)}
else
        { bit(TRN0, 15)= #1；ACz(39-16)= ACy(39-16)}
if(ACx(15-0)> ACy(15-0))
        { bit(TRN1, 15)= #0；ACz(15-0)= ACx(15-0)}
else
        { bit(TRN1, 15)= #1；ACz(15-0)= ACy(15-0)}
```

例如 max_diff(AC0, AC1, AC2, AC1)。

	執行前	執行後
AC0	10 2400 2222	10 2400 2222
AC1	90 0000 0000	FF 8000 DDDE
AC2	00 0000 0000	10 2400 2222
SATD	1	1
TRN0	1000	0800
TRN1	0100	0080
ACOV1	0	1
CARRY	1	0

指令 4：　此指令在 D-單元的 ALU 中執行一個 40 位元的極值選擇運算，來源運算元為累加器 ACx 和 ACy，累加器 ACy-ACx 的差值儲存至累加器 ACw，累加器 ACy 與 ACx 的的比較極值(最大值)儲存至累加器 ACz，並會改變轉移暫存器 TRN0/TRN1 的值，此指令演算法如下所示：

```
if M40 = 0
     TRNx = TRNx >> #1
     ACw(39-0)= ACy(39-0)- ACx(39-0)
     if(ACx(31-0)> ACy(31-0))
          { bit(TRNx, 15)= #0；ACz(39-0)= ACx(39-0)}
     else
          { bit(TRNx, 15)= #1；ACz(39-0)= ACy(39-0)}
if M40 = 1
     TRNx = TRNx >> #1
     ACw(39-0)= ACy(39-0)- ACx(39-0)
     if(ACx(39-0)> ACy(39-0))
          { bit(TRNx, 15)= #0；ACz(39-0)= ACx(39-0)}
     else
          { bit(TRNx, 15)= #1；ACz(39-0)= ACy(39-0)}
```

例如 max_diff_dbl(AC0, AC1, AC2, AC3, TRN1)。

	執行前	執行後
AC0	10 2400 2222	10 2400 2222
AC1	00 8000 DDDE	00 8000 DDDE
AC2	00 0000 0000	10 2400 2222
AC3	00 0000 0000	F0 5C00 BBBC
M40	1	1
SATD	1	1
TRN1	0080	0040
ACOV3	0	0
CARRY	1	0

指令 5： 此指令在 D-單元的 ALU 中並行執行一個 16 位元和一個 24 位元的極值選擇運算(雙 16 位元運算模式)，來源運算元為累加器 ACx 和 ACy，累加器 ACy-ACx 的差值儲存至累加器 ACw，累加器 ACy 與 ACx 的的比較極值(最小值)儲存至累加器 ACz，並會改

變轉移暫存器 TRN0/TRN1 的值,如果 SATD=1 則最大飽和值限制到 7FFF(16 位元)或 00 7FFF(24 位元),最小飽和值限制到 8000(16 位元)或 FF 8000(24 位元),此指令演算法如下所示:

```
TRN0 = TRN0 >> #1
TRN1 = TRN1 >> #1
ACw(39-16)= ACy(39-16)- ACx(39-16)
ACw(15-0)= ACy(15-0)- ACx(15-0)
if(ACx(31-16)< ACy(31-16))
     { bit(TRN0, 15)= #0;ACz(39-16)= ACx(39-16)}
else
     { bit(TRN0, 15)= #1;ACz(39-16)= ACy(39-16)}
if(ACx(15-0)< ACy(15-0))
     { bit(TRN1, 15)= #0;ACz(15-0)= ACx(15-0)}
else
     { bit(TRN1, 15)= #1;ACz(15-0)= ACy(15-0)}
```

例如 min_diff(AC0, AC1, AC2, AC1)。

	執行前	執行後
AC0	10 2400 2222	10 2400 2222
AC1	00 8000 DDDE	FF 8000 BBBC
AC2	10 2400 2222	00 8000 DDDE
SATD	1	1
TRN0	0800	8400
TRN1	0040	8020
ACOV1	0	1
CARRY	0	1

指令 6: 此指令在 D-單元的 ALU 中執行一個 40 位元的極值選擇運算,來源運算元為累加器 ACx 和 ACy,累加器 ACy-ACx 的差值儲存至累加器 ACw,累加器 ACy 與 ACx 的的比較極值(最小值)

儲存至累加器 ACz，並會改變轉移暫存器 TRN0/TRN1 的值，此
指令演算法如下所示：

```
if M40 = 0
     TRNx = TRNx >> #1
     ACw(39-0)= ACy(39-0)- ACx(39-0)
     if(ACx(31-0)< ACy(31-0))
          { bit(TRNx, 15)= #0；ACz(39-0)= ACx(39-0)}
     else
          { bit(TRNx, 15)= #1；ACz(39-0)= ACy(39-0)}
if M40 = 1
     TRNx = TRNx >> #1
     ACw(39-0)= ACy(39-0)- ACx(39-0)
     if(ACx(39-0)< ACy(39-0))
          { bit(TRNx, 15)= #0；ACz(39-0)= ACx(39-0)}
     else
          { bit(TRNx, 15)= #1；ACz(39-0)= ACy(39-0)}
```

例如 min_diff_dbl(AC0, AC1, AC2, AC3, TRN0)。

指令 7： 此指令並行執行兩個運算(計算兩點的絕對距離)，一個在 D-單元
MAC 執行，另一個在 D-單元 ALU 執行：

```
ACy = ACy + |HI(ACx)|
ACx = (Xmem << #16)-(Ymem << #16)
```

第一個指令將累加器(ACx)的高 16 位元取絕對值加到累加器
ACy 中，溢位會改變 ACOVy 位元的值，飽和值根據 STAD 位
元而定。第二個指令將記憶體(Xmem)左移 16 位元減去記憶體
(Ymem)左移 16 位元的值，然後儲存到累加器 ACx 中，
Xmem/Ymem 依據位元 SXMD 的值作符號擴展至 40 位元，根據
位元 M40 的值決定 ACx 溢位發生的位元，例如 abdst(*AR0+,
*AR1, AC0, AC1)。

	執行前	執行後
AC0	00 0000 0000	00 4500 0000
AC1	00 E800 0000	00 E800 0000
AR0	202	203
AR1	302	302
202	3400	3400
302	EF00	EF00
ACOV0	0	0
ACOV1	0	0
M40	1	1
CARRY	0	0
SXMD	1	1

指令 8： 此指令計算來源暫存器(src)的絕對值，例如 AC1=|AC0|。

	執行前	執行後
AC0	82 0000 1234	82 0000 1234
AC1	00 0000 2000	7D FFFF EDCC
M40	1	1

例如 AC1=|AR1|。

	執行前	執行後
AC1	00 0000 2000	00 0000 7900
AR1	8700	8700
M40	0	0
SXMD	1	1

例如 T1=|AC1|。

	執行前	執行後
AC1	80 0002 9234	80 0002 9234
T1	2000	6DCC

指令 9：　此指令是用來在 D-單元移位器中計算累加器 ACx 的指數值 (exponent)，有關指數值部分是以 2's 補數形式表示的-8 到 31 範圍內的值，並儲存在 Tx 暫存器中，指數定義爲累加器中前導位元(leading bits)的數目減去 8 的值，所謂前導位元定義爲將累加器符號位元左移至累加器最高位元(MSB)的位移數目，若累加器的值超過 32 位，會得到負的指數值，但若累加器 ACx 的值爲 0，則 Tx 暫存器放 0。例如 T 1 = exp(AC0)

	執行前	執行後
AC0	FF FFFF FFCB(-35)	FF FFFF FFCB(-35)
T1	0000	0019(25)

指令 10：　此指令是用來在 D-單元移位器中計算累加器 ACx 的指數 (exponent)和假數(mantissa)，指數儲存在 Tx 暫存器中(取 exp(ACx) 的負值儲存)而假數儲存在累加器 ACy 中，有關指數值部分是以 2's 補數形式表示的-8 到 31 範圍內的值，並儲存在 Tx 暫存器中，指數定義爲累加器中前導位元(leading bits)的數目減去 8 的值，所謂前導位元定義爲將累加器符號位元左移至累加器最高位元 (MSB)的位移數目，但若累加器 ACx 的值爲 0，則 Tx 暫存器放 0。例如 AC1 = mant(AC0), T1 = -exp(AC0)

	執行前	執行後
AC0	21 0A0A 0A0A	21 0A0A 0A0A
AC1	FF FFFF F001	00 4214 1414
T1	0000	0007

指令 11：　此指令完成兩個並行運算：乘及累加(MAC)和減法運算，firsn() 指令執行：

```
ACy = ACy +(ACx * Cmem),
ACx = (Xmem << #16)-(Ymem << #16)
```

第一個運算在 D-單元 MAC 中執行乘法和累加運算，乘法運算元為 ACx(32-16)和由 Cmem 定址的資料記憶體內含。第二個運算是將資料記憶體運算元 Xmem 左移 16 位元減去資料記憶體運算元 Ymem 左移 16 位元的值，例如 firsn(*AR0, *AR1, coef(*CDP), AC0, AC1)

	執行前	執行後
AC0	00 6900 0000	00 4500 0000
AC1	00 0023 0000	FF D8ED 3F00
*AR0	3400	3400
*AR1	EF00	EF00
*CDP	A067	A067
ACOV0	0	0
ACOV1	0	0
CARRY	0	0
FRCT	0	0
SXMD	0	0

指令 12： 此指令完成兩個並行運算：乘及累加(MAC)和加法運算，firs()指令執行：

```
ACy = ACy +(ACx * Cmem),
ACx = (Xmem << #16)+(Ymem << #16)
```

第一個運算在 D-單元 MAC 中執行乘法和累加運算，乘法運算元為 ACx(32-16)和由 Cmem 定址的資料記憶體內含。第二個運算是將資料記憶體運算元 Xmem 左移 16 位元加上資料記憶體運算元 Ymem 左移 16 位元的值，例如 firs(*AR0, *AR1, coef(*CDP), AC0, AC1)

	執行前	執行後
AC0	00 6900 0000	00 2300 0000
AC1	00 0023 0000	FF D8ED 3F00
*AR0	3400	3400
*AR1	EF00	EF00
*CDP	A067	A067
ACOV0	0	0
ACOV1	0	0
CARRY	0	1
FRCT	0	0
SXMD	0	0

指令 13：　此指令強迫程式等待(wait)直到中斷或重置發生，省電模式依據組態暫存器的設定而定。

指令 14：　此指令完成兩個並行運算：乘及累加(MAC)和加法運算，lms()指令執行：

```
ACy = ACy +(Xmem * Ymem),
ACx = rnd(ACx +(Xmem << #16))
```

第一個運算在 D-單元 MAC 中執行乘法和累加運算，乘法運算元為 Xmem 和 Ymem 定址的資料記憶體內含(符號擴充至 17 位元)。第二個運算是將累加器 ACx 內含和資料記憶體運算元 Xmem 左移 16 位元的值相加，所得的值儲存回累加器 ACx 中，例如 lms(*AR0, *AR1, AC0, AC1)。

	執行前	執行後
AC0	00 1111 2222	00 2111 0000
AC1	00 1000 0000	00 1200 0000

*AR0	1000	1000
*AR1	2000	2000
ACOV0	0	0
ACOV1	0	0
CARRY	0	0
FRCT	0	0

指令 15： 此指令將累加器 AC0～AC3 或臨時暫存器 T0～T3 或輔助暫存器 AR0～AR7 取 1's 的補數運算後存回暫存器 dst 中，如果目的暫存器 dst 是 40 位元累加器，那麼補數運算是在 D-單元之 ALU 中執行，16 位元臨時或輔助暫存器需作 0 符號擴展。如果目的暫存器 dst 是 16 位元臨時暫存器或輔助暫存器，那麼補數運算是在 A-單元之 ALU 中執行，40 位元來源暫存器 src(累加器)只執行最低 16 位元的補數運算，例如 AC1 = ～AC0

	執行前	執行後
AC0	78 8888 7777	78 8888 7777
AC1	00 2300 5678	87 7777 8888

指令 16： 此指令將累加器 AC0～AC3 或臨時暫存器 T0～T3 或輔助暫存器 AR0～AR7 取 2's 的補數運算存回暫存器 dst 中，如果目的暫存器 dst 是 40 位元累加器，那麼補數運算是在 D-單元之 ALU 中執行，16 位元臨時或輔助暫存器依據位元 SXMD 的值需作符號擴展。如果目的暫存器 dst 是 16 位元臨時暫存器或輔助暫存器，那麼補數運算是在 A-單元之 ALU 中執行，40 位元來源暫存器 src(累加器)只執行最低 16 位元的補數運算，例如 AC1 = -AC0

	執行前	執行後
AC0	78 8888 7777	78 8888 7777
AC1	00 2300 5678	87 7777 8889

指令 17：　此指令將程式計數器 PC 的值加 1(一個位元組(byte)位址值)，例如 nop。

指令 18：　此指令將程式計數器 PC 的值加 2，例如 nop_16。

指令 19：　此指令允許讀取 64-K 字元的 I/O 空間，它不能單獨使用，I/O 空間資料位址由存取單一字元資料記憶體之 Smem、Xmem 或 Ymem 所指定，例如

```
T2 = *AR3
|| readport()
```

上述 d-1 指令說明由 AR3 所定址 I/O 空間位址的內含載入到臨時暫存器 T2 中。

指令 20：　此指令允許寫入值到 64-K 字元的 I/O 空間中，它不能單獨使用，I/O 空間資料位址由存取單一字元資料記憶體之 Smem、Xmem 或 Ymem 所指定，例如

```
*AR3 = T2
|| writeport()
```

上述 d-1 指令說明臨時暫存器 T2 中的值寫入到由 AR3 所定址 I/O 空間位址中。

指令 21：　此指令用於轉移程式的控制權到由 k5(0～31)值指定的中斷向量位址處去執行中斷服務副程式，同時 INTM 會設定為 1(將可遮蓋之中斷除能)，詳細說明請參考第五章程式流程與中斷一章之說明。例如 intr(#3)

指令 22：　此指令的功能與前述 intr(k5)相類似，用於轉移程式的控制權到由 k5 值指定的中斷向量位址處去執行中斷服務副程式，不同在於不會將 INTM 設定為 1，所以可遮蓋的中斷仍可要求 DSP 產

生中斷,詳細說明請參考第五章程式流程與中斷一章之說明。例如 trap(#3)

指令 23: 此指令完成不可遮蓋的軟體重置,使 DSP 部分暫存器回復到出廠設定值,例如 reset。

指令 24: 此指令完成來源累加器 ACx 的捨入運算(rounding),捨入運算根據位元 RND 而定:

當 RND=0;來源累加器加上 8000h 存回目的累加器中,也就是加上 2^{15}。

當 RND=1;根據來源累加器最低 17 位元的值決定捨入運算如下所示:

```
if( 8000h < bit(15-0) < 10000h )
        加上 8000h 到 40 位元來源累加器 ACx
else if( bit(15-0)== 8000h )
        if( bit(16)== 1 )
                加上 8000h 到 40 位元來源累加器 ACx
        endif
end if
```

如果執行捨入運算後,目的累加器低 16 位元會清除為 0,例如 AC1 = rnd(AC0)。

	執行前	執行後
AC0	EF 0FF0 8023	EF 0FF0 8023
AC1	00 0000 0000	EF 0FF1 0000
RDM	1	1
M40	0	0
SATD	0	0
ACOV1	0	1

指令 25：　　此指令完成來源累加器 ACx 的飽和運算(saturation, 32 位元大小)，最大飽和值為 00 7FFF FFFFh，最大飽和值為 FF 8000 0000h，至於捨入運算根據位元 RND 而定：

當 RND=0；來源累加器加上 8000h 存回目的累加器中，也就是加上 2^{15}。

當 RND=1；根據來源累加器最低 17 位元的值決定捨入運算如下所示：

```
if( 8000h < bit(15-0) < 10000h )
        加上 8000h 到 40 位元來源累加器 ACx
else if( bit(15-0)== 8000h )
        if( bit(16)== 1 )
                加上 8000h 到 40 位元來源累加器 ACx
        endif
end if
```

如果執行捨入運算後，目的累加器低 16 位元會清除為 0，例如 AC1 = saturate(rnd(AC0))。

	執行前	執行後
AC0	00 7FFF 8000	00 7FFF 8000
AC1	00 0000 0000	00 7FFF 0000
RDM	0	0
ACOV1	0	1

指令 26：　　此指令完成兩個並行運算：乘及累加(MAC)和減法運算(計算距離的平方)，sqdst()指令執行：

```
ACy = ACy +(ACx * ACx),
ACx = (Xmem << #16)-(Ymem << #16)
```

第一個運算在 D-單元 MAC 中執行乘法和累加運算，乘法運算元為累加器高字位元 ACx(32-16)。第二個運算是將資料記憶體運算元 Xmem 左移 16 位元減去資料記憶體運算元 Ymem 左移 16 位元的值，例如 sqdst(*AR0, *AR1, AC0, AC1)。

	執行前	執行後
AC0	FF ABCD 0000	FF FFAB 0000
AC1	00 0000 0000	00 1BB1 8229
*AR0	0055	0055
*AR1	00AA	00AA
ACOV0	0	0
ACOV1	0	0
CARRY	0	0
FRCT	0	0

第 **7** 章

計時器與時脈產生器

7-1　計時器動作原理

　　C5000 DSP 的計時器區分為一般目的(general purpose)計時器和看門狗(watchdog)計時器，至於 VC5510 DSP 內只具有 2 個一般目的計時器而無看門狗計時器，它的架構類似 C54xx DSP 的計時器，同為 20 位元軟體可規劃的下數計時器，計時器主要是用來對 CPU 產生週期性的中斷信號或是對 DMA 產生觸發事件信號，亦或是提供一個週期性的輸出信號透過計時器 TIN/TOUT 接腳輸出至外部裝置。

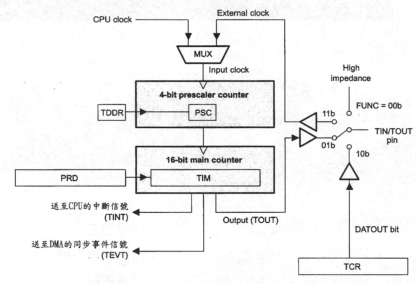

圖 7-1　一般目的計時器功能方塊圖

　　一般目的計時器使用的暫存器如圖 7-2/7-3 所示計有預行暫存器 PRSC、週期暫存器 PRD、計數暫存器 TIM 與控制暫存器 TCR，圖 7-1 所示為一般目的計時器的架構圖，20 位元大小的下數計時器它是由 4 位元的預行(prescale)計數值 PSC 和 16 位元的主(main)計數值 TIM 組合而成，在計時器的初始化或重載入時，預行暫存器 PRSC 內之 TDDR 和週期暫存器 PRD 的值會複製到預行暫存器 PRSC 內之 PSC 和計數暫存器 TIM 內，主要的計數計時動作是在計數暫存器 PSC 和 TIM 內執行，還有一個控制暫存器 TCR 用來設定計時器的運作模式。計數值 PSC 可由 CPU 時脈或外部時脈所驅動計數，每次減 1，當 PSC 遞減到 0 後，會使得主計數器 TIM 值減 1，直到當 PSC 和 TIM 的值都遞減到 0 後，計時器會送一個中斷信號 TINT 給 CPU，一個同步事件信號 TEVT 給 DMA 或是一個送至計時器 TOUT 接腳的輸出信號，計時器送出這些信號的頻率爲：

$$TINT頻率 = \frac{輸入時脈頻率}{(TDDR+1)*(PRD+1)}$$

控制暫存器 TCR 如圖 7-2 所示，我們會依序介紹每個位元的功能及其用法。

15	14	13	12	11	10	9	8
IDLEEN	INTEXT	ERRTIM	FUNC		TLB	SOFT	FREE
R/W-0	R-0	R-0	R/W-00		R/W-0	R/W-0	R/W-0

7	6	5	4	3	2	1	0
PWID		ARB	TSS	CP	POLAR	DATOUT	Reserved
R/W-00		R/W-0	R/W-1	R/W-0	R/W-0	R/W-0	R-0

圖 7-2　控制暫存器 TCR 示意圖

藉由設定 TCR 內之自動重載入位元 **ARB**(位元 5)的值爲 **1**，即可設定計時器爲自動重載入模式，所謂的自動重載入模式是在此模式下當暫存器 PSC 和 TIM 的值皆下數到 0 時，暫存器 TDDR 和 PRD 的內含值會自動載入到暫存器 PSC 和 TIM 內重新繼續計數，所以會重複不斷地產生中斷和同步事件信號。

位元 TLB(位元 10)爲計時器載入位元，當 TLB 的值爲 0 時，TIM 和 PSC 不會被載入計數值，當 TLB 的值設定爲 1 時，則會將週期暫存器 PRD 的內含值載入到計數暫存器 TIM 內，以及將 TDDR 的值載入到 PSC 中，如圖 7-3 所示，因爲計時器眞正的計數是在暫存器 PSC 和 TIM 中進行的。

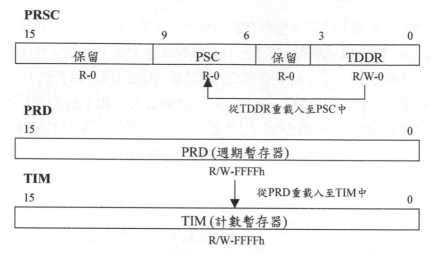

圖 7-3　週期與計數暫存器示意圖

每一個計時器都有一個外部接腳 TIN/TOUT，可規劃為輸入、輸出或高阻抗接腳，控制暫存器 TCR 中有兩個位元組成的 **FUNC**(位元 11～12)可用來設定接腳功能以及決定計時器所需時脈的來源，FUNC 位元的功能現敘述如下：

1.　FUNC=00b：

TIN/TOUT 接腳與計時器的功能無關，既不作為輸入接腳，亦不作為輸出接腳，而為高阻抗狀態。計時器輸入時脈使用的是內部 CPU 時脈，此時計時器作為 DSP 內部計時功能之用，圖 7-4 所示為 FUNC=00b 的功能示意圖。

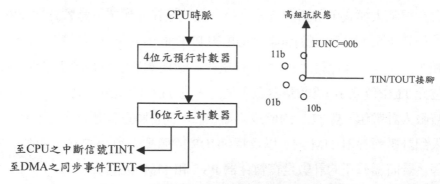

圖 7-4　計時器 FUNC=00b 的功能示意圖

2. FUNC=10b：

　　TIN/TOUT 接腳被設定為一般目的的輸出接腳，與計時器的功能無關，此接腳輸出的值為控制暫存器 TCR 中之 DATOUT(位元 1)位元的值，若位元 DATOUT 的值為 0，則 TIN/TOUT 接腳會輸出低電位，若位元 DATOUT 的值為 1，則 TIN/TOUT 接腳會輸出高電位，計時器輸入時脈使用的是內部 CPU 時脈，圖 7-5 所示為 FUNC=10b 的功能示意圖。

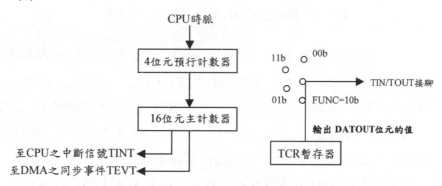

圖 7-5　計時器 FUNC=10b 的功能示意圖

3. FUNC=01b：

　　TIN/TOUT 接腳被設定為計時器中斷信號的輸出接腳，所以計時器輸入時脈必須使用內部 CPU 時脈，圖 7-6 所示為 FUNC=01b 的功能示意圖。

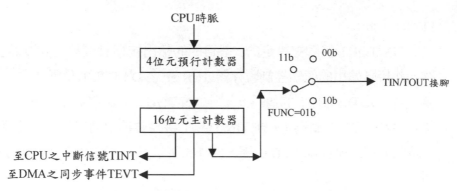

圖 7-6　計時器 FUNC=01b 的功能示意圖

　　另外控制暫存器 TCR 中若干位元會影響此模式中計時器中斷信號的輸出形式，它們是 **CP**、**POLAR** 和 **PWID** 位元，位元 CP(位元 3)用來設定計時器接腳輸出在何種模式，若設定位元 CP 的值為 0，則輸出接腳操作在脈波(pulse)模式，但若設定位元 CP 的值為 1，則輸出接腳操作在時脈(clock)模式，若計時器接腳規劃為脈波模式下(CP=0)，每一次計數暫存器 TIM 計數到 0 時，就會在接腳 TOUT 輸出一個脈波，至於輸出脈波寬度則是利用位元 PWID(位元 6～7)來設定，如表 7-1 所示可設定為 1、2、4 或 8 個 CPU 時脈寬，輸出脈波的極性由位元 POLAR(位元 2)來設定，當設定位元 POLAR 的值為 0 時，輸出脈波為高電位致能(active high)，若設定位元 POLAR 的值為 1 時，輸出脈波為低電位致能(active low)，所謂高電位致能意謂著中斷發生時輸出的脈波是高電位，圖 7-7 中間部分所示圖形之位元 PWID 設定為 01b，所以輸出脈波寬為 2 個CPU 時脈，位元POLAR 設定為 0，輸出脈波為高電位致能。

表 7-1

PWID 位元	00b	01b	10b	11b
輸出脈波寬	1 CPU 時脈	2 CPU 時脈	4 CPU 時脈	8 CPU 時脈

在時脈模式下(CP=1)，每一次計數暫存器 TIM 計數到 0 時，就會

將輸出信號反態，亦即高電位變低電位，或低電位變高電位，而且當位元 POLAR 設定為 0 時，是由低電位開始反態，若位元 POLAR 設定為 1 時，則是由高電位開始反態，此種模式可以作為除頻器來使用，圖 7-7 中所示設定 POLAR 的值為 0，所以是由低電位開始反態。

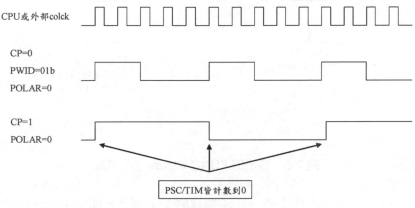

圖 7-7 計時器 FUNC=01b 的功能示意圖

4. FUNC=11b：

TIN/TOUT 接腳被設定為由外部時脈輸入的輸入接腳，因此無法做為計時器的輸出接腳，計時器只能對 CPU 內部輸出中斷信號或 DMA 同步事件信號，圖 7-8 所示為 FUNC=11b 的功能示意圖。

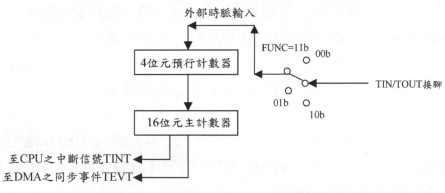

圖 7-8 計時器 FUNC=11b 的功能示意圖

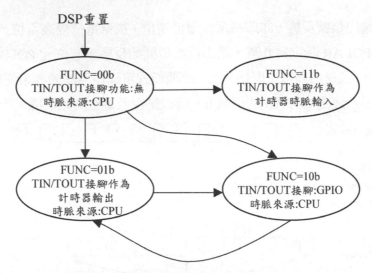

圖 7-9　合法的 FUNC 功能轉移示意圖

　　以上這 4 種模式彼此之間合法的轉移關係如圖 7-9 所示，DSP 重置時，會進入 FUNC=00b 模式，從 FUNC=00b 模式下，你可以改變到 FUNC=01b, 10b, 11b 中任何一種模式。如果是在 FUNC=01b 或 FUNC=10b 的模式下，那你只能在這兩種模式下互相交互改變，如欲改變至 FUNC=00b，只有令 DSP 重置才能改變至 FUNC=00b 模式下。以上任何不正確的轉移發生，都會自動設定控制暫存器 TCR 中的位元 ERRTIM(位元 13)為 1。

　　位元 FREE(位元 8)表示自由執行的位元，當執行除錯時若遇斷點或是硬體模擬器(emulation)終止發生時，FREE 位元決定計時器是否繼續執行，抑或是由位元 SOFT 的值決定其執行狀況，當 FREE 設定為 1 時，計時器繼續執行計數，當 FREE 設定為 0 時，則由 SOFT 位元值決定其執行狀況。

　　位元 SOFT(位元 9)為軟性停止位元，只有當位元 FREE 設定為 0 時，位元 SOFT 的設定才有意義。當 SOFT 設定為 0 時為硬性停止，即計時器立即停止計數，當 SOFT 設定為 1 時為軟性停止，即計時器計數到計數暫存器 TIM 為 0 時才停止計時器的動作。

位元 IDLEEN(位元 15)為計時器閒置(idle)省電致能位元，當 IDLEEN 設定為 0 時，表示計時器無法設置為閒置狀態，當 IDLEEN 設定為 1 時，若閒置狀態暫存器 ISTR 之位元 PERIS=1，表示計時器設置為省電閒置狀態。

　　位元 INTEXT(位元 14)為計時器時脈來源改變的指示位元(此為唯讀位元)，當改變計時器時脈來源從內部到外部時，可以檢查此位元的狀態值確定計時器是否準備好使用外部的時脈來源，當 INTEXT 的值顯示為 0 時，表示計時器尚未準備好使用外部的時脈來源，當 INTEXT 的值顯示為 1 時，表示計時器已經準備好使用外部的時脈來源。

　　位元 ERRTIM(位元 13)為計時器錯誤旗號位元(此為唯讀位元)，一些 FUNC 位元值不正確的改變會產生錯誤情況而反映在 ERRTIM 位元上，當 ERRTIM 的值顯示為 0 時，表示未有錯誤發生。當 ERRTIM 的值顯示為 1 時，表示 FUNC 位元值有不正確的改變而導致錯誤發生，下述為 FUNC 位元值可能的不正確改變而導致錯誤發生的情形：

1.　FUNC=01b 到 FUNC=00b 或 11b 的改變。
2.　FUNC=10b 到 FUNC=00b 或 11b 的改變。
3.　FUNC=11b 到 FUNC=任何值的改變。
4.　當 ERRTIM 的值顯示為 1 時需重置 DSP 以重新初始化計時器。

7-2　計時器啟動步驟

　　計時器啟動與否是由控制暫存器 TCR 內的位元 TSS(位元 4)來控制，當設定位元 TSS 的值為 1 時，將停止計時器計時，當設定位元 TSS 的值為 0 時，則是開啟計時器計時，出廠預設值為 1，計時器為停止計時，這點與 C54xx DSP 有所不同。使用下列步驟來對計時器執行啟動的初始化動作：

1.　確認計時器是停止計時的(位元 TSS 的值為 1；此為 DSP 重置出廠設定值)。

2. 寫入所需的計數值至預行暫存器 PRSC 的 TDDR 位元中。

3. 寫入所需的主計數值至週期暫存器 PRD 中。

4. 設定計數值載入位元 TLB 的值為 1(位元 10)，將使得週期暫存器 PRD 和 TDDR 的值複製到計數暫存器 TIM 和 PSC 中。

5. 清除計數值載入位元 TLB 的值為 0，然後設定位元 TSS 的值為 0 用以啟動計時器，當計時器開始計數，計數暫存器 TIM 和 PSC 便開始執行遞減計數。

使用外部時脈來源時的計時器啟動步驟：

1. 重置 DSP，使得執行在 FUNC=00b 模式。

2. 接腳 TIN/TOUT 上的外部時脈信號必須存在至少 4 個時脈週期。

3. 至控制暫存器 TCR 之位元 FUNC 處寫入值 11b。

4. 詢問控制暫存器 TCR 內位元 INTEXT(位元 14)是否為 1，如為 1 表示計時器已經準備好使用外部時脈來計時了。

5. 剩下的步驟請參考前述 "對計時器執行啟動的初始化動作" 的步驟。

⏻ 7-2.1 範例

列舉幾個計時器的暫存器設定範例作為學習使用計時器的參考。

範例一

嘗試規劃一個計時器從 TIN/TOUT 接腳產生輸出一個 2MHz 的時脈，DSP CPU 的時脈是 200MHz，即使產生軟體斷點或硬體模擬終止，計時器仍將繼續執行，如果 DSP 的週邊處於省電 idle 模式，計時器也仍將繼續執行。

下列計時器的暫存器設定將會使得計時器工作於上述之功能：

1. 設定計時器控制暫存器 TCR 內之 FUNC 位元的值為 01b，此即規劃計時器 TIN/TOUT 接腳為輸出。

2.　設定計時器控制暫存器 TCR 內之 CP 位元的值為 1b，此即規劃計時器為時脈(clock)模式。

3.　因為每次計時器計數到 0 時，輸出接腳便會發生轉態，CPU 時脈200MHz 除以輸出頻率 2MHz 得到 100 的除頻值，但是一個週期內發生兩次轉態，所以計數值為 50，我們分配 10 給週期暫存器 PRD [PRD=9]，分配 5 給預行暫存器 TDDR [TDDR=4]。

4.　為了軟體或硬體模擬斷點發生後仍能繼續計時器的執行，我們設定計時器控制暫存器 TCR 內之 FREE 位元的值為 1b，在此自由執行模式下，SOFT 位元的狀態值不會影響到計時器的動作。

5.　為了 DSP 的週邊處於省電 idle 模式下，計時器也仍將繼續執行，我們清除 IDLEEN 位元的值為 0b。

　　下列所述即為計時器的組合語言設定程式。

```
----------------------------------------------------------
;  首先設定計時器 0 暫存器的位址
TIM      .set       0x1000
PRD0     .set       0x1001
TCR0     .set       0x1002
PRSC0    .set       0x1003
;  其次設定計時器的計數值
Timer_Period      .set9
Timer_Prescale    .set4
                  .text
INIT:
         mov       # Timer_Period, port(#PRD0)
         mov       # Timer_Prescale, port(#PRSC0)
         mov       #0000110100111000b, port(#TCR0)
                      ; IDLEEN=0b, FUNC=01b, TLB=1b
                      ; FREE=1b, ARB=1b, TSS=1b, CP=1b
         and       #1111101111101111b, port(#TCR0)
                   ; TLB=0b, 停止從計數暫存器載入
                   ; TSS=0b, 啟動計時器
```

範例二

嘗試規劃一個計時器從 TIN/TOUT 接腳每 125us(8kHz)的時間產生輸出一個低位準的脈波信號，DSP CPU 的時脈是 200MHz，輸出時脈維持 4 個 CPU 的時脈寬，如果發生軟體斷點的話，立刻停止計時器的執行，如果 DSP 的週邊處於省電 idle 模式，計時器也將處於省電 idle 模式。

　　下列計時器的暫存器設定將會使得計時器工作於上述之功能：

1. 設定計時器控制暫存器 TCR 內之 FUNC 位元為 01b，此即規劃計時器 TIN/TOUT 接腳為輸出。

2. 設定計時器控制暫存器 TCR 內之 CP 位元為 0b，此即規劃計時器為脈波(pulse)模式。

3. 為了產生低位準的脈波信號，設定計時器控制暫存器 TCR 內之 POLAR 位元設定為 1b，另外為了產生 4 個 CPU 的時脈寬度，PWID 位元設定為 10b。

4. 因為每次計時器計數到 0 時，輸出接腳便會發生轉態，CPU 時脈 200MHz 除以輸出頻率 8kHz 得到 25000 的除頻值，因為產生的是脈波信號，所以計數值為 25000，在這裡我們分配 5000 給週期暫存器 PRD [PRD=4999]，分配 5 給預行暫存器 TDDR [TDDR=4]。

5. 為了軟體或硬體模擬斷點發生後能立刻停止計時器的執行，我們設定控制暫存器 TCR 內之 FREE 位元為 0b，而且 SOFT 位元設定為 0b。

6. 為了 DSP 的週邊處於省電 idle 模式下，計時器也處於省電 idle 模式，我們設定 IDLEEN 位元為 1b。

　　下列所述即為計時器的組合語言設定程式。

```
---------------------------------------------------------
;  首先設定計時器 0 暫存器的位址
TIM     .set        0x1000
PRD0    .set        0x1001
TCR0    .set        0x1002
PRSC0   .set        0x1003
;  其次設定計時器的計數值
Timer_Period        .set4999
Timer_Prescale      .set4
        .text
INIT :
        mov         # Timer_Period, port(#PRD0)
        mov         # Timer_Prescale, port(#PRSC0)
        mov         #1000110010110100b, port(#TCR0)
                    ;IDLEEN=1b, FUNC=01b, TLB=1b
                    ;SOFT=0b, FREE=0b, PWID=10b
                    ;ARB=1b, TSS=1b, CP=0b, POLAR=1b
        and         #1111101111101111b, port(#TCR0)
                    ;TLB=0b, 停止從計數暫存器載入
                    ;TSS=0b, 啟動計時器
```

範例三

嘗試規劃一個計時器從 TIN/TOUT 接腳輸入外部時脈，而且每 50 個時脈的時間輸出一個 DMA 同步事件信號，如果發生軟體斷點的話，計時器仍將繼續執行，如果 DSP 的週邊處於省電 idle 模式，計時器也將繼續執行。

下列計時器的設定將會使得計時器工作於上述之功能：

1. 設定計時器控制暫存器 TCR 內之 FUNC 位元的值為 11b，此即規劃計時器 TIN/TOUT 為輸入時脈接腳。

2. 因為計時器的計數暫存器 PSC 和 TIM 計數到 0 時，會自動地對 CPU 產生中斷信號以及對 DMA 產生同步事件信號，所以不需對計時器作額外的設定。

3. 每 50 個時脈的時間產生一個 DMA 同步事件信號，所以計數值為 50，在這裡我們分配 50 給週期暫存器 PRD [PRD=49]，分配 1 給預行暫存器 TDDR [TDDR=0]。

4. 為了軟體或硬體模擬斷點發生後仍能繼續計時器的執行，我們設定計時器控制暫存器 TCR 內之 FREE 位元的值為 1b，在此自由執行模式下，SOFT 位元的狀態不會影響計時器的動作。

5. 為了 DSP 的週邊處於省電 idle 模式下，計時器也仍將繼續執行，我們清除 IDLEEN 位元的值為 0b。

下列所述即為計時器的設定程式。

```
-------------------------------------------------------------
;  首先設定計時器 0 暫存器的位址
TIM     .set        0x1000
PRD0    .set        0x1001
TCR0    .set        0x1002
PRSC0   .set        0x1003
;  其次設定計時器的計數值
Timer_Period    .set49
Timer_Prescale  .set0
                .text
INIT:
        mov        # Timer_Period, port(#PRD0)
        mov        # Timer_Prescale, port(#PRSC0)
        mov        #0001110100110000b, port(#TCR0)
                     ;IDLEEN=0b, FUNC=11b, TLB=1b
                     ;FREE=1b, ARB=1b, TSS=1b, CP=0b
wait_for_Func_change:
        btst       #14, port(#TCR0),  TC1
        bcc        wait_for_Func_change, !TC1
        and        #1111101111101111b, port(#TCR0)
                     ;TLB=0b, 停止從計數暫存器載入
                     ;TSS=0b, 啓動計時器
```

前面曾經提過位元 INTEXT 為計時器時脈來源改變的指示位元，當改變計時器時脈來源從內部到外部時，可以檢查此位元的值以便確定計時器是否準備好使用外部的時脈來源，當 INTEXT 的值顯示為 0 時，表示計時器尚未準備好使用外部的時脈來源，當 INTEXT 的值顯示為 1 時，表示計時器已經準備好使用外部的時脈來源。上述 btst 指令是將暫存器 TCR0 的位元 14(即位元 INTEXT)的值放到 TC1，其次的指令 bcc 就去判斷 TC1 的值是否為 1，如為 0 則跳至符號 wait_for_Func_change 處，直到 TC1 的值為 1 後，表示計時器已經準備好使用外部時脈來計時後程式才往下執行。

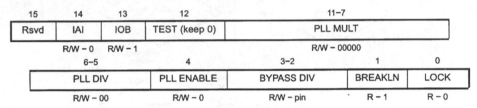

圖 7-10　時脈模式暫存器 CLKMD

7-3　時脈產生器

　　時脈產生器從 DSP 的 CLKIN 接腳輸入時脈，然後產生所需頻率的輸出時脈給 CPU 或其它內建週邊裝置如計時器、串列埠 McBSP 等使用，也可以經過一個可程式化除頻電路後由 CLKOUT 接腳輸出時脈。

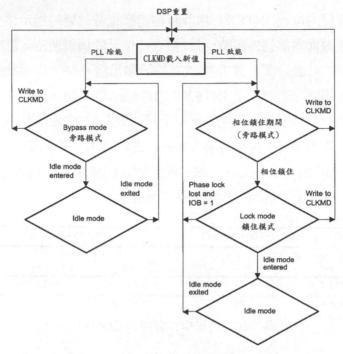

圖 7-11　DSP 時脈產生器的操作流程圖

　　時脈產生器是一個鎖相迴路(PLL：Phase Lock Loop)能產生 CPU 所需的時脈頻率信號，時脈產生器存在有一個時脈模式暫存器 CLKMD(如圖 7-10 所示)用來控制時脈產生器的動作，時脈模式暫存器 CLKMD 中具有一個 PLL ENABLE 位元(位元 4)，其目的即是用來切換時脈產生器兩個主要的操作模式，這兩個模式分別為旁路(bypass)模式和鎖住(lock)模式，所謂的旁路模式顧名思義 PLL 被旁路掉了，也就是說輸入時脈不經過 PLL 電路，此時輸出時脈頻率等於輸入時脈頻率除以 1、2 或 4 後的頻率，也就因為 PLL 被旁路掉了(除能的)，所以工作在旁路模式下可為 DSP 節省耗電。另外工作在鎖住模式下，輸入時脈頻率能夠乘以和除以一個比例值來產生所需的輸出時脈頻率，而且此輸出時脈頻率對於輸入時脈是相位鎖住的，設定位元 PLL ENABLE 的值為 1，而且相位鎖住程序完成後才能算進入鎖住模式，要注意的是在相位鎖住程序執行期間是處於旁路模式。

如圖 7-11 所示爲 DSP 時脈產生器的操作流程，在 DSP 重置時如果載入新值至時脈模式暫存器 CLKMD 中，若是設定位元 PLL ENABLE 的值爲 1，則將致能 PLL，PLL 便開始它的相位鎖住程序，但若是設定位元 PLL ENABLE 的值爲 0，則將除能 PLL，時脈產生器於是進入旁路模式，以下分別敘述這兩種模式的功能：

旁路模式

　　當時脈模式暫存器 CLKMD 中設定位元 PLL ENABLE 的值爲 0，將可致能時脈產生器進入旁路模式，如欲離開旁路模式可以設定位元 PLL ENABLE 的值爲 1，那麼 PLL 將會啓動相位鎖住程序，在 PLL 產生的輸出信號頻率鎖住輸入時脈的相位後，時脈產生器便進入了鎖住模式。

　　在旁路模式下，時脈模式暫存器 CLKMD 中會使用到的的位元有 PLL ENABLE、BYPASS DIV 和 LOCK 等三個位元，現略述如下：

　　位元 PLL ENABLE(位元 4)是用來選擇時脈產生器的操作模式，若設定位元 PLL ENABLE 的值爲 0，則操作於旁路模式，若設定位元 PLL ENABLE 的值爲 1，則操作於鎖住模式。

　　在旁路模式下，輸出時脈頻率等於輸入時脈頻率除以 1,2 或 4 後的頻率，這除頻因子的值就是由位元 BYPASS DIV(位元 3-2)的值來決定，如表 7-2 所示，在 DSP 重置時，如果 DSP 晶片之 CLKMD 接腳是低準位的(0)，那麼 BYPASS DIV 的值會設定爲 00b，如果 CLKMD 接腳是高準位的(1)，則 BYPASS DIV 的值會設定爲 01b。

表 7-2

BYPASS DIV 的值	除頻因子
00b	除 1
01b	除 2
10b 或 11b	除 4

位元 LOCK(位元 0)是一個唯讀(read-only)位元，用來顯示時脈產生器目前的模式，若位元 LOCK 的值為 0，表示是在旁路模式，意謂著輸出時脈頻率是由 BYPASS DIV 位元的值來決定其除頻大小，但也可能是 PLL 正在執行相位鎖住程序。若位元 LOCK 的值為 1，表示是在(相位)鎖住模式，意謂著輸出時脈頻率是由 PLL MULT 位元和 PLL DIV 位元的值共同來決定其除/倍頻大小。

● 鎖住模式

所謂鎖住模式指的是輸入頻率能夠被除頻或倍頻來產生所需的輸出時脈頻率，而且輸出時脈信號對於輸入時脈信號是相位鎖定的。

在鎖住模式下，時脈模式暫存器 CLKMD 中會使用到的的位元有 PLL ENABLE、PLL、MULT/DIV、IAI、BREAKLN、IOB 和 LOCK 等七個位元，除了 PLL ENABLE 和 LOCK 位元前面說明過了，其餘的位元現略述如下：

1. 位元 PLL MULT(位元 11-7)和 PLL DIV(位元 6-5)是用來決定輸出時脈信號除頻或倍頻值的大小，PLL MULT 共有 5 位元，可設定 2～31 的值，PLL DIV 共有 2 位元，可設定 0～3 的值，輸出時脈頻率是由下列方程式所決定。

$$輸出時脈頻率 = \frac{PLL\ MULT}{(PLL\ DIV + 1)} \times 輸入時脈頻率$$

例如若位元 PLL MULT 的值為 11111b，位元 PLL DIV 的值為 00b，那麼輸出時脈頻率等於[31/(0+1)]×輸入時脈頻率，也就是 31 倍的輸入時脈頻率(此為最大倍頻值)。又例如若 PLL MULT 的值為 00010b，PLL DIV 的值為 11b，那麼輸出時脈頻率等於[2/(3+1)]×輸入時脈頻率，也就是 1/2 倍的輸入時脈頻率(此為最小除頻值)。

2. 位元 IOB(位元 13)用來決定在相位鎖住被打破時是否會執行相位鎖住程序，出廠設定值為 1b，表示時脈產生器會改變至旁路模式，並且啟動 PLL 相位鎖住程序，直到相位被鎖住為止。IOB 位元若設定為 0b，則表示時脈產生器仍處於鎖住模式，而且 PLL 會繼續輸出現今的時脈信號。

3. BREAKLN(位元 1)是一個唯讀位元，用來指示 PLL 是否已經被打破相位鎖住，若 BREAKLN 位元的值為 1b(出廠設定值)，表示已回復相位鎖住或是寫值到時脈模式暫存器 CLKMD 中，若 BREAKLN 位元的值為 0，表示以相位鎖住已經打破。

4. 位元 IAI(位元 14)用來決定在時脈產生器離開閒置(idle)模式後 PLL 重新獲得相位鎖住的方法，若 IAI 設定為 1b，則表示 PLL 啟動相位鎖住程序，若 IAI 設定為 0b，則表示使用進入閒置模式前相同的設置進行鎖定。

　　為了節省耗電也可以驅使 DSP 時脈產生器進入閒置模式，當時脈產生器閒置時，輸出時脈停止且維持高準位，若時脈產生器是在旁路模式離開閒置狀態時，它是回到旁路模式。若時脈產生器是在鎖住模式離開閒置狀態時，它會先改變至旁路模式，並且啟動 PLL 相位鎖住程序，直到相位被鎖住為止才回到鎖住模式，至於重獲相位鎖住的方法依據位元 IAI 的值而定。

🔘 7-3.1　時脈輸出接腳 CLKOUT

　　如圖 7-12 所示，DSP 時脈產生器除了產生時脈供給 CPU、週邊或 DSP 內其它的模組使用外，它還會將所產生的 CPU 時脈在 DSP 晶片內經過時脈除頻器(clock divider)輸出到 DSP 晶片之 CLKOUT 外部接腳，至於除頻值是根據系統暫存器 SYSR 內 CLKDIV 位元值而定，如表 7-3 所示，最多可以將 CPU 時脈除頻 8 倍後，透過 CLKOUT 接腳輸出到 DSP 晶片外。

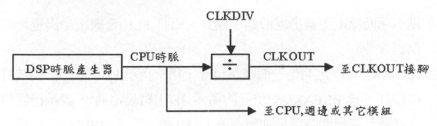

圖 7-12 CLKOUT 輸出接腳之時脈產生示意圖

表 7-3

CLKDIV 位元值	CLKOUT 頻率
000b	1/1×CPU 時脈頻率
001b	1/2×CPU 時脈頻率
010b	1/3×CPU 時脈頻率
011b	1/4×CPU 時脈頻率
100b	1/5×CPU 時脈頻率
101b	1/6×CPU 時脈頻率
110b	1/7×CPU 時脈頻率
111b	1/8×CPU 時脈頻率

7-3.2 DSP 重置後情況

DSP 在重置(Reset)期間時脈產生器的狀態為:

1. 時脈產生器處於旁路模式。

2. 時脈產生器的輸出時脈頻率根據 CLKMD 接腳的準位值來決定輸出時脈頻率;若 CLKMD 接腳為低準位,則輸出時脈頻率等於輸入時脈頻率,若 CLKMD 接腳為高準位,則輸出時脈頻率等於(1/2)×輸入時脈頻率。

所以 DSP 在重置後,時脈模式暫存器 CLKMD 的重置值依據 CLKMD 接腳的準位值而有所不同,如下表 7-4 所示。

表 7-4

CLKMD 接腳	暫存器 CLKMD 的重置值
低準位	2002h
高準位	2006h

故 DSP 重置後時脈模式暫存器 CLKMD 的位元值爲：

1. PLL ENABLE=0→PLL 是除能的，時脈產生器處於旁路模式。

2. PLL MULT=00000b/ PLL DIV=00b→只適用於鎖住模式，輸出時脈頻率等於輸入時脈頻率。

3. 若 CLKMD 爲低電位，BYPASS DIV=00b→輸出時脈頻率等於輸入時脈頻率。

4. 若 CLKMD 爲高電位，BYPASS DIV=01b→輸出時脈頻率等於二分之一輸入時脈頻率。

5. BREAKLN=1→相位鎖住重新恢復，或是發生寫值到時脈模式暫存器 CLKMD 中。

6. LOCK=0→表示時脈產生器是在旁路模式。

7. IOB=1→只適用於鎖住模式，表示時脈產生器會改變至旁路模式，並且啓動 PLL 相位鎖住程序。

8. IAI=0→只適用於鎖住模式，獲得相位鎖住的方法與進入閒置模式前相同的設置進行鎖定。

7-4　一般目的輸出入接腳

5510 提供有 8 個一般目的輸出入接腳(GPIO)，它們是 IO0～IO7，使用 I/O 方向暫存器 IODIR，我們可以將每一支 I/O 接腳個別規劃爲輸入接腳或輸出接腳，如果將 I/O 接腳規劃爲輸入接腳，則由 I/O 資料暫存器 IODATA 對應的位元去讀取該輸入接腳的邏輯狀態，至於若 I/O 接腳規劃爲輸出接腳，則將要輸出的資料寫入到 I/O 資料暫存器 IODATA 對應的位元中。

暫存器 IODIR 如圖 7-13 所示，出廠設定值爲 0，表示 I/O 接腳規劃爲輸入接腳，若設定 IOxDIR(x:0～7)位元爲 1，則表示對應的 I/O 接腳規劃爲輸出接腳。

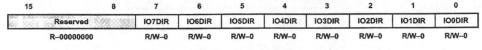

15			8	7	6	5	4	3	2	1	0
		Reserved		IO7DIR	IO6DIR	IO5DIR	IO4DIR	IO3DIR	IO2DIR	IO1DIR	IO0DIR
R–00000000				R/W–0	R/W–0	R/W–0	R/W–0	R/W–0	R/W–0	R/W–0	R/W–0

圖 7-13　I/O 方向暫存器 IODIR

暫存器 IODATA 如圖 7-14 所示，它是用來控制接腳的狀態，如果接腳規劃爲輸入接腳，若 IOxD=0(x:0～7)，則表示所讀取的接腳狀態爲低電位，若 IOxD=1，則表示所讀取的接腳狀態爲高電位。如果接腳規劃爲輸出接腳，如果將 IOxD 位元設定爲 0，那麼對應的接腳即會輸出低電位，若將 IOxD 位元設定爲 1，那麼對應的接腳即會輸出高電位。

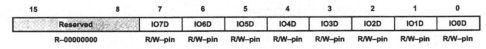

15			8	7	6	5	4	3	2	1	0
		Reserved		IO7D	IO6D	IO5D	IO4D	IO3D	IO2D	IO1D	IO0D
R–00000000				R/W–pin	R/W–pin	R/W–pin	R/W–pin	R/W–pin	R/W–pin	R/W–pin	R/W–pin

圖 7-14　I/O 資料暫存器 IODATA

IODIR 和 IODATA 可由 CPU 或 DMA 控制器透過 I/O 空間定址所存取。

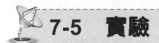
7-5　實驗

7-5.1　實驗 7-1：數位振盪器

目的：使用軟體的方法產生一個 770Hz 的數位正弦波形，本實驗需要具備 Q-格式的觀念，請參考第一章之內容說明。

我們先概要說明一下使用軟體產生一個正弦波形的理論基礎，正弦波可表示成下列的指數形式：

$$\sin x = \frac{e^{jx} - e^{-jx}}{2j}$$

將其轉換為離散序列表示式：

$$x[k] = \sin k\omega T = \frac{1}{2j}(e^{jk\omega T} - e^{-jk\omega T})$$

將其取 Z 轉換可得：

$$
\begin{aligned}
G(z) &= \frac{Y(z)}{X(Z)} \\
&= \frac{1}{2j}\sum_{k=0}^{\infty}(e^{jk\omega T} - e^{-jk\omega T})z^{-k} \\
&= \frac{1}{2j}\sum_{k=0}^{\infty}(e^{j\omega T}z^{-1})^{k} - (e^{-j\omega T}z^{-1})^{k} \\
&= \frac{1}{2j}(\frac{1}{1-z^{-1}e^{j\omega T}} - \frac{1}{1-z^{-1}e^{-j\omega T}}) \\
&= \frac{1}{2j}\frac{ze^{j\omega T} - ze^{-j\omega T}}{z^2 - z(e^{-j\omega T} + e^{j\omega T}) + 1} \\
&= \frac{z\sin\omega T}{z^2 - z(2\cos\omega T) + 1} \\
&= \frac{Cz}{z^2 - Az - B} \\
&= \frac{Cz^{-1}}{1 - 2Az^{-1} - Bz^{-2}}
\end{aligned}
$$

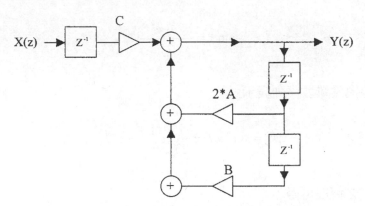

圖 7-15　數位正弦波振盪器之 Z 轉換示意圖

圖 7-15 所示為數位正弦波振盪器之 Z 轉換示意圖。由上式所得的結果我們知道 $C=\sin\omega T$、$A=\cos\omega T$、$B=-1$，我們將上式以差分方程式來表示，可得

$$y(n) = 2 * A * y(n-1) + B * y(n-2) + Cx(n-1)$$

假設差分方程式的初始條件為 $y(-2)=0,\ y(-1)=0,\ x(-1)=0$，當

$n=0$　　$y(0)=2*A*y(-1)+B*y(-2)+Cx(-1)=0$

$n=1$　　$y(1)=2*A*y(0)+B*y(-1)+Cx(0)=C$

$n=2$　　$y(2)=2*A*y(1)+B*y(0)+0=2*A*C$

$n=3$　　$y(3)=2*A*y(2)+B*y(1)$

$n=4$　　$y(4)=2*A*y(3)+B*y(2)$

　　…………

我們發現當 $n\geq3$ 後，它就符合一個遞迴關係式：

$$y(n)=2*A*y(n-1)+B*y(n-2)\qquad n\geq3$$

我們要用軟體的方式產生一個正弦波形，也就是要計算上式的遞迴關係式，當然不要忘記初始條件為：

$$y(0) = 0$$
$$y(1) = C$$
$$y(2) = 2*A*C$$

例如本實驗要產生一個 770Hz 的正弦波形，假設取樣頻率是 8kHz，我們先來計算 C 和 A 的值。

$$C=\sin(\omega T)=\sin(2\pi f/fs)=\sin(360*770/8000)=\sin(34.65)=0.568562$$

換算成 Q15 格式為：0.568562*32768=18630

$$A=\cos(\omega T)=\cos(2\pi f/fs)=\cos(360*770/8000)=\cos(34.65)=0.82264$$

換算成 Q15 格式為：0.82264*32768=26956

接下來就來執行本實驗的操作步驟。

【步驟 1】建立 sinegen.pjt 專案(project)

1. 仿照第四章實驗 4-1 的步驟 1 建立一個名為 sinegen.pjt 的專案。

2. 以代數組合語言建立一個原始程式 sinegen.asm。點選 File>New>Source File 選項，會開啟一個空白的編輯視窗，我們輸入以下所示的程式，並以檔名 sinegen.asm 來儲存。

```
; c:\CCStudio_v3.1\myprojects\sinegen.asm
; 數位振盪器 --- 產生 770Hz 正弦波形
      .def start
      .mmregs
x     .usect    "result",256     ; 770Hz sin wave output
      .sect     ".data"
a1    .int 26956                 ; 770Hz 的(coswT)係數 A
c1    .int 18630                 ; 770Hz 的(sinwT)係數 C
      .sect ".text"
start:
```

```
        bit(ST1, #6)= #1              ; fractional mode
        BRC0 = #252
        AR4 = #x                      ; 770Hz sin wave output
        AR2 = #a1                     ; 770Hz 的(coswT)係數 A
        AR5 = #c1                     ; 770Hz 的(sinwT)係數 C
        AC0 = #0
        *AR4+ = AC0                   ; y(0)=0
        *AR4 = *AR5                   ; y(1)=C
        AR5 = AR4
        AC0 = *AR2 * *AR4+            ; A*y(1)   A=cos(wT)
        AC0 = AC0 <<1                 ; 2*A*y(1)
        *AR4 = hi(AC0)                ; y(2)=2*A*y(1)
        BLOCKREPEAT {
        AC0 = *AR4+ * *AR2            ; A*y(n-1) A=cos(wT)
        AC0 = AC0 <<1                 ; 2*A*y(n-1)
        AC1 = *AR5+ <<16             ; y(n-2)
        AC1 = -AC1                    ; B*y(n-2)B=-1
        AC0 = AC0 + AC1               ; 2*A*y(n-1)+B*y(n-2)
        *AR4 = hi(AC0)                ; result save to x
    }
here:
        goto      here
        .end
```

程式從 start 開始依序執行：

(1) 首先依序先計算 $y(0)$、$y(1)$和 $y(2)$的初始值。

(2) 然後利用 Blockrepeat 指令計算遞迴關係式

$y(n)=2*A*y(n-1)+B*y(n-2)$的值，每計算一個值就將其存入記憶體標記 x 處。

(3) 最後記憶體標記 x 處所儲存的值就是數位正弦波的值。

3. 參考第四章實驗 4-1 步驟 1 將 sinegen.asm 以及 lab.cmd 等兩個檔案加入到 sinegen.pjt 專案中。

● 【步驟 2】 產生可執行程式碼 sinegen.out

4. 參考第四章實驗 4-1 步驟 2 執行組譯(Assembler)及連結(Linker)等二項
工作來產生可執行檔 sinegen.out(記得在組語視窗中需勾選代數組語)。

● 【步驟 3】 載入可執行程式碼 sinegen.out

5. 參考第四章實驗 4-1 步驟 3 載入可執行程式碼 sinegen.out。

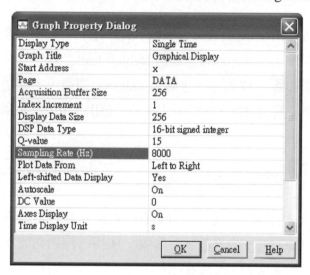

圖 7-16　Graph 圖形的參數設定視窗

● 【步驟 4】 執行程式

6. 首先我們先點選 View>Memory…選項，把資料記憶體位址 0x0080 處打
開(或是鍵入符號 x 亦可)。如果它掩蓋了程式編輯視窗，可將滑鼠游標
移至記憶體視窗中，單按滑鼠右鍵點選 Float in main window 即可。

7. 在選單中點選 View → Graph，在所開啟的選項中選擇 Time/Frequency
選項，即會開啟如圖 7-16 所示的 graph 圖形參數設定視窗，設定如下
列所述的一些參數：

```
Display Type                    Signal Time
Start Address：                 x
Acquisition Buffer Size：       256
Display Data Size：             256
DSP Data Type：                 16-bit Signed integer
Q-value：                       15
Sampling Rate(Hz)：             8000
```

8. 本實驗可以使用軟體模擬的方式執行，執行程式請點選 Debug>Run 選項，若要停止程式的執行請點選 Debug>Halt 選項，程式 lab7_1.asm 之執行結果如圖 7-17 所示，上圖是 Memory 視窗，下圖是 Graph 視窗。

9. 將 Memory 視窗關閉，然後再開啟另一個圖形視窗，此圖形視窗輸入的參數為

```
Display Type                    FFT Magnitute
```

其餘的參數設定相同於前一個圖形視窗，另外將前一個圖形視窗的 Display Data Size 的參數值改為 70，所得的圖形如圖 7-18 所示，由圖中可以看出頻率約是 770 Hz。

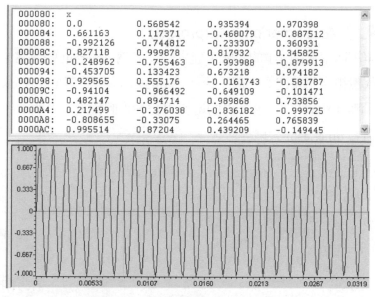

圖 7-17　數位正弦波之執行結果

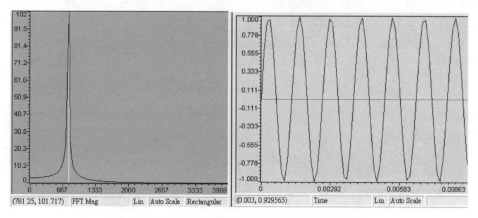

圖 7-18　顯示頻譜與時間的數位正弦波圖形

7-5.2　實驗 7-2：計時器中斷

目的：熟悉使用計時器中斷的用法，本實驗可用軟體模擬來執行。

【步驟 1】建立 timer.pjt 專案(project)

1. 仿照第四章實驗 4-1 的步驟 1 建立一個名為 timer.pjt 的專案。

2. 以代數組合語言建立一個原始程式 timer.asm。點選 File>New> Source File 選項，會開啟一個空白的編輯視窗，我們輸入以下所示的程式，並以檔名 timer.asm 來儲存。

```
;   c:\CCStudio_v3.1\MyProjects\timer.asm
;   計時器 0 中斷
        .def start
        .def counter
        .mmregs
x       .usect   "result",32
        .data
temp    .word    0
TIM     .set     0x1000
PRD0    .set     0x1001
TCR0    .set     0x1002
PRSC0   .set     0x1003
IER0    .set     0x0000
IVPD    .set     0x0049
Timer_period       .set9
Timer_prescale     .set4
        .text
start:
        bit(ST1, #11) = #1                  ; INTM=1
        *port(#PRD0) = #Timer_period
        *port(#PRSC0) = #Timer_prescale
        sp=#8FFFh
        ssp=#8000h
        *port(#TCR0) = #0000010000110000b   ; TSS=1, ARB=1
                                            ; TLB=1
        AC2 = #0x0001
        @(IVPD) = AC2 || mmap()
```

```
        AC2 = #16
        @(IER0)= AC2 || mmap()                  ; TINT0=1
        *port(#TCR0) = #0000000000100000b       ; TSS=0 ARB=1
        AR6 = #x
        AR5 = #temp
        bit(ST1, #8) = #0                       ; SXM=0
        AC0 = #0
        AC1 = #1Fh
        bit(ST1, #11) = #0                       ; INTM=0
wait:
        if(AC1 == #0)goto stop
        goto wait
stop:
        BIT(ST1, #11)= #1                       ; INTM=1
        AC2 = #0
        @(IER0) = AC2 || mmap()                 ; IER0 = #0000h
cont:
        goto cont


counter:                        ; 計時器 0 中斷執行的程式
        *AR6+ = AC0
        AC0 = AC0 + #1
        AC1 = AC1 - #1
        return_int
```

　　這是本書第一個講到中斷的例子，讀者必須要確實瞭解，在第五章講到中斷原理時曾提到，中斷條件成立時，會跳到中斷副程式(ISR)中執行，如何決定中斷副程式的位址呢？我們先來看看 lab.cmd 檔的內容：

```
MEMORY
{
    PAGE 0:
    VECT: origin = 0x100, length = 0x200
    PROG: origin = 0x01000, length = 0x8000
    PAGE 1:
```

```
      DATA: origin = 0x000300, length = 0x300
}
SECTIONS
{
    .vectors : load = VECTPAGE 0
    .text : load = PROGPAGE 0
    .data : load = DATAPAGE 1
    result: load = DATAPAGE 1
    result1: load = DATAPAGE 1
}
```

再看看 vector_5510.asm 檔案內容。

```
;
;   ======== Interrupt Vector for 5510========
;
    .sect ".vectors"
    .ref  start, counter
    .align  0x80              ; must be aligned on page boundary
RESET0:     nop
            nop
            nop
            nop; enable interrupts and return from one
            nop
            nop
            nop
            nop
nmi:        nop
            ........
tint0:      goto counter
            nop
            nop
            nop
            nop
rint0:      nop
            ........
```

由上述這兩個程式可知中斷發生時會跳至以 0x000100 爲起始位址的 ISR 內某一個位址上執行，所以程式中要設定 IVPD 的值爲 01h(參考 5-6 節之說明)，又因爲 TINT0 的中斷號碼爲 4，所以 TINTO 發生中斷時實際上是跳至 ISR 內位址 0x000120 上執行，這點可以在後面執行軟體模擬時點選 vectors_5510.asm 檔案，且點選 mixed-mode 來得到證實。

由圖 5-5 所示可知 TINT0 中斷成立的條件是暫存器 IER0 的位元 4 必須設定爲 1，最後中斷總開關 INTM 必須設定爲 0，即可在計時器 0 計數到 0 時產生中斷而跳至主程式中符號 counter 處去執行中斷副程式。

至於計時器 0 相關暫存器的設定首先要定義其週邊位址，再利用指令"*port(週邊位址)=值"來設定週邊暫存器的值，至於 MMR 暫存器(例如 IVPD)則是用指令"@(IVPD)= 值 ‖ mmap()"來設定其值。

3. 參考第四章實驗 4-1 步驟 1 將 timer.asm、vectors_5510.asm 以及 lab.cmd 等三個檔案加入到 timer.pjt 專案中。

【步驟 2】產生可執行程式碼 timer.out

4. 參考第四章實驗 4-1 步驟 2 執行組譯(Assembler)及連結(Linker)等二項工作來產生可執行檔 timer.out(記得在組譯視窗中需勾選代數組語)。

【步驟 3】載入可執行程式碼 timer.out

5. 參考第四章實驗 4-1 步驟 3 載入可執行程式碼 timer.out。

【步驟 4】執行程式

6. 首先我們先點選 View>Register>CPU register 選項，開啓 CPU Register 視窗。

7. 本實驗可以使用軟體模擬的方式執行，執行程式請點選 Debug>Run 選項，若要停止程式的執行請點選 Debug>Halt 選項，程式 timer.asm 之執行結果如圖 7-19 所示，由 AC0 的值爲 1Fh 可知發生了 31 次的計時器 0 中斷，而 AC1 初始值爲 1Fh，每中斷一次減 1，因爲計時器 0 中斷了

31 次，所以執行後其值為 0。

```
PC   = 001048       XAR0 = 000000  ST0 = 3800  DBIER0 = 0000
XSP  = 008FFF       XAR1 = 000000  ST1 = 2820  DBIER1 = 0000
XSSP = 008000       XAR2 = 000000  ST2 = 7000  BSA01  = 0000
RETA = 00103F       XAR3 = 000000  ST3 = 1300  BSA23  = 0000
CFCT = 0000         XAR4 = 000000  IER0 = 0000 BSA45  = 0000
AC0  = 000000001F   XAR5 = 0001A0  IER1 = 0000 BSA67  = 0000
AC1  = 0000000000   XAR6 = 00019F  IFR0 = 0010 BK03   = 0000
AC2  = 0000000000   XAR7 = 000000  IFR1 = 0000 BK47   = 0000
AC3  = 0000000000   I0   = 0000    IVPD = 0001 BSAC   = 0000
```

圖 7-19　觀察 CPU Register 視窗

7-5.3　實驗 7-3：顯示 ROM 內正弦波資料

目的：將 C55xxDSP 內建 ROM 內正弦波資料抓取至 RAM 內儲存，並用圖形表現出來。

我們在第 2-6.3 小節中曾經提過若接腳 BOOTM[2:0] 的邏輯位準全為 0，則 MP/$\overline{\text{MC}}$ 位元設定為 1，那麼內建 ROM 被除能，BOOTM[2:0]其它邏輯位準情況下， MP/$\overline{\text{MC}}$ 位元將被清除為 0，此時內建 ROM 是致能的，這個實驗請連接上 C5510 DSK(參考第 11 章 DSK 板之說明)，它是設定 ROM 是致能的。

內建 ROM 內的資料如表 2-9 所示，我們要讀取的正弦查表值資料是位於位址 FF FA00h～FF FBFFh，總共有 256 個，剛好是一個週期。正弦查表值在數位信號及通訊信號處理領域使用很廣泛，避免我們直接去計算求取正弦的值，減少 CPU 的負載。例如假設取樣率若為 256Hz，我們每 256 分之 1 秒去取一個正弦查表值送至輸出埠，那就會產生一個 1 Hz 的正弦波。

位址 FF FA00h 是 24 位元匯流排位址，在程式裡必須換算成 23 位元資料位址，也就是右移一位成 23 位元位址，所以位址 FF FA00h 換算成 7F FD00h 23 位元位址，位址 FF FBFFh 換算成 7F FDFFh 23 位元位址。

【步驟 1】建立 sinetable.pjt 專案(project)

1.　仿照第四章實驗 4-1 的步驟 1 建立一個名為 sinetable.pjt 的專案。

2. 以代數組合語言建立一個原始程式 sinetable.asm。點選 File>New> Source File 選項，會開啟一個空白的編輯視窗，我們輸入以下所示的程式，並以檔名 sinetable.asm 來儲存。

```
;  c:\CCStudio_v3.1\MyProjects\sinetable.asm
;  顯示 ROM 內的正弦波形
        .def start
        .mmregs
x       .usect  "result",256
        .text
start:
        XAR2 = #0x7FFD00
        AR6 = #x
        AC2 = #256
jp1:
        *AR6+ = *AR2+
        AC2 = AC2 - #1
        if(AC2 != 0)goto jp1
WAIT:
        nop
        goto   WAIT
        .end
```

3. 參考第四章實驗 4-1 步驟 1 將 sinetable.asm 以及 lab.cmd 等二個檔案加入到 sinetable.pjt 專案中。

【步驟 2】產生可執行程式碼 sinetable.out

4. 參考第四章實驗 4-1 步驟 2 執行組譯(Assembler)及連結(Linker)等二項工作來產生可執行檔 sinetable.out(記得在組譯視窗中需勾選代數組語)。

【步驟 3】載入可執行程式碼 sinetable.out

5. 參考第四章實驗 4-1 步驟 3 載入可執行程式碼 sinetable.out。

● 【步驟 4】執行程式

6. 本實驗需要接上 C5510 DSK 發展板，首先我們先點選 View>Memory…
選項，開啓記憶體設定視窗如圖 7-20 所示，在 Address 中鍵入符號 x，
其餘的輸入請參考圖 7-20 所示鍵入。如果它掩蓋了程式編輯視窗，可
將滑鼠游標移至記憶體視窗中，單按滑鼠右鍵點選 Float in main window
即可。

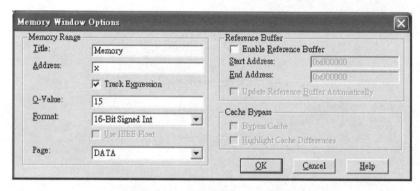

圖 7-20 記憶體的參數設定視窗

7. 在 選 單 中 點 選 View>Graph 選 項 ， 在 所 開 啓 的 選 項 中 選 擇
Time/Frequency 選項，即會開啓如圖 7-21 所示的 graph 圖形參數設定視
窗，設定如下列所述的一些參數：

Display Type	Signal Time
Start Address：	x
Acquisition Buffer Size：	256
Display Data Size：	256
DSP Data Type：	16-bit Signed integer
Q-value	15

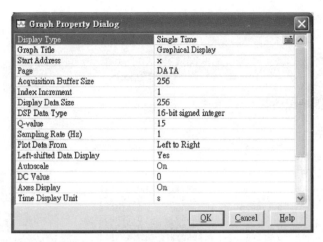

圖 7-21　Graph 圖形的參數設定視窗

8.　執行程式請點選 Debug>Run 選項，若要停止程式的執行請點選
　　Debug>Halt 選項，程式 sinetable.asm 之執行結果如圖 7-22 所示，上圖
　　顯示的是正弦波圖形，下圖顯示的是記憶體內的資料。

　　試問讀者這個正弦波形的資料把它儲存在記憶體中，若配合計時器中斷
　　如何產生不同頻率的正弦波波形呢？

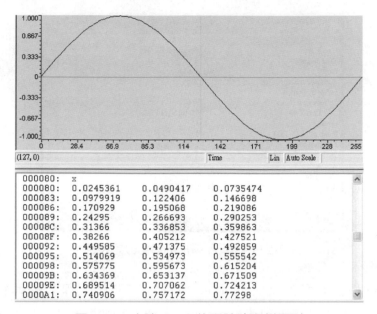

圖 7-22　內建 ROM 的正弦波資料圖形

第 **8** 章

直接記憶體存取

8-1 概論

　　直接記憶體存取 DMA(Direct Memory Access)顧名思義就是能夠不經由 CPU 的介入操控而能在 DSP 內部記憶體、外部記憶體、內建週邊和主機埠介面(HPI)間互相傳遞資料,它們是在 CPU 的背景下操作,因此 CPU 會有較多的時間去處理較為重要的工作,而把繁雜的資料搬移工作交給 DMA 控制器去執行。

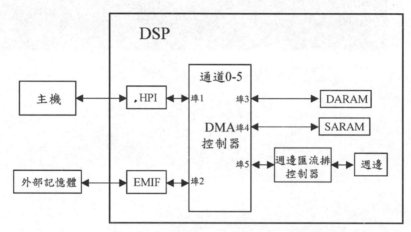

圖 8-1　DMA 控制器與 DSP 有關部分的連接方塊圖

　　如圖 8-1 所示為 DMA 控制器與 DSP 有關部分的連接方塊圖,DMA 控制器的傳出/接收埠包括有:

1. 4 個標準傳輸埠－它們分別連接至內部雙向存取記憶體(DARAM)、內部單向存取記憶體(SARAM)、外部記憶體和內建週邊裝置(像串列埠 McBSP),這 4 個標準傳輸埠皆可在 6 個 DMA 通道內進行傳輸。

2. 1 個輔助傳輸埠－它支援記憶體和主機埠介面 HPI 間的資料傳輸,如欲從 HPI 傳資料至內建週邊裝置,必須使用記憶體作為臨時緩衝儲存區,再傳至週邊裝置,HPI 與記憶體間的資料傳輸不使用 DMA 通道。

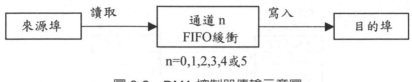

圖 8-2　DMA 控制器傳輸示意圖

　　DMA 控制器存在有 6 條路徑，我們稱之為通道(channel)，作為在記憶體 (DARAM、SARAM、外部記憶體)和內建週邊間的資料傳輸路徑，每一條通道 從來源埠讀取資料，然後寫資料到目的埠，所以每一條通道都有一個先進先出 的緩衝區域(FIFO buffer)來允許兩階段的資料傳輸，如圖 8-2 所示，第一階段 傳輸是由來源埠傳輸資料到 DMA 通道的 FIFO 緩衝區，第二階段傳輸則是從 FIFO 緩衝區傳輸資料到目的埠。

　　在 DMA 通道中具有設定傳輸參數的暫存器稱之為通道內含暫存器，每一 條 DMA 通道都含有一組暫存器可以用程式設定或修改暫存器的內含，來改變 其傳輸模式，當程式中致能 DMA 通道時(如後所述設定通道控制暫存器 DMACCR 之 EN 位元為 1)，將會從 DMA「規劃暫存器」複製通道內含值（傳 輸參數）到 DMA「工作暫存器」中，DMA 控制器即是使用 DMA「工作暫存 器」的值來控制 DMA 通道的傳輸性能。此外若設定為自動初始模式時(設定 通道控制暫存器 DMACCR 之 AUTOINIT 位元為 1)，那複製暫存器的動作會 發生在區塊(block)傳輸之間，這意謂著在區塊傳輸間可改變不同的傳輸參數格 式，圖 8-3 所示為通道內含暫存器示意圖，這些暫存器的用法在後面小節中會 依序介紹其用法。

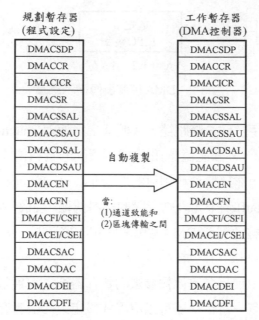

圖 8-3　DMA 規劃暫存器與工作暫存器之內含示意圖

全域控制暫存器 DMAGCR 如圖 8-4 所示，HPI 和 DMA 通道的關係可由全域控制暫存器 DMAGCR 中的位元 EHPIEXCL(位元 1)來設定，如圖 8-5 所示，當設定位元 EHPIEXCL 值為 0 時，HPI 和 DMA 通道共同享有對 DARAM、SARAM 和 EMIF(外部記憶體)的存取權，但若設定位元 EHPIEXCL 值為 1 時，HPI 單獨擁有對 DARAM、SARAM 記憶體的存取權，而 DMA 通道只能對 EMIF 和週邊裝置作資料存取。

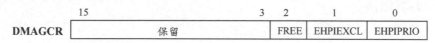

圖 8-4　全域控制暫存器 DMAGCR 示意圖

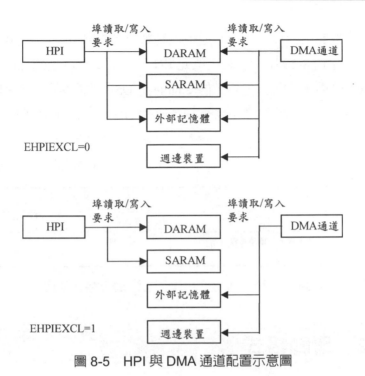

圖 8-5　HPI 與 DMA 通道配置示意圖

　　每一個 DMA 傳輸埠都能仲裁 6 個 DMA 通道和 HPI 發出的存取需求，DMA 通道和 HPI 具有可程式規劃的優先權，每個 DMA 通道是由個別的通道控制暫存器 DMACCR 中的位元 PRIO(位元 6)來設定，如圖 8-10 所示，若設定位元 PRIO 值爲 0 表示該通道爲低優先權，設定位元 PRIO 值爲 1 表示該通道爲高優先權，至於 HPI 的優先權設定則是在全域控制暫存器 DMAGCR 中的位元 EHPIPRIO(位元 0)來設定，如圖 8-4 所示，同理設定位元 EHPIPRIO 值爲 0 表示該 HPI 通道爲低優先權，設定位元 EHPIPRIO 值爲 1 表示該 HPI 通道爲高優先權，例如圖 8-6 所示是一種可能的服務鏈配置，該圖中 DMA 通道 0,3 和 5 具有高優先權(PRIO=1)，DMA 通道 1、4 和 HPI 具有低優先權 (PRIO=0)。不管優先權的設定如何，DMA 傳輸埠都是以一定的順序 0、1、2、3、4、5、HPI，0、1、2、3、4、5、HPI、…對 6 個 DMA 通道和 HPI 作輪詢檢查，檢查 DMA 通道和 HPI 是否準備好欲存取資料了，如某通道致能而且又具有高優先權，那該通道就具備執行資料的存取的條件了。

至於通道致能與否可由個別的通道控制暫存器 DMACCR 中的位元 EN(位元 7)來設定，如圖 8-10 所示，設定位元 EN 值為 0 表示該通道除能(disable)，設定位元 EN 值為 1 表示該通道致能(enable)，DSP 重置後所有通道都是除能的，圖 8-6 中所示只有通道 2 是除能的，其餘的 DMA 通道和 HPI 都是致能的。

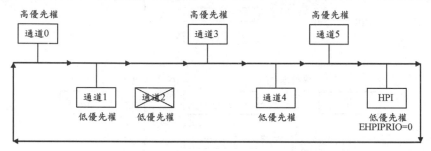

圖 8-6　一種 DMA 通道可能的服務鏈配置示意圖

8-2　傳輸格式

DMA 控制器所提及的傳輸資料單位有以下 4 種形式：

1. 位元組(byte)：8 位元大小，這是在 DMA 通道中資料傳輸最小的單元。

2. 元件(element)：一個或多個位元組組成一個傳輸元件，一個元件大小可能為 8 位元、16 位元或 32 位元大小，元件傳輸不能被打散。

3. 資料框(frame)：一個或多個元件組成一個資料框傳輸，資料框可以在元件間被打散來傳輸。

4. 區塊(block)：一個或多個資料框組成一個區塊傳輸，區塊可以在資料框和元件間被打散來傳輸。

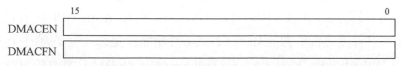

圖 8-7　元件與資料框暫存器 DMACEN、DMACFN 示意圖

每一個 DMA 通道都有若干通道內含暫存器用來設定 DMA 通道的傳輸參數，我們從本節起陸續說明這些通道內含暫存器的用法。

　　DMA 通道資料框暫存器 DMACFN 用來定義區塊中傳輸資料框(frame)的數目，它是無號數 16 位元大小，可定義 1～65535(0001h～FFFFh)個資料框，注意 0000h 不可以使用。DMA 通道元件暫存器 DMACEN 用來定義資料框中元件(element)的數目，它也是無號數 16 位元大小，可定義 1～65535(0001h～FFFFh)個元件，元件與資料框暫存器 DMACEN 和 DMACFN 如圖 8-7 所示。

表 8-1

DATATYPE	00b	01b	10b
元件大小	8 位元	16 位元	32 位元

　　至於每一個元件是由若干位元組所組成則是由來源與目的參數暫存器 DMACSDP 中的 DATATYPE 位元(位元 0～1)所定義，來源與目的參數暫存器 DMACSDP 如圖 8-8 所示。如表 8-1 所示，若設定 DATATYPE= 00b，表示一個元件大小為 8 位元大小，若設定 DATATYPE= 01b，表示一個元件大小為 16 位元大小，若設定 DATATYPE= 10b，表示一個元件大小為 32 位元大小。

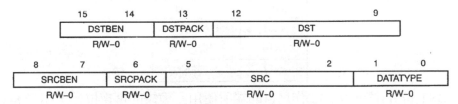

圖 8-8　來源與目的參數暫存器 DMACSDP

　　資料連發(Data burst)能夠用來改善 DMA 的傳輸速率，當資料連發特性致能時，DMA 控制器每一次傳輸 4 個元件來取代一次傳輸一個元件。SARAM 和 DARAM 支援資料連發的傳輸特性，至於 EMIF 傳輸埠只有定址的位址規劃為同步的記憶體形式才支援資料連發傳輸特性，它不支援非同步的記憶體。還有週邊傳輸埠也不支援資料連發傳輸特性，因此 DMA 控制器對週邊埠的資料連發資料傳輸是執行 4 次週邊埠的資料存取。

來源與目的參數暫存器 DMACSDP 內的 DSTBEN 位元(位元 14～15)作為目的端資料連發的致能位元,當設定位元 DSTBEN 值為 00b 或 01b,資料連發是除能的,若設定位元 DSTBEN 值為 10b,則資料連發是致能的。

表 8-2

資料形式	傳輸埠匯流排	資料包裝
8-位元	16-位元	2 個資料包裝為 16 位元資料
8-位元	32-位元	4 個資料包裝為 32 位元資料
16-位元	32-位元	2 個資料包裝為 32 位元資料

至於 DSTPACK 位元(位元 13)為資料包裝(pack)致能位元,所謂資料包裝是在一次傳輸中將 2 個或 4 個元件一併傳出,表 8-2 所示為 DMA 控制器能支援的包裝形式,當設定位元 DSTPACK 值為 0,資料包裝是除能的,若設定位元 DSTPACK 值為 1,資料包裝是致能的。

表 8-3

DST/SRC	使用的記憶體
xx00	SARAM
xx01	DARAM
xx10	外部記憶體
xx11	週邊裝置

DST 位元(位元 9～12)作為目的端所使用記憶體的選擇位元,如表 8-3 所示,DST=xx00b,表示目的端所使用記憶體是 SARAM,DST=xx01b,表示是 DARAM,DST=xx10b,表示是外部記憶體,DST=xx11b,表示是週邊裝置。同理 SRCBEN(位元 7～8)、SRCPACK(位元 6)和 SRC(位元 9～12)等來源端的位元欄位定義如同目的端的 DSTBEN、DSTPACK 和 DST 位元的定義一樣,讀者可參考前述之定義。

使用資料連發的傳輸特性時來源與目的端的起始位址必須是與 burst 邊界位址對齊的(aligned),也就是位元組位址最後一個位元組必須是 0h。使用 burst

資料傳輸有一些條件是需符合的：

1. 起始位址必須在 burst 的邊界位址上。
2. 元件索引值必須為 1。
3. 資料框索引值必須使每一次 burst 傳輸都對齊在邊界位址上。
4. "元件數"乘"元件大小"的值必須對齊在邊界位址上，這意謂著每一次資料框結束位址必須與邊界位址對齊。

8-3　通道起始位址

在 DMA 通道的資料傳輸過程中，資料讀取的第一個位址稱為來源起始位址，資料寫入的第一個位址稱為目的起始位址，DMA 控制器所定址的是位元組(byte)位址，位址長度是 24 位元大小，我們知道 C5000 DSP 暫存器都是 16 位元大小，所以每一個通道各含有兩個來源與兩個目的起始位址暫存器。來源起始位址暫存器為 DMACSSAL 和 DMACSSAU，如圖 8-9 所示，暫存器 DMACSSAL 定義 24 位元大小的來源起始位址其中的低 16 位元位址部分，而暫存器 DMACSSAU 則定義 24 位元來源起始位址其中的高 8 位元位址部分。同理目的起始位址暫存器為 DMACDSAL 和 DMACDSAU，目的起始位址暫存器 DMACDSAL 定義 24 位元大小的目的起始位址其中的低 16 位元位址部分，而暫存器 DMACDSAU 則定義 24 位元目的起始位址其中的高 8 位元位址部分。

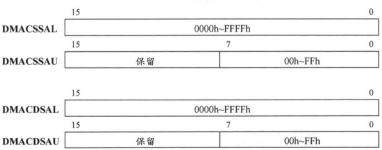

圖 8-9　來源(上)與目的(下)起始位址暫存器 DMACS(D)SAL/U

表 8-4

	字元位址(CPU)	資料/程式記憶體	位元組位址(DMA)
主資料頁碼 0	00 0000～00 005F 00 0060～00 FFFF		00 0000～00 00BF 00 00C0～01 FFFF
主資料頁碼 1	01 0000～01 FFFF		02 0000～03 FFFF
主資料頁碼 2	02 0000～02 FFFF		040000～05 FFFF
⋮	⋮	⋮	⋮
主資料頁碼 127	7F 0000～7F FFFF		FE 0000～FF FFFF

註：字元位址 000000h～00005Fh 作為 CPU 記憶體映射暫存器之用

　　表 8-4 所示為 C55x DSP 的記憶體位址映射圖，左邊是 CPU 資料記憶體定址所使用的字元位址(23 位元定址)，右邊是 DMA 控制器所使用的位元組位址(24 位元定址)，DMA 控制器載入記憶體來源/目的起始位址的方法為：

1. 首先確定起始位址，如果是字元位址，就將它左移一位元而成為 24 位元位址，例如字元位址 024000h 轉換成位元組位址則為 048000h。

2. 將 24 位元位址的低 16 位元位址載入到來源起始位址暫存器 DMACSSAL 或目的起始位址暫存器 DMACDSAL 中，例如上述中 DMACSSAL=8000h。

3. 將 24 位元位址的高 8 位元位址載入到來源起始位址暫存器 DMACSSAU 或目的起始位址暫存器 DMACDSAU 中，例如上述中 DMACSSAU=04h。

表 8-5

字元位址 (CPU)	I/O 記憶體	位元組位址 (DMA)
0000 ～ FFFF		0 0000 ～ 1 FFFF

表 8-5 所示為 C55x DSP 的 I/O 位址空間映射，左邊是 CPU 定址所使用的字元位址(16 位元定址)，右邊是 DMA 控制器所使用的位元組位址(17 位元定址)，DMA 控制器載入 I/O 空間來源/目的起始位址的方法為：

1. 首先確定起始位址，如果是字元位址，就將它左移一位元而成為 17 位元位址，例如字元位址 8000h 轉換成位元組位址則為 10000h。

2. 將 17 位元位址的低 16 位元位址載入到來源起始位址暫存器 DMACSSAL 或目的起始位址暫存器 DMACDSAL 中，例如上述中 DMACSSAL=0000h。

3. 將 17 位元位址的最高的 1 位元位址載入到來源起始位址暫存器 DMACSSAU 或目的起始位址暫存器 DMACDSAU 中，例如上述中 DMACSSAU=01h。

8-4　更新傳輸位址

當 DMA 通道開始傳輸資料後，來源與目的位址有可能需要改變，以便於傳輸某一連續的位址資料或某一間隔的位址資料，來源與目的位址的更新有兩個層面可以考慮：

【區塊層次的位址更新】

在自動初始模式下(設定控制暫存器 DMACCR 內位元 8 之 AUTOINIT 值為 1，控制暫存器 DMACCR 如圖 8-10 所示)，一個區塊傳輸完成後會傳輸另一個區塊，新的區塊傳輸如果是使用不同的起始位址，你可以在區塊傳輸間更新起始位址。

【元件層次的位址更新】

DMA 控制器可在每一個元件傳輸後更新來源和(/或)目的位址，因為元件可能由多個位元組所組成，因此在每一個元件傳輸完成後，DMA 控制器所定址到位址是組成元件的最後一個位元組位址，透過軟體控制，你可以指到下一個元件的起始位址。

15	14	13	12	11	10	9	8
DSTAMODE		SRCAMODE		ENDPROG	Reserved†	REPEAT	AUTOINIT
R/W–0		R/W–0		R/W–0	R/W–0	R/W–0	R/W–0

7	6	5	4				0
EN	PRIO	FS	SYNC				
R/W–0	R/W–0	R/W–0	R/W–0				

圖 8-10　DMA 控制暫存器 DMACCR

藉由設定控制暫存器 DMACCR 內位元 12 和 13 之 SRCAMODE 的值，可以定義來源端位址的位址更新模式如下所述：

1. 設定位元 SRCAMODE 值為 00b

   每次元件傳輸使用相同的位址。

2. 設定位元 SRCAMODE 值為 01b

   每次元件傳輸後，位址依據所選擇的資料型態作如下的增加量。

   8 位元　→　位址＝位址＋1。

   16 位元　→　位址＝位址＋2。

   32 位元　→　位址＝位址＋4。

3. 設定位元 SRCAMODE 值為 10b

   單一索引值位址更新，每次元件傳輸後，位址加上元件索引值，即更新 "位址＝位址＋元件索引值"，元件索引值的定義接著後面會有所說明。

4. 設定位元 SRCAMODE 值為 11b

   雙索引值位址更新，如果是多資料框內多個元件傳輸，則更新 "位址＝位址＋元件索引值"，如果是資料框內最後一個元件傳輸完成後，則更新 "位址＝位址＋框索引值"，元件索引值與框索引值的定義後面接著會有所說明。

同理設定控制暫存器 DMACCR 內位元 14 和 15 之 DSTAMODE 的值，可以定義目的端位址的位址更新模式，DSTAMODE 的值定義相同於上述 SRCAMODE 欄位所述。

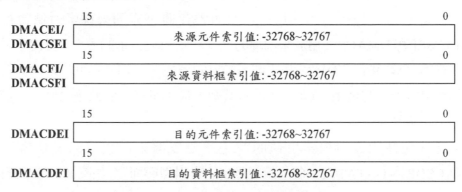

圖 8-11　DMA 元件/框索引值暫存器

為了支援此種索引值定址模式，使用了 4 個索引值暫存器：包括來源元件索引值暫存器 DMACSEI、來源資料框索引值暫存器 DMACSFI、目的元件索引值暫存器 DMACDEI 和目的資料框索引值暫存器 DMACDFI，如圖 8-11 所示，這些索引值暫存器的用法還需根據軟體相容模式暫存器 DMAGSCR 的 DINDXMD 位元所設定的位元值而定，軟體相容模式暫存器 DMAGSCR 如圖 8-12 所示，這個暫存器的目的是為了 C55x DSP 的 DMA 來源與目的位址索引模式相容於 C54xx DSP 而設立的。

圖 8-12　DMA 軟體相容模式暫存器 DMAGSCR

當設定位元 DINDXMD 值為 0 時(DSP 重置後的出廠設定值)表示設定為相容(compatibility)模式，因為在之前版本像 C54xx DSP 設計的 DMA 控制器，來源和目的埠使用同一個元件索引值暫存器 DMACEI 和同一個資料框索引值暫存器 DMACFI，所以在相容模式下 DMACSEI 作為 DMACEI 使用，DMACSFI

作為 DMACFI 使用，用以適用於之前版本的 C54xx DSP 的 DMA 使用，在相容模式下目的索引值暫存器 DMACDEI 和 DMACDFI 則不使用的。

當設定位元 DINDXMD 值為 1 表示設定為加強(enhanced)模式，在此模式下來源埠與目的埠各有其使用的索引值暫存器，亦即來源索引值暫存器 DMACSEI 和 DMACSFI 用於來源埠的元件和資料框位址的更新，目的索引值暫存器 DMACDEI 和 DMACDFI 則用於目的埠的元件和資料框位址的更新，這些暫存器表示的是 16 位元大小的有號數，最小可表示的值是–32768，最大可表示的值是 32767。

此外元件和資料框索引值的選定還要依據來源與目的參數暫存器 DMACSDP 內 DATATYPE 欄位值所設定的資料型態而定(如圖 8-8 和如表 8-1 所示)，例如資料型態是 16 位元，如果是往後(高位址)遞增的話，那麼元件/資料框索引值就必須是 2N+1 的值，其中 N=0、1、2、…，例如遞增 3 個位址的話，那 N 就代 2，也就是索引值就設定為 5。如果是往前(低位址)遞減的話，那麼元件/資料框索引值就必須是 2N–1 的值，N= –1、–2、–3、…，例如往前一個位址，那 N 就代–1，也就是索引值就設定為–3。同理資料型態如果是 32 位元，那麼元件/資料框索引值就必須是 4N+1 的值，其中 N=0、1、2、…，或是 4N–1 的值，N= –1、–2、–3、…，參考 8-8.2 節實驗 8-2 範例說明。如果 CPU 意圖寫一個不符合上述規則的索引值，DMA 控制器會發出一個匯流排錯誤的中斷信號 BERRINT 給 CPU。

8-5　通道同步事件

DMA 通道可以設定為由 DSP 內建週邊裝置如串列埠 McBSP、計時器等，或外部接腳的中斷信號 INTx 作為觸發 DMA 傳輸的同步信號，譬如說外部接腳的中斷信號 INT0 發生時，則觸發一個元件或一個資料框的傳輸，如果沒有中斷信號 INT0 發生時，則 DMA 通道不會有傳輸動作產生。至於觸發 DMA

通道傳輸的同步事件種類它是透過控制暫存器 DMACCR 內位元 4～0 之 SYNC 位元作為設定，如表 8-6 所示。

表 8-6

SYNC 欄位值	同步事件種類
00000b	無使用同步事件(出廠值)
00001b	McBSP0 接收事件(REVT0)
00010b	McBSP0 傳出事件(XEVT0)
00101b	McBSP1 接收事件(REVT1)
00110b	McBSP1 傳出事件(XEVT1)
01001b	McBSP2 接收事件(REVT2)
01010b	McBSP2 傳出事件(XEVT2)
01101b	計時器 0 事件
01110b	計時器 1 事件
01111b	外部中斷 0
10000b	外部中斷 1
10001b	外部中斷 2
10010b	外部中斷 3
10011b	外部中斷 4
10100b	外部中斷 5
其餘值	保留

控制暫存器 DMACCR 內還有一個位元 FS(位元 5)可用來選擇同步事件的模式，敘述如下：

1. 若設定 FS=0，代表"元件同步模式"，意謂著每一個元件的傳輸都是由同步事件所觸發，當元件內所有的位元組傳輸完成後，DMA 控制器必須等到下一個同步事件發生後才會開始一個新的元件傳輸。

2. 若設定 FS=1，代表"資料框同步模式"，意謂著同步事件的發生能觸發整個資料框的傳輸，當資料框內所有元件傳輸完成後，DMA 控制器必須等到下一個同步事件發生後才能觸發一個新的資料框傳輸。

如果 DMA 通道不是設定為事件觸發傳輸(即位元 SYNC= 00000b)，那麼設定控制暫存器 DMACCR 內的通道致能位元 EN 值為 1(位元 7)就可以致能 DMA 通道作整個區塊的傳輸。

每一個 DMA 通道都具備有一個同步旗號位元 SYNC，它位於 DMA 狀態暫存器 DMACSR 中(位元 6、如圖 8-13 所示)，此位元僅能讀取，當同步事件發生後，資料正在進行存取時，DMA 控制器會設定該旗號位元 SYNC 為 1，當 DMA 控制器完成傳輸資料的存取後，該旗號位元會清除為 0。

如果在 DMA 控制器尚未處理完目前的同步觸發事件之前又發生了下一個同步觸發事件，這種情形就會導致同步事件丟棄(drop)的情形發生，DMA 控制器會作如下的處理：

1. 將正在傳輸的元件傳輸完成後，DMA 控制器會將通道除能(設定位元 EN=0)。

2. 如果中斷控制暫存器 DMACICR 中對應的中斷致能位元 DROPIE 設定為 1(位元 1)，此時 DMA 控制器會將 DMA 狀態暫存器 DMACSR 內的 DROP 位元設定為 1(位元 1)，然後對 CPU 發出一個中斷請求信號。

8-6 單區塊傳輸與多區塊傳輸

DMA 通道若設定為自動初始模式(設定通道控制暫存器 DMACCR 之 AUTOINIT 位元為 1)，此為多區塊傳輸模式，從 DMA「規劃暫存器」複製通道內含(傳輸參數)到 DMA「工作暫存器」的動作會發生在區塊(block)傳輸之間，如果設定 AUTOINIT 位元為 0，則為單區塊傳輸模式，DMA 通道在傳輸完一個區塊後停止傳輸。

多區塊傳輸還與通道控制暫存器 DMACCR 之位元 ENDPROG(位元 11) 和 REPEAT(位元 9)有關，當設定位元 REPEAT 值為 1，則不管位元 ENDPROG 的值為 0 或 1，在現今的區塊傳輸完成後，立即載入新的通道內含配置值到 DMA「工作暫存器」中，開始下一次區塊的傳輸。但若設定位元 REPEAT 值為 0，則需視位元 ENDPROG 的值是否為 1 才能啟動下一次的區塊傳輸。在複製「規劃暫存器」通道內含值到「工作暫存器」中的動作完成後，DMA 控制器會自動地將位元 ENDPROG 清除為 0，這也表示 CPU 此時可以設定「規劃暫存器」的內含值用以規劃下一次 DMA 通道的傳輸參數，CPU 規劃完成後設定位元 ENDPROG 值為 1 表示設定「規劃暫存器」的動作完成，同時啟動區塊傳輸，以上說明綜整如表 8-7 所示。

表 8-7

AUTOINIT	REPEAT	ENDPROG	動作模式
0	x	x	單區塊傳輸
1	0	0	現今的區塊傳輸完成後，需待位元 ENDPROG 值設定為 1 後才能啟動下一次的區塊傳輸
1	0	1	啟動下一次的區塊傳輸
1	1	x	現今的區塊傳輸完成後，立即載入新的配置值，並開始下一次區塊的傳輸

8-7　DMA 中斷

與控制 DMA 中斷有關的暫存器有中斷控制暫存器 DMACICR 和中斷狀態暫存器 DMACSR，如圖 8-13 所示。表 8-8 所示說明依據對不同的傳輸過程完成的程度，使得 DMA 控制器能夠送出一個中斷信號給 CPU，這些 "傳輸完成的程度" 包括有一個區塊傳輸完成、最後一個資料框開始傳輸、資料框傳輸完成以及資料框前半部分元件傳輸完成等情況皆會送出一個中斷信號給 CPU。

每一個通道在中斷控制暫存器 DMACICR 中都具有中斷致能位元 xxIE，以及在狀態暫存器 DMACSR 中具有對應的狀態位元，如果在表 8-8 中任何一種作用中的事件發生，DMA 控制器會去檢查對應的中斷致能位元，並依據下述做出反應：

1. DMA 控制器會在狀態暫存器 DMACSR 中對應的位元設定為 1，如果在中斷控制暫存器 DMACICR 中對應的中斷致能位元也由程式設定為 1，亦即該中斷致能，即會對 CPU 送出中斷服務請求。若程式中對暫存器 DMACSR 作讀取的話，將會自動清除狀態暫存器 DMACSR 中的內容，狀態暫存器 DMACSR 內的位元不會自動清除為 0，只有在讀取狀態暫存器 DMACSR 時才會清除所有的狀態位元，所以在每一次中斷發生時去讀取狀態暫存器 DMACSR 的值即會清除其它懸置(pending)的而未被處理的中斷要求。

2. 如果在中斷控制暫存器 DMACICR 中對應的中斷致能位元為 0，就不會致能中斷服務響應的發生，而且狀態暫存器 DMACSR 內狀態位元不受影響。

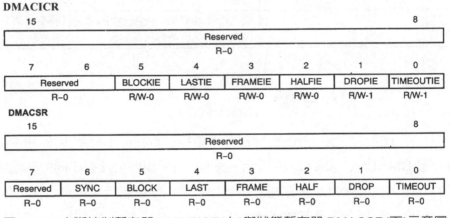

圖 8-13　中斷控制暫存器 DMACICR(上)與狀態暫存器 DMACSR(下)示意圖

狀態暫存器 DMACSR 內存在有一個 SYNC 位元用來顯示你所選擇的同步事件傳輸是否發生，它是一個唯讀位元，如果讀取位元 SYNC 值為 1，表示所選擇的的同步事件正在發生，若讀取位元 SYNC 值為 0，則表示同步事件已經處理過了。

表 8-8

作用的事件	中斷致能位元	狀態位元	相關中斷
區塊傳輸完成	BLOCKIE	BLOCK	通道中斷
最後一個資料框開始傳輸	LASTIE	LAST	通道中斷
資料框傳輸完成	FRAMEIE	FRAME	通道中斷
資料框前半部分元件傳輸完成	HALFIE	HALF	通道中斷
同步事件被丟棄	DROPIE	DROP	通道中斷
超時錯誤發生	TIMEOUTIE	TIMEOUT	匯流排錯誤中斷

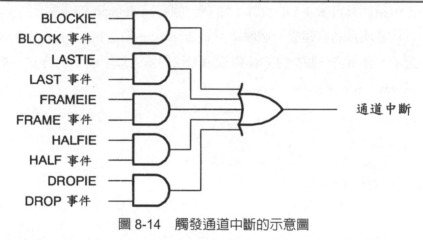

圖 8-14　觸發通道中斷的示意圖

　　6 個 DMA 通道都有各自的中斷處理暫存器,圖 8-14 所示為觸發一個通道中斷的示意圖,表 8-8 所示的 5 種作用事件,除了超時(time-out)事件之外,這五種事件是或閘(OR)起來對 CPU 產生中斷請求,你可以設定多個中斷致能位元,例如某一個 DMA 通道假設其中斷控制暫存器 DMACICR 中位元設定情形為 BLOCKIE=0、LASTIE=0、FRAMEIE=1、HALFIE=0 及 DROPIE=1,這表示若目前的資料框傳輸完成或是同步事件丟棄發生,都會對 CPU 送出一個中斷請求信號,為了決定是一個或兩個事件去觸發中斷,你可以去讀取狀態暫存器 DMACSR 的 FRAME 和 DROP 位元的值。

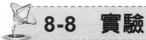

8-8　實驗

8-8.1　實驗 8-1：DMA 資料搬移

目的：熟悉使用 DMA 搬移記憶體的資料，本實驗可用軟體模擬來執行。

【步驟 1】建立 dma.pjt 專案(project)：

1. 仿照第四章實驗 4-1 的步驟 1 建立一個名為 dma.pjt 的專案。

2. 以代數組合語言建立一個原始程式 dma.asm。點選 File>New>Source File 選項，會開啟一個空白的編輯視窗，我們輸入以下所示的程式，並以檔名 timer.asm 來儲存。

```
;  c:\CCStudio_v3.1\MyProjects\dma
;  dma1 中斷
        .def start
        .def counter
        .mmregs
        .data
XN      .word 0,1,2,3,4,5,6,7,8,9,10,11,12,13,14,15,16,
        .word 17,18,19,20,21,22,23,24,25,26,27,28,29,30,
        .word 31
YN      .word 0,0,0,0,0,0,0,0,0,0,0,0,0,0,0,0,
        .word 0,0,0,0,0,0,0,0,0,0,0,0,0,0,0,0
IER0        .set    0x0000
IVPD        .set    0x0049
DMA_CSDP1   .set    0x0C20
DMA_CCR1    .set    0x0C21
DMA_CICR1   .set    0x0C22
DMA_CSR1    .set    0x0C23
DMA_CSSA_L1 .set    0x0C24
DMA_CSSA_U1 .set    0x0C25
```

```
DMA_CDSA_L1      .set    0x0C26
DMA_CDSA_U1      .set    0x0C27
DMA_CEN1         .set    0x0C28
DMA_CFN1         .set    0x0C29
DMA_CSFI1        .set    0x0C2A
DMA_CSEI1        .set    0x0C2B
DMA_GCR          .set    0x0E00
        .text
start:
        bit(ST1, #11)= #1                 ; INTM=1
        *port(#DMA_GCR)= #0x0004          ; FREE=1
        *port(#DMA_CSDP1)= #0x0205
                ; SRC=DST=0001(DARAM), datatype=01(16bit)
        *port(#DMA_CICR1)= #0x0008        ; FRAMEIE=1
        *port(#DMA_CSSA_L1)= #0x0300      ; byte address
        *port(#DMA_CSSA_U1)= #0x0000
        *port(#DMA_CDSA_L1)= #0x0340      ; byte address
        *port(#DMA_CDSA_U1)= #0x0000
        *port(#DMA_CEN1)= #0x0020
        *port(#DMA_CFN1)= #0x0001
        *port(#DMA_CCR1)= #0x5040
                                ; SRCMODE=DSTMODE=01 PRIO=1
        sp = #8FFFh
        ssp = #8000h
        AC2 = #0x0001
        @(IVPD)= AC2 || mmap()
        AC2 = #512                        ; bit9=DMAC1=1
        @(IER0)= AC2 || mmap()
        T0=#1
        bit(ST1, #11)= #0                 ; INTM=0
        *port(#DMA_CCR1)= #0x50c0         ; bit7=EN 0 to 1

wait:
        if(T0 == #0)goto stop
        goto wait
stop:
```

```
        BIT(ST1, #11)= #1                    ; INTM=1
        AC2 = #0
        @(IER0)= AC2 || mmap()               ; IER0 = #0000h
cont:
        goto cont

counter:         ; DMA ISR
        T0 = T0 - #1
        return_int
        .end
```

這個程式是利用 DMA 機制將 XN 記憶體內 32 個 16 位元資料搬到 YN 記憶體中，設定資料框個數為 1(*port(#DMA_CFN1)= #1)，設定元件個數為 32(*port(#DMA_CEN1)= #32)，要注意的是來源與目的位址是位元組位址(byte address)，而不是一般資料的字元位址。中斷的設定在第七章中已經說明過，我們由程式執行結果觀察 T0 值為 0，可說明 DMA 在搬移完資料後執行過中斷 ISR 一次。

3. 參考第四章實驗 4-1 步驟 1 將 dma.asm、vectors_5510.asm 以及 lab.cmd 等三個檔案加入到 dma.pjt 專案中。

⚫ 【步驟 2】產生可執行程式碼 dma.out：

4. 參考第四章實驗 4-1 步驟 2 執行組譯(Assembler)及連結(Linker)等二項工作來產生可執行檔 dma.out(記得在組譯視窗中需勾選代數組語)。

⚫ 【步驟 3】載入可執行程式碼 dma.out：

5. 參考第四章實驗 4-1 步驟 3 載入可執行程式碼 dma.out。

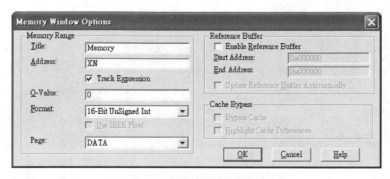

圖 8-15　開啓記憶體編輯視窗

【步驟 4】執行程式：

6. 首先我們先點選 View>Memory…選項，開啓記憶體設定視窗如圖 8-15
   所示，Address 欄位中輸入欲顯示記憶體的位址，更方便的方式是輸入
   符號，在這裡我們輸入符號 XN，Format 欄位則點選 16-Bit Unsigned
   Int，如果開啓的記憶體視窗它掩蓋了程式編輯視窗，可將滑鼠游標移
   至記憶體視窗中，單按滑鼠右鍵點選 Float in main window 即可。

7. 本實驗可以使用軟體模擬的方式執行，執行程式請點選 Debug>Run 選
   項，若要停止程式的執行請點選 Debug>Halt 選項，程式 dma.asm 之執
   行結果如圖 8-16 所示，右圖爲程式執行前的記憶體內容，左圖則爲程
   式執行後記憶體內容，可以看出 32 個資料透過 DMA 機制已由 XN 記
   憶體處搬至 YN 記憶體處。

8. 執行前亦可開啓 CPU Register 視窗，觀察 T0 暫存器的值是否由 1 變爲
   0。

```
000180:    __data__              000180:    __data__
000180:  0      1      2      3   000180:  0      1      2      3
000184:  4      5      6      7   000184:  4      5      6      7
000188:  8      9     10     11   000188:  8      9     10     11
00018C: 12     13     14     15   00018C: 12     13     14     15
000190: 16     17     18     19   000190: 16     17     18     19
000194: 20     21     22     23   000194: 20     21     22     23
000198: 24     25     26     27   000198: 24     25     26     27
00019C: 28     29     30     31   00019C: 28     29     30     31
0001A0:  YN                       0001A0:  YN
0001A0:  0      1      2      3   0001A0:  0      0      0      0
0001A4:  4      5      6      7   0001A4:  0      0      0      0
0001A8:  8      9     10     11   0001A8:  0      0      0      0
0001AC: 12     13     14     15   0001AC:  0      0      0      0
0001B0: 16     17     18     19   0001B0:  0      0      0      0
0001B4: 20     21     22     23   0001B4:  0      0      0      0
0001B8: 24     25     26     27   0001B8:  0      0      0      0
0001BC: 28     29     30     31   0001BC:  0      0      0      0
```

圖 8-16　觀察記憶體視窗

⏻ 8-8.2　實驗 8-2：資料分類(data sorting)

目的：利用 DMA 元件索引與資料框索引的特性將資料重新排序，本實驗需要連接硬體(5510 DSK)實驗。

例如圖 8-17 所示左邊是 XN 記憶體內資料排列狀況，我們把它看成是來源端，它具有 5 個資料框(1x,2x,3x,4x,5x；x=1～5)，每一個資料框是由 5 個元件所構成(ex：11,12,13,14,15)，它是先排列第一個資料框資料，再排列第二個資料框資料，以此類推，經過 DMA 搬移之後儲存在 YN 記憶體內資料排列狀況如圖 8-17 右邊所示(目的端)，各位可以看出排列順序改變了，它是依據每一個資料框第一個元件先放，再放至每一個資料框第二個元件，以此類推。

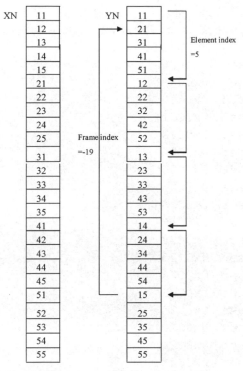

圖 8-17 DMA 資料分類示意圖

【步驟 1】建立 dmasorting.pjt 專案(project)：

1. 仿照第四章實驗 4-1 的步驟 1 建立一個名為 dmasorting.pjt 的專案。

2. 以代數組合語言建立一個原始程式 dmasorting.asm。點選 File>New>
   Source File 選項，會開啓一個空白的編輯視窗，我們輸入以下所示的程
   式，並以檔名 dmasorting.asm 來儲存。

```
;  c:\CCStudio_v3.1\MyProjects\dmasorting.asm
;  dma1 中斷
     .def start
     .def counter
     .mmregs
     .data
XN   .word   11,12,13,14,15,21,22,23,24,25,31,32,33,34,35
```

```
        .word   41,42,43,44,45,51,52,53,54,55
YN      .word   0,0,0,0,0,0,0,0,0,0,0,0,0,0,0,0
        .word   0,0,0,0,0,0,0,0,0,0
IER0            .set  0x0000
IVPD            .set  0x0049
DMA_CSDP1       .set  0x0C20
DMA_CCR1        .set  0x0C21
DMA_CICR1       .set  0x0C22
DMA_CSR1        .set  0x0C23
DMA_CSSA_L1     .set  0x0C24
DMA_CSSA_U1     .set  0x0C25
DMA_CDSA_L1     .set  0x0C26
DMA_CDSA_U1     .set  0x0C27
DMA_CEN1        .set  0x0C28
DMA_CFN1        .set  0x0C29
DMA_CSFI1       .set  0x0C2A
DMA_CSEI1       .set  0x0C2B
DMA_CSAC1       .set  0x0C2C
DMA_CDAC1       .set  0x0C2D
DMA_CDEI1       .set  0x0C2E
DMA_CDFI1       .set  0x0C2F
DMA_GCR         .set  0x0E00
DMA_GSCR        .set  0x0E02
        .text
start:
    bit(ST1, #11)= #1                    ; INTM=1
    *port(#DMA_GCR)= #0x0004             ; FREE=1
    *port(#DMA_CSDP1)= #0x0205
                ; SRC=DST=0001(DARAM) datatype=01(16bit)
    *port(#DMA_CICR1)= #0x0020           ; BLOCKIE=1
    *port(#DMA_CSSA_L1)= #0x0300         ; byte address
    *port(#DMA_CSSA_U1)= #0x0000
    *port(#DMA_CDSA_L1)= #0x0332         ; byte address
    *port(#DMA_CDSA_U1)= #0x0000
    *port(#DMA_CEN1)= #0x0005
    *port(#DMA_CFN1)= #0x0005
    *port(#DMA_GSCR)= #0x0001
    *port(#DMA_CCR1)= #0xD040
```

```
                        ; SRCMODE=01,DSTMODE=11 PRIO=1
    *port(#DMA_CDEI1)= #0x0009
    *port(#DMA_CDFI1)= #-39
    sp = #8FFFh
    ssp = #8000h
    AC2 = #0x0001
    @(IVPD)= AC2 || mmap()
    AC2 = #512     ; bit9=DMAC1=1
    @(IER0)= AC2 || mmap()
    T0=#1
    bit(ST1, #11)= #0                   ; INTM=0
    *port(#DMA_CCR1) = #0xD0C0          ; bit7=EN 0 to 1

wait:
    if(T0 == #0)goto stop
    goto wait
stop:
    BIT(ST1, #11) = #1                  ; INTM=1
    AC2 = #0
    @(IER0)= AC2 || mmap()              ; IER0 = #0000h
cont:
    goto cont

counter:
    T0 = T0 - #1
    return_int
    .end
```

　　這個程式是利用 DMA 機制的元件索引與資料框索引功能將 XN 記憶體內 25 個 16 位元資料搬到 YN 記憶體中，由圖 8-17 看出放置完第一個元件值 11 後，接著放置第二個元件值 12，因為目的端是設定成雙索引值模式(*port(#DMA_CCR1)= #0xD040)，所以它會參考目的端元件索引值(DMADEI)來放置，如前 8-4 節所述，元件/資料框索引值就必須是 2N+1 的值，其中 N= 0、1、2、…，往後加 5 個字元位址的話，那 N 就代 4，也就是元件索引值就設定為 9。

等到第一個資料框傳輸完後接下來要參考的是資料框索引值 (DMADFI)，如果是往前(低位址)遞減的話，那麼元件/資料框索引值就須是 2N–1 的值，N= –1、–2、–3、…，本題中需往前 19 個字元位址，那 N 就代–19，也就是索引值就設定為–39。再一次強調的是來源與目的位址是位元組位址(byte address)，而不是一般資料的字元位址。

中斷的設定在第七章中已經說明過，我們由程式執行結果觀察 T0 值為 0，可說明 DMA 在搬移完資料後執行過中斷 ISR 一次。

3. 參考第四章實驗 4-1 步驟 1 將 dmasorting.asm、vectors_5510. asm 以及 lab.cmd 等三個檔案加入到 dmasorting.pjt 專案中。

● 【步驟 2】產生可執行程式碼 dmasorting.out：

4. 參考第四章實驗 4-1 步驟 2 執行組譯(Assembler)及連結(Linker)等二項工作來產生可執行檔 dmasorting.out(記得在組譯視窗中需勾選代數組語)。

● 【步驟 3】載入可執行程式碼 dmasorting.out：

5. 參考第四章實驗 4-1 步驟 3 載入可執行程式碼 dmasorting.out。

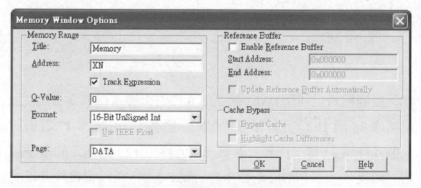

圖 8-18　開啓記憶體編輯視窗

【步驟 4】執行程式：

6. 首先我們先點選 View>Memory…選項，開啓記憶體設定視窗如圖 8-18 所示，Address 欄位中輸入欲顯示記憶體的位址，更方便的方式是輸入符號，在這裡我們輸入符號 XN，Format 欄位則點選 16-Bit Unsigned Int，如果開啓的記憶體視窗它掩蓋了程式編輯視窗，可將滑鼠游標移至記憶體視窗中，單按滑鼠右鍵點選 Float in main window 即可。

7. 本實驗需要連接上硬體(像 5510 DSK)的方式執行，執行程式請點選 Debug>Run 選項，若要停止程式的執行請點選 Debug>Halt 選項，程式 dmasorting.asm 之執行結果如圖 8-19 所示，由圖中可知 YN 記憶體內的資料排列如我們所希望的順序排列。

8. 執行前亦可開啓 CPU Register 視窗，觀察 T0 暫存器的值是否由 1 變爲 0。

```
000180:     ___data___
000180:    11      12      13      14      15
000185:    21      22      23      24      25
00018A:    31      32      33      34      35
00018F:    41      42      43      44      45
000194:    51      52      53      54      55
000199:    YN
000199:    11      21      31      41      51
00019E:    12      22      32      42      52
0001A3:    13      23      33      43      53
0001A8:    14      24      34      44      54
0001AD:    15      25      35      45      55
```

圖 8-19　觀察搬移後記憶體視窗資料

第 **9** 章

串列埠 McBSP

9-1　McBSP 的一般敘述

在串列埠方面 C55x DSP 提供一個高速、全雙工、多通道緩衝串列埠 (McBSP：Multichannel Buffered Serial Port)作為與其它外部裝置如 DSP，Codec 的通訊介面，C5510 提供 3 個 McBSP，接下來依序說明 McBSP 的動作原理、控制暫存器的定義和時序圖。

C55x DSP 與 McBSP 有關的外部接腳共有 7 條，如表 9-1 所示，它們是資料接收 **DR**(Data Receive)和資料傳出 **DX**(Data Transmit)，這 2 條接腳是作為資料接收和傳出的資料路徑。在資料框同步傳輸的控制方面提供有 **CLKX**(Transmit clock)、**CLKR**(Receive clock)、**FSX**(Transmit frame synchronization)和 **FSR**(Receive frame synchronization)等 4 條外部接腳線，C55x DSP 內部是透過 16 位元寬的內部週邊匯流排與 McBSP 作溝通，另外由外部輸入的 **CLKS** 時脈可作為取樣率產生器的輸入時脈來源。

表 9-1　與 McBSP 有關的外部接腳

接腳	狀態	說明
CLKR	I/O/Z	接收時脈
CLKX	I/O/Z	傳出時脈
CLKS	I	外部時脈來源輸入
DR	I	接收資料端
DX	O/Z	傳出資料端
FSR	I/O/Z	接收端資料框同步信號
FSX	I/O/Z	傳出端資料框同步信號

表中 I 表示輸入，O 表示輸出，Z 表示高阻抗。

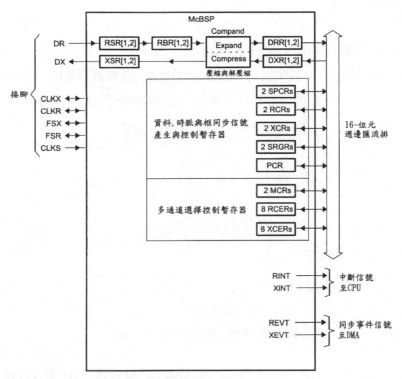

圖 9-1　McBSP 的功能方塊圖

McBSP 在架構上可以區分為資料通道和控制通道，如圖 9-1 所示為 McBSP 的功能方塊圖，上半部分為資料通道，包括串列資料接收與傳出輸出入接腳 DX，DR 與其相關的傳輸暫存器 RSR、RBR、DRR、DXR 及 XSR。下半部分為控制通道，其目的為傳輸時脈與資料框同步信號的產生，多通道傳輸的控制，以及產生中斷信號 RINT/XINT 給 CPU，產生同步事件信號 REVT/XEVT 給 DMA 控制器等。

由圖 9-1 中可以看出外部資料是由接腳 DR 輸入端先輸入至 **RSR** 暫存器 (Receive Shift Register)，再拷貝至 **RBR** 暫存器(Receive Buffer Register)中，RBR 暫存器內資料可選擇透過 A-law 或 u-law 壓縮/解壓縮器處理，然後再送至 **DRR** 暫存器中(Data Receive Register)，最後由 CPU 或 DMA 控制器透過 16 位元的週邊匯流排將資料讀出，所以接收端共用了 3 個暫存器來作輸入資料的緩衝器。CPU 或 DMA 控制器傳出資料或接收資料是利用中斷方式進行，在接收資料部分，當資料由 RBR 拷貝至 DRR 時，McBSP 會產生中斷訊號 RINT 給 CPU，或產生接收同步事件訊號 REVT 給 DMA，用來告訴 CPU 或 DMA 控制器可以去暫存器 DRR 讀取資料了，如圖 9-2 所示接收功能方塊圖。

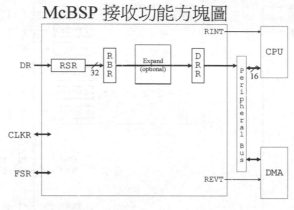

McBSP 接收功能方塊圖

圖 9-2　McBSP 接收功能方塊圖

　　至於傳出資料方面，CPU 或 DMA 控制器先將資料傳送至 **DXR** 暫存器 (Data Transmit Register)，再拷貝至 **XSR** 暫存器(Transmit Shift Register)中，最後由 DX 接腳將資料串列輸出，在傳出資料部分，當資料由 DXR 拷貝至 XSR 時，McBSP 會產生中斷訊號 RINT 給 CPU，或產生傳出同步事件訊號 XEVT 給 DMA，用來告訴 CPU 或 DMA 控制器可以將傳出資料寫入至 DXR 暫存器了，如圖 9-3 所示傳出功能方塊圖。傳送給 CPU 的 2 個中斷訊號以及傳送給 DMA 控制器的 2 個事件訊號如表 9-2 所示。

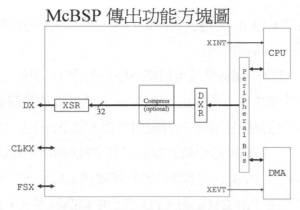

圖 9-3　McBSP 傳出功能方塊圖

表 9-2　中斷與同步事件名稱表

中斷名稱	說明
RINT	送至 CPU 的接收中斷
XINT	送至 CPU 的傳出中斷
REVT	送至 DMA 的接收同步事件
XEVT	送至 DMA 的傳出同步事件

　　此種多級緩衝的傳輸方式使得晶片內的資料搬移和外部的資料傳輸可以同時進行。除了上述的資料傳輸暫存器外，還有一些暫存器是用來規劃 McBSP 的工作模式以及傳輸的資料格式，這些控制暫存器的功能包括有內部時脈產生器、資料框同步訊號產生器以及多通道選擇暫存器。

　　對應 DR 接腳的資料輸入是以時脈 **CLKR** 來作資料的同步移位輸入，而對應 DX 接腳的資料輸出是以時脈 **CLKX** 來作資料的同步移位輸出，這是兩個獨立的通道可以分別控制，所以可以以全雙工的方式，同時可以在不同的傳輸率下進行資料的傳輸，由此可知資料是可以同時作傳出及接收，並可以以不同的 CLKX 及 CLKR 時脈頻率來作資料傳遞。同時為了達到串列訊號多工傳輸(多通道資料串列傳輸)，因此必須使用資料框同步傳出/接收時脈 FSX(Frame Synchronization Transmit)和 FSR(Frame Synchronization Receive)來作多通道資料存取控制。另外還有一個可由外部輸入的 CLKS 時脈來源輸入接腳，後面會有章節詳細說明 CLKR、CLKX、FSR、FSX 與 CLKS 彼此間與取樣率產生器(sample rate generator)的關係。

C5000 DSP 其中一個特點是可以將 ADC 輸出的串列資料透過此 McBSP 作資料傳輸，利用產生同步事件訊號 REVT/ XEVT 而直接觸發 DMA 來作資料的搬移或存取，這是屬於 DSP 內部硬體動作，而不假手於 CPU 來處理，也就是說 McBSP 不必使用前述中斷的方式來令 CPU 對所傳輸的資料一筆一筆的搬移，而可以透過 McBSP 的事件訊號直接觸發 DMA 來存取一組資料，等到搬移到某個數量後才由 DMA 對 CPU 發出中斷訊號要求 CPU 來處理就可以，這樣可以分擔 CPU 的工作量進而提高 CPU 工作效率，例如對 ADC 輸入的資料執行 FFT 的運算，假設所抓取的是 1024 點資料，這些資料不必由 CPU 親自作 1024 次的資料搬移，而可以透過 McBSP 與 DMA 直接作此 1024 點的資料搬移，等 DMA 對這些資料搬完後再發出中斷訊號給 CPU 告知已抓取完畢後，CPU 再來作後續的 FFT 運算處理，因此 CPU 不必插手於較為浪費時間的資料輸入上，而能有足夠的時間去處理較為重要的事情。另外像 C5000 DSP 它的 McBSP 在傳輸通道上具備有壓縮/解壓縮器(Compander)硬體線路，可以直接對接收的語音信號執行壓縮與解壓縮的動作。

9-2 串列資料傳輸格式

圖 9-4 所示為 McBSP 同步時脈與資料框同步訊號基本的傳輸程序，資料位元是由串列埠 DR/DX 接腳做資料的傳輸，串列同步時脈 CLKR 和 CLKX 用來同步傳輸位元間彼此的邊界，而框同步訊號 FSR 和 FSX 則用來定義一個串列資料傳輸的起始位置。在資料框同步傳輸上 McBSP 內有許多的參數需要設定，傳出與接收程序可以分別設定，這些參數包括有：

1. FSR、FSX、CLKX 和 CLKR 的極性。
2. 選擇單時相或雙時相資料框傳輸。

3. 每一個資料框所傳輸的字元數(words)。

4. 每一個字元所含的位元數(bits)。

5. 從框同步訊號致能後至第一筆傳輸資料間的位元延遲，可設定為 0-, 1- 或 2-位元延遲。

6. 接收資料的左右調整、符號擴展或是填 0。

在本節中我們依序說明這些參數如何定義的。

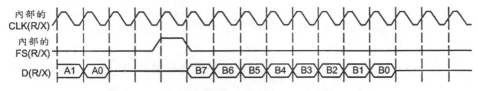

圖 9-4 框同步訊號與同步時脈的傳輸程序示意圖

9-2.1 位元、字元、資料框

串列資料傳輸最基本的單元是位元(bit)，一個接著一個的位元傳輸是由串列同步時脈 CLKR 和 CLKX 所同步，數個位元組成一個字元(word)傳輸，而資料封包的傳輸是以字元為組成單位，而其傳輸的起始位置是由框同步訊號 FSR 和 FSX 來定義的，如圖 9-5(上)所示，數個字元組成一個資料框(frame)傳輸，如圖 9-5(下)所示。

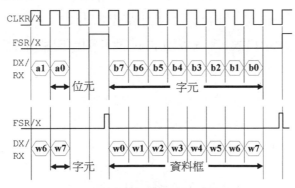

圖 9-5 串列資料傳輸格式示意圖

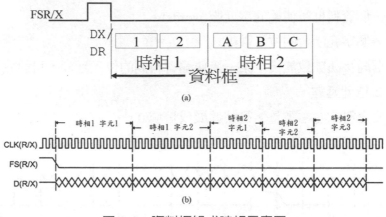

圖 9-6　資料框組成時相示意圖

　　資料框同步訊號(FSR, FSX)是為了定義所傳輸的資料它的開始位置，接在資料框同步訊號之後的資料可以有 2 個時相(phase)，即時相 1 和時相 2，但也可以只有一個時相，時相數目的選擇這是由 RCR2 和 XCR2 兩個暫存器(參考圖 9-7/9-8)內的 RPHASE 和 XPHASE 位元來分別定義接收和傳出資料的時相數目，如果(R/X)PHASE=0，表示為單一時相的資料框，若(R/X)PHASE=1 則表示為 2 個時相的資料框，例如圖 9-6(a)所示為雙時相資料框示意圖。

　　每一個時相內所傳輸的字元數目，以及每一個字元內是由多少個位元所組成，是可以個別設定的，它是由RCR[1,2]和XCR[1,2]暫存器內的RFRLENx(x=1或 2)和 XFRLENx 位元分別設定接收和傳出資料框的每一個時相是由多少個字元所組成，而 RWDLENx 和 XWDLENx 位元則是用來分別設定接收和傳出資料框內每一個字元是由多少個位元所組成(如表 9-3 所示)，它是由 3 位元所組成，000b 表示一個字元由 8 個位元所組成，001b 表示一個字元由 12 個位元所組成，以此類推。RFRLENx 和 XFRLENx 是由 7 位元所組成，所以它最大可設定一個時相有 128 個字元，如下所示。

　　(R/X)FRLENx=000 0000每一時相1個字元

　　(R/X)FRLENx=000 0001每一時相2個字元

....

(R/X)FRLENx=111 1111每一時相128個字元

　　所以我們可以知道如果是單一時相的資料框作傳輸時((R/X)PHASE=0)，一個資料框最多可傳輸 128 個字元，但如果是 2 個時相的資料框作傳輸時((R/X)PHASE=1)，一個含有 2 個時相的資料框最多可傳輸 256 個字元，例如圖 9-6(b)所示為雙時相資料框，第一個時相包含 2 個字元，每一個字元由 12 個位元所組成，第二個時相包含 3 個字元，每一個字元由 8 個位元所組成，注意此例中資料框中的位元是相鄰連續的，每一個時相間不存在有位元空隙的。

表 9-3　字元長度定義

(R/X)WDLENx(x=1 或 2)	傳輸字元長度(位元)
000	8
001	12
010	16
011	20
100	24
101	32
110	保留
111	保留

　　圖 9-7 與圖 9-8 所示為接收/傳輸控制暫存器 RCR[1,2](即表示 RCR1 和 RCR2 兩個暫存器)，表 9-4 所示在接收/傳輸控制暫存器 RCR[1,2]與 XCR[1,2] 內設定傳輸字元數與字元所含位元數的設定位元符號。

15	14		8	7	5	4		0
rsvd	RFRLEN1			RWDLEN1		reserved		
R,+0	RW,+0			RW,+0		R,+0		

15	14		8	7	5	4	3	2	1	0
RPHASE	RFRLEN2			RWDLEN2		RCOMPAND		RFIG		RDATDLY
RW,+0	RW,+0			RW,+0		RW,+0		RW,+0		RW,+0

圖 9-7　接收控制暫存器 RCR1(上)，RCR2(下)

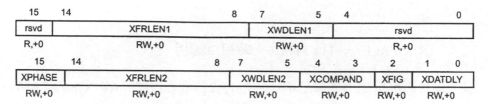

圖 9-8　傳出控制暫存器 XCR1(上)，XCR2(下)

表 9-4　設定傳輸字元數與字元所含位元數的位元符號

McBSP 0/1/2	時相	RCR[1,2]與 XCR[1,2]暫存器	
		字元/每一時相	位元/每一字元
接收	1	RFRLEN1	RWDLEN1
接收	2	RFRLEN2	RWDLEN2
傳出	1	XFRLEN1	XWDLEN1
傳出	2	XFRLEN2	XWDLEN2

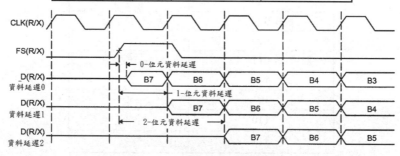

圖 9-9　資料延遲示意圖

9-2.2　資料延遲

　　一個資料框傳輸的起始位置是從接受到框同步脈波訊號的第一個時脈開始，但實際上如有需要是可以將傳輸資料的開始位置延遲一個或二個位元，這個延遲稱為資料延遲(data delay)。接收/傳出控制暫存器(R/X)CR2 內的 RDATDLY 和 XDATDLY 位元分別用來設定資料接收和傳出的資料延遲，它是由 2 個位元所組成：

1.　若(R/X)DATDLY=00b表示 0-位元資料延遲。

2.　若(R/X)DATDLY=01b表示 1 位元資料延遲

3.　若(R/X)DATDLY=10b表示 2 位元資料延遲

4.　若(R/X)DATDLY=11b保留

　　如圖 9-9 所示為 0-位元、1 位元及 2 位元資料延遲的示意圖，基本上是選擇 1 位元資料延遲，因為在許多應用中傳輸資料是緊接在框同步脈波訊號之後。

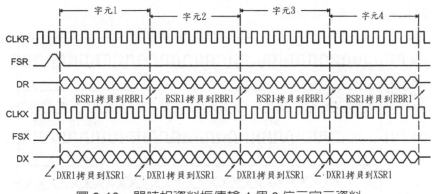

圖 9-10　單時相資料框傳輸 4 個 8 位元字元資料

9-2.3　資料封包傳輸

　　資料框長度與字元長度能夠有效地用來處理封包資料(pack data)，例如圖 9-10 所示為在單時相資料框傳輸 4 個 8 位元字元資料，CPU 或 DMA 需要從 DRR1 執行 4 個讀取或至 DXR1 執行 4 個寫入，傳輸參數設定如下所示：

1.　(R/X)PHASE = 0，表示單時相資料框

2.　(R/X)FRLEN1 = 000 0011b，定義每一資料框包含 4 個字元

3.　(R/X)FRLEN2 = X(忽略其值，因為是單時相傳輸)

4.　(R/X)WDLEN1 = 000b，定義每字元含有 8 個位元

　　相同的傳輸資料流，若傳輸參數設定如下所示：

1.　(R/X)PHASE = 0，表示單時相資料框

2.　(R/X)FRLEN1 = 000 0000b，定義每一資料框包含 1 個字元

3. (R/X)FRLEN2 = X

4. (R/X)WDLEN1 = 101b，定義每字元含有 32 個位元

圖 9-11 所示為在單時相資料框傳輸 1 個 32 位元字元資料(D(X/R)R2 必須比 D(X/R)R1 先寫入或讀取)，在此情形下 CPU 或 DMA 分成 2 個 16 位元資料來讀取(或寫入)，所以從 DRR2、DRR1 執行 2 個讀取或至 DXR2、DXR1 執行 2 個寫入，與前例相比較，本例中只需要一半的讀取/傳出數目(量)，可以減少串列傳輸佔用匯流排的時間。

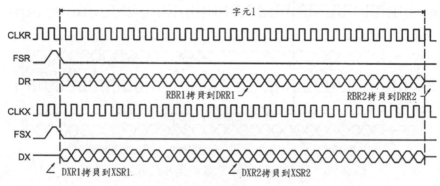

圖 9-11　單時相資料框傳輸 1 個 32 位元字元資料

9-2.4　多時相資料框傳輸範例-AC97

圖 9-12 所示是一個使用雙時相資料框傳輸的例子－AC97(Audio Codec'97)標準，第一個時相包括一個 16 位元字元，第二個時相包括 12 個 20 位元的字元，注意！框同步訊號與第一個字元重疊在一起，傳輸參數設定如下所示

1. (R/X)PHASE = 1，雙時相資料框

2. (R/X)FRLEN1 = 000 0000b，代表時相 1 每一個資料框僅含有 1 個字元

3. (R/X)WDLEN1 = 010b，代表時相 1 每一個字元為 16 位元

4. (R/X)FRLEN2 = 000 1011b，代表時相 2 每一個資料框僅含有 12 個字元

5. (R/X)WDLEN2 = 011b，代表時相 2 每一個字元為 20 位元

6. CLK(R/X)P = 0，代表接收資料是在 CLKR 同步時脈的下降緣有效，而

傳出的資料是在 CLKX 同步時脈的上升緣有效

7. FS(R/X)P = 0，表示資料框同步訊號 FS(R/X)是高電位致能

8. (R/X)DATDLY=01b，代表 FS(R/X)致能後，延遲一個同步時脈 CLK(R/X) 後，才是有效的傳輸資料

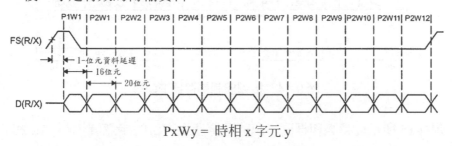

PxWy = 時相 x 字元 y

圖 9-12　AC97 雙時相資料框傳輸格式

在串列 McBSP 的傳輸中，框同步訊號由低電位到高電位的轉換事實上是代表資料框同步的開始，基於這個理由，框同步訊號可以維持在高電位上任意個數目的位元時脈(bit-clock)，而且只有在 FS(R/X)由低電位轉換到高電位時，才表示是下一個資料框傳輸的開始，另外圖 9-13 所示為 AC97 靠近框同步訊號處的時序圖形。

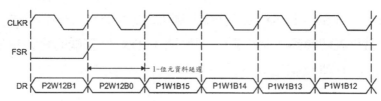

圖 9-13　AC97 靠近框同步訊號處的時序圖

9-2.5　框(frame)與時脈(clock)的操作

接收與傳出資料框同步訊號(FSR、FSX)可以由內部的取樣率產生器來產生(FSR、FSX 作為輸出接腳)，亦或是由外部的來源來輸入(FSR、FSX 作為輸入接腳)，框同步訊號的來源是由設定接腳控制暫存器 PCR 內的 FS(R/X)M 位

元來選擇，同樣地接收與傳出時脈(CLKR、CLKX)也能夠藉由設定接腳控制 PCR 暫存器內的 CLK(R/X)M 位元來選擇是輸入或是輸出，接腳控制暫存器 PCR 如圖 9-14 所示。

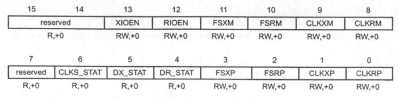

15	14	13	12	11	10	9	8
reserved		XIOEN	RIOEN	FSXM	FSRM	CLKXM	CLKRM
R,+0		RW,+0	RW,+0	RW,+0	RW,+0	RW,+0	RW,+0

7	6	5	4	3	2	1	0
reserved	CLKS_STAT	DX_STAT	DR_STAT	FSXP	FSRP	CLKXP	CLKRP
R,+0	R,+0	R,+0	R,+0	RW,+0	RW,+0	RW,+0	RW,+0

圖 9-14　接腳控制暫存器 PCR

　　圖 9-15 所示為時脈與框同步訊號選擇產生方法的示意圖，當 FSR 和 FSX 接腳端作為輸入時(即 FSXM=FSRM=0，使用 DSP 晶片外部的框同步訊號)，McBSP 會在內部時脈 CLKR 和 CLKX 的下降緣(falling edge)時偵測這些訊號，而在 DR 接腳的資料也是在內部 CLKR 的下降緣時去取樣進來，但是可以由軟體設定延遲 1 或 2 個位元(參考 9-2.2 小節之說明)，注意！這些內部的時脈訊號可以選擇由 DSP 晶片外部的 CLK(R/X)接腳或 FS(R/X)接腳輸入或是由內部的取樣率產生器產生來提供。

　　若 FSR 和 FSX 接腳端作為輸出時，這意謂著必須是由內部的取樣率產生器產生來提供，FSR 和 FSX 是在內部時脈 CLK(R/X)的上升緣(rising edge)時所產生(也就是說轉換到致能狀態)，同樣地在 DX 接腳端的資料也是在內部 CLKX 時脈上升緣時輸出去的。

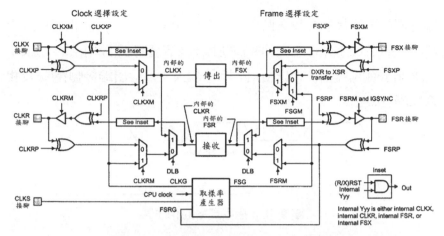

圖 9-15　時脈與框同步訊號選擇方塊圖

　　PCR 暫存器內的旗號位元 FSRP、FSXP、CLKRP 和 CLKXP 是用來定義 FSR、FSX、CLKR 和 CLKX 這些訊號的極性的(polarity)，注意！所有從內部到串列埠輸出端的框同步訊號(內部的 FSR、FSX)都屬於高電位致能的(active high)。假設串列埠規劃為使用外部的框同步訊號(即 FSR/FSX 為輸入端接腳)，同時假設 FSRP=FSXP=1，那麼外部輸入的框同步訊號必須是低電位致能的，這樣才能在送至接收器(內部的 FSR)和傳出器(內部的 FSX)之前會先被反相成為高電位致能的。但是若假設 FSRP=FSXP=0，那麼外部輸入的框同步訊號必須是高電位致能的，這樣內部的 FSR 和 FSX 也一樣是高電位致能的。

　　同樣地如果是選取內部的框同步訊號(即 FSR/FSX 為輸出端接腳，且 GSYNC=0)，若假設 FSRP=FSXP=1，在送至 FSR/FSX 接腳端之前，內部的高電位致能的框同步訊號 FSR/FSX 會先被反相成為低電位致能的。但若假設 FSRP=FSXP=0，則送至 FSR/FSX 接腳端的訊號極性與內部的框同步訊號 FSR/FSX 的極性一樣(同為高電位致能的)。

　　在傳出器這一側，傳出時脈極性位元 CLKXP 是用來設定用於資料移位與傳出的轉換緣(edge)，注意！資料總是在內部的 CLKX 的上升緣時傳送出去的，如果 CLKXP=1，CLKXM=0(設定 CLKX 接腳為輸入)，則在 CLKX 接腳輸入端外部的下降緣觸發輸入時脈在送至傳出器之前會被反相轉換成上升緣觸發時脈。如果 CLKXM=1，則內部的上升緣觸發時脈(即內部的 CLKX)在送至 CLKX 接腳輸出端前(CLKXM=1，設定 CLKX 為輸出端接腳)會被反相轉換成下降緣觸發時脈。

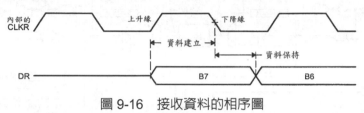

圖 9-16 　接收資料的相序圖

　　至於接收器這一側，接收時脈極性位元 CLKRP 是用來設定取樣接收資料的轉換緣(edge)，注意！接收資料總是在內部的 CLKR 的下降緣時取樣進來的，因此如果 CLKRP=1，CLKRM=0(設定 CLKR 接腳為輸入)，則在 CLKR 接腳輸入端外部的上升緣觸發輸入時脈在送至接收器之前會被反相轉換成下降緣觸發時脈。如果 CLKRM=1，則內部的下降緣觸發時脈(即內部的 CLKR)在送至 CLKR 接腳輸出端前(CLKXM=1，設定 CLKR 為輸出端接腳)會被反相轉換成上升緣觸發時脈。

　　注意！若系統中接收器與傳出器使用相同的內部或外部的時脈，那麼需設定 CLKRP = CLKXP，這就意謂著接收器與傳出器彼此使用相反的轉換緣，這是為了確保資料在轉換緣附近有正確的建立(setup)與保持(hold)時序，圖 9-16 所示是接收器在下降緣時取樣資料，而外部串列裝置是上升緣時傳送資料的。

9-3 　McBSP 標準傳輸程序

　　串列傳輸是由框同步脈波(FSR 或 FSX)所開始，圖 9-17 所示為一單時相資料框傳輸時序，圖中顯示它是設定為一個位元延遲，所以在框同步脈波 FSR/FSX 致能高電位後，在 DX 或 DR 接腳上的資料才是有效的傳輸資料，圖

9-17 的傳輸時序假設是作了以下的一些設定：

1.　(R/X)FRLEN1 = 000 0000b，代表每一個資料框僅含一個字元

2.　(R/X)PHASE = 0，表示單時相的資料框

3.　(R/X)FRLEN2 = X，(R/X)WDLEN2 = X，X 表示可忽視不予設定，因為此為單時相傳輸

4.　(R/X)WDLEN1 = 000b，代表每一個字元為 8 位元資料

5.　CLK(R/X)P = 0，代表接收的資料是在 CLKR 同步時脈的下降緣有效，而傳出的資料是在 CLKX 同步時脈的上升緣有效

6.　FS(R/X)P = 0，資料框同步訊號 FS(R/X)是在高準位致能(active-high)啟動

7.　(R/X)DATDLY = 01b，代表一個位元的延遲，即框同步訊號 FS(R/X)致能後的資料才是有效資料

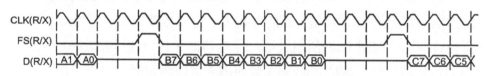

圖 9-17　McBSP 標準的傳輸程序

⏻ 9-3.1　接收時序

圖 9-18 所示為接收傳輸時序的例子，當接收資料框同步訊號 FSR 高電位致能啟動後，此訊號在接收同步時脈 CLKR 的第一個下降緣會被偵測到，因為是設定一個位元的延遲，所以隨後馬上對應將 DR 接腳上所接收到的資料在下一個同步時脈 CLKR 下降緣時將其移入接收移位暫存器 RSR[1,2]內，當接收完一個字元後(8 位元～32 位元長)，會在每一個字元接收後的下一個同步時脈 CLKR 的上升緣時，將 RSR[1,2]內含資料拷貝入 RBR[1,2]內(假設上一個資料已經被搬移出到 DRR[1,2]內才可以)，隨後再下一個 CLKR 脈波的上升緣時將 RBR[1,2]的內含資料拷貝入 DRR[1,2]內，同時令接收備妥(RRDY)旗號位元

設定為 1，並對 CPU 產生接收中斷訊號 RINT，這意謂著資料接收暫存器 DRR[1,2]的內含資料此時可被 CPU 或 DMA 來讀取，所以可以在軟體中寫一個接收中斷副程式去 DRR[1,2]暫存器讀取資料，若當 DRR[1,2]內含已被讀取出時，會自動地將 RRDY 旗號位元清除 0。

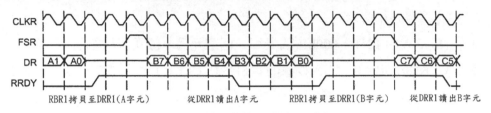

圖 9-18　標準接收時序示意圖

🔘 9-3.2　傳出時序

對應於圖 9-18 所示資料接收時序，圖 9-19 所示為資料傳出時序的例子，當傳出框同步訊號 FSX 高電位致能啟動後，存放於傳出暫存器 XSR[1,2]的內含資料會在每一個同步時脈 CLKX 的上升緣時，由 DX 接腳端輸出(此例中 XDATDLY 設定為一個位元延遲)，當傳出完成所設定的字元後，會在下一個同步時脈 CLKX 的下降緣時令 XRDY 旗號位元設定為 1，也就是說 DXR[1,2]的內含資料可以被寫入到 XSR[1,2]暫存器內以便於準備下一個字元資料的傳出，DXR[1,2]的內含資料複製到 XSR[1,2]暫存器內同時對 CPU 產生傳出中斷信號 XINT，此時可以在軟體中寫一個傳出中斷副程式將資料寫入到暫存器 DXR[1,2]內。當新的一筆要傳出的資料被 CPU 或 DMA 寫入到 DXR[1,2]暫存器內時，此時 XRDY 旗號位元就會被清除為 0，意謂著有一筆新的資料在 DXR[1,2]暫存器內準備要傳出。

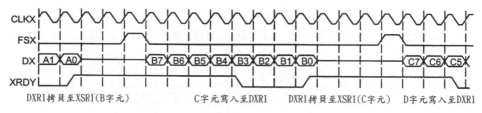

圖 9-19　標準傳出時序示意圖

⏻ 9-3.3　資料框訊號的最大頻率

資料框同步頻率是由資料框訊號間的位元-時脈數目所決定：

$$資料框頻率 = \frac{位元-時脈頻率}{資料框訊號間的位元-時脈數目}$$

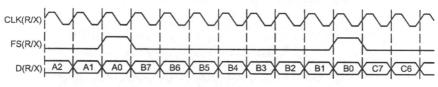

圖 9-20　最大的傳出/接收資料框頻率((R/X)DATDLY=1)

　　所以減少資料框同步訊號 FS(R/X)間的位元-時脈數目可以增加資料框同步訊號的頻率，但極限是位元-時脈數目最多只能減少到和每一資料框所含的位元數相同，此時傳輸資料間沒有空餘的位元-時脈存在，如圖 9-20 所示，此時也是最大的資料框同步頻率。

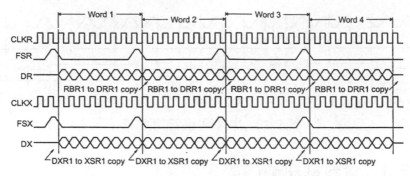

圖 9-21　8 位元字元的最大頻率封包傳輸

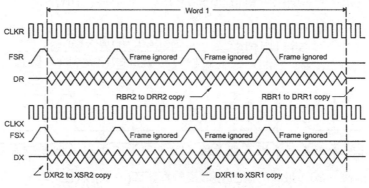

圖 9-22　最大頻率封包傳輸((R/X)FIG=1)

9-3.4　忽略資料框同步訊號

　　當以最大的資料框同步頻率傳輸時，資料流是連續地一個接著一個傳輸，此時框同步時脈訊號 FSR/X 基本上是多餘的，理論上只要一個初始的框同步時脈訊號即可，McBSP 有支援像這類情形的串列資料傳輸，它藉由設定 (R/X)CR2 暫存器內的(R/X)FIG 位元為 1 來達成忽略連續的框同步時脈訊號，直到所需的資料框或字元數傳輸完成為止，例如圖 9-21 所示為每一資料框僅含 1 個 8 位元字元，所以對每一個 8 位元字元都需要一個讀取或寫入傳輸，但圖 9-22 則設定(R/X)FIG=1，也就是在第一個框同步訊號之後忽略隨後的框同步訊號，所以可以視為連續的一個 32 位元字元傳輸，只需要 2 個讀取或寫入傳輸，比起圖 9-21 來有效地減少了所需的匯流排頻寬的 2 分之 1。

　　(R/X)FIG 位元也可以使用來忽略多餘的(unexpected)框同步時脈訊號，在資料框傳輸過程中，如果又出現了框同步訊號，那麼這樣的框同步訊號就可視為多餘的。圖 9-23 所示為當(R/X)FIG=0 時，字元 B 受到預料不到的框同步時脈訊號所中斷，會拋棄 RSR 的內含資料以利新的資料接收進來，所以字元 B 被遺漏了(只傳了 2 個位元 B7 和 B6)，而字元 C 被接收了，此為接收同步錯誤的情況，會使得 SPCR1 暫存器內的 RSYNCERR 位元設定為 1。至於傳出部分，字元 B 的傳輸被取消，但相同的字元 B 資料被重新傳出，此為傳出同步錯誤的情況，會使得串列埠控制暫存器 SPCR2 暫存器內的 XSYNCERR 位元設定為 1。而圖 9-24 所示為設定(R/X)FIG=1 的情形，此時多餘的框同步時脈訊號被忽略而不會影響到字元 B 的傳輸。

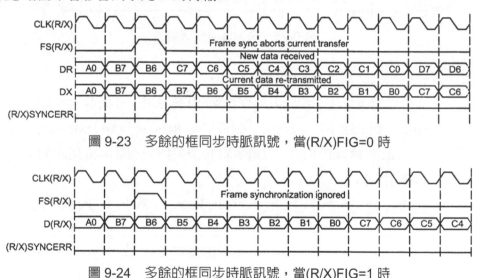

圖 9-23　多餘的框同步時脈訊號，當(R/X)FIG=0 時

圖 9-24　多餘的框同步時脈訊號，當(R/X)FIG=1 時

　　有 5 種情況會造成串列傳輸的錯誤，它們是：

1.　接收過載情形(RFULL=1)：

　　　　此種發生於當上一個由 RBR 拷貝到 DRR 的資料尚未被讀取，所以在 RBR 新的字元無法傳到 DRR，而另一個新的字元已由 DR 端輸入至 RSR，再進來的字元資料就會覆蓋掉 RSR 內的資料，會設定 RFULL 位元為 1 表示傳輸錯誤，直到 CPU 或 DMA 對 DRR[1,2]暫存器作資料讀取後才會重設為 0，如圖 9-25 所示。圖中顯示在 RRDY 位元上升為 1 此表示 A 字元已在 DRR 暫存器內可被 CPU 讀取，B 字元會在 RBR 暫存器內，C 字元會在 RSR 暫存器內，由於 DRR 暫存器內的 A 字元一直未被讀取，所以 RFULL 位元會被設定為 1 表示接收錯誤，再進來的 D 字元就會覆蓋掉 RSR 暫存器內的 C 字元。

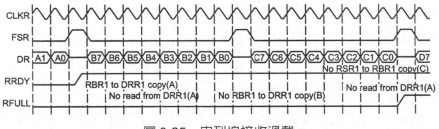

圖 9-25　串列埠接收過載

2.　多餘的接收框同步訊號(RSYNCERR=1)：

此種錯誤發生在接收串列資料期間，當 RFIG=0 而發生多餘的接收框同步訊號 FSR 時，因為上一個資料從 RBR 拷貝到 DRR，所以新的資料從 RSR 拷貝到 RBR，但這資料會遺失掉，如圖 9-26 所示的字元 B 資料會遺失掉。

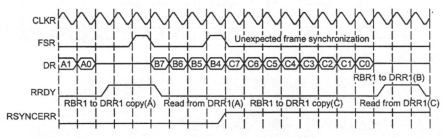

圖 9-26　多餘的接收框同步訊號

3.　傳出資料過載寫入：

此錯誤發生於 DXR 內資料未傳出至 XSR 暫存器前又被寫入新資料時，如圖 9-27 所示將字元 C 寫入 DXR1，接著在字元 C 尚未拷貝至 XSR1 之前又將字元 D 寫入 DXR1，於是字元 C 不會從 DX 端傳送出去，也就是遺失掉了。

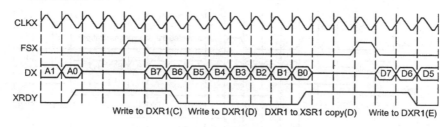

圖 9-27　傳出資料的過載寫入

4.　傳出空白($\overline{\text{XEMPTY}}$=0)：

如果一個新的框同步訊號 FSX 到達前新的傳出資料尚未載入到 DXR 內，那麼會將 $\overline{\text{XEMPTY}}$ 位元設定為 0，原暫存器 DXR 內的資料會被再傳送一次，直到新的資料載入到 DXR 內為止，如圖 9-28 所示，圖中顯示 B 字元被傳送了 2 次，原因即是 CPU 或 DMA 尚未把欲傳送的 C 字元載入到 DXR 暫存器內。

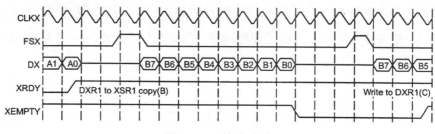

圖 9-28　傳出空白

5.　多餘的傳出框同步訊號(XSYNCERR=1)：

此種錯誤發生在傳出串列資料期間，若 XFIG 設定為 0 而當發生多餘的傳出框同步訊號 FSX 時，會將 XSYNCERR 位元設定為 1，同時會造成正在傳出的資料被取消,而重新傳出,因爲上一個資料從 DXR 拷貝到 XSR,如果新的資料已寫入到 DXR,那在 XSR 暫存器內的資料會遺失掉,如圖 9-29 所示的字元 C 資料會遺失掉。圖中顯示 B 字元正在由 DX 接腳端傳出時,產生了一個多餘的框同步信號 FSX,使得字元 B 重新被傳出,至於已經寫入到 DXR 暫存器內的 C 字元就會遺失掉。

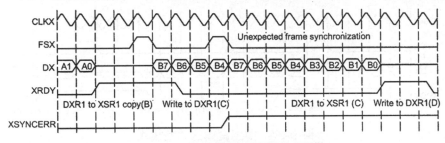

圖 9-29　多餘的傳出框同步訊號

9-4　u-law/A-law 壓縮與解壓縮

壓縮與解壓縮器 compand(是 COMpress 和 exPAND 的縮寫)爲一硬體結構,用於 u-law 或 A-law 格式的傳輸資料壓縮與解壓縮,適用於美國和日本的標準壓縮格式爲 u-law,而適用於歐洲的標準壓縮格式爲 A-law,A-law 和 u-law 的動態範圍分別爲 13 和 14 位元,任何超出這個動態範圍的值會被設定爲正的最大值或負的最大值,所以爲了使壓縮/解壓縮器工作的很好,由 McBSP 傳給 CPU 或 DMA 的資料,或是由 CPU 或 DMA 寫入 McBSP 的資料至少必須是 16 位元大小。

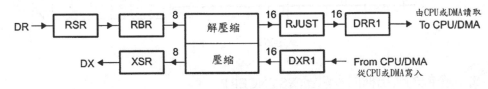

圖 9-30　壓縮與解壓縮的流程圖

圖 9-30 所示為 McBSP 中資料壓縮與解壓縮的流程,壓縮後的資料為帶符號 8 位元大小,而解壓縮後的資料若是 u-law 標準應是 14 位元,若是 A-law 標準應是 13 位元,以接收端 DR 而言,所輸入的資料是壓縮後的 8 位元資料,因此串列接收字元長度 RWDLEN[1,2]必須設定為 000b(8 位元),而經由 u-law 或 A-law 解壓縮程序後的資料應為 14 位元或 13 位元,但因為暫存器 DRR1 為 16 位元大小,所以必須將資料作左移位處理,剩下的 2 或 3 位元自動補 0,此時的位元調整設定 RJUST 將予以忽略,如圖 9-31 所示。同樣地由 CPU 或 DMA 寫入到暫存器 DXR1 的內含值,在由接腳端 DX 傳出之前,也是作類似前述的左移位調整,經由壓縮後轉為 8 位元的壓縮資料,載入 XSR 暫存器中再由 DX 接腳串列輸出。

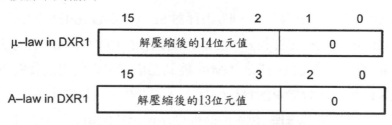

圖 9-31　u-law/A-law 解壓縮後傳輸格式

9-4.1　壓縮內部資料

　　如果 McBSP 不作串列傳輸時(串列埠被重置時),壓縮/解壓縮器可用來壓縮內部資料,這可以用來作:

1. 將線性資料轉換成適當的 A_law 或 u_law 格式。

2. 將 A_law 或 u_law 資料格式轉換成線性資料格式。

3. 藉由傳輸線性資料和壓縮及解壓縮這些資料後觀察壓縮/解壓縮器的量化效應,此時必須將 XCOMPAND 及 RCOMPAND 設定為同一個壓縮格式時才能使用。

　　圖 9-32 所示為二種可用於壓縮內部資料的方法,這二種方法的資料路徑敘述如下:

1. 當串列埠的傳出及接收部分同時被重置時，DRR1 及 DXR1 會在內部透過壓縮/解壓縮器連結在一起，從 DXR1 來的值經過由 XCOMPAND 所設定的壓縮器壓縮後，然後連接到由 RCOMPAND 所設定的解壓縮器解壓縮後回到 DRR1，注意！RRDY 及 XRDY 旗號位元不會被設定為 1，然而 DRR1 內的資料會在資料被寫入 DXR1 後的 4 個 CPU 執行時脈後才會有效，這種方法最大的好處是它的速度快，缺點是沒有同步訊號可以讓 CPU 或 DMA 來同步控制整個流程，注意！如果 (X/R)COMPAND 設定於 10b，即是使用 u-law 作壓縮/解壓縮器，若 (X/R)COMPAND 設定於 11b，則是使用 A-law 作壓縮/解壓縮器，DRR1 及 DXR1 會在內部連接在一起。

2. 若 DLB 旗號位元設定為 1 時(暫存器 SPCR1 之位元 15)，則啟動數位回接(Digital Loop Back)模式，適當的設定(X/R)COMPAND 位元就能致能壓縮了，此時 CPU 或是 DMA 控制器仍然可以利用接收與傳出中斷 RINT 和 XINT(當 RINTM=0 及 XINTM=0)，或是同步事件(REVT 及 XEVT)進行同步處理，壓縮的時間則由所選擇的串列位元速率來決定。

一般 McBSP 的資料傳出或接收是以 MSB 位元開始傳輸的，如果設定 (R/X)COMPAND 的值為 01b 時，將不壓縮資料而且是由 LSB 位元作起始傳輸的。

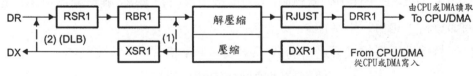

圖 9-32 壓縮內部資料流程示意圖

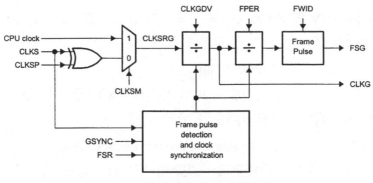

圖 9-33　取樣率產生器功能方塊圖

 ## 9-5　取樣率產生器

　　取樣率產生器是由三階時脈除頻器所組成，允許用軟體程式來規劃如圖 9-33 所示的資料位元時脈訊號 CLKG 以及資料框訊號 FSG，CLKG 和 FSG 為 McBSP 內部的訊號，可被規劃用來產生接收或傳出時脈 CLKR/X 和資料框同步訊號 FSR/X。此取樣率產生器的輸入訊號來源可規劃為內部 CPU 時脈，或是外部的 CLKS 訊號時脈輸入源。取樣率訊號產生器的三階除頻器規劃如下：

1. 時脈波除頻器(CLKGDV)：產生資料位元-時脈(bit-clock)的 CPU 或外部輸入時脈的除頻值，出廠值為 1。

2. 框週期除頻器(FPER)：在資料位元時脈間，產生框同步訊號 FSR/X 的週期設定值。

3. 框同步訊號寬度計數器(FWID)：在資料位元時脈期間，設定框同步訊號致能時的寬度。

圖 9-34　取樣率產生器暫存器 1(SRGR1)

其中 CLKGDV 和 FWID 是由取樣率產生器暫存器 1(SRGR1)所設定，其格式如圖 9-34 所示，位元定義說明如下。

FWID(位元 15～8，Frame Width)

此設定值加 1 即爲框同步脈波 FSG 的寬度，8 位元大小可設定範圍爲 1 到 256 個 CLKG 週期，可參考圖 9-28 所示。

CLKGDV(位元 7～0，Sample rate generator clock devider)

此設定值用來將輸入的時脈波予以除頻，用來產生取樣率產生器所需的位元-時脈頻率，8 位元大小可設定除頻範圍從 1 到 256，出廠設定值爲 1。

15	14	13	12	11	0
GSYNC	CLKSP	CLKSM	FSGM		FPER
RW,+0	RW,+0	RW	RW,+0		RW,+0

圖 9-35　取樣率產生器暫存器 2 (SRGR2)

取樣率產生器暫存器 2(SRGR2)其格式如圖 9-35 所示，各位元定義說明如下。

1. **GSYNC**(位元 15，Sample rate generator clock synchronization)
   此位元僅在外加的 CLKS 用來驅動取樣率產生器時才有效(CLKSM=0)。
   GSYNC = 0，取樣率產生器時脈 CLKG 自由執行(free running)。
   GSYNC = 1，CLKG 照常執行，但在接收框同步化訊號 FSR 被偵測到後，CLKG 才被同步以及框同步訊號 FSR 也才被產生，同時框週期 FPER 的設定由於是由外部框同步訊號輸入而變成無效。

2. **CLKSP**(位元 14，CLKS polarity clock edge select)
   此位元僅使用在外部輸入時脈 CLKS 驅動取樣率產生器時才有用(當 CLKSM=0 時)。
   CLKSP = 0，在 CLKS 脈波上升緣時產生同步的 CLKG 和 FSG。
   CLKSP = 1，在 CLKS 脈波下降緣時產生同步的 CLKG 和 FSG。

3. **CLKSM**(位元 13, McBSP sample rate generator clock mode)
   用來設定選擇取樣率產生器的輸入時脈來源。

CLKSM = 0，取樣率產生器的時脈來源由 CLKS 接腳輸入。

CLKSM = 1，取樣率產生器的時脈來源由 CPU 時脈輸入。

4. **FSGM**(位元 12，Sample rate generator transmit frame-sync mode)

此位元僅使用在當 PCR 暫存器內 FSXM=1 時有效(FSX 設定為輸出接腳，參考圖 9-15)。

FSGM = 0，FSX 信號的產生是當 DXR[1,2]內含複製到 XSR[1,2]時，此時 FPR 及 FWID 的設定是無效的。

FSGM = 1，FSX 是由取樣率產生器的框同步訊號 FSG 所產生。

5. **FPER**(位元 11～0，Frame period)

這個設定值加上 1 即用來表示多少個 CLKG 時脈後，下一個框同步訊號轉為致能的週期大小(即設定產生框同步訊號的頻率)，12 位元大小可設定範圍從 1 到 4096。

⊙ 9-5.1　資料時脈產生

當 CLK[R/X]M=1(CLKX/CLKR 接腳為輸出接腳)時，資料時脈 CLK[R/X]是由內部取樣率產生器的輸出時脈 CLKG 所驅動，SRGR2 暫存器內的 CLKSM 位元是用來設定選擇取樣率產生器的輸入時脈來源，當 CLKSM=1 時，取樣率產生器的輸入時脈來源是由 CPU 時脈所提供，若 CLKSM=0 時，取樣率產生器的輸入時脈來源是由外部 CLKS 接腳輸入所提供。

取樣率產生器中第一階的除頻器是使用一個計數器來除頻，計數器初始值由 SRGR1 暫存器的 CLKGDV 位元值(位元 7～0)所定義，這一級的輸出即為資料的位元-時脈(bit-clock)，也就是取樣率產生器的輸出 CLKG，也是內部供給 CLKR，CLKX 的時脈，第一級除頻器的輸出也作為下二級除頻器的輸入。CLKG 的頻率為取樣率產生器輸入時脈頻率的 1/(CLKGDV+1)，因為 CLKGDV 為 8 位元大小，所以第一級的除頻值為 1～256 間。

前面提過當 CLKSM=0 時，取樣率產生器的輸入時脈來源是由外部接腳的輸入時脈 CLKS 而來，此種情形下 SRGR2 暫存器的 CLKSP 位元用來選擇產生位元-時脈 CLKG 和框同步訊號 FSG 時的 CLKS 轉換緣，注意！因為 CLKSRG 是在上升緣時產生 CLKG 和 FSG，所以當 CLKSP=0 時，是在 CLKS 的上升緣，或當 CLKSP=1 時, 是在 CLKS 的下降緣時使得位元-時脈 CLKG 和框同步訊號 FSG 產生轉態。

位元-時脈(bit clock)和框同步

當 CLKS 被選擇作為取樣率產生器的輸入(CLKSM=0)，SRGR2 暫存器的 GSYNC 位元能夠被使用來規劃 CLKG 相對於 CLKS 的時序(timing)，如果 GSYNC=1，FSR 上非致能-致能的轉態會觸發 CLKG 重同步動作，並且產生 FSG 訊號，CLKG 重同步後起使於高電位狀態。不管 FSR 時脈有多長，FSR 總在 CLKS 產生 CLKG 的轉態上被偵測，當 GSYNC=1，雖然是使用外部的 FSR，FSG 仍能用來驅動內部的接收框同步訊號。注意當 GSYNC=1，FPER 是不用的因為框同步訊號週期是由外部框同步時脈來決定的。

圖 9-36 所示為當 FWID=0，GSYNC=1 和 CLKGDV=1 時，CLKG 的重同步動作以及產生 FSG 訊號時序圖，而圖 9-37 則類似前圖 9-36，不同在於 CLKGDV=3 時的 CLKG 的重同步動作及產生 FSG 訊號的時序圖。

數位回接模式：DLB

由圖 9-48 所示當 SPCR1 暫存器內的位元 DLB=1 時，此為致能數位回接模式，也就是說 DR 與 DX，FSR 與 FSX 以及 CLKR 與 CLKX 在內部是連接在一起的，DLB 模式允許單一 DSP 元件作為串列埠的測試之用。

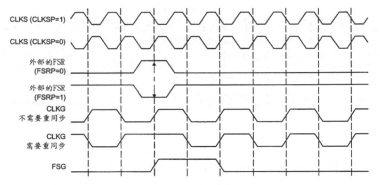

圖 9-36　當 GSYNC=1，CLKGDV=1 時 CLKG 重同步與 FSG 的產生

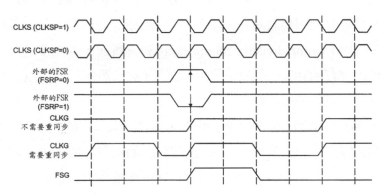

圖 9-37　當 GSYNC=1，CLKGDV=3 時 CLKG 重同步與 FSG 的產生

框同步訊號產生

　　若假設 FSGM=1 的話，當設定 SPCR2 暫存器的 $\overline{\text{FRST}}$ 位元為 1，將會致能框同步產生邏輯電路來產生框同步訊號。在傳出部分串列資料由 DXR 拷貝至 XSR 時會使得框同步訊號產生。使用 SRGR[1/2]暫存器可設定框同步脈波訊號的週期(period)和致能的寬度(width)，FPER 是一個 12 位元的下數計數器，它控制著框同步脈波訊號的週期，而 FWID 是一個 8 位元的下數計數器，它控制著框同步脈波訊號的寬度，當(FWID+1)的值下數計數到 0 時，會使得 FSG 為低電位，所以 FWID 是用來決定框同步脈波致能的寬度大小，同時(FPER+1)的值繼續下數計數到 0 時，當兩個計數同時下數到 0 時，會使得 FSG 為高電位，如圖 9-38 所示。

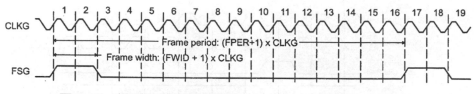

圖 9-38　框同步脈波訊號的週期(FPER=15)與寬度(FWID=1)

9-6　McBSP 多通道選擇控制

多通道傳輸控制必須將 McBSP 設定為單一時相傳輸模式下使用，McBSP 的多通道傳輸可分別選擇設定在傳出及接收端，每一資料框(frame)就代表了一個分時多工(TDM：time-division multiplexed)的資料流，這是多通道傳輸的基礎。(R/X)CR1 暫存器內表示資料框內所含字元數的設定位元(R/X)FRLEN1，它代表所選擇的有效通道總數。

當使用 TDM 的資料流時，CPU 可能僅需要去處理它們之中的一些，為了節省記憶體和匯流排的頻寬，多通道的選擇容許個別對一些通道的傳出及接收作單獨的致能，對總通道數達 128 個通道的資料流最多可以致能達 32 個通道。

1.　若一個接收通道沒有被致能時
    (1)　當接收到一個字元的最後一個位元時，RRDY 旗號位元不會被設定為 1，所以不會執行資料接收。
    (2)　接收到一個字元的最後一個位元時，RBR[1,2]的內含資料沒有複製到 DRR[1,2]中，於是 RRDY 旗號位元不會設定成 1，這個特性同時意謂著對應這個字元傳輸完成後不會有中斷或同步事件的產生。

2.　若一個傳出通道沒有被致能時
    (1)　DX 接腳在高阻抗狀態。
    (2)　在串列傳出相對字元的最後一個位元時，DXR[1,2]複製到 XSR[1,2]的資料轉移不會自動觸發產生。
    (3)　在串列傳出相對字元的最後一個位元時，也不會影響到 $\overline{\text{XEMPTY}}$

及 XRDY 二個旗號位元。

若一個傳輸通道被致能時，也可以將其資料遮蓋(masked)或是傳送出去，當遮蓋時，既使是傳出通道被致能時，DX 接腳也會被強迫成高阻抗狀態。

9-6.1　多通道傳輸運作控制暫存器

下列控制暫存器是使用於多通道傳輸運作中：

1.　多通道控制暫存器 1 和 2(MCR[1,2])。
2.　傳出通道致能分割 A/B 暫存器(XCER[A/B])。
3.　接收通道致能分割 A/B 暫存器(RCER[A/B])。

McBSP 多通道選擇是以分割成 A/B 二個各 16 通道來作通道群的設定，以 MCR1 暫存器設定接收通道中的 32 個通道，而以 MCR2 暫存器設定傳出通道中的 32 個通道，此 32 個通道群又可分別被(R/X)CER[A/B] 二個暫存器內的位元來分別設定致能或除能此 32 個通道中的任一個通道，因此這 6 個次位址暫存器可選擇 128 通道中的 2*16=32 個通道，再個別來致能此 32 通道的任一個通道。

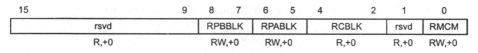

圖 9-39　多通道控制暫存器 1(MCR1)

MCR1 暫存器主要用於設定 128 個接收通道中的 32 個通道，其中 16 個通道屬於分割 A，另外 16 個通道屬於分割 B，另外可讀取現正在接收通道區塊的值(3 位元)，以及 128 通道的總致能控制，MCR1 控制暫存器內含位元如圖 9-39 所示，MCR1 暫存器各位元功能說明如下：

1.　**RPBBLK**(位元 8～7，Receive partition B block)

RPBBLK=00，區塊 1 為 16 通道到 31 通道。

RPBBLK=01，區塊 3 為 48 通道到 63 通道。

RPBBLK=10，區塊 5 為 80 通道到 95 通道。

RPBBLK=11，區塊 7 為 112 通道到 127 通道。

2.　**RPABLK**(位元 6～5，Receive partition A block)

RPABLK=00，區塊 0 為 0 通道到 15 通道。

RPABLK=01，區塊 2 為 32 通道到 47 通道。

RPABLK=10，區塊 4 為 64 通道到 79 通道。

RPABLK=11，區塊 6 為 96 通道到 111 通道。

3.　**RCBLK**(位元 4～2，Receive current block，僅可被讀取)

RCBLK=000，區塊 0 為 0 通道到 15 通道。

RCBLK=001，區塊 1 為 16 通道到 31 通道。

RCBLK=010，區塊 2 為 32 通道到 47 通道。

RCBLK=011，區塊 3 為 48 通道到 63 通道。

RCBLK=100，區塊 4 為 64 通道到 79 通道。

RCBLK=101，區塊 5 為 80 通道到 95 通道。

RCBLK=110，區塊 6 為 96 通道到 111 通道。

RCBLK=111，區塊 7 為 112 通道到 127 通道。

4.　**RMCM**(位元 0，Receive multichannel selection enable)

RMCM=0，所有 128 個通道都致能。

RMCM=1，所有 128 個通道都被除能(出廠設定)，所選擇的通道是由 RP(A/B)BLK 及 RCER(A/B)暫存器予以設定致能的。

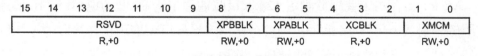

圖 9-40　多通道控制暫存器 2(MCR2)

　　而 MCR2 暫存器內含與 MCR1 相似，但其主要是對應傳出通道的致能選擇控制，MCR2 控制暫存器內含位元如圖 9-40 所示，MCR2 暫存器各位元功能說明如下：

1.　**XPBBLK**(位元 8～7，Transmit partition B block)

XPBBLK=00，區塊 1 為 16 通道到 31 通道。

XPBBLK=01，區塊 3 為 48 通道到 63 通道。

XPBBLK=10，區塊 5 為 80 通道到 95 通道。

XPBBLK=11，區塊 7 為 112 通道到 127 通道。

2. **XPABLK**(位元 6～5，Transmit partition A block)

XPABLK=00，區塊 0 為 0 通道到 15 通道。

XPABLK=01，區塊 2 為 32 通道到 47 通道。

XPABLK=10，區塊 4 為 64 通道到 79 通道。

XPABLK=11，區塊 6 為 96 通道到 111 通道。

3. **XCBLK**(位元 4～2，Transmit current block，僅可被讀取)

XCBLK=000，區塊 0 為 0 通道到 15 通道。

XCBLK=001，區塊 1 為 16 通道到 31 通道。

XCBLK=010，區塊 2 為 32 通道到 47 通道。

XCBLK=011，區塊 3 為 48 通道到 63 通道。

XCBLK=100，區塊 4 為 64 通道到 79 通道。

XCBLK=101，區塊 5 為 80 通道到 95 通道。

XCBLK=110，區塊 6 為 96 通道到 111 通道。

XCBLK=111，區塊 7 為 112 通道到 127 通道。

4. **XMCM**(位元 1～0，Transmit multichannel selection enable)

(1) **XMCM=00**，所有 128 個通道都致能而不被遮蓋(DX 接腳在資料傳出期間總是被驅動輸出)。

(2) **XMCM=01**，所有 128 個通道都被除能，且被原出廠值所遮蓋(mask)。所需的通道是由 XP(A/B)BLK 及 XCER(A/B)暫存器予以選擇致能，因此這些被選擇到的通道沒有被遮蓋，因此 DX 恆被驅動輸出。

(3) **XMCM=10**，所有通道都被致能但被遮蓋住，但由 XP(A/B)BLK 及 XCER(A/B)暫存器所選擇的通道則不被遮蓋。

(4) **XMCM=11**，所有通道都被除能因此被原出廠值所遮蓋，所需的通道是由 RP(A/B)BLK 及 RCER(A/B)暫存器予以適確的選擇致能，被選擇到的通道可被 RP(A/B)BLK 及 RCER(A/B)解除遮蓋，這個模式常被使用在對稱的傳出及接收的運作上。

多通道模式藉由設定多通道控制暫存器 1 和 2(MCR[1,2])的 RMCM=1 和 XMCM 為非零值來予以個別致能接收與傳出設定。

前面提過多通道傳輸模式是工作在單時相資料框傳輸模式，它所定義的字元數目即為通道數目，所以最多可達 128 個通道，但最多只可以致能其中 32 個通道，128 個通道區分為 8 個區塊(block，區塊 0～7)，而每一個區塊含有連續的 16 個通道，進一步地將偶數目的區塊(0,2,4,6)屬於分割 A(partition A)，而奇數目的區塊(1,3,5,7)屬於分割 B(partition B)。在資料框進行期間被致能的通道也可以被改變，輪流控制兩個區塊(一個奇數區塊和一個偶數區塊)來完成致能通道的更新，一個區塊屬於分割 A，另一個則屬於分割 B。

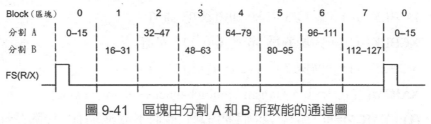

圖 9-41　區塊由分割 A 和 B 所致能的通道圖

選擇 8 個區塊中的 2 個來組構成致能的 32 個通道，在資料框中區塊的邊界如圖 9-41 所示，其中是使用 MCR[1,2] 暫存器中的(R/X)PABLK 和 (R/X)PBBLK 兩組位元來決定在分割 A 和 B 中所選擇的通道數，這種選擇在傳出與接收中是獨立設定完成的。

下列說明對於不同的 XMCM 值，在傳出方面對於多通道動作的描述，圖 9-42(a)(b)(c)(d)所示為在下列傳輸條件下所描述的 4 種傳出模式的時序圖：

(1) (R/X)PHASE = 0 為單時相資料框作為多通道傳輸。

(2) FRLEN1 = 011b 代表一個資料框是 4 字元(4 通道資料流)。

(3) WDLEN1 = 000b 代表一個字元為 8 位元大小。

1. **XMCM=00b**，DX 接腳在整個資料框期間內均被使用傳出資料，其字元數由 XFRLEN1 所定義，於是在傳出期間 DX 接腳一直被驅動著。

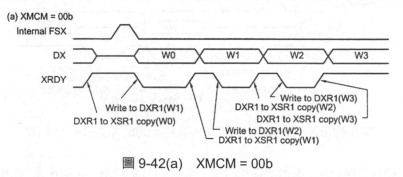

圖 9-42(a) XMCM = 00b

2. **XMCM=01b**，透過設定 XP(A/B)BLK 選擇那 2 個區塊被致能，再由 XCER(A/B)暫存器中設定被致能的區塊中哪一些通道真正地被使用，只有這些被選擇到的字元將會被寫入 DXR[1,2]內並被傳出，換句話說，如果 XINTM=00b 意謂著在每次的 DXR1 拷貝到 XSR1 準備傳出時，將會產生一個 XINT 中斷，中斷產生的次數即為 XCER(A/B)暫存器中被選擇的通道數(非等於 XFRLEN1 數)。

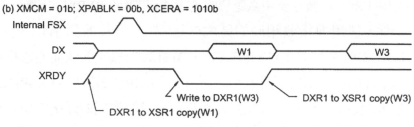

圖 9-42(b) XMCM = 01b、XPABLK = 00b 和 XCERA = 1010b

3. **XMCM=10b**，對於這種情況所有通道都致能，也就是說在資料框(XFRLEN1)所設定的所有字元將被寫入 DXR[1,2]，並複製到 XSR[1,2]

內，但只有被 XP(A/B)BLK 及 XCER(A/B)所設定選擇到的通道才會被
驅動送出資料，其餘時間 DX 接腳則被迫處於高阻抗狀態。此種情形下
如果 XINTM=00b 每次的 DXR1 複製到 XSR1 準備傳出時，將會產生一
個 XINT 中斷，中斷次數是等於 XFRLEN1 中被選擇的通道數(字元數)。

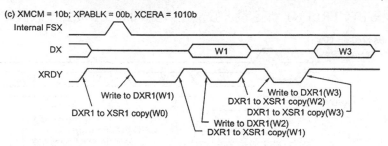

圖 9-42(c)　XMCM = 10b, XPABLK = 00b, XCERA = 1010b

4.　**XMCM=11b**，基本上這個模式是結合上述 XMCM=01b 及 XMCM=10b
這 2 個模式的狀態來達成傳出及接收通道的對稱工作模式。在接收方
面，由 RP(A/B)BLK 設定那 2 個傳出/接收區塊被致能使用(XP(A/B)BLK
則不使用)，再由 RCER(A/B)暫存器設定被致能的區塊中那一些接收通
道被真正的使用，所選擇致能到的通道會產生 RBR[1,2]的內含複製到
DRR[1,2]中的動作，如果 RINTM=00b 那麼每次 RBR[1,2]複製到
DRR[1,2] 準備接收時，將會產生一個 RINT 中斷，中斷產生的次數即
為 RCER(A/B)暫存器中被選擇的通道數(非等於 RFRLEN1 數)。在傳出
方面，使用與接收相同的區塊(以便維持與接收對稱)，所以不對
XP(A/B)BLK 作設定，因此在 RP(A/B)BLK 所設定的致能通道將會載入
資料到 DXR[1,2]暫存器中，並且稍後將 DXR[1,2]複製到 XSR[1,2]中以
便傳出資料，再由 XCER(A/B)暫存器設定被致能的區塊中那一些傳出
通道被真正的使用，注意！由 XCER(A/B) 所致能的通道必須為
RCER(A/B)所設定的子集合，或是如同在 RCER(A/B)的設定一樣。如
果 XINTM=00b 那麼傳給 CPU 的中斷次數等於是 RCER(A/B)所設定的

通道數(而不是由 XCER(A/B)所設定的通道數目)。

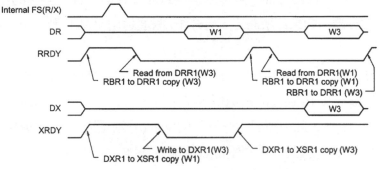

圖 9-42(d)　XMCM = 11b,RPABLK=00b,

XPABLK=X,RCERA=1010b,XCERA=1000b

9-6.2　多通道致能暫存器(R/X)CER[A/B]

接收通道致能分割 A 和 B 暫存器 RCER[A/B]以及傳出通道致能分割 A 和 B 暫存器 XCER[A/B]是用來致能接收和傳出 32 通道中的任何的通道，在接收方面其中的 16 個通道由分割 A 暫存器 RCERA 所設定，另外 16 個通道由分割 B 暫存器 RCERB 所設定，RCER[A/B]暫存器內含位元如圖 9-43(a)(b)所示。

15	14	13	12	11	10	9	8
RCEA15	RCEA14	RCEA13	RCEA12	RCEA11	RCEA10	RCEA9	RCEA8
RW,+0	RW,+0	RW,+0	RW,+0	RW,+0	RW,+0	RW,+0	RW,+0
7	**6**	**5**	**4**	**3**	**2**	**1**	**0**
RCEA7	RCEA6	RCEA5	RCEA4	RCEA3	RCEA2	RCEA1	RCEA0
RW,+0	RW,+0	RW,+0	RW,+0	RW,+0	RW,+0	RW,+0	RW,+0

(a) 接收通道致能分割 A 暫存器

15	14	13	12	11	10	9	8
RDEB15	RCEB14	RCEB13	RCEB12	RCEB11	RCEB10	RCEB9	RCEB8
RW,+0	RW,+0	RW,+0	RW,+0	RW,+0	RW,+0	RW,+0	RW,+0
7	**6**	**5**	**4**	**3**	**2**	**1**	**0**
RCEB7	RCEB6	RCEB5	RCEB4	RCEB3	RCEB2	RCEB1	RCEB0
RW,+0	RW,+0	RW,+0	RW,+0	RW,+0	RW,+0	RW,+0	RW,+0

(b) 接收通道致能分割 B 暫存器

圖 9-43

對應於暫存器內的位元若設定為 0，表示該通道除能，若設定為 1，表示該通道致能。至於傳出方面，類似於接收致能暫存器一樣，其中的 16 個通道由分割 A 暫存器 XCERA 所設定，另外 16 個通道由分割 B 暫存器 XCERB 所設定。

　　如果暫存器 SPCR[1,2]中的 RINTM=01b 或是 XINTM=01b，表示在多通道傳輸模式下每一個 16 通道的區塊傳輸結束後，會對 CPU 產生接收中斷 RINT 或傳出中斷 XINT，此中斷表示一個新的區塊(分割)已經被接收或傳出了，此中斷佔 2 個 CPU 時脈長，為高電位致能脈波信號。

 ## 9-7　SPI 協定

　　SPI(Series Protocol Interface)協定是一種主-從式架構，一個主控裝置 (master)和一個或多個從屬裝置(slave)，主-從介面間包含有下列四種訊號，單一從屬裝置的基本 SPI 介面如圖 9-44 所示。

1. 串列資料輸入(即主控輸入-從屬輸出，或 MISO)。
2. 串列資料輸出(即主控輸出-從屬輸入，或 MOSI)。
3. 移位時脈(shift-clock 即 SCK)。
4. 從屬-致能訊號(slave-enable)信號(即 $\overline{SS}$)。

圖 9-44　基本的 SPI 介面接線圖

主控裝置藉由提供移位時脈 SCK 和從屬-致能信號$\overline{SS}$來控制傳輸的過程，從屬-致能訊號$\overline{SS}$是一個選擇性的低電位致能的訊號，用來致能從屬裝置串列資料的輸出與輸入，若主從架構間缺少此種信號，那麼主從間的資料傳輸就由移位時脈來決定，SPI 最大的特點是由主控裝置的移位時脈信號 SCK 出現與否來判定主控/從屬裝置間的通訊，一旦檢測到主控裝置的移位時脈訊號，資料開始傳輸，移位時脈訊號停止後傳輸結束，這種情形之下只能使用單一從屬裝置，而且從屬裝置在傳輸期間必須是保持致能狀態的。

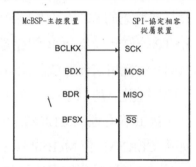

圖 9-45　McBSP 作為主控裝置的接線圖

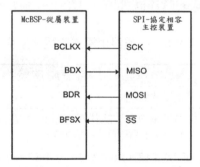

圖 9-46　McBSP 作為從屬裝置的接線圖

　　McBSP 的時脈停止模式(clock stop mode)提供一個適用於 SPI 協定的傳輸模式，當 McBSP 設定於時脈停止模式，內部的傳出和接收器是同步的，所以此時的 McBSP 它的功能可以視為主控裝置或是從屬裝置。傳出時脈訊號 BCLKX 可以作為 SPI 傳輸協定的移位時脈 SCK，而傳出框同步訊號 BFSX 可以作為 SPI 傳輸協定的從屬-致能訊號 $\overline{SS}$，至於接收時脈訊號 BCLKR 和接收框同步訊號 BFSR 在時脈停止模式並沒有使用，因為這些訊號在內部已經與傳出部分 BCLKX 和 BFSX 連接在一起了。

當 McBSP 作為主控裝置，資料傳出輸出端接腳 BDX 可以作為 SPI 傳輸協定的 MOSI 訊號，而資料接收輸入端接腳 BDR 可以作為 SPI 傳輸協定的 MISO 訊號，一個由 McBSP 作為主控裝置的 SPI 介面如圖 9-45 所示。同樣地若 McBSP 作為從屬裝置，BDX 可以作為 MISO 訊號以及 BDR 可以作為 MOSI 訊號，一個由 McBSP 作為從屬裝置的 SPI 介面如圖 9-46 所示。

SPCR1 暫存器的 CLKSTP 的位元以及 PCR 暫存器 CLKXP 位元一同使用來構成時脈停止模式，CLKSTP 位元用來致能或除能時脈停止模式，而 CLKXP 位元則用來定義 BCLKX 訊號的極性，所以這些位元共可架構出 4 種可能的時脈停止模式，如表 9-5 所示。PCR 暫存器的 CLKXM 位元用來定義 McBSP 是否為主控或是從屬裝置，如果 CLKXM=1，McBSP 為主控裝置，MOSI=BDX，MISO=BDR，如果 CLKXM=0，McBSP 為從屬裝置，MOSI=BDR，MISO=BDX。4 種可能的時脈停止模式的時序圖如圖 9-47(a)～(d)所示。

表 9-5　時脈停止模式的組成架構

CLKSTP	CLKSP	時 脈 時 序 說 明
0x	x	時脈停止模式除能
10	0	無延遲的低電位非致能狀態：McBSP 在 CLKX 的上升緣時傳出資料，在 CLKR 的下降緣時接收資料
11	0	有延遲的低電位非致能狀態：McBSP 在 CLKX 的上升緣前 1/2 週期時傳出資料，在 CLKR 的上升緣時接收資料
10	1	無延遲的高電位非致能狀態：McBSP 在 CLKX 的下降緣時傳出資料，在 CLKR 的上升緣時接收資料
11	1	有延遲的高電位非致能狀態：McBSP 在 CLKX 的下降緣前 1/2 週期時傳出資料，在 CLKR 的下降緣時接收資料

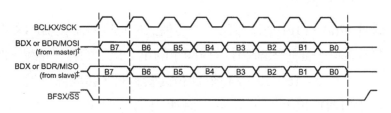

(a) SPI 傳輸(時脈停止)模式 CLKSTP=10b, CLKXP=0

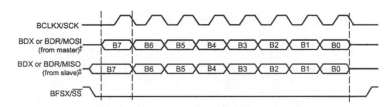

(b) SPI 傳輸(時脈停止)模式 CLKSTP=11b, CLKXP=0

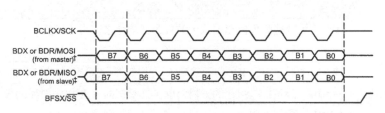

(c) SPI 傳輸(時脈停止)模式 CLKSTP=10b, CLKXP=1

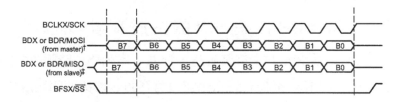

† 如果 McBSP 作為主控裝置(CLKXM=1), MOSI=BDX，如果 McBSP 作為從屬裝置(CLKXM=0), MOSI=BDR。

‡ 如果 McBSP 作為主控裝置(CLKXM=1), MISO=BDR，如果 McBSP 作為從屬裝置(CLKXM=0), MISO=BDX。

(d) SPI 傳輸(時脈停止)模式 CLKSTP=11b, CLKXP=1

圖 9-47

注意圖 9-47(a)～(d)中使用於時脈停止模式的框同步訊號 BFSX 在整個傳輸過程中是致能的,還有整個時序圖所顯示的是 8 位元的資料傳輸,但是封包長也可設定為 8、12、16、20、24 或 32 位元資料長,接收部分是由 RCR1 暫存器的 RWDLEN1 位元組所設定,而傳出部分則是由 XCR1 暫存器的 XWDLEN1 位元組所設定,但要注意的是對於時脈停止模式而言,RWDLEN1 與 XWDLEN1 這兩個值必須設定為相同的值,因為 McBSP 內部的傳出與接收電路是由同一個時脈所同步。將 McBSP 組構成符合 SPI 協定的裝置,所需設定的位元如表 9-6 所示。

表 9-6 SPI 模式的暫存器位元設定

設定位元	位元值	說明	暫存器
CLKSTP	1xb	致能時脈停止模式,並且選擇兩種之一的時序變化	SPCR1
CLKSP	0 或 1	設定 BCLKX 訊號的極性	PCR
CLKXM	0 或 1	設定 BCLKX 訊號為輸入(從屬裝置)或輸出(主控裝置)	PCR
RWDLEN1	000～101b	設定接收封包的資料長度,必須相同於 XWDLEN1 的值	RCR1
XWDLEN1	000～101b	設定傳出封包的資料長度,必須相同於 RWDLEN1 的值	XCR1

9-7.1 McBSP 作為 SPI 的主控裝置

當 McBSP 作為 SPI 的主控裝置時,它產生串列移位時脈 SCK 來控制資料的傳輸,在 BCLKX 接腳的時脈訊號只有在封包傳輸期間是致能的。對於 SPI 主控器而言,BCLKX 接腳必須規劃為輸出埠,意謂著內部的取樣率產生器用來產生 BCLKX 訊號,對於時脈停止模式 BCLKX 接腳與 BCLKR 信號在內部是連接在一起,所以外部不需要有訊號接在 BCLKR 接腳上,而且傳出與接收電路共同由主控時脈 BCLKX 所驅動。

McBSP 在 BFSX 接腳端也提供從屬-致能訊號 $\overline{SS}$,如果需要使用從屬-致能訊號 $\overline{SS}$,那麼 BFSX 接腳必須規劃為輸出埠,而且資料框產生器在每一次封包傳輸時必須要產生資料框同步脈波訊號,McBSP 的資料延遲參數

(X/R)DATDLY 必須設定為 1(因為在此模式中沒有定義 0 或 2 的值)，BFSX 接腳的極性可由程式規劃為高或低電位，然而多數情況下此接腳是規劃為低電位致能的。

在此主控模式動作下，取樣率產生器內用於設定產生框訊號的旗號位元，像 FPER 和 FWID 是棄之不用的，用於 SPI 傳輸協定的 BFSX 訊號如圖 9-47(a)～(d)所示，此訊號在封包傳輸的第一個位元開始之前就已經成為致能信號了，一直到封包傳輸最後一個位元止，封包傳輸完成後，BFSX 回到原來未致能時的狀態。McBSP 作為 SPI 的主控裝置所需設定的暫存器位元值如表 9-7所示。

表 9-7　SPI 主控模式的暫存器位元設定

設定位元	位元值	說明	暫存器
CLKXM	1	設定 BCLKX 接腳為輸出接腳	PCR
CLKSM	1	設定取樣率時脈由 CPU 時脈所驅動	SRGR2
CLKGDV	1～255	設定取樣率時脈的除頻值	SRGR1
FSXM	1	設定 BFSX 接腳為輸出接腳	PCR
FSGM	0	BFSX 訊號在每一次封包傳輸期間是致能的	SRGR2
FSXP	1	設定 BFSX 接腳的訊號是低電位致能的	PCR
XDATDLY	01b	在 BFSX 訊號上提供正確的資料建立時間(setup time)	XCR2
RDATDLY	01b	在 BFSX 訊號上提供正確的資料建立時間(setup time)	RCR2

9-7.2　McBSP 作為 SPI 的從屬裝置

當 McBSP 作為 SPI 的從屬裝置時，那麼移位時脈和從屬-致能信號就需由外部的主控裝置來提供，其 BCLKX 和 BFSX 接腳必須規劃為輸入接腳，BCLKX 在內部中與 BCLKR 連接在一起，所以 McBSP 的傳出與接收電路都由外部主控時脈所驅動。BFSX 在內部中與 BFSR 連接在一起，所以 BCLKR 和 BFSR 接腳不需要連接外部其它的訊號，McBSP 作為 SPI 的從屬裝置的接線圖如圖 9-46 所示。

表 9-8　SPI 從屬模式的暫存器位元設定

設定位元	位元值	說明	暫存器
CLKXM	0	設定 BCLKX 接腳為輸入接腳	PCR
CLKSM	1	設定取樣率時脈由 CPU 時脈所驅動	SRGR2
CLKGDV	1	設定取樣率時脈的除頻值為 2	SRGR1
FSXM	0	設定 BFSX 接腳為輸入接腳	PCR
FSGM	0	BFSX 訊號在每一次封包傳輸期間是致能的	SRGR2
FSXP	1	設定 BFSX 接腳的訊號是低電位致能的	PCR
XDATDLY	0	SPI 從屬模式操作下必須為 0	XCR2
RDATDLY	0	SPI 從屬模式操作下必須為 0	RCR2

　　雖然 BCLKX 訊號是由外部主控裝置所產生，對 McBSP 而言是非同步的，但為了正常的動作 McBSP 的取樣率產生器也必須致能，取樣率產生器必須以程式規劃為 CPU 時脈的一半來作為其最高的時脈頻率，內部的取樣頻率是用來將外部的移位時脈與從屬致能信號和內部的 McBSP 傳輸邏輯能夠同步。

　　McBSP 每一次傳輸在 BFSX 輸入接腳上需要一個從屬-致能訊號的致能轉換緣，也就是說主控裝置必須在傳輸開始時加入從屬-致能訊號，而且在每一次封包傳輸完成後拿掉此訊號，在封包傳輸與封包傳輸期間，從屬-致能訊號必須是除能的，McBSP 的資料延遲參數必須設定為 0(因為在此模式中沒有定義 1 或 2 的值)，McBSP 作為 SPI 的從屬裝置所需設定的暫存器位元值如表 9-8 所示。

 ## 9-8　McBSP 控制暫存器

　　由前述可知 RBR、RSR 與 XSR 暫存器是不可定址的，因為接收的串列資料長度可設定為 8、12、16、20、24 到 32 位元長，所以需要二個 16 位元的資料接收暫存器 DRR2x，DRR1x(x 表示 0～串列埠數–1 的值)，同樣地傳出的串列資料也可設定為 8 到 32 位元長，所以也同樣需要二個直接記憶體映射週邊暫存器 DXR2x 及 DXR1x。

此外圖 9-1 所示有關串列埠 McBSP 的暫存器計有：(1)串列埠控制暫存器 SPCR1x 與 SPCR2x；(2)接腳控制暫存器 PCRx；(3)接收控制暫存器 RCR1x 與 RCR2x；(4)傳出控制暫存器 XCR1x 與 XCR2x；(5)取樣率產生暫存器 SRGR1x 與 SRGR2x；(6)多通道選擇暫存器 MCR1x 與 MCR2x；(7)傳出致能暫存器 XCERAx 與 XCERBx；與(8)接收致能暫存器 RCERAx 與 RCERBx。

9-8.1　串列控制暫存器 SPCR[1,2]x

暫存器 SPCR1x 內各位元主要是作為設定接收(receive)傳輸控制之用，如圖 9-48 所示。各位元功能簡述如下：

15	14	13	12	11	10		8
DLB	RJUST		CLKSTP		reserved		
RW,+0	RW,+0	RW,+0	RW,+0		R,+0		

7	6	5	4	3	2	1	0
DXENA	ABIS	RINTM		RSYNCERR	RFULL	RRDY	RRST
RW,+0	RW,+0	RW,+0		RW,+0	R,+0	R,+0	RW,+0 †

R=讀取, W=寫入, +0=重置後的值

圖 9-48　串列阜控制暫存器 SPCR1

1.　**DLB**(位元 15，Digital Loop Back mode)：
數位回接模式，DLB=0 數位回接模式除能，DLB=1 數位回接模式致能。

2.　**RJUST**(位元 14～13, receiver sign-extension and justification mode)
接收符號擴展與對齊模式。
RJUST = 00，在 DRR[1,2]暫存器內向右對齊並將 MSB 補填 0。
RJUST = 01，在 DRR[1,2]暫存器內向右對齊並將 MSB 作符號擴展。
RJUST = 10，在 DRR[1,2]暫存器內向左對齊並將 LSB 補填 0。
RJUST = 11，保留。

3.　**CLKSTP**(位元 12～11，clock stop mode)：

時脈停止模式設定位元。CLKSTP = 0x 時，時脈停止模式除能，
CLKSTP = 1x 時，時脈停止模式致能。不同的 SPI 模式如下所述。
CLKSTP=10 及 CLKXP=0 時，時脈波起始於上升緣且沒有延遲。
CLKSTP=10 及 CLKXP=1 時，時脈波起始於下降緣且沒有延遲。
CLKSTP=11 及 CLKXP=0 時，時脈波起始於上升緣且有延遲。
CLKSTP=11 及 CLKXP=1 時，時脈波起始於下降緣且有延遲。
位元 10～8 保留不予設定。

4. **DXENA**(位元 7，DX enabler)：

DX 傳出致能控制位元。

DXENA=0，傳出致能器關掉(off)。

DXENA=1，傳出致能器打開(on)。

5. **ABIS**(位元 6，ABIS mode)：

ABIS=0，A-bis 模式除能。

ABIS=1，A-bis 模式致能。

6. **RINTM**(位元 5～4，receive interrupt mode)：

接收中斷模式設定位元。

RINTM=00，RINT 被 RRDY 及 A-bis 模式的框結束所產生。

RINTM=01，RINT 產生於區塊傳輸結束時或資料框傳輸結束時。

RINTM=10，RINT 會被一個新的框同步訊號所產生。

RINTM=11，RINT 會被接收同步錯誤位元(RSYNCERR)所產生。

7. **RSYNCERR**(位元 3，receive synchronization error)：

接收同步錯誤位元。

RSYNCEER=0，無接收同步錯誤發生。

RSYNCEER=1，有接收同步錯誤發生。

8. **RFULL**(位元 2，receive shift register(RSR[1,2])full)：

接收移位暫存器(RSR[1,2])已滿時的設定位元。

RFULL=0，表示 RBR[1,2]並沒有處於過載狀態。

RFULL=1，表示 DRR[1,2]內含資料沒有被讀取，RBR[1,2]內含已滿，
RSR[1,2]內含也有新字元資料載入而滿。

9.　**RRDY**(位元 1，receiver ready)：

接收器備妥設定位元。

RRDY=0，接收器未備妥。

RRDY=1，接收器已備妥，資料能夠從 DRR[1,2]中讀取。

10.　$\overline{\text{RRST}}$ (位元 0，receive reset)：

接收器重置設定位元。

$\overline{\text{RRST}}$ =0，串列埠接收器被除能且處於重置狀態。

$\overline{\text{RRST}}$ =1，串列埠接收器被致能。

圖 9-49　串列埠控制暫存器 SPCR2

而 SPCR2x 內各位元主要是作爲設定傳出(transmit)傳輸控制之用，如圖
9-49 所示。各位元功能簡述如下：

位元 15～10 保留不予設定。

1.　**FREE**(位元 9，free running mode)：

自由執行模式設定位元。

FREE=0，自由執行模式被除能。

FREE=1，自由執行模式被致能。

2.　**SOFT**(位元 8，soft bit)：

軟體設定位元。

SOFT=0，不可由軟體設定執行。

SOFT=1，可由軟體設定執行。

3. $\overline{\text{FRST}}$ (位元 7，frame-sync generator reset)：

框同步產生器重置位元。

$\overline{\text{FRST}}$=0，框同步邏輯電路被重置，框同步訊號 FSG 不被取樣率產生器所產生。

$\overline{\text{FRST}}$=1，框同步訊號 FSG 在(FPER+1)個 CLKG 時脈後產生，也就是所有的框計數器被規劃的值載入產生。

4. $\overline{\text{GRST}}$ (位元 6，sample-rate generator reset)：

取樣率產生器的重置位元。

$\overline{\text{GRST}}$=0，取樣率產生器被重置。

$\overline{\text{GRST}}$=1，取樣率產生器不被重置，CLKG 被所規劃的。

SRGR[1,2]內含值載入產生。

5. **XINTM**(位元 5～4，transmit interrupt mode)：

傳出中斷模式設定位元。

XINTM=00，XINT 被 RRDY 及 A-bis 模式的框結束所產生。

XINTM=01，XINT 產生於區塊傳輸結束時或資料框傳輸結束時。

XINTM=10，XINT 會被一個新的框同步訊號所產生。

XINTM=11，XINT 會被傳出同步錯誤位元(XSYNCERR)所產生。

6. **XSYNCERR**(位元 3，transmit synchronization error)：

傳出同步錯誤位元。

XSYNCEER=0，沒有傳出同步錯誤發生。

XSYNCEER=1，有傳出同步錯誤發生。

7. $\overline{\text{XEMPTY}}$ (位元 2，transmit shift register(XSR[1,2])empty)：

傳出移位暫存器(XSR[1,2])已空時的設定位元。

$\overline{\text{XEMPTY}}$=0，表示 XSR[1,2]空著。

$\overline{\text{XEMPTY}}$ =1，表示 XSR[1,2]沒有空著。

8. **XRDY**(位元 1，receiver ready)：

傳出器備妥設定位元。

XRDY=0，傳出器未備妥。

XRDY=1，傳出器已備妥，新資料在 DXR[1,2]中。

9. $\overline{\text{XRST}}$ (位元 0，transmit reset)：

傳出器重置設定位元。

$\overline{\text{XRST}}$ =0，串列埠傳出器被除能，處於重置狀態。

$\overline{\text{XRST}}$ =1，串列埠傳出器被致能。

⊙ 9-8.2　接腳控制暫存器 PCRx

15	14	13	12	11	10	9	8
reserved		XIOEN	RIOEN	FSXM	FSRM	CLKXM	CLKRM
R,+0		RW,+0	RW,+0	RW,+0	RW,+0	RW,+0	RW,+0

7	6	5	4	3	2	1	0
reserved	CLKS_STAT	DX_STAT	DR_STAT	FSXP	FSRP	CLKXP	CLKRP
R,+0	R,+0	R,+0	R,+0	RW,+0	RW,+0	RW,+0	RW,+0

圖 9-50　接腳控制暫存器 PCRx

接腳控制暫存器 PCRx 除了將 McBSP 的 7 個外部接腳作串列傳輸功能規劃，或是設定作為一般 I/O 接腳外，此外也可以設定框同步訊號的來源(外部或是內部取樣率產生器)，以及傳出 CLKXM 和接收 CLKRM 同步時脈模式及傳輸極性的設定，傳出及接收框同步時脈 FSXM 及 FSRM 的極性等，接腳控制暫存器 PCRx 各位元名稱如圖 9-50 所示。各位元功能簡述如下：

位元 15～14 保留不予設定。

1. **XIOEN**(位元 13，transmit general porpose I/O mode)

當 SPCR[1,2]中的 $\overline{\text{XRST}}$ =0，串列埠傳出器被除能時，用來對 DX、FSX 及 CLKX 等接腳是否作一般 I/O 功能設定用。

XIOEN=0，DX、FSX 及 CLKX 接腳設定為串列埠專用接腳。

XIOEN=1，DX、FSX 及 CLKX 接腳設定為一般 I/O 接腳用。

2. **RIOEN**(位元 12，receive general porpose I/O mode)

當 SPCR[1,2]中的 $\overline{RRST}$ =0，串列埠接收器被除能時，用來對 DR、FSR 及 CLKR 等接腳是否作一般 I/O 功能設定用。

RIOEN=0，DR、FSR、CLKR 和 CLKS 接腳設定為串列埠專用接腳。

XIOEN=1，DR 和 CLKS 接腳設定為一般輸入接腳用，FSR 和 CLKR 接腳設定為一般 I/O 接腳用，CLKS 受到接收器 $\overline{RRST}$ 和 RIOEN 信號的影響。

3. **FSXM**(位元 11，transmit frame-synchronization mode)：

傳出框同步模式設定位元。

FSXM=0，框同步訊號 FSX 由外部訊號所輸入。

FSXM=1，框同步訊號 FSX 由內部取樣率產生器所產生。

4. **FSRM**(位元 10，receive frame-synchronization mode)：

接收框同步模式設定位元。

FSRM=0，框同步訊號 FSR 由外部訊號所輸入。

FSRM=1，框同步訊號 FSX 由內部取樣率產生器所產生。

5. **CLKXM**(位元 9，transmit clock mode)：

CLKXM 為傳出時脈模式設定位元。

CLKXM=0，傳出同步時脈由外部 CLKX 接腳輸入。

CLKXM=1，CLKX 為輸出接腳，傳出同步時脈由內部取樣率產生器產生。

在 SPI 傳輸模式時：

CLKXM=0，McBSP 設定為 SPI 的次控模態，CLKX 由 SPI 主控器輸入，而 CLKR 經由 CLKX 由內部驅動。

CLKXM=1，McBSP 設定為 SPI 的主控模態，並產生 CLKX 時脈來驅動接收資料同步時脈 CLKR，以及 SPI 協同次控器移位時脈。

6. **CLKRM**(位元 8，receiver clock mode)：

 CLKRM 為接收時脈模式設定位元。

 情形 1：SPCR1 的 DLB 位元為 0 時：

 CLKRM=0，接收同步時脈由外部 CLKR 接腳輸入。

 CLKRM=1，CLKR 為輸出接腳，傳出同步時脈由內部取樣率產生器產生。

 情形 2：SPCR1 的 DLB 位元為 1 時：

 CLKRM=0，接收同步時脈(非 CLKR 接腳)由內部的 CLKX 傳出時脈所驅動，而 CLKX 則根據 CLKXM 的值而定，外部 CLKR 接腳則處於高阻抗態。

 CLKRM=1，CLKR 為輸出接腳，由傳出時脈所驅動，傳出時脈則根據 CLKXM 的值而定。

 位元 7 保留不予設定。

7. **CLKS_STAT**(位元 6，CLKS 接腳的狀態)：

 當 CLKS 接腳規劃成一般輸入接腳使用時，此位元反應 CLKS 接腳端的輸入值。

8. **DX_STAT**(位元 5，DX 接腳的狀態)：

 當 DX 接腳規劃成一般輸出接腳使用時，此位元反應 DX 接腳端的值。

9. **DR_STAT**(位元 4，DR 接腳的狀態)：

 當 DR 接腳規劃成一般輸入接腳使用時，此位元反應 DR 接腳端的輸入值。

10. **FSXP**(位元 3，transmit frame-synchronization polarity)：

 傳出框同步訊號的極性設定位元。

 FSXP=0，傳出框同步訊號 FSX 是高電位致能(active high)。

 FSXP=1，傳出框同步訊號 FSX 是低電位致能(active low)。

11. **FSRP**(位元 2，receive frame-synchronization polarity)：

   接收框同步訊號的極性設定位元。

   FSRP=0，接收框同步訊號 FSR 是高電位致能(active high)。

   FSRP=1，接收框同步訊號 FSR 是低電位致能(active low)。

12. **CLKXP**(位元 1，transmit clock polarity)：

   傳出時脈訊號的極性設定位元。

   CLKXP=0，傳出資料在 CLKXP 時脈上升緣被取樣輸出。

   CLKXP=1，傳出資料在 CLKXP 脈衝下降緣被取樣輸出。

13. **CLKRP**(位元 0，receive clock polarity)：

   接收時脈訊號的極性設定位元。

   CLKRP=0，接收資料在 CLKRP 時脈下降緣被取樣輸入。

   CLKXP=1，接收資料在 CLKRP 脈衝上升緣被取樣輸入。

9-8.3　接收控制暫存器 RCR[1,2]

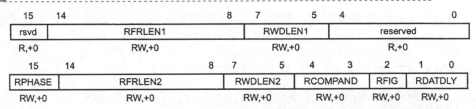

圖 9-51　接收控制暫存器 RCR1(上), RCR2(下)

　　C5510 DSP 具有 3 個可個別獨立控制的串列埠 McBSP，具有資料同時作雙向傳輸的功能，因此分別具有 2 個接收控制暫存器 RCR[1,2]以及傳出控制暫存器 XCR[1,2]，用來設定每個資料框(frame)所含的字元數(word)以及每個字元所含的位元數(bits)，單相(single phase)或雙相(dual phase)資料框傳輸，壓伸器(compander)是否的致能，傳輸起始位元是 MSB 或 LSB，是否需要起始資料延遲(data delay)，框同步訊號的忽略(frame ignore)等的設定，使得 McBSP 在串列傳輸系統中功能非常的大而且富有彈性，RCR[1,2], XCR[1,2]的次位址為

0002h～0005h，接收控制暫存器 RCR[1,2]各位元名稱如圖 9-51 所示。各位元功能簡述如下：

暫存器 XCR1 部分

位元 15 保留不予設定。

1. **RFRLEN1**(位元 14～8，receive frame length 1)：

   接收資料框長度 1 設定位元。

   RFRLEN1=000 0000，每一個資料框由 1 個字元所組成。

   RFRLEN1=000 0001，每一個資料框由 2 個字元所組成。

   RFRLEN1=000 0010，每一個資料框由 3 個字元所組成。

   ～以此類推～

   RFRLEN1=111 1111，每一個資料框由 128 個字元所組成。

2. **RWDLEN1**(位元 7～5，receive word length 1)：

   接收字元長度 1 設定位元。

   RWRLEN1=000，每一個字元含有 8 個位元。

   RWRLEN1=001，每一個字元含有 12 個位元。

   RWRLEN1=010，每一個字元含有 16 個位元。

   RWRLEN1=011，每一個字元含有 20 個位元。

   RWRLEN1=100，每一個字元含有 24 個位元。

   RWRLEN1=101，每一個字元含有 32 個位元。

   RWRLEN1=11x，保留。

   位元 4～0 保留不予設定。

暫存器 XCR2 部分

3. **RPHASE**(位元 15，receive phases)：

   接收相設定位元。

   RPHASE=0，單相框傳輸。

RPHASE=1，雙相框傳輸。

4. **RFRLEN2**(位元 14～8，receive frame length 2)：

接收資料框長度 2 設定位元。

RFRLEN2=000 0000，每一個資料框由 1 個字元所組成。

RFRLEN2=000 0001，每一個資料框由 2 個字元所組成。

RFRLEN2=000 0010，每一個資料框由 3 個字元所組成。

～以此類推～

RFRLEN2=111 1111，每一個資料框由 128 個字元所組成。

5. **RWDLEN2**(位元 7～5，receive word length 2)：

接收字元長度 2 設定位元。

RWRLEN2=000，每一個字元含有 8 個位元。

RWRLEN2=001，每一個字元含有 12 個位元。

RWRLEN2=010，每一個字元含有 16 個位元。

RWRLEN2=011，每一個字元含有 20 個位元。

RWRLEN2=100，每一個字元含有 24 個位元。

RWRLEN2=101，每一個字元含有 32 個位元。

RWRLEN2=11x，保留。

6. **RCOMPAND**(位元 4～3，receive companding mode)：

接收壓縮解壓縮模式設定位元，當 RWDLEN 設定為 000(代表 8 位元)，除了 RCOMPAND=00 模式之外才能致能壓縮。

RCOMPAND=00，沒有壓縮，資料由 MSB 開始接收。

RCOMPAND=01，沒有壓縮，資料由 LSB 開始接收。

RCOMPAND=10，使用 u-law 接收資料。

RCOMPAND=11，使用 A-law 接收資料。

7. **RFIG**(位元 2，receive frame ignore)：

接收框同步訊號忽略設定位元。

RFIG=0，接收框同步脈波在第一個重啓動傳輸後產生。

RFIG=1，接收框同步脈波在第一個傳出後被忽略。

8. **RDARDLY**(位元 1～0，receive data delay)：

接收資料延遲設定位元。

RDATDLY=00，0 位元的資料延遲。

RDATDLY=01，1 位元的資料延遲。

RDATDLY=10，2 位元的資料延遲。

RDATDLY=11，保留。

9-8.4　傳出控制暫存器 XCR[1,2]

15	14			8	7	5	4	0
rsvd		XFRLEN1			XWDLEN1		rsvd	
R,+0		RW,+0			RW,+0		R,+0	

15	14		8	7	5	4	3	2	1	0
XPHASE	XFRLEN2			XWDLEN2		XCOMPAND		XFIG	XDATDLY	
RW,+0	RW,+0			RW,+0		RW,+0		RW,+0	RW,+0	

圖 9-52　傳出控制暫存器 XCR1(上), XCR2(下)

傳出控制暫存器 XCR[1,2]各位元名稱如圖 9-52 所示。各位元功能簡述如下：

暫存器 XCR1 部分

位元 15 保留不予設定。

1. **XFRLEN1**(位元 14～8，transmit frame length 1)：

傳出資料框長度 1 設定位元。

XFRLEN1=000 0000，每一個資料框由 1 個字元所組成。

XFRLEN1=000 0001，每一個資料框由 2 個字元所組成。

XFRLEN1=000 0010，每一個資料框由 3 個字元所組成。

～以此類推～

XFRLEN1=111 1111，每一個資料框由 128 個字元所組成。

2. **XWDLEN1**(位元 7～5，transmit word length 1)：

傳出字元長度 1 設定位元。

XWRLEN1=000，每一個字元含有 8 個位元。

XWRLEN1=001，每一個字元含有 12 個位元。

XWRLEN1=010，每一個字元含有 16 個位元。

XWRLEN1=011，每一個字元含有 20 個位元。

XWRLEN1=100，每一個字元含有 24 個位元。

XWRLEN1=101，每一個字元含有 32 個位元。

XWRLEN1=11x，保留。

位元 4～0 保留不予設定。

● 暫存器 XCR2 部分

3. **XPHASE**(位元 15，transmit phases)：

傳出相設定位元。

XPHASE=0，單相框傳輸。

XPHASE=1，雙相框傳輸。

4. **XFRLEN2**(位元 14～8，transmit frame length 2)：

傳出資料框長度 2 設定位元。

XFRLEN2=000 0000，每一個資料框由 1 個字元所組成。

XFRLEN2=000 0001，每一個資料框由 2 個字元所組成。

XFRLEN2=000 0010，每一個資料框由 3 個字元所組成。

～以此類推～

XFRLEN2=111 1111，每一個資料框由 128 個字元所組成。

5. **XWDLEN2**(位元 7～5，transmit word length 2)：

傳出字元長度 2 設定位元。

XWRLEN2=000，每一個字元含有 8 個位元。

XWRLEN2=001，每一個字元含有 12 個位元。

　　XWRLEN2=010，每一個字元含有 16 個位元。

　　XWRLEN2=011，每一個字元含有 20 個位元。

　　XWRLEN2=100，每一個字元含有 24 個位元。

　　XWRLEN2=101，每一個字元含有 32 個位元。

　　XWRLEN2=11x，保留。

6. **XCOMPAND**(位元 4～3，transmit companding mode)：

　　傳出壓縮解壓縮模式設定位元，當 XWDLEN 設定為 000(代表 8 位元)，

　　除了 XCOMPAND=00 模式之外才能致能壓縮。

　　XCOMPAND=00，沒有壓縮，資料由 MSB 開始接收。

　　XCOMPAND=01，沒有壓縮，資料由 LSB 開始接收。

　　XCOMPAND=10，使用 u-law 接收資料。

　　XCOMPAND=11，使用 A-law 接收資料。

7. **XFIG**(位元 2，transmit frame ignore)：

　　接收框同步訊號忽略設定位元。

　　RFIG=0，接收框同步脈波在第一個重啟動傳輸後產生。

　　RFIG=1，接收框同步脈波在第一個傳出後被忽略。

8. **XDARDLY**(位元 1～0，transmit data delay)：

　　傳出資料延遲設定位元。

　　XDATDLY=00，0 位元的資料延遲。

　　XDATDLY=01，1 位元的資料延遲。

　　XDATDLY=10，2 位元的資料延遲。

　　XDATDLY=11，保留。

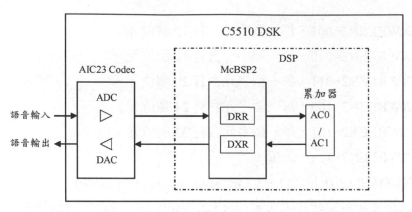

圖 9-53　實驗架構示意圖

9-9　實驗

9-9.1　實驗 9-1：放音實驗

　　本實驗為語音的放音控制，其實驗架構如圖 9-53 所示，類比輸入語音訊號經過類比至數位轉換(ADC)後，由 C5510DSP 的串列埠 McBSP2 輸入串列資料，從 McBSP2 串列埠的 DRR 輸入的串列資料把它放置到累加器 AC0(左聲道資料)和 AC1(右聲道資料)，再直接由累加器 AC0/AC1 輸出到串列埠 McBSP2 的 DXR 作輸出，然後輸出串列資料到數位至類比轉換器(DAC)中，將原來輸入的語音類比信號輸出至像耳機或喇叭之類的裝置作放音處理。

　　前面曾經提過在標準串列傳輸程序中，當外部資料是由接腳 DR 輸入端先輸入至 **RSR** 暫存器，再拷貝至 **RBR** 暫存器中，最後再由 RBR 暫存器送至 **DRR** 暫存器中，由 **RBR** 拷貝至 **DRR** 時，McBSP 會產生中斷訊號 RINT，表示說可以到 DRR 暫存器中取資料了。本實驗就是利用這個 RINT 而去執行一個中斷副程式 DRISR，中斷副程式 DRISR 如下所示：

```
DRISR:
XAR2=#DRR2_2
XAR1=#DXR2_2
AC0=*AR2 || readport()
*AR1=AC0 || writeport()
XAR2=#DRR1_2
XAR1=#DXR1_2
AC0=*AR2 || readport()
*AR1=AC0 || writeport()
RETURN_INT
```

這個中斷副程式很簡單，只是一進一出而已。

※ 實驗步驟

1. 本實驗需要使用 5510 DSK 實驗板，透過 USB 電纜線連接 5510 DSK 和 PC，而且在 PC 音源輸出孔和 5510 DSK 板上 line in 輸入孔間連接上音源線，5510 DSK 板上 line out 輸出孔接上耳機或喇叭，可參考第十二章圖 12-24 所示。

2. 在開啓的 CCS 視窗中，如果出現 unconnect to target 的訊息，請點選 Debug→connect 選項。另外在 Help 選單中點選 Contents 選項，可以開啓包括 C5510 DSK 的說明檔，所有有關 DSK 發展板的軟硬體資料都在此說明檔內，用來提供使用者在程式發展階段隨時參考之用。

【步驟 1】建立一個新的專案 loopback.pjt

3. 在選單中點選 Project→New，並確定儲存位置是在 C:\CCStudio_v3.1\MyProjects 的目錄中(C:\CCStudio_v3.1 是 CCS 的安裝目錄，因人安裝而異)，並以檔名 loopback.pjt 儲存，如下圖 9-54 所示。

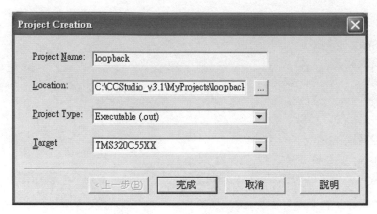

圖 9-54　建立新專案之視窗

4. 假設所需的檔案 main.asm, AIC23_INIT.asm, vectors_5510.asm 及 lab.cmd 都已儲存至所建立的專案目錄中，首先將原始程式碼相關組語檔加入此專案中，方法是在選單中點選 Project→Add Files to Project，在開啟的視窗中選取 main.asm, AIC23_INIT.asm, vectors_5510.asm 程式後按開啟按鈕就會將 main.asm 等相關組語檔加入所建立的 loopback.pjt 專案中，如圖 9-55 所示。

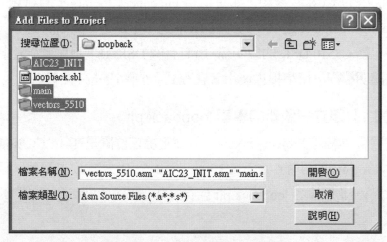

圖 9-55　加入新檔案至專案中

5. 同理使用前述的方法將檔案 lab.cmd 加入到 loopback.pjt 專案中。

6. 到目前為止所需要的檔案都已加入到 loopback.pjt 專案中，在 Project 視窗中用滑鼠點選 Project 左邊的(+)符號，一層層往下展開 loopback.pjt 專案中的所有檔案。在 Project 視窗中，點選原始程式 main.asm 會出現在 CCS 視窗右邊的編輯區中。

【步驟 2】產生可執行程式碼

7. 接下來設定編譯與組譯所需的一些設定，方法是在選單中點選 Project→Build Options，整個 Compiler 編譯器選項設定如圖 9-56 所示，可以使用編譯器出廠預設值即可，但有一點要注意的，因為程式是使用代數指令撰寫的，所以 Algebric assembly(-amg)一項必須勾選。

8. 整個 Linker 連結器選項設定如圖 9-57 所示，Code Entry Point 鍵入 start，其餘使用連結器出廠預設值即可。

9. 執行編譯 loopback.pjt 程式的方法是在選單中點選 Project→Rebuild All，在 rebuild 編譯過程中會在 CCS 視窗的最下方開啟一個訊息視窗來顯示整個編譯與組譯過程，若有錯誤發生也會說明其錯誤訊息，如有錯誤出現必須修正後重新編譯，重新編譯請點選 Project→build，它只會編譯修改的部分，可節省編譯的時間。

圖 9-56　Compiler 編譯視窗

【步驟 3】執行程式碼

10. 一旦程式編組譯及連結完成後，就可載入程式至 DSK 發展板上執行，方法是在選單上點選 File → Load Program，在 c:\CCStudio_v3.1\MyProjects\fir_lp\Debug 中選取 loopback.out，CCS 就會將程式 loopback.out 載入到 C5510 DSK 上 CPU 的內置 DARAM 中，如圖 9-58 所示。你也可以點選 Option → Customize → Program Load Options 勾選設定 Load Program After Build，那麼編譯完程式後便會直接下載程式到 C5510 DSP 的內置 DARAM 中。

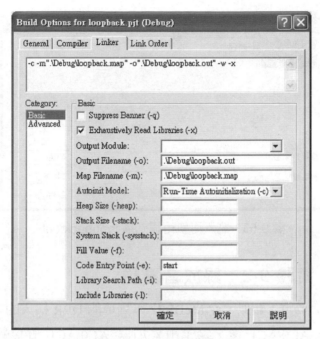

圖 9-57　Linker 連結視窗

　　載入程式後便可以執行程式，方法是在選單中點選 Debug→Run 來執行程式，執行程式之前必須確定週邊硬體裝置已就緒，例如有無音源輸入至 5510 DSK 實驗板中，喇叭是否接好等，如欲停止程式的執行可在選單中點選 Debug→Halt。

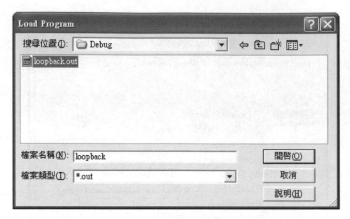

圖 9-58　載入可執行程式檔 loopback.out

9-9.2　實驗 9-2：錄放音實驗

本實驗與實驗 9-1 類似，從 McBSP2 串列埠的 DRR 輸入的串列資料把它放置到累加器 AC0/AC1 後，除了由累加器 AC0/AC1 直接輸出到串列埠 McBSP2 的 DXR 外，還把它儲存至二個環形記憶體內，其實驗架構如圖 9-59 所示。

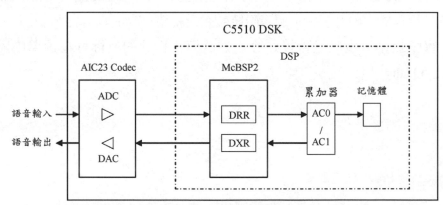

圖 9-59　實驗架構示意圖

語音資料先儲存至一塊記憶體內，我們可以對它作分析或是運算，然後在輸出。本實驗的程式與實驗 9-1 的程式，只有在主程式 main.asm 有所不同，所增加的部分是作環形定址設定之用，環形定址設定程式如下，一個用於左聲道資料，另一個用於右聲道資料。

```
XAR3=#sampleL
BSA23=#sampleL
AR3=#0
BK03=#1024
bit(ST2,#3)= #1

XAR7=#sampleR
BSA67=#sampleR
AR7=#0
BK47=#1024
bit(ST2,#7)= #1
```

※　實驗步驟

1. 本實驗需要使用 5510 DSK 實驗板，透過 USB 電纜線連接 5510 DSK 和 PC，而且在 PC 音源輸出孔和 5510 DSK 板上 line in 輸入孔間連接上音源線，5510 DSK 板上 line out 輸出孔接上耳機或喇叭，可參考第十二章圖 12-24 所示。

🔵 【步驟 1】建立一個新的專案 record.pjt

在選單中點選 Project → New，並確定儲存位置是在 C:\CCStudio_v3.1\MyProjects 的目錄中(C:\CCStudio_v3.1 是 CCS 的安裝目錄，因人安裝而異)，並以檔名 record.pjt 儲存，如圖 9-60 所示。

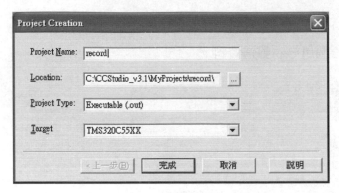

圖 9-60　建立新專案之視窗

2. 假設所需的檔案 main.asm，AIC23_INIT.asm，vectors_5510.asm 及 lab.cmd 都已儲存至所建立的專案目錄中，首先將原始程式碼相關組語檔加入此專案中，方法是在選單中點選 Project→Add Files to Project，在開啟的視窗中選取 main.asm，AIC23_INIT.asm，vectors_5510.asm 程式後按開啟按鈕就會將 main.asm 等相關組語檔加入所建立的 record.pjt 專案中，如圖 9-61 所示。

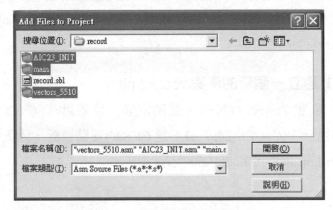

圖 9-61　加入新檔案至專案中

3. 同理使用前述的方法將檔案 lab.cmd 加入到 record.pjt 專案中。

4. 到目前為止所需要的檔案都已加入到 record.pjt 專案中，點選原始程式

main.asm 會出現在 CCS 視窗右邊的編輯區中。

【步驟 2】產生可執行程式碼

5.　接下來設定編譯與組譯所需的一些設定，方法是在選單中點選
　　 Project→Build Options，整個 Compiler 編譯器選項設定如圖 9-56 所示，
　　 可以使用編譯器出廠預設值即可，但有一點要注意的，因為程式是使用
　　 代數指令撰寫的，所以 Algebric assembly(-amg)一項必須勾選。

6.　整個 Linker 連結器選項設定如圖 9-57 所示，Code Entry Point 鍵入 start，
　　 其餘使用連結器出廠預設值即可。

7.　執行編譯 record.pjt 程式的方法是在選單中點選 Project→Rebuild All，
　　 在 rebuild 編譯過程中會在 CCS 視窗的最下方開啟一個訊息視窗來顯示
　　 整個編譯與組譯過程，若有錯誤發生也會說明其錯誤訊息，如有錯誤出
　　 現必須修正後重新編譯，重新編譯請點選 Project→build，它只會編譯
　　 修改的部分，可節省編譯的時間。

【步驟 3】執行程式碼

8.　一旦程式編組譯及連結完成後，就可載入程式至 DSK 發展板上執行，
　　 方法是在選單上點選 File → Load Program，在 c:\CCStudio_v3.1\
　　 MyProjects\fir_lp\Debug 中選取 record.out，CCS 就會將程式 record.out
　　 載入到 C5510 DSK 上 CPU 的內置 DARAM 中，如圖 9-62 所示。

9.　載入程式後便可以執行程式，方法是在選單中點選 Debug→Run 來執
　　 行程式，執行程式之前必須確定週邊硬體裝置已就緒，例如有無音源輸
　　 入至 5510 DSK 實驗板中，喇叭是否接好等，如欲停止程式的執行可在
　　 選單中點選 Debug→Halt。

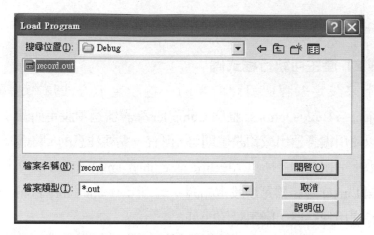

圖 9-62　載入可執行程式檔 loopback.out

【步驟 4】觀察時域和頻域波形資料

10. 記憶體的內含也可以用圖形 (graph) 來表示，在選單中點選
    View → Graph，在所開啓的選項中選擇 Time/Frequency 選項，設定如
    圖 9-63 所示下列的一些參數：

```
Display type                      dual time
Start Address：upper display      sampleL
Start Address：lower display      sampleR
Acquisition Buffer Size：         1024
Display Data Size：               1024
DSP Data Type：                   16-bit Signed int
Q-value：                         15
Sampling Rate(Hz)：               8000
```

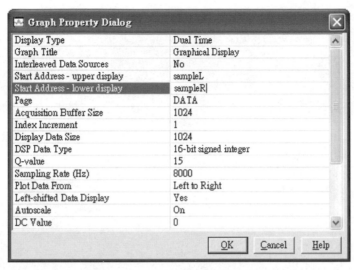

圖 9-63　圖形視窗的設定參數

11. 設定完成後按下 OK 按鈕會出現所欲觀察的記憶體圖形，所開啟的圖形
　　 如圖 9-64 所示，圖上是左聲道波形資料，圖下是右聲道波形資料。

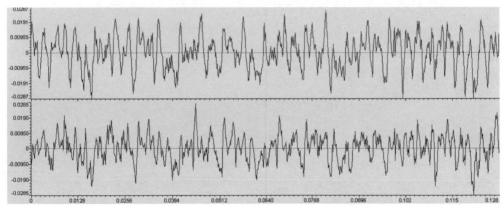

圖 9-64　圖形視窗所顯示之時域圖形

第 **10** 章

晶片支援函數庫

10-1　晶片支援函數庫

何謂晶片支援函數庫(CSL：Chip Support Library)呢？簡單地說它是由 TI 發展出來的一套函數庫，事實上它是屬於即時多工作業軟體 DSP/BIOS 裡的一個功能模組，用於規劃和控制 DSP 內建週邊元件的使用，例如直接記憶體存取 DMA、計時器 Timer、串列埠 McBSP 等的動作，它是由一些函數(function)、巨集(macro)和符號(symbol)所組合而成的。使用 CSL 的好處是讓使用者更容易規劃和控制週邊元件的功能，減少週邊驅動程式開發的時間，因為使用者對於週邊元件硬體不需去清楚瞭解如何動作，也就是不需要去規劃硬體相關的控制暫存器，只要去呼叫 CSL 所提供的功能函數即可驅動相關的週邊作動。

CSL 提供有：

1. 標準的協定用來規劃週邊元件：CSL 提供使用者標準的協定可用來規劃 DSP 內建週邊元件，這些協定包括有定義週邊元件組態(configuration) 的資料格式和巨集，以及執行週邊元件各種不同功能的函數。

2. 資源管理：資源管理對週邊元件提供有開啟和關閉函數的功能，這對於支援多通道的週邊元件像串列埠、計時器等特別有用的。

3. 週邊元件符號描述：使用 CSL 也會產生所有有關週邊元件的暫存器以及其位元欄位的完整符號描述。

每一個週邊元件具有一個 CSL 模組(module)，如圖 10-1 所示，雖然每一個模組提供有屬於這個週邊元件的函數，但模組間仍可能存在有一些相依關係，例如 DMA 模組中有關 DMA 中斷部分就與 IRQ 模組有關，所以當你使用 DMA 模組，部分 IRQ 模組也會被自動地連結(link)進來。

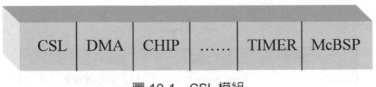

圖 10-1　CSL 模組

　　表 10-1 所示為當使用 CSL 函數、巨集和資料形式時，於使用名稱上的一些約定事項，如下所述：

1. 所有的函數，巨集和資料型態都以 CSL 模組名稱為開頭，模組名稱參考表 10-2 所示。
2. 變數和函數名稱使用小寫字母，大寫字母只用於函數名稱是由兩各個別的字所組成時，例如 PER_getConfig()。
3. 資料型態起始於大寫字母後接小寫字母，例如 DMA_Handle。
4. 巨集名稱皆使用大寫字母，例如 DMA_DMPREC_RMK。

表 10-1

物件型態	名稱約定
函數(Function)	PER_funcName()
變數(Variable)	PER_varName()
巨集(Macro)	PER_MACRO_NAME
資料型態(Typedef)	PER_Typename
函數引數(Argument)	FuncArg
架構成員(Structure Member)	memberName

註：PER 表示 CSL 的模組名稱

表 10-2

CSL 模組(PER)	引入標頭檔	模組支援符號
ADC	csl_adc.h	_ADC_SUPPORT
CHIP	csl_chip.h	_CHIP_SUPPORT
DAT	csl_dat.h	_DAT_SUPPORT
DMA	csl_dma.h	_DMA_SUPPORT
EMIF	csl_emif.h	_EMIF_SUPPORT
GPIO	csl_gpio.h	_GPIO_SUPPORT
I2C	csl_i2c.h	_I2C_SUPPORT
ICACHE	csl_icache.h	_ICACHE_SUPPORT
IRQ	csl_irq.h	_IRQ_SUPPORT
McBSP	csl_mcbsp.h	_MCBSP_SUPPORT
MMC	csl_mmc.h	_MMC_SUPPORT
PLL	csl_pll.h	_PLL_SUPPORT
PWR	csl_pwr.h	_PWR_SUPPORT
RTC	csl_rtc.h	_RTC_SUPPORT
TIMER	csl_timer.h	_TIMER_SUPPORT
WDTIM	csl_wdtim.h	_WDTIM_SUPPORT
USB	csl_usb.h	_USB_SUPPORT
UART	csl_uart.h	_UART_SUPPORT
HPI	csl_hpi.h	_HPI_SUPPORT
GPT	csl_gpt.h	_GPT_SUPPORT

　　CSL 提供一些自用的資料型態，它們以大寫字母為開頭，表 10-3 列出這些定義在 stdinc.h 標頭檔內 CSL 所使用的資料型態。

表 10-3

資料型態	描述
CSLBool	unsigned short
PER_Handle	void*
Int16	short
Int32	long

表 10-3(續)

資料型態	描述
Uchar	unsigned char
Uint16	unsigned short
Uint32	unsigned long
DMA_AdrPtr	void(*DMA_AdrPtr)() pointer to a void function

CSL 函式提供有兩種方式來程式化週邊元件：

1. 基於直接暫存器(Register-based)來初始化週邊元件，使用 PER_config() 函式來對週邊元件的暫存器作初始值設定,此函式設定適當的暫存器值 和組態架構的位址給 PER_config()函式來對週邊元件作初始值設定，下 述為 PER_config()函式的使用格式。

```
PER_config MyConfig = {
    reg0,
    reg1,
    …
};
main(){
… …
PER_config(&MyConfig);
… …
}
```

註：MyConfig 為使用者自定義名稱

2. 基於函式參數值(Parameter-based)來初始化週邊元件，使用 PER_setup() 函式設定參數值來對週邊元件作初始值設定，下述為 PER_setup()函式 的使用格式。

```
PER_setup MySetup = {
    param_1,
```

```
    … …
    param_n};
main(){
… …
PER_setup(&MySetup);
… …
}
```

註：MySetup 為使用者自定義名稱

下列是一般常用的 CSL 函數之描述

1. handle=PER_open(channelNumber,

   [priority,]

   flags)

   開啓一個週邊元件通道，此函式必須在使用此通道之前被呼叫使用，回
   報值是唯一的裝置代碼(handle)，此代碼值提供給而後的 API 函式呼叫
   使用。

2. PER_close(handle)

   關閉先前由 PER_open()所開啓的週邊通道。

3. PER_reset(handle)

   重置週邊元件至開電(機)初始值。

4. PER_config([handle,]

   *configStructure)

   寫入規劃架構值到週邊元件的暫存器，用來初始化週邊元件。

5. PER_setup([handle,]

   *configStructure)

   基於包括在規劃架構的函式參數值來初始化週邊元件。

10-2　使用 CSL 規劃 DMA 週邊

對於內建週邊元件規劃也可以不使用 CSL GUI，如果純粹是使用 CSL 而不使用 CSL GUI 的話，那就必須選擇用手動的方式在你的 C 程式碼中去宣告和初始化週邊元件，不過還是建議使用 CSL GUI 的方式比較方便，尤其是應用程式中含有中斷要處理時。

不使用 CSL GUI 也就不需要建立.cdb 檔，它是使用 CSL 的巨集以及函式來達到與 CSL GUI 圖形化設定的相同功能，下面舉一個 DMA 的例子，它將一筆記憶體位址 2000h 處的資料搬至記憶體位址 2010h 處，用來說明如何只使用 CSL 來規劃內建週邊 DMA 的傳輸功能。

💿【第一步】：將標頭檔 csl.h 以及相關週邊的標頭檔含括(include)到程式中，只要是使用 CSL 的話，不管是任何的週邊元件，csl.h 標頭檔一定要含括進來。本範例是使用 DMA 所以將標頭檔 csl_dma.h 含括進來，不同的週邊元件具有不同的標頭檔，如表 10-2 所示。

```
#include <csl.h>
#include <csl_dma.h>
```

💿【第二步】：定義 DMA 通道的組態架構

```
DMA_Config myconfig = {
    DMA_DMACSDP_RMK(
    DMA_DMACSDP_DSTBEN_NOBURST,
    DMA_DMACSDP_DSTPACK_OFF,
    DMA_DMACSDP_DST_DARAM,
    DMA_DMACSDP_SRCBEN_NOBURST,
    DMA_DMACSDP_SRCPACK_OFF,
```

```
    DMA_DMACSDP_SRC_DARAM,
    DMA_DMACSDP_DATATYPE_16BIT
),                                          /* DMACSDP  */
DMA_DMACCR_RMK(
    DMA_DMACCR_DSTAMODE_POSTINC,
    DMA_DMACCR_SRCAMODE_POSTINC,
    DMA_DMACCR_ENDPROG_OFF,
    DMA_DMACCR_REPEAT_OFF,
    DMA_DMACCR_AUTOINIT_OFF,
    DMA_DMACCR_EN_STOP,
    DMA_DMACCR_PRIO_HI,
    DMA_DMACCR_FS_ENABLE,
    DMA_DMACCR_SYNC_NONE
),                                          /* DMACCR   */
DMA_DMACICR_RMK(
    DMA_DMACICR_BLOCKIE_OFF,
    DMA_DMACICR_LASTIE_OFF,
    DMA_DMACICR_FRAMEIE_ON,
    DMA_DMACICR_FIRSTHALFIE_OFF,
    DMA_DMACICR_DROPIE_OFF,
    DMA_DMACICR_TIMEOUTIE_OFF
),                                          /* DMACICR  */
    (DMA_AdrPtr)&src,                       /* DMACSSAL */
    0,                                      /* DMACSSAU */
    (DMA_AdrPtr)&dst,                       /* DMACDSAL */
    0,                                      /* DMACDSAU */
    N,                                      /* DMACEN   */
    1,                                      /* DMACFN   */
    0,                                      /* DMACFI   */
    0                                       /* DMACEI   */
};
```

🔘 【第三步】：定義 DMA_Handle 指標(pointer)，當 DMA 通道被開啓
　　　　　　　DMA_open 將初始化這個指標。

```
DMA_Handle myhDma;
```

🌐 【第四步】：初始化 CSL 函數庫，呼叫使用 CSL 模組 API 前，必須對
　　　　　　　CSL 函數庫執行一次初始化。

```
CSL_init();
```

🌐 【第五步】：開啓(open)、規劃(configure)、啓動(start)所需的 DMA 通道。

```
/* Open DMA Channel 0 */
    myhDma = DMA_open(DMA_CHA0, 0);
/* Write configuration structure values to DMA control registers
*/
    DMA_config(myhDma, &myconfig);
/* Enable DMA channel to begin transfer */
    DMA_start(myhDma);
```

🌐 【第六步】：等待 DMA 狀態暫存器之 FRAME 位元是否爲 1，FRAME
　　　　　　　=1 表示 DMA 傳輸完成。

```
/* Wait for FRAME status bit in DMA status register to signal
transfer is complete.  */
    while(!DMA_FGETH(myhDma,DMACSR,FRAME)){
    ;
    }
```

🌐 【第七步】：關閉 DMA 通道。

```
DMA_close(myhDma);
```

10-3　使用 CSL 規劃 Timer 週邊

下面說明如何使用 CSL 的巨集以及函式來規劃 Timer 週邊的功能。

🌐 【第一步】：將標頭檔 csl.h 以及相關週邊的標頭檔含括(include)到程式
中，本範例是使用 Timer 所以將標頭檔 csl_timer.h 含括進
來，不同的週邊元件具有不同的標頭檔。

```
#include <csl.h>
#include <csl_timer.h>
```

🌐 【第二步】：定義 Timer 的組態架構。

```
#define TIMER_CTRL    TIMER_TCR_RMK(\
          TIMER_TCR_IDLEEN_DEFAULT,       /* IDLEEN = 0 */ \
          TIMER_TCR_FUNC_OF(0),           /* FUNC = 0 */ \
          TIMER_TCR_TLB_RESET,            /* TLB = 1 */ \
          TIMER_TCR_SOFT_BRKPTNOW,        /* SOFT = 0 */ \
          TIMER_TCR_FREE_WITHSOFT,        /* FREE = 0 */ \
          TIMER_TCR_PWID_OF(0),           /* PWID = 0 */ \
          TIMER_TCR_ARB_RESET,            /* ARB = 1 */ \
          TIMER_TCR_TSS_START,            /* TSS = 0 */ \
          TIMER_TCR_CP_PULSE,             /* CP = 0 */ \
          TIMER_TCR_POLAR_LOW,            /* POLAR = 0 */ \
          TIMER_TCR_DATOUT_0              /* DATOUT = 0 */ \
)
/* Create a TIMER configuration structure that can be passed
                                        */
/* to TIMER_config CSL function for initialization of Timer
                                        */
/* control registers.                   */
TIMER_Config timCfg0 = {
  TIMER_CTRL,                            /* TCR0 */
```

```
  0x0400u,                                        /* PRD0 */
  0x0000                                          /* PRSC */
};
```

【第三步】：建立 DMA_Handle 物件。

```
/* Create a TIMER_Handle object for use with TIMER_open */
    TIMER_Handle mhTimer0;
```

【第四步】：初始化 CSL 函數庫，呼叫使用 CSL 模組 API 前，必須對
　　　　　　CSL 函數庫執行一次初始化。

```
CSL_init();
```

【第五步】：開啟(open)、規劃(configure)、啟動(start)所需的計時器
　　　　　　Timer0。

```
/* Open Timer 0, set registers to power on defaults */
    mhTimer0 = TIMER_open(TIMER_DEV0, TIMER_OPEN_RESET);
/* Write configuration structure values to Timer control regs */
    TIMER_config(mhTimer0, &timCfg0);
/* Start Timer */
    TIMER_start(mhTimer0);
```

【第六步】：關閉計時器 Timer0。

```
TIMER_close(mhTimer0);
```

　　這個程式還有用到計時器的中斷功能，下面說明如何使用 CSL 的巨集以及函式來規劃中斷的功能，其它週邊的中斷功能設定也可以參考依循這個模式來設計。

【第一步】：將標頭檔 csl_irq.h 含括(include)到程式中。

```
#include <csl_irq.h>
```

【第二步】：獲得 Timer0 的物件識別碼(event Id)。

/* Get Event Id associated with Timer 0, for use with */

```
/* CSL interrupt enable functions. */
eventId0 = TIMER_getEventId(mhTimer0);
```

【第三步】：清除對應的 IFR 位元(計時器 Timer0)。

```
/* Clear any pending Timer interrupts */
IRQ_clear(eventId0);
```

【第四步】：放置中斷服務副程式(ISR)位址至對應的中斷向量表位址。

```
/* Place interrupt service routine address at */
/* associated vector location */
IRQ_plug(eventId0,&timer0Isr);
```

【第五步】：致能對應的 IER 位元(計時器 Timer0)。

```
/* Enable Timer interrupt */
IRQ_enable(eventId0);
```

【第六步】：致能全域的中斷位元(INTM)。

```
/* Enable all maskable interrupts */
IRQ_globalEnable();
```

10-4　使用 CSL 規劃 McBSP 週邊

下面說明如何使用 CSL 的巨集以及函式來規劃串列埠 McBSP 週邊的功能，它是使用 CSL 的巨集以及函式來達到與 CSL GUI 圖形化設定的相同功能，下面舉一個 McBSP 的例子，它是將 McBSP 設定為數位回接(digital loopback)的功能，也就是在 DSP 內串列埠 McBSP 是否功能正常。

【第一步】：將標頭檔 csl.h 以及相關週邊的標頭檔含括(include)到程式中，本範例是使用 McBSP 所以將標頭檔 csl_mcbsp.h 含括進來，不同的週邊元件具有不同的標頭檔，如表 10-2 所示。

```
#include <csl.h>
#include <csl_mcbsp.h>
```

【第二步】：定義 McBSP 通道的組態架構

```
MCBSP_Config ConfigLoopBack32= {
MCBSP_SPCR1_RMK(
  MCBSP_SPCR1_DLB_ON,                /* DLB    = 1 */
  MCBSP_SPCR1_RJUST_RZF,             /* RJUST  = 0 */
  MCBSP_SPCR1_CLKSTP_DISABLE,        /* CLKSTP = 0 */
  MCBSP_SPCR1_DXENA_NA,              /* DXENA  = 0 */
  MCBSP_SPCR1_ABIS_DISABLE,          /* ABIS   = 0 */
  MCBSP_SPCR1_RINTM_RRDY,            /* RINTM  = 0 */
  0,                                 /* RSYNCER = 0 */
  0,                                 /* RFULL = 0 N/A */
  0,                                 /* RRDY = 0 N/A */
  MCBSP_SPCR1_RRST_DISABLE           /* RRST   = 0 */
),
MCBSP_SPCR2_RMK(
MCBSP_SPCR2_FREE_NO,                 /* FREE   = 0 */
MCBSP_SPCR2_SOFT_NO,                 /* SOFT   = 0 */
```

```
    MCBSP_SPCR2_FRST_FSG,                   /* FRST   = 0 */
    MCBSP_SPCR2_GRST_CLKG,                  /* GRST   = 0 */
    MCBSP_SPCR2_XINTM_XRDY,                 /* XINTM  = 0 */
    0,                                      /* XSYNCER = N/A */
    0,                                      /* XEMPTY = N/A */
    0,                                      /* XRDY   = N/A */
    MCBSP_SPCR2_XRST_DISABLE                /* XRST   = 0 */
  ),
 MCBSP_RCR1_RMK(
 MCBSP_RCR1_RFRLEN1_OF(0),                  /* RFRLEN1 = 0 */
 MCBSP_RCR1_RWDLEN1_32BIT                   /* RWDLEN1 = 5 */
  ),
MCBSP_RCR2_RMK(
    MCBSP_RCR2_RPHASE_SINGLE,               /* RPHASE  = 0 */
    MCBSP_RCR2_RFRLEN2_OF(0),               /* RFRLEN2 = 0 */
    MCBSP_RCR2_RWDLEN2_8BIT,                /* RWDLEN2 = 0 */
    MCBSP_RCR2_RCOMPAND_MSB,                /* RCOMPAND = 0 */
    MCBSP_RCR2_RFIG_YES,                    /* RFIG    = 0 */
    MCBSP_RCR2_RDATDLY_2BIT                 /* RDATDLY = 0 */
    ),
  MCBSP_XCR1_RMK(
    MCBSP_XCR1_XFRLEN1_OF(0),               /* XFRLEN1 = 0 */
    MCBSP_XCR1_XWDLEN1_32BIT                /* XWDLEN1 = 5 */
    ),
MCBSP_XCR2_RMK(
    MCBSP_XCR2_XPHASE_SINGLE,               /* XPHASE  = 0 */
    MCBSP_XCR2_XFRLEN2_OF(0),               /* XFRLEN2 = 0 */
    MCBSP_XCR2_XWDLEN2_8BIT,                /* XWDLEN2 = 0 */
    MCBSP_XCR2_XCOMPAND_MSB,                /* XCOMPAND = 0 */
    MCBSP_XCR2_XFIG_YES,                    /* XFIG    = 0 */
    MCBSP_XCR2_XDATDLY_2BIT                 /* XDATDLY = 0 */
  ),
MCBSP_SRGR1_RMK(
  MCBSP_SRGR1_FWID_OF(1),                   /* FWID    = 1 */
  MCBSP_SRGR1_CLKGDV_OF(1)                  /* CLKGDV  = 1 */
  ),
```

```
MCBSP_SRGR2_RMK(
   MCBSP_SRGR2_GSYNC_FREE,              /* FREE    = 0 */
   MCBSP_SRGR2_CLKSP_RISING,            /* CLKSP   = 0 */
   MCBSP_SRGR2_CLKSM_INTERNAL,          /* CLKSM   = 1 */
   MCBSP_SRGR2_FSGM_DXR2XSR,            /* FSGM    = 0 */
   MCBSP_SRGR2_FPER_OF(15)              /* FPER    = 0 */
),
MCBSP_MCR1_DEFAULT,
MCBSP_MCR2_DEFAULT,
MCBSP_PCR_RMK(
  MCBSP_PCR_IDLEEN_RESET,               /* IDLEEN  = 0    */
  MCBSP_PCR_XIOEN_SP,                   /* XIOEN   = 0    */
  MCBSP_PCR_RIOEN_SP,                   /* RIOEN   = 0    */
  MCBSP_PCR_FSXM_INTERNAL,              /* FSXM    = 1    */
  MCBSP_PCR_FSRM_EXTERNAL,              /* FSRM    = 0    */
  MCBSP_PCR_SCLKME_NO,                  /* SCLKME  = 0    */
  0,                                    /* CLKSSTAT = N/A */
  0,                                    /* DXSTAT  = N/A  */
  0,                                    /* DRSTAT  = N/A  */
  MCBSP_PCR_CLKXM_OUTPUT,               /* CLKXM   = 1    */
  MCBSP_PCR_CLKRM_INPUT,                /* CLKRM   = 0    */
  MCBSP_PCR_FSXP_ACTIVEHIGH,            /* FSXP    = 0    */
  MCBSP_PCR_FSRP_ACTIVEHIGH,            /* FSRP    = 0    */
  MCBSP_PCR_CLKXP_RISING,               /* CLKXP   = 0    */
  MCBSP_PCR_CLKRP_FALLING               /* CLKRP   = 0    */
),
MCBSP_RCERA_DEFAULT,
MCBSP_RCERB_DEFAULT,
MCBSP_RCERC_DEFAULT,
MCBSP_RCERD_DEFAULT,
MCBSP_RCERE_DEFAULT,
MCBSP_RCERF_DEFAULT,
MCBSP_RCERG_DEFAULT,
MCBSP_RCERH_DEFAULT,
MCBSP_XCERA_DEFAULT,
MCBSP_XCERB_DEFAULT,
```

```
MCBSP_XCERC_DEFAULT,
MCBSP_XCERD_DEFAULT,
MCBSP_XCERE_DEFAULT,
MCBSP_XCERF_DEFAULT,
MCBSP_XCERG_DEFAULT,
MCBSP_XCERH_DEFAULT
};
```

【第三步】：定義 DMA_Handle 指標(pointer)，當 DMA 通道被開啓
DMA_open 將初始化這個指標。

```
MCBSP_Handle mhMcbsp;
```

【第四步】：初始化 CSL 函數庫，呼叫使用 CSL 模組 API 前，必須對
CSL 函數庫執行一次初始化。

```
CSL_init();
```

【第五步】：開啓(open)、規劃(configure)、啓動(start)所需的 DMA 通道

```
/* Open McBSP */
mhMcbsp = MCBSP_open(MCBSP_PORT0, MCBSP_OPEN_RESET);
/* Write configuration structure values to McBSP control
registers */
    MCBSP_config(mhMcbsp, &ConfigLoopBack32);
/* Start Sample Rate Generator and Frame Sync */
 MCBSP_start(mhMcbsp,
   MCBSP_SRGR_START | MCBSP_SRGR_FRAMESYNC,
   0x300
 );

 /* Enable MCBSP transmit and receive */
 MCBSP_start(mhMcbsp,
   MCBSP_RCV_START | MCBSP_XMIT_START,
```

```
    0x200
);
```

🌐 【第六步】：等待傳出 xrdy 位元是否為 1，xrdy=1 表示 DXR 暫存器已經
　　　　　　複製至 XSR 暫存器，可以傳出下一筆資料了。

```
/* Prime MCBSP transmit */
  while(!MCBSP_xrdy(mhMcbsp)){
    ;
  }
  MCBSP_write32(mhMcbsp,xmt[0]);
```

等待傳出 rrdy 位元是否為 1，rrdy=1 表示 RBR 暫存器已經複
製至 DRR 暫存器，可以去 DRR 暫存器接收新一筆資料了。

```
/* Wait for RRDY signal to read data from DRR */
while(!MCBSP_rrdy(mhMcbsp)){
    ;
}
rcv[0] = MCBSP_read32(mhMcbsp);
```

🌐 【第七步】：關閉 McBSP 通道。

```
MCBSP_close(mhMcbsp);
```

第 **11** 章

5510 DSK 發展板

R61

C107

11-1 基本特性

　　5510 DSK 是一個低價位獨立的發展平台可讓使用者用來研發 TI C55xx 系列相關的 DSP 產品，DSK 附有硬體線路圖可作為設計 5510 DSP 硬體參考設計，TI 網站內提供有豐富的技術資料可作為軟硬體設計的參考，以利使用者縮短開發時程加快產品上市的時間。

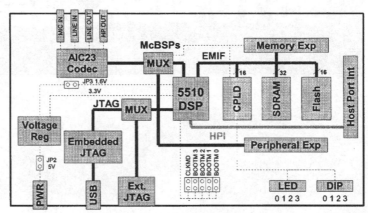

圖 11-1　5510 DSK 架構方塊圖

　　5510 DSK 的基本特性有：

1.　德州儀器 5510 DSP，200MHz 操作頻率。

2.　具有一個 AIC23 立體聲 codec。

3.　8 MBytes SDRAM 同步記憶體。

4.　512 kBytes 非揮發性 Flash 記憶體。

5.　具有各 4 個 LED 和 DIP 開關。

6.　軟體可規劃的 CPLD 暫存器。

7.　跳線(jumper)可選的起動(bootloader)模式。

8.　具有位址及週邊擴充插槽供子卡(daughter card)設計之用。

9.　JTAG 硬體模擬埠(emulator)，可選擇 USB 介面或外部硬體模擬器。

10.　單一 5V 電源供應。

圖 11-1 所示為 5510 DSK 架構方塊圖。

Word Address	C55x Family Memory Type	5510 DSK	
0x000000	Memory Mapped Registers	MMR	
0x000030	Internal Memory (DARAM)	Internal Memory	
0x008000	Internal Memory (SARAM)		
0x028000	External CE0	SDRAM	0x028000
0x200000	External CE1	Flash	0x200000
		CPLD	0x300000
0x400000	External CE2	Daughter Card	
0x600000	External CE3		

圖 11-2　TMS320VC5510 DSP 記憶體映射圖

　　5510 DSP 具有 24 位元位址線能夠定址到 16 MByte 或 8 Mword 大小的記憶體空間，外部記憶體介面單元(EMIF)將外部記憶體分割為 4 個大小相同的空間，較低的 22 位元位址作為位址定址之用，而最高的 2 位元位址則為解碼位元作為晶片致能(chip enable)之用，圖 11-2 所示為 C55x DSP 以及 5510 DSK 的記憶體映射圖，注意 5510 DSK 外部記憶體 SDRAM 位於 CE0 處(位址 0x028000)，Flash 和 CPLD 位於 CE1 處(位址分別為 0x200000 和 0x300000)，5510 DSP 內部的記憶體從位址 0 開始，最初的是少許的記憶體映射暫存器 (MMR)，接下來是晶片內建的 DARAM 以及 SARAM，DARAM 表示雙存取的 RAM(它有 64kByte 大小)，它能在一個指令週期內存取記憶體兩次，兩次讀取或一讀一寫，SARAM 表示單存取的 RAM(它有 252kByte 大小)，它僅能在一個指令週期內存取記憶體一次，一次讀取或一次寫入。

　　5510 DSK 使用了一顆 Altera 的 EPM3128TC100-10 的可程式邏輯晶片 CPLD，它的目的是為了完成：

1. 規劃 4 個記憶體映射暫存器作為對 DSK 板的軟體程式控制

2. 位址解碼與記憶體存取邏輯電路

3. 子卡(daughter card)的介面與信號控制

　　所以 CPLD 是為了完成 DSK 板上的一些特定功能而設計的，在你所設計的硬體板上你也可以利用 CPLD 來擴充 DSP 的週邊功能，使用 CPLD 的好處是可以減少許多個別的邏輯元件使用，進而減少硬體板的面積。

　　4 個 CPLD 記憶體映射暫存器允許使用者能以軟體程式來規劃對 5510 DSK 板的控制功能，它的字元位址在 0x300000 處，偏移(offset)位址分別為 0, 1、4 及 6，以下我們分別敘述這些暫存器內的位元定義。

◉ USER_REG 暫存器

　　USER_REG 暫存器如表 11-1 所示，其偏移位址為 0(即位址 0x300000)，它是用來讀取 4 個 DIP 開關的狀態值以及控制 4 個 LED 的亮與滅，DIP 開關位於高 4 位元，僅能讀取其狀態，LED 位於低 4 位元，可讀取 LED 的狀態，亦可設定(寫入)其狀態，及控制其亮與滅。

表 11-1

位元	名稱	R/W	敘述
7	USER_SW3	R	DIP 開關 3(1=Off, 0=On)
6	USER_SW2	R	DIP 開關 2(1=Off, 0=On)
5	USER_SW1	R	DIP 開關 1(1=Off, 0=On)
4	USER_SW0	R	DIP 開關 0(1=Off, 0=On)
3	USER_LED3	R/W	LED 3 設定(0=Off, 1=On)
2	USER_LED2	R/W	LED 2 設定(0=Off, 1=On)
1	USER_LED1	R/W	LED 1 設定(0=Off, 1=On)
0	USER_LED0	R/W	LED 0 設定(0=Off, 1=On)

◉ DC_REG 暫存器

DC_REG 暫存器如表 11-2 所示，其偏移位址爲 1(即位址 0x300001)，此暫存器用來監控子卡的介面狀態，例如位元 7(DC_DET)用來檢視子卡是否存在，DC_STAT 和 DC_CNTL 提供一個與子卡間的簡單溝通管道，一個是僅可讀取的狀態位元線和一個可寫入的控制位元線，亦即 DC_STAT1 / DC_STAT0 以及 DC_CNTL1 / DC_CNTL0 都拉至子卡擴充槽上，以供與子卡間溝通之用。

表 11-2

位元	名稱	R/W	敘述
7	DC_DET	R	子卡存在否?(1=存在)
6	0	R	爲 0
5	DC_STAT1	R	子卡狀態位元 1(0=Low, 1=High)
4	DC_STAT0	R	子卡狀態位元 0(0=Low, 1=High)
3	DC_RST	R/W	子卡重置位元(0=No, 1=Yes)
2	0	R	爲 0
1	DC_CNTL1	R/W	子卡控制位元 1(0=Low, 1=High)
0	DC_CNTL0	R/W	子卡控制位元 0(0=Low, 1=High)

◉ VERSION 暫存器

VERSION 暫存器如表 11-3 所示，其偏移位址爲 4(即位址 0x300004)，此暫存器包括兩個僅可讀取的位元欄位，用來記錄 5510 DSK 和 CPLD 的版本資訊，CPLD 的版本資訊是由高位元組的位元 7～4 來記錄，5510 DSK 的版本資訊則是由低位元組的位元 2～0 來記錄。

表 11-3

位元	名稱	R/W	敘述
7	CPLD_VER3	R	CPLD 版本資訊位元(高)
6	CPLD_VER2	R	CPLD 版本資訊位元
5	CPLD_VER1	R	CPLD 版本資訊位元
4	CPLD_VER0	R	CPLD 版本資訊位元(低)
3	0	R	為 0
2	DSK_VER2	R	DSK 版本資訊位元(高)
1	DSK_VER1	R	DSK 版本資訊位元
0	DSK_VER0	R	DSK 版本資訊位元(低)

◉ MISC 暫存器

MISC 暫存器如表 11-4 所示,其偏移位址為 6(即位址 0x300006),此暫存器用於對 5510 DSK 的各種功能提供軟體程式設定,其中 TIN1SEL 和 TIN0SEL 位元是用來設定連接到子卡擴充槽上 DSP 的計時器 TIN1/TOUT1 和 TIN0/TOUT0 是作為輸入或是輸出之用,子卡擴充接頭上有個別的接腳作為輸入和輸出,若設定 TINxSEL(x=0 或 1)的值為 0,則指出信號必須連接到擴充接頭的輸入接腳(X_TINx),若設定 TINxSEL(x=0 或 1)的值為 1,則指出信號必須連接到擴充接頭的輸出接腳(X_TOUTx)。

McBSPxSEL(x=1 或 2)用來控制串列埠 McBSP1 和 McBSP2,一般這些串列埠是使用來控制 5510 DSK 上的 AIC23 Codec 作為 AIC23 Codec 之控制暫存器設定和資料傳輸支用,這也是開機後的情況,你也可以透過軟體來設定 McBSPxSEL 的值為 1,將串列埠 McBSP1 和 McBSP2 相關接腳連接至子卡擴充接頭上。

VCORE_STAT 位元用來顯示 DSP 的核心電壓是否在可以接受的範圍內,如果 VCORE_STAT 位元值為 1 表示核心電壓正常,如果 VCORE_STAT 位元值為 0 則表示核心電壓已超出正常操作的範圍。有些情況需要暫時先將電

壓監控特性除能，若 VCORE_MON 位元設定爲 1 可以避免 DSP 在核心電壓
改變時(正常電壓和低電壓間的改變)被重置，VCORE_MON 位元設定爲 0(出
廠值)則此重置特性被致能。

表 11-4

位元	名稱	R/W	敘述
7	0	R	爲 0
6	0	R	爲 0
5	VCORE_STAT	R	Core 電壓顯示(0=不良, 1=良好)
4	VCORE_MON	R/W	Core 電壓監控(0=致能,1=除能)
3	TIN1SEL	R/W	子卡 TIN1/TOUT1(0=輸入,1=輸出)
2	TIN0SEL	R/W	子卡 TIN0/TOUT0(0=輸入,1=輸出)
1	McBSP2SEL	R/W	McBSP2－>AIC23?(0=On, 1=Off)
0	McBSP1SEL	R/W	McBSP1－>AIC23?(0=On, 1=Off)

11-2　AIC23 Codec

　　C5510 DSK 上使用 TI 的 AIC23 Codec 立體聲晶片用於輸入和輸出語音信
號，AIC23 取樣來自麥克風或線(line in)輸入的類比信號，轉換爲數位資料以
便能被 DSP 所運算處理，DSP 處理完程式後再利用 AIC23 將數位資料轉換爲
類比資料後送到線輸出(line out)或耳機輸出。

　　AIC23 Codec 使用兩個串列通道傳輸，一個通道用來控制 Codec 內部的規
劃暫存器，另一個通道則用來傳送和接收(數位)語音資料。串列埠 McBSP1 爲
單向控制傳輸，規劃爲 SPI 模式傳送 16 位元控制字元到 AIC23 Codec 的暫存
器，16 位元控制字元的前 7 位元用來指定暫存器的號碼，後 9 位元則設定暫
存器的值，此控制通道只用於規劃 AIC23 Codec 的傳輸組態，當語音資料傳
輸時它便空閒不用。

McBSP2 則用於雙向資料傳輸，它使用 16 位元寬的資料，此 DSK 板上使用的串列模式為 DSP 模式，它是專門設計用來直接和 TI DSP 的串列埠 McBSP 作資料傳輸之用，另外 AIC23 Codec 設定為主(master)模式所以它可以產生框(frame)同步和位元時脈(bit clock)信號。

AIC23 Codec 使用 12 MHz 的系統時脈，內部再由規劃暫存器 SampleRate 的值來產生諸如 48kHz、44.1kHz、8kHz 等的取樣頻率，圖 11-3 所示為 C5510 DSK 板上的 AIC23 Codec 介面示意圖。

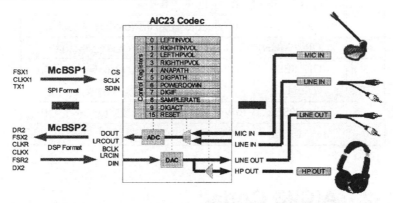

圖 11-3　5510 DSK 之 AIC23 Codec 介面示意圖

11-2.1　控制介面

TLV320AIC23 具有許多可程式化特性，圖 11-4 所示為 AIC23 Codec 的功能方塊圖，控制介面(control interface)是用來對 AIC23 Codec 內的暫存器作軟體程式規劃，可以使用規劃為 SPI 模式操作(屬於 3-線式操作)或 2-線式模式操作，模式選擇主要是由 AIC23 外部接腳 Mode 的位準值來決定其控制介面的模式，如表 11-5 所示，例如 DSK5510 實驗板內 5510 DSP 的 Mode 接腳它是接至 3.3V，所以它設定為 SPI 控制介面模式。

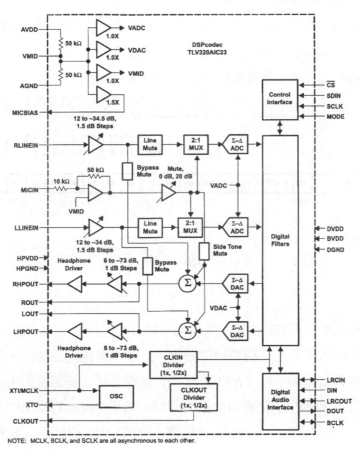

圖 11-4　AIC23 Codec 功能方塊圖

表 11-5

接腳 Mode 的位準值	控制介面模式
0	2-線式
1	SPI(3-線式)

● SPI(3-線式)

　　在 SPI 模式下(如圖 11-5 所示)，接腳 SDIN 用於負載串列資料，接腳 SCLK 為串列時脈，至於接腳/CS 則作爲栓鎖串列資料至 AIC23 中。此模式與具有 SPI 介面的 DSP 或微控器是可相容的，控制字元包含有 16 位元，由 MSB 位元開始傳輸，而且資料位元是在 SCLK 上升緣(rising)被栓鎖，至於/CS 會在 16 個資料位元栓鎖進入 AIC23 後產生一個上升緣轉態變化，16 位元的控制字元中 B15～B9 位元表示暫存器的位址，B8～B0 位元表示暫存器的資料值。

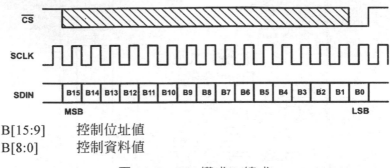

B[15:9]   控制位址值
B[8:0]   控制資料值

圖 11-5   SPI 模式(3-線式)

🔘 2-線式

在 2-線模式下，接腳 SDI 作為串列傳輸資料，如圖 11-6 所示當 SCLK 在高位準時，若 SDI 產生下降緣轉態變化，此即為傳輸起始情況，然後資料開始傳輸，剛開始傳輸的 7 位元用來表示在 2-線上那一個裝置用來接收資料，第 8 個位元 R/W 用來決定資料傳輸的方向，如果 R/W=0 則 AIC23 只能作為寫入裝置。此元件只能作為從(slave)裝置，它的位址值由設定 CS 接腳的狀態來決定如表 11-6 所示。

表 11-6

/CS 狀態	位址值
0*	0011010
1	0011011

＊：出廠值

在第 9 個時脈拉下 SDI 位元(ACK)至低電位表示接下來傳輸的是兩個 8 位元區塊，表示暫存器位址(B[15..9])和暫存器的資料值(B[8..0])，當 SCLK 在高位準時，若 SDI 產生上升緣轉態變化，此即為傳輸結束的時候。

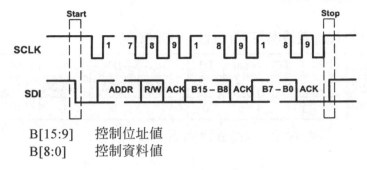

B[15:9]　控制位址值
B[8:0]　控制資料值

圖 11-6　2-線式模式

11-2.2　映射暫存器

　　TLV320AIC23 具有下列的一組控制暫存器如表 11-7 所示，可用程式規劃其操作模式。

表 11-7

位址	暫存器
0000000	左聲道輸入通道聲響控制
0000001	右聲道輸入通道聲響控制
0000010	左通道耳機聲響控制
0000011	右通道耳機聲響控制
0000100	類比語音路徑控制
0000101	數位語音路徑控制
0000110	功率節省控制
0000111	數位語音介面格式
0001000	取樣率控制
0001001	數位介面致能控制
0001111	重置暫存器

左聲道輸入通道聲響控制(位址：0000000)

位元	D8	D7	D6	D5	D4	D3	D2	D1	D0
功能	LRS	LIM	×	×	LIV4	LIV3	LIV2	LIV1	LIV0
出廠值	0	1	0	0	1	0	1	1	1

LRS   左右聲道同時聲響/靜音更改

                   同時更改   0=除能   1=致能

LIM   左聲道靜音   0=正常   1=靜音

LIV[4:0]   左聲道輸入聲響控制(出廠值 10111=0db)

                   11111=+12dB 至 00000= −34.5dB(1.5dB/步階)

×   保留

右聲道輸入通道聲響控制(位址：0000001)

位元	D8	D7	D6	D5	D4	D3	D2	D1	D0
功能	RLS	RIM	×	×	RIV4	RIV3	RIV2	RIV1	RIV0
出廠值	0	1	0	0	1	0	1	1	1

LRS   左右聲道同時聲響/靜音更改

                   同時更改   0=除能   1=致能

LIM   右聲道靜音   0=正常   1=靜音

RIV[4:0]   右聲道輸入聲響控制(出廠值 10111=0db)

                   11111=+12dB 至 00000= −34.5dB(1.5dB/步階)

×   保留

左通道耳機聲響控制(位址：0000010)

位元	D8	D7	D6	D5	D4	D3	D2	D1	D0
功能	LRS	LZC	LHV6	LHV5	LHV4	LHV3	LHV2	LHV1	LHV0
出廠值	0	1	1	1	1	1	0	0	1

LRS   左右耳機通道同時聲響/靜音更改

同時更改　　　　　　　0=除能　　1=致能

LZC　　　　零交錯(Zero-cross)偵測　0=關閉　　1=開啓

LIV[4:0]　　左耳機聲響控制(出廠值 1111001=0db)

　　　　　　1111111=+6dB 至 0110000= −73dB(靜音)，6dB，共 79 步階，

　　　　　　小於 0110000 的值保持靜音

● 右通道耳機聲響控制(位址：0000011)

位元	D8	D7	D6	D5	D4	D3	D2	D1	D0
功能	RLS	RZC	RHV6	RHV5	RHV4	RHV3	RHV2	RHV1	RHV0
出廠值	0	1	1	1	1	1	0	0	1

RLS　　　　左右耳機通道同時聲響/靜音更改

　　　　　　同時更改　　　　　　　0=除能　　1=致能

RZC　　　　零交錯(Zero-cross)偵測　0=關閉　　1=開啓

RIV[4:0]　　右耳機聲響控制(出廠值 1111001=0db)

　　　　　　1111111=+6dB 至 0110000= −73dB(靜音)，

　　　　　　6dB，共 79 步階，小於 0110000 的值保持靜音

● 類比語音路徑控制(位址：0000100)

位元	D8	D7	D6	D5	D4	D3	D2	D1	D0
功能	×	STA1	STA0	STE	DAC	BYP	INSEL	MICM	MICB
出廠值	0	0	0	0	1	1	0	1	0

STA[1:0]　　sidetone 衰減

　　　　　　00= −6dB，01= −9dB，10= −12dB，11= −15dB

STE　　　　sidetone 致能　　　　　0=除能　　1=致能

DAC　　　　DAC 選擇　　　　　　　0=關閉　　1=開啓

BYP　　　　旁路　　　　　　　　　0=除能　　1=致能

INSEL　　　ADC 輸入選擇　　　　　0=line　　1=microphone

MICM　　　耳機靜音　　　　　　　0=正常　　1=靜音

MICB	耳機 boost	0=0dB	1=12dB
×	保留		

數位語音路徑控制(位址：0000101)

位元	D8	D7	D6	D5	D4	D3	D2	D1	D0
功能	×	×	×	×	×	DACM	DEEMP1	DEEMP0	ADCHP
出廠值	0	0	0	0	0	0	1	0	0

DACM	DAC soft mute	0=除能	1=致能
DEEMP[1:0]	De-emphasis control		
	00=除能，01=32kHz，10=44.1kHz，11=48kHz		
ADCHP	ADC 高通濾波	0=除能	1=致能
×	保留		

功率節省控制(位址：0000110)

位元	D8	D7	D6	D5	D4	D3	D2	D1	D0
功能	×	OFF	CLK	OSC	OUT	DAC	ADC	MIC	LINE
出廠值	0	0	0	0	0	0	1	1	1

OFF	Divice power	0=開啓	1=關閉
CLK	Clock	0=開啓	1=關閉
OSC	Oscillator	0=開啓	1=關閉
OUT	Outputs	0=開啓	1=關閉
DAC	DAC	0=開啓	1=關閉
ADC	ADC	0=開啓	1=關閉
MIC	Microphone input	0=開啓	1=關閉
LINE	Line input	0=開啓	1=關閉
×	保留		

數位語音介面格式(位址：0000111)

位元	D8	D7	D6	D5	D4	D3	D2	D1	D0
功能	×	×	MS	LRSWAP	LRP	IWL1	IWL0	FOR1	FOR0
出廠值	0	0	0	0	0	0	1	1	1

MS　　　　　　　　主/從 模式　　　　0=從　　　　1=主

LRSWAP　　　　　　DAC 左/右交換　　0=除能　　　1=致能

LRP　　　　　　　　DAC left/right phase

　　　　　　　　　　0=Right channel on, LRCIN high

　　　　　　　　　　1=Right channel on, LRCIN low

　　　　　　　　　　DSP 模式

　　　　　　　　　　1=MSB is available on 2nd BCLK rising edge after

　　　　　　　　　　　 LRCIN rising edge

　　　　　　　　　　0=MSB is available on 1st BCLK rising edge after

　　　　　　　　　　　 LRCIN rising edge

IWL[1:0]　　　　　　輸入位元長度

　　　　　　　　　　00=16 位元，01=20 位元，10=24 位元，11=32 位元

FOR[1:0]　　　　　　資料格式　　　　　　　11=DSP 格式，10=I^2S 格式，

　　　　　　　　　　01=MSB first/left aligned,

　　　　　　　　　　00=MSB first/right aligned

×　　　　　　　　　保留

取樣率控制(位址：0001000)

位元	D8	D7	D6	D5	D4	D3	D2	D1	D0
功能	×	CLKOUT	CLKIN	SR3	SR2	SR1	SR0	BOSR	USB/Normal
出廠值	0	0	0	1	0	0	0	0	0

CLKOUT　　　　　　輸出時脈除頻　　　　0=MCLK　　1=MCLK/2

CLKIN	輸入時脈除頻	0=MCLK	1=MCLK/2
SR[3..0]	取樣率控制(參考 11-2.4 小節)		
BOSR	過取樣率(oversampling)		
	USB 模式	0=250fs	1=272fs
	正常模式	0=256fs	1=384fs
USB/Normal	時脈模式選擇	0=Normal	1=USB
×	保留		

◉ 數位介面致能(位址：0001001)

位元	D8	D7	D6	D5	D4	D3	D2	D1	D0
功能	×	×	×	×	×	×	×	×	ACT
出廠值	0	0	0	0	0	0	0	0	0

ACT	致能介面	0=非致能	1=致能
×	保留		

◉ 重置暫存器(位址：0001111)

位元	D8	D7	D6	D5	D4	D3	D2	D1	D0
功能	RES	RES	RES	RES	RES	RES	RES	RES	RES
出廠值	0	0	0	0	0	0	0	0	0

RES　　　　　　寫入 000000000 到此暫存器觸發重置

◉ 11-2.3　語音介面

　　TLV320AIC23 支援 4 種語音介面模式，這 4 種模式皆由 MSB 位元先傳輸，資料位元寬為 16 到 32 位元(右-對齊模式不支援 32 位元)。數位語音介面包含有時脈信號 BCLK，資料信號 DIN 和 DOUT，以及同步信號 LRCIN 和 LRCOUT，在主(master)模式下，BCLK 作為輸出，在從(slave)模式下，BCLK 作為輸入。

11-2.3.1　右-對齊(right-justified)模式

在右-對齊模式下，在 LRCIN 或 LRCOUT 下降緣或上升緣的前一個 BCLK 上升緣處，此處即為傳輸資料的最低位元 LSB，如圖 11-7 所示。

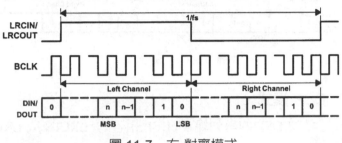

圖 11-7　右-對齊模式

11-2.3.2　左-對齊(left-justified)模式

在左-對齊模式下，在 LRCIN 或 LRCOUT 上升緣或下降緣的後一個BCLK 上升緣處，此處即為傳輸資料的最高位元 MSB，如圖 11-8 所示。

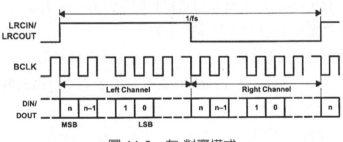

圖 11-8　左-對齊模式

11-2.3.3　I²S 模式

在 I²S 模式下，在 LRCIN 或 LRCOUT 下降緣或上升緣的後第二個 BCLK 上升緣處，此處即為傳輸資料的最高位元 MSB，如圖 11-9 所示。

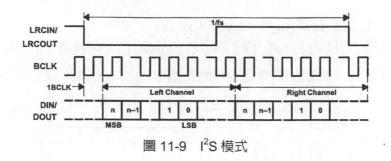

圖 11-9　I²S 模式

11-2.3.4　DSP 模式

　　DSP 模式是與 TI DSP 的串列埠 McBSP 相容的，LRCIN 或 LRCOUT 必須與 McBSP 的框同步信號 FSX/FSR 相連接，在 LRCIN 或 LRCOUT 下降緣處將觸發資料傳輸，左通道資料先傳輸，接著傳輸右通道資料，至於傳輸資料長度由 IWL 位元來定義，IWL 位元和後面提到的 LRP 位元都是數位語音介面格式暫存器的控制位元，IWL=00b 表示 16 位元資料長度，IWL=01b 表示 20 位元資料長度，IWL=10b 表示 24 位元資料長度，IWL=11b 表示 32 位元資料長度。圖 11-10 所示為 LRP 位元設定為 1 的情形，至於 LRP 位元則定義 MSB 位元傳輸的有效位置，若 LRP=1 表示 LRCIN 在上升緣後第二個 BCLK 上升緣處為有效的 MSB 位元，又若 LRP=0 表示 LRCIN 在上升緣後第一個 BCLK 上升緣處為有效的 MSB 位元。

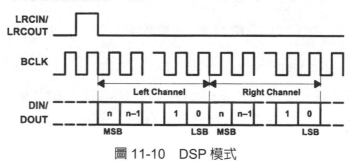

圖 11-10　DSP 模式

11-2.4　數位語音取樣率

TLV320AIC23 晶片能夠操作在主或從(master/slave)時脈模式下，在主時脈模式下，AIC23 時脈和取樣率由 12MHz MCLK 信號所驅動，此 12MHz 時脈信號和 USB 規格相容，因此 TLV320AIC23 能夠直接用於 USB 系統。

在從時脈模式適當的 MCLK 或晶體震盪頻率及取樣率控制暫存器的設定值控制著 TLV320AIC23 的時脈和取樣速率，如表 11-8 所示。

表 11-8　取樣率控制(位址：0001000)

位元	D8	D7	D6	D5	D4	D3	D2	D1	D0
功能	×	CLKOUT	CLKIN	SR3	SR2	SR1	SR0	BOSR	USB/ Normal
出廠值	0	0	0	0	0	0	0	0	0

CLKOUT	時脈除頻輸出	0=MCLK	1=MCLK/2
CLKIN	時脈除頻輸入	0=MCLK	1=MCLK/2
SR[3:0]	取樣率設定控制(參考表 11-9 和表 11-10)		
BOSR	過取樣率(oversampling)		
	USB 模式	0=250fs	1=272fs
	正常模式	0=256fs	1=384fs
USB/Normal	時脈模式選擇	0=Normal	1=USB

11-2.4.1　USB 模式取樣率設定(MCLK=12MHz)

在 USB 模式下可用的 ADC 和 DAC 取樣率設定如表 11-9 所示。

表 11-9

取樣率(kHz)		取樣率設定值				
ADC	DAC	SR3	SR2	SR1	SR0	BOSR
96	96	0	1	1	1	0
88.2	88.2	1	1	1	1	1

表 11-9(續)

48	48	0	0	0	0	0
44.1	44.1	1	0	0	0	1
32	32	0	1	1	0	0
8.021	8.021	1	0	1	1	1
8	8	0	0	1	1	0
48	8	0	0	0	1	0
44.1	8.021	1	0	0	1	1
8	48	0	0	1	0	0
8.021	44.1	1	0	1	0	1

11-2.4.2　正常(Normal)模式取樣率設定

在正常模式下可用的 ADC 和 DAC 取樣率設定依 MCLK 頻率有所不同，如表 11-10 所示。

表 11-10

MCLK=12.288 MHz

取樣率(kHz)		取樣率設定值				
ADC	DAC	SR3	SR2	SR1	SR0	BOSR
96	96	0	1	1	1	0
48	48	0	0	0	0	0
32	32	0	1	1	0	0
8	8	0	0	1	1	0
48	8	0	0	0	1	0
8	48	0	0	1	0	0

MCLK=11.2896 MHz

取樣率(kHz)		取樣率設定值				
ADC	DAC	SR3	SR2	SR1	SR0	BOSR
88.2	88.2	1	1	1	1	0
44.1	44.1	1	0	0	0	0
8.021	8.021	1	0	1	1	0
44.1	8.021	1	0	0	1	0
8.021	44.1	1	0	1	0	0

表 11-10(續)

MCLK=18.432 MHz

取樣率(kHz)		取樣率設定值				
ADC	DAC	SR3	SR2	SR1	SR0	BOSR
96	96	0	1	1	1	1
48	48	0	0	0	0	1
32	32	0	1	1	0	1
8	8	0	0	1	1	1
48	8	0	0	0	1	1
8	48	0	0	1	0	1

MCLK=16.9344 MHz

取樣率(kHz)		取樣率設定值				
ADC	DAC	SR3	SR2	SR1	SR0	BOSR
88.2	88.2	1	1	1	1	1
44.1	44.1	1	0	0	0	1
8.021	8.021	1	0	1	1	1
44.1	8.021	1	0	0	1	1
8.021	44.1	1	0	1	0	1

11-3　同步記憶體 SDRAM

　　5510 DSK 使用的是工業上標準的 64 Mbit 的同步記憶體 SDRAM，它使用的是 32 位元介面操作於 100 MHz 的外部記憶體時脈，因為 DSP 操作於 200 MHz 的時脈，所以外部記憶體介面單元 EMIF 必須規劃為 1/2 的 CPU 時脈。

　　SDRAM 由晶片選擇信號 CE0 和 CE1 所定址，之所以會由兩個晶片致能信號所定址是因為 SDRAM 大小為兩倍於單一晶片致能的空間，又因為 Flash 記憶體和 CPLD 使用晶片選擇信號 CE1，所以規劃 CE1 為非同步記憶體使用，自然 SDRAM 在 CE1 定址部分就看不到。SDRAM 必須定期刷新(refresh)以維持其內含值，最低情形是每 15.6us 就要更新一列的值，EMIF 能夠以程式規劃自動產生刷新的信號。C5510 DSK 提供 256Kx16 位元的外部 Flash 記憶體，Flash 記憶體映射到 CE1 的空間如圖 11-2 所示。

圖 11-11　5510 DSK 板上之跳線示意圖

C5510 DSK 板上有個內建跳線(jumper)用來定義 DSP 的啟動組態和重置狀態，圖 11-11 所示爲跳線示意圖，跳線信號直接驅動 5510 DSP 晶片接腳的輸入值，如果跳線存在(on)則信號驅動爲邏輯 0，如果跳線不存在(off)則信號驅動爲邏輯 1。CLKMD 跳線用來規劃 CLKMD 暫存器的初始值，如果跳線存在，初始的 CLKMD 值爲 0x2002，此值表示 PLL 是除能的，系統時脈運行在外部參考時脈 24MHz。如果跳線不存在，初始的 CLKMD 值爲 0x2006，此時系統時脈運行在外部參考時脈的二分之一(12MHz)。

C5510 存在數種起動模式，在 DSP 重置後藉由取樣 DSP 晶片上 BOOTM[3..0]接腳的值來決定使用何種啟動模式，DSK 板上這些接腳能夠由跳線決定其值。啟動程式包含在內建 ROM 處，在重置時 C5510 DSP 通常根據 BOOTM[..0]接腳準位值從內建 ROM 開始執行相關的啟動程式，有一種特別的情形是 BOOT[3..0]的值皆爲 0，此時內建 ROM 是除能的，重置後程式必須重外部記憶體位址 0xFFFF00 處開始執行程式。

5510 能夠從 CE1 定址到的區域之非同步記憶體啟動程式，譬如串列 EEPROM 連接到 McBSP0 起動或是標準串列埠從 McBSP 起動。表 11-11 所示爲 VC5510 DSP 可選的載入啟動方式。

表 11-11

BOOTM[3:0]	啓動方式	啓動後字元組位址
0000	無	FFFF00h (中斷向量表)
0001	從 McBSP0 埠之串列 SPI EEPROM 啓動支援 24 位元位址	由 boot table 指定
0010	保留	
0011	保留	
0100	保留	
0101	保留	
0110	保留	
0111	保留	
1000	無	FFFF00h (中斷向量表)
1001	從 McBSP0 埠之串列 SPI EEPROM 啓動支援 16 位元位址	由 boot table 指定
1010	從 8 位元非同步記憶體之並列 EMIF 啓動	由 boot table 指定
1011*	從 16 位元非同步記憶體之並列 EMIF 啓動	由 boot table 指定
1100	從 32 位元非同步記憶體之並列 EMIF 啓動	由 boot table 指定
1101	EHPI 啓動	010000h(內建 SARAM)
1110	從 McBSP0 之標準串列啓動, 16 位元長	由 boot table 指定
1111	從 McBSP0 之標準串列啓動, 8 位元長	由 boot table 指定

跳線存在：邏輯 0，跳線不存在：邏輯 1

* ：C5510 DSK 出廠值

 ## 11-4 BSL

BSL(Board Support Library)提供一個 C 語言介面用來規劃和控制 5510 DSK 板上的裝置或元件；諸如 LED 及 DIP 開關等，BSL 的目的是提供一個硬體抽象層級(意謂與硬體佈線無關)和軟體使用標準化的環境以便加快產品發展的時程。BSL 包含有 5 個模組，它們分別為：

1. Board Setup－用於 DSK 板上一般的初始化設定。

2. Codec－用於存取 AIC23 Codec。

3. DIP Switch－用於讀取 DIP 開關的狀態。

4. LED－用於驅動控制 LED 顯示。

5. Flash－用於燒錄和抹除 Flash 記憶體。

　BSL 基本的使用方法大致為：

1. 在你的程式中連接上 BSL。

2. 將有使用到模組的標頭檔引入(include)。

3. 呼叫所需使用的函數，但要注意必須以 DSK5510_init()為起始。

函數檔和標頭檔座落於下列目錄中：

　　　函數檔－　　安裝目錄\c5500\dsk5510\lib
　　　標頭檔－　　安裝目錄\c5500\dsk5510\include

　實際存在有兩個函數檔 dsk5510bsl.lib 及 dsk5510bslx.lib，dsk5510bsl.lib 是使用於小記憶體模式的版本，而 dsk5510bslx.lib 則是使用於大記憶體模式的版本，所謂小記憶體模式簡單來說位址指標是 16 位元，所以程式碼或資料必須定址在 64K 字元範圍內，至於大記憶體模式位址指標是 24 位元，大部分為 5510 CPU 所寫的程式是使用大記憶體模式，那是因為諸如 SDRAM, Flash 記憶體和 CPLD 都座落在位址 64K 字元範圍外。

⚙ 11-4.1　Board Setup API

　Board Setup API 提供用於 DSK 板初始化的一般功能，DSK5510_init()必須在其它 BSL 函式使用之前被呼叫使用，所有程式若有使用 BSL 則必須將標頭檔 dsk5510.h 含括進來，CPLD 暫存器的索引值定義如表 11-12 所示。

表 11-12

名稱	位址值或索引值
DSK5510_CPLD_BASE	0x300000
DSK5510_USER_REG	0
DSK5510_DC_REG	1
DSK5510_VERSION	4
DSK5510_MISC	6

下列所示為所提供的 Board Setup API 函式。

1. DSK5510_init()用於初始 5510 DSK。

2. Uint16 DSK5510_mget(Uint32 memaddr)

   從 23 位元位址(memaddr)讀取 16 位元的值，

   Ex. tmp = DSK5510_mget(0x100000)。

3. void DSK5510_mset(Uint32 memaddr, Uint16 memval)

   寫入 16 位元的值(memval)到指定的 23 位元位址(memaddr)，Ex.

   DSK5510_mset(0x100000, 0x1234)。

4. Uint16 DSK5510_rget(Int16 regnum)

   從 CPLD 暫存器(regnum)讀取 16 位元的值，Ex.

```
if(DSK5510_rget(DSK5510_USER_REG)& 0x10) {
      /* Switch #0 is on */
}
else {
      /* Switch #0 is off */
}      /* 以上程式讀取 DIP 開關 0 的值並判斷處理 */
```

5. void DSK5510_rset(Int16 regnum, Uint16 regval)

   寫入 16 位元的值(regval)到指定的 CPLD 暫存器(regnum)，

   Ex. DSK5510_rset(DSK5510_USER_REG, 0xf);　/* 此程式點亮 4 個

   LED */

11-4.2　Codec API

BSL 可以看做是比 CSL(Chip Support Library)更上層的軟體函式，使用 Codec 模組必須將標頭檔 dsk5510.h 和 dsk5510_aic23.h 含括進來。下列所示為所提供的 Codec API 函式。

1. DSK5510_AIC23_CodecHandle　DSK5510_AIC23_openCodec(int id, DSK5510_AIC23_Config *Config)

　　　用於初始 AIC23 Codec 並完成其配置。id 表示所選擇的 Codec，在此 DSK 板上, id=0。ex.

```
DSK5510_AIC23_Config config = { \
    0x0017,  /* 0 Left line input channel volume */ \
    0x0017,  /* 1 Right line input channel volume */ \
    0x01f9,  /* 2 Left channel headphone volume */ \
    0x01f9,  /* 3 Right channel headphone volume */ \
    0x0011,  /* 4 Analog audio path control */ \
    0x0000,  /* 5 Digital audio path control */ \
    0x0000,  /* 6 Power down control */ \
    0x0043,  /* 7 Digital audio interface format */ \
    0x0081,  /* 8 Sample rate control */ \
    0x0001   /* 9 Digital interface activation */ \
};
/* Open codec with default settings*/
DSK5510_AIC23_CodecHandle hCodec;
/* Start the codec */
hCodec = DSK5510_AIC23_openCodec(0, &config);
```

2. void DSK5510_AIC23_closeCodec(DSK5510_AIC23_CodecHandle hCodec)

　　　用於關閉 AIC23 Codec 模組。ex.

```
DSK5510_AIC23_closeCodec(hCodec);
```

3.　void DSK5510_AIC23_config(DSK5510_AIC23_CodecHandle hCodec,

　　DSK5510_AIC23_Config *Config)

　　　　用於改變 AIC23 Codec 的配置。ex.

```
/* Codec configuration settings */
DSK5510_AIC23_Config config = { \
    0x0017,  /* 0 Left line input channel volume */ \
    0x0017,  /* 1 Right line input channel volume */ \
    0x01f9,  /* 2 Left channel headphone volume */ \
    0x01f9,  /* 3 Right channel headphone volume */ \
    0x0011,  /* 4 Analog audio path control */ \
    0x0004,  /* 5 Digital audio path control */ \
    0x0000,  /* 6 Power down control */ \
    0x0043,  /* 7 Digital audio interface format */ \
    0x0081,  /* 8 Sample rate control */ \
    0x0001   /* 9 Digital interface activation */ \
};
/* Configure codec with default except mute bit set(bit3/reg5*/
DSK5510_AIC23_config(hCodec, &config);
```

4.　CSLBool DSK5510_AIC23_read16(DSK5510_AIC23_CodecHandle

　　hCodec, Int16 *val)

　　　　用於從 Codec 資料埠讀取 16 位元有號數值(取樣語音值)，返回值
　　CSLBool=TRUE(1)表示資料讀取成功完成，CSLBool= FALSE(0)表示資
　　料埠忙線中。ex.

```
/* Read 16 bits of codec data, loop to retry if data port is
busy */
while(!DSK5510_AIC23_read16(hCodec, &data);
```

5. CSLBool DSK5510_AIC23_read32(DSK5510_AIC23_CodecHandle hCodec, Int32 *val)

　　用於從 codec 資料埠讀取 32 位元有號數值(取樣語音值超過 16 位元時使用)，返回值 CSLBool=TRUE 表示資料讀取成功完成，CSLBool=FALSE 表示資料埠忙線中。ex.

```
/* Read 32 bits of codec data, loop to retry if data port is
busy */
while(!DSK5510_AIC23_read32(hCodec, &data);
```

6. CSLBool DSK5510_AIC23_write16(DSK5510_AIC23_CodecHandle hCodec, Int16 val)

　　用於寫入 16 位元有號數值(取樣語音值)至 codec 資料埠，返回值 CSLBool=TRUE(1)表示資料寫入成功完成，CSLBool= FALSE(0)表示資料埠忙線中。ex.

```
/* Write 16 bits of codec data, loop to retry if data port is
busy */
while(!DSK5510_AIC23_write16(hCodec, data);
```

7. CSLBool DSK5510_AIC23_write32(DSK5510_AIC23_CodecHandle hCodec, Int32 val)

　　用於寫入 32 位元有號數值(取樣語音值超過 16 位元時使用)至 codec 資料埠，返回值 CSLBool=TRUE(1)表示資料寫入成功完成，CSLBool=FALSE(0)表示資料埠忙線中。ex.

```
/* Write 32 bits of codec data, loop to retry if data port is
busy */
while(!DSK5510_AIC23_write32(hCodec, data);
```

8. void DSK5510_AIC23_powerDown(DSK5510_AIC23_CodecHandle hCodec, Uint16 sect)

　　用於除能或致能 AIC23 Codec 的省電模式，sect 的值為 8 位元值，設定為 1 的位元對應的裝置省電致能，為 0 的位元對應的裝置省電除能。ex.

```
/* Enable the ADC powerdown mode */
DSK5510_AIC23_powerDown(hCodec, 0x04);
```

9. void DSK5510_AIC23_setFreq(DSK5510_AIC23_CodecHandle hCodec, Uint32 freq)

　　用於設定 AIC23 Codec 的取樣頻率，取樣值定義在 dsk5510_aic23.h 中如下表 11-13 所示：

表 11-13

名稱	頻率
DSK5510_AIC23_FREQ_8KHZ	8000Hz
DSK5510_AIC23_FREQ_16KHZ	16000Hz
DSK5510_AIC23_FREQ_24KHZ	24000Hz
DSK5510_AIC23_FREQ_32KHZ	32000Hz
DSK5510_AIC23_FREQ_44KHZ	44100Hz
DSK5510_AIC23_FREQ_48KHZ	48000Hz

ex.

```
/* Set codec frequency to 48KHz */
DSK5510_AIC23_setFreq(hCodec, DSK5510_AIC23_FREQ_48KHZ);
```

10. void DSK5510_AIC23_mute(DSK5510_AIC23_CodecHandle hCodec, CSLBool mode)

用於除能或致能 AIC23 Codec 的靜音模式，mode 的值為 TRUE 或 FALSE，TRUE 表示靜音致能，FALSE 表示靜音除能。ex.

```
/* Enable the ADC mute mode */
DSK5510_AIC23_mute(hCodec, TRUE);
```

11. void DSK5510_AIC23_loopback(DSK5510_AIC23_CodecHandle hCodec, CSLBool mode)

用於除能或致能 AIC23 Codec 的 loopback 模式，mode 的值為 TRUE 或 FALSE，TRUE 表示 loopback 致能，FALSE 表示 loopback 除能。ex.

```
/* Enable the ADC loopback mode */
DSK5510_AIC23_loopback(hCodec, TRUE);
```

12. void DSK5510_AIC23_outGain(DSK5510_AIC23_CodecHandle hCodec, Uint16 outGain)

用於設定 AIC23 Codec 的輸出增益，outGain 的值為 0x0(min)～ 0x79(max)，此值同時設定 codec 暫存器 2 和 3 之增益欄的 7 位元值。ex.

```
/* Set output gain to 0x79 */
DSK5510_AIC23_outGain(hCodec, 0x79);
```

13. Uint16 DSK5510_AIC23_rget(DSK5510_AIC23_CodecHandle hCodec, Uint16 regnum)

用於讀取 codec 暫存器 regnum 的值。ex.

```
Uint16 value
/* Read codec register 1 */
value = DSK5510_AIC23_rget(hCodec, 1);
```

14. void DSK5510_AIC23_rset(DSK5510_AIC23_CodecHandle hCodec, Uint16 regnum, Uint16 regval)

用於寫入值 regval 到 codec 暫存器 regnum 中。ex.

```
/* Set codec left and right gain to 0x79 */
DSK5510_AIC23_rset(hCodec, 2, 0x79);
DSK5510_AIC23_rset(hCodec, 3, 0x79);
```

11-4.3 DIP Switch API

1. void DSK5510_DIP_init()

用於初始化 DIP 開關模組，在使用 DIP 開關函式之前必須先呼叫此函式。ex.

```
/* Initialize the DIP switch module */
DSK5510_DIP_init();
```

2. Uint23 DSK5510_DIP_get(Uint32 dipNum)

用於讀取 DIP 開關的狀態值，dipNum 表示 0～3 的值，返回值 0 表示開關爲 off(up 位置)，1 表示開關爲 on(down 位置)。ex.

```
/* Check the value of DIP switch 2 */
if(DSK5510_DIP_get(2) == 1)
    {
        /* DIP switch #2 is on */
    } else
    {
        /* DIP switch #2 is off */
    }        /* 以上程式讀取 DIP 開關 2 的值並判斷處理 */
```

11-4.4　LED API

1.　void DSK5510_LED_init()

　　　用於初始化 LED 模組，在使用 LED 函式之前必須先呼叫此函式。

　　ex.

```
/* Initialize the LED module */
DSK5510_DIP_init();
```

2.　void DSK5510_LED_off(Uint32 ledNum)

　　　用於關閉任一個 LED 燈泡，ledNum 表示 0～3 的值。ex.

```
/* Turn LED #3 off */
DSK5510_LED_off(3)。
```

3.　void DSK5510_LED_on(Uint32 ledNum)

　　　用於開啟任一個 LED 燈泡，ledNum 表示 0～3 的值。ex.

```
/* Turn LED #0 on */
DSK5510_LED_on(0)。
```

4.　void DSK5510_LED_toggle(Uint32 ledNum)

　　　用於交換改變任一個 LED 燈泡的狀態，(原亮著就變熄滅，原熄滅就變亮著)，ledNum 表示 0～3 的值。ex.

```
/* Toggle LED #2 */
DSK5510_LED_toggle(2)。
```

11-4.5　FLASH API

FLASH API 提供用於 DSK 板上之 Flash 記憶體之抹除, 讀取和寫入的功能, 燒寫的錯誤能夠透過使用 checksum 函數檢查出來。使用 FLASH API 之前必須先將標頭檔 dsk5510.h 和 dsk5510_flash.h 含括(include)進程式裡, dsk5510_flash.h 裡定義了一些常數在撰寫程式時會使用得到, 這些常數定義如表 11-14 所示。

表 11-14

名稱	位址值或索引值
DSK5510_FLASH_BASE	0x200000
DSK5510_FLASH_PAGESIZE	0x8000
DSK5510_FLASH_PAGES	8
DSK5510_FLASH_SIZE	0x40000
DSK5510_FLASH_SUPPORT	1

1. Uint32 DSK5510_FLASH_checksum(Uint32 start, Uint32 length)

   用於計算 Flash 記憶體的 checksum, checksum 是某資料範圍內所有 16 位字元相加後的值(無號數值)。ex.

```
/* Calculate checksum for first page of Flash */
Uint32 checksum
checksum = DSK5510_FLASH_checksum(DSK5510_FLASH_BASE,
DSK5510_FLASH_PAGESIZE)。
```

2. void DSK5510_FLASH_erase(Uint32 start, Uint32 length)

   用於抹除某一範圍之 Flash 記憶體的資料。ex.

```
/* Erase the first 2 sectors of the Flash */
DSK5510_FLASH_erase(DSK5510_FLASH_BASE,
(Uint32)(DSK5510_FLASH_PAGESIZE * 2))。
```

```
/* Erase the entire Flash */
DSK5510_FLASH_erase(DSK5510_FLASH_BASE,
DSK5510_FLASH_SIZE)。
```

3. void DSK5510_FLASH_read(Uint32 src, Uint32 dst, Uint32 length)

用於讀取某一範圍之 Flash 記憶體的資料。ex.

```
/* Copy 256 16-bit words from the beginning of flash to buf */
Uint16 buf[256]
DSK5510_FLASH_read(DSK5510_FLASH_BASE,(Uint32)buf, 256)。
```

4. void DSK5510_FLASH_write(Uint32 src, Uint32 dst, Uint32 length)

用於寫入某一範圍之 Flash 記憶體的資料，寫入之前必須先抹除。

ex.

```
/* Copy 256 16-bit words from buf to the beginning of flash */
Uint16 buf[256]
DSK5510_FLASH_write((Uint32)buf, DSK5510_FLASH_BASE, 256)。
```

第 **12** 章

FIR 數位濾波器

在第一章中對於一個數位信號處理系統曾做概略性介紹，一個典型的 DSP 處理器系統其運算架構方塊圖如圖 12-1 所示，設計 DSP 系統時，所要考慮的第一個問題是取樣頻率的選擇，依據 Nyquist 取樣定理我們知道取樣頻率至少應大於所欲處理的信號頻寬兩倍以上，理論上若不符合 Nyquist 取樣定理的限制時，會使高頻信號所產生的雜訊折疊(folding)回到信號頻寬以內，導致無法分辨何謂信號、何謂雜訊，而得到失眞的取樣信號，因此我們可以考慮在對信號作取樣之前，放置一個類比的低通濾波器(防詐僞濾波器)，用以濾掉高於信號頻寬的高頻訊號。

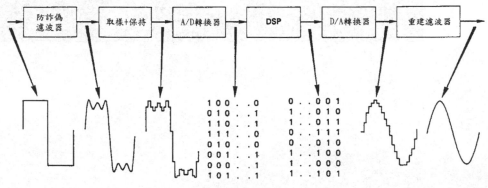

圖 12-1　　DSP 處理器系統運算架構方塊圖

　　信號必須在被量化之後才能送至 DSP 去作運算處理，而信號在被量化之前必須經過取樣(Sampling)過程的處理，然後才能送至下一級的類比對數位轉換器上，類比對數位轉換器(Analog to Digital Converter，簡稱 ADC)的目的是將取樣後的離散時間訊號量化(Quantize)成數位信號(digital signal)，所謂量化就是賦予信號一個二進位的值，以提供數位信號處理器 DSP 來作信號運算處理，最後經 DSP 處理後的數位信號經數位到類比轉換器(DAC)輸出後，才能還原成類比信號。

　　前面數章是以 TI 的 C5510 數位信號處理器的架構及功能爲介紹藍本，接下來數章則是以數位信號處理爲論述主軸，以數位濾波器、快速傅立業轉換、雙音頻信號檢測等來說明。

　　何謂數位濾波器(digital filter)呢？簡單地說它的輸入是一串 0101...的數位信號，經過 DSP 處理器的乘加移位等運算後，輸出具有某特定頻率響應的另一串 1010...的數位信號，具有此種數位信號處理功能的特性，吾人稱之為數位濾波器，有別於傳統的類比(analog)濾波器是由主動元件像運算放大器或被動元件像電阻電容所組合而成，相較於類比濾波器，數位濾波器具有以下的一些優點：

1. 可程式化的系統易於修改，亦即只要更改濾波器係數就能得到不同的濾波響應。
2. 較低的功率耗損。
3. 較不易受雜訊的干擾。
4. DSP 不像電阻電容元件容易隨時間老化。
5. DSP 也不像電阻電容元件容易受到溫度的影響。

12-1　數位濾波器

　　一個數位濾波器可以用差分方程式、單位脈衝響應以及系統函數等 3 種形式來描述，例如下列 N 階差分方程式即可用來表示一個數位濾波器：

$$y[n] = \sum_{i=0}^{M} b_i x[n-i] + \sum_{k=1}^{N} a_k y[n-k] \qquad (12\text{-}1)$$

　　上述方程式兩邊取 z 轉換，經移位後可得以系統轉移函數所表示的數位濾波器形式為：

$$H(z) = \frac{Y(z)}{X(z)} = \frac{\sum_{i=0}^{M} b_i z^{-i}}{1 - \sum_{k=1}^{N} a_k z^{-k}} \tag{12-2}$$

若我們將(12-1)式所表示的差分方程式展開可以很清楚地看出系統的輸出 $y[n]$ 等於是系統現在的輸入 $x[n]$ 和輸入的延遲信號 $x[n-i]$(過去的輸入)與輸出的延遲信號 $y[n-i]$(過去的輸出)的線性組合,所以數位濾波器的基本運算單元是乘法器、加法器和延遲器,其實延遲器的處理實際上是之前每一次所取樣而儲存在 DSP 記憶體中的資料,不像乘法器和加法器是 DSP 內的硬體運算單元。

一個簡單的差分方程式可以加以分解而架構成不同的濾波器組態,其演算法也會有所不同,接下來說明不同的濾波器的架構組態。

對於(12-1)式表示的差分方程式,假設 $N=0$,那麼可以去掉輸出的延遲項而寫成:

$$y[n] = \sum_{i=0}^{M} b_i x[n-i] \tag{12-3}$$

由此(12-3)式可以看出輸出只與輸入有關,跟過去的輸出沒有關係,也就是所謂的非遞迴式(nonrecursive)濾波器,也就是一般所稱的有限脈衝響應濾波器(Finite Impulse Response filter, FIR),那為什麼稱作是有限脈衝響應濾波器呢?那是因為如果輸入是單位脈衝(impulse)信號,因為不存在有輸出的反饋,所以它的單位脈衝輸出響應的長度是有限的,所以稱為有限脈衝響應濾波器,例如上述差分方程式它的單位脈衝響應為:

$$h[i] = \begin{cases} b_i & 0 \le i \le M \\ 0 & \text{其它的 } i \end{cases}$$

但若 $N \neq 0$，由差分方程式(12-1)式可以看出其輸出不但與輸入有關，也與過去的輸出有關，也就是說過去的輸出會影響到現在的輸出值，所以它是遞迴式(recursive)濾波器，對於單位脈衝輸入而言，其輸出響應是無限長序列，所以又稱為無限脈衝響應濾波器(Infinite Impulse Response filter, IIR)，本章中主要是以有限脈衝響應濾波器 FIR 的討論為主，至於無限脈衝響應濾波器 IIR 則留至十三章再來討論。

◉ 12-1.1　FIR 濾波器基本結構

　　前面提過有限脈衝響應 FIR 濾波器是當(12-1)式中 $N=0$ 時，也就是說輸出 $y[n]$ 只與輸入 $x[n]$ 有關，跟過去的輸出沒有關係，也就是所謂的非遞迴式濾波器，差分方程式表示式為：

$$y[n] = \sum_{i=0}^{M} b_i x[n-i]$$

它的單位脈衝響應為：

$$h[i] = \begin{cases} b_i & 0 \leq i \leq M \\ 0 & \text{其它的 } i \end{cases}$$

所以以轉移函數所表示的 FIR 濾波器的形式為：

$$H(z) = \sum_{i=0}^{M} h[i] z^{-i} \quad 0 \leq i \leq M$$

◉ 直接型

　　直接型 FIR 濾波器結構可直接從(12-3)式推導出來，再次強調一次 n 時刻的輸出 $y[n]$ 只與 n 時刻的輸入 $x[n]$ 以及過去 M 個輸入值有關。

$$y[n] = \sum_{i=0}^{M} h[i]x[n-i]$$
$$= h[0]x[n] + h[1]x[n-1] + \ldots\ldots + h[M]x[n-M]$$

根據上式所繪出的濾波器結構圖稱為直接型(direct form)FIR 濾波器結構，如圖 12-2(上)所示，若將輸入 $x[n]$ 與輸出 $y[n]$ 位置互換、所有分支的增益方向相反後所得的轉置形式結構則如圖 12-2(下)所示。有關轉置(transpose)的概念請參考第十三章 13-2 節之說明。

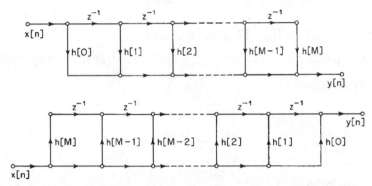

圖 12-2　FIR 數位濾波器(上)直接型與(下)轉置型結構圖

🔘 級連型

我們可以把多項式的系統函數 $H(z)$ 作因式分解而得到 FIR 數位濾波器的級連型(cascade)結構，亦即 $H(z)$ 可表示成

$$H(z) = \sum_{n=0}^{M} h[n]z^{-n} = \prod_{k=1}^{M_s} (b_{0k} + b_{1k}z^{-1} + b_{2k}z^{-2})$$

其中 M_s 表示取比 $(M+1)/2$ 還小的最大整數，圖 12-3 所示為 FIR 數位濾波器之級連型結構圖。

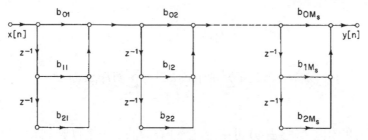

圖 12-3　FIR 濾波器之級連型結構圖

12-1.2　線性相位 FIR 濾波器結構

FIR 濾波器的輸出輸入關係式可用下列差分方程式來表示：

$$y[n] = \sum_{i=0}^{M} h[i] x[n-i]$$

其轉移函數為

$$H(z) = \frac{Y(z)}{X(z)} = \sum_{i=0}^{M} h[i] z^{-i} \tag{12-4}$$

$H(z)$ 是 z^{-1} 的 M 次多項式，在 z 平面上有 M 個零點，在原點有重複 M 個極點，所以 FIR 濾波器是永遠穩定的，以下說明若 z^{-1} 多項式的係數 $h[i]$ 滿足一定的對稱條件，那麼可以實現 IIR 濾波器難以實現的線性相位的特性。

所謂線性相位是表示 FIR 濾波器的相位響應是隨頻率成線性變化，我們以下列式子來表示相頻響應：

$$\phi(\omega) = -\tau\omega \qquad \tau \text{為常數}$$

將 $z = e^{j\omega}$ 代入(12-4)式可得

$$H(e^{j\omega}) = \sum_{i=0}^{M} h[i]e^{-j\omega i}$$

$$= \sum_{i=0}^{M} h[i]\cos\omega i - j\sum_{i=0}^{M} h[i]\sin\omega i$$

$H(e^{j\omega})$ 的相位響應 $\phi(\omega)$ 可由下式求解(假設 $h[i]$ 是實數列)：

$$\varphi(\omega) = \tan^{-1} \frac{-\sum_{i=0}^{M} h[i]\sin\omega i}{\sum_{i=0}^{M} h[i]\cos\omega i}$$

令 $\phi(\omega) = -\tau\omega$ 代入上式可得(這一類稱為第一類線性相位濾波器)：

$$\tan\tau\omega = \frac{\sin\tau\omega}{\cos\tau\omega} = \frac{\sum_{i=0}^{M} h[i]\sin\omega i}{\sum_{i=0}^{M} h[i]\cos\omega i}$$

$$\Rightarrow \sum_{i=0}^{M} h[i]\cos\omega i\sin\tau\omega - \sum_{i=0}^{M} h[i]\sin\omega i\cos\omega\tau = 0$$

由三角函數積化和差公式可得：

$$\sum_{i=0}^{M} h[i]\sin((\tau-i)\omega) = 0 \tag{12-5}$$

(12-5)式中的正弦函數($\sin((\tau-i)\omega)$ 是對 $i = \tau$ 處為奇對稱，假設 $\tau = M/2$，也就是說正弦函數是以 $M/2$ 為中心的奇對稱分佈，為了使(12-5)式成立，那麼 $h[i]$ 就必須是偶對稱，而且是對稱於 $M/2$ 為中心的偶對稱分佈，亦即

$$h[i] = h[M-i] \qquad 0 \le i \le M$$

上式就是 FIR 濾波器具有線性相位的充要條件，也就是單位脈衝響應 $h[i]$ 必須是以 $M/2$ 為偶對稱中心，此時通過濾波器的時間延遲 τ 等於 $h[i]$ 長度的一半，圖 12-4 所示為以 $i=M/2$ 為中心的偶對稱脈衝響應圖，若 M 為偶數則如圖 12-4(a)所示，若 M 為奇數則如圖 12-4(b)所示。

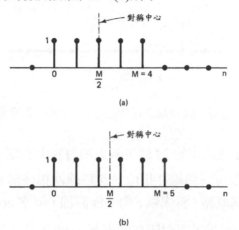

圖 12-4　以 $i=M/2$ 為中心的偶對稱脈衝響應圖

　　若假設 $\phi(\omega) = \phi_0 - \tau\omega$ ；ϕ_0 為初始相位，是一個常數，這一類稱為第二類線性相位濾波器，採用上述類似的方法可以推導出當：

$$h[i] = -h[M - i] \qquad 0 \le i \le M$$

也就是 $h[i]$ 以 $M/2$ 為中心的奇對稱分佈時，可以解得

$$\phi_0 = \pm\frac{\pi}{2} \qquad \tau = \frac{M}{2}$$

　　這表示對所有的頻率來說它有一個 90 度的相移，具有 $M/2$ 個時間延遲(或群延遲)，圖 12-5 所示為以 $i=M/2$ 為中心的奇對稱脈衝響應圖，若 M 為偶數時，因為 $h[i]$ 是對 $M/2$ 奇對稱，所以 $h[M/2]=0$，如圖 12-5(a)所示，若 M 為奇數時，則如圖 12-5(b)所示。

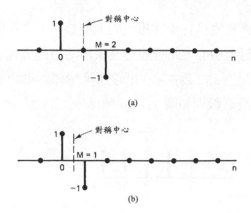

圖 12-5 以 $i=M/2$ 為中心的奇對稱脈衝響應圖

　　總結來說對於任意給定的 M 值，若 $h(n)$對其中心點 $M/2$ 符合偶或奇對稱的話，該 FIR 濾波器可得到線性相位，此時線性相移為 $\tau = M/2$，當 $h(n)$是偶對稱時，$\phi(\omega)$ 為通過原點、斜率為 τ 的一條直線，但當 $h(n)$是奇對稱時，$\phi(\omega)$ 亦是一條斜率為 τ 的直線，但對所有頻率有一 90 度的相移。

12-1.2.1　幅頻響應

　　我們現在說明符合線性相位特性的第一類及第二類 FIR 濾波器它的頻率響應，首先考慮的是第一類線性相位濾波器亦即滿足 $h(n)=h(M-n)$條件的 FIR 濾波器。

當 M 為偶數時

$$H(e^{j\omega}) = \sum_{n=0}^{M} h(n)e^{-j\omega n}$$

$$= \sum_{n=0}^{\frac{M}{2}-1} h(n)e^{-j\omega n} + \sum_{n=\frac{M}{2}+1}^{M} h(n)e^{-j\omega n} + h(\frac{M}{2})e^{-j\frac{M}{2}\omega}$$

　　令 $m=M-n$ 代入上式中第二項部分，可得

$$H(e^{j\omega}) = \sum_{n=0}^{\frac{M}{2}-1} h(n)e^{-j\omega n} + \sum_{m=0}^{\frac{M}{2}-1} h(M-m)e^{-j\omega(M-m)} + h(\frac{M}{2})e^{-j\frac{M}{2}\omega}$$

$$= e^{-j\frac{M}{2}\omega} \left\{ \sum_{n=0}^{\frac{M}{2}-1} h(n)e^{-j\omega(n-\frac{M}{2})} + \sum_{n=0}^{\frac{M}{2}-1} h(M-n)e^{-j\omega(\frac{M}{2}-n)} + h(\frac{M}{2}) \right\}$$

$$= e^{-j\frac{M}{2}\omega} \left\{ \sum_{n=0}^{\frac{M}{2}-1} h(n) 2\cos((\frac{M}{2}-n)\omega) + h(\frac{M}{2}) \right\}$$

上式化簡利用了線性相位的特性 $h(n)=h(M\!-\!n)$，再令 $r=(M/2)\!-\!n$ 代入上式最後一項中經化簡可得：

$$H(e^{j\omega}) = e^{-j\frac{M}{2}\omega} \left\{ \sum_{n=1}^{\frac{M}{2}} 2h(\frac{M}{2}-n)\cos(n\omega) + h(\frac{M}{2}) \right\}$$

所以幅頻響應為：

$$\left| H(e^{j\omega}) \right| = h(\frac{M}{2}) + \sum_{n=1}^{\frac{M}{2}} 2h(\frac{M}{2}-n)\cos(n\omega) \qquad (12\text{-}6)$$

相頻響應為：

$$\phi(\omega) = -\frac{M}{2}\omega$$

當 M 為奇數時

$$H(e^{j\omega}) = \sum_{n=0}^{M} h(n)e^{-j\omega n}$$

$$= \sum_{n=0}^{\frac{M-1}{2}} h(n)e^{-j\omega n} + \sum_{n=\frac{M+1}{2}}^{M} h(n)e^{-j\omega n}$$

令 $m=M-n$ 代入上式中第二項部分，可得

$$H(e^{j\omega}) = \sum_{n=0}^{\frac{M-1}{2}} h(n)e^{-j\omega n} + \sum_{m=0}^{\frac{M-1}{2}} h(M-m)e^{-j\omega(M-m)}$$

$$= e^{-j\frac{M}{2}\omega} \left\{ \sum_{n=0}^{\frac{M-1}{2}} h(n)e^{-j\omega(n-\frac{M}{2})} + \sum_{n=0}^{\frac{M-1}{2}} h(M-n)e^{-j\omega(\frac{M}{2}-n)} \right\}$$

$$= e^{-j\frac{M}{2}\omega} \left\{ \sum_{n=0}^{\frac{M-1}{2}} h(n) 2\cos((\frac{M}{2}-n)\omega) \right\}$$

上式化簡同樣利用了線性相位的特性 $h(n)=h(M-n)$，再令 $r=((M+1)/2)-n$ 代入上式中經化簡可得：

$$H(e^{j\omega}) = e^{-j\frac{M}{2}\omega} \left\{ \sum_{n=1}^{\frac{M+1}{2}} 2h(\frac{M+1}{2}-n)\cos((n-\frac{1}{2})\omega) \right\}$$

所以幅頻響應為：

$$\left| H(e^{j\omega}) \right| = \sum_{n=1}^{\frac{M+1}{2}} 2h(\frac{M+1}{2}-n)\cos((n-\frac{1}{2})\omega)$$

相頻響應為：

$$\phi(\omega) = -\frac{M}{2}\omega$$

接著說明的是第二類線性相位濾波器亦即滿足 $h(n) = -h(M-n)$ 條件的 FIR 濾波器的幅頻響應和相頻響應。

當 M 為偶數時

此時因為 $h(n)$ 是以中心點 $M/2$ 為奇對稱，所以 $h(M/2)=0$。

$$\begin{aligned}
H(e^{j\omega}) &= \sum_{n=0}^{M} h(n)e^{-j\omega n} \\
&= \sum_{n=0}^{\frac{M}{2}-1} h(n)e^{-j\omega n} + \sum_{n=\frac{M}{2}+1}^{M} h(n)e^{-j\omega n}
\end{aligned}$$

令 $m=M-n$ 代入上式中第二項部分，可得

$$\begin{aligned}
H(e^{j\omega}) &= \sum_{n=0}^{\frac{M}{2}-1} h(n)e^{-j\omega n} + \sum_{m=0}^{\frac{M}{2}-1} h(M-m)e^{-j\omega(M-m)} \\
&= e^{-j\frac{M}{2}\omega}\left\{ \sum_{n=0}^{\frac{M}{2}-1} h(n)e^{-j\omega(n-\frac{M}{2})} + \sum_{n=0}^{\frac{M}{2}-1} h(M-n)e^{-j\omega(\frac{M}{2}-n)} \right\} \\
&= e^{j(\frac{\pi}{2}-\frac{M}{2}\omega)}\left\{ \sum_{n=0}^{\frac{M}{2}-1} h(n)2\sin((\frac{M}{2}-n)\omega) \right\}
\end{aligned}$$

上式化簡利用了線性相位的特性 $h(n) = -h(M-n)$ 以及 $j = e^{j\pi/2}$，再令 $r=(M/2)-n$ 代入上式最後一項中經化簡可得：

$$H(e^{j\omega}) = e^{j(\frac{\pi}{2} - \frac{M}{2}\omega)} \left\{ \sum_{n=1}^{\frac{M}{2}} 2h(\frac{M}{2} - n)\sin(n\omega) \right\}$$

所以幅頻響應為：

$$\left| H(e^{j\omega}) \right| = \sum_{n=1}^{\frac{M}{2}} 2h(\frac{M}{2} - n)\sin(n\omega)$$

相頻響應為：
$$\phi(\omega) = \frac{\pi}{2} - \frac{M}{2}\omega$$

🌑 當 M 為奇數時

$$H(e^{j\omega}) = \sum_{n=0}^{M} h(n)e^{-j\omega n}$$

$$= \sum_{n=0}^{\frac{M-1}{2}} h(n)e^{-j\omega n} + \sum_{n=\frac{M+1}{2}}^{M} h(n)e^{-j\omega n}$$

令 $m=M-n$ 代入上式中第二項部分，可得

$$H(e^{j\omega}) = \sum_{n=0}^{\frac{M-1}{2}} h(n)e^{-j\omega n} + \sum_{m=0}^{\frac{M-1}{2}} h(M - m)e^{-j\omega(M-m)}$$

$$= e^{-j\frac{M}{2}\omega} \left\{ \sum_{n=0}^{\frac{M-1}{2}} h(n)e^{-j\omega(n-\frac{M}{2})} + \sum_{n=0}^{\frac{M-1}{2}} h(M - n)e^{-j\omega(\frac{M}{2}-n)} \right\}$$

$$= e^{j(\frac{\pi}{2} - \frac{M}{2}\omega)} \left\{ \sum_{n=0}^{\frac{M-1}{2}} h(n)2\sin((\frac{M}{2} - n)\omega) \right\}$$

上式化簡同樣利用了線性相位的特性 $h(n)= -h(M-n)$以及 $j=e^{j\pi/2}$，再令 $r=((M+1)/2)-n$ 代入上式最後一項中經化簡可得：

$$H(e^{j\omega}) = e^{j(\frac{\pi}{2} - \frac{M}{2}\omega)} \left\{ \sum_{n=1}^{\frac{M+1}{2}} 2h(\frac{M+1}{2} - n)\sin((n-\frac{1}{2})\omega) \right\}$$

所以幅頻響應為：

$$\left| H(e^{j\omega}) \right| = \sum_{n=1}^{\frac{M+1}{2}} 2h(\frac{M+1}{2} - n)\sin((n-\frac{1}{2})\omega)$$

相頻響應為：

$$\phi(\omega) = \frac{\pi}{2} - \frac{M}{2}\omega$$

12-1.2.2　FIR 濾波器的結構

現在我們來推導具有線性相位的 FIR 濾波器的形式結構及其零點分佈的情形，假設 $h[i] = h[M-i]$　　$0 \le i \le M$，M取奇數，由(12-4)式可得

$$H(z) = \sum_{i=0}^{M} h[i]z^{-i} = \sum_{i=0}^{(M-1)/2} h[i]z^{-i} + \sum_{i=(M+1)/2}^{M} h[i]z^{-i}$$

令 $n=M-i$，代入上式可得

$$H(z) = \sum_{i=0}^{(M-1)/2} h[i]z^{-i} + \sum_{n=(M-1)/2}^{0} h[M-n]z^{-(M-n)}$$

$$= \sum_{i=0}^{(M-1)/2} h[i]z^{-i} + \sum_{n=0}^{(M-1)/2} h[n]z^{-(M-n)}$$

$$= \sum_{i=0}^{(M-1)/2} h[i](z^{-i} + z^{-(M-i)})$$

由上式所得具有線性相位的 FIR 濾波器的結構如圖 12-6 所示。

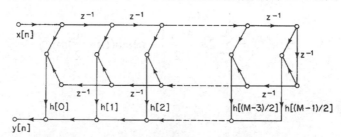

圖 12-6　M 取奇數線性相位 FIR 濾波器結構

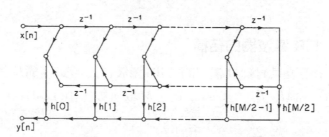

圖 12-7　M 取偶數線性相位 FIR 濾波器結構

假若 $h[i] = h[M-i]$　　$0 \le i \le M$ ，　M 取偶數，留給讀者證明 $H(z)$ 滿足下列式子：

$$H(z) = \sum_{i=0}^{M/2-1} h[i](z^{-i} + z^{-(M-i)}) + h[\frac{M}{2}]z^{-M/2}$$

由上式所得具有線性相位的 FIR 濾波器的結構如圖 12-7 所示。

12-1.2.3　零點分佈

我們從轉移函數來討論具有線性相位的 FIR 濾波器其零點的分佈情形，首先考慮當 $h[i] = h[M-i]$ 條件成立時

$$H(z) = \sum_{i=0}^{M} h[i]z^{-i} = \sum_{i=0}^{M} h[M-i]z^{-i}$$

令 $m = M-i$，代入上式可得

$$H(z) = \sum_{m=0}^{M} h[m]z^{-(M-m)} = z^{-M}\sum_{m=0}^{M} h[m]z^{m}$$
$$= z^{-M}H(z^{-1})$$

若考慮當 $h[i] = -h[M-i]$ 條件成立時，類似上述方法可推導出
$H(z) = -z^{-M}H(z^{-1})$

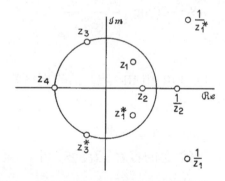

圖 12-8　線性相位 FIR 濾波器零點分佈示意圖

由上兩式可以看出若 $H(z_i) = 0$（z_i 是零點），那麼 $H(z_i^{-1})$ 也是等於零，z_i^{-1} 也必定是零點，又因為 $h[i]$ 是實數列，故 $H(z)$ 的零點會以共軛對出現，所以 z_i^*, $(z_i^*)^{-1}$ 也一定是零點，圖 12-8 所示的 z_1 零點就是這種情形。至於 z_2 零點是個實數根，其共軛數就是本身，所以只有倒數根 $1/z_2$。z_3 零點在單位圓上，所以只有共軛根 z_3^*。至於 z_4 零點既在單位圓上，又在實軸上，所以共軛、倒數根都在同一點上。

12-2 FIR 數位濾波器的設計

在許多應用場合諸如語音、影像處理上,數位濾波器主要用於實現頻率選擇的功能,因此其規格是在頻域中來敘述,而又以濾波器的幅頻(magnitude)響應和相頻(phase)響應來表示,但是因為 FIR 濾波器容易達成線性相位的特性,所以 FIR 濾波器一般只考慮幅頻響應的規格。

幅頻響應規格一般可以兩種方式來表示,一種稱之為絕對(absolute)規格表示式,換言之它是直接以幅頻響應 $|H(ej^\omega)|$ 的圖形來表示 FIR 濾波器規格的需求,另外一種稱之為相對(relative)規格,它是根據下列敘述式提供以 dB 來表示相對間的濾波器規格:

$$dB = -20\log_{10}\frac{\left|H(e^{j\omega})\right|}{\left|H(e^{j\omega})\right|_{\max}} \geq 0$$

這種表示式同時適用於 FIR 和 IIR 濾波器的規格表示。圖 12-9(a)所示是以低通濾波器為例說明絕對規格的表示,頻率 0 至 ω_p 間的範圍稱之為通帶(passband),δ_1 稱之為容忍值(或稱之為漣波大小),頻率 ω_s 至 π 間的範圍則稱之為阻帶(stopband),δ_2 為其對應的容忍值(漣波大小),至於頻率 ω_p 至 ω_s 間的範圍稱之為過渡帶(transition)。

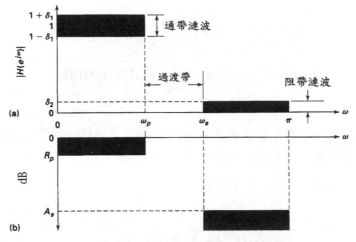

圖 12-9　FIR 濾波器規格表示示意圖(a)絕對規格(b)相對規格

至於圖 12-9(b)所示是以低通濾波器為例說明相對規格的表示，R_p 定義為以 dB 表示的通帶漣波值大小，A_s 則定義為以 dB 表示的阻帶衰減值大小，它們分別表示為：

$$R_p = -20\log_{10} \frac{1-\delta_1}{1+\delta_1} > 0 \ \ (\approx 0)$$

$$A_s = -20\log_{10} \frac{\delta_2}{1+\delta_1} > 0 \ \ (>>1)$$

(12-7)

範例一

某一濾波器規格：通帶漣波值為 0.22dB，阻帶衰減值為 60dB，試求 δ_1 和 δ_2 容忍值大小。

利用(12-7)式，可求得

$$R_p = 0.22 = -20\log_{10}\frac{1-\delta_1}{1+\delta_1} \Rightarrow \delta_1 = 0.01266$$

$$A_s = 60 = -20\log_{10}\frac{\delta_2}{1+\delta_1} \Rightarrow \delta_2 = 0.00101$$

以上是對 FIR 濾波器的規格敘述作一扼要之描述。接下來說明如何設計一個 FIR 濾波器，假設理想濾波器的頻率響應為 $H_d(e^{jw})$，單位脈衝響應為 $h_d[n]$，因此濾波器的頻率響應可表示成：

$$H_d(e^{j\omega}) = \sum_{n=-\infty}^{\infty} h_d[n]e^{-j\omega n}$$

$$h_d[n] = \frac{1}{2\pi}\int_{-\pi}^{\pi} H_d(e^{j\omega})e^{j\omega n}d\omega$$

一般而言理想的濾波器頻率響應 $H_d(e^{jw})$ 是分段恆定的，而且在邊界頻率處有不連續點存在，例如圖 12-10(上)所示為理想低通濾波器，其單位脈衝響應 $h_d[n]$ 為：

$$\begin{aligned}
h_d[n] &= \frac{1}{2\pi}\int_{-\pi}^{\pi} H_d(e^{j\omega})e^{j\omega n}d\omega \\
&= \frac{1}{2\pi}\int_{-\omega_c}^{\omega_c} e^{j\omega n}d\omega = \frac{1}{2\pi}\frac{1}{jn}e^{j\omega n}\Big|_{-\omega_c}^{\omega_c} = \frac{1}{2\pi jn}(e^{j\omega_c n} - e^{-j\omega_c n}) \\
&= \frac{1}{\pi}\frac{\sin(\omega_c n)}{n}
\end{aligned}$$

所以 $h_d[n]$ 是以 $h_d[0]$ 為對稱中心的 *sinc* 函數，*sinc* 函數形狀如圖 12-10(下)所示，因此 $h_d[n]$ 為無限長的序列，而且是非因果序列，現實上是不可實現的，為了解決上述無法實現的問題，如果我們將：

(1) 用有限項傅氏級數去近似無窮項傅氏級數，這有如是將 $h_d[n]$ 截取一段一樣，因此我們將 *h[n]* 以下式來表示

$$h[n] = \sum_{n=-M/2}^{M/2} h_d[n]$$

(2) 將上述有限項和的傅氏級數進行 $M/2$ 長的移位，得

$$h[n] = h_d[n - \frac{M}{2}] \qquad n = 0, 1, 2, ..., M$$

$$= \sum_{n=0}^{M} h_d[n]$$

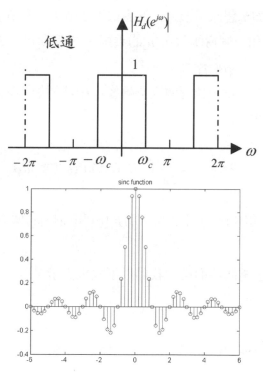

圖 12-10　(上)理想低通濾波器頻率響應示意圖(下)Sinc 函數

那麼 $h[n]$ 就是因果序列且為有限長，長度為 $M+1$，時域上的移位延遲，在頻域上相對於線性相移，並不會改變振福響應。

所以 FIR 濾波器的設計基本上就是要使所設計的 FIR 濾波器的頻率響應 $H(e^{jw})$ 去近似理想的濾波器頻率響應 $H_d(e^{jw})$，方法則是用有限項的傅氏級數 $h[n]$ 來近似無窮項傅氏級數 $h_d[n]$。

⚙ 12-2.1　吉比斯(Gibbs)現象

用一個有限項長的序列 $h[n]$ 去取代一個無限長序列 $h_d[n]$，一定會引起誤差的，表現在頻域上的影響就是所謂的吉比斯(Gibbs)現象，它在通帶內和阻帶中會引起波動的產生，現在來討論一下吉比斯現象是如何產生的。

我們可以將 $h[n]$ 想像為透過一個窗口所看到的一段 $h_d[n]$ 序列，所以 $h[n]$ 可以表示為 $h_d[n]$ 和一個窗函數 $w[n]$ 的乘積，亦即 $h[n]= h_d[n] w[n]$，這裡的窗函數 $w[n]$ 即是一個矩形序列。

對 $h[n]= h_d[n] w[n]$ 執行傅立業轉換，根據迴旋定理(時域相乘等於頻域執行迴旋積分)可得

$$H(e^{j\omega}) = \frac{1}{2\pi} \int_{-\pi}^{\pi} H_d(e^{j\varphi}) W(e^{j(\omega-\varphi)}) d\phi \tag{12-8}$$

式中 $H_d(e^{jw})$ 和 $W(e^{jw})$ 分別表示為 $h_d[n]$ 和 $w[n]$ 的傅立業轉換，我們分別討論之。

(1)　對理想濾波器而言，我們以下式來表示。

$$H_d(e^{jw}) = H_d(\omega)e^{-j\omega\alpha} \tag{12-9}$$

對理想低通濾波器而言其幅度函數

$$H_d(\omega) = \begin{cases} 1 & |\omega| \le \omega_c \\ 0 & \omega_c < |\omega| \le \pi \end{cases}$$

(2)　對矩形序列來說，我們計算它的傅立業轉換。

$$W(e^{j\omega}) = \sum_{n=-\infty}^{\infty} w[n]e^{-j\omega n} = \sum_{n=0}^{M} e^{-j\omega n} = e^{-j\frac{M}{2}\omega}\frac{\sin(\dfrac{M+1}{2}\omega)}{\sin(\omega/2)} \qquad (12\text{-}10)$$

$$= W(\omega)e^{-j\alpha\omega}$$

上式中

$$W(\omega) = \frac{\sin(\dfrac{M+1}{2}\omega)}{\sin(\omega/2)} \qquad \alpha = \frac{M}{2}$$

其中 $W(\omega)$ 稱為矩形窗的幅度函數。將(12-9)式、(12-10)式代入(12-8)式中可得

$$H(e^{j\omega}) = \frac{1}{2\pi}\int_{-\pi}^{\pi} H_d(\theta)e^{-j\theta\alpha}W(\omega-\theta)e^{-j\alpha(\omega-\theta)}d\theta$$

$$= e^{-j\omega\alpha}\frac{1}{2\pi}\int_{-\pi}^{\pi} H_d(\theta)W(\omega-\theta)d\theta$$

所以重新將上式寫成

$$H(e^{j\omega}) = H(\omega)e^{-j\omega\alpha}$$

其中

$$H(\omega) = \frac{1}{2\pi}\int_{-\pi}^{\pi} H_d(\theta)W(\omega-\theta)d\theta$$

由上式可知所設計濾波器的幅度響應 $H(\omega)$ 等於理想濾波器的幅度響應 $H_d(\omega)$ 與矩形窗幅度響應 $W(\omega)$ 的迴旋積分，$H_d(\omega)$ 與 $W(\omega)$ 的迴旋積分示意圖如圖 12-11 所示，我們知道"迴旋積分"即是計算兩圖形相交部分的面積大

小，圖 12-11 中(a)部分，因為在 $\omega = \pi$ 處兩圖形相交部分很少，所以迴旋積分的值很小，但隨著兩圖形慢慢接近，迴旋積分的值慢慢增大，如圖 12-11 中(b)部分($\omega_c < \omega < \pi$)，到了圖 12-11 中(c)部分，此時迴旋積分的值等於 $H_d(\omega)$ 的值二分之一，更到了圖 12-11 中(d)部分($0 < \omega < \omega_c$)，兩圖形相交部分的面積最多，自然地迴旋積分的值也最大。由圖 12-11 可以知道之所以會產生鏈波 (ripple)，應是由 sinc 函數 $W(\omega - \theta)$ 所引起的，整個迴旋積分的值如圖 12-11(e) 所示。

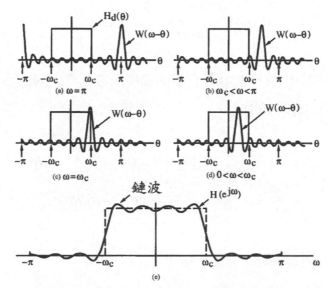

圖 12-11　產生吉比斯(Gibbs)現象之圖示說明圖

範例二

設計一個線性相位 FIR 濾波器，其規格為

$$H_d(e^{j\omega}) = \begin{cases} e^{-j\omega\alpha} & |\omega| \le \omega_c \\ 0 & \text{其它} \end{cases}$$

其中 $\omega_c = \pi / 4$，$\alpha = 10$。

解：單位脈衝響應 $h_d(n)$ 解為

$$h_d(n) = \frac{1}{2\pi} \int_{-\pi}^{\pi} H_d(e^{j\omega}) e^{j\omega n} d\omega$$

$$= \frac{1}{2\pi} \int_{-\omega_c}^{\omega_c} e^{j\omega(n-\alpha)} d\omega = \frac{1}{2\pi} \frac{1}{j(n-\alpha)} e^{j\omega(n-\alpha)} \Big|_{-\pi/4}^{\pi/4}$$

$$= \frac{1}{2\pi j(n-\alpha)} (e^{j\pi(n-\alpha)/4} - e^{-j\pi(n-\alpha)/4})$$

$$= \frac{1}{\pi} \frac{\sin(\pi(n-\alpha)/4)}{(n-\alpha)}$$

線性相位充要的條件為 $\alpha = M/2$，所以 $M = 2\alpha = 20$，故

$$h(n) = \begin{cases} \dfrac{1}{\pi} \dfrac{\sin(\pi(n-10)/4)}{(n-10)} & n = 0, 1, 2, ..., 20 \ (n=10除外) \\ \dfrac{\pi/4}{\pi} & n = 10 \end{cases}$$

將 n=0,1,2,......,20 代入上式求得各係數的值如下

$h(0) = h(20) = \sin(10\pi/4)/10\pi = 0.0318$

$h(1) = h(19) = \sin(9\pi/4)/9\pi = 0.025$

$h(2) = h(18) = \sin(8\pi/4)/8\pi = 0.0$

$h(3) = h(17) = \sin(7\pi/4)/7\pi = -0.0322$

$h(4) = h(16) = \sin(6\pi/4)/6\pi = -0.0531$

$h(5) = h(15) = \sin(5\pi/4)/5\pi = -0.045$

$h(6) = h(14) = \sin(4\pi/4)/4\pi = 0.0$

$h(7) = h(13) = \sin(3\pi/4)/3\pi = 0.075$

$h(8) = h(12) = \sin(2\pi/4)/2\pi = 0.1592$

$h(9) = h(11) = \sin(\pi/4)/\pi = 0.2251$

$h(10)=0.25$

根據(12-6)式幅頻響應式

$$H(e^{j\omega}) = h(\frac{M}{2}) + 2\sum_{n=1}^{M/2} h(\frac{M}{2} - n)\cos n\omega$$

$$= h(10) + 2\sum_{n=1}^{10} h(10-n)\cos n\omega$$

$$(12\text{-}11)$$

當 ω=0 時

$H(0)=h(10)+2(h(9)+h(8)+...+h(2)+h(1)+h(0))$

$\quad=0.25+2(0.2251+0.1592+0.075+...+0+0.025+0.0318)$

$\quad=1.0216$

從 $\omega = 0 \sim \pi$ 間選取不同的頻率值代入(12-11)式中，求出不同 ω 的幅度值，這部分以手算較為複雜，我們利用 MATLAB 程式來計算不同 ω 的幅度值(如下所示 fir_1.m)，然後繪出其圖形如圖 12-12 所示，在截止頻率 $\pi/4$ 處附近會產生過衝和波動，這就是所謂的吉比斯現象。

```
% fir_1.m
h(1)=0.0318;
h(2)=0.025;
h(3)=0.0;
h(4)=-0.0322;
h(5)=-0.0531;
h(6)=-0.045;
h(7)=0.0;
h(8)=0.075;
h(9)=0.1592;
h(10)=0.2251;
t=0;
% 計算式(12-11)
```

```
for i=1:50
    t=0;
    for j=1:10
        t=t+h(11-j)*cos(j*i*2*pi/100);
    end
    x(i)=i*2/100;
    y(i)=2*t+0.25;
end
plot(x,y);
xlabel('Frequency(pi)');
ylabel('Magnitude');
```

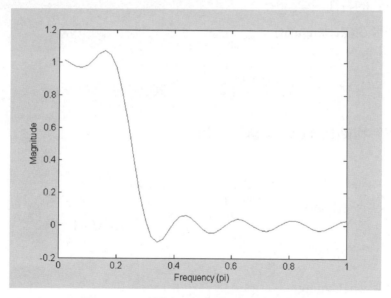

圖 12-12　範例二之濾波器頻率響應圖

　　若脈衝響應的長度 M 加大，我們將會發現波動的頻率會增加，但過衝的幅度卻不會減少，造成過衝的原因如前所述是因為在時域中所加矩形窗 $w[n]$ 對 $h_d[n]$ 序列產生截斷效應所產生的。

⏻ 12-2.2 窗函數的種類

　　前一小節中曾經提過為了在現實上能夠實現所設計的數位濾波器，我們以一個有限長序列 $h[n]$ 去取代一個無限長序列 $h_d[n]$，使用的方法是透過矩形窗 $w[n]$ 來實現，亦即 $h[n] = h_d[n] \cdot w[n]$，選擇不同的窗函數會得到不同的數位濾波器性質，近代對於窗函數的研究已經非常完備了，而且整理出一些設計的準則出來，對於應用層面來看，如何選擇出適合的窗函數來設計出符合要求的 FIR 濾波器，比去研究如何設計窗函數更為適當，下列列出幾種常用的窗函數種類以及它的特性。

1. 矩形窗(Rectangular)

$$w(n) = \begin{cases} 1 & 0 \le n \le M-1 \\ 0 & \text{其它} \end{cases}$$

2. 巴特利窗(Bartlett；又稱三角窗)

$$w(n) = \begin{cases} \dfrac{2n}{M-1} & 0 \le n \le \dfrac{M-1}{2} \\ 2 - \dfrac{2n}{M-1} & \dfrac{M-1}{2} \le n \le M-1 \end{cases}$$

3. 漢寧窗(Hanning)

$$w(n) = \begin{cases} 0.5\left[1 - \cos(\dfrac{2\pi n}{M-1})\right] & 0 \le n \le M-1 \\ 0 & \text{其它} \end{cases}$$

4.　漢明窗(Hamming)

$$w(n) = \begin{cases} 0.54 - 0.46\cos(\dfrac{2\pi n}{M-1}) & 0 \le n \le M-1 \\ 0 & 其它 \end{cases}$$

5.　別克曼窗(Blackman)

$$w(n) = \begin{cases} 0.42 - 0.5\cos(\dfrac{2\pi n}{M-1}) + 0.08\cos(\dfrac{4\pi n}{M-1}) & 0 \le n \le M-1 \\ 0 & 其它 \end{cases}$$

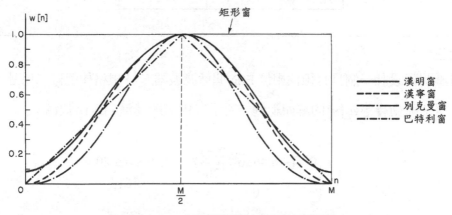

圖 12-13　不同種類的窗函數示意圖

至於不同種類的窗函數示意圖則如圖 12-13 所示。在 MATLAB 中則是用下列函數產生不同的窗函數序列：

w=*boxcar*(*M*)用來產生矩形窗 *w* 序列。

w=*bartlet*(*M*)用來產生巴特利窗 *w* 序列。

w=*hanning*(*M*)用來產生漢寧窗 *w* 序列。

w=*hamming*(*M*)用來產生漢明窗 *w* 序列。

w=*blackman*(*M*)用來產生別克曼窗 *w* 序列。

為了提供設計上的參考，綜合許多研究所得對上述 5 種窗函數進行整理，可以列出表 12-1 的窗函數特性，接下來範例三以漢明窗為例來設計一個符合範例二所述的數位濾波器。

表 12-1

窗函數	過渡帶寬度	最小阻帶衰減
矩形窗	$1.8\,\pi/M$	21 dB
巴特利窗	$6.1\,\pi/M$	25 dB
漢寧窗	$6.2\,\pi/M$	44 dB
漢明窗	$6.6\,\pi/M$	53 dB
別克曼窗	$11\,\pi/M$	74 dB

範例三

利用漢明窗設計一個具有線性相位 FIR 低通濾波器，其規格如範例二所述。

解：單位脈衝響應 $h_d[n]$ 的解如範例二所示，由前所述漢明窗函數為：

$$w(n) = \begin{cases} 0.54 - 0.46\cos(\dfrac{2\pi n}{20}) & 0 \le n \le 20 \\ 0 & 其它 \end{cases}$$

將 n=0,1,2,……,20 代入上式求得各係數的值如下

$w(0)=w(20)=0.54 - 0.46\cos(2\pi 0/20)=0.08$

$w(1)=w(19)=0.54 - 0.46\cos(2\pi 1/20)=0.1025$

$w(2)=w(18)=0.54 - 0.46\cos(2\pi 2/20)=0.1679$

$w(3)=w(17)=0.54 - 0.46\cos(2\pi 3/20)=0.2696$

$w(4)=w(16)=0.54 - 0.46\cos(2\pi 4/20)=0.3979$

$w(5)=w(15)=0.54 - 0.46\cos(2\pi 5/20)=0.54$

$w(6)=w(14)=0.54 - 0.46\cos(2\pi 6/20)=0.6821$

$w(7)=w(13)= 0.54 - 0.46\cos(2\pi 7/20)=0.8104$

$w(8)=w(12)= 0.54 - 0.46\cos(2\pi 8/20)=0.9121$

$w(9)=w(11)= 0.54 - 0.46\cos(2\pi 9/20)=0.9775$

$w(10)= 0.54 - 0.46\cos(2\pi 10/20)=1.0$

根據式 $h(n)=h_d(n)*w(n)$，將範例二所求得的 $h_d[n]$ 的序列值與上述所得相對應的 $w(n)$ 序列值相乘，所得即為加上漢明窗後 FIR 低通濾波器響應序列。

$h(0)=h(20)=h_d(0)*w(0)=0.0318*0.08=0.00254$

$h(1)=h(19)=h_d(1)*w(1)=0.025*0.1025=0.00256$

$h(2)=h(18)=h_d(2)*w(2)=0.0*0.1679=0.0$

$h(3)=h(17)=h_d(3)*w(3)=-0.0322*0.2696=-0.0087$

$h(4)=h(16)=h_d(4)*w(4)=-0.0531*0.3979=-0.02113$

$h(5)=h(15)=h_d(5)*w(5)=-0.045*0.54=-0.0243$

$h(6)=h(14)=h_d(6)*w(6)=0.0*0.6821=0.0$

$h(7)=h(13)=h_d(7)*w(7)=0.075*0.8104=0.0608$

$h(8)=h(12)=h_d(8)*w(8)=0.1592*0.9121=0.1452$

$h(9)=h(11)=h_d(9)*w(9)=0.2251*0.9775=0.22$

$h(10)=h_d(10)*w(10)=0.25*1.0=0.25$

根據(12-6)式幅頻響應式

$$H(e^{j\omega}) = h(\frac{M}{2}) + 2\sum_{n=1}^{M/2} h(\frac{M}{2}-n)\cos n\omega$$
$$= h(10) + 2\sum_{n=1}^{10} h(10-n)\cos n\omega$$

(12-12)

當 $\omega=0$ 時

$H(0)=h(10)+2(h(9)+h(8)+...+h(2)+h(1)+h(0))$

$\quad =0.25+2(0.22+0.1452+0.0608+...+0+0.00256+0.00254)$

$\quad =1.00394$

同樣地從 $\omega = 0 \sim \pi$ 間選取不同的頻率值代入(12-12)式中，求出不同 ω 的幅度值，同樣地這部分我們利用 MATLAB 程式來計算不同 ω 的幅度值(如下所示 fir_2.m)，然後繪出其圖形如圖 12-14 所示，虛線是未加漢明窗的濾波器頻率響應圖形，可以發現加入窗函數之後，波動變小了，過渡帶變寬了。

```
% fir_2.m
h(1)=0.0318;h(2)=0.025;h(3)=0.0;h(4)=-0.0322;h(5)=-0.0531;
h(6)=-0.045;h(7)=0.0;h(8)=0.075;h(9)=0.1592;h(10)=0.2251;
hw(1)=0.00254;hw(2)=0.00256;hw(3)=0.0;hw(4)=-0.0087;
hw(5)=-0.02113;hw(6)=-0.0243;hw(7)=0.0;hw(8)=0.0608;
hw(9)=0.1452;hw(10)=0.22;
% 計算未加漢明窗的低通濾波器響應序列
for i=1:50
    a=0;
    for j=1:10
        a=a+h(11-j)*cos(j*i*2*pi/100);
    end
    x(i)=i*2/100;
    b(i)=2*a+0.25;
end
% 計算加入漢明窗的低通濾波器響應序列
for i=1:50
    c=0;
    for j=1:10
        c=c+hw(11-j)*cos(j*i*2*pi/100);
    end
    d(i)=2*c+0.25;
end
plot(x,b,'r--');
hold on;
plot(x,d);
xlabel('Frequency(pi)');
ylabel('Magnitude');
```

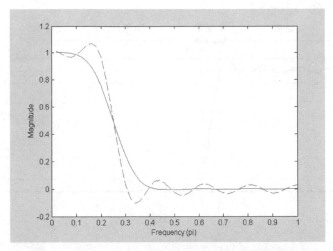

圖 12-14　加入漢明窗後的 FIR 濾波器頻率響應圖(實線)

原矩形窗 FIR 濾波器頻率響應圖(虛線)

12-3　FIR 數位濾波器的實現

　　前一小節中我們已經把 FIR 濾波器的架構、原理以及設計方法作一扼要之說明，在本節中則以一低通濾波器設計為例，說明如何使用 MATLAB 設計求出濾波器的係數，如何在 TI C5510 DSK 實驗板上實現 FIR 低通濾波器。

　　一個完整設計和實現數位濾波器的步驟可以簡單歸納有下列幾項：

1.　確定濾波器的規格。

2.　濾波器係數的計算。

3.　選擇適合的濾波器架構。

4.　模擬所設計的濾波器。

5.　以 DSP 處理器或 FPGA 可程式邏輯閘實現數位濾波器。

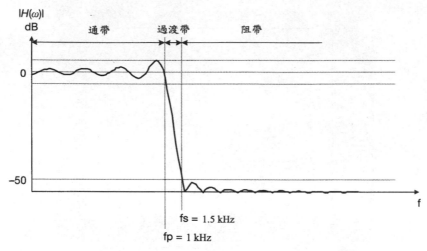

圖 12-15　具有線性相位的 FIR 低通濾波器規格

⏻ 12-3.1　低通濾波器

範例四

設計一個如圖 12-15 所示具有線性相位的 FIR 低通濾波器。

　　取樣頻率：8 kHz。

　　通帶(passband)截止頻率：1 kHz。

　　阻帶(stopband)起始頻率：1.5 kHz。

　　阻帶衰減值：50 dB。

解：首先由過渡帶寬度來決定濾波器係數的長度。

　　因為阻帶衰減量最少需要 50dB，由表 12-1 窗函數的特性表可知我們可以選擇漢明窗或是別克曼窗，在這裡我們選擇漢明窗來做設計，又如表 12-1 可知漢明窗的過渡帶寬度為 $6.6\pi/M$，由這個關係式可以求出濾波器係數的長度 M。

　　數位頻率 ω 與類比訊號頻率 f 之關係可用下式來表示。

$$\omega_c = 2\pi \frac{f_c}{f_{samp}}$$

其中 f_{samp} 是取樣頻率，單位是 Hz(cycles/sec)，f_c 是訊號的類比頻率，而 ω_c 是訊號的數位頻率，單位是 radian/sample，例如

通帶頻率 $f_p =1$ kHz 換算成數位頻率等於

$$\omega_p = 2\pi \frac{f_p}{f_{samp}} = 2\pi \frac{1\text{k}}{8\text{k}} = \frac{\pi}{4}$$

假設取樣頻率 f_S 為 8 kHz，阻帶頻率 $f_s =1.5$ kHz 換算成數位頻率等於

$$\omega_s = 2\pi \frac{f_s}{f_{samp}} = 2\pi \frac{1.5\text{k}}{8\text{k}} = \frac{3\pi}{8}$$

所以過渡帶的寬度等於

$$\omega_s - \omega_p = \frac{3\pi}{8} - \frac{\pi}{4} = \frac{\pi}{8}$$

所以濾波器係數的長度 M 等於

$$\omega_s - \omega_p = \frac{6.6\pi}{M} \Rightarrow M = \frac{6.6\pi}{\omega_s - \omega_p} = \frac{6.6\pi}{\pi/8} = 52.8$$

我們選取 $M=53$，如果仿照前面的步驟來計算 53 個濾波器的係數，那將會是一件煩人的工作，還好現在有很多的套裝軟體可以作為設計濾波器的工具，MATLAB 就是一個好用的工具軟體，下列程式即是以 MATLAB 語言來設計本例題的 FIR 低通濾波器，使用的是 Hamming 窗函數法。

```
% fir_hamming.m
% 定義通帶截止頻率 ωp 與阻帶起始頻率 ωs
wp=0.25*pi;ws=3*pi/8;
tr_w=ws-wp;
% 計算濾波器係數長度 M
M=ceil(6.6*pi/tr_w);
n=[0:1:M-1];
% 理想低通濾波器頻率響應
wc=(wp+ws)/2;    % 理想低通濾波器截止頻率
alpha=(M-1)/2;
hd=sin(wc*(n-alpha+eps))./(pi*(n-alpha+eps));
w_hamming=(hamming(M))';
h=hd .* w_hamming;
hq=h.*2^15;      % Q15 format
hq(54)=0.0;hq(55)=0.0;hq(56)=0.0;   % for fprintf
fprintf('\nn   h(n)   n   h(n)   n   h(n)   n   h(n)\n');
for i=0:13
    fprintf('%2g%10.0f%8g',i,hq(i+1),i+14);...
    fprintf('%10.0f%8g%10.0f',hq(i+15),i+28,hq(i+29));...
    fprintf('%8g%10.0f\n',i+42,hq(i+43));
end
% 加入 Hamming 窗函數後的頻率響應
[H,w]=freqz(h,1);
db=20*log10((abs(H)+eps)/max(abs(H)));
pha=angle(H);
% 繪出理想的脈衝響應圖
subplot(2,2,1)
stem(n,hd);title('Ideal Impulse response');
axis([0 M-1 -0.1 0.4]);xlabel('samples');ylabel('hd(n)');
line([0 52],[0 0]);
% 繪出 Hamming 窗函數圖
subplot(2,2,2)
stem(n,w_hamming);title('Hamming Window')
axis([0 M-1 0 1.1]);xlabel('samples');ylabel('w(n)');
% 繪出加入窗函數後的脈衝響應圖
```

```
subplot(2,2,3)
stem(n,h);title('Autual Impulse response');
axis([0 M-1 -0.1 0.4]);xlabel('samples');ylabel('h(n)');
line([0 52],[0 0]);
% 繪出低通濾波器的頻率響應圖
subplot(2,2,4)
plot(w/pi,db);title('Magnitude response in dB');
axis([0 1 -100 10]);xlabel('frequency in pi units');
ylabel('Decibels');
grid on;
```

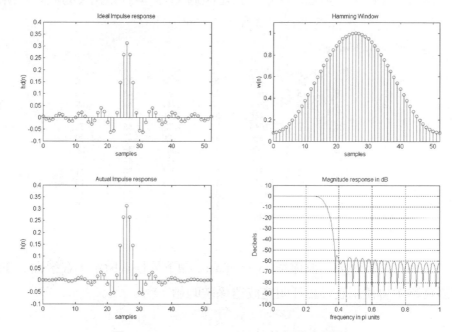

圖 12-16　fir_hamming.m 執行後之圖形

現在概要地說明程式中執行的項目計有：

1. 由濾波器規格設定通帶與阻帶頻率，再由通帶與阻帶頻率計算過渡帶寬度 tr_w，由 tr_w 的值計算濾波器係數長度 M。

2. 計算理想低通濾波器的頻率響應序列 hd(n)，截止頻率定義為通帶與阻帶頻率和的一半。

3. 計算長度 M 的 Hamming 窗函數響應序列 w_hamming(n)。

4. 將 hd(n)與 w_hamming(n)兩兩相乘即為所求濾波器的係數序列 h(n)；並將它在工作平台中列印出來，作為撰寫 DSP 程式之用。

5. 計算出加入窗函數後的頻率響應，並以圖形表示出四種圖形，這四種圖形如圖 12-16 所示，分別是(左上)理想的脈衝響應圖、(右上)Hamming 窗函數圖、(左下)加入窗函數後的脈衝響應圖以及(右下)低通濾波器的頻率響應圖。

加窗後的濾波器係數如下所示，它是經過 Q15 格式轉換後的值，將所求的序列值 h 乘上 2^{15} 後即為以 Q15 格式來表示的值 hq。

```
>> fir_hamming

n       h(n)    n       h(n)    n       h(n)    n       h(n)
0       12      14      -366    28      4754    42      0
1       -19     15      -605    29      658     43      -166
2       -41     16      -281    30      -1747   44      -149
3       -28     17      485     31      -1879   45      -25
4       |24     18      1045    32      -588    46      72
5       79      19      700     33      700     47      79
6       72      20      -588    34      1045    48      24
7       -25     21      -1879   35      485     49      -28
8       -149    22      -1747   36      -281    50      -41
9       -166    23      658     37      -605    51      -19
10      0       24      4754    38      -366    52      12
11      249     25      8643    39      85      53      0
12      334     26      10240   40      334     54      0
13      85      27      8643    41      249     55      0
```

將上述的係數存成一個檔案 lp_coef.asm 如下列格式所示，在後面的 FIR 濾波器實驗中會使用它作為呼叫濾波器係數的值。

```
*               *
* File:lp_coef.asm - wp=1kHz, ws=1.5kHz, fs=8kHz*
*           - Hamming window method                  *
*               *
;Filter Coefficient
h0          .word       12
h1          .word       -19
h2          .word       -41
```

```
h3          .word       -28
h4          .word        24
h5          .word        79
......       ...........
......       ...........
h47         .word        79
h48         .word        24
h49         .word       -28
h50         .word       -41
h51         .word       -19
h52         .word        12
```

　　除了前述使用撰寫 MATLAB 語言來求解濾波器係數和頻率響應外，MATLAB 還提供一個濾波器設計與分析工具箱(Filter Design & Analysis Toolbox)用來設計或分析 FIR/IIR 濾波器之用，使用圖形化的視窗介面，比起使用撰寫程式語言來的方便多了。雖然市面上有許多的濾波器設計套裝軟體，但是基本上你必須對 FIR/IIR 濾波器的原理有所瞭解，用起來才會得心應手。

　　欲開啓濾波器設計與分析工具箱可在 MATLAB 的命令視窗中，鍵入：

```
>> fdatool
```

　　即會開啓如圖 12-17 所示的視窗，各位如果對前面所敘述的內容有所瞭解的話，應該就能很快設定如圖 12-17 中所示的濾波器參數值。

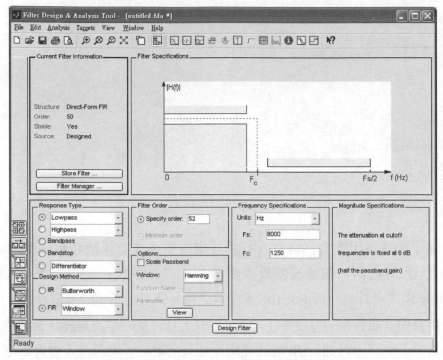

圖 12-17　濾波器設計與分析工具箱(FDAtool)視窗

請依照下述的步驟完成本範例低通濾波器設計的參數值輸入：

1. 在圖 12-17 中左下角 "Design Method" 欄位中請點選 FIR/Window，亦即選擇窗函數方法設計 FIR 濾波器。

2. "Response Type" 一欄中是用來選擇所設計濾波器的形式，請使用預設的 Lowpass(低通濾波器)。

3. "Options" 一欄中是用來選擇窗函數的種類，在這裡我們選擇 Hamming(漢明)窗函數。

4. "Filter Order" 一欄中是用來設定濾波器的階數，前面已經計算出濾波器的長度 M 為 53，所以階數請輸入 52。你也可以嘗試點選 minimun order，由程式自己去決定符合所欲設計濾波器規格的最小階數。

5.　"Frequency Specifications" 一欄中是用來輸入濾波器的頻率規格，在此處取樣頻率請輸入 8000 Hz (配合實驗板上的 A/D 取樣頻率值)，截止頻率則輸入 1250 Hz(通帶頻率 ω_p 和阻帶頻率 ω_s 和的一半)。

6.　最後按下 Design Filter 按鈕，即會自動地設計出你所輸入規格的濾波器電路。

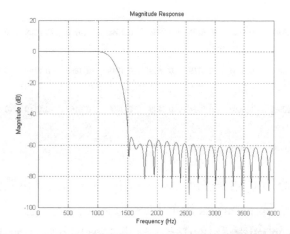

圖 12-18　FDAtool 分析工具箱所設計的幅度響應圖形

在圖 12-17 右上角位置會顯示響應的圖形，在 Analysis 選單中可以選擇你希望顯示的圖形，包括有幅度(magnitude)、相位(phase)、群延遲(group delay)、脈衝(impulse)響應、步階(step)響應、極零點(pole/zero)位置等圖形，圖 12-18 所示的是幅度響應的圖形。

我們希望輸出濾波器係數的值，在 File 選單中點選 Export…選項，將會開啓如圖 12-19 所示的視窗，Export to 請選擇 Workspace(工作平台)，然後按下 Export 按鈕，濾波器的係數值就會儲存至 Num 變數內(分子係數 Den 為 1)，在 MATLAB 命令視窗中輸入

```
>> Num*2^15
```

就會顯示所需的濾波器係數值，與前面用 MATLAB 程式計算所得的值相比較幾乎是一樣的。

```
ans =

 1.0e+004 *

 Columns 1 through 12

  0.0012  -0.0019  -0.0041  -0.0028   0.0024   0.0079   0.0072  -0.0025  -0.0149  -0.0167   0.0000   0.0249

 Columns 13 through 24

  0.0334   0.0085  -0.0366  -0.0605  -0.0281   0.0486   0.1046   0.0700  -0.0589  -0.1882  -0.1749   0.0659

 Columns 25 through 36

  0.4759   0.8654   1.0252   0.8654   0.4759   0.0659  -0.1749  -0.1882  -0.0589   0.0700   0.1046   0.0486

 Columns 37 through 48

 -0.0281  -0.0605  -0.0366   0.0085   0.0334   0.0249   0.0000  -0.0167  -0.0149  -0.0025   0.0072   0.0079

 Columns 49 through 53

  0.0024  -0.0028  -0.0041  -0.0019   0.0012
```

有些人使用高階 C 語言發展 DSP 程式的，MATLAB 也能輸出濾波器係數的標頭.h 檔，方法是在 Targets 選單中點選 Generate C Header...選項，將會開啟如圖 12-20 所示的視窗，視窗內 Export as 請選擇 Signed 16-bit integer，然後按下 Generate 按鈕，接下來會詢問你欲儲存標頭檔的檔名，如圖 12-21 所示我們輸入 lp 將標頭檔儲存成 lp.h，開啟 lp.h 檔案，裡面重要的部分即是濾波器係數的資料結構如下所示：

```c
const int BL = 53;
const int16_T B[53] = {
    12,   -19,   -41,   -28,    24,    79,    72,   -25,  -149,
  -167,     0,   249,   334,    85,  -366,  -605,  -281,   486,
  1046,   700,  -589, -1882, -1749,   659,  4759,  8654, 10252,
  8654,  4759,   659, -1749, -1882,  -589,   700,  1046,   486,
  -281,  -605,  -366,    85,   334,   249,     0,  -167,  -149,
   -25,    72,    79,    24,   -28,   -41,   -19,    12
};
```

圖 12-19　FDAtool 分析工具箱之 Export 視窗

　　注意到了沒因為你選擇的資料格式是 16 位元有號整數，所以上述的值即為 Q15 格式的小數值乘以 2^15 後的值了。

圖 12-20　FDAtool 分析工具箱之 Export to C Header File 視窗

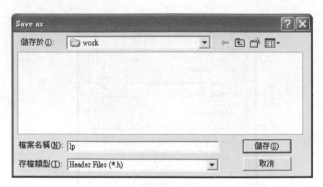

圖 12-21　儲存標頭檔之 Save as 視窗

12-3.1.1　實驗 12-1

　　本實驗為語音的濾波控制，實現範例四的低通濾波器之規格，所以在程式中我們應用了上述所求得的濾波器係數 lp_coef.asm。整個實驗架構如圖 12-22 所示，類比輸入語音訊號經過 TI AIC23 Codec 類比至數位轉換為左右聲道各 16 位元的數位語音資料，先接收左聲道資料，由 C5510 DSP 串列埠 McBSP2 的 DRR 串列輸入至累加器 AC0，再由累加器 AC0 儲存到由 AR1 所定址的記憶體中存放，以及儲存到由符號 XN 所標示的記憶體中存放，此記憶體中的資料與儲存濾波器係數的記憶體資料作一次的乘加運算，所得到的結果即為經過濾波後的左聲道語音資料，並把運算後的資料儲存在由 AR3 所定址的記憶體內。右聲道資料輸入至累加器 AC1，再由累加器 AC1 儲存到由 AR5 所定址的記憶體中存放，以及儲存到由符號 YN 所標示的記憶體中存放，此記憶體中的資料與儲存濾波器係數的記憶體資料作一次的乘加運算，所得到的結果即為經過濾波後的右聲道語音資料，並把運算後的資料儲存在由 AR7 所定址的記憶體內。左右聲道濾波後的資料再經由累加器 AC0/AC1 輸出到串列埠 McBSP2 的 DXR 中，然後透過 AIC23 Codec 數位至類比轉換器輸出至像喇叭之類的裝置作放音處理。

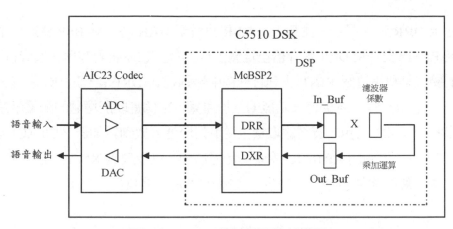

圖 12-22　FIR 濾波器實驗架構圖

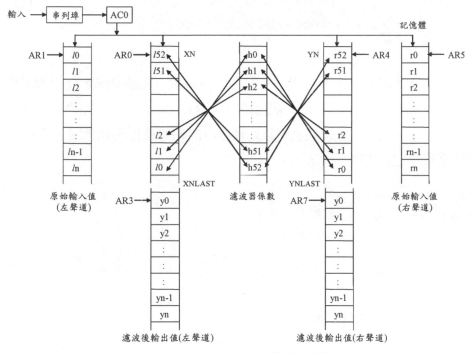

圖 12-23　實驗 12-1 記憶體配置圖

　　在第九章中曾經提過在標準串列傳輸程序中，外部串列資料是由接腳 DR 輸入端先輸入至 **RSR** 暫存器，再拷貝至 **RBR** 暫存器中，最後再由 RBR 暫存

器送至 **DRR** 暫存器中，注意！由 **RBR** 拷貝至 **DRR** 時，McBSP 會產生中斷訊號 RINT，表示說 DRR 暫存器已經滿了，可以進來 DRR 暫存器內取資料了。本實驗就是利用這個 RINT 去執行一個中斷副程式 DRISR，此中斷副程式主要是執行長度 53 taps 的濾波功能的乘加運算，整個實驗記憶體的配置示意圖可參考圖 12-23 所示，資料經取樣後從串列埠進來放到累加器 AC0/AC1，再由 AC0/AC1 放到由 AR1/AR5 定址的記憶體內，以及放到 XN/YN 記憶體中，每取樣一筆資料進來(亦即每發生一次接收中斷)，就執行一次：

$$y_l = \sum_{n=0}^{52} l_n \times h_n = l0h0 + l1h1 + \ldots\ldots + l52h52$$

$$y_r = \sum_{n=0}^{52} r_n \times h_n = r0h0 + r1h1 + \ldots\ldots + r52h52$$

(12-13)

的濾波計算，上式中 lx 表示左聲道資料 rx 表示右聲道資料，計算後的輸出值 y 放至由 AR3/AR7 定址的記憶體內，AR1, AR3, AR5 和 AR7 所定址的記憶體皆設定為環形定址，我們可以比較濾波前和濾波後的頻譜圖，例如 AR1 環形定址設定方法如下所示。

```
XAR1=#filterL_b
BSA01=#filterL_b
AR1=#0
BK03=#1024
bit(ST2,#1)= #1
```

中斷副程式 DRISR 如下所示：

```
DRISR:
    XAR0 = #XN
    XAR4 = #YN
    XCDP = #h0
L_CHANNEL:
```

```
    XAR2 = #DRR2_2
    AC0 = *AR2 || readport()
    *AR1+ = AC0
    *AR0 = LO(AC0<<#0)
R_CHANNEL:
    XAR2 = #DRR1_2
    AC0 = *AR2 || readport()
    *AR5+ = AC0
    *AR4 = LO(AC0<<#0)
    BRC0=#0
    BLOCKREPEAT {
        AC0 = M40(*AR0+ * coef(*CDP+)),
        AC1 = M40(*AR4+ * coef(*CDP+))
        || repeat(#51)
        AC0 = M40(AC0 +(*AR0+ * coef(*CDP+))),
        AC1 = M40(AC1 +(*AR4+ * coef(*CDP+)))
    }
    XAR2 = #DXR2_2
    *AR2 = hi(AC0)|| writeport()
    XAR2 = #DXR1_2
    *AR2 = hi(AC1)|| writeport()
    *AR3+ = hi(AC0)
    *AR7+ = hi(AC1)
    repeat(#52)
    DELAY(*-AR0)
    repeat(#52)
    DELAY(*-AR4)
    return_int; Return and Enable interrupt
DXISR:
    return_int

    .copy "lp_coef.asm"
    .end
```

　　上述程式中眞正在執行(12-13)式連乘加運算的即是 Blockrepeat 指令，注意 Blockrepeat 區塊中執行的是一個並行指令內含一個 repeat 指令，如此精簡的寫法就能執行左右聲道各 53 次的連乘加運算，這也就是數位信號處理器性

能優越的地方。最後四個指令

```
repeat(#52)
DELAY(*-AR0)
repeat(#52)
DELAY(*-AR4)
```

　　它的用途為何呢？主要目的是要保持 XN 和 YN 記憶體內永遠保持最新的 53 筆左右聲道語音資料。

　　同樣地傳出資料方面，CPU 或 DMA 控制器先將資料傳送至 **DXR** 暫存器，再拷貝至 **XSR** 暫存器中，最後由 DX 接腳將串列資料輸出，當資料由 **DXR** 拷貝至 **XSR** 時，McBSP 會產生中斷訊號 XINT，表示說 DXR 暫存器已經空了，可以繼續寫資料進來了。在本實驗中傳出中斷副程式 DXISR 內不作任何事，而且不予致能。

接下來我們完整地敘述如何在 CCS 中完成這個實驗的步驟。

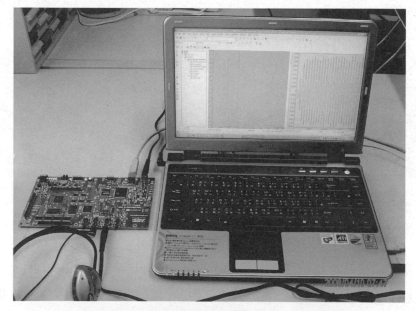

圖 12-24　連接 5510 DSK 與 CCS 發展環境

※ **實驗步驟**

1. 本實驗需要使用 5510 DSK 實驗板，透過 USB 電纜線連接 5510 DSK 和 PC，而且在 PC 音源輸出孔和 5510 DSK 板上 line in 輸入孔間連接上音源線，5510 DSK 板上 line out 輸出孔接上耳機或喇叭，參考圖 12-24 所示。

2. 在開啓的 CCS 視窗中，如果出現 unconnect to target 的訊息，請點選 Debug→connect 選項。另外在 Help 選單中點選 Contents 選項，可以開啓包括 C5510 DSK 的說明檔，所有有關 DSK 發展板的軟硬體資料都在此說明檔內，用來提供使用者在程式發展階段隨時參考之用。

【步驟 1】建立一個新的專案 fir_lp.pjt(project)

3. 在選單中點選 Project→New，並確定儲存位置是在 C:\CCStudio_v3.1\MyProjects 的目錄中(C:\CCStudio_v3.1 是 CCS 的安裝目錄，因人安裝而異)，並以檔名 fir_lp.pjt 儲存，如下圖 12-25 所示。

圖 12-25　建立新專案之視窗

4. 假設所需的檔案 fir_lp.asm、AIC23_INIT.asm、lp_coef.asm、vectors_5510.asm 及 lab.cmd 都已儲存至所建立的專案目錄中，首先將原始程式碼相關組語檔加入此專案中，方法是在選單中點選 Project→Add Files to

Project，在開啓的視窗中選取 fir_lp.asm、AIC23_INIT.asm、lp_coef.asm 及 vectors_5510.asm 程式後按開啓按鈕就會將 fir_lp.asm 等相關組語檔 加入所建立的 fir_lp.pjt 專案中，如圖 12-26 所示。

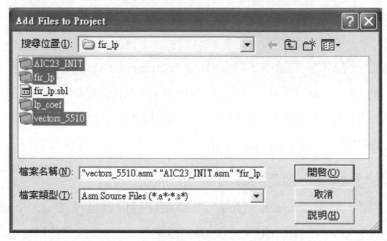

圖 12-26　加入新檔案至專案中

5. 同理使用前述的方法將檔案 lab.cmd 加入到 fir_lp.pjt 專案中。

6. 到目前爲止所需要的檔案都已加入到 fir_lp.pjt 專案中，在 Project 視窗 中用滑鼠點選 Project 左邊的(+)符號，一層層往下展開 fir_lp.pjt 專案中 的所有檔案。在 Project 視窗中，點選原始程式 fir_lp.asm 會出現在 CCS 視窗右邊的編輯區中。

【步驟 2】產生可執行程式碼

7. 接下來設定編譯與組譯所需的一些設定，方法是在選單中點選 Project→Build Options，整個 Compiler 編譯器選項設定如圖 12-27 所 示，可以使用編譯器出廠預設值即可，但有一點要注意的，因爲程式是 使用代數指令撰寫的，所以 Algebric assembly(-amg)一項必須勾選。

8. 整個 Linker 連結器選項設定如圖 12-28 所示，Code Entry Point 鍵入 start，其餘使用連結器出廠預設值即可。

9. 執行編譯 fir_lp.pjt 程式的方法是在選單中點選 Project→Rebuild All，在 rebuild 編譯過程中會在 CCS 視窗的最下方開啟一個訊息視窗來顯示整個編譯與組譯過程，若有 error 發生也會說明其錯誤訊息，如有錯誤出現必須修正後重新編譯，重新編譯請點選 Project→build，它只會編譯修改的部分，可節省編譯的時間。

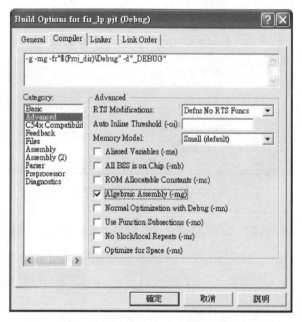

圖 12-27　Compiler 編譯視窗

【步驟 3】執行程式碼

10. 一旦程式編組譯及連結完成後，就可載入程式至 DSK 發展板上執行，方法是在選單上點選 File → Load Program，在 c:\CCStudio_v3.1\MyProjects\fir_lp\Debug 中選取 fir_lp.out，CCS 就會將程式 fir_lp.out 載入到 C5510 DSK 上 CPU 的內置 DARAM 中，如圖 12-29 所示。你也可以點選 Option→Customize→Program Load Options 勾選設定 Load Program After Build，那麼編譯完程式後便會直接下載程式到 C5510 DSP 的內置 DARAM 中。

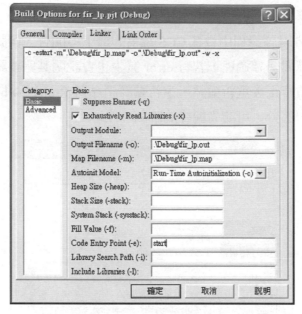

圖 12-28　Linker 連結視窗

11. 載入程式後便可以執行程式，方法是在選單中點選 Debug→Run 來執行程式，執行程式之前必須確定週邊硬體裝置已就緒，例如有無音源輸入至 5510 DSK 實驗板中，喇叭是否接好等，如欲停止程式的執行可在選單中點選 Debug→Halt。

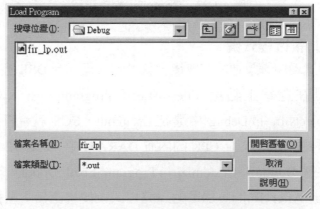

圖 12-29　載入可執行程式檔 fir_lp.out

12. 在 CCS 視窗中所開啓的子視窗例如編組譯的訊息視窗、project 視窗、CPU 暫存器視窗等，可以以浮動方式或固定不動的方式擺置或是隱藏起來，方法是單按滑鼠右鍵會開啓一個視窗，選取 Allow Docking 是以固定方式擺置，或將 Allow Docking 特性取消，則該視窗就可成爲浮動視窗，Hide 是隱藏該視窗。

【步驟 4】觀察時域和頻域波形資料

13. 記憶體的內含也可以用圖形 (graph) 來表示，在選單中點選 View → Graph，在所開啓的選項中選擇 Time/Frequency 選項，設定如圖 12-30 所示下列的一些參數：

```
Start Address：                filterL_b
Acquisition Buffer Size：      1024
Display Data Size：            1024
DSP Data Type：               16-bit Signed int
Q-value：                      15
Sampling Rate(Hz)：            8000
```

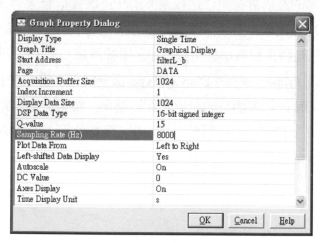

圖 12-30　圖形視窗的設定參數

14. 設定完成後按下 OK 按鈕會出現所欲觀察的記憶體圖形,我們再開啓濾波後的時域圖形,如上述的方法只是把位址改爲 filterL_a,所開啓的圖形如圖 12-31 所示,右邊是原始的語音輸入信號,而左邊是經過濾波後的語音輸出信號。

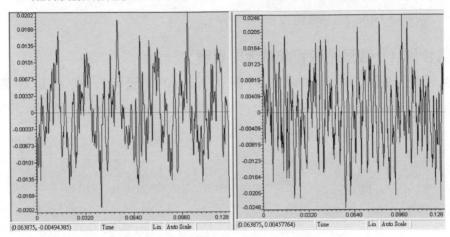

圖 12-31　圖形視窗所顯示之時域圖形

15. 光看時域的波形實在無法比較濾波前和濾波後信號上有何不同,我們換一個角度在頻域中看看信號的頻譜分佈,我們以頻率爲橫座標來觀察圖形,方法是將滑鼠游標移至圖形中,單按滑鼠右鍵,在開啓的下拉式選項中選取 Properties,將 Display Type 那一欄更改爲 FFT Magnitude,然後按下 OK 按鈕來觀察的記憶體頻譜圖形,如圖 12-32 所示,由左右兩邊的濾波後和濾波前的圖形可以看出,確實執行了低通濾波的功能,左邊濾波後的波形約在 1200Hz 以上的波形都被濾掉了。

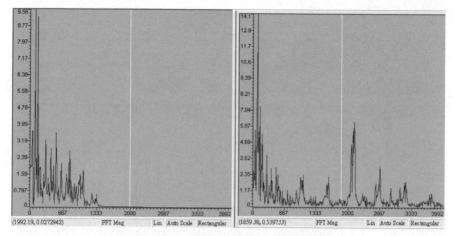

圖 12-32　圖形視窗所顯示之頻譜圖形

12-3.1.2　實驗 12-2

　　本小節低通濾波器實驗以及而後的高通、帶通、帶拒濾波器的實驗中所需的的輸入信號來源是第十五章所介紹的雙音頻信號，它是由 770Hz 和 1336Hz 所混和而成的數位正弦波信號，在實驗 7-1 中有詳細說明如何產生這兩種頻率的數位弦波信號。本實驗我們重新利用 MATLAB 的 fdatool 來設計低通濾波器，參考如圖 12-17 所示，其參數設定為：

```
Filter Type：Lowpass
Design Method：FIR Window
Specity order：52
Window：Hamming
Fs：8000 Hz
Fc：1000 Hz
```

　　以上參數所設計出來的低通濾波器振幅響應如圖 12-33 所示，如果由 770Hz 和 1336Hz 所混和而成的雙音頻數位弦波信號經過這個低通濾波器應該會讓 770Hz 的弦波信號通過，而 1336Hz 的弦波信號則會濾掉，接下來我們讓產生的濾波器係數儲存成 lp_coef.asm 檔案，這些係數的值如下所示。

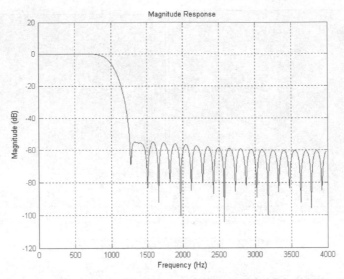

圖 12-33　低通濾波器振幅頻率響應圖

```
const int BL = 53;
const int16_T B[53] = {
  32,   25,    0,   -35,    -63,    -57,     0,     91,    161,
 141,    0,  -211,  -361,  -306,     0,    435,    733,    617,
   0,  -890, -1536, -1354,    0,   2383,   5141,   7344,   8185,
7344,  5141,  2383,    0,  -1354,  -1536,  -890,    0,     617,
 733,   435,    0,  -306,  -361,  -211,     0,    141,    161,
  91,    0,   -57,   -63,   -35,      0,    25,     32
};
```

在實驗之前我們先用 MATLAB 模擬一下實驗的結果，如下所述程式 firlpsim.m，程式一開始我們先輸入所得的濾波器係數 h(n)，然後以數位方式產生頻率為 770Hz 和 1336Hz 的正弦波並予以相加(如圖 12-34 左上所示)，並求出它的頻譜圖(如圖 12-34 右上所示)，接著執行一連串的乘加運算求出濾波後的波形(如圖 12-34 左下所示)，並求出濾波後的波形它的頻譜圖(如圖 12-34 右下所示)。

```
% firlpsim.m
%輸入所得的濾波器係數 h(n)
h(1)=0.0004;h(2)=-0.0006;h(3)=-0.0012;h(4)=-0.0008;h(5)=0.0007;
h(6)=0.0024;h(7)=0.0022;h(8)=-0.0008;h(9)=-0.0046;h(10)=-0.0051;
h(11)=0.0;h(12)=0.0076;h(13)=0.0102;h(14)=0.0026;h(15)=-0.0112;
h(16)=-0.0185;h(17)=-0.0086;h(18)=0.0148;h(19)=0.0319;h(20)=0.0214;
h(21)=-0.018;h(22)=-0.0574;h(23)=-0.0534;h(24)=0.0201;h(25)=0.1452;
h(26)=0.2641;h(27)=0.3129;h(28)=0.2641;h(29)=0.1452;h(30)=0.0201;
h(31)=-0.0534;h(32)=-0.0574;h(33)=-0.018;h(34)=0.0214;h(35)=0.0319;
h(36)=0.0148;h(37)=-0.0086;h(38)=-0.0185;h(39)=-0.0112;h(40)=0.0026;
h(41)=0.0102;h(42)=0.0076;h(43)=0.0;h(44)=-0.0051;h(45)=-0.0046;
h(46)=-0.0008;h(47)=0.0022;h(48)=0.0024;h(49)=0.0007;h(50)=-0.0008;
h(51)=-0.0012;
h(52)=-0.0006;
h(53)=0.0004;
% 產生頻率為 770Hz 和 1336Hz 的正弦波並予以相加
C1=0.568562;A1=0.82264;
x1(1)=0;x1(2)=C1;x1(3)=2*A1*C1;
for p=4:2000
    x1(p)=2*A1*x1(p-1)-x1(p-2);
end
C2=0.86707;A2=0.498185;
x2(1)=0;x2(2)=C2;x2(3)=2*A2*C2;
for q=4:2000
    x2(q)=2*A2*x2(q-1)-x2(q-2);
end
for i=1:2000
    xin(i)=x1(i)+x2(i);
end
% 求混和信號它的頻譜圖
Y=fft(xin,1024);
Py=Y.*conj(Y)/1024;
f=8000*(0:512)/1024;
% 執行一連串的乘加運算求出濾波後的波形
for m=1:53
```

```
    x(m)=0;
end
x(1)=xin(1);
for i=1:1999
    y=0;
    for j=1:53
        temp=x(j)*h(j);
        y=y+temp;
    end
    yout(i)=y;
    for k=1:52
        x(54-k)=x(53-k);
    end
    x(1)=xin(i+1);
end
% 求出濾波後的波形它的頻譜圖
Y1=fft(yout,1024);
Pyy=Y1.*conj(Y1)/1024;
f=8000*(0:512)/1024;
% 繪出雙音頻信號的時間圖形
subplot(2,2,1)
plot(xin(1:150))
title('mixed signal : 770Hz+1336Hz')
xlabel('time(x0.125mS)');
ylabel('Magnitude');
% 繪出雙音頻信號的頻譜圖形
subplot(2,2,2)
plot(f(1:256),Py(1:256))
title('spectrum diagram: mixed signal ')
xlabel('frequency(Hz)');
ylabel('Magnitude');
% 繪出濾波後的雙音頻信號時間圖形
subplot(2,2,3)
plot(yout(1:150))
title('mixed signal : lowpass filter output')
xlabel('time(x0.125mS)');
```

```
ylabel('Magnitude');
% 繪出濾波後的雙音頻信號頻譜圖形
subplot(2,2,4)
plot(f(1:256),Pyy(1:256))
title('spectrum diagram: mixed signal filter output ')
xlabel('frequency(Hz)');
ylabel('Magnitude');
```

由圖 12-34 可知，1336Hz 的弦波幾乎被低通濾波器給濾掉了。

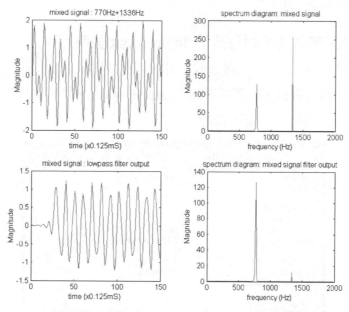

圖 12-34　模擬雙音頻信號通過低通濾波前和濾波後的信號圖形

【步驟 1】建立 fir_lp-1.pjt 專案(本實驗可軟體模擬)：

1. 仿照前述實驗 12-1 的步驟 1 建立一個名為 fir_lp-1.pjt 的專案。

2. 將原始程式碼 fir_lp.asm 原始檔案加入到此專案中，方法是在選單中點選 Project→Add Files to Project，在開啟的視窗中選取上述這些檔案後，按開啟舊檔按鈕就會將上述檔案加入到所建立的 fir_lp-1.pjt 專案中。

3. 同理使用前述的方法將 Linker Command 檔案 lab.cmd 加入到 fir_lp-1.pjt 專案中，在 Project 視窗中，點選原始程式 fir_lp.asm 會出現在 CCS 視窗右邊的編輯區中。

【步驟 2】產生可執行程式碼 fir_lp-1.out：

4. 參考前述實驗 12-1 步驟 2 執行組譯(Assembler)及連結(Linker)等二項工作來產生可執行檔 fir_lp-1.out，記得在組譯視窗中要勾選 Algebric assembly(-amg)之設定。

【步驟 3】載入可執行程式碼 fir_lp-1.out 並執行：

5. 參考前述實驗 12-1 步驟 3 載入可執行程式碼 fir_lp-1.out。載入程式後便可以執行程式，在選單中點選 Debug→Run，如欲停止程式的執行可在選單中點選 Debug→Halt。

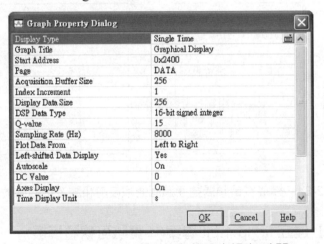

圖 12-35 Graph 圖形的參數設定視窗(時間)

【步驟 4】觀察執行結果：

6. 在選單中點選 View→Graph，在所開啟的選項中選擇 Time/Frequency 選項，即會開啟如圖 12-35 所示的 graph 圖形參數設定視窗，設定如下列所述的一些參數：

```
Display Type                    Signal Time
Start Address：                 0x2400
Acquisition Buffer Size：       256
Display Data Size：             256
DSP Data Type：                 16-bit Signed integer
Q-value：                       15
Sampling Rate(Hz)：             8000
```

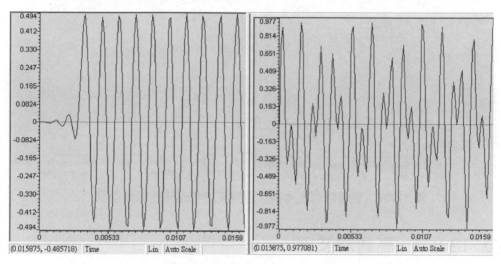

圖 12-36　雙音頻信號通過低通濾波前和濾波後的信號圖形

7.　重複步驟 6 再開啟另一個圖形視窗，參數設定如步驟 6，不過參數 Start Address 更改爲 0x2600，這是濾波後雙音頻的信號圖形，單按滑鼠右鍵在開啟的視窗中，點選 Float in main window 即可同時顯示兩個圖形，如圖 12-36 所示。

8.　將滑鼠移至圖形視窗中單按滑鼠右鍵，在開啟的視窗中點選 Properity，然後在開啟的 graph 圖形參數設定視窗中將參數 Display Type 更改爲 FFT Magnitute，其餘的參數設定不變，可開啟如圖 12-37 所示的圖形，圖右的圖形顯示濾波前雙音頻的信號頻譜圖形，可以看出它是由 770Hz 和 1336Hz 兩種頻率組成的信號，圖左的圖形顯示濾波後雙音頻的信號頻譜圖形,可以看出 1336Hz 頻率的信號已不見了,只剩下 770Hz 頻率的信號了,注意看圖形左下角有座標刻度,兩張圖中較低的頻率都是 781.25Hz。

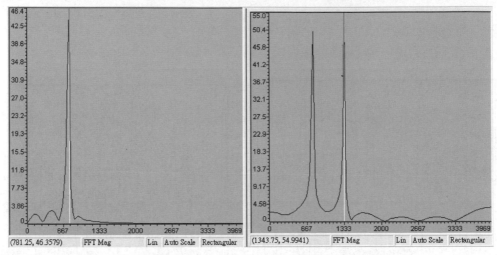

圖 12-37　雙音頻信號通過低通濾波前和濾波後的頻譜圖形

12-3.2　高通濾波器

我們以圖 12-38 所示之高通濾波器頻率響應圖來說明如何設計一個具有線性相位 FIR 高通濾波器。

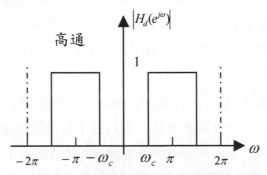

圖 12-38　理想高通濾波器頻率響應示意圖

範例五

設計一個線性相位 FIR 高通濾波器，其規格為

$$H_d(e^{j\omega}) = \begin{cases} e^{-j\omega\alpha} & 0 < \omega_c \leq \omega \leq \pi \\ 0 & 其它 \end{cases}$$

其中 $\omega_c = \pi/4$，$\alpha = 10$。

解：單位脈衝響應 $h_d(n)$ 解為：

$$h_d(n) = \frac{1}{2\pi} \int_{-\pi}^{\pi} H_d(e^{j\omega}) e^{j\omega n} d\omega$$

$$= \frac{1}{2\pi} \left[\int_{-\pi}^{-\omega_c} e^{j\omega(n-\alpha)} d\omega + \int_{\omega_c}^{\pi} e^{j\omega(n-\alpha)} d\omega \right]$$

$$= \frac{1}{2\pi} \frac{1}{j(n-\alpha)} \left[e^{j\omega(n-\alpha)} \Big|_{-\pi}^{-\pi/4} + e^{j\omega(n-\alpha)} \Big|_{\pi/4}^{\pi} \right]$$

$$= \frac{1}{2\pi j(n-\alpha)} (e^{-j\pi(n-\alpha)/4} - e^{j\pi(n-\alpha)/4})$$

$$= \frac{1}{\pi(n-\alpha)} \left[\sin((n-\alpha)\pi) - \sin((n-\alpha)\pi/4) \right]$$

線性相位充要的條件為 $\alpha = M/2$，所以 $M = 2\alpha = 20$，故

$$h(n) = \begin{cases} -\dfrac{1}{\pi} \dfrac{\sin(\pi(n-10)/4)}{(n-10)} & n = 0, 1, 2, ..., 20 \ (n = 10除外) \\ \dfrac{\pi}{\pi} - \dfrac{\pi/4}{\pi} = \dfrac{3}{4} & n = 10 \end{cases}$$

(12-14)

根據幅頻響應式

$$H(e^{j\omega}) = h(\frac{M}{2}) + 2\sum_{n=1}^{M/2} h(\frac{M}{2} - n)\cos n\omega$$

$$= h(10) + 2\sum_{n=1}^{10} h(10 - n)\cos n\omega$$

(12-15)

在範例二說明設計低通濾波器時，在計算脈衝響應 $h(n)$ 的時候，我們是以手算的方式將 n 的值一個一個代入計算出 $h(n)$ 的值，同樣的方式以手算計算出窗函數的響應 $w(n)$ 的值，然後將兩者相乘求出加入窗函數後的脈衝響應 $hw(n)$ 的值，然後將所求得 $h(n)$ 或是 $hw(n)$ 代入(12-15)式中求出最終的濾波器響應。

前述的手算方式是為了讓讀者更能瞭解如何計算出濾波器或加上窗函數後的濾波器響應，在此我們揚棄手算的方式而完全應用 MATLAB 來計算式(12-14)式脈衝響應 $h(n)$ 的值，以及窗函數的響應 $w(n)$ 的值，最後計算出式(12-15)式濾波器幅頻響應的值，從 $\omega = 0 \sim \pi$ 間選取不同的頻率值代入(12-15)式中，求出不同 ω 的幅度值，我們利用 MATLAB 程式來計算不同 ω 的幅度值(如下所示 fir_4.m)，然後繪出其圖形如圖 12-39 所示，在截止頻率 $\pi / 4$ 處附近會產生過衝和波動，這就是所謂的吉比斯現象，虛線是未加漢明窗的濾波器頻率響應圖形，實線是加入漢明窗後的濾波器頻率響應圖形，可以發現加入窗函數之後，波動變小了，過渡帶變寬了。

```
% fir_4.m highpass_filter
% 計算(12-14)式脈衝響應 h(n)的值
for n=1 : 10
    h(n)=(-sin((n-11)*pi/4))/((n-11)*pi);
end
h(11)=0.75;
% 計算窗函數響應 w(n)的值
for i=1 : 11
    w(i)=0.54-0.46*cos((i-1)*2*pi/20);
end
% 計算響應 h(n)*w(n)的值
hw=h.*w;
```

```
% 計算濾波器幅頻響應的值(未加窗函數)
for i=1:50
    a=0;
    for j=1:10
        a=a+h(11-j)*cos(j*i*2*pi/100);
    end
    x(i)=i*2/100;
    b(i)=2*a+h(11);
end
% 計算濾波器幅頻響應的值(加窗函數)
for i=1:50
    c=0;
    for j=1:10
        c=c+hw(11-j)*cos(j*i*2*pi/100);
    end
    d(i)=2*c+hw(11);
end
plot(x,b,'r--');
hold on;
plot(x,d);grid on;
xlabel('Frequency(pi)');
ylabel('Magnitude');
```

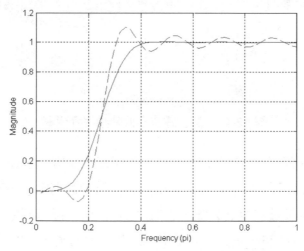

圖 12-39　範例五之高通濾波器頻率響應圖

12-3.2.1 實驗 12-3

本小節高通濾波器實驗中所需的的輸入信號來源是第十五章所介紹的雙音頻信號，它是由 770Hz 和 1336Hz 所混和而成的數位弦波信號，在實驗 7-1 中有詳細說明如何產生這兩種頻率的數位弦波信號。本實驗是利用 MATLAB 的 fdatool 來設計高通濾波器，參考如圖 12-17 所示，其參數設定為：

```
Filter Type：Highpass
Design Method：FIR Window
Specity order：52
Window：Hamming
Fs：8000 Hz
Fc：1000 Hz
```

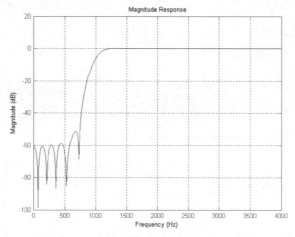

圖 12-40　高通濾波器振幅頻率響應圖

以上參數所設計出來的高通濾波器振幅響應如圖 12-40 所示，如果由 770Hz 和 1336Hz 所混和而成的雙音頻數位弦波信號經過這個高通濾波器應該會濾掉 770Hz 的弦波信號而只讓 1336Hz 的弦波信號通過，接下來我們讓產生的濾波器係數儲存成 hp_coef.asm 檔案，這些係數的值如下所示。

```
const int BL = 53;
const int16_T B[53] ={
 -32,  -25,    0,    35,    63,  57,     0,   -91,   -162,
 -142,    0,   212,   361,   307,   0,   -436,  -734,   -618,
  0,  891,  1539,  1356,    0,  -2387,  -5150,  -7358,  24600,
 -7358,  -5150,  -2387,    0,  1356,  1539,  891,    0,   -618,
 -734,   -436,    0,   307,   361,  212,     0,  -142,   -162,
 -91,    0,   57,    63,    35,     0,   -25,   -32
};
```

【步驟 1】 建立 fir_hp.pjt 專案(project)：

1. 仿照前述實驗 12-1 的步驟 1 建立一個名為 fir_hp.pjt 的專案。

2. 將原始程式碼 fir_hp.asm, hp_coef.asm 等原始檔案加入到此專案中，方法是在選單中點選 Project→Add Files to Project，在開啓的視窗中選取上述這些檔案後，按開啓舊檔按鈕就會將上述這些檔案加入到所建立的 fir_hp.pjt 專案中。

3. 同理使用前述的方法將 Linker Command 檔案 lab.cmd 加入到 fir_hp.pjt 專案中，在 Project 視窗中，點選原始程式 fir_hp.asm 會出現在 CCS 視窗右邊的編輯區中。

【步驟 2】 產生可執行程式碼 fir_hp.out：

4. 參考前述實驗 12-1 步驟 2 執行組譯(Assembler)及連結(Linker)等二項工作來產生可執行檔 fir_hp.out，記得在組譯視窗中要勾選 Algebric assembly(-amg)之設定。

【步驟 3】 載入可執行程式碼 fir_hp.out 並執行：

5. 參考前述實驗 12-1 步驟 3 載入可執行程式碼 fir_hp.out。載入程式後便可以執行程式，在選單中點選 Debug→Run，如欲停止程式的執行可在選單中點選 Debug→Halt。

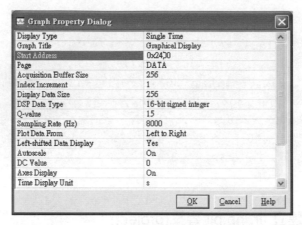

圖 12-41　Graph 圖形的參數設定視窗(時間)

🌑 【步驟 4】觀察執行結果：

6.　在選單中點選 View → Graph，在所開啓的選項中選擇 Time/Frequency 選項，即會開啓如圖 12-41 所示的 graph 圖形參數設定視窗，設定如下列所述的一些參數：

```
Display Type              Signal Time
Start Address：           0x2400
Acquisition Buffer Size： 256
Display Data Size：       256
DSP Data Type：           16-bit Signed integer
Q-value：                 15
Sampling Rate(Hz)：       8000
```

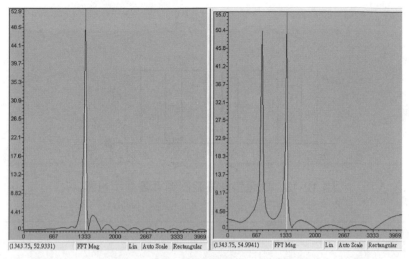

圖 12-42　雙音頻信號通過高通濾波前和濾波後的頻譜圖形

7. 將上述參數 Display Type 更改為 FFT Magnitute，其餘的參數設定不變，可開啟如圖 12-42 所示右邊的圖形，這是濾波前也就是雙音頻的信號頻譜圖形，可以看出它是由 770Hz 和 1336Hz 兩種頻率組成的信號。

8. 重複步驟 6 和 7，再開啟另一個圖形視窗，參數設定如步驟 6 和 7，不過參數 Start Address 更改為 0x2600，這是濾波後雙音頻的信號頻譜圖形，可以看出 770Hz 頻率的信號已不見了，只剩下 1336Hz 頻率的信號了，如圖 12-42 所示，左邊是濾波後的圖形，注意看圖形左下角有座標刻度，兩張圖的頻率都是 1343.75Hz。

12-3.3　帶通濾波器

我們以圖 12-43 所示之帶通濾波器頻率響應圖來說明如何設計一個具有線性相位 FIR 帶通濾波器。

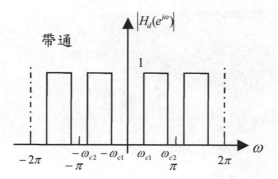

圖 12-43　理想帶通濾波器頻率響應示意圖

範例六

設計一個線性相位 FIR 帶通濾波器，其規格為

$$H_d(e^{j\omega}) = \begin{cases} e^{-j\omega\alpha} & 0 < \omega_{c1} \le \omega \le \omega_{c2} < \pi \\ 0 & \text{其它} \end{cases}$$

其中 $\omega_{c1} = \pi/4$ ， $\omega_{c2} = 3\pi/4$ ， $\alpha = 10$ 。

解：單位脈衝響應 $h_d(n)$ 解為：

$$
\begin{aligned}
h_d(n) &= \frac{1}{2\pi}\int_{-\pi}^{\pi} H_d(e^{j\omega})e^{j\omega n}d\omega \\
&= \frac{1}{2\pi}\left[\int_{-\omega_{c2}}^{-\omega_{c1}} e^{j\omega(n-\alpha)}d\omega + \int_{\omega_{c1}}^{\omega_{c2}} e^{j\omega(n-\alpha)}d\omega\right] \\
&= \frac{1}{2\pi}\frac{1}{j(n-\alpha)}\left[e^{j\omega(n-\alpha)}\Big|_{-3\pi/4}^{-\pi/4} + e^{j\omega(n-\alpha)}\Big|_{\pi/4}^{3\pi/4}\right] \\
&= \frac{1}{2\pi j(n-\alpha)}(e^{-j\pi(n-\alpha)/4} - e^{-j3\pi(n-\alpha)/4} + e^{j3\pi(n-\alpha)/4} - e^{j\pi(n-\alpha)/4}) \\
&= \frac{1}{\pi(n-\alpha)}\left[\sin((n-\alpha)3\pi/4) - \sin((n-\alpha)\pi/4)\right]
\end{aligned}
$$

線性相位充要的條件為 $\alpha = M/2$ ，所以 $M = 2\alpha = 20$ ，故

$$h(n)=\begin{cases}\dfrac{1}{\pi}(\dfrac{\sin(\dfrac{3\pi}{4}(n-10))}{(n-10)}-\dfrac{\sin(\dfrac{\pi}{4}(n-10))}{(n-10)}) & n=0,1,2,......,20\ \ (n\neq10)\\[6mm]\dfrac{3\pi/4}{\pi}-\dfrac{\pi/4}{\pi}=\dfrac{1}{2} & n=10\end{cases}$$

(12-16)

至於幅頻響應式

$$\begin{aligned}H(e^{j\omega}) &= h(\frac{M}{2})+2\sum_{n=1}^{M/2}h(\frac{M}{2}-n)\cos n\omega\\&= h(10)+2\sum_{n=1}^{10}h(10-n)\cos n\omega\end{aligned}$$

(12-17)

　　同樣地我們應用 MATLAB 來計算(12-16)式脈衝響應 $h(n)$ 的值，以及窗函數的響應 $w(n)$ 的值，最後計算出(12-17)式濾波器幅頻響應的值，從 $\omega=0\sim\pi$ 間選取不同的頻率值代入(12-17)式中，求出不同 ω 的幅度值(如下所示 fir_5.m)，然後繪出其圖形如圖 12-44 所示，在截止頻率 $\pi/4$ 和 $3\pi/4$ 處附近會產生過衝和波動，這就是所謂的吉比斯現象，虛線是未加入漢明窗的濾波器頻率響應圖形，實線是加入漢明窗後所得之濾波器頻率響應圖形，可以發現加入窗函數之後，波動變小了，過渡帶變寬了。

```
% fir_5.m bandpass_filter
% 計算(12-16)式脈衝響應 h(n) 的值
for n=1 : 10
    h(n)=(sin((n-11)*3*pi/4)-sin((n-11)*pi/4))/((n-11)*pi);
end
h(11)=0.5;
% 計算窗函數響應 w(n) 的值
for i=1 : 11
    w(i)=0.54-0.46*cos((i-1)*2*pi/20);
end
% 計算響應 h(n)*w(n) 的值
```

```
hw=h.*w;
% 計算濾波器幅頻響應的值(未加窗函數)
for i=1:50
    a=0;
    for j=1:10
        a=a+h(11-j)*cos(j*i*2*pi/100);
    end
    x(i)=i*2/100;
    b(i)=2*a+h(11);
end
% 計算濾波器幅頻響應的值(加窗函數)
for i=1:50
    c=0;
    for j=1:10
        c=c+hw(11-j)*cos(j*i*2*pi/100);
    end
    d(i)=2*c+hw(11);
end
plot(x,b,'r--');
hold on;
plot(x,d);grid on;
xlabel('Frequency(pi)');
ylabel('Magnitude');h(7)=0.0;
```

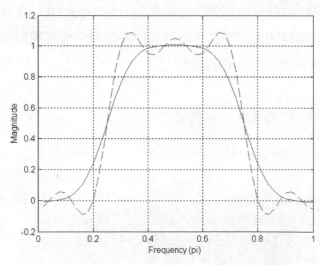

圖 12-44　範例六之帶通濾波器頻率響應圖

12-3.3.1 實驗 12-4

本小節帶通濾波器實驗中所需的的輸入信號來源是第十五章所介紹的雙音頻信號，它是由 770Hz 和 1336Hz 所混和而成的數位弦波信號，在實驗 7-1 節中有詳細說明如何產生這兩種頻率的數位弦波信號。利用 MATLAB 的 fdatool 來設計帶通濾波器，參考如圖 12-17 所示，其參數設定如下：

```
Filter Type：Bandpass
Design Method：FIR Window
Specity order：52
Window：Hamming
Fs：8000 Hz
Fc1：600 Hz
Fc2：1000 Hz
```

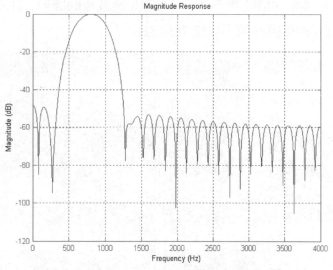

圖 12-45　帶通濾波器振幅頻率響應圖

以上參數所設計出來的帶通濾波器振幅響應如圖 12-45 所示，如果由 770Hz 和 1336Hz 所混和而成的雙音頻數位弦波信號經過這個帶通濾波器應該會讓 770Hz 的弦波信號通過而阻絕 1336Hz 的弦波信號通過，接下來我們讓產生的濾波器係數儲存成 bp_coef.asm 檔案，這些係數的值如下所示。

```
const int NL = 53;
const int16_T NUM[53] = {
    44,    52,    41,    15,   -13,   -21,     0,    35,    33,
   -59,  -247,  -448,  -500,  -253,   322,  1043,  1553,  1478,
   650,  -734, -2130, -2869, -2487, -1002,  1040,  2786,  3469,
  2786,  1040, -1002, -2487, -2869, -2130,  -734,   650,  1478,
  1553,  1043,   322,  -253,  -500,  -448,  -247,   -59,   33,
    35,     0,   -21,   -13,    15,    41,    52,    44
};
```

關於實驗的步驟請參考前一小節實驗 12-1 之說明，這裡我們只把實驗的結果說明一下，如圖 12-46 所示可以看出 770Hz 頻率的信號通過了帶通濾波器，而 1336Hz 頻率的信號則不見了，左邊是濾波後的圖形，注意看圖形左下角有座標刻度，兩張圖的頻率都是 781.25Hz。

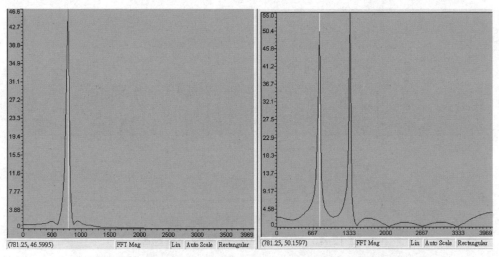

圖 12-46　雙音頻信號通過帶通濾波前和濾波後的頻譜圖形

12-3.4　帶拒濾波器

我們以圖 12-47 所示之帶拒濾波器頻率響應圖來說明如何設計一個具有線性相位 FIR 帶拒濾波器。

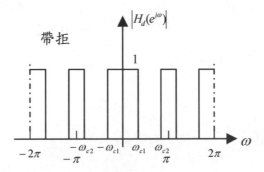

圖 12-47　理想帶拒濾波器頻率響應示意圖

範例七

設計一個線性相位 FIR 帶拒濾波器，其規格為

$$H_d(e^{j\omega}) = \begin{cases} e^{-j\omega\alpha} & 0 \le \omega \le \omega_{c1} \, , \, \omega_{c2} \le \omega \le \pi \\ 0 & 其它 \end{cases}$$

其中 $\omega_{c1} = \pi/4$ ， $\omega_{c2} = 3\pi/4$ ， $\alpha = 10$ 。

解：單位脈衝響應 $h_d(n)$ 解為：

$$h_d(n) = \frac{1}{2\pi}\int_{-\pi}^{\pi} H_d(e^{j\omega})e^{j\omega n}d\omega$$

$$= \frac{1}{2\pi}\left[\int_{-\pi}^{-\omega_{c2}} e^{j\omega(n-\alpha)}d\omega + \int_{-\omega_{c1}}^{\omega_{c1}} e^{j\omega(n-\alpha)}d\omega + \int_{\omega2}^{\pi} e^{j\omega(n-\alpha)}d\omega\right]$$

$$= \frac{1}{2\pi}\frac{1}{j(n-\alpha)}\left[e^{j\omega(n-\alpha)}\Big|_{-\pi}^{-3\pi/4} + e^{j\omega(n-\alpha)}\Big|_{-\pi/4}^{\pi/4} + e^{j\omega(n-\alpha)}\Big|_{3\pi/4}^{\pi}\right]$$

$$= \frac{1}{2\pi j(n-\alpha)}(e^{-j3\pi(n-\alpha)/4} + e^{j\pi(n-\alpha)/4} - e^{-j\pi(n-\alpha)/4} - e^{j3\pi(n-\alpha)/4})$$

$$= \frac{1}{\pi(n-\alpha)}\left[\sin((n-\alpha)\pi/4) - \sin((n-\alpha)3\pi/4) + \sin((n-\alpha)\pi)\right]$$

線性相位充要的條件為 $\alpha = M/2$，所以 $M=2\alpha=20$，故

$$
h(n)=\begin{cases}
\dfrac{1}{\pi}(\dfrac{\sin(\dfrac{\pi}{4}(n-10))}{(n-10)}-\dfrac{\sin(\dfrac{3\pi}{4}(n-10))}{(n-10)}+\dfrac{\sin(\pi(n-10))}{(n-10)}) \\
\qquad\qquad\qquad\qquad n=0,1,2,\dots\dots,20 \ (n\neq 10) \\
\dfrac{\pi/4}{\pi}-\dfrac{3\pi/4}{\pi}+1=\dfrac{1}{2} \qquad\qquad\qquad n=10
\end{cases}
$$

(12-18)

至於幅頻響應式

$$
\begin{aligned}
H(e^{j\omega}) &= h(\frac{M}{2})+2\sum_{n=1}^{M/2}h(\frac{M}{2}-n)\cos n\omega \\
&= h(10)+2\sum_{n=1}^{10}h(10-n)\cos n\omega
\end{aligned}
$$

(12-19)

同樣地我們應用 MATLAB 來計算(12-18)式脈衝響應 $h(n)$ 的值，以及窗函數的響應 $w(n)$ 的值，最後計算出(12-19)式濾波器幅頻響應的值，從 $\omega=0\sim\pi$ 間選取不同的頻率值代入(12-19)式中，求出不同 ω 的幅度值(如下所示 fir_6.m)，然後繪出其圖形如圖 12-48 所示，在截止頻率 $\pi/4$ 和 $3\pi/4$ 處附近會產生過衝和波動，這就是所謂的吉比斯現象，虛線是未加入漢明窗的濾波器頻率響應圖形，實線是加入漢明窗後的濾波器頻率響應圖形，可以發現加入窗函數之後，波動變小了，過渡帶變寬了。

```
% fir_6.m bandstop_filter
% 計算式(12-18)脈衝響應 h(n)的值
for n=1 : 10

h(n)=(sin((n-11)*pi/4)-sin((n-11)*3*pi/4)+sin((n-11)*pi))/(
(n-11)*pi);
```

```
end
h(11)=0.5;
% 計算窗函數響應 w(n) 的值
for i=1 : 11
    w(i)=0.54-0.46*cos((i-1)*2*pi/20);
end
% 計算響應 h(n)*w(n) 的值
hw=h.*w;
% 計算濾波器幅頻響應的值(未加窗函數)
for i=1:50
    a=0;
    for j=1:10
        a=a+h(11-j)*cos(j*i*2*pi/100);
    end
    x(i)=i*2/100;
    b(i)=2*a+h(11);
end
% 計算濾波器幅頻響應的值(加窗函數)
for i=1:50
    c=0;
    for j=1:10
        c=c+hw(11-j)*cos(j*i*2*pi/100);
    end
    d(i)=2*c+hw(11);
end
plot(x,b,'r--');
hold on;
plot(x,d);grid on;
xlabel('Frequency(pi)');
ylabel('Magnitude');
```

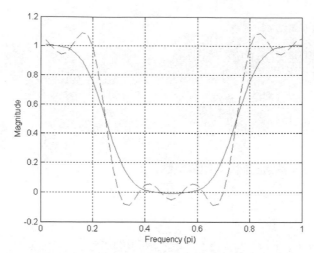

圖 12-48　範例七之帶拒濾波器頻率響應圖

12-3.4.1　實驗 12-5

本小節帶拒濾波器實驗中所需的的輸入信號來源是第十五章所介紹的雙音頻信號，它是由 770Hz 和 1336Hz 所混和而成的數位弦波信號，在實驗 7-1 節中有詳細說明如何產生這兩種頻率的數位弦波信號。利用 MATLAB 的 fdatool 來設計帶拒濾波器，參考如圖 12-17 所示，其參數設定如下：

```
Filter Type：Bandstop
Design Method：FIR Window
Specity order：52
Window：Hamming
Fs：8000 Hz
Fc1：1100 Hz
Fc2：1800 Hz
```

以上參數所設計出來的帶拒濾波器振幅響應如圖 12-49 所示，如果由 770Hz 和 1336Hz 所混和而成的雙音頻數位弦波信號經過這個帶拒濾波器應該會讓 770Hz 的弦波信號通過而濾掉 1336Hz 的弦波信號，接下來我們讓產生的濾波器係數儲存成 bs_coef.asm 檔案，這些係數的值如下所示。

```
const int NL = 53;
const int16_T NUM[53] = {
   11,    38,    15,    -2,    29,     27,   -102,   -211,    -25,
  348,   377,   -97,  -455,  -224,    73,   -144,   -214,    732,
 1603,   277, -2607, -3117,   687,  4755,   3483,  -2356,  26962,
-2356,  3483,  4755,   687, -3117,  -2607,   277,   1603,    732,
 -214,  -144,    73,  -224,  -455,   -97,     77,    348,    -25,
 -211,  -102,    27,    29,    -2,    15,     38,     11
};
```

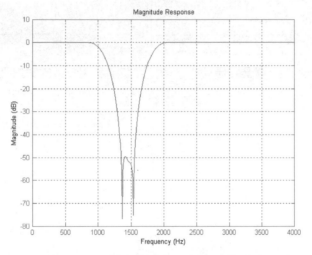

圖 12-49　帶拒濾波器振幅頻率響應圖

　　關於實驗的步驟也請參考前一小節實驗 12-1 之說明，這裡我們只把實驗的結果說明一下，如圖 12-50 所示可以看出 770Hz 頻率的信號通過了帶拒濾波器，而 1336Hz 頻率的信號則被濾掉了，左邊是濾波後的圖形，注意看圖形左下角有座標刻度，兩張圖的頻率都是 781.25Hz。

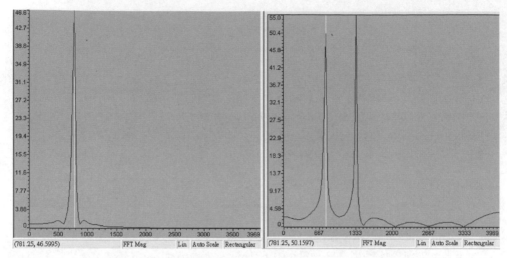

圖 12-50　雙音頻信號通過帶拒濾波前和濾波後的頻譜圖形

第 **13** 章

IIR 數位濾波器

在前章中對於 FIR 數位濾波器的原理、設計、模擬與實現做了廣泛的介紹，在這一章中我們繼續對另一類的數位濾波器做介紹，它即是所謂的無限脈衝響應濾波器(Infinite Impulse Response filter, IIR)，IIR 濾波器輸出不但與輸入有關，也與過去的輸出有關，也就是說過去的輸出會影響到現在的輸出值，所以它是遞迴式(recursive)濾波器，對於單位脈衝輸入而言，其輸出響應是無限長序列，所以稱為無限脈衝響應濾波器，例如一個簡單的 IIR 濾波器其差分方程式為：$y[n] = x[n] + by[n-1]$，對單位脈衝輸入 $x[n] = \delta(n)$ 而言：

$n=0$ → $y[0]=x[0]+by[-1]=1$

$n=1$ → $y[1]=x[1]+by[0]=b$

$n=2$ → $y[2]=x[2]+by[1]=b^2$

…   …

$n=n'$ → $y[n]=b^{n'}u(n)$

所以上述 IIR 濾波器輸出響應是無限長序列。一個 IIR 數位濾波器可以用下列 N 階差分方程式來表示：

$$y[n] = \sum_{i=0}^{M} b_i x[n-i] + \sum_{k=1}^{N} a_k y[n-k] \tag{13-1}$$

上述方程式兩邊取 z 轉換，經移位後可得以系統轉移函數所表示的數位濾波器形式為：

$$H(z) = \frac{Y(z)}{X(z)} = \frac{\displaystyle\sum_{i=0}^{M} b_i z^{-i}}{1 - \displaystyle\sum_{k=1}^{N} a_k z^{-k}} \tag{13-2}$$

若在意的是濾波器的運算速度以及非線性相位的性質也是可以接受的話，IIR 濾波器可謂是第一的選擇，IIR 濾波器執行的效能優於 FIR 濾波器，那是因爲它所需計算的濾波器係數較少之故。但是 IIR 濾波器也有它的缺點，除了無法提供線性相位的性質之外，IIR 濾波器使用的是遞迴式算法，係數的尺度調整(scaling)或量化都有可能造成濾波器的輸出值不穩定(無法收斂)。

在推導 IIR 濾波器的 z 轉移函數有兩種主要的方法，第一種方法是基於極零點的直接擺置，第二種方法則是基於類比濾波器的設計，然後再經由一種轉換關係將類比濾波器轉換到數位濾波器，當然所得到的濾波器規格不變，上述兩種方法以第二種方法較爲常用，那是因爲對類比濾波器已經建立起豐富的分析基礎。至於第二種方法中由類比濾波器轉換到數位濾波器有兩種常用的轉換方法，一是雙線性轉換法(Bilinear transform)，二是脈衝響應不變法(Impulse invariant)，在本章中這兩種轉換方法都會介紹。

從類比濾波器著手設計 IIR 數位濾波器也有兩種方法，第一種方法是先設計類比低通濾波器，然後經過頻帶轉換而得到其它形式的類比濾波器(高通、帶通等)，最後經過濾波器轉換而得到 IIR 數位濾波器，第二種方法是先設計類比低通濾波器，然後經過轉換方法而得到數位低通濾波器，最後經過頻帶轉換而得到其它形式的 IIR 數位濾波器(高通、帶通等)。

13-1　IIR 濾波器基本結構

◉ 直接 I 型

(13-1)式中若假設 $N=M$，將其展開成：

$$y[n] = b_0 x[n] + b_1 x[n-1] + b_2 x[n-2] + \ldots\ldots + b_N x[n-N]$$
$$+ a_1 y[n-1] + a_2 y[n-2] + \ldots\ldots + a_N y[n-N]$$

將它以訊號流程圖來畫出可以很直接的得到如圖 13-1 所示,其中右半部份表示成由輸出的反饋之和所組成,而左半部份表示成由輸入的前饋之和所組成,這種形式稱為直接 I 型結構(direct form I)。

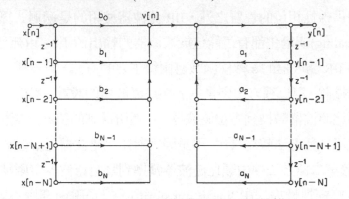

圖 13-1　IIR 數位濾波器直接 I 型結構

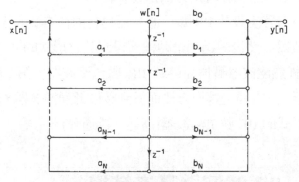

圖 13-2　數位濾波器直接 II 型結構

◎ 直接 II 型

若將左右兩部分串接順序相互對調過來,中間相同的延遲線可合併為一條,這樣就可以減少一半的延遲單元(省一半的記憶體),此種簡化的 IIR 濾波器形式稱為直接 II 型結構(direct form II),如圖 13-2 所示。

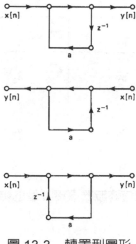

圖 13-3　轉置型圖形

🔵 轉置型

　　如果改變流程圖中所有分支的增益方向，但保持其增益值，並且將輸入 $x[n]$ 與輸出 $y[n]$ 位置互換，所得到的圖形稱爲原流程圖的轉置型(transpose)圖形，由圖 13-3 所示我們可以證明轉置前和轉置後這兩個圖形的轉移函數 $H(z)$ 是相同的，圖 13-3(上)經過輸入 $x[n]$ 與輸出 $y[n]$ 位置互換、所有分支的增益方向相反後所得爲圖 13-3(中)所示，經重畫如圖 13-3(下)所示，圖 13-3(上)與圖 13-3(下)的轉移函數皆爲：

$$H(z) = \frac{Y(z)}{X(z)} = \frac{1}{1 - az^{-1}}$$

　　我們從圖 13-2 直接 II 型結構圖來求得其轉置圖形，將輸入 $x[n]$ 與輸出 $y[n]$ 位置互換、所有分支的增益不變但將其方向相反後所得爲圖 13-4 所示，即爲直接 II 型的轉置形式數位濾波器。

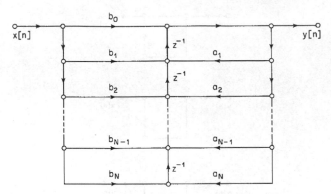

圖 13-4 數位濾波器直接 II 型的轉置形式結構

🌐 級連型(cascade)

假設我們將(13-2)式的分子多項式和分母多項式作因式分解，將 $H(z)$ 表示成：

$$H(z) = \prod_{k=1}^{N_s} \frac{b_{0k} + b_{1k}z^{-1} + b_{2k}z^{-2}}{1 - a_{1k}z^{-1} - a_{2k}z^{-2}}$$

其中 N_s 表示取比 $(N+1)/2$ 還小的最大整數，圖 13-5 所示為用 3 個直接 II 型表示的 6 階系統級連型結構。

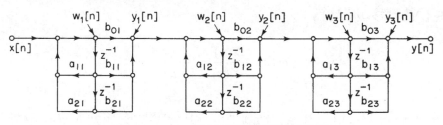

圖 13-5 IIR 數位濾波器級連型結構

並聯型(parallel)

除了把(13-2)式的分子多項式和分母多項式作因式分解外，我們還能把一個有理函式作部分分式展開成：

$$H(z) = \sum_{k=0}^{N_p} C_k z^{-k} + \sum_{k=1}^{N_s} \frac{e_{0k} + e_{1k}z^{-1}}{1 - a_{1k}z^{-1} - a_{2k}z^{-2}}$$

圖 13-6 所示為 6 階系統($N=M=6$)的並聯型結構。

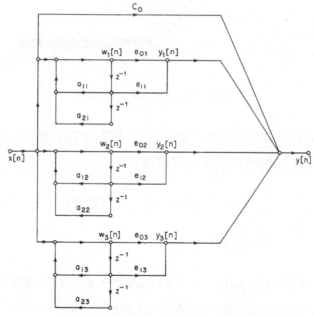

圖 13-6　IIR 數位濾波器並聯型結構

 13-2　類比濾波器的特性

在這一節中我們將清楚地說明一些類比濾波器的性質，像巴特渥斯(Butterworth)、切比雪夫 I 型和 II 型(Chebyshev)和橢圓(Elliptic)等低通濾波器的性質，雖然我們可以利用 MATLAB 代入一些參數即可設計出這些濾波器，但是作者認為仍有必要學習並瞭解這些濾波器的性質，因為這有助於我們在使用 MATLAB 函數中選擇適當的參數來得到正確的結果。

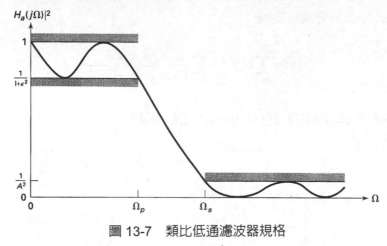

圖 13-7　類比低通濾波器規格

　　圖 13-7 所示為類比低通濾波器的規格，它是由類比濾波器慣用的幅度-平方(magnitude-squared)響應來表示，其規格為

$$\frac{1}{1+\varepsilon^2} \le \left|H_a(j\Omega)\right|^2 \le 1 \qquad |\Omega| \le \Omega_p$$

$$0 \le \left|H_a(j\Omega)\right|^2 \le \frac{1}{A^2} \qquad \Omega_s \le |\Omega|$$

其中 Ω_p 為通帶(passband)截止頻率(rad/sec)，ε 為通帶漣波參數，Ω_s 為阻帶(stopband)起始頻率(rad/sec)，A 是阻帶衰減參數，如果在頻率 Ω_p 和 Ω_s 的幅度值以 dB 來表示為 R_p 和 A_s，那麼可表示成：

$$R_p = -10\log_{10}\frac{1}{1+\varepsilon^2} \quad \Rightarrow \quad \varepsilon = \sqrt{10^{R_p/10}-1} \qquad (13\text{-}3)$$

以及

$$A_s = -10\log_{10}\frac{1}{A^2} \quad \Rightarrow \quad A = 10^{A_s/20}$$

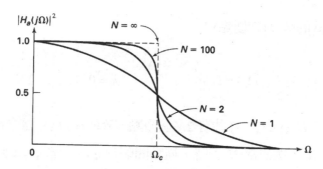

圖 13-8　巴特渥斯低通濾波器幅度-平方響應圖

13-2.1　巴特渥斯低通濾波器

　　此類濾波器在通帶與阻帶中都具有平坦的振幅響應，N 階巴特渥斯 (Butterworth)低通濾波器的幅度-平方響應可用下列式子來表示：

$$\left|H_a(j\Omega)\right|^2 = \frac{1}{1+\left(\dfrac{\Omega}{\Omega_c}\right)^{2N}} \tag{13-4}$$

　　其中 N 為濾波器的階數，Ω_c 為截止頻率(rad/sec)，其幅度平方圖形則如圖 13-8 所示，由圖中我們看出巴特渥斯低通濾波器的一些性質：

1.　$\left|H_a(j\Omega)\right|^2$ 是一個單調遞減的函數。

2.　當 $N \to \infty$ 時，$\left|H_a(j\Omega)\right|^2$ 近似一個理想的低通濾波器。

3.　在 $\Omega = 0$ 處，對所有的 N 皆滿足 $\left|H_a(j\Omega)\right|^2 = 1$，而且具有最大的平坦。

4.　在 $\Omega = \Omega_c$ 處，對所有的 N 皆滿足 $\left|H_a(j\Omega)\right|^2 = 1/2$，亦即 Ω_c 為-3 dB 頻率。

　　為了決定系統轉移函數 $H_a(s)$，我們將振幅-平方響應表示成：

$$H_a(s)H_a(-s) = \left|H_a(j\Omega)\right|^2\Big|_{\Omega=\frac{s}{j}} = \frac{1}{1+\left(\dfrac{s}{j\Omega_c}\right)^{2N}} = \frac{\left(j\Omega_c\right)^{2N}}{s^{2N}+\left(j\Omega_c\right)^{2N}}$$

分母多項式的解爲(即極點)：

$$s_k = (-1)^{\frac{1}{2N}}(j\Omega_c) = \Omega_c e^{j\pi\left(\frac{1}{2}+\frac{2k+1}{2N}\right)} \qquad k = 0,1,......,2N-1 \qquad (13\text{-}5)$$

由上式可知 $H_a(s)H_a(-s)$ 共有 2N 個極點，分佈在以 Ω_c 爲半徑的圓上，各極點間隔爲 π/N，例如當 N=3 時，極點間隔爲 $\pi/3$，當 N=4 時，極點間隔爲 $\pi/4$，如圖 13-9 所示，極點對虛軸成對稱而且不會落在虛軸上，當 N 爲奇數時，實軸上會有極點，當 N 爲偶數時，實軸上不會有極點。利用 $H_a(s)H_a(-s)$ 座落在 s 平面左半平面上的極點可寫出巴特渥斯低通濾波器的轉移函數爲：

$$H_a(s) = \frac{\Omega_c^{\ N}}{\displaystyle\prod_{k=0}^{N-1}(s-s_k)} \qquad (13\text{-}6)$$

例如當 N=3，極點共有 6 個，但位於 s 左半平面的極點有 3 個，它們分別爲：

$$s_0 = \Omega_c e^{j\frac{2}{3}\pi} \ , \quad s_1 = -\Omega_c \ , \quad s_2 = \Omega_c e^{j\frac{4}{3}\pi} = \Omega_c e^{-j\frac{2}{3}\pi}$$

所以代入(13-6)式中可得系統轉移函數爲：

$$H_a(s) = \frac{\Omega_c^{\ 3}}{(s-\Omega_c e^{j\frac{2}{3}\pi})(s+\Omega_c)(s-\Omega_c e^{-j\frac{2}{3}\pi})}$$

由上述的分析可以知道只要能確定截止頻率 Ω_c 和階數 N，那麼巴特渥斯低通濾波器的極點 s_k 和轉移函數 $H_a(s)$ 就可以確定了。

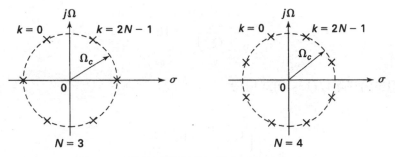

圖 13-9　巴特渥斯低通濾波器極點分佈圖

13-2.1.1　設計方法

假設巴特渥斯低通濾波器的規格為：

1. 通帶截止頻率 Ω_p、允許的最大衰減 α_p。

2. 阻帶起始頻率 Ω_s、允許的最小衰減 α_s。

由(13-3)式可知通帶內最大衰減 α_p 以及阻帶內最小衰減 α_s 可用下列式子來表示：

$$\alpha_p = 10\log\frac{1}{\left|H_a(j\Omega_p)\right|^2} \quad , \quad \alpha_s = 10\log\frac{1}{\left|H_a(j\Omega_s)\right|^2} \tag{13-7}$$

根據(13-4)式可得

$$\left|H_a(j\Omega_p)\right|^2 = \frac{1}{1+\left(\dfrac{\Omega_p}{\Omega_c}\right)^{2N}} \quad , \quad \left|H_a(j\Omega_s)\right|^2 = \frac{1}{1+\left(\dfrac{\Omega_s}{\Omega_c}\right)^{2N}} \tag{13-8}$$

重新組合(13-7)式和(13-8)式可以得到

$$1+\left(\frac{\Omega_p}{\Omega_c}\right)^{2N} = 10^{\frac{\alpha_p}{10}} \tag{13-9}$$

$$1 + \left(\frac{\Omega_s}{\Omega_c}\right)^{2N} = 10^{\frac{\alpha_s}{10}} \tag{13-10}$$

將(13-9)式除以(13-10)式可得

$$\left(\frac{\Omega_p}{\Omega_s}\right)^{2N} = \frac{10^{\frac{\alpha_p}{10}} - 1}{10^{\frac{\alpha_s}{10}} - 1}$$

令

$$\lambda = \frac{\Omega_s}{\Omega_p} \quad , \quad K = \sqrt{\frac{10^{\frac{\alpha_p}{10}} - 1}{10^{\frac{\alpha_s}{10}} - 1}}$$

所以

$$\left(\frac{1}{\lambda}\right)^N = K \Rightarrow N \log\left(\frac{1}{\lambda}\right) = \log K$$

$$\therefore N = -\frac{\log K}{\log \lambda} - \frac{\log \sqrt{\dfrac{10^{\frac{\alpha_p}{10}} - 1}{10^{\frac{\alpha_s}{10}} - 1}}}{\log \dfrac{\Omega_s}{\Omega_p}} \tag{13-11}$$

　　由(13-11)式可知若已知通帶截止頻率 Ω_p、允許的最大衰減 α_p 以及阻帶起始頻率 Ω_s、允許的最小衰減 α_s，那麼就可以求出濾波器的階數 N，求出的 N 可能是一個小數，一般取大於或等於 N 的最小整數，截止頻率 Ω_c 可由(13-9)式來求出，如下式所示：

$$\Omega_c = \frac{\Omega_p}{\sqrt[2N]{10^{\frac{\alpha_p}{10}} - 1}} \tag{13-12}$$

　　根據以上的分析，巴特渥斯低通濾波器的設計步驟可歸納為：

1.　依據濾波器規格 Ω_p、α_p、Ω_s、α_s 由(13-11)式求出階數 N。

$$N = -\frac{\log K}{\log \lambda} = -\frac{\log \sqrt{\frac{10^{\frac{\alpha_p}{10}} - 1}{10^{\frac{\alpha_s}{10}} - 1}}}{\log \frac{\Omega_s}{\Omega_p}} = \frac{\log \frac{10^{\frac{\alpha_p}{10}} - 1}{10^{\frac{\alpha_s}{10}} - 1}}{2 * \log \frac{\Omega_p}{\Omega_s}}$$

2.　由(13-12)式求出–3dB 截止頻率 Ω_c。

$$\Omega_c = \frac{\Omega_p}{\sqrt[2N]{10^{\frac{\alpha_p}{10}} - 1}}$$

3.　由(13-5)式求出 N 個極點。

$$s_k = (-1)^{\frac{1}{2N}} (j\Omega_c) = \Omega_c e^{j\pi\left(\frac{1}{2} + \frac{2k+1}{2N}\right)} \qquad k = 0, 1, \ldots, N-1$$

4.　按(13-6)式寫出系統轉移函數 $H_a(s)$。

$$H_a(s) = \frac{\Omega_c^{N}}{\prod\limits_{k=0}^{N-1}(s - s_k)} \tag{13-13}$$

範例一

給定某類比濾波器的幅度-平方響應 $\left|H_a(j\Omega)\right|^2 = \dfrac{1}{1+64\Omega^6}$ ，試求出類比濾波器的系統轉移函數 $H_a(j\Omega)$ 。

解：從給定的幅度-平方響應式我們整理為

$$\left|H_a(j\Omega)\right|^2 = \frac{1}{1+64\Omega^6} = \frac{1}{1+(\frac{\Omega}{0.5})^{2(3)}}$$

所以可得 $N=3$ 和 $\Omega_c=0.5$，由上述公式 3 可求出 3 個極點為(如圖 13-10 所示)：

$$p_0 = 0.5e^{j\frac{2}{3}\pi} \ , \quad p_1 = -0.5 \ , \quad p_2 = 0.5e^{j\frac{4}{3}\pi} = 0.5e^{-j\frac{2}{3}\pi}$$

由(13-13)式可求出系統轉移函數 $H_a(s)$ 為：

$$
\begin{aligned}
H_a(s) &= \frac{\Omega_c{}^N}{(s-s_0)(s-s_1)(s-s_2)} \\
&= \frac{(0.5)^3}{(s+0.25-j0.433)(s+0.5)(s+0.25+j0.433)} \\
&= \frac{0.125}{(s+0.5)(s^2+0.5s+0.25)}
\end{aligned}
$$

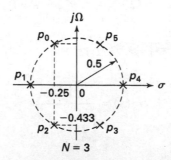

圖 13-10　範例一巴特渥斯低通濾波器極點分佈圖

範例二

設計一個巴特渥斯低通濾波器滿足濾波器的規格如下：

1.　通帶截止頻率 $\Omega_p = 0.2\pi$，最大衰減 $\alpha_p = 1$dB。

2.　阻帶起始頻率 $\Omega_s = 0.3\pi$，最小衰減 $\alpha_s = 15$dB。

解：MATLAB 提供函式[z,p,k]=buttap(N)來設計出歸一化階數 N 的巴特渥斯低通濾波器，我們完全以 MATLAB 程式來求解本範例之巴特渥斯低通濾波器的參數如下(檔案名稱為 a_butter.m)：

```
% a_butter.m
wp=0.2*pi;  % 設定通帶截止頻率
ws=0.3*pi;% 設定阻帶起始頻率
AlphaP=1;% 設定通帶最大衰減
AlphaS=15;% 設定阻帶最小衰減
% 計算階數 N
ev=10^(AlphaP/10)-1;
cv=10^(AlphaS/10)-1;
N=ceil(log10(ev/cv)/(2*log10(wp/ws)));
fprintf('\n *** Butterworth Filter order = %2.0f \n',N);
% 計算截止頻率 Ωc
wc=wp/((10^(AlphaP/10)-1)^(1/(2*N)));
% 計算極點 s
for i=1:6
s(i)=wc*(cos((0.5+(2*(i-1)+1)/(2*N))*pi)+j*sin((0.5+(2*(i-1)+1)/(2*N))*pi));
end
fprintf('\n *** Butterworth Filter poles = ');
s
[z,p,k]=buttap(N);
z=z*wc;
p=p*wc;
k=k*(wc^N);
B=real(poly(z));
b0=k;
```

```
num=k*B
den=real(poly(p))
%[num,den]=zp2tf(z,p,k)
% 計算及繪製響應圖形
[h,w]=freqs(num,den);
mag=abs(h);
db=20*log10((mag+eps)/max(mag));
pha=angle(h);
% 繪出振幅響應圖
subplot(2,2,1)
plot(w/pi,mag);title('magnitude response');
axis([0 1 -0.1 1.2]);xlabel('frequency in pi units');ylabel('|h|');
%line([0 1],[1 1]);
grid on;
% 繪出以 dB 表示的振幅響應圖
subplot(2,2,2)
plot(w/pi,db);title('magnitude response in dB');
axis([0 1 -50 5]);xlabel('frequency in pi units');ylabel('dB');%line([0 1],[0 0]);
grid on;
% 繪出相位響應圖
subplot(2,2,3)
plot(w/pi,pha/pi);title('phase response');
axis([0 1 -1.2 1.2]);xlabel('frequency in pi units');ylabel('rad');
%line([0 1],[0 0]);
grid on;
% 繪出脈衝響應圖
subplot(2,2,4)
impulse(num,den)
axis([0 20 -0.1 0.3]);xlabel('time in seconds');ylabel('h(t)');
%line([0 1],[0 0]);
grid on;
```

在 MATLAB 的命令視窗中鍵入：

```
>> a_butter
```

即可求出巴特渥斯低通濾波器的階數 $N = 6$

```
*** Butterworth Filter order =  6
```

極點爲：

```
*** Butterworth Filter poles =
s =
-0.1820 + 0.6792i  -0.4972 + 0.4972i  -0.6792 + 0.1820i  -0.6792
- 0.1820i  -0.4972 - 0.4972i  -0.1820 - 0.6792i
Omega =
   0.1209
```

所以系統轉移函數可表示爲：

$$H_a(s) = \frac{0.1209}{[(s+0.182)^2 + 0.6792^2][(s+0.4972)^2 + 0.4972^2][(s+0.6792)^2 + 0.182^2]}$$

Num =

0.1209

Den =

| 1.0000 | 2.7170 | 3.6910 | 3.1788 | 1.8252 | 0.6644 | 0.1209 |

Num 和 Den 是以多項式形式表示的轉移函數，故系統轉移函數可表示爲：

$$H_a(s) = \frac{0.1209}{s^6 + 2.717s^5 + 3.691s^4 + 3.1788s^3 + 1.8252s^2 + 0.6644s + 0.1209}$$

所得圖形如圖 13-11 所示。

13-2.2 切比雪夫低通濾波器

切比雪夫(Chebyshev)濾波器的振幅響應具有等漣波(equiripple)特性,它具有兩種形式:(1)切比雪夫 I 型濾波器在通帶內具有等漣波,而在阻帶內是單調的;(2)切比雪夫 II 型濾波器則正好相反,在通帶內為單調的,而在阻帶內則具有等漣波特性,圖 13-12 所示為切比雪夫 I 型低通濾波器幅度-平方響應圖。

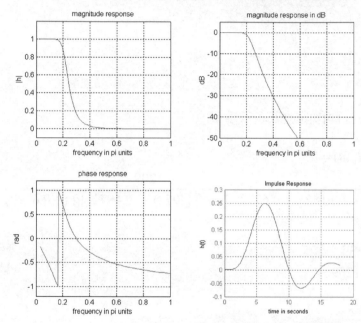

圖 13-11 巴特渥斯低通濾波器振幅、相位、脈衝響應圖

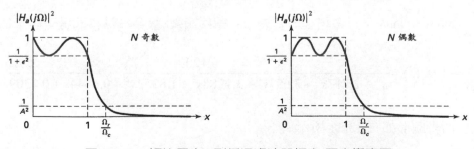

圖 13-12 切比雪夫 I 型低通濾波器幅度-平方響應圖

切比雪夫 I 型低通濾波器其幅度-平方函數為：

$$\left|H_a(j\Omega)\right|^2 = \frac{1}{1 + \varepsilon^2 P_N^2\left(\dfrac{\Omega}{\Omega_c}\right)} \tag{13-14}$$

ε 稱為漣波因子(ripple factor)，它是一個小於 1 的正數，顧名思義它表示通帶內漣波波動的程度，ε 值越大漣波波動也越大。Ω_c 為通帶截止頻率，請注意 Ω_c 並不是-3dB 頻率而是濾波器通帶寬度，也就是濾波器規格中提及的 Ω_p，Ω/Ω_c 表示對 Ω_c 的歸一化頻率。至於 $P_N(x)$ 為 N 階切比雪夫多項式，定義為：

$$P_N(x) = \begin{cases} \cos(N\cos^{-1} x) & |x| \le 1 \\ \cosh(N\cosh^{-1} x) & |x| \ge 1 \end{cases} \tag{13-15}$$

切比雪夫多項式的遞迴關係式為：

$$P_0(x) = 1 \quad , \quad P_1(x) = x$$
$$P_{N+1}(x) = 2xP_N(x) - P_{N-1}(x) \qquad N \ge 1$$

圖 13-13 所示為當 N=0, 4, 5 時切比雪夫多項式的圖形，由圖中我們可以歸納出：

1.　在 $|x| \leq 1$ 範圍內 $\Rightarrow |P_N(x)| \leq 1$ ，而且具有切比雪夫多項式的零值。

2.　在 $|x| \leq 1$ 範圍內，切比雪夫多項式具有等漣波特性。

3.　在 $|x| \geq 1$ 範圍內， $P_N(x)$ 爲雙曲餘弦函數，隨 x 值的增加而單調地增加。

4.　$N \in$ 偶數時 $\Rightarrow P_N(0) = 1$

　　$N \in$ 奇數時 $\Rightarrow P_N(0) = 0$

ε 是小於 1 的正數，當然 ε^2 仍舊小於 1 ， $\varepsilon^2 p_N^2(x)$ 的值在 $|x| \leq 1$ 範圍內最大也只有 ε^2 (因爲 $|P_N(x)| \leq 1$)，所以 $1 + \varepsilon^2 p_N^2(x)$ 的值在 $|x| \leq 1$ 範圍內將會限制在 1 和 $1 + \varepsilon^2$ 之間，再取倒數就會得到如圖 13-12 所示的 $|H_a(s)|^2$ 幅度-平方響應圖，等漣波的值在 1 和 $1/(1+\varepsilon^2)$ 之間，例如對 N 爲偶數時， $P_N(0) = 1$ ，所以 $1 + \varepsilon^2 P_N^2(0) = 1 + \varepsilon^2$ ，又若 N 爲奇數時， $P_N(0) = 0$ ，所以 $1 + \varepsilon^2 P_N^2(0) = 1$ 。

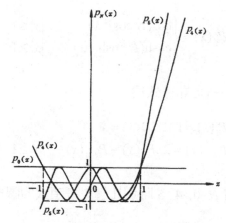

圖 13-13　切比雪夫多項式的圖形

13-2.2.1　設計方法

由已知切比雪夫 I 型低通濾波器通帶截止頻率 Ω_p (即 Ω_c)，最大衰減 α_p 以及阻帶起始頻率 Ω_s ，最小衰減 α_s 這些濾波器的規格參數，來決定切比雪夫 I 型濾波器的參數 ε ， Ω_c 和 N 的步驟如下：

1. 求漣波係數 ε。

$$\alpha_p = 20\log\frac{1}{1/\sqrt{1+\varepsilon^2}} = 20\log\sqrt{1+\varepsilon^2} \Rightarrow \varepsilon = \sqrt{10^{\frac{\alpha_p}{10}}-1}$$

2. 求階數 N。

$$\left|H_a(j\Omega_s)\right|^2 = A^2(\Omega_s) = \frac{1}{1+\varepsilon^2 P_N^2\left(\dfrac{\Omega_s}{\Omega_c}\right)}$$

因為 $(\Omega_s/\Omega_c) \geq 1$，所以

$$P_N\left(\frac{\Omega_s}{\Omega_c}\right) = \cosh\left[N\cosh^{-1}\left(\frac{\Omega_s}{\Omega_c}\right)\right] = \frac{1}{\varepsilon}\sqrt{\frac{1}{A^2(\Omega_s)}-1}$$

上式經取 $\cosh^{-1}$，移位後可求得 N 值為：

$$N = \frac{\cosh^{-1}\left(\dfrac{1}{\varepsilon}\sqrt{\dfrac{1}{A^2(\Omega_s)}-1}\right)}{\cosh^{-1}\left(\dfrac{\Omega_s}{\Omega_c}\right)} \tag{13-16}$$

如果濾波器規格是以 α_s (dB)來表示的話，也就是說

$$\frac{1}{A} = 10^{\frac{\alpha_s}{20}}$$

將上式與 ε 的表示式代入(13-16)式中，可求得另一種 N 值的表示式。

$$N = \frac{\cosh^{-1}\left(\dfrac{\sqrt{10^{\frac{\alpha_s}{10}}-1}}{\sqrt{10^{\frac{\alpha_p}{10}}-1}}\right)}{\cosh^{-1}\left(\dfrac{\Omega_s}{\Omega_c}\right)}$$

由上式可知若已知通帶截止頻率 Ω_p ($\Omega_c = \Omega_p$)、允許的最大衰減 α_p 以及阻帶起始頻率 Ω_s、允許的最小衰減 α_s，那麼就可以求出濾波器的階數 N，求出的 N 可能是一個小數，一般取大於或等於 N 的最小整數。

3.　$\Omega_c = \Omega_p$。

4.　求極點 s_k：

為了決定因果且穩定的 $H_a(s)$，我們必須找到 $H_a(s)H_a(-s)$ 位於左半平面的極點，極點是由解(13-14)式分母多項式的解來求得，即是解

$$1 + \varepsilon^2 P_N^2\left(\frac{s}{j\Omega_c}\right) = 0$$

的根，若解得的左半平面的根為 $s_k = \sigma_k + j\Omega_k$，$k=0,1,...,N\text{-}1$，其中

$$\sigma_k = (a\Omega_c)\cos\left[\frac{\pi}{2} + \frac{(2k+1)\pi}{2N}\right]$$

$$\Omega_k = (b\Omega_c)\sin\left[\frac{\pi}{2} + \frac{(2k+1)\pi}{2N}\right]$$

其中

$$a = \frac{1}{2}\left(\sqrt[N]{\alpha} - \sqrt[N]{1/\alpha}\right) \ , \ \ b = \frac{1}{2}\left(\sqrt[N]{\alpha} + \sqrt[N]{1/\alpha}\right) \ , \ \ \alpha = \frac{1}{\varepsilon} + \sqrt{1 + \frac{1}{\varepsilon^2}}$$

所以可得系統轉移函數 $H_a(j\Omega)$ 為：

$$H_a(s) = \frac{K}{\prod\limits_{k}(s - s_k)}$$

範例三

設計一個切比雪夫 I 型低通濾波器滿足濾波器的規格參數如下：

(1)　通帶截止頻率 $\Omega_p = 0.2\pi$，最大衰減 $\alpha_p = 1\mathrm{dB}$。

(2)　阻帶起始頻率 $\Omega_s = 0.3\pi$，最小衰減 $\alpha_s = 15\mathrm{dB}$。

：

①　求漣波係數 ε。

$$\varepsilon = \sqrt{10^{\frac{\alpha_p}{10}} - 1} = \sqrt{10^{\frac{1}{10}} - 1} = 0.5088$$

②　求階數 N。

$$N = \frac{\cosh^{-1}\left(\dfrac{\sqrt{10^{\frac{\alpha_s}{10}} - 1}}{\sqrt{10^{\frac{\alpha_p}{10}} - 1}}\right)}{\cosh^{-1}\left(\dfrac{\Omega_s}{\Omega_c}\right)} = \frac{\cosh^{-1}\left(\dfrac{\sqrt{10^{\frac{15}{10}} - 1}}{\sqrt{10^{\frac{1}{10}} - 1}}\right)}{\cosh^{-1}\left(\dfrac{0.3\pi}{0.2\pi}\right)}$$

$$= \frac{3.0775}{0.9624} = 3.1977$$

所以 N 取 4。

③　$\Omega_c = \Omega_p = 0.2\pi$

④ 求極點 s_k：

$$\alpha = \frac{1}{\varepsilon} + \sqrt{1 + \frac{1}{\varepsilon^2}} = \frac{1}{0.5088} + \sqrt{1 + \frac{1}{0.5088^2}} = 4.1702$$

$$a = \frac{1}{2}\left(\sqrt[N]{\alpha} - \sqrt[N]{1/\alpha}\right) = 0.5\left(\sqrt[4]{4.1702} - \sqrt[4]{1/4.1702}\right) = 0.3646$$

$$b = \frac{1}{2}\left(\sqrt[N]{\alpha} + \sqrt[N]{1/\alpha}\right) = 0.5\left(\sqrt[4]{4.1702} + \sqrt[4]{1/4.1702}\right) = 1.0644$$

所以可以得到系統轉移函數 $H_a(j\Omega)$ 的 4 個極點為：

$$s_{0,3} = (a\Omega_c)\cos\left[\frac{\pi}{2} + \frac{\pi}{8}\right] \pm (b\Omega_c)\sin\left[\frac{\pi}{2} + \frac{\pi}{8}\right] = -0.0877 \pm j0.6179$$

$$s_{1,2} = (a\Omega_c)\cos\left[\frac{\pi}{2} + \frac{3\pi}{8}\right] \pm (b\Omega_c)\sin\left[\frac{\pi}{2} + \frac{3\pi}{8}\right] = -0.2117 \pm j0.2559$$

所以可得系統轉移函數 $H_a(j\Omega)$ 為：

$$H_a(j\Omega) = \frac{K}{\displaystyle\prod_0^3 (s - s_k)}$$

$$= \frac{0.89125 \times 0.1103 \times 0.3895}{(s^2 + 0.4234s + 0.1103)(s^2 + 0.1754s + 0.3895)}$$

其中 K=0.89125×0.1103×0.3895=0.03829，因為

$$H_a(j0) = \frac{1}{\sqrt{1 + \varepsilon^2}} = 0.89125$$

MATLAB 提供函式[z,p,k]=cheb1ap(N,Rp)來設計出歸一化階數 N 的橢圓濾波器，Rp 為通帶漣波大小，根據上述設計切比雪夫 I 型低通濾波器的公式，我們利用 MATLAB 程式設計上述規格的切比雪夫 I 型低通濾波器，程式 a_cheb1.m 如下所示：

```
% a_cheb1.m
wp=0.2*pi;ws=0.3*pi;
Rp=1;As=15;
ev=sqrt(10^(Rp/10)-1);
cv=sqrt(10^(As/10)-1);
wc=wp;
N=ceil(acosh(cv/ev)/acosh(ws/wc));
fprintf('\n *** Chebyshev-1 Filter order = %2.0f \n',N);
%wc=wp/((10^(Rp/10)-1)^(1/(2*N)))
[z,p,k]=cheb1ap(N,Rp);
z=z*wc
p=p*wc
k=k*(wc)^N
[num,den]=zp2tf(z,p,k)
% 計算及繪製響應圖形
[h,w]=freqs(num,den);
mag=abs(h);
db=20*log10((mag+eps)/max(mag));
pha=angle(h);
% 繪出振幅響應圖
subplot(2,2,1)
plot(w/pi,mag);title('magnitude response');
axis([0 1 -0.1 1.2]);xlabel('frequency in pi units');ylabel('|h|');
grid on;
% 繪出以 dB 表示的振幅響應圖
subplot(2,2,2)
plot(w/pi,db);title('magnitude response in dB');
axis([0 1 -30 5]);xlabel('frequency in pi units');ylabel('dB');
grid on;
```

```
% 繪出相位響應圖
subplot(2,2,3)
plot(w/pi,pha/pi);title('phase response');
axis([0 1 -1.2 1.2]);xlabel('frequency in pi units');ylabel('rad');
grid on;
% 繪出脈衝響應圖
subplot(2,2,4)
impulse(num,den)
axis([0 40 -0.1 0.25]); xlabel('time in seconds');ylabel('h(t)');
grid on;
```

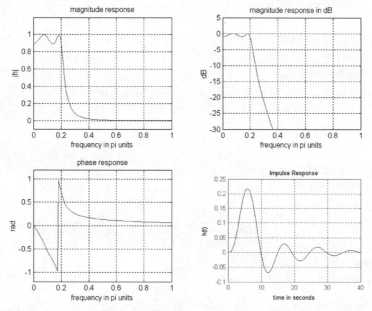

圖 13-14　切比雪夫 I 型低通濾波器振幅、相位、脈衝響應圖

在 MATLAB 的命令視窗中鍵入：

```
>> a_cheb1
```

即可求出切比雪夫 I 型低通濾波器的階數 N=4

```
*** Chebyshev-1 Filter order =  4
```

極點為:

```
z =
    []
p =
         -0.0877 + 0.6179i
         -0.2117 + 0.2559i
         -0.2117 - 0.2559i
         -0.0877 - 0.6179i
k =
0.0383
num =
         0        0        0        0    0.0383
den =
    1.0000    0.5987    0.5740    0.1842    0.0430
```

num 和 den 是以多項式形式表示的轉移函數,故系統轉移函數可表示為:

$$H_a(s) = \frac{0.0383}{s^4 + 0.5987s^3 + 0.574s^2 + 0.1842s + 0.043}$$

所得圖形如圖 13-14 所示。

🔘 13-2.3 橢圓濾波器

橢圓(Elliptic)濾波器在通帶和阻帶內皆具有等漣波特性,它相似於 FIR 等漣波濾波器的幅頻響應特性,因此在給定的濾波器規格中,橢圓濾波器於提供最少階數 N 來說算是最佳的濾波器了,想利用簡單的手算工具來設計橢圓濾波器是不太可能的,通常必需藉助程式語言來設計橢圓濾波器。

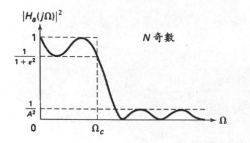
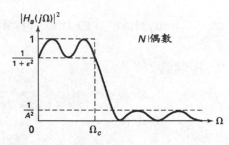

圖 13-15　橢圓低通濾波器幅度-平方響應圖

橢圓濾波器的幅度-平方響應如(13-17)式所示：

$$\left|H_a(j\Omega)\right|^2 = \frac{1}{1+\varepsilon^2 U_N^2(\frac{\Omega}{\Omega_c})} \tag{13-17}$$

其中 N 是階數，ε 為通帶漣波因子，$U_N(.)$ 稱為 N 階 Jacobian 橢圓函數，(13-17)式幅度平方響應如圖 13-15 所示，分析(13-17)式是困難的，本書不對此作詳細說明，僅提供一些分析後的結果作為設計的參考。階數 N 的計算可由下式給定：

$$N = \frac{K(k)K\left(\sqrt{1-k_1^2}\right)}{K(k_1)K\left(\sqrt{1-k^2}\right)}$$

其中

$$k = \frac{\Omega_p}{\Omega_s}, \ k_1 = \frac{\varepsilon}{\sqrt{A^2-1}}$$

$$K(x) = \int_0^{\pi/2} \frac{1}{\sqrt{1-x^2\sin^2\theta}} d\theta$$

上式 $K(x)$ 稱爲第一類橢圓積分式，MATLAB 提供有函式 ellipke 能夠利用數值方法計算上述積分值，我們即可使用此函式來求出階數 N 的值，MATLAB 並進一步提供函式 [z,p,k]=ellipap(N,Rp,As) 來設計出歸一化階數 N 的橢圓濾波器，Rp 爲通帶漣波大小，由圖 13-15 可知：

$$10\log\frac{1}{1+\varepsilon^2}=-Rp \quad \Rightarrow \varepsilon=\sqrt{10^{\frac{Rp}{10}}-1}$$

As 爲阻帶衰減大小值，由圖 13-15 亦可知：

$$10\log\frac{1}{A^2}=-As \quad \Rightarrow A=10^{\frac{As}{20}}$$

我們以一範例說明如何設計出橢圓濾波器。

範例四

設計一個橢圓低通濾波器滿足濾波器的規格參數如下：

(1)　通帶截止頻率 $\Omega_p=0.2\pi$，最大衰減 $\alpha_p=1$dB。

(2)　阻帶起始頻率 $\Omega_s=0.3\pi$，最小衰減 $\alpha_s=16$dB。

解：根據上述設計橢圓低通濾波器的公式，我們利用 MATLAB 程式設計上述規格的橢圓濾波器，程式 a_ellip.m 如下所示：

```
% a_ellip.m
% 輸入濾波器規格以及根據公式計算階數 N
wp=0.2*pi;ws=0.3*pi;
Rp=1;As=16;
ep=sqrt(10^(Rp/10)-1);
A=10^(As/20);
wc=wp;
k=wp/ws;
k1=ep/sqrt(A^2-1);
```

```
K=ellipke([k sqrt(1-k.^2)]);
K1=ellipke([k1 sqrt(1-k1.^2)]);
N=ceil(K(1)*K1(2)/(K(2)*K1(1)));
fprintf('\n *** Elliptic Filter order = %2.0f \n',N);
% 利用 ellipap 函式設計橢圓濾波器的極零點 z,p,k
[z,p,k]=ellipap(N,Rp,As);
% 求出橢圓濾波器的轉移函數表示式
[num,den]=zp2tf(z,p,k)
% 計算及繪製響應圖形
[h,w]=freqs(num,den);
mag=abs(h);
db=20*log10((mag+eps)/max(mag));
pha=angle(h);
grd=grpdelay(num,den,w);
% 繪出振幅響應圖
subplot(2,2,1)
plot(w/pi,mag);title('magnitude response');
axis([0 1 -0.1 1.2]);xlabel('frequency in pi units');ylabel('|h|');
line([0 1],[1 1]);
grid on;
% 繪出以 dB 表示的振幅響應圖
subplot(2,2,2)
plot(w/pi,db);title('magnitude response in dB');
axis([0 1 -50 5]);xlabel('frequency in pi units');ylabel('dB');
line([0 1],[0 0]);
grid on;
% 繪出相位響應圖
subplot(2,2,3)
plot(w/pi,pha/pi);title('phase response');
axis([0 1 -1.2 1.2]);xlabel('frequency in pi units');ylabel('rad');
line([0 1],[0 0]);
grid on;
% 繪出群延遲(group delay)圖
subplot(2,2,4)
plot(w/pi,grd);title('group delay');
axis([0 1 -20 5]);xlabel('frequency in pi units');ylabel('sample');
line([0 1],[0 0]);
grid on;
```

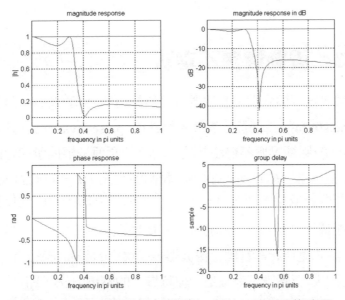

圖 13-16　橢圓低通濾波器振幅、相位、群延遲響應圖

在 MATLAB 命令視窗中鍵入：

```
>> a_ellip
*** Elliptic Filter order =  3
num =
         0    0.4360         0    0.7335
den =
    1.0000    0.9758    1.2296    0.7335
```

可知所設計的橢圓低通濾波器階數為 3，轉移函數為：

$$H(s) = \frac{0.436s^2 + 0.7335}{s^3 + 0.9758s^2 + 1.2296s + 0.7335}$$

所得圖形如圖 13-16 所示。

13-3 脈衝響應不變法

由類比濾波器轉換到數位濾波器有兩種常用的轉換方法,一是雙線性轉換法(Bilinear transform),二是脈衝響應不變法(Impulse invariant)。首先先來說明脈衝響應不變法,脈衝響應不變法其基本的設計原理是根據所律定的濾波器規格設計出類比濾波器 $H(s)$,它相對應的脈衝響應為 $h(t)$,我們對 $h(t)$進行取樣週期為 T 的等間隔取樣,即 $h(n) = h(t)\big|_{t=nT}$,所得到的 $h(n)$序列作為數位濾波器的單位脈衝響應,最後將 $h(n)$經過 z 轉換而得到數位濾波器的轉換函數 $H(z)$,簡單地說它是直接設計數位濾波器,並讓它的脈衝響應近似於類比濾波器的特性,所以脈衝響應不變法是一種時域上的轉換方法,即

$$H(s) \to h(t) \to h(n) \to H(z)$$

我們首先考慮單極點的情形,假設已知類比濾波器其轉移函數為

$$H(s) = \frac{A}{s - p}$$

p 為極點,將 $H(s)$進行逆拉普拉斯轉換(inverse-Laplase)而得:

$$h_a(t) = Ae^{pt}u(t)$$

$u(t)$為單位步階(step)函數,對 $h_a(t)$ 經等間隔 T 取樣可得:

$$h(nT) = Ae^{pnT}u(nT)$$

對上式進行 z 轉換可得數位濾波器的轉移函數:

$$H(z) = Z\big[h(nT)\big] = \sum_{n=0}^{\infty} Ae^{pnT}z^{-n} = \frac{A}{1 - e^{pT}z^{-1}}$$

由上式的推導可知由類比濾波器 $H(s)$轉換爲數位濾波器 $H(z)$，其極點從 $s=p$ 轉換爲 $z = e^{pT}$。對任何可實現的類比濾波器來說，因爲轉移函數 $H(s)$是 s 的有理函數，所以

$$H(s) = \sum_{i=0}^{N} \frac{A_i}{s - p_i} \quad \rightarrow \quad H(z) = \sum_{i=0}^{N} \frac{A_i}{1 - e^{p_i T} z^{-1}}$$

範例五

將下式類比濾波器 $H(s)$利用脈衝響應不變法轉換爲數位濾波器 $H(z)$，其中 T=0.1s。

$$H(s) = \frac{s}{s^2 + 3s + 2}$$

解：將 $H(s)$部分分式展開爲

$$H(s) = \frac{s}{s^2 + 3s + 2} = \frac{2}{s+2} - \frac{1}{s+1}$$

極點爲 p_1=-2；p_2=-1，利用上述公式可得

$$H(z) = \frac{2}{1 - e^{-2T} z^{-1}} - \frac{1}{1 - e^{-T} z^{-1}} = \frac{1 + (e^{-2T} - 2e^{-T}) z^{-1}}{1 - (e^{-2T} + e^{-T}) z^{-1} + e^{-3T} z^{-2}}$$

T=0.1 代入可得數位濾波器

$$H(z) = \frac{1 - 0.9909 z^{-1}}{1 - 1.7235 z^{-1} + 0.7408 z^{-2}}$$

我們進一步對脈衝響應不變法的特性作一說明，假設 $\hat{h}(t)$ 表示 $h(t)$經過等間隔取樣的信號，即 $\hat{h}(t) = h(nT)$，根據類比信號取樣特性可知 $h(t)$的傅立業轉

換 $H(j\Omega)$ 與 $\hat{h}(t)$ 的傅立業轉換 $\hat{H}(j\Omega)$ 之間存在有以下的關係

$$\hat{H}(j\Omega) = \frac{1}{T}\sum_{k=-\infty}^{\infty}H(j\Omega - j\frac{2\pi}{T}k)$$

令 $s = j\Omega$ 可得對應的拉普拉斯轉換關係為

$$\hat{H}(s) = \frac{1}{T}\sum_{k=-\infty}^{\infty}H(s - j\frac{2\pi}{T}k) \qquad (13\text{-}18)$$

另一方面我們寫出 $\hat{h}(t)$ 的拉普拉斯轉換為

$$\begin{aligned}
\hat{H}(s) &= \int_{-\infty}^{\infty}\hat{h}(t)e^{-st}dt \\
&= \int_{-\infty}^{\infty}\left[\sum_{n}h(t)\delta(t-nT)\right]e^{-st}dt = \sum_{n}h(nT)e^{-snT} \qquad (13\text{-}19)\\
&= \sum_{n}h(nT)z^{-n}\Big|_{z=e^{sT}} = H(z)\Big|_{z=e^{sT}}
\end{aligned}$$

由(13-18)式及(13-19)式可知

$$H(z)\Big|_{z=e^{sT}} = \frac{1}{T}\sum_{k=-\infty}^{\infty}H(s - j\frac{2\pi}{T}k)$$

所以在 s 平面上是透過 $z = e^{sT}$ 映射到 z 平面上，為了進一步說明這種映射關係，將 s 和 z 分別用直角座標和極座標來表示，令 $s = \sigma + j\Omega$，$z = re^{j\omega}$，代入映射關係式 $z = e^{sT}$ 中得到

$$re^{j\omega} = e^{(\sigma + j\Omega)T} = e^{\sigma T}e^{j\Omega T}$$

故

$$r = e^{\sigma T}$$
$$\omega = \Omega T$$

上述關係式說明 s 平面上虛軸($\sigma = 0$)映射到 z 平面的單位圓上($r=1$)，s 平面的左半平面($\sigma < 0$)映射到 z 平面的單位圓內($r<1$)，s 平面的右半平面($\sigma > 0$)映射到 z 平面的單位圓內($r>1$)。

另外 $z = e^{sT}$ 是一個週期函數，因為

$$e^{sT} = e^{\sigma T} e^{j\Omega T} = e^{\sigma T} e^{j(\Omega + \frac{2\pi}{T} k)T} , \ k \in Z$$

k 為任意整數，由上式亦可知類比頻率 Ω 變化 $2\pi / T$ 的整數倍時其在 z 平面上的映射值不變，也就是說在 s 平面上一塊塊寬為 $2\pi / T$ 的帶狀區域都映射到整個 z 平面上，如圖 13-17 所示，數位濾波器要穩定，它的極點必須位於單位圓內，也就是說類比濾波器的極點必須位於 s 平面的左半平面，亦即類比濾波器也要是穩定的。

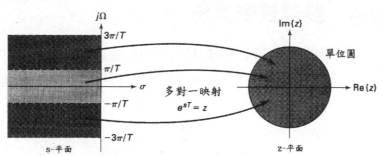

圖 13-17　脈衝響應不變法在複數平面映射示意圖

由前面的論述可知 $\hat{h}(t)$ 的傅立業轉換 $\hat{H}(j\Omega)$ 是由 $H(j\Omega)$ 根據週期 $2\pi / T$ 組合而成，如果原始的類比信號 $h(t)$它的頻寬不是限制在 $\pm \pi / T$ 之間的話，$\hat{H}(j\Omega)$ 的頻譜就會在 $\pm \pi / T$ 的奇數倍的頻率處引起頻率混疊(aliasing)的現象，如圖 13-18 所示，所以要避免發生頻率混淆的話必須滿足

$$H(j\Omega) = 0 \ , \quad |\Omega| \geq \frac{\pi}{T}$$

並且可以得到

$$H(e^{j\omega}) = \frac{1}{T} H(j\frac{\omega}{T}) \ , \quad |\omega| < \pi$$

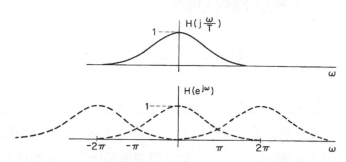

圖 13-18　在 ± π /T 的奇數倍的頻率處引起頻率混疊(aliasing)的現象

 13-4　雙線性變換法

本小節介紹另外一個比較重要的類比至數位濾波器的轉換法－雙線性轉換法。類比濾波器可用 N 階微分方程式來描述，其對應的轉移函數可表示成：

$$H(s) = \frac{\sum_{k=0}^{M} b_k s^k}{1 + \sum_{j=1}^{N} a_j s^j}$$

假設 $H(s)$ 為單極點所組成，將其展開成部分分式可以得到：

$$H(s) = \sum_{i=1}^{N} \frac{A_i}{s + s_i}$$

現考慮單極點的轉移函數 $H(s)=b/(s+a)$轉換成 $H(z)$的方法，假設輸入信號 $x(t)$和輸出信號 $y(t)$，它們將滿足下列一階微分方程式：

$$\frac{dy(t)}{dt} + ay(t) = bx(t) \tag{13-20}$$

將上式中 $y(t)$寫成 $y'(t)$ 的積分形式：

$$y(t) = \int_{t_0}^{t} y'(\tau)d\tau + y(t_0)$$

用梯形近似法求當 $t=nT,\; t_0 = (n-1)T$ 時，代入上式可得：($d\tau$ 用 T 代替)

$$y(nT) = \frac{T}{2}\left[y'(nT) + y'((n-1)T)\right] + y((n-1)T) \tag{13-21}$$

另外將 $t=nT$ 代入(13-20)式可得

$$y'(nT) = -ay(nT) + bx(nT)$$

再將上式代入(13-21)式，可得：

$$y(nT) - y((n-1)T) = \frac{T}{2}\left[-ay(nT) + bx(nT) - ay((n-1)T + bx((n-1)T)\right]$$

並令 $y(n) \equiv y(nT)$，$x(n) \equiv x(nT)$代入上式，可得：

$$y(n) - y(n-1) = \frac{T}{2}\left[-ay(n) + bx(n) - ay(n-1) + bx(n-1)\right]$$

移位合併可得

$$(1 + \frac{aT}{2})y(n) - (1 - \frac{aT}{2})y(n-1) = \frac{bT}{2}\left[x(n) + x(n-1)\right]$$

對上式差分方程式取 z 轉換可得：

$$(1+\frac{aT}{2})Y(z)-(1-\frac{aT}{2})z^{-1}Y(z)=\frac{bT}{2}(1+z^{-1})X(z)$$

故轉移函數 $H(z)$ 為：

$$H(z)=\frac{Y(z)}{X(z)}=\frac{\dfrac{bT}{2}(1+z^{-1})}{(1+\dfrac{aT}{2})-(1-\dfrac{aT}{2})z^{-1}}=\frac{b}{\dfrac{2}{T}(\dfrac{1-z^{-1}}{1+z^{-1}})+a}$$

與轉移函數 $H(s)=b/(s+a)$ 相比較很明顯地 s 平面轉換到 z 平面的映射關係為：

$$s=\frac{2}{T}(\frac{1-z^{-1}}{1+z^{-1}}) \tag{13-22}$$

(13-22)式稱為雙線性變換式(bilinear transform)，所以若已知 $H(s)$，可利用(13-22)式直接求出 $H(z)$。

$$H(z)=H(s)\bigg|_{s=\frac{2}{T}(\frac{1-z^{-1}}{1+z^{-1}})}$$

對(13-22)式進一步分析來說明為何雙線性變換法能夠消除脈衝響應不變法會產生的頻率混疊的現象，我們將 $H(s)$ 由 s 平面轉換到 z 平面的過程分為兩個步驟，第一個步驟為將 $H(s)$ 轉換到 s_1 平面，即

$$H(s_1)=H(s)\bigg|_{s=\frac{2}{T}(\frac{1-e^{-s_1T}}{1+e^{-s_1T}})} \tag{13-23}$$

第二個步驟為將 $H(s_1)$ 轉換到 z 平面，即

$$H(z) = H(s_1)\Big|_{s_1 = \frac{1}{T}\ln z} \qquad (13\text{-}24)$$

我們首先考慮(13-23)式，令 $s = j\Omega,\ s_1 = j\Omega_1$，代入(13-23)式後可得

$$j\Omega = \frac{2}{T}\frac{1 - e^{-j\Omega_1 T}}{1 + e^{-j\Omega_1 T}} = \frac{2}{T}\frac{e^{j\frac{1}{2}\Omega_1 T} - e^{-j\frac{1}{2}\Omega_1 T}}{e^{j\frac{1}{2}\Omega_1 T} + e^{-j\frac{1}{2}\Omega_1 T}}$$

$$= j\frac{2}{T}\frac{\sin(\frac{1}{2}\Omega_1 T)}{\cos(\frac{1}{2}\Omega_1 T)} = j\frac{2}{T}\tan(\frac{1}{2}\Omega_1 T)$$

所以

$$\Omega = \frac{2}{T}\tan(\frac{1}{2}\Omega_1 T) \qquad (13\text{-}25)$$

由(13-25)式可知在 s_1 平面上，Ω_1 從 $-\pi/T$ 到 π/T 變化時，對應到 s 平面上，Ω 會從 $-\infty$ 變化到 ∞，所以很明顯地已經將 s 平面上整個區域映射到 s_1 平面上的 $-\pi/T$ 到 π/T 的帶狀區域上，如圖 13-19 所示，而且是 s 平面的左半部份映射到 s_1 平面帶狀區域的左半部份。

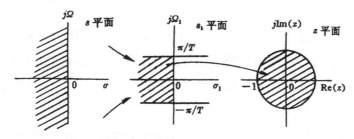

圖 13-19　雙線性轉換關係圖

其次考慮(13-24)式，令 $s_1 = \sigma_1 + j\Omega_1,\ z = re^{j\omega}$，代入(13-24)式後可得：

$$re^{j\omega} = e^{(\sigma_1 + j\Omega_1)T} = e^{\sigma_1 T} e^{j\Omega_1 T}$$

所以

$$r = e^{\sigma_1 T}$$
$$\omega = \Omega_1 T \tag{13-26}$$

所以由(13-26)式我們可以知道，若

$$\sigma_1 < 0 \ \Rightarrow \ r < 1$$
$$\sigma_1 = 0 \ \Rightarrow \ r = 1$$
$$\sigma_1 > 0 \ \Rightarrow \ r > 1$$
$$-\frac{\pi}{T} \le \Omega_1 \le \frac{\pi}{T} \ \Rightarrow \ -\pi \le \omega \le \pi$$

很明顯地 s_1 平面上的 $-\pi/T$ 到 π/T 的帶狀區域的左半平面映射到 z 平面的單位圓內，右半平面映射到單位圓外，虛軸映射到單位圓上，圖 13-19 所示為上述轉換關係的示意圖，總而言之若 $H(s)$ 是因果穩定的，轉換到 z 平面上的 $H(z)$ 也是因果穩定的。

將(13-26)式之 $\omega = \Omega_1 T$ 代入(13-25)式中得

$$\Omega = \frac{2}{T} \tan \frac{\omega}{2} \tag{13-27}$$

其中 Ω 的單位是 Hz，ω 的單位是 rad/sec，(13-27)式說明 s 平面上類比頻率 Ω 與 z 平面上數位頻率 ω 呈現非線性正切關係，如圖 13-20 所示，這種非線性的關係可說是雙線性變換法的缺點，因為它直接影響類比濾波器的頻率響應變換到數位濾波器頻率響應的逼真情況，圖 13-21 所示顯示它們之間的轉換情形，圖中將圖左的類比低通濾波器轉換到圖右的數位低通濾波器。

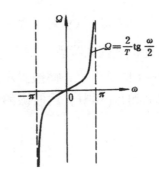

圖 13-20　雙線性轉換關係的非線性轉換曲線關係圖

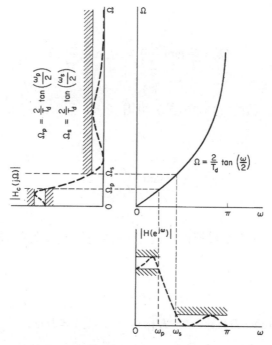

圖 13-21　雙線性變換轉換類比至數位低通濾波器示意圖

當使用雙線性變換法來推導數位濾波器時可依循下列步驟：

1. 指定類比濾波器的形式。

2. 決定數位濾波器的截止頻率 ω_c 以及找出同等類比濾波器的截止頻率 Ω_c。

3. 將類比濾波器歸一化，即 s 以 s/Ω_c 來代替。

4. 應用(13-22)式雙線性變換式代入步驟 3 中求出數位濾波器的轉移函數。

我們可以將上述步驟 2～4 推導出單一轉換表示式，如下所示：

由(13-22)式雙線性變換式可得(其中 f_s 為取樣頻率)：

$$s = \frac{2}{T}(\frac{z-1}{z+1}) = 2f_s(\frac{z-1}{z+1})$$ (13-28)

由(13-27)式可得：

$$\Omega_c = \frac{2}{T}\tan(\frac{\omega_c}{2}) = 2f_s\tan(\frac{\pi f_c}{f_s})$$ (13-29)

於是將(13-28)式除以(13-29)式，可得

$$\frac{s}{\Omega_c} = \frac{1}{\tan(\frac{\pi f_c}{f_s})}\frac{z-1}{z+1}$$

所以我們可以推導出最終的類比濾波器應用雙線性轉換法轉換到數位濾波器的表示式：

$$H(z) = H(s)\Big|_{s=\frac{s}{\Omega_c}} = H(s)\Big|_{s=\frac{1}{\tan(\frac{\pi f_c}{f_s})}\frac{z-1}{z+1}} = H(s)\Big|_{s=\frac{1}{a}\frac{z-1}{z+1}}$$ (13-30)

其中

$$a = \tan(\frac{\pi f_c}{f_s})$$

範例六

假設所欲設計的數位濾波器近似二階 butterworth 類比低通濾波器形式，如下
所示：

$$H(s) = \frac{1}{s^2 + \sqrt{2}s + 1}$$

數位濾波器截止頻率為 1kHz，取樣頻率為 8kHz。

解：直接利用(13-30)式轉換式求出 $H(z)$。

$$H(z) = \frac{1}{s^2 + \sqrt{2}s + 1}\bigg|_{s = \frac{1}{a}\frac{z-1}{z+1}} = \frac{1}{\dfrac{1}{a^2}(\dfrac{z-1}{z+1})^2 + \dfrac{\sqrt{2}}{a}\dfrac{z-1}{z+1} + 1}$$

$$= \frac{a^2(z+1)^2}{a^2(z+1)^2 + \sqrt{2}a(z+1)(z-1) + (z-1)^2}$$

$$= \frac{a^2(z^2 + 2z + 1)}{z^2(a^2 + \sqrt{2}a + 1) + z(2a^2 - 2) + (a^2 - \sqrt{2}a + 1)}$$

$$= \frac{a^2(1 + 2z^{-1} + z^{-2})}{(a^2 + \sqrt{2}a + 1) + (2a^2 - 2)z^{-1} + (a^2 - \sqrt{2}a + 1)z^{-2}}$$

$$= \frac{\dfrac{a^2}{(a^2 + \sqrt{2}a + 1)}(1 + 2z^{-1} + z^{-2})}{1 + \dfrac{(2a^2 - 2)}{(a^2 + \sqrt{2}a + 1)}z^{-1} + \dfrac{(a^2 - \sqrt{2}a + 1)}{(a^2 + \sqrt{2}a + 1)}z^{-2}} = \frac{b_0 + b_1 z^{-1} + b_2 z^{-2}}{1 + a_1 z^{-1} + a_2 z^{-2}}$$

其中

$$a = \tan(\frac{\pi f_c}{f_s}) = \tan(\pi / 8) = 0.4142$$

$$b_0 = b_2 = \frac{a^2}{a^2 + \sqrt{2}a + 1} = 0.0976 \qquad b_1 = 2b_0 = 0.1953$$

$$a_1 = \frac{2a^2 - 2}{a^2 + \sqrt{2}a + 1} = -0.9428$$

$$a_2 = \frac{a^2 - \sqrt{2}a + 1}{a^2 + \sqrt{2}a + 1} = 0.3333$$

所以可得系統轉移函數 $H(z)$ 為：

$$H(z) = \frac{0.0976 + 0.1953z^{-1} + 0.0976z^{-2}}{1 - 0.9428z^{-1} + 0.3333z^{-2}}$$

 ## 13-5 頻率轉換

我們已經瞭解數位低通濾波器的設計方法了，至於其它類型的數位濾波器諸如高通、帶通及帶拒濾波器的設計方法，可由設計低通濾波器開始，再利用頻率變換的方法將低通濾波器轉換成所需類型的濾波器。頻率變換的方法有兩種：

1. 第一種方法是先設計類比低通濾波器，然後在類比頻域中將低通濾波器轉換至其它類型的類比濾波器，最後經由 s 平面轉換至 z 平面而得到所需類型的數位濾波器。

2. 第二種方法也是由設計類比低通濾波器開始，然後經由 s 平面轉換至 z 平面而得到數位低通濾波器，最後在數位頻域中將低通濾波器轉換至其它類型的數位濾波器，這二種設計的方法如圖 13-22 所示。

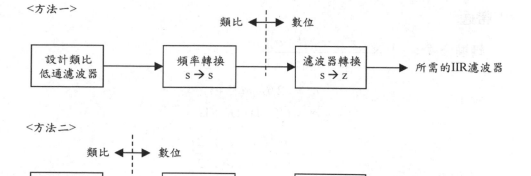

<方法一>

類比 ◄┆► 數位

設計類比低通濾波器 → 頻率轉換 s → s ┆ 濾波器轉換 s → z → 所需的IIR濾波器

<方法二>

類比 ◄┆► 數位

設計類比低通濾波器 ┆ → 濾波器轉換 s → z → 頻率轉換 z → z → 所需的IIR濾波器

圖 13-22　不同類型 IIR 濾波器的設計方法示意圖

下面介紹的是屬於第二種方法，詳列一些在數位頻域轉換公式，注意它們是對數位低通濾波器而言的轉換公式，也就是在低通轉換至低通、高通、帶通或帶拒濾波器的轉換公式，其中 ω_c 表示新濾波器的截止頻率(低通或高通)，ω_l 表示帶通或帶拒濾波器中低截止頻率，ω_u 表示帶通或帶拒濾波器中高截止頻率。

◉ 低通

轉換公式：$z^{-1} \rightarrow \dfrac{z^{-1} - \alpha}{1 - \alpha z^{-1}}$

其中

$$\alpha = \frac{\sin\left[(\omega_c' - \omega_c)/2\right]}{\sin\left[(\omega_c' + \omega_c)/2\right]}$$

◉ 高通

轉換公式：$z^{-1} \rightarrow -\dfrac{z^{-1} + \alpha}{1 + \alpha z^{-1}}$

其中

$$\alpha = -\frac{\cos\left[(\omega_c' + \omega_c)/2\right]}{\cos\left[(\omega_c' - \omega_c)/2\right]} \tag{13-31}$$

🌀 帶通

轉換公式：$z^{-1} \rightarrow -\dfrac{z^{-2} - \alpha_1 z^{-1} + \alpha_2}{\alpha_2 z^{-2} - \alpha_1 z^{-1} + 1}$

其中

$$\alpha_1 = -2\beta K / (K+1)$$

$$\alpha_2 = (K-1) / (K+1)$$

$$\beta = \frac{\cos\left[(\omega_u + \omega_l)/2\right]}{\cos\left[(\omega_u - \omega_l)/2\right]}$$

$$K = \cot \frac{\omega_u - \omega_l}{2} \tan \frac{\omega_c'}{2}$$

🌀 帶拒

轉換公式：$z^{-1} \rightarrow \dfrac{z^{-2} - \alpha_1 z^{-1} + \alpha_2}{\alpha_2 z^{-2} - \alpha_1 z^{-1} + 1}$

其中

$$\alpha_1 = -2\beta / (K+1)$$

$$\alpha_2 = (K-1) / (K+1)$$

$$\beta = \frac{\cos\left[(\omega_u + \omega_l)/2\right]}{\cos\left[(\omega_u - \omega_l)/2\right]}$$

$$K = \tan \frac{\omega_u - \omega_l}{2} \tan \frac{\omega_c'}{2}$$

範例七

在範例三中我們設計出切比雪夫 I 型數位濾波器，其規格為：

$$\omega_p = 0.2\pi, \quad \alpha_p = 1dB$$

$$\omega_s = 0.3\pi, \quad \alpha_s = 15dB$$

並且決定出其系統轉移函數為

$$H_{lp}(z) = \frac{0.0016(1+z^{-1})^4}{(1-1.5234z^{-1}+0.852z^{-2})(1-1.5694z^{-1}+0.6584z^{-2})}$$

嘗試設計一個高通濾波器符合上述規格，而且通帶起始頻率為 $\omega_p = 0.6\pi$。

解：我們利用頻率轉換方法將低通濾波器轉換為高通濾波器，亦即將低通濾波器的阻帶截止頻率 $\omega_c' = 0.2\pi$ 映射到高通濾波器的通帶起始頻率 $\omega_c = 0.6\pi$，從上述式(13-31)求出

$$\alpha = -\frac{\cos[(0.2\pi + 0.6\pi)/2]}{\cos[(0.2\pi - 0.6\pi)/2]} = -0.382$$

於是所求的高通濾波器系統轉移函數為

$$H_{hp}(z) = H_{lp}(z)\Big|_{z^{-1} = -\frac{z^{-1}-0.382}{1-0.382z^{-1}}}$$

$$= \frac{0.0016(1+z^{-1})^4}{(1-1.5234z^{-1}+0.852z^{-2})(1-1.5694z^{-1}+0.6584z^{-2})}\Bigg|_{z^{-1} = -\frac{z^{-1}-0.382}{1-0.382z^{-1}}}$$

13-6　IIR 數位濾波器設計與實現

我們以一個例子來說明如何在 DSP 處理器上設計與實現一個 IIR 數位濾波器。

範例八

應用雙線性變換法設計切比雪夫 I 型數位濾波器，其規格為：

$$\omega_p = 0.2\pi, \quad \alpha_p = 1dB$$
$$\omega_s = 0.3\pi, \quad \alpha_s = 15dB$$

解：對於取樣頻率為 8kHz 而言，ω_p 為 800Hz，ω_s 為 1200Hz。我們直接利用 MATLAB 來設計符合上述規格的切比雪夫 I 型數位濾波器。

```
% iir_cheb1.m
wp=0.2*pi;
ws=0.3*pi;
AlphaP=1;
AlphaS=15;
T=1;fs=1/T;
OmegaP=(2/T)*tan(wp/2);
OmegaS=(2/T)*tan(ws/2);
ev=sqrt(10^(AlphaP/10)-1);
cv=sqrt(10^(AlphaS/10)-1);
OmegaC=OmegaP;
N=ceil(acosh(cv/ev)/acosh(OmegaS/OmegaC));
wc=wp/pi;
fprintf('\n *** Chebyshev-I Filter order = %2.0f \n',N);
[z,p,k]=cheb1ap(N,AlphaP);
p=p*wc*pi;
k=k*(wc*pi)^N;
[num,den]=zp2tf(z,p,k);
[numz,denz]=bilinear(num,den,1)
% 計算及繪製響應圖形
[h,w]=freqz(numz,denz);
mag=abs(h);
db=20*log10((mag+eps)/max(mag));
pha=angle(h);
grd=grpdelay(numz,denz,w);
% 繪出振幅響應圖
subplot(2,2,1)
plot(w/pi,mag);title('magnitude response');
axis([0 1 -0.1 1.2]);xlabel('frequency in pi units');ylabel('|h|');
line([0 1],[1 1]);
grid on;
% 繪出以 dB 表示的振幅響應圖
subplot(2,2,2)
```

```
plot(w/pi,db);title('magnitude response in dB');
axis([0 1 -50 5]);xlabel('frequency in pi units');ylabel('dB');
line([0 1],[0 0]);
grid on;
% 繪出相位響應圖
subplot(2,2,3)
plot(w/pi,pha/pi);title('phase response');
axis([0 1 -1.2 1.2]);xlabel('frequency in pi units');ylabel('rad');
line([0 1],[0 0]);
grid on;
% 繪出群延遲響應圖
subplot(2,2,4)
plot(w/pi,grd);title('group delay');
axis([0 1 0 15]);xlabel('frequency in pi units');ylabel('sample');
line([0 1],[0 0]);
grid on;
% 計算串接型式
c0=numz(1);d0=denz(1);c0=c0/d0
c1=numz/c0;d1=denz/d0;
m=length(c1);n=length(d1);
c1=[c1 zeros(1,n-m)];
k=floor(n/2);num_cas=zeros(k,3);den_cas=zeros(k,3);
if k*2 == n;
    c1=[c1 0];
    d1=[d1 0];
end
cr=cplxpair(roots(c1));
dr=cplxpair(roots(d1));
for i=1:2:2*k
    c_row=real(poly(cr(i:1:i+1,:)));
    num_cas(fix((i+1)/2),:)=c_row;
    d_row=real(poly(dr(i:1:i+1,:)));
    den_cas(fix((i+1)/2),:)=d_row;
end
num_cas
den_cas
```

執行程式 iir_cheb1 所得如下所示，所得濾波器的階數 $N=4$，圖形則如圖 13-23 所示。

```
>> iir_cheb1
*** Chebyshev-I Filter order =  4
```

即可求出切比雪夫 I 型低通濾波器的階數 $N=4$。

```
numz =
   0.0016    0.0065    0.0098    0.0065    0.0016
denz =
   1.0000   -3.0928    3.9012   -2.3402    0.5610
```

numz 和 denz 是以多項式形式表示的轉移函數，故系統轉移函數可表示為：

$$H(z) = \frac{0.0016z^4 + 0.0065z^3 + 0.0098z^2 + 0.0065z + 0.0016}{z^4 - 3.0928z^3 + 3.9012z^2 - 2.3402z + 0.5610}$$

故所推導出切比雪夫 I 型低通濾波器的差分方程式為：

$$y(n) - 3.0298y(n-1) + 3.9012y(n-2) - 2.3402y(n-3) + 0.561y(n-4)$$
$$= 10^{-4}[16x(n) + 65x(n-1) + 98x(n-2) + 65x(n-3) + 16x(n-4)]$$

```
c0 =
    0.0016
num_cas =
    1.0000    2.0022    1.0022
    1.0000    1.9978    0.9978
den_cas =
    1.0000   -1.5234    0.8520
    1.0000   -1.5694    0.6584
```

num_cas 和 den_cas 是以級連形式表示的轉移函數，故其系統轉移函數可表示為：

$$H(z) = \frac{0.0016(z^2 + 2.0022z + 1.0022)(z^2 + 1.9978z + 0.9978)}{(z^2 - 1.5234z + 0.8520)(z^2 - 1.5694z + 0.6584)}$$

為了能用於 TI C5510 DSK 實驗板程式所需，必須將所得的濾波器係數由實數轉為 Q15 格式表示的小數，接著在 MATLAB 工作平台中鍵入：

```
>> numz*2^15
ans =
   53.3932   213.5727   320.3591   213.5727    53.3932
>> -denz/5*2^15
ans =
  1.0e+004 *
   -0.6554    2.0269   -2.5567    1.5337   -0.3676
```

為什麼分母 Denz 要先除以 5 呢，那是因為 Q15 格式最大只能表示 1 之故，係數除以 5 後，而後執行乘加運算的值必須乘以 5 回來。

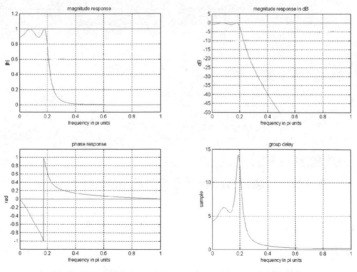

圖 13-23　執行程式 iir_cheb1 所得的圖形

同樣地除了前述使用撰寫 MATLAB 語言來求解濾波器係數和頻率響應外，MATLAB 還提供一個濾波器設計與分析工具箱(Filter Design & Analysis Toolbox)用來設計或分析 FIR/IIR 濾波器，在 MATLAB 的命令視窗中，鍵入

```
>> fdatool
```

即會開啓如圖 13-24 所示的視窗，各位如果對前面所敘述的內容有所瞭解的話，應該就能很快設定如圖 13-24 中所示的濾波器參數值，最後按下 Design Filter 按鈕，即會自動地設計出你所輸入規格的濾波器係數。

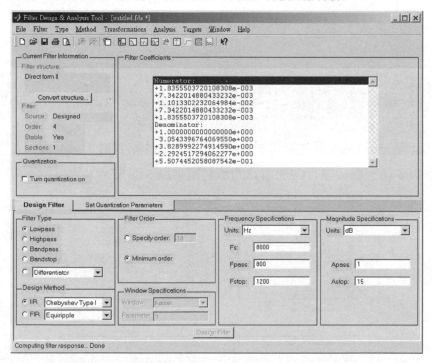

圖 13-24　濾波器設計與分析工具箱(FDAtool)視窗

在圖 13-24 右上角位置目前顯示的是濾波器的係數，我們希望輸出濾波器係數的值，在 File 選單中點選 Export…選項，將會開啓 Export 視窗，Export to 請選擇 Workspace(工作平台)，然後按下 Export 按鈕，濾波器的係數值就會儲

存至 Num 和 Den 兩個變數內，在 MATLAB 命令視窗中輸入(轉換爲 Q15 格式)

```
>> Num*2^15
ans =
   60.1473  240.5893  360.8839  240.5893   60.1473
>> Den/5*2^15
ans =
  1.0e+004 *
   0.6554  -2.0017   2.5094  -1.5024   0.3609
```

　　就會顯示所需的濾波器係數值，與前面用 MATLAB 程式計算所得的值相比較幾乎是一樣的。

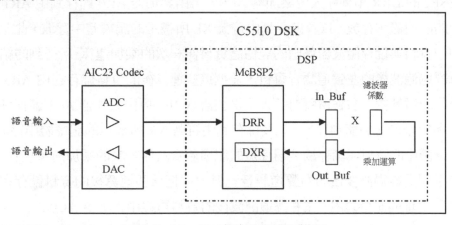

圖 13-25　IIR 濾波器實驗架構圖

13-6.1　實驗 13-1：低通濾波器實驗

　　本實驗爲語音的濾波控制，作爲實現範例八的低通濾波器規格，所以在程式中我們應用了上述所求得的濾波器係數如下所示

```
;  wp=800Hz,  ws=1200Hz,  fsampling=8kHz
a4          .word      -3676
a3          .word      15337
```

```
a2              .word          -25567
a1              .word          20269
b4              .word          54
b3              .word          214
b2              .word          320
b1              .word          214
b0              .word          54
```

　　將所得的濾波器係數在 C5510 DSK 板上實現濾波之功能，其實驗架構如圖 13-25 所示，類比輸入語音訊號經過 TI AIC23 Codec 類比至數位轉換爲左右聲道各 16 位元的數位語音資料，先接收左聲道資料，由 C5510 DSP 串列埠 McBSP2 的 DRR 串列輸入至累加器 AC0，再由累加器 AC0 儲存到由 AR1 所定址的記憶體中存放，以及儲存到由符號 XL 所標示的記憶體中存放，此記憶體中的資料與儲存濾波器係數的記憶體資料作一次的乘加運算，所得到的結果即爲經過濾波後的左聲道語音資料，並把這些運算後的資料儲存在由 AR3 所定址的記憶體內。右聲道資料輸入至累加器 AC1，再由累加器 AC1 儲存到由 AR5 所定址的記憶體中存放，以及儲存到由符號 XR 所標示的記憶體中存放，此記憶體中的資料與儲存濾波器係數的記憶體資料作一次的乘加運算，所得到的結果即爲經過濾波後的右聲道語音資料，並把這些運算後的資料儲存在由 AR7 所定址的記憶體內。左右聲道濾波後的資料再經由累加器 AC0/AC1 輸出到串列埠 McBSP2 的 DXR 中，然後透過 AIC23 Codec 數位至類比轉換器輸出至像喇叭之類的裝置作放音處理。

　　整個實驗記憶體的配置示意圖可參考圖 13-26 所示，資料經取樣後從串列埠進來放到累加器 AC0，再由 AC0 放到由 AR1/AR5 定址的記憶體內，以及放到 XL/XR 記憶體中，每取樣一筆資料進來(亦即每發生一次接收中斷)，就執行一次：

$$B = a1\,y(n-1) + a2\,y(n-2) + a3\,y(n-3) + a4\,y(n-4)$$
$$A = b0\,x(n) + b1\,x(n-1) + b2\,x(n-2) + b3\,x(n-3) + b4\,x(n-4)$$
$$y = A + B$$

語音訊號的濾波計算，計算後的輸出值 y 放至由 AR3/AR7 定址的記憶體內，AR1/AR5 和 AR3/AR7 所定址的記憶體皆是使用環形定址，我們可以比較濾波前和濾波後的頻譜圖。

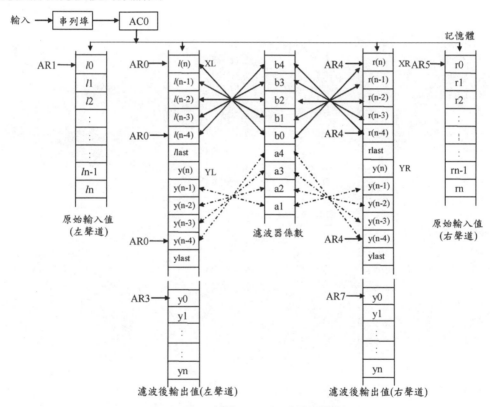

圖 13-26　實驗 13-1 記憶體配置圖

本實驗就是利用 RINT 中斷去執行一個中斷副程式 DRISR，記憶體中的資料與儲存濾波器係數的記憶體資料執行的乘加運算就是在此中斷副程式內運算完畢的，主程式如下所示：

```
; c:\ccsTUDIO_V3.1\myprojects\iir_lp.asm
        .mmregs
        .include "../H/McBSP5510.h"
        .def    start
        .def    DRISR
        .def    DXISR
        .ref    AIC23_init
        .data
;Xtemp      .word    0
XL          .word    0         ; x(n)
XL1         .word    0         ; x(n-1)
XL2         .word    0         ; x(n-2)
XL3         .word    0         ; x(n-3)
XL4         .word    0         ; x(n-4)
XLLAST      .word    0         ;
YL          .word    0         ; y(n)
YL1         .word    0         ; y(n-1)
YL2         .word    0         ; y(n-2)
YL3         .word    0         ; y(n-3)
YL4         .word    0         ; y(n-4)
YLLAST      .word    0         ;
XR          .word    0         ; x(n)
XR1         .word    0         ; x(n-1)
XR2         .word    0         ; x(n-2)
XR3         .word    0         ; x(n-3)
XR4         .word    0         ; x(n-4)
XRLAST      .word    0         ;
YR          .word    0         ; y(n)
YR1         .word    0         ; y(n-1)
YR2         .word    0         ; y(n-2)
YR3         .word    0         ; y(n-3)
YR4         .word    0         ; y(n-4)
YRLAST      .word    0         ;
; wp=800Hz,  ws=1200Hz,  fsampling=8kHz
a4          .word        -3676
a3          .word        15337
a2          .word        -25567
a1          .word        20269
```

```
b4          .word       54
b3          .word       214
b2          .word       320
b1          .word       214
b0          .word       54
            .bss    filterL_b,1024;AR1
            .bss    filterR_b,1024;AR5
            .bss    filterL_a,1024;AR3
            .bss    filterR_a,1024;AR7
SP_B        .set    0x8FFF      ; Buttom of Stack
SSP_B       .set    0x8000      ; Buttom of System Stack

            .text
start:
            SP = #SP_B
            SSP = #SSP_B
            CALL    AIC23_init  ; McBSP initialization
            ; 定義 AR1/3/5/7 環形定址
            bit(ST1,#6)= #1     ; FRCT=1
            bit(ST1,#8)= #1     ; SXMD=1
            bit(ST1,#9)= #1     ; SATD=1
            bit(ST3,#1)= #1     ; SMUL=1
            XAR1=#filterL_b
            BSA01=#filterL_b
            AR1=#0
            BK03=#1024
            bit(ST2,#1)= #1
            XAR3=#filterL_a
            BSA23=#filterL_a
            AR3=#0
            BK03=#1024
            bit(ST2,#3)= #1
            XAR5=#filterR_b
            BSA45=#filterR_b
            AR5=#0
            BK47=#1024
            bit(ST2,#5)= #1
            XAR7=#filterR_a
```

```
            BSA67=#filterR_a
            AR7=#0
            BK47=#1024
            bit(ST2,#7)= #1
            bit(ST1,#11)= #0    ; Enable interrupt(INTM=0)
END
            GOTO   END
DRISR:
            bit(ST1,#6)= #1
            XAR0 = #XL
            XAR4 = #XR
            XAR2 = #YL
            XAR6 = #YR
            XCDP = #a4
L_CHANNEL: ; 左聲道語音資料輸入
            XAR2 = #DRR2_2
            nop
            nop
            nop
            AC0 = *AR2 || readport()
            *AR1+ = AC0
            *AR0 = LO(AC0<<#0)
R_CHANNEL: ; 右聲道語音資料輸入
            XAR2 = #DRR1_2
            nop
            nop
            nop
            AC0 = *AR2 || readport()
            *AR5+ = AC0
            *AR4 = LO(AC0<<#0)
            XAR0 = #YL4
            XAR4 = #YR4
            BRC0 = #0  ; 執行左聲道濾波運算
            BLOCKREPEAT {
                AC0 = M40(*AR0- * coef(*CDP+)),
                AC1 = M40(*AR4- * coef(*CDP+))
                || repeat(#2)
                AC0 = M40(AC0 +(*AR0- * coef(*CDP+))),
```

```
        AC1 = M40(AC1 +(*AR4- * coef(*CDP+)))
}
XAR0 = #XL4
XAR4 = #XR4          ; 執行右聲道濾波運算
BLOCKREPEAT {
    AC2 = M40(*AR0- * coef(*CDP+)),
    AC3 = M40(*AR4- * coef(*CDP+))
    || repeat(#3)
    AC2 = M40(AC2 +(*AR0- * coef(*CDP+))),
    AC3 = M40(AC3 +(*AR4- * coef(*CDP+)))
}
bit(ST1,#6)= #0
AC0 = AC0 * #5
AC1 = AC1 * #5
AC2 = AC2 * #1
AC3 = AC3 * #1
AC2 = AC2 + AC0
AC3 = AC3 + AC1
XAR2 = #DXR2_2    ; 語音輸出
*AR2 = AC2 || writeport()
XAR2 = #DXR1_2
*AR2 = AC3 || writeport()
*AR3+ = AC2
*AR7+ = AC3
XAR0 = #YL
XAR4 = #YR
*AR0 = AC2
*AR4 = AC3
XAR2=#YL4  ; 運算記憶體移位
XAR6=#YR4
repeat(#3)
DELAY(*-AR2)
repeat(#3)
DELAY(*-AR6)
XAR2 = #XLLAST
XAR6 = #XRLAST
repeat(#4)
DELAY(*-AR2)
```

```
            repeat(#4)
            DELAY(*-AR6)
;           call _led_blink_5510
            return_int; Return and Enable interrupt
DXISR:
        RETURN_INT
        .end
```

※ 實驗步驟

【步驟 1】建立 iir_lp.pjt 專案(project)：

1. 仿照實驗 12-1 的步驟 1 建立一個名為 iir_lp.pjt 的專案。

2. 假設所需的檔案 iir_lp.asm、AIC23_INIT.asm、vectors_5510.asm 及 lab.cmd 都已儲存至所建立的專案目錄中，首先將相關原始程式碼加入此專案中，方法是在選單中點選 Project→Add Files to Project，將原始程式碼 iir_lp.asm、AIC23_INIT.asm 及 vectors_5510.asm 等原始檔案加入到此專案中，在開啟的視窗中選取上述這些檔案後，按開啟舊檔按鈕就會將上述這些檔案加入所建立的 iir_lp.pjt 專案中。

3. 同理使用前述的方法將 Linker Command 檔案 lab.cmd 加入到 iir_lp.pjt 專案中。

【步驟 2】產生可執行程式碼 iir_lp.out：

4. 參考實驗 12-1 步驟 2 執行組譯(Assembler)及連結(Linker)等二項工作來產生可執行檔 iir_lp.out，記得在組譯視窗中要勾選 Algebric assembly (-amg)之設定。

【步驟 3】載入可執行程式碼 iir_lp.out 並執行：

5. 參考實驗 12-1 步驟 3 載入可執行程式碼 iir_lp.out。載入程式後便可以執行程式，在選單中點選 Debug→Run，執行程式之前必須確定週邊硬體裝置已就緒，喇叭是否接好，如欲停止程式的執行可在選單中點選 Debug→Halt。

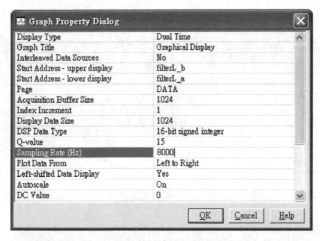

圖 13-27　Graph 圖形的參數設定視窗(時間)

【步驟 4】觀察執行結果：

6. 在選單中點選 View→Graph，在所開啓的選項中選擇 Time/Frequency
    選項，即會開啓如圖 13-27 所示的 graph 圖形參數設定視窗，設定如下
    列所述的一些參數：

```
Display Type                    Dual Time
Start Address-upper display      filterL_b
Start Address-lower display      filterL_a
Acquisition Buffer Size：        1024
Display Data Size：              1024
DSP Data Type：                  16-bit Signed integer
Q-value：                        15
Sampling Rate(Hz)：              8000
```

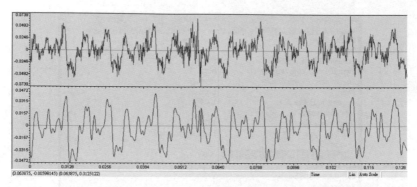

圖 13-28　低通濾波前(上)和濾波後(下)的語音信號圖形(時間)

7.　設定完成後按下 OK 按鈕會出現所欲觀察的記憶體圖形，所開啓的圖形如圖 13-28 所示，圖上是原始的語音輸入信號，而圖下是經過濾波後的語音輸出信號。

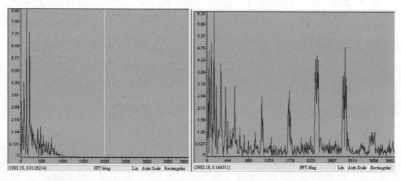

圖 13-29　低通濾波前和濾波後的語音信號圖形(頻譜)

8.　光看時域的波形實在無法比較濾波前和濾波後信號上有何不同，我們改以觀察信號的在頻域的分佈情形，我們將滑鼠游標移至圖形中，單按滑鼠右鍵，在開啓的下拉式選項中選取 Properties，將 Display Type 那一欄更改為 FFT Magnitude，然後按下 OK 按鈕來觀察的記憶體頻譜圖形，如圖 13-29 所示，由左右兩邊的濾波前和濾波後的圖形可以看出，確實執行了低通濾波的功能，左邊濾波後的波形約在 1200Hz 以上的波形都被濾掉了。

13-6.2　實驗 13-2：低通濾波器實驗

　　本小節低通濾波器實驗以及而後的高通、帶通、帶拒濾波器的實驗中所需的輸入信號來源是第十五章所介紹的雙音頻信號，它是由 770Hz 和 1336Hz 所混和而成的數位弦波信號，在實驗 7-1 中有詳細說明如何產生這兩種頻率的數位弦波信號。本實驗我們重新利用 MATLAB 的 fdatool 來設計低通濾波器，參考如圖 13-30 所示，在圖中右上角位置目前顯示的是濾波器的係數，我們希望輸出濾波器係數的值，在 File 選單中點選 Export...選項，將會開啟如圖 12-19 所示的視窗，Export to 請選擇 Workspace(工作平台)，然後按下 Export 按鈕，濾波器的係數值就會儲存至 Num 和 Den 兩個變數內，在 MATLAB 命令視窗中鍵入(將 Num, Den 的值順便轉換為 Q15 格式)：

```
Filter coefficients have been exported to the workspace.
>> Num*2^15
ans =
   60.1473  240.5893  360.8839  240.5893   60.1473
>> Den/5*2^15
ans =
  1.0e+004 *
   0.6554   -2.0017    2.5094   -1.5024    0.3609
```

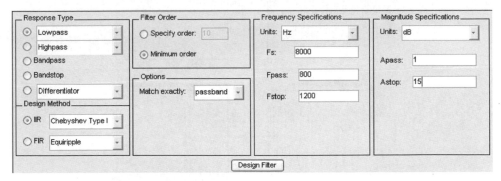

圖 13-30　IIR 低通濾波器設計與分析工具箱(FDAtool)視窗

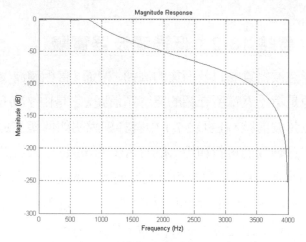

圖 13-31 　低通濾波器振幅頻率響應圖

　　圖 13-30 所設計出的低通濾波器的振幅頻率響應如圖 13-31 所示。在實驗之前我們先用 MATLAB 模擬一下實驗的結果，如下所述程式 iirlp_sim.m，程式一開始我們先輸入所得的濾波器係數 a(n)及 b(n)，然後以數位方式產生頻率為 770Hz 和 1336Hz 的正弦波並予以相加(如圖 13-32 左上所示)，並求出它的頻譜圖(如圖 13-32 右上所示)，接著執行一連串的乘加運算求出濾波後的波形(如圖 13-32 左下所示)，並求出濾波後的波形它的頻譜圖(如圖 13-32 右下所示)。

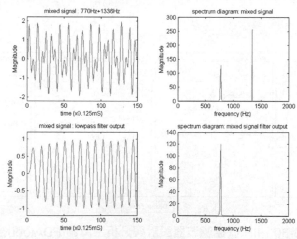

圖 13-32 　模擬雙音頻信號低通濾波前和濾波後的信號圖形

模擬程式 iirlp_sim.m 如下所示：

```
% iirlp_sim.m
% y(n)=a(1)y(n-1)+a(2)y(n-2)+a(3)y(n-3)+a(4)y(n-4)
% +b(1)x(n)+b(2)x(n-1)+b(3)x(n-2)+b(4)x(n-3)+b(5)x(x-4)
% 輸入所得的濾波器係數 a(n)， b(n)
b(1)=0.0018;b(2)=0.0073;b(3)=0.0110;b(4)=0.0073;b(5)=0.0018;
a(1)=3.0543;a(2)=-3.829;a(3)=2.2924;a(4)=-0.5507;
% 產生頻率為 770Hz 和 1336Hz 的正弦波並予以相加
C1=0.568562;A1=0.82264;
x1(1)=0;x1(2)=C1;x1(3)=2*A1*C1;
for p=4:2000
    x1(p)=2*A1*x1(p-1)-x1(p-2);
end
C2=0.86707;A2=0.498185;
x2(1)=0;x2(2)=C2;x2(3)=2*A2*C2;
for q=4:2000
    x2(q)=2*A2*x2(q-1)-x2(q-2);
end
for i=1:2000
    xin(i)=x1(i)+x2(i);
end
% 求混和信號它的頻譜圖
Y=fft(xin,1024);
Py=Y.*conj(Y)/1024;
f=8000*(0:512)/1024;
% 執行一連串的乘加運算求出濾波後的波形
for m=1:5
    x(m)=0;
end
for n=1:4
    y(n)=0;
end
x(1)=xin(1);
for i=1:1999
```

```
    y1=0;
    for j=1:5
        temp1=x(j)*b(j);
        y1=y1+temp1;
    end
    y2=0;
    for k=1:4
        temp2=y(k)*a(k);
        y2=y2+temp2;
    end
    y1=y1+y2;
    yout(i)=y1;
    for m=1:4
        x(6-m)=x(5-m);
    end
    for n=1:3
        y(5-n)=y(4-n);
    end
    x(1)=xin(i+1);
    y(1)=y1;
end
% 求出濾波後的波形它的頻譜圖
Y1=fft(yout,1024);
Pyy=Y1.*conj(Y1)/1024;
f=8000*(0:512)/1024;
%(左上)混和信號 770Hz+1336Hz 時域圖形
subplot(2,2,1)
plot(xin(1:150))
title('mixed signal : 770Hz+1336Hz')
axis([0 150 -2.2 2.2]);xlabel('time(x0.125mS)');
ylabel('Magnitude');
%(右上)混和信號 770Hz+1336Hz 頻譜圖形
subplot(2,2,2)
plot(f(1:256),Py(1:256))
title('spectrum diagram: mixed signal ')
xlabel('frequency(Hz)');
```

```
ylabel('Magnitude');
%(左下)混和信號 770Hz+1336Hz 濾波後時域圖形
subplot(2,2,3)
plot(yout(1:150))
title('mixed signal : lowpass filter output')
axis([0 150 -1.2 1.2]);xlabel('time(x0.125mS)');
ylabel('Magnitude');
%(右下)混和信號 770Hz+1336Hz 濾波後頻譜圖形
subplot(2,2,4)
plot(f(1:256),Pyy(1:256))
title('spectrum diagram: mixed signal filter output ')
xlabel('frequency(Hz)');
ylabel('Magnitude');
```

【步驟 1】建立 iir_lp-1.pjt 專案(project)：

1. 仿照第十二章所述實驗 12-1 的步驟 1 建立一個名為 iir_lp-1.pjt 的專案。

2. 將原始程式碼 iir-lp-1.asm 檔案加入到此專案中，方法是在選單中點選 Project→Add Files to Project，在開啓的視窗中選取上述這些檔案後，按開啓舊檔按鈕就會將上述這些檔案加入所建立的 iir_lp-1.pjt 專案中。

3. 同理使用前述的方法將 Linker Command 檔案 lab.cmd 加入到 iir_lp-1.pjt 專案中，在 Project 視窗中，點選原始程式 iir-lp.asm 會出現在 CCS 視窗右邊的編輯區中。

【步驟 2】產生可執行程式碼 iir_lp-1.out：

4. 參考第十二章所述實驗 12-1 步驟 2 執行組譯(Assembler)及連結(Linker)等二項工作來產生可執行檔 iir_lp-1.out，記得在組譯視窗中要勾選 Algebric assembly(-amg)之設定。

【步驟 3】載入可執行程式碼 iir_lp-1.out 並執行：

5. 參考第十二章實驗 12-1 步驟 3 載入可執行程式碼 iir_lp-1.out。載入程式後便可以執行程式，在選單中點選 Debug→Run，如欲停止程式的執

行可在選單中點選 Debug→Halt。

● 【步驟 4】觀察執行結果：

6. 在選單中點選 View→Graph，在所開啟的選項中選擇 Time/Frequency 選項，即會開啟如圖 13-33 所示的 graph 圖形參數設定視窗，設定如下列所述的一些參數：

Display Type	Signal Time
Start Address：	0x2400
Acquisition Buffer Size：	256
Display Data Size：	256
DSP Data Type：	16-bit Signed integer
Q-value：	15
Sampling Rate(Hz)：	8000

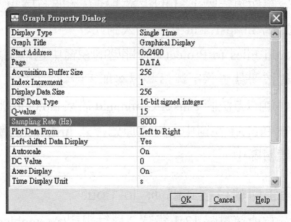

圖 13-33　Graph 圖形的參數設定視窗(時間)

7. 將上述參數 Display Type 更改為 FFT Magnitute，其餘的參數設定不變，這是濾波前也就是雙音頻的信號頻譜圖形，可以看出它是由 770Hz 和 1336Hz 兩種頻率組成的信號。

8. 重複步驟 6 和 7，再開啓另一個圖形視窗，參數設定如步驟 6 和 7，不過參數 Start Address 更改為 0x2600，這位址是濾波後雙音頻的信號頻譜圖形，如圖 13-34 所示，左邊是濾波後的圖形，右邊是濾波前的圖形，可以看出 1336Hz 頻率的信號已經被濾除掉了。

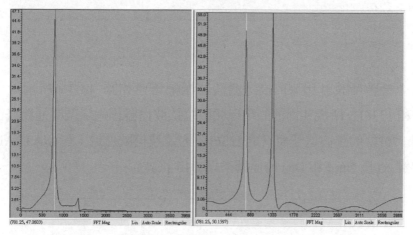

圖 13-34　雙音頻信號低通濾波前和濾波後的頻譜圖形

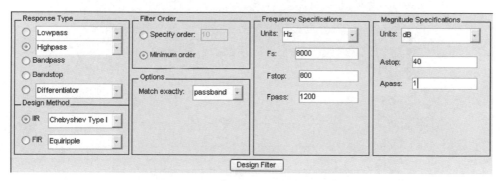

圖 13-35　IIR 高通濾波器設計與分析工具箱(FDAtool)視窗

13-6.3　實驗 13-3：高通濾波器實驗

本小節說明設計高通濾波器的實驗，利用 MATLAB 的 fdatool 來設計高通濾波器，如圖 13-35 所示，其參數設定為：

```
Filter Type：Highpass
Design Method：IIR Chebyshev Type I
Minimum order
Fs：8000 Hz
Fstop：800 Hz
Fpass：1200 Hz
Astop：40dB
Apass：1dB
```

以上參數所設計出來的高通濾波器振幅響應如圖 13-36 所示，如果由 770Hz 和 1336Hz 所混和而成的雙音頻數位弦波信號經過這個高通濾波器應該會濾掉 770Hz 的弦波信號而只讓 1336Hz 的弦波信號通過，在 MATLAB 命令視窗中鍵入(將 Num 和 Den 的值轉換爲 Q15 格式)：

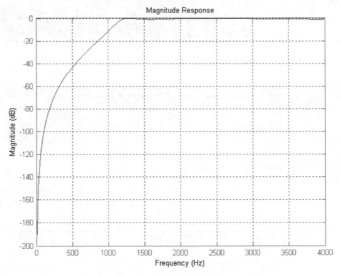

圖 13-36　高通濾波器振幅頻率響應圖

```
>> Num/2*2^15
ans =
  1.0e+004 *
  0.1246  -0.7474  1.8685  -2.4913  1.8685  -0.7474  0.1246
```

```
>> -Den/2*2^15
ans =
  1.0e+004 *
 -1.6384  2.0978   -2.8127  1.1627  -0.9278  0.0762  -0.2293
```

🌀 【步驟 1】建立 iir_hp.pjt 專案(project)：

1. 仿照第十二章所述實驗 12-1 的步驟 1 建立一個名為 iir_hp.pjt 的專案。

2. 將原始程式碼 iir-hp.asm 檔案加入到此專案中，方法是在選單中點選 Project→Add Files to Project，在開啟的視窗中選取上述這些檔案後，按開啟舊檔按鈕就會將上述這些檔案加入所建立的 iir_hp.pjt 專案中。

3. 同理使用前述的方法將 Linker Command 檔案 lab.cmd 加入到 iir-hp.pjt 專案中，在 Project 視窗中，點選原始程式 iir-hp.asm 會出現在 CCS 視窗右邊的編輯區中。

🌀 【步驟 2】產生可執行程式碼 iir_hp.out：

4. 參考第十二章所述實驗 12-1 步驟 2 執行組譯(Assembler)及連結(Linker)等二項工作來產生可執行檔 iir_hp.out，記得在組譯視窗中要勾選 Algebric assembly(-amg)之設定。

🌀 【步驟 3】載入可執行程式碼 iir_hp.out 並執行：

5. 參考第十二章實驗 12-1 步驟 3 載入可執行程式碼 iir_hp.out。載入程式後便可以執行程式，在選單中點選 Debug→Run，如欲停止程式的執行可在選單中點選 Debug→Halt。

🌀 【步驟 4】觀察執行結果：

6. 在選單中點選 View→Graph，在所開啟的選項中選擇 Time/Frequency 選項，即會開啟如圖 13-37 所示的 graph 圖形參數設定視窗，設定如下列所述的一些參數：

```
Display Type                        Signal Time
Start Address：                     0x2400
Acquisition Buffer Size：           256
Display Data Size：                 256
DSP Data Type：                     16-bit Signed integer
Q-value：                           15
Sampling Rate(Hz)：                 8000
```

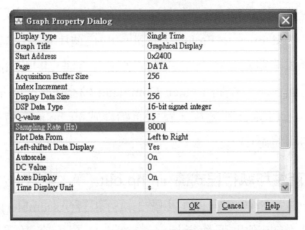

圖 13-37　Graph 圖形的參數設定視窗(時間)

7.　將上述參數 Display Type 更改為 FFT Magnitute，其餘的參數設定不變，這是濾波前也就是雙音頻的信號頻譜圖形，可以看出它是由 770Hz 和 1336Hz 兩種頻率組成的信號。

8.　重複步驟 6 和 7，再開啟另一個圖形視窗，參數設定如步驟 6 和 7，不過參數 Start Address 更改為 0x2600，這是濾波後雙音頻的信號頻譜圖形，可以看出 770Hz 頻率的信號已不見了，只剩下 1336Hz 頻率的信號了，如圖 13-38 所示，左邊是濾波後的圖形，注意看圖形左下角有座標刻度，兩張圖的頻率都是 1343.75Hz。

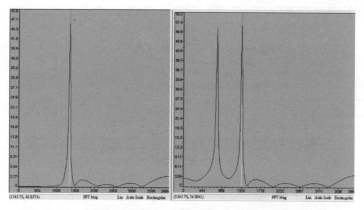

圖 13-38　雙音頻信號高通濾波前和濾波後的頻譜圖形

13-6.4　實驗 13-4：帶通濾波器實驗

本小節說明設計帶通濾波器的實驗，利用 MATLAB 的 fdatool 來設計帶通濾波器，如圖 13-39 所示，其參數設定為：

```
Filter Type：Bandpass
Design Method：IIR Chebyshev Type I
Minimum order
Fs：8000 Hz
Fstop1：300 Hz
Fpass1：600 Hz
Fpass2：1000 Hz
Fstop2：1300 Hz
Astop1：20dB
Apass：1dB
Astop2：20dB
```

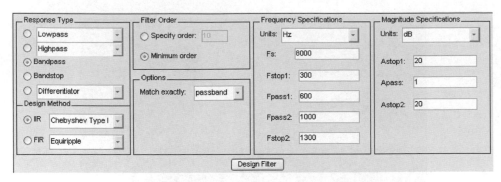

圖 13-39　帶通濾波器設計與分析工具箱(FDAtool)視窗

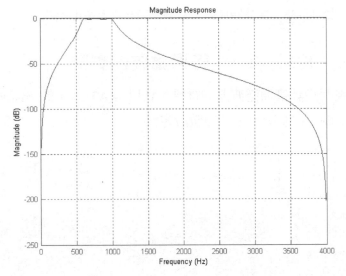

圖 13-40　帶通濾波器振幅頻率響應圖

　　以上參數所設計出來的帶通濾波器振幅響應如圖 13-40 所示，如果由 770Hz 和 1336Hz 所混和而成的雙音頻數位弦波信號經過這個帶通濾波器應該會讓 770Hz 的弦波信號通過而阻絕 1336Hz 的弦波信號通過，在 MATLAB 命令視窗中鍵入(將 Num, Den 的值轉換為 Q15 格式)：

```
>> Num*2^15
ans =
  53.7719     0  -161.3156    0161.3156      0    -53.7719
>> -Den/15*2^15
ans =
  1.0e+004 *
 -0.2185  1.0061   -2.1286  2.5937  -1.9189  0.8177  -0.1602
```

　　關於實驗的步驟請參考前述，這裡我們只把實驗的結果說明一下，如圖 13-41 所示可以看出 770Hz 頻率的信號通過了帶通濾波器，而 1336Hz 頻率的信號則不見了，左邊是濾波後的圖形，注意看圖形左下角有座標刻度，兩張圖的頻率都是 781.25Hz。

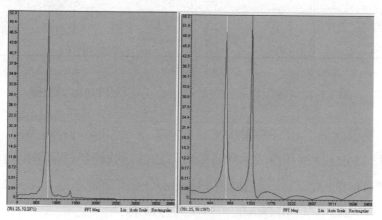

圖 13-41　雙音頻信號通過帶通濾波前和濾波後的頻譜圖形

🔘 13-6.5　實驗 13-5：帶拒濾波器實驗

　　本小節說明設計帶拒濾波器的實驗，利用 MATLAB 的 fdatool 來設計帶拒濾波器，如圖 13-42 所示，其參數設定為：

```
Filter Type：Bandstop
Design Method：IIR Chebyshev Type I
Minimum order
```

```
Fs：8000 Hz
Fpass1：400 Hz
Fstop1：600 Hz
Fstop2：1000 Hz
Fpass2：1200 Hz
Apass1：1dB
Astop：10dB
Apass2：1dB
```

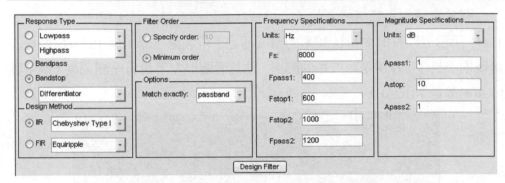

圖 13-42　帶拒濾波器設計與分析工具箱(FDAtool)視窗

　　以上參數所設計出來的帶拒濾波器振幅響應如圖 13-43 所示，如果由 770Hz 和 1336Hz 所混和而成的雙音頻數位弦波信號經過這個帶拒濾波器應該會阻絕 770Hz 的弦波信號通過而讓 1336Hz 的弦波信號通過，在 MATLAB 命令視窗中鍵入(將 Num 和 Den 的值轉換為 Q15 格式)：

```
> Num/10*2^15
ans =
  1.0e+004 *
 0.1695  -0.8333  1.8738  -2.4120  1.8738  -0.8333    0.1695
>> -Den/10*2^15
ans =
  1.0e+004 *
 -0.3277  1.2793  -2.2718  2.3207  -1.4200  0.4786  -0.0672
```

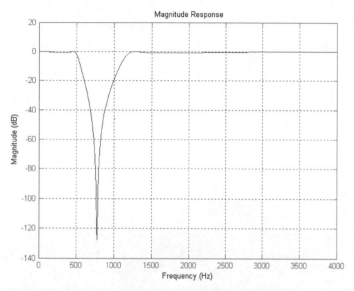

圖 13-43　帶拒濾波器振幅頻率響應圖

　　關於實驗的步驟請參考前述，這裡我們只把實驗的結果說明一下，如圖 13-44 所示可以看出 1336Hz 頻率的信號通過了帶拒濾波器，而 770Hz 頻率的信號則不見了，左邊是濾波後的圖形，注意看圖形左下角有座標刻度，兩張圖的頻率都是 1343.75Hz。

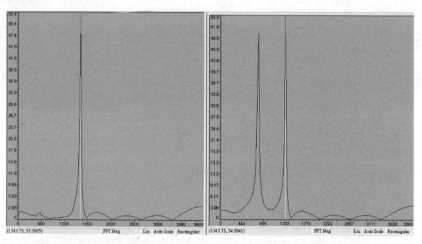

圖 13-44　雙音頻信號通過帶拒濾波前和濾波後的頻譜圖形

第 **14** 章

快速傅立業轉換

14-1　前言

　　離散傅立業轉換(DFT)是數位信號處理與分析中的一個重要的轉換,它將離散信號從時域(time domain)形式變換到頻域(frequency domain)形式的重要工具,在工程應用上是語音、影像、電訊等信號處理上一種重要的分析工具。我們先來說明一下為什麼在很長的一段時間裡,DFT 的應用會受到很大的限制,首先我們知道長度為 N 的有限長序列 $x(n)$,它的 DFT 定義為:

$$X(k) = \sum_{n=0}^{N-1} x(n)W_N^{kn} \qquad k = 0, 1, \ldots\ldots, N-1 \tag{14-1}$$

　　上式中 $W_N = e^{-j2\pi/N}$ 稱為蝶形因子(twiddle factor),考慮 $x(n)$ 為複數序列,對每一個 k 值,計算一個 $X(k)$ 的值就需要 N 次的複數乘法和 $N-1$ 次的複數加法,那麼計算 N 個 k 值的 $X(k)$,那就需要 N^2 個複數乘法和 $N(N-1)$ 個複數加法,如果 $N \gg 1$ 的話,$N(N-1) \doteqdot N^2$,所以幾乎也是需要 N^2 個複數加法,因此可以知道 N 點的 DFT 所需的計算量(即複數乘法和複數加法)是與 N^2 成正比的,例如 $N=1024$ 點的話,$N^2 = 2^{20} = 1048576$,這是一個多麼可觀的計算量,對於即時(real time)信號處理而言幾乎是不可能實現的,這就是為什麼有好長的一段時間裡空有 DFT 的理論架構,但卻無法在實際應用層面有所突破。直到 1965 年由 Cooler 和 Tukey 所提出的一篇標題為－「複數傅立業級數之機器計算演算法(An algorithm for the machine computation of complex Fourier series)」的論文之後,情勢才有所改觀,而後又經許多人的改進,很快地形成一套高效率的 DFT 運算方法,此即為快速傅立業轉換(FFT:Fast Fourier Transform)的由來。

14-2 FFT 的理論算法

為什麼 FFT 能夠減少 DFT 的運算量呢？因為它有兩個重要的關鍵原因，第一個原因是利用蝶形因子 W_N 的對稱性和週期性這兩個性質之故，所謂的對稱性質和週期性質如下所示：

$$W_N^k = -W_N^{k+\frac{N}{2}} \quad (對稱性)$$
$$W_N^k = W_N^{k+N} \quad (週期性)$$

圖 14-1 所示為 $N=8$ 時蝶形因子 W_N 的對稱性和週期性，例如 $W_8^3 = W_8^{11}$ (週期性)，$W_8^3 = -W_8^7$ (對稱性)。第二個原因是將長序列的 DFT 分解為短序列的 DFT 來計算，例如將 N 點的 DFT 分解為兩個 $N/2$ 點的 DFT，每個 $N/2$ 點的 DFT 再分解為兩個 $N/4$ 點的 DFT，以此類推，最小的轉換點數即稱為『基數 (radix)』，基-2 FFT 即表示能分解的最小轉換點數是 2 點的 DFT。

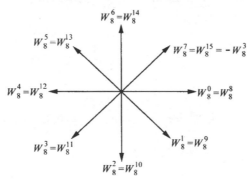

圖 14-1　N=8 點時蝶形因子 W_N 的對稱性和週期性示意圖

總言而之，FFT 運算的基本精神是將長序列的 DFT 分解為短序列的 DFT 來運算，並利用 W_N 的對稱性和週期性來減少 DFT 的運算次數，後面小節中會再說明 FFT 比直接計算 DFT 所減少的運算量到底有多少。

FFT 的算法基本上區分為時域抽取(DIT：Decimation-In-Time)FFT 和頻域抽取(DIF：Decimation-In-Frequency)FFT 兩大類，首先先介紹時域抽取 FFT 的演算法。

14-2.1　DIT-FFT

假設序列 $x(n)$ 的長度為 N，且滿足 $N=2^P$，p 為自然數，時域抽取 FFT 是將 N 點輸入序列 $x(n)$ 按照偶數和奇數位置分解為偶序列和奇序列兩個 $N/2$ 點序列，如

$$x(n)的偶序列為x(0), x(2), x(4), \ldots\ldots, x(N-2)$$

$$x(n)的奇序列為x(1), x(3), x(5), \ldots\ldots, x(N-1)$$

將上述 $x(n)$ 的奇偶序列代入(14-1)式中，那麼 $x(n)$ 的 DFT 可表示為：

$$X(k) = \sum_{n=0}^{\frac{N}{2}-1} x(2n)W_N^{2nk} + \sum_{n=0}^{\frac{N}{2}-1} x(2n+1)W_N^{(2n+1)k}$$

因為

$$W_N^{2nk} = e^{j\frac{2\pi}{N}2nk} = e^{j\frac{2\pi}{\frac{N}{2}}nk} = W_{N/2}^{nk}$$

重寫 $X(k)$ 為

$$X(k) = \sum_{n=0}^{\frac{N}{2}-1} x(2n)W_{N/2}^{nk} + W_N^k \sum_{n=0}^{\frac{N}{2}-1} x(2n+1)W_{N/2}^{nk} \qquad k = 0,1,\ldots\ldots,N-1$$

令
$$Y(k) = \sum_{n=0}^{\frac{N}{2}-1} x(2n)W_{N/2}^{nk} \quad , \quad Z(k) = \sum_{n=0}^{\frac{N}{2}-1} x(2n+1)W_{N/2}^{nk}$$

故

$$X(k)=Y(k)+ W_N^k Z(k)\text{；} k=0,1,\ldots, N–1 \tag{14-2}$$

$Y(k)$和$Z(k)$為$N/2$點DFT，需要注意的是$Y(0)=Y(N/2)$、$Y(1)=Y(N/2+1)$、…、$Y(N/2–1)=Y(N–1)$、$Z(0)=Z(N/2)$、$Z(1)=Z(N/2+1)$、…、$Z(N/2–1)=Z(N–1)$，以$N=8$點為例說明(14-2)式所表示的信號流程圖如圖14-2所示。

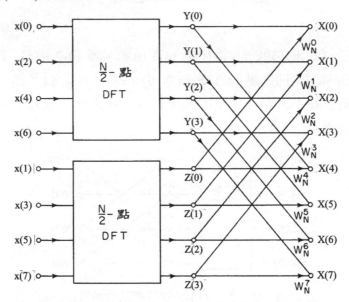

圖 14-2　N=8 點為(14-2)式所表示的信號流程圖

(14-2)式把 N 點序列 $x(n)$的 DFT 計算分解成 2 個 $N/2$ 點的 DFT 計算，我們再利用上述的技巧，把 $N/2$ 的 DFT 計算分解成 2 個 $N/4$ 點的 DFT 計算，所以(14-2)式中的 $Y(k)$可表示成：

$$Y(k) = \sum_{n=0}^{\frac{N}{2}-1} y(n)W_{N/2}^{nk} = \sum_{r=0}^{\frac{N}{4}-1} y(2r)W_{N/2}^{2rk} + \sum_{r=0}^{\frac{N}{4}-1} y(2r+1)W_{N/2}^{(2r+1)k}$$

$$= \sum_{r=0}^{\frac{N}{4}-1} y(2r)W_{N/4}^{rk} + W_{N/2}^{k} \sum_{r=0}^{\frac{N}{4}-1} y(2r+1)W_{N/4}^{rk}$$

(14-3)

其中 $k=0,1,\ldots,(N/2)-1$。同理 $Z(k)$ 可以表示成

$$Z(k) = \sum_{r=0}^{\frac{N}{4}-1} z(2r)W_{N/4}^{rk} + W_{N/2}^{k} \sum_{r=0}^{\frac{N}{4}-1} z(2r+1)W_{N/4}^{rk}$$

(14-3)式所表示的信號流程圖如圖 14-3 所示，圖 14-2 中左上部分 $N/2$ 點 DFT 的區塊分解開來即是圖 14-3 所示(當 $N=8$ 時)，將圖 14-3 插入圖 14-2 中 所得的信號流程圖如圖 14-4 所示，在圖 14-4 中不用 $W_{N/2}$ 來表示，改用 W_N 來 表示，這是因為 $W_{N/2} = W_N^2$ 之故。

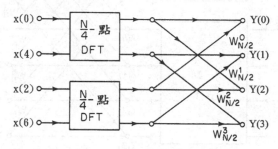

圖 14-3　$N=8$ 點為(14-3)式所表示的信號流程圖

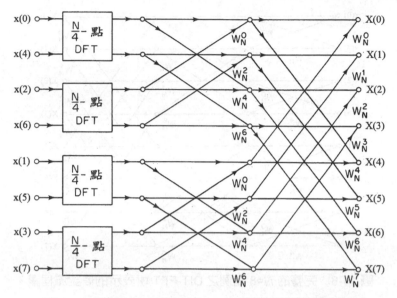

圖 14-4　將圖 14-3 插入圖 14-2 中所得的信號流程圖

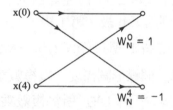

圖 14-5　圖 14-4 中 N/4 點 DFT 的信號流程圖

對於 8 點 DFT 而言，至此已經分解為 4 個 2 點的 DFT 運算，參考圖 14-2, 14-3，我們可以推斷出圖 14-3 中左上角 N/4 點 DFT 方塊應該如圖 14-5 所示，把圖 14-5 插入到圖 14-4 中可得一完整的 8 點 DFT 的信號流程圖如圖 14-6 所示，利用 W_N^k 的對稱性質，即 $W_N^4 = -W_N^0$、$W_N^5 = -W_N^1$、$W_N^6 = -W_N^2$、$W_N^7 = -W_N^3$ (當 $N=8$ 時)，我們把每一級中的蝶形圖的蝶形因子 W_N 移到蝶形圖的最前面，可得修改後的 8 點 DFT 信號流程圖如圖 14-7 所示。

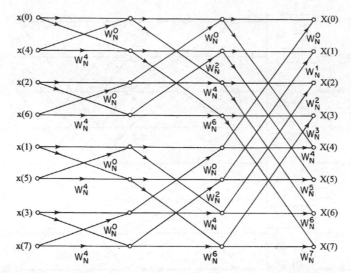

圖 14-6　完整的 *N*=8 為例之 DIT-FFT 所表示的信號流程圖

　　對於 *N* 點 DFT 而言，基-2 FFT 運算法共可分解為 *m* 級($N = 2^m$ 或 $m = \log_2 N$)，由左至右分別為第 0 級、第 1 級、...、第 *m*–1 級，每一級中有 *N*/2 個蝶形運算，所以 *N* 點 FFT 總共有(*N*/2)*m=(*N*/2) $\log_2 N$ 個蝶形運算，蝶形圖如圖 14-8 所示，計算一個蝶形圖需要一次複數乘法和 2 次複數加法。

　　前面曾經提過直接計算 *N* 點 DFT 所需複數乘法為 N^2 次，複數加法為 *N*(*N*–1)次，至於基-2 FFT 運算法則需要 $(N/2)\log_2 N$ 個複數乘法，當 *N*>>1 時，$N^2 >> (N/2)\log_2 N$，我們舉 *N*=1024 點為例，比較直接計算 DFT 與 FFT 運算量的比值為：

$$\frac{N^2}{(N/2)\log_2 N} = \frac{1024^2}{5120} = 204.8$$

　　所以計算複數乘法的次數少了 204 倍，也就是運算速度整整提高了 204 倍。

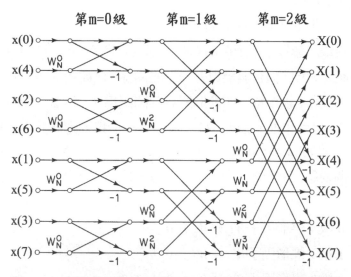

圖 14-7　經整理後 *N*=8 點 DIT-FFT 所表示的信號流程圖

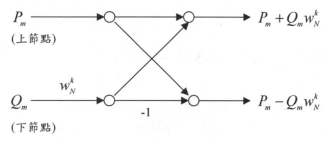

圖 14-8　基-2 DIT-FFT 之蝶形運算圖

🔧 14-2.1.1　FFT 存在的一些性質

圖 14-7 所示的 FFT 信號流程圖很明顯的它是存在有一些規則在裡面的，我們區分為三部分來討論：

🌐 蝶形運算

首先每一級中共有 $N/2$ 個蝶形運算，從左邊輸入信號開始，每一行的 $N/2$ 個蝶形運算稱為一級，從第 0 級開始算，N 點 FFT 共有 $\log_2 N$ 級，例如 $N=8$ 點共有 $\log_2 8 = 3$ 級，即第 0 級、第 1 級和第 2 級，如圖 14-8 所示每一個蝶形運算都是由上節點的值(P)和下節點的值(Q)乘以蝶形因子 W_N^k 作相加和相減，然後作為下一級蝶形運算的輸入值。

我們定義蝶形運算上下兩個節點的差稱其為間距,我們發現每一級中的蝶形運算其間距都相同,而且與級數有一定的關係,例如第 0 級中每一個蝶形運算其間距為 1,第 1 級中每一個蝶形運算其間距為 2,第 2 級中每一個蝶形運算其間距為 4,以此類推,也就是每一級中每一個蝶形運算其上下節點輸入值的間距存在有 2^m 的關係,m 表示級數,它表示 $0 \sim \log_2 N - 1$ 的值。

還有一個要確定的是蝶形因子 W_N^r,每一級中蝶形因子 W_N^r 分佈有其規律性,即

$m=0$ 級;蝶形因子 W_N^r 為 W_2^r $r=0$

$m=1$ 級;蝶形因子 W_N^r 為 W_4^r $r=0, 1$

$m=2$ 級;蝶形因子 W_N^r 為 W_8^r $r=0, 1, 2, 3$

$\vdots$

$m=m'$ 級;蝶形因子 W_N^r 為 $W_{2^{m'+1}}^r$ $r=0, 1, 2, 3, \ldots, 2^{m'} - 1$

由上述規律性可以看出對 $N=8$ 點 FFT 而言:

$m=0$ 級;蝶形因子為 W_8^0

$m=1$ 級;蝶形因子為 W_8^0, W_8^2

$m=2$ 級;蝶形因子為 $W_8^0, W_8^1, W_8^2, W_8^3$

同址運算

由圖 14-7、圖 14-8 所示每一級中的每一個蝶形運算都是獨立的,而且每一級內 $N/2$ 個蝶形運算計算完成以後再開始下一級的蝶形運算,所以每一個蝶形運算的輸入節點經計算後所得的輸出節點的值放回原儲存輸入節點的位置(一個記憶體中的位址),並不會影響到其它的蝶形運算,這就是所謂的同址運算(in-place computation),此種同址運算的好處是節省記憶體,降低設備的成本,只要準備與執行 FFT 相同輸入點數大小的記憶體即可,而不管中間過程需要計算的次數。

位元反轉

由圖 14-7 所示，$x(n)$的 DFT $X(n)$是按照自然順序排列的，也就是按 $X(0)$、$X(1)$、$X(2)$、...、$X(7)$的順序排列，但是輸入序列 $x(n)$則是按照 $x(0)$、$x(4)$、$x(2)$、$x(6)$、$x(1)$、$x(5)$、$x(3)$、$x(7)$的順序排列，即

位元反轉

$$X(0)=000 \qquad \longleftrightarrow \qquad x(0)=000$$
$$X(1)=001 \qquad\qquad\qquad x(4)=100$$
$$X(2)=010 \qquad\qquad\qquad x(2)=010$$
$$X(3)=011 \qquad\qquad\qquad x(6)=110$$
$$X(4)=100 \qquad\qquad\qquad x(1)=001$$
$$X(5)=101 \qquad\qquad\qquad x(5)=101$$
$$X(6)=110 \qquad\qquad\qquad x(3)=011$$
$$X(7)=111 \qquad\qquad\qquad x(7)=111$$

這就是所謂的位元反轉(bit reverse)。如果我們將圖 14-7 的輸入與輸出信號對調，並將各信號增益反向，可以得到如圖 14-9 所示，圖中輸入是按照自然順序 $x(0)$、$x(1)$、$x(2)$、...、$x(7)$排列的，但 $x(n)$的 DFT $X(n)$則是按照位元反轉順序 $X(0)$、$X(4)$、$X(2)$、$X(6)$、$X(1)$、$X(5)$、$X(3)$、$X(7)$排列的。

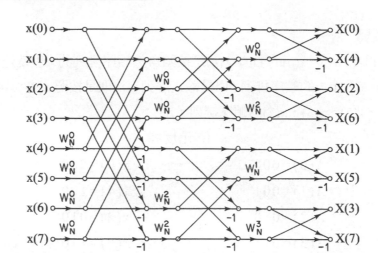

圖 14-9　輸入是自然順序之 DIT-FFT 所表示的信號流程圖

💬 14-2.1.2　範例

範例一

　　我們以一個 8 點的數值資料來說明時域抽取 FFT 的運算概念，8 點序列 $x(n)$如圖 14-10(a)所示，它是一個大小爲 0.5 的方波脈波，圖 14-10(b)則畫出經 FFT 轉換後的幅度大小圖，至於各級計算過程所得的數值則如圖 14-11 所示，圖中最左邊是輸入序列 $x(n)$，它按自然順序排列(以複數排列)，至於計算所得的 $X(k)$則是以位元倒序排列，所有的數值資料皆是以複數來做運算，表 14-1 爲 8 點蝶形因子的數值表，以供計算來參考。

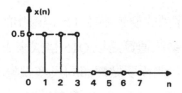

(a) TIME-DOMAIN SIGNAL

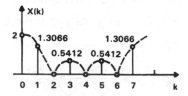

(b) FOURIER TRANSFORM MAGNITUDE

圖 14-10　8 點 DIT-FFT 的數值資料範例

表 14-1

蝶形因子	數值	蝶形因子	數值
W_8^0	1	W_8^4	-1
W_8^1	0.7071-j0.7071	W_8^5	$-0.7071+j0.7071$
W_8^3	$-j$	W_8^6	j
W_8^4	$-0.7071-j0.7071$	W_8^7	$0.7071+j0.7071$

例如 $X(1)$ 的值是由：

$$(0.5, -0.5) + (0.5, -0.5)W_8^1$$
$$= (0.5, -0.5j) + (0.5, -0.5j)(0.707 - 0.707j)$$
$$= (0.5, -1.2071)$$

$X(5)$ 的值是由：

$$(0.5, -0.5) + (0.5, -0.5)W_8^1$$
$$= (0.5, -0.5j) - (0.5, -0.5j)(0.707 - 0.707j)$$
$$= (0.5, 0.2071)$$

圖 14-11 中雖然輸入序列的值皆小於 1，但輸出的值有些卻大於 1，我們知道在定點 DSP 運算中，乘法運算是以 Q15 格式來表示，Q15 格式最大能表示的數值是 0.99998，所以我們需要做數值的尺度調整(scaling)，在每一級的輸入值都先除以 2 來運算，除以 2 對 DSP 運算來說只要右移一位位元即可達成，非常的方便，經過尺度調整的 FFT 運算結果如圖 14-12 所示，很明顯地可以看出所有的數值皆小於 1，有利於 DSP 控制器的實現。

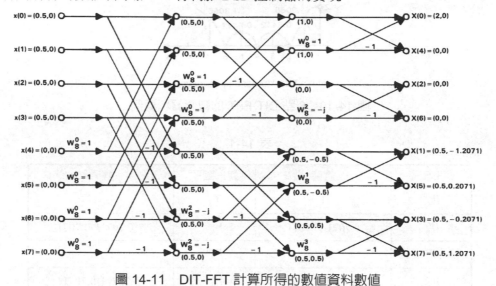

圖 14-11　DIT-FFT 計算所得的數值資料數值

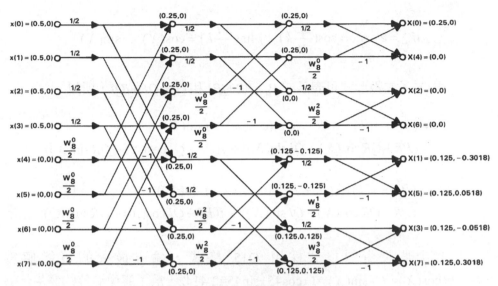

圖 14-12　經過尺度調整後的 DIT-FFT

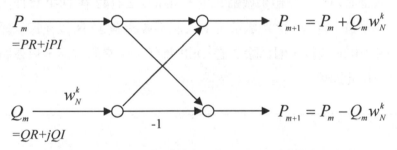

圖 14-13　基-2 DIT-FFT 之蝶形運算圖

前面所提及的那些計算結果大於 1 的數值，都是造成 Q15 格式產生溢位 (overflow)的原因，至於溢位是如何產生的呢？現說明如下：

考慮 N 點 DFT 每一級 M 皆存在有 $N/2$ 個蝶形圖，任一個蝶形圖的蝶形運算如圖 14-13 所示，蝶形輸出可表示成：

$$P_{m+1} = P_m + W_N^k Q_m$$
$$Q_{m+1} = P_m - W_N^k Q_m$$

P_m 和 Q_m 是輸入，P_{m+1} 和 Q_{m+1} 是輸出，蝶形因子可表示成

$$W_N^k = e^{-j\frac{2\pi}{N}k} = \cos(\frac{2\pi}{N}k) - j\sin(\frac{2\pi}{N}k) = \cos(X) - j\sin(X)$$

P_m 和 Q_m 是複數形式可表示成 $P_m = PR + jPI$ 和 $Q_m = QR + jQI$，所以

$$P_{m+1} = (PR + jPI) + (QR + jQI)(\cos(X) - j\sin(X))$$
$$= (PR + QR\cos(X) + QI\sin(X)) + j(PI + QI\cos(X) - QR\sin(X))$$

$$Q_{m+1} = (PR + jPI) - (QR + jQI)(\cos(X) - j\sin(X))$$
$$= (PR - QR\cos(X) - QI\sin(X)) + j(PI - QI\cos(X) + QR\sin(X))$$

上式中假設資料格式採用 Q15 格式，輸出最大的可能值為 $PR + QR\cos(X) + QI\sin(X)$ =1+cos45+sin45=2.4142，為了避免溢位的發生，每一級的輸入都必須除以此值來做歸一化，但除以 2.4142 在 DSP 實作上不好處理，考慮實數 FFT 運算，大多數情況最大值不會超過 2，所以在每一級以除以 2 來進行歸一化的運算，因為除 2 在 DSP 實作上非常的方便，只要將暫存器的值右移一位元即可。

範例二

我們知道傅立業轉換一般用來將時域信號找出其組成的頻率成分,考慮某一個時域信號，它是由 50Hz 和 120Hz 正旋波信號加上少量的雜訊所組成，以 1000Hz 取樣頻率取樣,我們利用 MATLAB 提供的 FFT 指令畫出其頻譜圖形。

程式如 mfft.m 所示，執行程式 mfft.m 所得圖形如圖 14-14 所示，上圖 14-14(a)為原始 50Hz 和 120Hz 正旋波信號加上雜訊所組成的時域波形圖形，下圖 14-14(b)為經過 512 點 FFT 後的頻譜圖形。

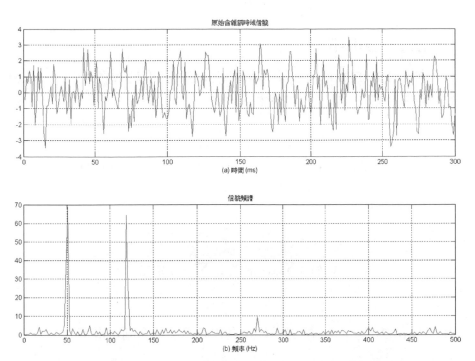

圖 14-14　(a)原始時域波形(b)經 fft 指令所得頻譜圖形

```
% mfft.m
t = 0:0.001:0.6;
x = sin(2*pi*50*t)+sin(2*pi*120*t);
y = x + randn(size(t));
subplot(2,1,1)
plot(y(1:300))
title('原始含雜訊時域信號')
xlabel('(a)時間(ms)');grid;
Y = fft(y,512);
Pyy = Y.* conj(Y)/ 512;
f = 1000*(0:256)/512;
subplot(2,1,2)
plot(f,Pyy(1:257))
title('信號頻譜')
xlabel('(b)頻率(Hz)');grid;
```

14-2.2　DIF-FFT

頻率抽取(DIF)FFT 的算法其基本的精神是將長度為 N 的序列 $x(n)$依據序列先後順序分為前半部份和後半部份，如

前半部份：$x(0), x(1), x(2), ……, x(N/2-1)$

後半部份：$x(N/2), x(N/2+1), x(N/2+2), ……, x(N-1)$

故 $x(n)$的 DFT 可以表示成：

$$X(k) = \sum_{n=0}^{\frac{N}{2}-1} x(n)W_N^{nk} + \sum_{n=N/2}^{N-1} x(n)W_N^{nk}$$

令 $m=n-(N/2) \Rightarrow n=m+(N/2)$，代入上式後半部份序列可得：

$$
\begin{aligned}
X(k) &= \sum_{n=0}^{\frac{N}{2}-1} x(n)W_N^{nk} + \sum_{m=0}^{\frac{N}{2}-1} x(m+\frac{N}{2})W_N^{(m+\frac{N}{2})k} \\
&= \sum_{n=0}^{\frac{N}{2}-1} x(n)W_N^{nk} + W_N^{Nk/2}\sum_{n=0}^{\frac{N}{2}-1} x(n+\frac{N}{2})W_N^{nk} \\
&= \sum_{n=0}^{\frac{N}{2}-1} x(n)W_N^{nk} + (-1)^k\sum_{n=0}^{\frac{N}{2}-1} x(n+\frac{N}{2})W_N^{nk} \\
&= \sum_{n=0}^{\frac{N}{2}-1} \left[x(n) + (-1)^k x(n+\frac{N}{2}) \right] W_N^{nk}
\end{aligned}
$$

我們將 k 分為偶數和奇數部分，將上式 $X(k)$重新編寫為：

$$X(2k) = \sum_{n=0}^{\frac{N}{2}-1}\left[x(n) + x(n+\frac{N}{2}) \right]W_N^{2nk} = \sum_{n=0}^{\frac{N}{2}-1} y(n)W_{N/2}^{nk}$$

$$X(2k+1) = \sum_{n=0}^{\frac{N}{2}-1}\left[x(n) - x(n+\frac{N}{2}) \right]W_N^{n(2k+1)} = W_N^n\sum_{n=0}^{\frac{N}{2}-1} z(n)W_{N/2}^{nk} \qquad (14\text{-}4)$$

$$k = 0, 1, 2, ..., (N/2)-1$$

$X(2k)$和 $X(2k+1)$分別為偶數和奇數 $X(k)$序列，這就是為什麼稱做頻率抽取 FFT 的原因了，因為它在頻率裡把序列分解為奇偶的序列形式來運算，(14-4) 式若以 $N=8$ 點為例所表示的信號流程圖如圖 14-15 所示，其中

$$y(n)=x(n)+x(n+4) \qquad n=0\sim3$$

$$z(n)=x(n)-x(n+4) \qquad n=0\sim3$$

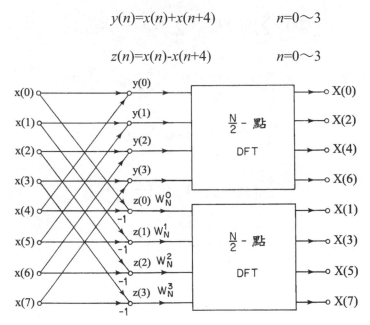

圖 14-15　$N=8$ 點為(14-4)式所表示的信號流程圖

同樣重複上述的步驟，將 $N/2$ 點序列 $y(n)$ 和 $z(n)$ 分解為 2 個 $N/4$ 點的 DFT，我們先討論圖 14-15 中上半部分 $N/2$ 點 DFT，將 $y(n)$ 分為前半部份和後半部份，故 $y(n)$ 的分解如下所示：

$$X(2k) = \sum_{n=0}^{\frac{N}{2}-1} y(n) W_{N/2}^{nk}$$

$$= \sum_{n=0}^{\frac{N}{4}-1} y(n) W_{N/2}^{nk} + \sum_{n=N/4}^{\frac{N}{2}-1} y(n) W_{N/2}^{nk}$$

令 $p=n-(N/4) \Rightarrow n=p+(N/4)$，代入上式後半部份序列可得：

$$X(2k) = \sum_{n=0}^{\frac{N}{4}-1} y(n) W_{N/2}^{nk} + \sum_{p=0}^{\frac{N}{4}-1} y(p+\frac{N}{4}) W_N^{(p+\frac{N}{4})k}$$

$$= \sum_{n=0}^{\frac{N}{4}-1} y(n) W_{N/2}^{nk} + W_{N/2}^{Nk/4} \sum_{n=0}^{\frac{N}{4}-1} y(n+\frac{N}{4}) W_{N/2}^{nk}$$

$$= \sum_{n=0}^{\frac{N}{4}-1} y(n) W_{N/2}^{nk} + (-1)^k \sum_{n=0}^{\frac{N}{4}-1} y(n+\frac{N}{4}) W_{N/2}^{nk}$$

$$= \sum_{n=0}^{\frac{N}{4}-1} \left[y(n) + (-1)^k y(n+\frac{N}{4}) \right] W_{N/2}^{nk}$$

我們將 k 分為偶數和奇數部分，將上式 $X(2k)$ 重新編寫為：

$$X(2(2k)) = X(4k)$$

$$= \sum_{n=0}^{\frac{N}{4}-1}\left[y(n) + y(n+\frac{N}{4}) \right]W_{N/2}^{2nk} = \sum_{n=0}^{\frac{N}{4}-1}u(n)W_{N/4}^{nk}$$

$$X(2(2k+1)) = X(4k+2) \tag{14-5}$$

$$= \sum_{n=0}^{\frac{N}{4}-1}\left[y(n) - y(n+\frac{N}{4}) \right]W_{N/2}^{n(2k+1)} = W_{N}^{2n}\sum_{n=0}^{\frac{N}{2}-1}v(n)W_{N/4}^{nk}$$

$$k = 0,1,2,......,(N/4)-1$$

(14-5)式是將圖 14-15 中 $N/2$ 點序列 $y(n)$ 繼續分解，若以 $N=8$ 點為例所表示的信號流程圖如圖 14-16 所示，其中

$$u(n)=y(n)+y(n+2) \qquad n=0\sim1$$

$$v(n)=y(n)-y(n+2) \qquad n=0\sim1$$

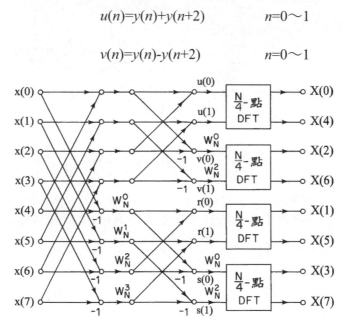

圖 14-16　$N=8$ 點為(14-5)式和(14-6)式所表示的信號流程圖

圖 14-15 上半部 $N/2$ 點 DFT 已經推導出來了，接下來討論圖 14-15 中下半部分 $N/2$ 點 DFT，同樣地我們將 $z(n)$ 分為前半部份和後半部份，故 $z(n)$ 的分解

如下所示：

$$X(2k+1) = \sum_{n=0}^{\frac{N}{2}-1} z(n)W_{N/2}^{nk}$$

$$= \sum_{n=0}^{\frac{N}{4}-1} z(n)W_{N/2}^{nk} + \sum_{n=N/4}^{\frac{N}{2}-1} z(n)W_{N/2}^{nk}$$

令 $q=n–(N/4) \Rightarrow n=q+(N/4)$，代入上式後半部份序列可得：

$$X(2k+1) = \sum_{n=0}^{\frac{N}{4}-1} z(n)W_{N/2}^{nk} + \sum_{q=0}^{\frac{N}{4}-1} z(q+\frac{N}{4})W_{N}^{(q+\frac{N}{4})k}$$

$$= \sum_{n=0}^{\frac{N}{4}-1} z(n)W_{N/2}^{nk} + W_{N/2}^{Nk/4}\sum_{n=0}^{\frac{N}{4}-1} z(n+\frac{N}{4})W_{N/2}^{nk}$$

$$= \sum_{n=0}^{\frac{N}{4}-1} z(n)W_{N/2}^{nk} + (-1)^k\sum_{n=0}^{\frac{N}{4}-1} z(n+\frac{N}{4})W_{N/2}^{nk}$$

$$= \sum_{n=0}^{\frac{N}{4}-1}\left[z(n)+(-1)^k z(n+\frac{N}{4})\right]W_{N/2}^{nk}$$

我們將 k 分爲偶數和奇數部分，將上式 $X(2k+1)$ 重新編寫爲：

$$X(2(2k)+1) = X(4k+1)$$

$$= \sum_{n=0}^{\frac{N}{4}-1}\left[z(n)+z(n+\frac{N}{4})\right]W_{N/2}^{2nk} = \sum_{n=0}^{\frac{N}{4}-1} r(n)W_{N/4}^{nk}$$

$$X(2(2k+1)+1) = X(4k+3) \tag{14-6}$$

$$= \sum_{n=0}^{\frac{N}{4}-1}\left[z(n)-z(n+\frac{N}{4})\right]W_{N/2}^{n(2k+1)} = W_{N}^{2n}\sum_{n=0}^{\frac{N}{4}-1} s(n)W_{N/4}^{nk}$$

$$k = 0, 1, 2, \ldots\ldots, (N/4)-1$$

(14-6)式是將圖 14-15 中 $N/2$ 點序列 $z(n)$繼續分解，若以 $N=8$ 點為例所表示的信號流程圖如圖 14-16 所示，其中

$$r(n)=z(n)+z(n+2) \qquad n=0\sim1$$

$$s(n)=z(n)-z(n+2) \qquad n=0\sim1$$

圖 14-16 中的 4 個 $N/4$ 點 DFT，對 $N=8$ 點 DFT 而言，即是如圖 14-17 所示最簡的基-2 蝶形運算，與圖 14-8 相比較，可以發現蝶形因子 W_N^k 出現的位置不同，對時域抽取 DIT-FFT 而言，W_N^k 出現在輸入端，但對頻域抽取 DIF-FFT 而言，W_N^k 則出現在輸出端。對 $N=8$ 點 DFT 而言最終我們會得到圖 14-18 所示的頻域抽取 FFT 的信號流程圖。

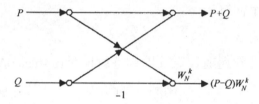

圖 14-17　基-2 DIF-FFT 之蝶形運算圖

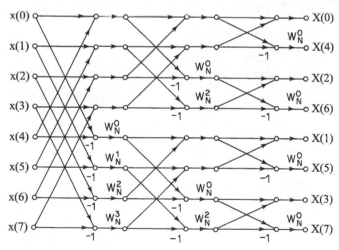

圖 14-18　8 點基-2 的 DIF-FFT 的信號流程圖

14-3　FFT 的 DSP 程式設計

FFT 是計算 N 點離散傅立業轉換的一種有效率的演算法，一般而言 FFT 的輸入序列是複數序列，當輸入是純實數時，虛數部分補零。

一個原始 N 點實數輸入序列，將虛數部分以零表示構成一個 N 點的複數序列，然後對此 N 點複數序列進行 FFT 運算，所得即為 N 點實數輸入序列的 FFT 輸出。

此處所介紹的完成實數 FFT 演算法是基-2、同位址 DFT 演算法，它包含下列 4 個步驟：

1.　輸入資料的包裝與位元倒序。

2.　N 點複數 FFT 運算。

3.　產生最後的輸出。

第二個步驟為在資料處理緩衝區中進行同址(in-place)N 點複數 FFT 運算，Q15 格式的旋轉因子儲存在兩個分離的位址中，分別為正弦表與餘弦表，每一個表中各有 512 個值，分別對應到 0～180 度的正弦/餘弦角度值，透過索引值允許我們對不同大小的輸入序列採用同一個正弦/餘弦表。

記憶體連結配置檔 lab.cmd 如下所示：

```
MEMORY
{
        PAGE 0:
        VECT:　origin=0x100, length=0x101
        PROG:origin=0x01000, length=0x8000
        PAGE 1:
        DATA:origin=0x009000, length=0x7000
}
SECTIONS
{
        .vectors : load = VECT PAGE 0
```

```
        .text: load = PROG PAGE 0
        .data: load = DATA PAGE 1
        sintable: > DATA PAGE 1
        costable: > DATA PAGE 1
        variable: > DATA PAGE 1
}
```

在程式開頭我們要設定執行實數 FFT 的點數，用 N 來表示，那複數 FFT 的點數也是 N，執行 N 點複數 FFT 需要 $\log_2 N$ 級，我們用 Log$N$ 來表示，即

```
N           .set 256             ; 256 點複數 FFT
LOGN        .set 8               ; 共執行 8 級(=logN/log2)
```

14-3.1　位元倒序

首先將原始 N 點輸入實數序列 $a(0)$、$a(1)$、…、$a(N–1)$看成是複數序列的實部，虛部部分則填 0，那麼 N 點輸入實數序列則可看成是 N 點的複數序列 $d(n)$，例如 $d(0)=a(0)+j0$，$d(1)=a(1)+0$，…以此類推。

然後將複數序列 d(n)經過位元倒序(bit-reverse)儲存至標示為 outdata 的資料處理緩衝區中，位元倒序的目的是為了最後所得的輸出序列是自然順序的數列，因為後面執行的是複數 FFT 的運算。下列程式中 AR3 定址到原始實數輸入值的起始位置，AR7 則定址到儲存位元倒序後資料的起始位址，但實際執行位元倒序是由 AR2 來定址，AR7 保持定址於#outdata 起始處，位元倒序由區塊重複指令 blockrepeat()來執行，總共執行的次數由 BRC 暫存器的值來定義，在這裡定義 $N–1$ 次(256 次)，在作 2^N 點的 FFT 運算時，暫存器 T0 的值設定為 2^{N-1}，也就是 FFT 運算點數大小的一半，在 256 點的 FFT 運算時，T0 位移值設定為 128，圖 14-19 所示為位元倒序的記憶體示意圖。

```
bit_rev:
    bit(ST2,#15)= #0              ; DSP Mode
    bit(ST1,#5)= #0              ; For C55x instruction
    XAR3 = #indata               ; AR3 points to 1st input XR[0]
    XAR7 = #outdata              ; store start addr. of data in AR7
    AR2 = AR7
    BRC0 = #(N-1)
    AC0 = #N
    AC0 = AC0<<#-1
    T0 = LO(AC0)                 ; T0 := 1/2 the size of points
    blockrepeat{
    *AR2+ = *AR3
    *AR2+ = #0
    mar(*(AR3+T0B))
    }
    RETURN
```

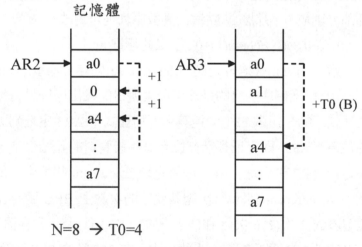

圖 14-19　位元倒序記憶體示意圖

⏻ 14-3.2　*N* 點複數 FFT 運算

前一個步驟已經將 FFT 運算點數由自然順序轉換爲位元倒序的順序了，接下來就是依據 14-2 節敘述的理論計算複數點 FFT 運算了。

我們現在要計算的是如圖 14-7 所示的 DIT-FFT，但並非 8 點複數 FFT，而是 256 點複數 FFT，所以共分爲 8 級(*m*=0～7)，每一級皆執行 128 個蝶形運算，每一級的蝶形運算都有一定的規則，先從第 *m*=0 級開始說起。

🌐 第 *m*=0 級

參考 14-2.1.1 小節之敘述可知第 *m*=0 級的蝶形因子 W_N^r 爲 $W_2^0 = 1$，參考圖 14-20 所示的蝶形運算示意圖，假設複數 $P=Pr+jPi, Q=Qr+jQi$，故經運算後的值爲：

$$P + Q = \text{Pr} + jPi + Qr + jQi$$
$$= (\text{Pr} + Qr) + j(Pi + Qi)$$
$$P - Q = \text{Pr} + jPi - (Qr + jQi)$$
$$= (\text{Pr} - Qr) + j(Pi - Qi)$$

因爲每一個蝶形運算具有同址運算(in-place computation)的性質，所以輸入節點經計算後所得的輸出節點的值放回原儲存輸入節點的位置(同一個記憶體中的位址)，並不會影響到其它的蝶形運算，所以圖 14-20 右方原儲存 *Pr* 值的位置經運算後改爲儲存 *Pr*+*Qr*，其餘地依序儲存運算後的值 *Pi*+*Qi*, *Pr*–*Qr*, *Pi*–*Qi*。

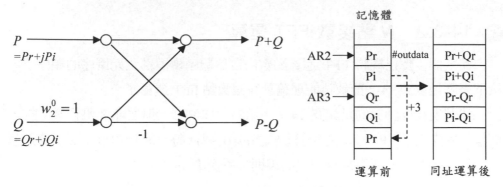

圖 14-20　第 m=0 級蝶形運算示意圖

計算 m=0 級蝶形運算的 DSP 程式如下所示：

```
; Stage 1 of FFT-------------------------------------------
fft:
        T2 = #-1                    ; 為了防止溢位每一級皆除以 2
        AR2 = AR7                   ; AR2 points to PR
        AR3 = #(outdata+2)          ; AR3 points to QR
        BRC0 = #(N/2-1)             ; 共執行 128 個蝶形運算
        T0 = #3
        blockrepeat{
        AC0 = *AR2<<#16             ; AC0 := PR
        AC1 = AC0 -(*AR3<<#16)      ; AC1 := PR-QR
        AC0 = AC0 +(*AR3<<#16)      ; AC0 := PR+QR
        *AR2+  = HI(AC0<<T2)        ; PR :=(PR+QR)/2, AR2->PI
        *AR3+  = HI(AC1<<T2)        ; QR :=(PR-QR)/2, AR3->QI
        AC0 = *AR2<<16             ; AC0 := PI
        AC1 = AC0 -(*AR3<<#16)      ; AC1 := PI-QI
        AC0 = AC0 +(*AR3<<#16)      ; AC0 := PI+QI
        *(AR2+T0)= HI(AC0<<T2)      ; PI :=(PI+QI)/2
        *(AR3+T0)= HI(AC1<<T2)      ; QI :=(PI-QI)/2
        }
```

第 *m*=1 級

蝶形因子 W_N^r 爲 $W_4^0 = 1$ 以及 $W_4^1 = -j$，參考圖 14-21 所示的蝶形運算示意圖，這一級中要計算兩個不同的蝶形運算，第一個蝶形運算如圖 14-21(上)所示，這類似前面 *m*=0 級的算法，只不過它是相隔一點的複數 FFT 運算，而不是前面 *m*=0 級相鄰兩點的複數 FFT 運算，第二個蝶形運算如圖 14-21(下)所示，它的蝶形因子爲 $W_4^1 = -j$，經運算後的值爲：

$$P'- jQ' = \mathrm{Pr}'+ jPi'- j(Qr'+ jQi')$$
$$= (\mathrm{Pr}'+ Qi') + j(Pi'- Qr')$$
$$P'+ jQ' = \mathrm{Pr}'+ jPi'+ j(Qr'+ jQi')$$
$$= (\mathrm{Pr}'- Qi') + j(Pi'+ Qr')$$

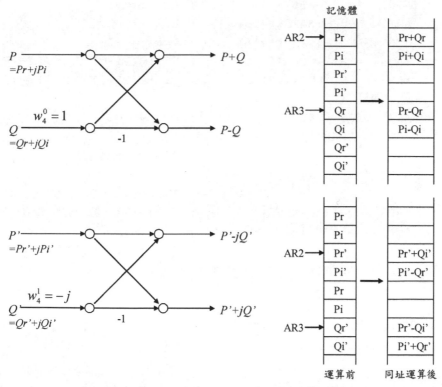

圖 14-21　第 *m*=1 級蝶形運算示意圖

計算 $m=1$ 級蝶形運算的 DSP 程式如下所示：

```
; Stage 2 of FFT -----------------------------------------
      AR2 = AR7                      ; AR2 points to PR
      AR3 = #(outdata+4)             ; AR3 points to QR
      T0 = #5
      BRC0 = #(N/4-1)
      blockrepeat{
; 第一個蝶形運算
      AC0 = *AR2<<#16                ; AC0 := PR
      AC1 = AC0 -(*AR3<<#16)         ; AC1 := PR-QR
      AC0 = AC0 +(*AR3<<#16)         ; AC0 := PR+QR
      *AR2+ = HI(AC0<<T2)            ; PR :=(PR+QR)/2, AR2->PI
      *AR3+ = HI(AC1<<T2)            ; QR :=(PR-QR)/2, AR3->QI
      AC0 = *AR2<<#16                ; AC0 := PI
      AC1 = AC0 -(*AR3<<#16)         ; AC1 := PI-QI
      AC0 = AC0 +(*AR3<<#16)         ; AC0 := PI+QI
      *AR2+ = HI(AC0<<T2)            ; PI :=(PI+QI)/2, AR2->PR'
      *AR3+ = HI(AC1<<T2)            ; QI :=(PI-QI)/2, AR3->QR'
; 第二個蝶形運算
      AR3 = AR3 + #1                 ; AR3 -> QI'
      AC0 =(*AR2<<#16)+(*AR3<<#16)
                                     ; AC0 := PR'+QI'
      AC1 =(*AR2<<#16)-(*AR3-<<#16)
                                     ; AC1 := PR'-QI', AR3->QR'
      *AR2+ = HI(AC0<<T2)            ; PR' :=(PR'+QI')/2, AR2->PI'
      AC0 =(*AR2<<#16)-(*AR3<<#16)
                                     ; AC0 := PI'-QR'
      AC2 =(*AR2<<#16)+(*AR3<<#16)
                                     ; AC2 := PI'+QR'
      *AR3+ = HI(AC1<<T2)            ; QR' :=(PR'-QI')/2, AR3->QI'
      *(AR2+T0)= HI(AC0<<T2)         ; PI' :=(PI'-QR')/2
      *(AR3+T0)= HI(AC2<<T2)         ; QI' :=(PI'+QR')/2
          }
```

第 $m=2$ 至 $m=(\log N)–1$ 級

蝶形因子的值不像前兩級是一個固定的值 1 或 $–j$，它們是正弦和餘弦函數值，所以必須先計算它們的值然後儲存至記憶體中，所以必須用查表的方式來使用，Q15 格式的旋轉因子儲存在兩個分離的位址中，分別爲正弦表與餘弦表，每一個表中各有 512 個值，分別對應到 0～180 度的正弦/餘弦角度值，透過索引值(twd_idx)允許我們對不同大小的輸入序列採用同一個正弦/餘弦表，必須是採用環形定址來對正弦/餘弦表進行存取。

參考圖 14-22 所示的蝶形運算示意圖，假設蝶形因子爲：

$$W_N^k = e^{-j\frac{2\pi}{N}k} = \cos(2\pi k / N) - j\sin(2\pi k / N)$$
$$= Wr - jWi$$

Wr 和 Wi 即是上述之各有 512 個值，分別對應到 0～180 度的正弦/餘弦值，由圖 14-22 可知經過蝶形同址運算後的輸出值爲：

$$P + QW_N^k = \mathrm{Pr} + jPi + (Qr + jQi)*(Wr - jWi)$$
$$= (\mathrm{Pr} + QrWr + QiWi) + j(Pi + QiWr - QrWi)$$
$$P - QW_N^k = \mathrm{Pr} + jPi - (Qr + jQi)*(Wr - jWi)$$
$$= (\mathrm{Pr} - QrWr - QiWi) + j(Pi - QiWr + QrWi)$$

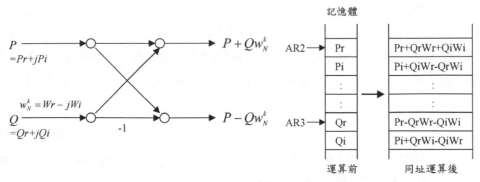

圖 14-22　第 $m=2$～$m=(\log N)–1$ 級蝶形運算示意圖

表 14-2

m	AR6	jmp_idx	grp_cnt	twn_idx
0	0	2	128	512
1	1	4	64	256
2	3	8	32	128
3	7	16	16	64
4	15	32	8	32
5	31	64	4	16
6	63	128	2	8
7	127	256	1	4

表 14-2 所示為計算 N=256 點複數 FFT，在每一級中所需定義的一些參數值，表中 m 表示級數，對 N=256 點複數 FFT 而言，總共區分為 8 級(m=0～7)。

AR6 定義的值是每一個蝶形運算群組(group)中所要計算的蝶形運算數目，因為是使用 blockrepeat 指令，所以實際要計算的蝶形運算數目是比 AR6 的值多 1，例如參考圖 14-7 N=8 點複數 FFT 在第 m=2 級中每一個蝶形運算群組所要計算的蝶形運算數目為 4。

至於定義每一級中蝶形運算群組(group)的數目是由表 14-2 中的 grp_cnt 的值來定義，例如對 N=256 點複數 FFT 而言，第 m=2 級共有 32 個蝶形運算群組，第 m=3 級共有 16 個蝶形運算群組，以此類推，要注意的是每一級以除 2 的數目遞減，這對 DSP 程式而言非常容易達成，只要將 grp_cnt 的值右移一位即可達成。

在同一個蝶形運算群組中的蝶形運算，它的輸入值 $P=Pr+jPi$ 與 $Q=Qr+jQi$ 間的索引值由表 14-2 中 jmp_idx 來定義，如圖 14-23 所示，例如對 m=2 級來說，索引值 jmp_idx=8，對 m=3 級來說，索引值 jmp_idx=16，以此類推，要注意的是每一級以乘 2 的數目遞增，對 DSP 程式而言這也非常容易達成，只要將 jmp_idx 的值左移一位即可達成。還有一點要注意的是 AR6 的值與 jmp_idx 的值存在有差 1 的關係，對 m=2 級來說，索引值 jmp_idx=8，把它減 1 而為值 7，可供下一級 m=3 的 AR6 的值來用。

蝶形因子的正弦與餘弦表的查表索引值則由表 14-2 中的 twn_idx 來定義，如圖 14-23 所示，例如對 $m=2$ 級來說，索引值 twn_idx=128，對 $m=3$ 級來說，索引值 jmp_idx=64，以此類推，要注意的是每一級以除 2 的數目遞減，對 DSP 程式而言只要將 twn_idx 的值右移一位即可達成。正弦與餘弦表共有 512 個值，對索引值 128 來說只能存取 4 個正旋或餘弦值，這正好是 AR6 所定義每一個蝶形運算群組中所要計算的蝶形運算數目。

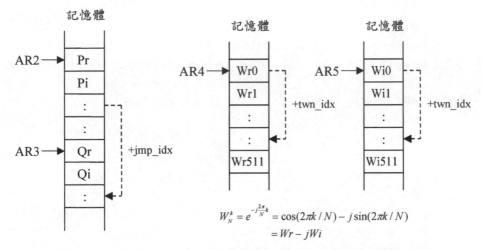

圖 14-23　執行第 $m=2 \sim m=(\log N)-1$ 級蝶形運算記憶體配置圖

　　有了以上的說明對 $m=2 \sim 7$ 級的 $N=256$ 點複數 FFT 計算的 DSP 程式應該就能瞭解，程式如下所示：

```
; Stage 3 thru Stage logN-1 of FFT--------------------------
      XDP = #grp_cnt
      .dp grp_cnt
      @twn_idx = #128    ; init index of twiddle table, 128 for
                         ; 3rd stage, ... 4 for 8th stage, ...
      XAR0=#TWI2         ; AR0 -> WR cos_table
      BSA01=#TWI2
      BK03=#512
      AR0=#0
```

```
        bit(ST2,#0)= #1
        XAR5=#TWI1              ; AR5 -> WI sin_table
        BSA45=#TWI1
        BK47=#512
        AR5=#0
        bit(ST2,#5)= #1

        T0 = @twn_idx  ; T0 = #128 index of twiddle table for 3rd stage
        AR7 = #(LOGN-2)    ; init stage counter
        @grp_cnt = #(N/8) ; init group counter
        AR6 = #3           ; init butterfly counter = #flies - 1
        @jmp_idx = #8      ; init index for input data

stage:  AR2 = #outdata     ; AR2->PR(AR2 points to PR)
        AC0 = @jmp_idx
        AC0 = AC0 + AR2
        AR3 = AC0          ; AR3->QR(AR3 points to QR)
        AR1 = @grp_cnt     ; AR1 contains group counter
group:
        BRC0 = AR6         ; # of butterflies in each group
        blockrepeat{
        T3 = *AR0          ; T3 := WR
        T1 = *AR5          ; T1 := WI
        AC0 = T3 * *AR3+   ; AC0 := QR*WR, AR3->QI
        AC0 = rnd(AC0 +(*(AR5+T0)* *AR3-))
                           ; AC0 := QR*WR+QI*WI, AR3->QR
        AC1 = AC0 +(*AR2<<#16)
                           ; AC1 :=(QR*WR+QI*WI)+PR
        AC2 = AC0 -(*AR2+<<#16)
        AC2 = -AC2         ; AC2 := PR-(QR*WR+QI*WI), AR2->PI
        AC0 = T1 * *AR3+   ; AC0 := QR*WI, AR3->QI
        AC0 = rnd(AC0 -(*(AR0+T0)* *AR3-))
                           ; AC0 := QR*WI-QI*WR, AR3->QR
        AC3 = AC0 +(*AR2-<<#16)
                           ; AC3 :=(QR*WI-QI*WR)+PI, AR2->PR
        *AR2+ = HI(AC1<<T2)
```

```
                           ; PR :=((QR*WR+QI*WI)+PR)/2, AR2->PI
      AC1 = AC0 -(*AR2<<#16)
      AC1 = -AC1          ; AC1 := PI-(QR*WI-QI*WR)
      *AR3+ = HI(AC2<<T2)
                           ; QR :=(PR-(QR*WR+QI*WI))/2, AR3->QI
      *AR3+ = HI(AC3<<T2)
                           ; QI :=((QR*WI-QI*WR)+PI)/2, AR3->QR'
      *AR2+ = HI(AC1<<T2)
                           ; PI :=(PI-(QR*WI-QI*WR))/2, AR2->PR'
      }
; Update pointers for next group
      PUSH(T0)             ; preserve T0
      T0 = @jmp_idx
      AR2 = AR2 + T0     ; increment P pointer for next group
      AR3 = AR3 + T0     ; increment Q pointer for next group
      T0 = POP()          ; restore T0
      AR1 = AR1 - #1
      IF(AR1 != 0)goto group
; Update counters and indices for next stage
      AC0 = @jmp_idx
      AC1 = AC0 - #1
      AR6 = AC1           ; update butterfly counter = #flies-1
      @jmp_idx = LO(AC0<<#1)
                           ; double the index of data table
      AC0 = @grp_cnt
      @grp_cnt = LO(AC0<<T2)
                           ; half the offset to next group
      AC0 = @twn_idx
      @twn_idx = LO(AC0<<T2)
                           ; half the index of twiddle table
      T0 = @twn_idx       ; T0 contains index of twiddle table
      AR7 = AR7 - #1
      IF(AR7 != 0)goto stage
```

14-3.3　求功率頻譜

最後求出功率頻譜，即計算實部值的平方加上虛部值的平方的值，DSP
程式如下所示：

```
power:
    AR2 = #outdata                ; AR2 points to AR[0]
    BRC0 = #(2*N-1)
    AR3 = #power_output
    blockrepeat{
    AC0 =(*AR2+)*(*AR2+)          ; AC0 := AR^2
    AC0 = AC0 +(*AR2+ * *AR2+)    ; AC0 := AR^2 + AI^2
    *AR3+ = HI(AC0)
    }
    NOP
    Return
```

14-4　實驗

14-4.1　實驗 14-1

上一節中所介紹的 DSP 程式是根據實數 FFT 理論所發展出用來計算 256
點實數 FFT 的程式，為了要驗證它的正確與否，我們先用它來測試一個 256
點的固定資料，它是由軟體所產生的主頻率為 2kHz 外加白雜訊的信號(取樣頻
率設定為 8kHz)，若驗證程式無誤再用它來分析語音的輸入資料。

【步驟 1】建立 fft-1.pjt 專案(project)：

1.　仿照第四章所述實驗 4-1 的步驟 1 建立一個名為 fft-1.pjt 的專案。

2.　將原始程式碼 rfft.asm、bit_rev.asm、fft.asm、power.asm、TWIDDLE1
　　.asm、TWIDDLE2.asm 以及 in256_2K.asm 等原始檔案加入到此專案

中，方法是在選單中點選 Project→Add Files to Project，在開啟的視窗中選取上述這些檔案後，按開啓舊檔按鈕就會將上述這些檔案加入到所建立的 fft-1.pjt 專案中。

3. 同理使用前述的方法將 Linker Command 檔案 lab.cmd 加入到 fft-1.pjt 專案中，在 Project 視窗中，點選原始程式 rfft.asm 會出現在 CCS 視窗右邊的編輯區中。

【步驟 2】產生可執行程式碼 fft-1.out：

4. 參考第四章所述實驗 4-1 步驟 2 執行組譯(Assembler)及連結(Linker)等二項工作來產生可執行檔 fft-1.out，記得在組譯視窗中要勾選 Algebric assembly(-amg)之設定。

【步驟 3】載入可執行程式碼 fft-1.out：

5. 參考第四章所述實驗 4-1 步驟 3 載入可執行程式碼 fft-1.out。在執行程式之前我們先來觀察一下 256 點輸入資料的波形，在選單中點選 View→Graph，在所開啓的選項中選擇 Time/Frequency 選項，即會開啓如圖 14-24 所示的 graph 圖形參數設定視窗，設定如下列所述的一些參數：

```
Display TypeFFT Magnitude
Start Address：indata
Acquisition Buffer Size：256
Display Data Size：256
DSP Data Type：16-bit Signed integer
Q-value：15
Sampling Rate(Hz)：8000
```

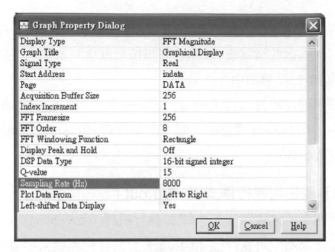

圖 14-24　Graph 圖形的參數設定視窗(頻率)

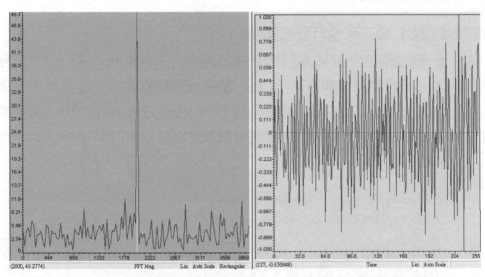

圖 14-25　輸入資料的圖形(左：頻域，右：時域)

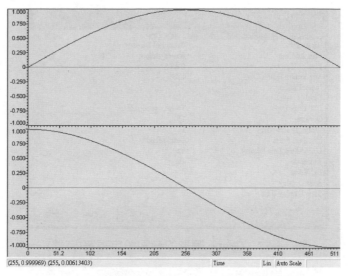

圖 14-26　蝶形因子波形圖(上正旋，下餘弦)

6.　重複步驟 5 再開啓另一個圖形視窗，參數設定如步驟 5，不過參數 Display Type 更改爲 Signal Time，Sampling Rate(Hz)更改爲 1，然後在開啓的波形視窗中，單按滑鼠右鍵在開啓的視窗中，點選 Float in main window 即可同時顯示兩個圖形，如圖 14-25 所示，圖右是時間波形，圖左是頻率波形，可以看出它是主頻率爲 2kHz 外加白雜訊的信號。

7.　我們也順道開啓蝶形因子的波形圖，Display Type 更改爲 dual Time，Start Address 輸入爲 TWI1 和 TWI2，Acquisition Buffer Size 輸入爲 512，可開啓如圖 14-26 所示的圖形。

【步驟 4】執行程式碼 fft-1.out：

8.　載入程式後便可以執行程式，在選單中點選 Debug→Run，如欲停止程式的執行可在選單中點選 Debug→Halt。

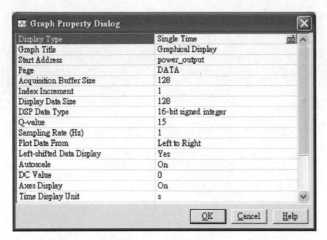

圖 14-27　Graph 圖形的參數設定視窗(時間)

【步驟 5】觀察執行結果：

9. 在選單中點選 View→Graph，在所開啟的選項中選擇 Time/Frequency 選項，即會開啟如圖 14-27 所示的 graph 圖形參數設定視窗，設定如下列所述的一些參數：

```
Display TypeSignal Time
Start Address：power_output
Acquisition Buffer Size：128
Display Data Size：128
DSP Data Type：16-bit Signed integer
Q-value：15
Sampling Rate(Hz)：1
```

10. 上述參數設定可開啟如圖 14-28 所示的圖形，圖中左邊第一根頻譜由圖形左下角顯示的刻度可知為 64，由計算式(64/256)*8000= 2000Hz。

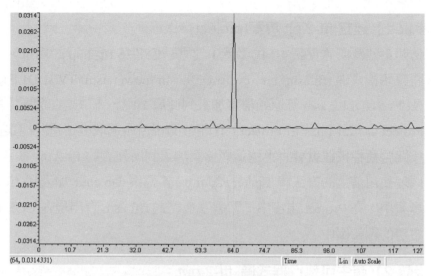

圖 14-28　功率頻譜圖形

14-4.2　實驗 14-2

本實驗用來被檢測的信號是第七章所介紹用軟體合成具有 800 Hz 頻率的數位弦波信號，在實驗 7-1 中有詳細說明如何產生這種頻率的數位弦波信號。

要產生一個 800Hz 的正弦波形，假設取樣頻率是 8kHz，我們先來計算 C 和 A 的值。

$$C=\sin(\omega T)=\sin(2\pi f/fs)=\sin(360*800/8000)=\sin(36)$$
$$=0.587785$$

換算成 Q15 格式爲：$0.587785*32768=19261$

$$A=\cos(\omega T)=\cos(2\pi f/fs)=\cos(360*800/8000)=\cos(36)$$
$$=0.809017$$

換算成 Q15 格式爲：$0.809017*32768=26510$

接下來就來執行本實驗的操作步驟。

【步驟 1】建立 fft-2.pjt 專案(project)：

1. 仿照第四章所述實驗 4-1 的步驟 1 建立一個名為 fft-2.pjt 的專案。

2. 將原始程式碼 rfft.asm、bit_rev.asm、fft.asm、power.asm、TWIDDLE1.asm 及 TWIDDLE2.asm 等原始檔案加入到此專案中，方法是在選單中點選 Project→Add Files to Project，在開啟的視窗中選取上述這些檔案後，按開啟舊檔按鈕就會將上述這些檔案加入到所建立的 fft-2.pjt 專案中。

3. 同理使用前述的方法將 Linker Command 檔案 lab.cmd 加入到 fft-2.pjt 專案中，在 Project 視窗中，點選原始程式 rfft.asm 會出現在 CCS 視窗右邊的編輯區中。

【步驟 2】產生可執行程式碼 fft-2.out：

4. 參考第四章所述實驗 4-1 步驟 2 執行組譯(Assembler)及連結(Linker)等二項工作來產生可執行檔 fft-2.out，記得在組譯視窗中要勾選 Algebric assembly(-amg)之設定。

【步驟 3】載入可執行程式碼 fft-2.out 並執行：

5. 參考第四章所述實驗 4-1 步驟 3 載入可執行程式碼 fft-2.out。載入程式後便可以執行程式，在選單中點選 Debug→Run，如欲停止程式的執行可在選單中點選 Debug→Halt。

【步驟 4】觀察執行結果：

6. 在選單中點選 View→Graph，在所開啟的選項中選擇 Time/Frequency 選項，即會開啟如圖 14-29 所示的 graph 圖形參數設定視窗，設定如下列所述的一些參數：

```
Display TypeFFT Magnitude
Start Address：indata
Acquisition Buffer Size：256
Display Data Size：256
```

```
DSP Data Type：16-bit Signed integer
Q-value：15
Sampling Rate(Hz)：8000
```

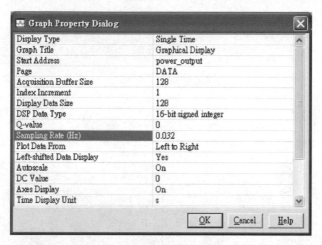

圖 14-29　Graph 圖形的參數設定視窗(時間)

7.　同樣再次在選單中點選 View → Graph，在所開啓的選項中選擇 Time/Frequency 選項，在開啓的 graph 圖形參數設定視窗，設定如下列所述的一些參數：

```
Display TypeSignal Time
Start Address：power_output
Acquisition Buffer Size：128
Display Data Size：128
DSP Data Type：16-bit Signed integer
Q-value：0
Sampling Rate(Hz)：0.032
```

8.　上述參數設定可開啓如圖 14-30 所示的圖形，右圖中所示爲數位正弦波頻譜圖，由圖形左下角顯示的刻度可知爲 812 Hz，左圖是經過 FFT 後的頻譜圖形，由圖形左下角顯示的刻度可知亦爲 812 Hz。

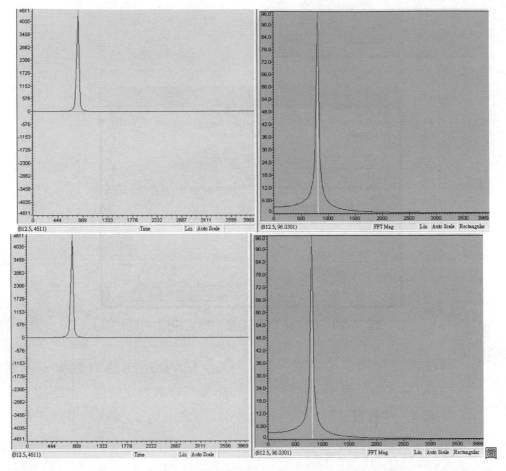

14-30　800 Hz 頻率的數位弦波信號功率頻譜圖形

　　本章中對 FFT 的理論以及 DSP 程式的實現方法都有完整而詳細的說明，FFT 是利用程式實現計算 DFT 基礎而重要的工具，所以它是現代信號分析的重要工具，讀者對 FFT 有了基礎的認識，就可以對更多的應用加以研究了。

第 **15** 章

雙音頻信號 DTMF

15-1　DTMF 信號的產生

　　本章主要是討論 DTMF 信號的產生與檢測的方法，DTMF 信號是由編碼與解碼電路所組成，編碼電路主要的功能是將電話按鍵的數字訊息轉換爲雙音頻信號，而解碼電路的功能則正好相反，它是用來將雙音頻信號檢測還原爲數字訊息，DTMF 的編碼與解碼電路有特定功能的 IC 可供選擇，但是 DTMF 信號產生與檢測的計算難度不算很高，利用 DSP 提供的軟硬體功能也很容易實現 DTMF 信號產生與檢測的功能。

表 15-1

		高音頻組			
	頻率	1209	1336	1477	1633
低	697	1	2	3	A
音	770	4	5	6	B
頻	852	7	8	9	C
組	941	*/E	0	#/F	D

　　DTMF(Dual Tone Multi-Frequency)雙音頻信號它是將電話鍵盤上的數字 0～9 字母 A～D 以及*/E、#/F 總共 16 個字，用 8 個音頻頻率來表示的一種編碼方式，如表 15-1 所示，8 個音頻頻率分爲列頻率組和行頻率組，列頻率組屬於高音頻組；分別爲 1209Hz、1336Hz、1477Hz 以及 1633Hz，行頻率組屬於低音頻組；分別爲 697Hz、770Hz、852Hz 以及 941Hz，每一個數字是由來自列頻率和行頻率的兩個頻率的正弦波信號相加而成，例如按鍵 5 是由列頻率 1336Hz 的正弦波與行頻率 770Hz 的正弦波相加而得，在 MATLAB 工作平台中執行以下的程式：

```
>> t=0:8000;
>> y=sin(2*pi*770/8000*t)+sin(2*pi*1336/8000*t);
>> plot(y(1:150))
```

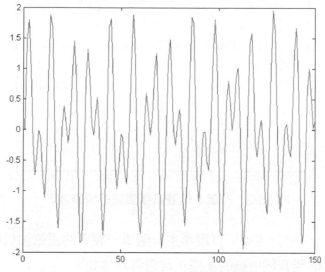

圖 15-1　按鍵 5 的雙音頻信號波形

　　所繪出的圖形如圖 15-1 所示，圖中所示是將 770Hz 的正弦波與 1336Hz 的正弦波相加後所得的時域波形，進一步的我們將它作傅立業轉換觀察此雙音頻信號在頻域中的波形，在 MATLAB 工作平台中繼續執行以下的程式：

```
>> Y=fft(y,1024);
>> Pyy=Y.*conj(Y)/1024;
>> f=8000*(0:512)/1024;
>> plot(f(1:256),Pyy(1:256))
>> grid
```

　　所繪出的圖形如圖 15-2 所示，圖中所示是將 770Hz 的正弦波與 1336Hz 的正弦波相加後所得的雙音頻信號在頻域中的波形。

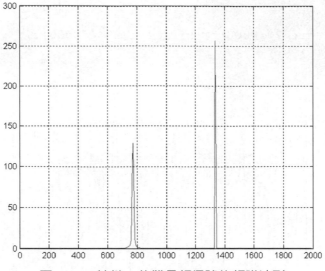

圖 15-2　按鍵 5 的雙音頻信號的頻譜波形

在實驗 7-1 中曾敘述如何實現產生一個單一頻率的正弦波信號，這是說明如何產生 DTMF 雙音頻信號的基礎，現重新敘述如下：

首先先說明如何使用軟體產生一個正弦波形的理論基礎，正弦函數可表示成下列的指數形式：

$$\sin x = \frac{e^{jx} - e^{-jx}}{2j}$$

將其轉換為離散序列表示式：

$$x[k] = \sin k\omega T = \frac{1}{2j}(e^{jk\omega T} - e^{-jk\omega T})$$

將其取 Z 轉換可得：

$$G(z) = \frac{Y(z)}{X(Z)}$$

$$= \frac{1}{2j} \sum_{k=0}^{\infty} (e^{jk\omega T} - e^{-jk\omega T}) z^{-k}$$

$$= \frac{1}{2j} \sum_{k=0}^{\infty} (e^{j\omega T} z^{-1})^k - (e^{-j\omega T} z^{-1})^k$$

$$= \frac{1}{2j} \left(\frac{1}{1 - z^{-1} e^{j\omega T}} - \frac{1}{1 - z^{-1} e^{-j\omega T}} \right)$$

$$= \frac{1}{2j} \frac{z e^{j\omega T} - z e^{-j\omega T}}{z^2 - z(e^{-j\omega T} + e^{j\omega T}) + 1}$$

$$= \frac{z \sin \omega T}{z^2 - z(2 \cos \omega T) + 1}$$

$$= \frac{Cz}{z^2 - 2Az - B}$$

$$= \frac{Cz^{-1}}{1 - 2Az^{-1} - Bz^{-2}}$$

由上式推導可得圖 15-3 所示的數位正弦波振盪器之 Z 轉換示意圖。

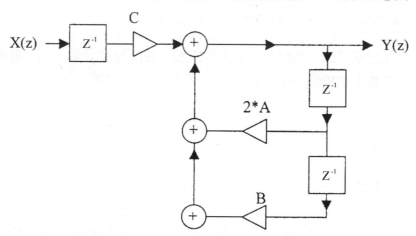

圖 15-3　數位正弦波振盪器之 Z 轉換示意圖

由上述推導所得的結果

$$G(z) = \frac{Y(z)}{X(Z)} = \frac{Cz^{-1}}{1 - 2Az^{-1} - Bz^{-2}}$$

我們知道 $C = \sin\omega T$、$A = \cos\omega T$、$B = -1$，我們將上式以差分方程式來表示，可得：

$$y(n) = 2 \times A \times y(n-1) + B \times y(n-2) + Cx(n-1)$$

假設差分方程式的初始條件為 $y(-2)=0$、$y(-1)=0$ 及 $x(-1)=0$，當

$n=0$ $y(0)=2 \times A \times y(-1) + B \times y(-2) + Cx(-1)=0$

$n=1$ $y(1)=2 \times A \times y(0) + B \times y(-1) + Cx(0)=C$

$n=2$ $y(2)=2 \times A \times y(1) + B \times y(0) + Cx(1)=2 \times A \times C$

$n=3$ $y(3)=2 \times A \times y(2) + B \times y(1)$

$n=4$ $y(4)=2 \times A \times y(3) + B \times y(2)$

…………

我們發現當 n≧3 後，它就符合一個遞迴關係式：

$$y(n) = 2 \times A \times y(n-1) + B \times y(n-2) \qquad n \geqq 3 \qquad\qquad (15\text{-}1)$$

我們要用軟體的方式產生一個正弦波形，也就是要計算上式的遞迴關係式，當然不要忘記初始條件為：

$y(0)= 0$

$y(1)= C$

$y(2)= 2 \times A \times C$

例如本實驗要產生一個 770Hz+1336Hz 的雙音頻的正弦波形，假設取樣頻率是 8kHz，我們先來計算 C 和 A 的值，對 770Hz 而言：

$$C=\sin(\omega T)=\sin(2\pi f/fs)=\sin(360 \times 770/8000)=\sin(34.65)$$
$$=0.568562$$

換算成 Q15 格式爲：0.568562*32768=18630

$$A=\cos(\omega T)=\cos(2\pi f/fs)=\cos(360 \times 770/8000)=\cos(34.65)$$
$$=0.82264$$

換算成 Q15 格式爲：0.82264*32768=26956

對 1336Hz 而言，它的 C 和 A 的係數值爲：

$$C=\sin(\omega T)=\sin(2\pi f/fs)=\sin(360 \times 1336/8000)=\sin(60.12)$$
$$=0.867070$$

換算成 Q15 格式爲：0.867070*32768=28412

$$A=\cos(\omega T)=\cos(2\pi f/fs)=\cos(360 \times 1336/8000)=\cos(60.12)$$
$$=0.498185$$

換算成 Q15 格式爲：0.498185*32768=16324

這些係數值是(15-1)式用來產生數位正旋信號的重要參數值，圖 15-4 所示爲(15-1)式數位雙音頻信號產生之 Z 轉換示意圖。

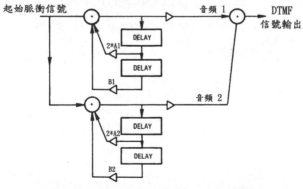

圖 15-4　數位雙音頻信號產生之 Z 轉換示意圖

15-1.1　DSP 程式

我們現在以 DSP 程式說明如何產生一個數位雙音頻信號，首先先定義 (15-1)式的係數 A 和 C 的值。

```
        .sect    ".data"
a1      .int 26956          ; 770Hz 的(coswT)係數 A
c1      .int 18630          ; 770Hz 的(sinwT)係數 C
a2      .int 16324          ; 1336Hz 的(coswT)係數 A
c2      .int 28412          ; 1336Hz 的(sinwT)係數 C
```

在這個程式裡我們先使用(15-1)式用它來產生數位正旋波的值，然後計算所得的值儲存在記憶體中，770Hz 的正弦波值儲存至位址 2000h 處，1336Hz 的正弦波值儲存至位址 2200h 處，770Hz+1336Hz 的正弦波值儲存至位址 2400h 處，下列即是定義用來間接定址的輔助暫存器值。

```
AR3=#2000h          ; 儲存數位產生的 770Hz 正旋波值
AR4=#2200h          ; 儲存數位產生的 1336Hz 正旋波值
AR6=#2400h          ; 儲存產生的 770Hz+1336Hz 正旋波值
```

首先計算 770Hz 正旋波的值，總共產生 256 個正旋波值，依序儲存在位址 2000h 處。下列這段程式用來定義計算(15-1)式所需的初始值 $y(0)$、$y(1)$、$y(2)$。

```
bit(ST1, #6)= #1
            ; 定義使用小數(fractional)模式，因為我們使用 Q15 格式。
BRC0 = #252
AR2 = #a1                    ; 770Hz 的(coswT)係數 A
AR5 = #c1                    ; 770Hz 的(sinwT)係數 C
AC0 = #0
*AR3+ = AC0                  ; y(0)=0
*AR3 = *AR5                  ; y(1)=C
AR5 = AR3
```

```
ACO = *AR2 * *AR3+          ; A*y(1)    A=cos(wT)
ACO = ACO <<#1              ; 2*A*y(1)
*AR3 = hi(ACO)              ; y(2)=2*A*y(1)
```

　　下列程式則使用區塊重複指令 blockrepeat 遞迴計算(15-1)式的值，每計算
出一個值就儲存起來，總共執行 253 次，加上先前儲存的 $y(0)$、$y(1)$、$y(2)$初
始值，所以共有 256 個值。

```
BLOCKREPEAT {
ACO  =  *AR3+  *  *AR2      ; A*y(n-1) A=cos(wT)
ACO  =  ACO <<#1           ; 2*A*y(n-1)
AC1  =  *AR5+ <<#16        ; y(n-2)
AC1  =  -AC1              ; B*y(n-2)B=-1
ACO  =  ACO + AC1          ; 2*A*y(n-1)+B*y(n-2)
*AR3  =  hi(ACO)          ; 結果儲存至 #2000h 位址處
            }
```

　　同樣的方式計算 1336Hz 正旋波的值，總共產生 256 個正旋波值，依序儲
存在位址 2200h 處。最後計算出 770Hz+1336Hz 的數位雙音頻信號值，儲存在
位址 2400h 處。

```
AR3=#2000h
AR4=#2200h
AR6=#2400h
BRC0=#255
BLOCKREPEAT {
ACO=(*AR3+<<#16)+(*AR4+<<#16)
ACO = ACO <<#-1
*AR6+ = hi(ACO)              ; 結果儲存至 #2400h 位址處
            }
```

🔘 15-1.2　實驗 15-1

　　實驗 15-1 是利用 DSP 程式以數位的方式產生一個數位雙音頻信號(本實驗可用軟體模擬)，頻率分別為 770Hz 和 1336Hz 的雙音頻信號，實驗步驟略述如下：

🔘【步驟 1】建立 DtmfGen.pjt 專案(project)：

1. 仿照第四章實驗 4-1 的步驟 1 建立一個名為 DtmfGen.pjt 的專案。
2. 將原始程式碼 dtmfgen.asm 原始檔案加入到此專案中，方法是在選單中點選 Project → Add Files to Project，在開啟的視窗中選取上述檔案後，按開啟舊檔按鈕就會將上述檔案加入所建立的 DtmfGen.pjt 專案中。
3. 同理使用前述的方法將 Linker Command 檔案 lab.cmd 加入到 DtmfGen.pjt 專案中，在 Project 視窗中，點選原始程式 dtmfgen.asm 會出現在 CCS 視窗右邊的編輯區中。

🔘【步驟 2】產生可執行程式碼 DtmfGen.out：

4. 參考第四章實驗 4-1 步驟 2 執行組譯(Assembler)及連結(Linker)等二項工作來產生可執行檔 DtmfGen.out，記得在組譯視窗中要勾選 Algebric assembly(-amg)之設定。

🔘【步驟 3】載入可執行程式碼 DtmfGen.out 並執行：

5. 參考第四章實驗 4-1 步驟 3 載入可執行程式碼 DtmfGen.out。載入程式後便可以執行程式，在選單中點選 Debug → Run，如欲停止程式的執行可在選單中點選 Debug → Halt。

🔘【步驟 4】觀察執行結果：

6. 在選單中點選 View → Graph，在所開啟的選項中選擇 Time/Frequency 選項，即會開啟如圖 15-5 所示的 graph 圖形參數設定視窗，設定如下列所述的一些參數：

```
Display TypeSignal Time
Start Address：0x2400
Acquisition Buffer Size：256
Display Data Size：256
DSP Data Type：16-bit Signed integer
Q-value：15
Sampling Rate(Hz)：8000
```

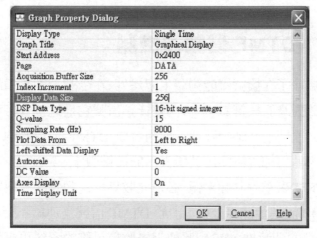

圖 15-5　Graph 圖形的參數設定視窗(時間)

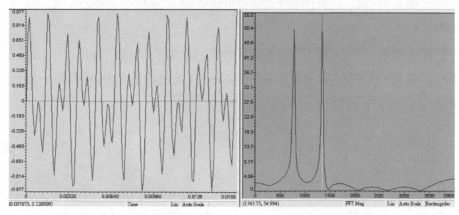

圖 15-6　顯示頻譜(右)與時間(左)的雙音頻信號圖形

7. 重複上一個步驟，再開啓另一個圖形視窗，此圖形視窗輸入的參數爲

Display Type   FFT Magnitute

其餘的參數設定相同於前一個圖形視窗(圖 15-5 所示)。另外將前一個圖形視窗的 Display Data Size 的參數值改小，例如改爲 128，所得的圖形如圖 15-6 所示，由圖中可以看出此雙音頻信號是由頻率 770 Hz 和 1336Hz 兩種頻率的信號所組成。

15-2　DTMF 信號的檢測

雙音頻信號除了在撥號端能夠產生傳送外，在受話端則必須能夠把雙音頻信號解碼轉換爲對應的按鍵數字，檢測雙音頻信號它是比雙音頻信號的產生更爲複雜的程序，原則上必須分解運算出組合成 DTMF 信號的兩個頻率值，由所檢測出的頻率值再加以辨識出其所表示的按鍵數字。

如果是由FFT 來求解其頻率值，必須先收集一定數量的資料後(譬如是 512 點、1024 點等)才能進行運算分析，由於 DTMF 信號是連續不斷的，爲了保證 DTMF 信號檢測的即時性，FFT 此種需先收集足夠的資料再來運算的特性，可能無法滿足 DTMF 信號檢測的即時性(DSP 運算速度越來越快此點或許已不是問題了)。

對於 DTMF 這類只應用 8 種頻率所組合而成的信號，採用 Goertzel 演算法是相當簡單實用的技術，我們先對 Goertzel 演算法的數學基礎作一描述：長度爲 N 的序列其離散傅立業轉換(DFT)定義爲：

$$X(k) = \sum_{n=0}^{N-1} x(n)W_N^{kn} \qquad k = 0, 1, ..., N-1 \qquad (15\text{-}2)$$

其中 $W_N = e^{-j\frac{2\pi}{N}}$ ，逆離散傅立業轉換(IDFT)定義為：

$$x(n) = \frac{1}{N}\sum_{k=0}^{N-1} X(k)W_N^{-kn} \qquad n = 0, 1, \dots, N-1 \qquad (15\text{-}3)$$

我們知道 W_N^{kn} 具有週期性質，即 $W_N^{k(N+n)} = W_N^{kn}$ ，這是因為

$$W_N^{kN} = e^{-j\frac{2\pi}{N}kN} = e^{-j2\pi k} = 1 \quad 之故$$

我們將(15-2)式的右邊乘上 W_N^{-kN} ，並不會影響整個方程式的值，所以

$$X(k) = W_N^{-kN}\sum_{r=0}^{N-1} x(r)W_N^{kr} = \sum_{r=0}^{N-1} x(r)W_N^{-k(N-r)}$$

我們定義一個新的序列 $y_k(n)$ 如下所示

$$y_k(n) = \sum_{m=0}^{N-1} x(m)W_N^{-k(n-m)} \qquad (15\text{-}4)$$

由(15-4)式序列可以清楚的看出 $y_k(n)$ 是由有限長度 N 的序列 $x(n)$ 和一個脈衝響應 (impulse response) 為 $h_k(n) = W_N^{-kn}u(n)$ 的濾波器間的離散捲積 (convolution)，而且在 $n=N$ 點時的濾波器輸出值就是計算 $x(n)$ 的 DFT $X(k)$ 的值，也就是 $X(k) = y_k(n)\big|_{n=N}$ ，那是因為將(15-4)式中將 n 以 N 來取代所得的，即

$$y_k(n)\big|_{n=N} = \sum_{m=0}^{N-1} x(m)W_N^{-k(N-m)} = X(k)$$

脈衝響應為 $h_k(n) = W_N^{-kn}u(n)$ 的濾波器存在有系統轉移函數為：

$$H_k(z) = \frac{1}{1 - W_N^{-k}z^{-1}} \qquad\qquad (15\text{-}5)$$

其轉移函數信號流程圖則如圖 15-7 所示。

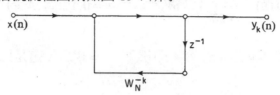

圖 15-7　　(15-5)式轉移函數信號流程圖

此濾波器在單位圓上頻率 $\omega_k = 2\pi k / N$ 上有一極點。由以上的討論可知，我們不直接計算(15-2)式的 DFT 值，而是透過離散捲積利用(15-5)式的差分方程式來計算 $y_k(n)$，再利用 $X(k) = y_k(N)$ 來計算(15-2)式的 DFT 值，(15-5)式的差分方程式為：

$$y_k(n) = W_N^{-k}y_k(n-1) + x(n) \qquad\qquad y_k(-1) = 0 \qquad\qquad (15\text{-}6)$$

計算(15-6)式將會計算複數的乘法與加法，在 DSP 實現上有些不方便，我們稍作修改將(15-5)式分子分母同乘以 $(1 - W_N^{k}z^{-1})$，可得

$$H_k(z) = \frac{1 - W_N^{k}z^{-1}}{(1 - W_N^{-k}z^{-1})(1 - W_N^{k}z^{-1})} = \frac{1 - W_N^{k}z^{-1}}{1 - 2\cos(\dfrac{2\pi k}{N})z^{-1} + z^{-2}}$$

上式再重新寫成

$$H_k(z) = \frac{Y(z)}{V(z)}\frac{V(z)}{X(z)}$$
$$= (1 - W_N^{k}z^{-1})(\frac{1}{1 - 2\cos(\dfrac{2\pi k}{N})z^{-1} + z^{-2}}) \qquad\qquad (15\text{-}7)$$

所以在 DSP 實現上，上述(15-7)式的系統轉移函數可改由下兩式的差分方程式來求解；

$$v_k(n) = 2\cos(\frac{2\pi k}{N})v_k(n-1) - v_k(n-2) + x(n) \qquad (15\text{-}8)$$

$$y_k(n) = v_k(n) - W_N^k v_k(n-1) \qquad (15\text{-}9)$$

初始值 $v_k(-1) = v_k(-2) = 0$，此即為 Goertzel 演算法，由(15-8)式、(15-9)式所繪出的信號流程圖如圖 15-8 所示。我們定義濾波器係數為：

$$\cos(2\pi\frac{k}{N}) \qquad (15\text{-}10)$$

它與所檢測的頻率值有關。

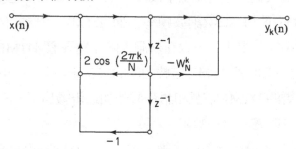

圖 15-8　Goertzel 演算法之信號流程圖

注意的是(15-8)式是一個遞迴關係式，需計算 n=0,1,2,…,N 共 N+1 次，每一次的遞迴運算只需一次的實數乘法和兩次的實數加法，但是(15-9)式只要計算一次即可(即 n=N 時)，所以只要計算一次複數乘法與加法。

因為存在有 8 個頻率要檢測，所以需要有如(15-10)式所示的 8 組濾波器係數，然而偵測 DTMF 信號是否存在只需要知道 DTMF 的大小振幅值，所以對(15-9)式取幅度-平方值，可得

$$|X(k)|^2 = y_k(N)y_k^*(N)$$

$$= [v_k(N) - W_N^k v_k(N-1)][v_k(N) - W_N^{-k} v_k(N-1)] \qquad (15\text{-}11)$$

$$= v_k^2(N) + v_k^2(N-1) - 2\cos(\frac{2\pi k}{N})v_k(N)v_k(N-1)$$

這樣子連一次複數乘法與加法運算都可去掉,總而言之,利用 Goertzel 演算法以 DSP 來實現 DTMF 檢測的方法,即是計算(15-8)式線性遞迴濾波器的輸出以及計算(15-11)式幅度-平方 $|X(k)|^2$ 的值,就能從輸入信號 $x(n)$ 中檢測出雙音頻的頻率峰值,由於 Goertzel 演算法只需要計算 $v_k(n)$ 的值和 8 個行/列頻率的 $|X(k)|^2$ 的值,所以計算量比計算實數 FFT 小的多。

然而電話線上的撥號 DTMF 信號和語音輸出是一起被傳送的,如何能夠將 DTMF 信號和說話或音樂的聲音區別出來,解決此一問題基本上必須對 DTMF 信號的 8 個撥號頻率的二次諧波(2nd harmonics)頻率也要加以檢測,因為一般語音都含有不小的二次諧波頻率,而 DTMF 信號的頻率則相當單純的,二次諧波頻率成分很小,所以在檢測上除了對 8 個 DTMF 信號頻率作檢測外,同時也要對這 8 個 DTMF 信號頻率的二次諧波頻率一併作檢測,這樣即可正確地對撥號的 DTMF 信號和語音信號加以辨識出了,表 15-2 列出這 16 個頻率以及相對應的濾波器係數值。

參數 N 的值定義疊代運算的次數,重要的是它同時用來表示提供調整頻率解析度的參數,N 的值會影響到頻率主瓣(mainlobe)的寬度,主瓣大小與 N 的關係式可用下式來表示:

$$W_m = \frac{f_s}{N}$$

f_s 表示語音的取樣頻率,即 8000 Hz,所以N的值不能取太小,太小的N值會增加頻率主瓣的寬度,導致頻率解析會變差,大的N值則會導致運算時間變長,依據貝爾實驗室的建議我們取N=136,所得的主瓣頻率寬度約為 58 Hz。

表 15-2 中濾波器係數 cos(2 × pi × k/N)要如何計算呢？假設檢測的頻率是 f_d，取樣頻率為 f_s，檢測頻率可表示為：

$$f_d = \frac{k}{N} f_s$$

若檢測頻率 f_d =697 Hz，濾波器的係數 cos(2 × pi × k/N)計算如下：

$$\cos(2\pi \frac{k}{N}) = \cos(2\pi \frac{f_d}{f_s}) = \cos(2\pi \frac{697}{8000}) \cong 0.854$$

換算為 Q15 格式為 0.854*32768=27980，其餘的 7 個 DTMF 信號頻率以及相對應 8 個二次諧波頻率的濾波器係數如同上述的方法計算，所得即為表 15-2 所示的係數值。

表 15-2

一次諧波/ f_s =8kHz			二次諧波/ f_s =8kHz		
DTMF 信號頻率	檢測頻率 f_d	係數 $\cos(2\pi f_d / f_s)$	DTMF 信號頻率	檢測頻率 f_d	係數 $\cos(2\pi f_d / f_s)$
列					
697	697	27980	1394	1394	15014
770	770	26956	1540	1540	11583
852	852	25701	1704	1704	7549
941	941	24219	1882	1882	3032
行					
1209	1209	19073	2418	2418	–10565
1336	1336	16325	2672	2672	–16503
1477	1477	13083	2954	2954	–22318
1633	1633	9315	3266	3266	–27472

⏻ 15-2.1　DSP 程式

一開始我們作個簡單的結論：爲了能夠實現 DTMF 的檢測，實際上就是對(15-8)式和(15-11)式執行運算，重新整理如下：

$$v_k(n) = 2\cos(\frac{2\pi k}{N})v_k(n-1) - v_k(n-2) + x(n) \tag{15-12}$$

$$\left|X(k)\right|^2 = v_k^2(N) + v_k^2(N-1) - 2\cos(\frac{2\pi k}{N})v_k(N)v_k(N-1) \tag{15-13}$$

要注意的是(15-12)式是一個遞迴關係式，需計算 $n=0,1,2,…,N$ 共 $N+1$ 次，至於(15-13)式只要計算一次即可(即 $n=N$ 時)，下面首先說明如何計算(15-12)式。

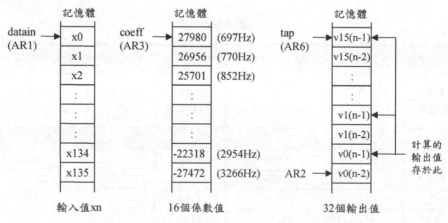

圖 15-9　執行(15-12)式之記憶體配置示意圖

圖 15-9 所示爲執行(15-12)式的記憶體配置圖，由執行(15-12)式可知，它需要有被檢測的雙音頻信號 xn，以及由(15-10)式所定義的濾波器係數，但爲了要執行(15-13)式所以運算後要保留 $v(n)$ 和 $v(n-1)$ 的值，它們是迭代運算最後一次和前一次所得的 $v_k(n)$ 值。

原始被檢測的雙音頻信號 *xn* 位於#2400h(datain)的位址，由輔助暫存器 AR1 所定址。表 15-2 所列不同音頻所計算出來的濾波器係數值事先放置於 #coeff 的位址，由輔助暫存器 AR3 所定址，它包括一次諧波與二次諧波總共有 16 個係數值。運算後的值因為包括有 $v(n)$ 和 $v(n-1)$，所以必須有 32 個位置來儲存 16 個音頻信號的運算結果，這部分由輔助暫存器 AR6 所定址，此 32 個記憶體初始值皆為 0。

　　下列是執行(15-12)式的 DSP 程式，對每一個雙音頻信號值由區塊重複指令 BLOCKREPEAT 執行一次，在這區塊裡其實已對 16 個音頻信號執行過一次(15-12)式，所得結果儲存在圖 15-9 右方所示記憶體 $vx(n-2)$ 和 $vx(n-1)$ 中(x 表示 0～15 的值)，針對每一個音頻是由下列程式執行(15-12)式：

```
AC1 = AC0 -(*AR2-<<16)      ;AC1= x(n)-v0(n-2), *ar2=v0(n-1)
AC1 = AC1 +(*AR2 * *AR3)    ;AC1=coeff*v0(n-1)-v0(n-2)+x(n)
                 AC1 = AC1 +(*AR2 * *AR3+)
                           ;AC1=2coeff*v0(n-1)-v0(n-2)+x(n)
delay(*AR2)                 ;v0(n-2)=v0(n-1)  *ar2=v0(n-1)
*AR2- = hi(AC1)             ;將運算結果 v0(n) 載入 v0(n-1) 內
```

　　所以由區塊重複指令一次執行 16 組上述程式，執行式(15-12)較為完整的 DSP 程式如下所示。

```
N       .set        136
AR1 = #2400h          ;令 AR1 定址於 dtmf 的資料記憶體起始位址
AR6 = #tap            ;AR6 定址於 dft 運算後資料最低記憶體位址
AC0 = #0
repeat(#31)           ;設定 32 個 DFT 運算之 v(n-1) 及 v(n-2) 的初始值
*AR6+ = AC0           ;將 ar6 定址的 32 個記憶體內含清除為 0
nop
MAR(*AR6-)            ;令 AR6 定址於最後之 v0(n-2) 位址處
BRC0 = #(N-1)
BLOCKREPEAT {
AR2 = AR6
```

```
AR3 = #coeff              ;AR3 定址於濾波器的運算係數位址
AC0= *AR1+ <<16           ; A=xn

AC1 = AC0 -(*AR2-<<16);AC1= x(n)-v0(n-2), *ar2=v0(n-1), k=0
AC1 = AC1 +(*AR2 * *AR3)  ;AC1=coeff*v0(n-1)-v0(n-2)+x(n)
AC1 = AC1 +(*AR2 * *AR3+)
                          ;AC1=2coeff*v0(n-1)-v0(n-2)+x(n)
delay(*AR2)               ;v0(n-2)=v0(n-1)  *ar2=v0(n-1)
*AR2- = hi(AC1)           ;將運算結果 v0(n) 載入 v0(n-1) 內

AC1 = AC0 -(*AR2-<<16);AC1= x(n)-v0(n-2), *ar2=v0(n-1), k=1
AC1 = AC1 +(*AR2 * *AR3)  ;AC1=coeff*v0(n-1)-v0(n-2)+x(n)
AC1 = AC1 +(*AR2 * *AR3+)
        ;AC1=2coeff*v0(n-1)-v0(n-2)+x(n)
delay(*AR2)               ;v0(n-2)=v0(n-1)  *ar2=v0(n-1)
*AR2- = hi(AC1)           ;將運算結果 v0(n) 載入 v0(n-1) 內

AC1 = AC0 -(*AR2-<<16);AC1= x(n)-v0(n-2), *ar2=v0(n-1), k=2
AC1 = AC1 +(*AR2 * *AR3)  ;AC1=coeff*v0(n-1)-v0(n-2)+x(n)
AC1 = AC1 +(*AR2 * *AR3+)
        ;AC1=2coeff*v0(n-1)-v0(n-2)+x(n)
delay(*AR2)               ;v0(n-2)=v0(n-1)  *ar2=v0(n-1)
*AR2- = hi(AC1)           ;將運算結果 v0(n) 載入 v0(n-1) 內
                     :
                     : (省略 12 組程式)
                     :

AC1 = AC0 -(*AR2-<<16)
                  ;AC1= x(n)-v0(n-2),*ar2=v0(n-1), k=15
AC1 = AC1 +(*AR2 * *AR3)
                  ;AC1=coeff*v0(n-1)-v0(n-2)+x(n)
AC1 = AC1 +(*AR2 * *AR3+)
                  ;AC1=2coeff*v0(n-1)-v0(n-2)+x(n)
delay(*AR2)               ;v0(n-2)=v0(n-1)  *ar2=v0(n-1)
*AR2- = hi(AC1)           ;將運算結果 v0(n) 載入 v0(n-1) 內
{
```

經過上述程式執行後，最後要利用所求得的 $v(N)$ 和 $v(N\text{-}1)$ 值來計算(15-13)式，圖 15-10 所示為執行(15-13)式的記憶體配置圖，由已知的 16 個係數值和 32 個前述所求得輸出值，利用執行(15-13)式來求得所檢測雙音頻信號的振幅平方值。

　　下列是執行(15-13)式的 DSP 程式，對雙音頻信號值的振幅平方值由區塊重複指令 BLOCKREPEAT 執行一次即可，在這區塊裡其實已對(15-13)式執行過 16 次了，所得結果儲存在圖 15-10 左方所示記憶體 Pn 中。

```
    AR2=AR6                      ; ar2 定址於存放輸出值最底端位址
    AR3=#coeff                   ; ar3 定址於濾波器係數的起始位址
    AR4=#2800h                   ; ar4 定址於儲存振幅平方運算值位址
    BRC0= #(16-1)                ; 共有 16 個頻率需計算
    AR7=#xx
    BLOCKREPEAT {
    AC0=*AR2<<16                 ; a=vk(N-1)
    AC1=(*AR2-)*(*AR2-), T3=*AR2-
    ; AC1=vk(N-1)*vk(N-1), t3=vk(N-1), *ar2=vk(N)
    AC0=T3 * *AR2                ; a=vk(N)*vk(N-1)
    T3=*AR3+
    *AR7=hi(AC0)                 ; t=coeff , *ar3 指向 next coeff
    AC0=*AR7 * T3                ; AC0=coeff*vk(N)*vk(N-1)
    AC1=AC1 -(AC0<<1)
 ;AC1=vk(N-1)*vk(N-1)-2coeff*vk      (N)*vk(n-1)
    T3=*AR2                      ; t3= vk(N)
    AC1=AC1 +(T3 * *AR2-)
 ;AC1=vk(N-1)*vk(N-1)- 2coeff*vk     (N)*vk(n-1)+ vk(N)*vk(N)
    *AR4+ = hi(AC1)              ; 儲存運算結果
    }
```

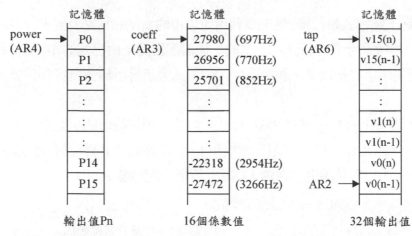

圖 15-10　執行(15-13)式之記憶體配置示意圖

表 15-3

記憶體位址	音頻頻率	記憶體位址	音頻頻率
power	697	power +8	1394
power +1	770	power +9	1540
power +2	852	power +10	1704
power +3	941	power +11	1882
power +4	1209	power +12	2418
power +5	1336	power +13	2672
power +6	1477	power +14	2954
power +7	1633	power +15	3266

15-2.2　實驗 15-2

　　實驗 15-2 是利用前實驗 15-1 以數位的方式產生一個數位雙音頻信號，頻率分別為 770Hz 和 1336Hz 的雙音頻信號，然後應用前述 DTMF 雙音頻檢測演算法將雙音頻檢測出來，記憶體位置 power(#2800h)依序儲存音頻信號的幅度平方值如表 15-3 所示，例如位址#2800h 存放 697Hz 的幅度平方值，位址#2801h 存放 770Hz 的幅度平方值，以此類推。實驗步驟略述如下：

◉ 【步驟 1】建立 Dtmfchk.pjt 專案(project)：

1. 仿照第四章實驗 4-1 的步驟 1 建立一個名為 Dtmfchk.pjt 的專案。

2. 將原始程式碼 dtmfchk.asm 原始檔案加入到此專案中，方法是在選單中點選 Project → Add Files to Project，在開啟的視窗中選取上述檔案後，按開啟舊檔按鈕就會將上述檔案加入所建立的 Dtmfchk.pjt 專案中。

3. 同理使用前述的方法將 Linker Command 檔案 lab.cmd 加入到 Dtmfchk.pjt 專案中，在 Project 視窗中，點選原始程式 dtmfchk.asm 會出現在 CCS 視窗右邊的編輯區中。

◉ 【步驟 2】產生可執行程式碼 Dtmfchk1.out：

4. 參考第四章實驗 4-1 步驟 2 執行組譯(Assembler)及連結(Linker)等二項工作來產生可執行檔 Dtmfchk1.out，記得在組譯視窗中要勾選 Algebric assembly(-amg)之設定。

◉ 【步驟 3】載入可執行程式碼 Dtmfchk.out 並執行：

5. 參考第四章實驗 4-1 步驟 3 載入可執行程式碼 Dtmfchk.out。載入程式後便可以執行程式，在選單中點選 Debug → Run，如欲停止程式的執行可在選單中點選 Debug → Halt。

◉ 【步驟 4】觀察執行結果：

6. 接下來觀察 DTMF 雙音頻信號的檢測結果，程式中將計算所得的音頻信號幅度平方大小值如表 15-3 所示依序儲存在記憶體 power_output (0x2800)中。在選單中點選 View → Graph，在所開啟的選項中選擇 Time/Frequency 選項，即會開啟如圖 15-11 所示的 graph 圖形參數設定視窗，設定如下列所述的一些參數：

```
Display TypeSignal Time
Start Address：0x2800
Acquisition Buffer Size：16
```

```
Display Data Size：16
DSP Data Type：16-bit Signed integer
Q-value：0
Sampling Rate(Hz)：1
```

7. 上述 graph 圖形參數設定視窗即會開啓如圖 15-12 所示的圖形，由圖中可以看出兩個波峰分別出現在第 1 和第 5 位置(由圖左由 0 開始算起)，對照表 15-3 可知所檢測的雙音頻信號是由頻率 770 Hz 和 1336Hz 兩種頻率的信號所組和而成的。

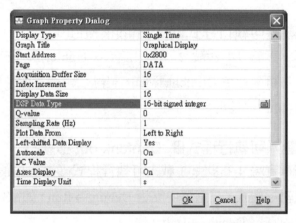

圖 15-11　Graph 圖形的參數設定視窗(時間)

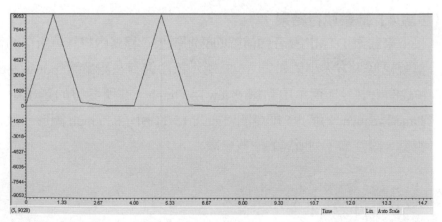

圖 15-12　顯示雙音頻信號幅度平方大小值的圖形

附錄 A-1

如何獲得 CCS 評估版軟體

本附錄說明如何獲得 Code Composer Studio 評估版本，目前在 TI 網站上最新的版本是 4.x 版，獲得 CCS 評估版本的方法有：

1. 可以 email 至 tiasia@ti.com 或是打免費熱線 0800-006800 去索取 "free trial of CCStudio Development Tools v4.x (FETs)" 光碟片。

2. 網際網路連線 TI 網站可以上線申請 CCS 評估版 CD-ROM 光碟片或是下載 CCS 評估版軟體，方法如下：

   (1) 連線 TI 網站 www.ti.com，如圖 A-1 所示。

圖 A-1

   (2) 在圖 A-1 中點選 Products > Processors > Digital Signal Processing (DSP)，開啟的視窗如圖 A-2 所示。

圖 A-2

(3) 在圖 A-2 中點選 Find Software & Tools，開啓的視窗如圖 A-3 所示。

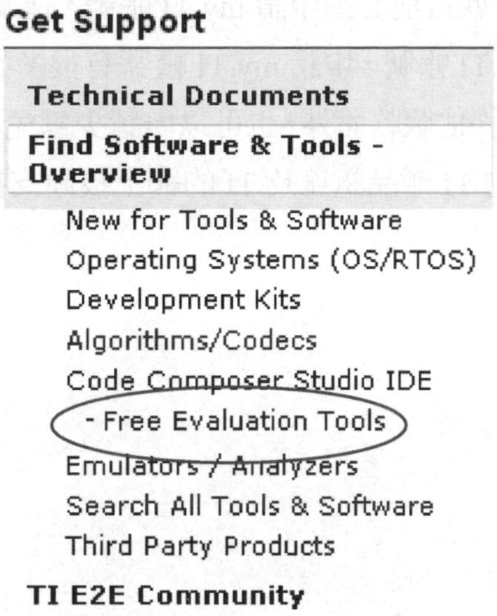

Get Support

Technical Documents

Find Software & Tools - Overview

New for Tools & Software
Operating Systems (OS/RTOS)
Development Kits
Algorithms/Codecs
Code Composer Studio IDE
 - Free Evaluation Tools
Emulators / Analyzers
Search All Tools & Software
Third Party Products

TI E2E Community

圖 A-3

(4) 在圖 A-3 中點選 Code Composer Studio IDE > Free Evaluation Tools，開啓的視窗如圖 A-4 所示。

Code Composer Studio IDE

| Overview | **Getting Started** | |

Get started by downloading the free version of CCStudio now!

Download NOW!

圖 A-4

(5) 在圖 A-4 中若是點選 Download NOW! 即是下載 CCS 評估版軟體，不過在執行前必須申請 my.TI 帳號，這部分請讀者自行上網申請一個 my.TI 帳號，申請 my.TI 帳號有很多好處，除了可以下載或申請 CCS 評估版軟體外，也可以申請少量免費樣品 (sample) 以及獲得每週的 TI 產品訊息及 TI 的網上技術支援。

國家圖書館出版品預行編目資料

數位信號處理之 DSP 程式設計 / 李宜達編著. - - 初
版. - - 臺北縣土城市 : 全華圖書, 民 100.02
面 ; 公分
ISBN 978-957-21-6908-7(平裝附光碟片)
1. 通訊工程
448.7 97021235

數位信號處理之 DSP 程式設計(附範例光碟)

作者 / 李宜達

執行編輯 / 曾嘉宏

發行人 / 陳本源

出版者 / 全華圖書股份有限公司

郵政帳號 / 0100836-1 號

印刷者 / 宏懋打字印刷股份有限公司

圖書編號 / 06065007

初版一刷 / 100 年 05 月

定價 / 新台幣 650 元

ISBN / 978-957-21-6908-7

全華圖書 / www.chwa.com.tw

全華網路書店 Open Tech / www.opentech.com.tw

若您對書籍內容、排版印刷有任何問題,歡迎來信指導 book@chwa.com.tw

臺北總公司(北區營業處)
地址:23671 新北市土城區忠義路 21 號
電話:(02) 2262-5666
傳真:(02) 6637-3695、6637-3696

南區營業處
地址:80769 高雄市三民區應安街 12 號
電話:(07) 862-9123
傳真:(07) 862-5562

中區營業處
地址:40256 臺中市南區樹義一巷 26 號
電話:(04) 2261-8485
傳真:(04) 3600-9806

有著作權・侵害必究

23671 新北市土城區忠義路21號

全華圖書股份有限公司

廣 告 回 信
板橋郵局登記證
板橋廣字第540號

行銷企劃部 收

歡迎加入 全華會員

● 會員獨享

會員享購書折扣、紅利積點、生日禮金、不定期優惠活動……等。

● 如何加入會員

填妥讀者回函卡寄回，將由專人協助登入會員資料，待收到 E-MAIL 通知後即可成為會員。

如何購買 全華書籍

1. 網路購書

全華網路書店「http://www.opentech.com.tw」，加入會員購書更便利，並享有紅利積點回饋等各式優惠。

2. 全華門市、全省書局

歡迎至全華門市（新北市土城區忠義路21號）或全省各大書局、連鎖書店選購。

3. 來電訂購

(1) 訂購專線：(02) 2262-5666 轉 321-324
(2) 傳真專線：(02) 6637-3696
(3) 郵局劃撥（帳號：0100836-1 戶名：全華圖書股份有限公司）
※ 購書未滿一千元者，酌收運費 70 元。

OpenTech 全華網路書店 .com.tw

全華網路書店 www.opentech.com.tw
E-mail: service@chwa.com.tw

※ 本會員制如有變更則以最新修訂制度為準，造成不便請見諒。

讀者回函卡

填寫日期： ／ ／

姓名： 生日：西元 年 月 日 性別：□男 □女

電話：( ) 傳真：( ) 手機：

e-mail： (必填)

註：數字零，請用 Φ 表示，數字1與英文 L 請另註明並書寫端正，謝謝。

通訊處：□□□□□

學歷：□博士 □碩士 □大學 □專科 □高中・職

職業：□工程師 □教師 □學生 □軍・公 □其他

學校／公司： 科系／部門：

· 需求書類：
□A. 電子 □B. 電機 □C. 計算機工程 □D. 資訊 □E. 機械 □F. 汽車 □I. 工管 □J. 土木
□K. 化工 □L. 設計 □M. 商管 □N. 日文 □O. 美容 □P. 休閒 □Q. 餐飲 □B. 其他

· 本次購買圖書為： 書號：

· 您對本書的評價：
封面設計：□非常滿意 □滿意 □尚可 □需改善，請說明
內容表達：□非常滿意 □滿意 □尚可 □需改善，請說明
版面編排：□非常滿意 □滿意 □尚可 □需改善，請說明
印刷品質：□非常滿意 □滿意 □尚可 □需改善，請說明
書籍定價：□非常滿意 □滿意 □尚可 □需改善，請說明
整體評價：請說明

· 您在何處購買本書？
□書局 □網路書店 □書展 □團購 □其他

· 您購買本書的原因？(可複選)
□個人需要 □幫公司採購 □親友推薦 □老師指定之課本 □其他

· 您希望全華以何種方式提供出版訊息及特惠活動？
□電子報 □DM □廣告 (媒體名稱)

· 您是否上過全華網路書店？(www.opentech.com.tw)
□是 □否 您的建議

· 您希望全華出版那方面書籍？

· 您希望全華加強那些服務？

~感謝您提供寶貴意見，全華將秉持服務的熱忱，出版更多好書，以饗讀者。

全華網路書店 http://www.opentech.com.tw 客服信箱 service@chwa.com.tw

2011.03 修訂

親愛的讀者：

感謝您對全華圖書的支持與愛護，雖然我們很慎重的處理每一本書，但恐仍有疏漏之處，若您發現本書有任何錯誤，請填寫於勘誤表內寄回，我們將於再版時修正，您的批評與指教是我們進步的原動力，謝謝！

全華圖書 敬上

勘 誤 表

書 號			
頁 數	行 數	書 名	作 者
		錯誤或不當之詞句	建議修改之詞句

我有話要說：(其它之批評與建議，如封面、編排、內容、印刷品質等・・・)